国家卫生健康委员会"十三五"规划教材

科研人员核心能力提升导引丛书

供研究生及科研人员用

医学分子生物学

Medical Molecular Biology

第 **3** 版

主　审　周春燕　冯作化

主　编　张晓伟　史岸冰

副主编　何凤田　刘　戟

人民卫生出版社

·北　京·

图书在版编目（CIP）数据

医学分子生物学 / 张晓伟，史岸冰主编. —3 版
. —北京：人民卫生出版社，2020.8（2024.12重印）
ISBN 978-7-117-30312-5

Ⅰ. ①医… Ⅱ. ①张…②史… Ⅲ. ①医学一分子生
物学一研究生一教材 Ⅳ. ①Q7

中国版本图书馆 CIP 数据核字（2020）第 144975 号

人卫智网	www.ipmph.com	医学教育、学术、考试、健康，购书智慧智能综合服务平台
人卫官网	www.pmph.com	人卫官方资讯发布平台

医学分子生物学
Yixue Fenzi Shengwuxue
第 3 版

主　　编：张晓伟　史岸冰
出版发行：人民卫生出版社（中继线 010-59780011）
地　　址：北京市朝阳区潘家园南里 19 号
邮　　编：100021
E‑mail：pmph @ pmph.com
购书热线：010-59787592　010-59787584　010-65264830
印　　刷：北京盛通数码印刷有限公司
经　　销：新华书店
开　　本：850×1168　1/16　印张：26　插页：8
字　　数：734 千字
版　　次：2003 年 11 月第 1 版　2020 年 8 月第 3 版
印　　次：2024 年 12 月第 4 次印刷
标准书号：ISBN 978-7-117-30312-5
定　　价：89.00 元

打击盗版举报电话：010-59787491　E-mail：WQ @ pmph.com
质量问题联系电话：010-59787234　E-mail：zhiliang @ pmph.com

编 者 （按姓氏笔画排序）

丁 卫	首都医科大学	张晓伟	北京大学医学部
卜友泉	重庆医科大学	张嘉宁	大连理工大学生命科学与药学学院
王丽颖	吉林大学白求恩医学部	陈 娟	华中科技大学同济医学院
史岸冰	华中科技大学同济医学院	苑辉卿	山东大学齐鲁医学院
朱华庆	安徽医科大学	孟列素	西安交通大学医学部
刘 戟	四川大学华西医学中心	赵 颖	北京大学医学部
关一夫	中国医科大学	祝建洪	温州医科大学
汤立军	中南大学湘雅医学院	贾林涛	空军军医大学
李 霞	空军军医大学	高 旭	哈尔滨医科大学
李恩民	汕头大学医学院	高国全	中山大学中山医学院
吴兴中	复旦大学基础医学院	喻 红	武汉大学医学部
何凤田	陆军军医大学	焦炳华	海军军医大学

主 审 简 介

周春燕　北京大学医学部基础医学院生物化学与生物物理学系教授，博士生导师。中国生物化学与分子生物学会理事，北京生物化学与分子生物学会常务理事。《中国生物化学与分子生物学报》主编。

从事生物化学与分子生物学教学 20 余年。参加 19 部统编教材的编写，担任研究生国家级规划教材《医学分子生物学》第 2 版主编，五年制国家级规划教材《生物化学与分子生物学》第 9 版主编、第 8 版副主编，八年制国家级规划教材《医学分子生物学》第 3 版副主编，五年制国家级规划教材《生物化学》第 7 版、《医学分子生物学》第 2 版、第 3 版副主编。主要研究方向为干细胞分化的基因表达调控机制基础研究和应用基础研究；主持国家自然科学基金委员会、科学技术部、教育部等资助项目 17 项，对干细胞分化机制、干细胞与心血管疾病和运动损伤修复等的应用基础研究开展了系统研究；培养博士生、硕士生数十人。近 10 年以通讯作者发表 SCI 收录论文 57 篇；获发明专利 5 项、实用新型专利 1 项。曾获得北京市教育工会教育创新标兵、北京市师德先进个人等。

冯作化　教授，博士生导师。湖北省生物化学与分子生物学学会理事长。

从事教学工作 32 年，曾获湖北省教学成果二等奖、入选"湖北名师"。"生物化学"国家级精品课程负责人，"生物化学"国家级双语教学示范课程负责人，"生物化学"国家级精品资源共享课负责人。担任医学院校七年制国家级规划教材《医学分子生物学》主编；医学院校八年制国家级规划教材《医学分子生物学》主编，《生物化学与分子生物学》第 2 版及第 3 版主编；研究生国家级规划教材《医学分子生物学》（第 2 版）主编；医学院校五年制国家级规划教材《医学分子生物学》第 2 版及第 3 版副主编，《生物化学与分子生物学》（第 8 版）副主编。从事肿瘤免疫和肿瘤转移的分子机制研究，承担国家"973 计划"、国家自然科学基金重点项目等多项课题，在国际期刊发表科研论文 50 余篇，科研成果获国家科技进步二等奖、中华医学科技奖一等奖、湖北省科技进步一等奖。

主 编 简 介

张晓伟 教授，博士生导师。北京大学医学部基础医学院生物化学与生物物理学系副主任。全国高等学校医学研究生国家级规划教材评审委员会委员，北京生物化学与分子生物学会理事。《生理科学进展》常务编委。

从事生物化学与分子生物学教学工作21年。参加8部统编教材的编写，担任五年制国家级规划教材《生物化学》（英文版）主编。主要研究方向为细胞衰老和肿瘤发生的分子机制及应用研究，主持国家自然科学基金委员会、北京市自然科学基金委员会、科学技术部、教育部等资助项目十余项。在衰老和肿瘤研究方面有重要发现，以通讯作者发表SCI收录论文20余篇，科研成果获教育部自然科学奖一等奖。

史岸冰 教授，博士生导师。华中科技大学同济医学院基础医学院副院长，生物化学与分子生物学系主任。中国生物物理学会膜生物学分会理事，中俄医科大学联盟青年联盟副主席，湖北省暨武汉市生物化学与分子生物学学会副理事长。《遗传》编委。

主讲"医学细胞及分子生物学""生物化学及分子生物学""细胞生物学""遗传学"等课程。担任"医学细胞与分子生物学"八年制整合课程、"双一流"建设项目"交叉学科研究生高水平课程建设""代谢与疾病基础研究实验技术"课程负责人。主要研究方向为细胞中重要受体及通道蛋白的囊泡运输分子调控机制，近年主持国家级和省部级项目9项。在 *J Cell Biol*、*PNAS*、*Current Biology*、*EMBO J*、*PLoS Genetics*、*Cell Reports* 等期刊发表论文多篇。2013年入选教育部"新世纪优秀人才"、湖北省"百人计划"，获聘湖北省"楚天学者"特聘教授。2014年入选国家"青年海外高层次人才引进计划"，2018年获国家杰出青年科学基金资助。

副主编简介

何凤田 陆军军医大学基础医学院生物化学与分子生物学教研室教授，博士生导师。现任国家教育部高等学校大学生物学课程教学指导委员会委员、全军生物化学专业委员会副主任委员。担任 4 种期刊的常务编委或编委。所获主要荣誉有：重庆市学术技术带头人、解放军原总后勤部科技新星、解放军院校育才奖"银奖"等。

从事教学工作 30 年。主编和副主编教材 21 部。以第一作者或通讯作者发表教学论文 19 篇。研究方向为"核受体与基因表达调控"及"肿瘤治疗学基础"，先后主持国家自然科学基金资助项目 10 项、重庆市科研课题 5 项，以第一作者或通讯作者发表 SCI 论文 65 篇，获国家发明专利授权 5 项。

刘 戟 教授，博士生导师。四川大学华西基础医学与法医学院生物化学与分子生物学教研室主任，国家级实验教学示范中心——四川大学华西医学基础实验教学中心生物分子实验室主任。中国生物化学与分子生物学会基础医学专业分会理事。四川省生物化学与分子生物学学会副秘书长、常务理事。四川省卫生健康委员会学术技术带头人。

从事"生物化学与分子生物学"本科生、研究生、留学生的理论及实验教学多年。主编、副主编及参编 10 部统编教材的编写。四川省"生物化学"精品资源共享课程负责人。主持国家自然科学基金、教育部及省市级资助项目多项。主要研究方向为 DNA 损伤修复和衰老、肿瘤发生机制。曾获四川省科技进步一等奖及四川大学多项教学奖励。

全国高等学校医学研究生"国家级"规划教材
第三轮修订说明

进入新世纪，为了推动研究生教育的改革与发展，加强研究型创新人才培养，人民卫生出版社启动了医学研究生规划教材的组织编写工作，在多次大规模调研、论证的基础上，先后于2002年和2008年分两批完成了第一轮50余种医学研究生规划教材的编写与出版工作。

2014年，全国高等学校第二轮医学研究生规划教材评审委员会及编写委员会在全面、系统分析第一轮研究生教材的基础上，对这套教材进行了系统规划，进一步确立了以"解决研究生科研和临床中实际遇到的问题"为立足点，以"回顾、现状、展望"为线索，以"培养和启发读者创新思维"为中心的教材编写原则，并成功推出了第二轮（共70种）研究生规划教材。

本套教材第三轮修订是在党的十九大精神引领下，对《国家中长期教育改革和发展规划纲要（2010—2020年）》《国务院办公厅关于深化医教协同进一步推进医学教育改革与发展的意见》，以及《教育部办公厅关于进一步规范和加强研究生培养管理的通知》等文件精神的进一步贯彻与落实，也是在总结前两轮教材经验与教训的基础上，再次大规模调研、论证后的继承与发展。修订过程仍坚持以"培养和启发读者创新思维"为中心的编写原则，通过"整合"和"新增"对教材体系做了进一步完善，对编写思路的贯彻与落实采取了进一步的强化措施。

全国高等学校第三轮医学研究生"国家级"规划教材包括五个系列。①科研公共学科：主要围绕研究生科研中所需要的基本理论知识，以及从最初的科研设计到最终的论文发表的各个环节可能遇到的问题展开；②常用统计软件与技术：介绍了 SAS 统计软件、SPSS 统计软件、分子生物学实验技术、免疫学实验技术等常用的统计软件以及实验技术；③基础前沿与进展：主要包括了基础学科中进展相对活跃的学科；④临床基础与辅助学科：包括了专业学位研究生所需要进一步加强的相关学科内容；⑤临床学科：通过对疾病诊疗历史变迁的点评、当前诊疗中困惑、局限与不足的剖析，以及研究热点与发展趋势探讨，启发和培养临床诊疗中的创新思维。

该套教材中的科研公共学科、常用统计软件与技术学科适用于医学院校各专业的研究生及相应的科研工作者；基础前沿与进展学科主要适用于基础医学和临床医学的研究生及相应的科研工作者；临床基础与辅助学科和临床学科主要适用于专业学位研究生及相应学科的专科医师。

全国高等学校第三轮医学研究生"国家级"规划教材目录

11	SAS 统计软件应用（第 4 版）	主　编　贺　佳	
		副主编　尹　平　石武祥	
12	医学分子生物学实验技术（第 4 版）	主　审　药立波	
		主　编　韩　骅　高国全	
		副主编　李冬民　喻　红	
13	医学免疫学实验技术（第 3 版）	主　编　柳忠辉　吴雄文	
		副主编　王全兴　吴玉章　储以微　崔雪玲	
14	组织病理技术（第 2 版）	主　编　步　宏	
		副主编　吴焕文	
15	组织和细胞培养技术（第 4 版）	主　审　章静波	
		主　编　刘玉琴	
16	组织化学与细胞化学技术（第 3 版）	主　编　李　和　周德山	
		副主编　周国民　肖　岚　刘佳梅　孔　力	
17	医学分子生物学（第 3 版）	主　审　周春燕　冯作化	
		主　编　张晓伟　史岸冰	
		副主编　何凤田　刘　戟	
18	医学免疫学（第 2 版）	主　编　曹雪涛	
		副主编　于益芝　熊思东	
19	遗传和基因组医学	主　编　张　学	
		副主编　管敏鑫	
20	基础与临床药理学（第 3 版）	主　编　杨宝峰	
		副主编　李　俊　董　志　杨宝学　郭秀丽	
21	医学微生物学（第 2 版）	主　编　徐志凯　郭晓奎	
		副主编　江丽芳　范雄林	
22	病理学（第 2 版）	主　编　来茂德　梁智勇	
		副主编　李一雷　田新霞　周　桥	
23	医学细胞生物学（第 4 版）	主　审　杨　恬	
		主　编　安　威　周天华	
		副主编　李　丰　杨　霞　王杨淦	
24	分子毒理学（第 2 版）	主　编　蒋义国　尹立红	
		副主编　骆文静　张正东　夏大静　姚　平	
25	医学微生态学（第 2 版）	主　编　李兰娟	
26	临床流行病学（第 5 版）	主　编　黄悦勤	
		副主编　刘爱忠　孙业桓	
27	循证医学（第 2 版）	主　审　李幼平	
		主　编　孙　鑫　杨克虎	

28	断层影像解剖学	主　编	刘树伟　张绍祥
		副主编	赵　斌　徐　飞
29	临床应用解剖学（第2版）	主　编	王海杰
		副主编	臧卫东　陈　尧
30	临床心理学（第2版）	主　审	张亚林
		主　编	李占江
		副主编	王建平　仇剑崟　王　伟　章军建
31	心身医学	主　审	Kurt Fritzsche　吴文源
		主　编	赵旭东
		副主编	孙新宇　林贤浩　魏　镜
32	医患沟通（第2版）	主　编	尹　梅　王锦帆
33	实验诊断学（第2版）	主　审	王兰兰
		主　编	尚　红
		副主编	王传新　徐英春　王　琳　郭晓临
34	核医学（第3版）	主　审	张永学
		主　编	李　方　兰晓莉
		副主编	李亚明　石洪成　张　宏
35	放射诊断学（第2版）	主　审	郭启勇
		主　编	金征宇　王振常
		副主编	王晓明　刘士远　卢光明　宋　彬
			李宏军　梁长虹
36	疾病学基础	主　编	陈国强　宋尔卫
		副主编	董　晨　王　韵　易　静　赵世民
			周天华
37	临床营养学	主　编	于健春
		副主编	李增宁　吴国豪　王新颖　陈　伟
38	临床药物治疗学	主　编	孙国平
		副主编	吴德沛　蔡广研　赵荣生　高　建
			孙秀兰
39	医学3D打印原理与技术	主　编	戴尅戎　卢秉恒
		副主编	王成焘　徐　弢　郝永强　范先群
			沈国芳　王金武
40	互联网＋医疗健康	主　审	张来武
		主　编	范先群
		副主编	李校堃　郑加麟　胡建中　颜　华
41	呼吸病学（第3版）	主　审	钟南山
		主　编	王　辰　陈荣昌
		副主编	代华平　陈宝元　宋元林

42	消化内科学（第3版）	主 审	樊代明	李兆申		
		主 编	钱家鸣	张澍田		
		副主编	田德安	房静远	李延青	杨 丽
43	心血管内科学（第3版）	主 审	胡大一			
		主 编	韩雅玲	马长生		
		副主编	王建安	方 全	华 伟	张抒扬
44	血液内科学（第3版）	主 编	黄晓军	黄 河	胡 豫	
		副主编	邵宗鸿	吴德沛	周道斌	
45	肾内科学（第3版）	主 审	谌贻璞			
		主 编	余学清	赵明辉		
		副主编	陈江华	李雪梅	蔡广研	刘章锁
46	内分泌内科学（第3版）	主 编	宁 光	邢小平		
		副主编	王卫庆	童南伟	陈 刚	
47	风湿免疫内科学（第3版）	主 审	陈顺乐			
		主 编	曾小峰	邹和建		
		副主编	古洁若	黄慈波		
48	急诊医学（第3版）	主 审	黄子通			
		主 编	于学忠	吕传柱		
		副主编	陈玉国	刘 志	曹 钰	
49	神经内科学（第3版）	主 编	刘 鸣	崔丽英	谢 鹏	
		副主编	王拥军	张杰文	王玉平	陈晓春
			吴 波			
50	精神病学（第3版）	主 编	陆 林	马 辛		
		副主编	施慎逊	许 毅	李 涛	
51	感染病学（第3版）	主 编	李兰娟	李 刚		
		副主编	王贵强	宁 琴	李用国	
52	肿瘤学（第5版）	主 编	徐瑞华	陈国强		
		副主编	林东昕	吕有勇	龚建平	
53	老年医学（第3版）	主 审	张 建	范 利	华 琦	
		主 编	刘晓红	陈 彪		
		副主编	齐海梅	胡亦新	岳冀蓉	
54	临床变态反应学	主 编	尹 佳			
		副主编	洪建国	何韶衡	李 楠	
55	危重症医学（第3版）	主 审	王 辰	席修明		
		主 编	杜 斌	隆 云		
		副主编	陈德昌	于凯江	詹庆元	许 媛

56	普通外科学（第3版）	主　编	赵玉沛
		副主编	吴文铭　陈规划　刘颖斌　胡三元
57	骨科学（第2版）	主　编	陈安民
		副主编	张英泽　郭　卫　高忠礼　贺西京
58	泌尿外科学（第3版）	主　审	郭应禄
		主　编	金　杰　魏　强
		副主编	王行环　刘继红　王　忠
59	胸心外科学（第2版）	主　编	胡盛寿
		副主编	王　俊　庄　建　刘伦旭　董念国
60	神经外科学（第4版）	主　编	赵继宗
		副主编	王　硕　张建宁　毛　颖
61	血管淋巴管外科学（第3版）	主　编	汪忠镐
		副主编	王深明　陈　忠　谷涌泉　辛世杰
62	整形外科学	主　编	李青峰
63	小儿外科学（第3版）	主　审	王　果
		主　编	冯杰雄　郑　珊
		副主编	张潍平　夏慧敏
64	器官移植学（第2版）	主　审	陈　实
		主　编	刘永锋　郑树森
		副主编	陈忠华　朱继业　郭文治
65	临床肿瘤学（第2版）	主　编	赫　捷
		副主编	毛友生　于金明　吴一龙　沈　铿
			马　骏
66	麻醉学（第2版）	主　编	刘　进　熊利泽
		副主编	黄宇光　邓小明　李文志
67	妇产科学（第3版）	主　审	曹泽毅
		主　编	乔　杰　马　丁
		副主编	朱　兰　王建六　杨慧霞　漆洪波
			曹云霞
68	生殖医学	主　编	黄荷凤　陈子江
		副主编	刘嘉茵　王雁玲　孙　斐　李　蓉
69	儿科学（第2版）	主　编	桂永浩　申昆玲
		副主编	杜立中　罗小平
70	耳鼻咽喉头颈外科学（第3版）	主　审	韩德民
		主　编	孔维佳　吴　皓
		副主编	韩东一　倪　鑫　龚树生　李华伟

71	眼科学（第 3 版）	主　审	崔　浩	黎晓新		
		主　编	王宁利	杨培增		
		副主编	徐国兴	孙兴怀	王雨生	蒋　沁
			刘　平	马建民		
72	灾难医学（第 2 版）	主　审	王一镗			
		主　编	刘中民			
		副主编	田军章	周荣斌	王立祥	
73	康复医学（第 2 版）	主　编	岳寿伟	黄晓琳		
		副主编	毕　胜	杜　青		
74	皮肤性病学（第 2 版）	主　编	张建中	晋红中		
		副主编	高兴华	陆前进	陶　娟	
75	创伤、烧伤与再生医学（第 2 版）	主　审	王正国	盛志勇		
		主　编	付小兵			
		副主编	黄跃生	蒋建新	程　飚	陈振兵
76	运动创伤学	主　编	敖英芳			
		副主编	姜春岩	蒋　青	雷光华	唐康来
77	全科医学	主　审	祝墡珠			
		主　编	王永晨	方力争		
		副主编	方宁远	王留义		
78	罕见病学	主　编	张抒扬	赵玉沛		
		副主编	黄尚志	崔丽英	陈丽萌	
79	临床医学示范案例分析	主　编	胡翊群	李海潮		
		副主编	沈国芳	罗小平	余保平	吴国豪

全国高等学校第三轮医学研究生"国家级"规划教材评审委员会名单

顾　问

　　韩启德　桑国卫　陈　竺　曾益新　赵玉沛

主任委员（以姓氏笔画为序）

　　王　辰　刘德培　曹雪涛

副主任委员（以姓氏笔画为序）

　　于金明　马　丁　王正国　卢秉恒　付小兵　宁　光　乔　杰
　　李兰娟　李兆申　杨宝峰　汪忠镐　张　运　张伯礼　张英泽
　　陆　林　陈国强　郑树森　郎景和　赵继宗　胡盛寿　段树民
　　郭应禄　黄荷凤　盛志勇　韩雅玲　韩德民　赫　捷　樊代明
　　戴尅戎　魏于全

常务委员（以姓氏笔画为序）

　　文历阳　田勇泉　冯友梅　冯晓源　吕兆丰　闫剑群　李　和
　　李　虹　李玉林　李立明　来茂德　步　宏　余学清　汪建平
　　张　学　张学军　陈子江　陈安民　尚　红　周学东　赵　群
　　胡志斌　柯　杨　桂永浩　梁万年　瞿　佳

委　员（以姓氏笔画为序）

　　于学忠　于健春　马　辛　马长生　王　彤　王　果　王一镗
　　王兰兰　王宁利　王永晨　王振常　王海杰　王锦帆　方力争
　　尹　佳　尹　梅　尹立红　孔维佳　叶冬青　申昆玲　史岸冰
　　冯作化　冯杰雄　兰晓莉　邢小平　吕传柱　华　琦　向　荣
　　刘　民　刘　进　刘　鸣　刘中民　刘玉琴　刘永锋　刘树伟
　　刘晓红　安　威　安胜利　孙　鑫　孙国平　孙振球　杜　斌
　　李　方　李　刚　李占江　李幼平　李青峰　李卓娅　李宗芳
　　李晓松　李海潮　杨　恬　杨克虎　杨培增　吴　皓　吴文源

吴忠均　吴雄文　邹和建　宋尔卫　张大庆　张永学　张亚林
张抒扬　张建中　张绍祥　张晓伟　张澍田　陈　实　陈　彪
陈平雁　陈荣昌　陈顺乐　范　利　范先群　岳寿伟　金　杰
金征宇　周天华　周春燕　周德山　郑　芳　郑　珊　赵旭东
赵明辉　胡　豫　胡大一　胡翊群　药立波　柳忠辉　祝墡珠
贺　佳　秦　川　敖英芳　晋红中　钱家鸣　徐志凯　徐勇勇
徐瑞华　高国全　郭启勇　郭晓奎　席修明　黄　河　黄子通
黄晓军　黄晓琳　黄悦勤　曹泽毅　龚非力　崔　浩　崔丽英
章静波　梁智勇　谌贻璞　隆　云　蒋义国　韩　骅　曾小峰
谢　鹏　谭　毅　熊利泽　黎晓新　颜　艳　魏　强

前　言

　　分子生物学是生物学领域发展最为迅速、研究成果最为显著的学科之一，也是医学院校的核心学科之一。为适应教学、科研的需要，全国高等学校医学研究生规划教材《医学分子生物学》第1版（查锡良主编）于2002年正式出版。之后再版，第2版（周春燕，冯作化主编）自2014年出版至今已历时五年。在此期间，新技术的发展、新仪器的应用、新研究体系的建立使人们对分子生物学的认识更加深入，相继提出许多新的概念和理论，这些新的知识亟须在教材中得到体现。2018年11月，第三轮全国高等学校医学研究生规划教材编写工作启动，全国高等医药教材建设研究会决定修订《医学分子生物学》，并邀请来自国内21所高等医学院校的26位专家学者参与编写。2019年1月，全体编者在武汉召开了编写会议，对本教材的编写思路、修订原则以及结构设计等进行了充分的讨论，取得了共识。

　　作为研究生教材，我们希望这部教材尽可能体现以培养研究生科学思维能力和科研工作能力为目标的特点：在内容上，尽量避免与本科生教材重复，突出新进展、新技术、新理论；在形式上，每篇成为一个独立的体系，一方面使研究生对各个领域有一个比较完整的概念，同时每一篇的内容都可以作为一个相对独立的教学内容，供不同学校选择使用。

　　第3版《医学分子生物学》共分为五篇：第一篇，基因与基因组（第一章至第四章）；第二篇，蛋白质（第五章至第十章）；第三篇，基因表达调控（第十一章至第十四章）；第四篇，基本生命活动的分子调控（第十五章至第二十章）；第五篇，常用分子生物学技术在医学中的应用（第二十一章至第二十四章）。全书的主要修订包括：

　　第一篇按照传统教材的顺序，将第2版第二篇中基因与基因组相关内容移至此处，包括基因、基因组、基因组复制、基因和基因组异常与疾病、原癌基因和抑癌基因异常与疾病。

　　第二篇是蛋白质，重点介绍蛋白质的折叠与定位和蛋白质的修饰与降解，完善蛋白质的相互作用、糖蛋白的结构与功能、蛋白质组学、蛋白质分子异常与疾病等相关内容。

　　第三篇的特点是内容经典，进展迅速。修订后，重点介绍真核生物基因表达的染色质水平调控、转录调控和非编码RNA与基因表达及其调节，增加真核生物基因表达的翻译调控。

　　第四篇主要以基本生命活动为切入点进行介绍，包括增殖、分化、死亡、应激和代谢，侧重细胞信号转导机制，增加代谢异常与疾病。

　　第五篇介绍常用分子生物学技术在医学中的应用，包括：基因工程药物的制备、基因诊断、基因治疗和生物信息学应用。

　　本次修订，将第2版第四篇中与疾病相关的内容：基因和基因组异常与疾病、癌基因和抑癌基因异常与疾病、蛋白质分子异常与疾病，均各自纳入前两篇中，这样可方便医学研究生对各个领域的研究进展，以及与医学的联系有比较完整的认识。

　　为体现相关领域的研究进展，编者们参阅了大量的原始文献和最新版的英文参考书。部分主要的参考文献和专业性较强的参考书均列在各章后，其他参考书包括 *Lehninger Principles of Biochemistry*. 6th ed.（Nelson DL，Cox MM）、*Biochemistry*. 8th ed.（Berg JM，Tymoczko JL，Gatto GJ，Stryer L）、*Molecular Cell Biology*. 7th ed.（Lodish H，Berk A，Kaiser C，et al.）、《生物化学》英文版（张晓伟）、《生物化学与分子生物学》第 9 版（周春燕，药立波）等。

　　本教材的编写和出版是在全国高等学校第三轮医学研究生"国家级"规划教材评审委员会的直接指导下完成的，并得到主审北京大学医学部周春燕教授和华中科技大学同济医学院冯作化教授的精心指导和关心。在编写过程中，还得到许多专家、同事的无私帮助，北京大学医学部的李慧老师对全书的编撰做了大量的工作，在此一并致谢。

　　全体编者努力以严肃的科学作风、严谨的治学态度进行编写，但由于时间紧，加之学术水平有限，书中难免有疏漏和不当之处，期盼同行专家和读者批评、指正。

张晓伟　史岸冰

2020 年 1 月

目　录

第四篇　基本生命活动的分子调控

第五篇　常用分子生物学技术
在医学中的应用

第一篇 基因与基因组

第一章 基因组、基因组学与转录物组学

自然界所有生物的遗传信息都是以基因作为基本单位贮存于核酸分子中。从分子生物学意义上说，基因（gene）是指储存编码 RNA 和蛋白质序列信息及表达这些信息所必需的全部核苷酸序列，而基因组（genome）则是一个生命单元（细胞或生物个体）所载的全部遗传信息，这些信息决定了生物体的发生、发展和各种生命现象的产生。

随着生命过程整体分析技术的出现，近年来兴起的"组学"（-omics）从组群或集合的角度整体检视生物体内各类分子的结构与功能以及它们之间的相互联系。基因组学（genomics）的目标是阐明整个基因组的结构与功能以及基因之间的相互作用，而转录物组学（transcriptomics）则要全面了解基因组的整体转录情况及调控规律。人类基因组计划（human genome project，HGP）的完成确定了基因组庞大的序列信息，并定位了大部分蛋白质编码基因，基于芯片和高通量 RNA 测序的转录物组学发现和鉴定了大量的转录本信息。但是，如何全面解读这些海量序列或信息中所蕴含的生物学意义以理解生命体的复杂性，进而为保障人类健康服务，仍然是当今生命科学的头等大事。正在开展的 DNA 元件百科全书（encyclopedia of DNA elements，ENCODE）计划将全面确定基因组中各个功能元件及其生物学作用，从而真正实现基因组从"结构"到"功能"的转变。

本章重点介绍基因、基因组、转录物组的概念，基因组学、转录物组学研究内容与策略及其在医学上的应用。

第一节 基 因

DNA、RNA 是基因的物质基础，基因一方面通过复制将其遗传信息稳定、忠实地遗传给子代细胞；同时，基因通过表达（转录和翻译）将其所携带的遗传信息呈现出各种生物学性状（表型）。

一、基因是遗传的基本单位

从 1865 年奥地利神父孟德尔（Mendel G）提出遗传因子学说以来的近一个半世纪里，人们对基因的认识遵循着由表及里、由浅入深、由简单到复杂、由片面到全面的发展过程，使基因的概念不断完善与发展。

（一）遗传因子是基因的早期概念

1856—1864 年间，现代遗传学奠基人 Mendel 通过豌豆杂交实验，提出了"遗传因子"（genetic factor）的概念，并对其基本性质做了最早的论述。Mendel 根据实验结果认为，遗传性状是由成对的遗传因子决定的。在生殖细胞形成时，成对的遗传因子分离，分别进入两个生殖细胞中，这被后人称为 Mendel 第一定律或分离定律（law of segregation）。Mendel 还认为，在生殖细胞形成时，不同对的遗传因子可以自由组合，即 Mendel 第二定律或自由组合定律（law of independent assortment）。这两个定律是 Mendel 遗传因子学说的中心内容。

1909 年，丹麦植物学家 Johannsen W 将 Mendel 的遗传因子改称为基因，并提出了基因型（genotype）和表型（phenotype）的概念。基因型是指逐代传递下去的成对因子的集合，因子中一个来源于父本，另一个来源于母本；表型则是指一些容易区分的个体特征的总和。自此，"基因"一词一直伴随着遗传学发展至今。

1910—1930 年间，美国生物学家 Morgen T 等通过果蝇性状的杂交实验，发现了基因连锁和交换现象，确立了遗传学的第三定律——连锁交换律（law of linkage and crossing-over），其成果总

结成《基因论》（1926 年）。Morgen 认为，基因是染色体上的实体；基因就像链珠一样，孤立地呈线状排列在染色体上；基因是染色体功能、突变和交换的最小单位。Morgen 第一次将代表某一特定性状的基因与某一特定的染色体联系起来，基因不再是代表某种性状的抽象符号，而是染色体上具有一定空间位置的实体。

（二）转化现象的研究确定了基因的本质为DNA

肺炎球菌在揭示 DNA 作为遗传信息携带者的研究中发挥了极为重要的作用。1928 年，英国医生 Griffith F 发现非致病性粗糙型（R）肺炎球菌可以转变为致病性光滑型（S）肺炎球菌，他推测某种物质在两个菌株间发生了转移，从而使 R 型肺炎球菌获得了致病性。

1944 年，美国 Rockefeller 医学研究所的 Avery O 等在 *J Exp Med* 上发表了有关"转化因子"（transforming principle）化学本质的研究结果。他们利用灭活的 S 型肺炎球菌无细胞提取液进行了一系列分析，证实 DNA 就是 S 型肺炎球菌将其致病性转移给 R 型肺炎球菌的物质。这一工作成为生物化学发展史上的重要事件。在此之前，人们普遍认为蛋白质是遗传信息的携带者。Avery 的工作为"基因是由 DNA 组成"的理论奠定了基础。

（三）现代基因的概念不断完善与发展

1. "一个基因一种酶"假说 1941 年，美国科学家 Beadle G 和 Tatum E 以红色链孢霉（*Neurospora crassa*）为材料进行生化遗传研究，他们通过诱变获得了多种氨基酸和维生素营养缺陷突变体。这些突变基因不能产生某种酶，或只产生有缺陷的酶。例如，有一个突变体不能合成色氨酸是由于它不能产生色氨酸合成酶。两人在这一研究的基础上，提出了"一个基因一种酶（one gene-one enzyme）"的假说。

2. 顺反子理论 1955 年，美国物理学家 Benzer S 以 T_4 噬菌体为材料，在 DNA 分子水平上研究基因内部的精细结构，提出了顺反子（cistron）、突变子（muton）和重组子（recon）的概念。Benzer 认为，顺反子是一个遗传功能单位，实际上就是一个功能水平上的基因，一个顺反子决定一条多肽链，这就使"一个基因一种酶"的假说发展为"一个基因一种多肽（one gene-one polypeptide）"

的假说。能产生一种多肽的是一个顺反子，顺反子也就是基因的同义词。顺反子可以包含一系列突变单位——突变子。突变子是 DNA 中构成基因的一个或若干个核苷酸。由于基因内的各个突变子之间有一定距离，所以彼此间能发生重组，这样，基因就有了第三个内涵——重组子。重组子代表一个空间单位，它有起点和终点，可以是若干个密码子的重组，也可以是单个核苷酸的互换。如果是后者，重组子也就是突变子。顺反子理论把基因具体化为 DNA 分子的一段序列，它负责传递遗传信息，是决定一条多肽链完整的功能单位；但它又是可分的，组成顺反子的核苷酸可以独自发生突变或重组，而且基因与基因之间还有相互作用。基因排列位置的不同，会产生不同的效应。

3. 操纵子模型 1961 年，法国遗传学家 Jacob F 和 Monod J 提出了原核基因表达调控机制——大肠杆菌乳糖操纵子模型（operon model）。该理论认为，很多生化功能上相关的结构基因在染色体上串联排列，由一个共同的控制区来操纵这些基因的转录。包含这些结构基因和控制区的整个核苷酸序列就称为操纵子（operon）。操纵子模型表明基因不但在结构上是可分的，而且在功能上也是有差别的，可分为负责编码蛋白质的结构基因（structural gene）和负责调节编码（结构）基因表达的调控基因（regulatory gene）。

4. 现代基因的概念 20 世纪 70 年代后，随着基因作为遗传物质重要性的不断认识，基因结构与功能的研究一直是生命科学领域研究的重中之重，并引领着生命科学的发展方向。目前从分子生物学角度把基因定义为：基因是核酸分子中贮存遗传信息的基本单位，是 RNA 和蛋白质相关遗传信息的基本存在形式，是编码 RNA 和蛋白质多肽链序列信息以及表达这些信息所必需的全部核苷酸序列。大部分生物中构成基因的核酸物质是 DNA，少数生物（如 RNA 病毒等）中是 RNA。这一概念确切地表述了基因的本质和功能。

二、一个完整的基因包含编码序列和调控序列

一个完整的基因由两部分构成：一是可以在细胞内表达为多肽链（蛋白质）或功能 RNA 的结

构基因序列；二是为表达这些结构基因（合成 RNA）所需要的启动子、增强子等调控序列。真核生物、原核生物和病毒的基因组构成各有其特点（见本章第二节），此处讨论单个基因的组成结构。

（一）结构基因编码 RNA 和多肽链

结构基因决定了其表达产物 RNA 或多肽链的序列。有的结构基因仅编码一些有特定功能的 RNA，如 rRNA、tRNA、微 RNA（microRNA，miRNA）等；而有的结构基因则通过 mRNA 进一步编码蛋白质。为蛋白质编码的结构基因中除含有一段贮存着一个特定多肽链一级结构的信息外，还存在一些与编码多肽链信息无关的 DNA 序列，如内含子和编码 mRNA 的非翻译区序列等，这些序列与 mRNA 的加工、翻译调控等有关。

一般来说，原核生物编码蛋白质的结构基因是连续的，而真核生物则是不连续的，因而将真核生物的结构基因称为断裂基因（split gene）。如图 1-1 所示，如果将成熟的 mRNA 序列与其结构基因比较，可以发现并不是全部的结构基因序列都保留在成熟的 mRNA 分子中，有一些区段（序列）通过剪接（splicing）被去除了。在结构基因序列中，与成熟 mRNA 分子相对应的序列称为外显子（exon）；位于外显子之间、在 mRNA 剪接过程中被删除部分相对应的序列则称为内含子

（intron）。外显子与内含子相间排列，共同组成结构基因。

（二）调控序列保证结构基因的表达

单个基因的组成结构中除了结构基因的编码序列外，还包括对结构基因表达起调控作用的调控序列，如启动子、增强子、转录终止信号等。对一个基因的完整描述不仅针对它的编码区，同时也包括它的调控区。如果一个基因的调控区和结构基因位于同一染色体中的相邻部位，这种调节方式称为顺式调节（cis-regulation），相应的 DNA 序列称为顺式调控元件或称顺式作用元件（cis-acting element）。顺式作用元件的作用需通过结合相应的蛋白质因子（多为转录因子）方可实现，而这些蛋白质一般由位于另外的染色体或同一染色体远距离部位的基因来编码，因而被称为反式作用因子（trans-acting factor）。反式作用因子通过直接结合或间接作用于 DNA，对基因表达发挥不同作用（促进或阻遏）。

1. 原核生物基因的调控序列　原核生物基因调控序列最主要的有启动子（promoter）和终止子（terminator）。在不同的基因中尚有可被其他调节蛋白（阻遏蛋白或激活蛋白）所识别和结合的顺式作用元件（图 1-2）。

（1）启动子提供转录起始信号：启动子是指

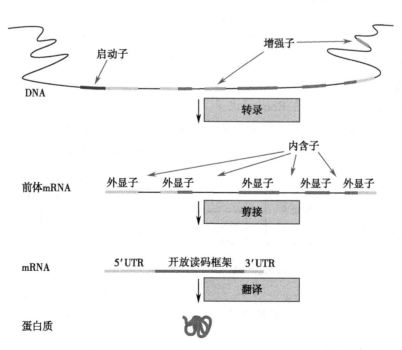

图 1-1　真核生物的断裂基因及其转录和翻译
5′-UTR：5′- 端非翻译区；3′-UTR：3′- 端非翻译区。

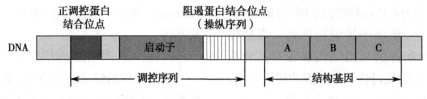

图 1-2 原核生物基因的典型结构

与 DNA 依赖的 RNA 聚合酶（RNA polymerase，RNA Pol）相结合的一段 DNA 序列（20～300bp），包括 RNA Pol 识别位点和 mRNA 转录起始位点，其功能是转录出目的基因的 mRNA。启动子具有方向性，一般位于结构基因转录起始点的上游。不同基因间的启动子序列存在一定保守性，称为一致性序列（consensus sequence）或称共有序列。启动子序列本身不出现于 RNA 产物中，仅提供转录起始信号。大肠杆菌启动子区的长度为 40～60bp，至少包括三个功能区：一是 RNA 合成的起点，即 +1 位碱基；二是位于 -10bp 区的 RNA Pol 结合部位，由 6～8bp 组成，富含 A、T，称为 TATA 盒（TATA box），又称为 Pribnow 盒或 -10 区；三是转录起始识别部位（recognition site），位于 -35bp 区，共有序列是 TGACA。尽管存在着上述共有序列，但原核生物启动子间序列可有较大差异。启动子的序列越接近共有序列，起始转录的作用越强，称为强启动子，反之称为弱启动子。例如，λ 噬菌体的 P_L、P_R 是强启动子，而乳糖操纵子（P_{lac}）是较弱的启动子，噬菌体 T_7 RNA Pol 启动子（P_{T7}）是一个很强的启动子，在外源蛋白的原核表达中得到广泛应用。

（2）终止子提供 RNA 合成终止信号：原核生物转录终止子可分成两类，一类为在 Rho（ρ）因子的作用下使 mRNA 的转录终止；另一类是 DNA 模板上靠近终止区的一段序列所转录出的一段 mRNA 可形成茎环（stem-loop）或发夹（hairpin）形式的二级结构，使转录终止。

（3）操纵元件被阻遏蛋白识别与结合：操纵元件或称操纵基因（operator），是启动子邻近部位的一小段特定序列，可被具有抑制转录作用的阻遏蛋白识别并结合，通常与启动子区域有部分重叠。

（4）正调控蛋白结合位点可加强下游结构基因的转录：在前已述及的原核基因的弱启动子附近常有一些特殊的 DNA 序列，某些具有转录激活作用的正调控蛋白可以识别并结合这种 DNA 序列，加快转录的启动。

2. 真核生物基因的调控序列 真核生物基因的调控序列远较原核生物复杂。真核生物顺式作用元件主要包括启动子、上游调控元件（增强子、沉默子）、加尾信号等（图 1-3）。

（1）启动子提供转录起始信号：真核生物基因的启动子是位于转录起始点附近，由转录因子识别和结合并决定 RNA Pol 结合和起始转录的核苷酸序列。真核生物主要有三类启动子，分别结合细胞内三种不同的 RNA Pol（RNA Pol Ⅰ、Ⅱ和Ⅲ）和转录因子，启动转录。①Ⅰ类启动子富含 GC 碱基对：具有Ⅰ类启动子的基因主要是编码 rRNA 的基因。Ⅰ类启动子包括核糖体起始因子（ribosomal initiator，rInr）和上游启动子元件（upstream promoter element，UPE），能增强转录的

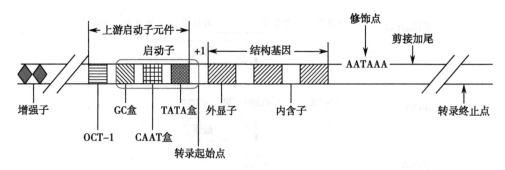

OCT-1：ATTTGCAT八聚体

图 1-3 真核生物基因的一般结构

起始。两部分序列都富含 GC 碱基对。②Ⅱ类启动子具有 TATA 盒特征结构：具有Ⅱ类启动子的基因主要是编码蛋白质（mRNA）的基因和一些小 RNA 基因。Ⅱ类启动子通常是由 TATA 盒、上游调控元件和增强子的起始元件（initiator element，Inr）组成。TATA 盒的核心序列是 TATA（A/T）A（A/T），决定着 RNA 合成的起始位点。有的Ⅱ类启动子在 TATA 盒的上游还可存在 CAAT 盒、GC 盒等特征序列，共同组成启动子。③Ⅲ类启动子包括 A 盒、B 盒和 C 盒：具有Ⅲ类启动子的基因包括 5S rRNA、tRNA、U6snRNA 等 RNA 分子的编码基因。

（2）增强子增强邻近基因的转录：增强子（enhancer）是一段短的 DNA 序列，其中含有多个作用元件，可特异性结合转录因子，增强基因的转录活性。与启动子不同，增强子可以位于基因的任何位置。增强子通常处于转录起始点上游 -100～-300bp 处，但有的距离所调控的基因远达几千 bp。通常数个增强子序列形成一簇，有时增强子序列也可位于内含子之中。增强子的功能与其位置和方向无关，可以是 5′→3′ 方向，也可以是 3′→5′ 方向。不同的增强子序列结合不同的调节蛋白。

（3）沉默子是负性调节元件：沉默子（silencer）也称为沉默子元件，是真核基因中的一种负调控序列，与增强子有许多类似之处，但作用相反。沉默子能够与反式作用因子结合从而阻断增强子及反式激活因子的作用，阻遏基因的转录活性，使基因沉默。

第二节　基　因　组

基因组是基因和染色体（chromosome）两个名词的组合，指的是一个生命单元所拥有的全部遗传物质（包括核内和核外遗传信息），其本质就是 DNA/RNA。真核生物如人类基因组包含细胞核染色体（常染色体和性染色体）及线粒体 DNA 所携带的全部遗传物质；原核生物如细菌的基因组则由存在于拟核中的 DNA 及质粒（plasmid）DNA 组成；而病毒（包括噬菌体）的基因组则由 DNA（DNA 病毒）或 RNA（RNA 病毒）组成。

不同生物体基因组的大小和复杂程度各不相同。例如大肠杆菌的基因组大小为 4.6×10^6bp，酵母基因组则为 1.3×10^7bp，而哺乳动物基因组一般可达 10^9bp。然而，基因组大小与生物种类及基因数目并没有必然的线性关系。例如，非洲肺鱼（Protopterus）的基因组可高达 10^{11}bp，是人类的 100 倍，但其基因数目及功能远没有人类复杂。当然，不同生物的基因组在结构与组织形式上各有其不同的特点。

一、人类基因组贮存于染色体和线粒体中

人类基因组大小为 3.1×10^9bp，目前已鉴定出 58 288 个基因，其中蛋白质编码基因 19 836 个，长链非编码 RNA 基因 15 778 个，小非编码 RNA 基因 7 569 个，假基因（pseudogene，ψ）14 694 个（Genecode Version 27，2017 年 1 月）。线粒体仅含 37 个编码基因，其中 13 个编码蛋白质，其余 24 个基因中 22 个编码 tRNA、2 个编码 rRNA。

研究表明，人类基因组中约 90% 的序列是可以转录的，这些序列实际上都属于编码序列。因此，目前编码序列的概念已不再局限于先前的"蛋白质编码序列"或"基因编码序列"，凡是可以转录出 RNA（mRNA 及所有其他 RNA）的序列均属编码序列的范畴。在这些编码序列中，只有很小一部分（约 2%）编码 mRNA 并翻译成蛋白质；而其他大部分编码序列所转录出的 RNA 分子中没有编码蛋白质的信息，均不能指导蛋白质的合成，因而称为非编码 RNA（non-coding RNA，ncRNA），但这些 RNA 可直接或间接参与蛋白质编码基因的表达与调控，是蛋白质生物合成所必需的因素。

（一）人类基因组中存在许多重复序列

人类基因组中的重复序列可分为高度重复序列（highly repetitive sequence）、中度重复序列（moderately repetitive sequence）和单拷贝序列（single-copy sequence）。

高度重复序列的重复频率可高达数百万次（$> 10^5$），典型的高度重复序列有反向重复序列（inverted repeat）和卫星 DNA（satellite DNA）。反向重复序列是指两个顺序相同的拷贝在 DNA 链上呈反向排列，卫星 DNA 是出现在非编码区的串联重复（tandem repeat）序列，长度 2～6bp。反

向重复序列可能与基因的复制、转录调控有关，而卫星 DNA 可能与染色体减数分裂时的染色体配对有关。

中度重复序列在基因组中重复次数为 $10 \sim 10^5$，散在分布于基因组中。中度重复序列可分为短分散重复片段（short interspersed repeated segment，SINE）和长分散重复片段（long interspersed repeated segment，LINE）两种类型。SINE 的平均长度约为 $300 \sim 500bp$，拷贝数可达 10^5 左右，*Alu* 家族是人类基因组中含量最丰富的一种 SINE；LINE 的平均长度为 $3\,500 \sim 5\,000bp$，大多不编码蛋白质。中度重复序列的功能可能类似于高度重复序列。

单拷贝序列也称低度重复序列，在单倍体基因组中只出现一次或数次，大多数蛋白质编码基因属于这一类。在基因组中，单拷贝序列的两侧往往为散在分布的重复序列。单拷贝序列编码的蛋白质维系着细胞的功能，如酶、激素、受体、结构蛋白和调节蛋白等，因此对这些序列的功能研究显得尤为重要。

（二）人类基因组中存在多基因家族和假基因

多基因家族（multigene family）是指核苷酸序列相同或相似，或其编码产物具有相似功能的一类基因。主要包括三类：①核酸序列相同的多基因家族，如 rRNA、tRNA 和组蛋白基因家族等，它们实际上分别是一个基因的多次拷贝。②核酸序列高度同源的多基因家族。如人生长激素基因家族，含编码三种激素即生长激素、胎盘促乳素和催乳素的基因 *GH*、*CS* 和 *PRL*，它们之间的同源性非常高，尤其是 *GH* 和 *CS* 之间。③编码产物的功能或功能区同源的多基因家族。如 *SRC* 癌基因家族，各成员基因结构并无明显的同源性，但每个基因产物都含有一个由 250 个氨基酸组成的同源蛋白激酶结构域。

基因超家族（gene superfamily）是指 DNA 序列有一定的相似性，但功能不一定相同的若干个多基因家族的集合。最经典的是免疫球蛋白基因超家族，该基因超家族编码免疫球蛋白、多种细胞表面蛋白及一些黏附分子等，它们在氨基酸组成上具有较高的同源性，并均含有一个或几个免疫球蛋白样结构域。这类基因超家族可能从同一祖先基因进化而来。

假基因（pseudogene，ψ）是指与某些有功能的基因结构相似，但不能表达产物的基因。假基因的产生是由于功能基因发生突变或 cDNA 插入所致。由突变而引起的功能缺失通常是在编码区引入了终止密码子，这种假基因称为重复假基因或传统假基因。由插入了 mRNA 反转录生成的 cDNA 而造成的假基因称为加工假基因（processed pseudogene）或返座假基因。加工假基因不含内含子，大多也没有基因表达所需要的调控区，因此不能被表达（图 1-4）。

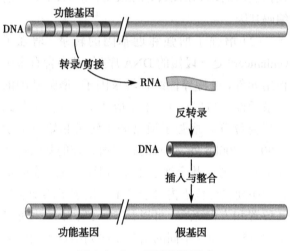

图 1-4 加工假基因的形成

（三）人类线粒体基因组包含 37 个基因

线粒体是细胞内的一种重要细胞器，是生物氧化的场所，一个细胞可拥有数百至上千个线粒体。线粒体 DNA（mitochondrial DNA，mtDNA）可以独立编码线粒体中的一些蛋白质，因此 mtDNA 是核外遗传物质。mtDNA 的结构与原核生物的 DNA 类似，是环状分子。线粒体基因的结构特点也与原核生物相似。

人线粒体基因组全长 16 568bp，共编码 37 个基因，包括 13 个编码构成呼吸链多酶体系的一些多肽的基因、22 个编码 mt-tRNA 的基因、2 个编码 mt-rRNA 的基因。

二、原核基因组贮存于拟核和质粒中

原核生物的基因组较小，主要存在于拟核 DNA 中。某些原核生物还有质粒等其他携带遗传物质的 DNA。

原核生物基因组的结构和功能与真核生物

相比有如下特点：①编码的结构基因大多是连续的；②基因组中的重复序列很少；③编码蛋白质的结构基因多为单拷贝基因，但编码 rRNA 的基因仍然是多拷贝基因；④结构基因在基因组中所占的比例（约占 50%）远远大于真核基因组，但小于病毒基因组；⑤许多结构基因在基因组中以操纵子为单位排列。

（一）原核生物基因组以操纵子模型为其特征

原核生物基因组的重要特征就是结构基因与调控序列以操纵子的形式存在（见本章第一节）。在操纵子结构中，数个功能上有关联的结构基因串联排列，共同构成编码区。这些结构基因共用一个启动子和一个转录终止信号序列，因此转录合成时仅产生一条 mRNA 长链，编码几种不同的蛋白质，称为多顺反子（polycistron）mRNA。

（二）质粒也是原核生物的遗传物质

质粒是细菌细胞内一种自我复制的环状双链 DNA 分子，不整合到宿主染色体 DNA 上，能稳定地独立存在，并传递到子代。质粒的分子量一般为 $10^6 \sim 10^8$ bp，小型质粒的长度一般为 1.5～15kb。

质粒只有在宿主细胞内才能完成自我复制，一旦离开宿主就无法复制和扩增。质粒对宿主细胞的生存不是必需的，宿主细胞离开了质粒依旧能够存活。尽管质粒不是细菌生长、繁殖所必需的物质，但它所携带的遗传信息能赋予细菌特定的遗传性状，如耐药性质粒带有耐药基因，可以使宿主细菌获得耐受相应抗生素的能力；一些人类致病菌的毒力基因亦存在于质粒中，如炭疽杆菌中编码炭疽毒素的基因。质粒常含抗生素抗性基因，经过人工改造后的质粒是重组 DNA 技术中常用的载体。

三、病毒基因组由 DNA 或 RNA 构成

与真核生物和细菌基因组相比，病毒基因组要小得多。不同病毒的基因组在大小和结构上有较大差异。如乙型肝炎病毒（hepatitis B virus，HBV）DNA 只有 3kb 大小，只能编码 4 种蛋白质；而痘病毒的基因组为 175.7kb，含有 186 个基因，可以编码 186 种蛋白质，不但可编码病毒复制所需的酶类，而且还可编码核苷酸代谢的酶类。因此，痘病毒对宿主的依赖性较乙肝病毒小得多。

（一）病毒基因组只含一种类型的核酸

每种病毒只含有一种类型的核酸，或为 DNA 或为 RNA，两者不共存于同一病毒中。基因组为 DNA 的病毒称为 DNA 病毒，基因组为 RNA 的病毒则称为 RNA 病毒。组成病毒基因组的 DNA 或 RNA 可以是单链结构，也可以是双链结构；可以是闭环分子，也可以是线性分子。

（二）RNA 病毒基因组可以由数条不相连的 RNA 链组成

RNA 病毒基因组可以由不相连的几条 RNA 链构成。如流感病毒的基因组由 8 个 RNA 分子构成，每个 RNA 分子都含有编码不同蛋白质分子的信息；呼肠孤病毒的基因组由 10 个不相连的双链 RNA 片段构成，同样每段 RNA 分子都编码一种蛋白质。

（三）病毒基因组存在基因重叠

病毒基因组大小十分有限，因此在进化过程中形成了基因重叠现象。所谓重叠基因（overlapping gene）是指两个或两个以上的基因共有一段 DNA 序列，或是指一段 DNA 序列成为两个或两个以上基因的组成部分。

第三节 基因组学

基因组学是阐明整个基因组结构、结构与功能关系以及基因之间相互作用的科学。根据研究目的不同而分为结构基因组学（structural genomics）、功能基因组学（functional genomics）和比较基因组学（comparative genomics）。结构基因组学的主要任务是通过基因组作图，揭示基因组的全部 DNA 序列及其组成；比较基因组学通过模式生物基因组之间或模式生物与人类基因组之间的比较与鉴定，为预测新基因的功能和研究生物进化提供依据；功能基因组学则利用结构基因组所提供的信息，分析和鉴定基因组中所有基因（包括编码和非编码序列）的功能。功能基因组学是后基因组时代生命科学发展的主流方向。

近年来，基因组学还衍生出表观基因组学（epigenomics）、宏基因组学（metagenomics）等概念。表观基因组学研究细胞遗传物质的所有表观遗传修饰（epigenetic modification）以及对基因表达和功能的影响，DNA 甲基化修饰和组蛋白修饰

是研究的两个重点。而宏基因组学则是一种以环境样品中微生物群体基因组结构与功能为研究对象，以微生物多样性、种群结构、进化关系、功能活性、相互协作关系及与环境之间的关系为研究目的的新的微生物研究方法。

一、结构基因组学揭示基因组序列信息

结构基因组学通过基因组作图和大规模测序等方法，辅以生物信息学和计算生物学技术，解密基因组中 DNA 序列和结构。HGP 的目的就是测定基因组中 3.1×10^9 bp 的全部排列顺序，确定基因定位，其成果主要体现为 4 张基因组图谱，即遗传图谱（genetic map）、物理图谱（physical map）、序列图谱（sequence map）和转录图谱（transcription map）。

（一）通过遗传作图和物理作图绘制人类基因组草图

人染色体 DNA 很长，不能直接进行测序，必须先将基因组 DNA 进行分解、标记，使之成为可操作的较小的结构区域，这一过程称为作图。HGP 实施过程采用了遗传作图和物理作图的策略。

1. **遗传作图就是绘制连锁图** 遗传图谱又称连锁图（linkage map）。遗传作图（genetic mapping）就是确定连锁的遗传标志（genetic marker；或分子标志，molecular marker）在一条染色体上的排列顺序以及它们之间的相对遗传距离，用厘摩尔根（centi-Morgan，cM）表示，当两个遗传标记之间的重组值为 1% 时，图距即为 1cM（约为 1 000kb）。常用的遗传标志有限制性酶切片段长度多态性（restriction fragment length polymorphism，RFLP）、可变数目串联重复（variable number of tandem repeat，VNTR）和单核苷酸多态性（single nucleotide polymorphism，SNP），其中 SNP 的精确度最高（0.5～1.0kb）。

2. **物理作图就是描绘杂交图、限制性酶切图及克隆系图** 物理作图（physical mapping）以物理尺度（bp 或 kb）标示遗传标志在染色体上的实际位置和它们间的距离，是在遗传作图基础上绘制的更为详细的基因组图谱。物理作图包括荧光原位杂交图（fluorescence *in situ* hybridization map，FISH map；将荧光标记探针与染色体杂交确定分子标记所在的位置）、限制性酶切图（restriction map；将限制性酶切位点标定在 DNA 分子的相对位置）及连续克隆系图（clone contig map）等。在这些操作中，构建连续克隆系图是最重要的一种物理作图，它是在采用酶切位点稀有的限制性内切酶或高频超声破碎技术将 DNA 分解成大片段后，再通过构建酵母人工染色体（yeast artificial chromosome，YAC）或细菌人工染色体（bacterial artificial chromosome，BAC），获取含已知基因组序列标签位点（sequence-tagged site，STS）的 DNA 大片段。STS 是指在染色体上定位明确、并且可用 PCR 扩增的单拷贝序列，每隔 100kb 距离就有一个标志。在 STS 基础上构建覆盖每条染色体的大片段 DNA 连续克隆系就可绘制精细物理图。可以说，通过克隆系作图就可以知晓特异 DNA 大片段在特异染色体上的定位，这就为大规模 DNA 测序做好了准备。

（二）通过 EST 文库绘制转录图谱

人类基因组 DNA 中只有约 2% 的序列为蛋白质编码序列，对于一个特定的个体来讲，其体内所有类型的细胞均含有同样的一套基因组，但成年个体每一特定组织中，细胞内一般只有 10% 的基因是表达的；即使是同一种细胞，在其发育的不同阶段，基因表达谱亦是不一样的。因此，了解每一组织细胞及其在不同发育阶段、不同生理和病理情况下 mRNA 转录情况，有助于了解不同状态下细胞基因表达情况，推断基因的生物学功能。

转录图谱又称为 cDNA 图或表达图（expression map），是一种以表达序列标签（expressed sequence tag，EST）为位标绘制的分子遗传图谱。通过从 cDNA 文库中随机挑取的克隆进行测序所获得的部分 cDNA 的 5′- 端或 3′- 端序列称为 EST，一般长 300～500bp 左右。将 mRNA 逆转录合成的 cDNA 片段作为探针与基因组 DNA 进行分子杂交，标记转录基因，就可以绘制出可表达基因的转录图谱。

（三）通过 BAC 克隆系和高通量测序等构建序列图谱

在基因作图的基础上，通过 BAC 克隆系的构建和鸟枪法测序（shotgun sequencing）或高通量测序（high-throughput sequencing），就可完成全基因组的测序工作，再通过生物信息学手段，即可

构建基因组的序列图谱。

BAC 载体是一种装载较大片段 DNA 的克隆载体系统，用于基因组文库构建。全基因组鸟枪法测序是直接将整个基因组打成不同大小的 DNA 片段，构建 BAC 文库，然后对文库进行随机测序，最后运用生物信息学方法将测序片段拼接成全基因组序列（图 1-5），此称为基因组组装（genome assembly）。

二、功能基因组学系统探讨基因的活动规律

功能基因组学的主要研究内容包括基因组的表达、基因组功能注释、基因组表达调控网络及机制的研究等。它从整体水平上研究一种组织或细胞在同一时间或同一条件下所表达基因的种类、数量、功能，或同一细胞在不同状态下基因表达的差异。它可以同时对多个表达基因或蛋白质进行研究，使得生物学研究从以往的单一基因或单一蛋白质分子研究转向多个基因或蛋白质的系统研究。

（一）通过全基因组扫描鉴定 DNA 序列中的基因

这项工作以基因组 DNA 序列数据库为基础，加工和注释人类基因组的 DNA 序列，进行新基因预测、蛋白质功能预测及疾病基因的发现。主要采用计算机技术进行全基因组扫描，鉴定内含子与外显子之间的衔接，寻找全长可读框（open reading frame，ORF），确定多肽链编码序列。

（二）通过 BLAST 等程序搜索同源基因

同源基因在进化过程中来自共同的祖先，因此通过核苷酸或氨基酸序列的同源性比较，就可以推测基因组内相似基因的功能。这种同源搜索涉及序列比较分析，美国国立生物技术信息中心（National Center for Biotechnology Information，NCBI）的 BLAST 程序是基因同源性搜索和比对的有效工具。每一个基因在 GenBank 中都有一个序列访问号（accession number），在 BLAST 界面上输入 2 条或多条访问号，就可实现一对或多对序列的比对。

（三）通过实验验证基因功能

可设计一系列的实验来验证基因的功能，包括转基因、基因过表达、基因敲除、基因敲减或基因沉默等方法，结合所观察到的表型变化即可验证基因功能。由于生命活动的重要功能基因在进化上是保守的，因此可以采用合适的模式生物进行实验。

（四）通过转录物组和蛋白质组描述基因表达模式

基因的表达包括转录和翻译过程，研究基因的表达模式及调控可借助转录物组学和蛋白质组学相关技术与方法（详见本章第四节和第九章）进行。

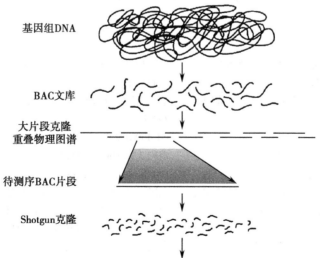

基因组DNA

BAC文库

大片段克隆
重叠物理图谱

待测序BAC片段

Shotgun克隆

Shotgun序列 ACCGTAAATGGGCTGATCATGCTTAAA
TGATCATGCTTAAACCCTGTGCATCCTACTG

拼接与组装 ACCGTAAATGGGCTGATCATGCTTAAACCCTGTGCATCCTACTG

图 1-5 BAC 文库的构建与鸟枪法测序流程示意图

三、比较基因组学鉴别基因组的相似性和差异性

比较基因组学是在基因组序列的基础上，通过与已知生物基因组的比较，鉴别基因组的相似性和差异性，一方面可为阐明物种进化关系提供依据，另一方面可根据基因的同源性预测相关基因的功能。比较基因组学可在物种间和物种内进行，前者称为种间比较基因组学，后者则称为种内比较基因组学，两者均采可用 BLAST 等序列比对工具。

（一）种间比较基因组学阐明物种间基因组结构的异同

种间比较基因组学通过比较不同亲缘关系物种的基因组序列，可以鉴别出编码序列、非编码（调控）序列及特定物种独有的基因序列。而对基因组序列的比对，可以了解不同物种在基因构成、基因顺序和核苷酸组成等方面的异同，从而用于基因定位和基因功能的预测，并为阐明生物系统发生进化关系提供数据。

（二）种内比较基因组学阐明群体内基因组结构的变异和多态性

同种群体内各个个体基因组存在大量的变异和多态性，这种基因组序列的差异构成了不同个体与群体对疾病的易感性和对药物、环境因素等不同反应的分子遗传学基础。例如，SNP 最大限度地代表了不同个体之间的遗传差异，鉴别个体间 SNP 差异可揭示不同个体的疾病易感性和对药物的反应性，有利于判定不同人群对疾病的易感程度并指导个体化用药。

四、HGP 实现了人类基因组的破译和解读

HGP 最早由美国提出并启动，发起单位为美国能源部和美国人类基因组研究所，随后英国、日本、法国、德国和中国等国家相继加入。该计划于 1990 年 10 月正式启动，至 2003 年 4 月完成，历时 13 年。

（一）HGP 旨在阐明人类基因组的特征

HGP 的主要任务就是要阐明人类基因组和其他模式生物基因组的特征，在整体上破译遗传信息。HGP 的目标包括 9 个方面：①人类基因组作图及序列分析；②人类基因组中基因的鉴定；③基因组研究技术的建立、创新与提升；④重要模式生物基因组的作图与测序；⑤信息系统的建立，信息的贮存、处理及相应软件开发；⑥与人类基因组相关的伦理学、法学和社会影响与结果的研究；⑦研究人员的培训；⑧技术转让及产业开发；⑨研究计划的外延。

（二）历时 13 年的 HGP 已取得丰硕成果

HGP 的研究内容体现为完成基因组的 4 张图，即遗传图谱、物理图谱、转录图谱和序列图谱。2003 年 4 月，在 DNA 双螺旋结构发表 50 周年之际，HGP 顺利完成（表 1-1，表 1-2）。

表 1-1　HGP 目标与完成情况比较表

研究内容	HGP 目标	完成情况	完成时间
遗传图谱	2～5cM 精度图谱（600～1 500 个标记）	1cM 精度图谱（3 000 个标记）	1994.09
物理图谱	30 000 个 STS	52 000 个 STS	1998.10
序列图谱	基因组序列中 95% 的基因，完成图精度 99.99%	基因组序列中 99% 的基因，完成图精度 99.99%	2003.04
完成图容量与费用	500Mb/ 年，<\$ 0.25/bp	>1 400Mb/ 年，<\$ 0.09/bp	2002.11
人基因组序列变异	定位 100 000 个 SNP	定位 3 700 000 个 SNP	2003.02
基因鉴定	全长人 cDNA	15 000 条全长人 cDNA	2003.03
模式生物	大肠杆菌、酿酒酵母、秀丽隐杆线虫、黑腹果蝇的全基因组序列	大肠杆菌、酿酒酵母、秀丽隐杆线虫、黑腹果蝇基因组精细图；秀丽新小杆线虫、拟暗果蝇、小鼠、大鼠基因组草图	2003.04
功能分析	开发大规模基因组研究技术	高通量寡核苷酸合成	1994
		DNA 芯片	1996
		真核（酵母）全基因组敲除	1999
		规模化的研究蛋白质—蛋白质相互作用双杂交系统	2002

表 1-2　HGP 实施过程中的重要时间节点

时间（年）	重要进展
1990	HGP 启动
1995	获得高精度的 16 和 19 号染色体物理图谱 获得中等精度的 3、11、12、22 号染色体物理图谱
1997	获得高精度的 X 和 7 号染色体物理图谱
1998	GeneMap'98 发布（含 30 000 个标签）
1999	发布 22 号染色体完整序列图谱
2000	美国总统克林顿、HGP 项目负责人柯林斯（F. Collins）和文特尔（C. Venter）共同宣布人类基因组工作草图完成（6 月 26 日） 发布 21 号染色体完整序列图谱 发布 5、6、19 号染色体工作草图
2001	发布 21 号染色体完整序列图谱 人类基因组第一个工作草图发表（新闻发布会，2 月 12 日；*Science*，2 月 16 日；*Nature*，2 月 15 日）
2002	启动国际单倍体图计划（HapMap Project） 发布小鼠基因组工作草图（*Nature*，12 月 5 日）
2003	发布 6、7、14 和 Y 染色体完整序列图谱 HGP 联盟宣布 HGP 完成（新闻发布会，4 月 14 日；*Nature*，4 月 24 日；*Science*，4 月 11 日） 启动 ENCODE 计划（9 月）
2004	发布 5、9、10、13、16、18、19 号染色体完整序列图谱
2005	发布 2、4 号和 X 染色体完整序列图谱
2006	发布 1、3、8、11、12、15、17 号染色体完整序列图谱

HGP 的实施与完成实现了人类基因组的破译，对于认识各种基因的结构与功能，了解基因表达及调控方式，理解生物进化的基础，进而阐明所有生命活动的分子基础具有十分重要的意义。现今，生命科学已进入到"后基因组时代"。

五、ENCODE 识别人类基因组所有功能元件

HGP 提供了人类基因组的序列信息（符号），并定位了大部分蛋白质编码基因。如何解密这些符号代表的意义，特别是还有 98% 左右的非蛋白质编码序列的功能，仍然是一项十分繁重的任务。

（一）ENCODE 是 HGP 的延续与深入

若要全面理解生命体的复杂性，必须全面确定基因组中各个功能元件及其作用。在此背景下，美国于 2003 年 9 月启动了 ENCODE 计划。ENCODE 计划的目标是识别人类基因组的所有功能元件，包括蛋白质编码基因、各类 RNA 编码序列、转录调控元件以及介导染色体结构和动力学的元件等，当然还包括有待明确的其他类型的功能性序列（图 1-6），其目的是完成人类基因组中所有功能元件的注释，更精确地理解人类的生命过程和疾病的发生、发展机制。

（二）ENCODE 已取得重要阶段性成果

根据 ENCODE 计划联盟有关 1～640 组覆盖整个人类基因组的数据分析报告认为：人类基因

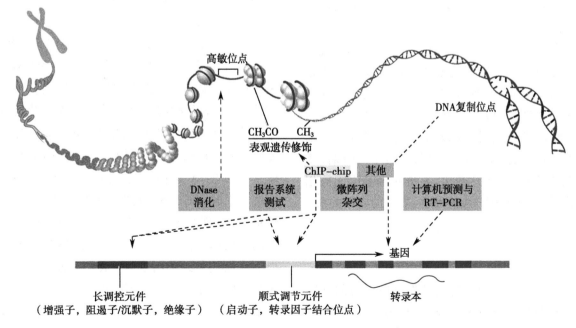

图 1-6　ENCODE 计划的研究对象和策略

组的大部分序列（80.4%）具有各种类型的功能，而并非之前认为的大部分是"垃圾"DNA；人类基因组中有 399 124 个区域具有增强子样特征，70 292 个区域具有启动子样特征；非编码功能元件富含与疾病相关的 SNP，大部分疾病的表型与转录因子相关。这些发现有助于深入理解基因表达调控的规律，并发现和鉴定出一大批与疾病相关的遗传学风险因子。

第四节　转录物组学

转录物组（transcriptome）指生命单元所能转录出来的全部转录本，包括 mRNA、rRNA、tRNA 和其他非编码 RNA。因此，转录物组学是在整体水平上研究细胞编码基因（编码 RNA 和蛋白质）转录情况及转录调控规律的科学。与基因组相比，转录物组最大的特点是受到内外多种因素的调节，因而是动态可变的。这同时也决定了它最大的魅力在于揭示不同物种、不同个体、不同细胞、不同发育阶段和不同生理病理状态下的基因差异表达的信息。

一、转录物组学全面分析基因表达谱

转录物组学是基因组功能研究的一个重要部分，它上承基因组，下接蛋白质组，其主要内容为大规模基因表达谱分析和功能注释。

大规模表达谱或全表达谱（global expression profile）是生物体（组织、细胞）在某一状态下基因表达的整体状况。长期以来，基因功能的研究通常采用基因的差异表达方法，效率低，无法满足大规模功能基因组研究的需要。利用近年来建立起来整体性基因表达分析如微阵列（芯片）、高通量 RNA 测序等技术，可以同时监控成千上万个基因在不同状态（如生理、病理、发育不同时期、诱导刺激等）下的表达变化，从而推断基因间的相互作用，揭示基因与疾病发生、发展的内在关系。

二、转录物组学研究采用整体性分析技术

任何一种细胞在特定条件下所表达的基因种类和数量都有特定的模式，称为基因表达谱，它决定着细胞的生物学行为。而转录物组学就是

要阐明生物体或细胞在特定生理或病理状态下表达的所有种类的 RNA 及其功能。目前，微阵列（microarray）、高通量 RNA 测序（RNA sequencing，RNA-Seq）已成为大规模转录物组学研究的主要技术。

（一）微阵列是基于芯片的大规模基因组表达谱分析技术

微阵列或基因芯片是 20 世纪末发展起来的可用于大规模基因组表达谱研究、快速检测基因差异表达、鉴别致病基因或疾病相关基因的一项基因功能研究技术。其基本原理是利用光导化学合成、照相平板印刷以及固相表面化学合成等技术，在固相表面合成成千上万个寡核苷酸探针（cDNA、EST 或基因特异的寡核苷酸），并与放射性同位素或荧光物标记的来自不同细胞、组织或整个器官的 DNA 或 mRNA 反转录生成的第一链 cDNA 进行杂交，然后用特殊的检测系统对每个杂交点进行定量分析。其优点是可以同时对大量基因，甚至整个基因组的基因表达进行对比分析；缺点是必须合成相应的已知序列的探针。

（二）RNA-seq 已成为全表达谱研究的主流技术

RNA-seq 是近年来发展起来的高通量测序技术。RNA-seq 的研究对象为特定细胞在某一功能状态下所能转录出来的所有 RNA 的总和，包括 mRNA、rRNA、tRNA 和 ncRNA。通过比较转录物组或基因表达谱的研究以揭示各种生物学现象或疾病发生分子机制是高通量组学研究的一个常用策略。相对于传统的芯片杂交平台，RNA-seq 无须设计已知序列的探针，即可对任意物种的整体转录活动进行检测，提供更精确的数字化信号，更高的检测通量以及更广泛的检测范围，因而成为研究复杂转录物组的有用工具。基于高通量测序平台的 RNA-seq 技术在分析转录本的结构和表达水平的同时，还能发现未知转录本和低丰度转录本，发现基因融合，识别可变剪切位点以及编码序列单核苷酸多态性（coding SNP，cSNP），提供全面的转录物组信息。RNA-seq 可以识别比蛋白组高 1～2 个数量级的表达基因，从而有助于构建完整的基因表达谱以及蛋白质相互作用网络。

三、疾病和单细胞转录物组研究是转录物组学的核心任务

目前，转录物组学的核心任务侧重于疾病转录物组研究和单细胞转录物组分析两个方面。

（一）疾病转录物组研究是阐明复杂性疾病发生机制的基础

疾病表达谱研究对于阐明复杂性疾病的基因表达调控具有重要意义。RNA-Seq技术提供了大量的转录起始位点、可变启动子以及新的可变剪接，这些调节元件及过程与人类疾病的关系非常密切。因此，进一步全面理解这些调控元件的表达和调控网络，对于深入阐明重大疾病的病因、发生发展和转归机制，以及指导新的分子诊断、预测、预防和治疗措施的发展，已成为当今分子医学研究的重要方向。RNA-Seq还可鉴定出众多疾病相关的SNP、等位基因特异性表达谱以及基因融合等，这些同样对于深入理解复杂性疾病的整个发展过程具有重要意义。

人类病原体的转录物组分析可以监控基因表达变化、鉴定新的致病因子、预测抗生素抵抗状况、揭示宿主—病原体免疫相互作用机制，以指导发展最优化的感染控制措施和个体化治疗。目前发展起来的双向RNA-Seq（宿主、病原体）可以同时鉴定病原体和宿主在感染整个过程中的RNA表达水平，结果有助于理解从入侵、感染以及宿主免疫系统清除等整个过程中种间基因调节网络的动力学响应机制。

（二）单细胞转录物组分析为解析单个细胞行为的分子基础提供了新方向

随着现代生物学的发展，细胞群体的研究已不再能满足科学研究的需求。不同类型的细胞具有不同的转录物组表型，并决定细胞的最终命运，所以从理论上讲，转录物组分析应该以单细胞为研究模型。单细胞测序解决了用全组织样本测序无法解决的细胞异质性难题，为解析单个细胞行为、机制、与机体的关系等提供了新方向。

单细胞转录物组测序是单细胞测序的一个重要内容。单细胞转录物组分析主要用于在全基因组范围内挖掘基因调节网络，尤其适用于存在高度异质性的干细胞及胚胎发育早期的细胞群体。与活细胞成像系统相结合，单细胞转录物组分析更有助于深入理解细胞分化、细胞重编程及转分化等过程及相关的基因调节网络。单细胞转录物组分析在临床上可以连续追踪疾病基因表达的动力学变化，监测病程变化、预测疾病预后。但是，鉴于目前的技术手段，单细胞转录物组测序仍然存在覆盖率低的弊端，导致除mRNA以外的长链非编码RNA（long noncoding RNA, lncRNA）难以检测。最近发展的单分子测序技术无须逆转录和扩增步骤而直接对单个细胞的全长mRNA进行测序，从而可准确地检测基因不同剪切亚型的表达水平。

第五节 基因组学与转录物组学的医学应用

HGP和ENCODE计划的实施极大地促进了医学科学的发展。基因组学、转录物组学与现代医学科学交叉融合形成的疾病基因组学、药物基因组学、疾病转录物组学等更是吸引着众多的医学科学家和药物科学家从分子水平突破对疾病的传统认识，分子医学（molecular medicine）、精准医学（precision medicine）、个体化医学（personalized medicine）等概念应运而生。

一、疾病基因组学是实现精准医学和个体化医学的主要手段

疾病基因或疾病相关基因以及疾病易感性的遗传学基础是疾病基因组学研究的两大任务。HGP的完成和ENCODE计划的实施，使得疾病基因和疾病易感基因的克隆和鉴定变得更加快捷和方便。一旦疾病基因的功能被揭示，或结合组织或细胞水平RNA、蛋白质，以及细胞功能或表型的综合分析，将会对疾病发病机制产生新的认识，从而有力地推动精准医学和个体化医学的发展。

（一）定位克隆技术是发现、鉴定疾病基因的重要手段

HGP在医学上最重要的意义是确定各种疾病的遗传学基础，即疾病或疾病相关基因的结构基础。定位克隆（positional cloning）技术的发展极大地推动了疾病基因的发现和鉴定。HGP后所进行的定位候选克隆（positional candidate cloning），是将疾病相关位点定位于某一染色体区域后，根

据该区域的基因、EST 或模式生物所对应的同源区的已知基因等有关信息,直接进行基因突变筛查,经过多次重复,可最终确定疾病相关基因。

(二)SNP 是疾病易感性的重要遗传学基础

人类 DNA 序列变异约 90% 表现为单个核苷酸的多态性,故 SNP 是一种常见的遗传变异类型,在人类基因组中广泛存在,被认为是人类疾病易感性的决定性因素。基因组序列中有些 SNP 与疾病的易感性密切相关,例如,APOE 单个碱基变异与阿尔茨海默病(Alzheimer disease,AD)的发生相关;趋化因子受体基因 CCR5 中一个单纯缺失突变会导致对 HIV 的抗性;携带 N- 乙酰基转移酶基因慢乙酰化基因型的吸烟者可能是肝癌的高危人群;髓过氧化物酶(myeloperoxidase,MPO)基因启动子(-463G→A)多态性可以降低肺癌患病的危险性;人类表皮生长因子受体 2 基因 HER-2 编码区的一个 SNP 与胃癌的发展及恶性程度有关。

总之,疾病基因组学的研究在全基因组 SNP 制图基础上,通过比较病人和对照人群之间 SNP 的差异,鉴定与疾病相关的 SNP,从而彻底阐明各种疾病易感人群的遗传学背景,为疾病的诊断和治疗提供新的理论基础。

二、药物基因组学揭示遗传变异与药物效能 / 毒性之间的关联

药物基因组学(pharmacogenomics)是功能基因组学与分子药理学的有机结合。药物基因组学区别于一般意义上的基因组学,它不是以发现人体基因组基因为主要目的,而是运用已知的基因组学知识改善病人的治疗。药物基因组学以药物效应及安全性为目标,研究各种基因突变与药效及安全性的关系。药物基因组学使药物治疗模式由诊断定向转为基因定向治疗。

(一)药物基因组学预测药物反应性并指导个体化用药

药物基因组学是研究遗传变异对药物效能和毒性的影响,即研究病人的遗传组成是如何决定对药物反应性的科学。通常是指利用人类基因组中所有基因信息,指导临床用药和新药研究与开发的一个领域。药物基因组学还包括在分子水平阐明药物疗效、药物作用靶点、模式以及产生毒、副作用的机制。药物基因组学以提高药物的疗效和安全性为目标,阐明影响药物吸收、转运、代谢、消除等个体差异的基因特性,以及基因变异所致的不同病人对药物的不同反应性,并以此为平台,指导合理用药和设计个体化用药,以提高药物作用的有效性和安全性。

(二)基因多态性是药物基因组学的基础和重要研究内容

药物基因组学研究影响药物吸收、转运、代谢和清除整个过程的个体差异的基因特性。因此,基因多态性所致的个体对药物不同反应性的遗传学基础是其重要的研究内容。药物基因组学研究基因多态性主要包括药物代谢酶、药物转运蛋白、药物作用靶点等基因多态性。药物代谢酶多态性是由同一基因位点上具有多个等位基因引起,其多态性决定表型多态性和药物代谢酶的活性,并呈显著的基因剂量 - 效应关系,从而造成不同个体间药物代谢反应的差异,是产生药物毒副反应、降低或丧失药效的主要原因。转运蛋白在药物的吸收、排泄、分布、转运等方面起重要作用,其变异对药物吸收和消除具有重要意义。大多数药物与其特异性靶蛋白相互作用产生效应,药物作用靶点的基因多态性使靶蛋白对特定药物产生不同的亲和力,导致药物疗效的不同。

(三)鉴定基因序列的变异是药物基因组学的主要研究策略

药物基因组学研究的主要策略包括选择药物起效、活化、排泄等相关过程的候选基因进行研究,鉴定基因序列的变异。这些变异既可以在生物化学与分子生物学水平进行研究,估测它们在药物作用中的意义(如 SNP 分析),也可以在人群中进行研究,用统计学原理分析基因突变与药效的关系。

药物基因组学将广泛应用遗传学、基因组学、蛋白质组学和代谢组学信息来预测患病人群对药物的反应,从而指导临床试验和药物开发过程,还将被应用于临床病人的选择和排除,并且提供区别的标准。

三、疾病转录物组学阐明疾病发生机制并推动新诊治方式的进步

转录物组学是功能基因组学的重要分支,也

是连接基因组结构与功能的重要环节，更是基因网络调控研究的重要手段。疾病转录物组学是通过比较研究正常和疾病条件下或疾病不同阶段基因表达的差异情况，从而为阐明复杂疾病的发生发展机制、筛选新的诊断标志物、鉴定新的药物靶点、发展新的疾病分子分型技术以及开展个体化治疗提供理论依据。

（一）疾病转录物组学阐明复杂疾病的发生机制，发现新的药物靶点

肿瘤转录物组信息对于理解疾病的整个过程具有重要的意义。对鼻咽癌、乳腺癌、结直肠癌和脑胶质瘤四种肿瘤的转录物组分析表明，多基因遗传性肿瘤发生、发展过程中所涉及的关键信号转导通路中的关键分子的变化将导致信号转导通路和基因调控网络的严重障碍，说明多基因肿瘤在发病学上是一类基因信号转导与基因调控网络障碍性疾病。这些结果为揭示多基因遗传性肿瘤的发生、发展机制提供了实验和理论依据。

Raf 信号通路与多种恶性肿瘤的发生、发展密切相关。对前列腺癌、胃癌、肝癌、黑色素瘤等样本的转录物组测序表明，存在于 Raf 信号途径中的 *BRAF* 和 *RAF1* 基因可发生融合现象，提示 Raf 信号途径中的融合基因有可能成为抗肿瘤治疗与抗肿瘤药物筛选的靶点。

在对阿尔茨海默病患者全脑组织的基因表达谱分析中发现，脑海马区组织中转录因子和突触信号转导因子基因表达水平显著下降，后者与 AD 患者突触功能下降的临床征象密切相关；而 β 淀粉样前体蛋白（β-amyloid precursor protein，β-APP）、促凋亡因子、促炎症因子等基因表达水平显著上升。应用单细胞表达谱分析 AD 患者前基底核神经元的基因表达情况，发现神经营养信号上调，蛋白质磷酸化活性下调。研究还发现，AD 的发生与 CDK5（促进 τ 蛋白的高磷酸化）的抑制有关，应用 CDK5 抑制剂，可出现许多与 AD 病理学进展和神经元死亡一致的基因表达改变，提示 CDK5 可以作为候选药物靶点。

（二）疾病转录物组学提供新的疾病诊断标志物，指导临床个体化治疗

外周血转录物组谱可作为冠状动脉疾病诊断与判定病程、预后的生物标志物。目前已有商业化的诊断试剂盒用于早期阻塞性冠状动脉疾病（coronary artery disease，CAD）的诊断。在进行心肌扩张患者心肌细胞转录物组研究时，发现 *ST2* 受体基因表达显著升高，在随后的研究中发现，心力衰竭患者其外周血可溶性 ST2 亦显著上升，美国食品和药物管理局（FDA）批准相关可溶性 ST2 试剂盒可用于慢性心力衰竭的预后评估。

miRNA 在进化上高度保守，miRNA 在血清和血浆中通常与蛋白质结合在一起，具有良好的稳定性，有指示疾病并预测生存状况的潜在可能性。目前，已有 HBV、多种心脏疾病、2 型糖尿病和肝癌等的血清 miRNA 谱作为潜在无创诊断标志物的报道。例如，有学者利用小 RNA 测序技术对非小细胞肺癌患者血清中的 miRNA 进行分析比较，发现长生存期与短生存期患者血清中 miRNA 水平差异显著，并应用定量反转录 PCR（qRT-PCR）得到了验证。研究表明，miRNA 的表达模式（谱）有可能成为非小细胞肺癌疾病预后诊断的生物标记。

小 RNA 不仅可以作为疾病诊断和预后的分子标志物，在疾病治疗方面也具有很大的潜力。例如，有学者应用针对 miRNA-182 的反义寡聚核苷酸治疗小鼠黑色素瘤肝转移，结果显示治疗组肝转移肿瘤数目显著减少，同时治疗组中 miRNA-182 的直接靶基因表达量明显上调。研究提示，可以选取高表达致癌基因 miRNA-182 的黑色素瘤患者作为个体化治疗的人群。

总之，本世纪以来，生命科学进入了空前的大数据（big data）时代。生命科学研究模式亦正在发生重大转变，其主要标志就是生命科学正从"微观"（实验科学）向"宏观"（整合生物科学）的方向发展，并逐渐形成了以功能基因组学为核心的整合生物学框架——组学和系统生物学（systems biology）。各种组学和系统生物学原理/技术与医学、药学等领域交叉，产生了分子医学、精准医学、转化医学等现代医学概念。可以预见，现代医学科学的发展必将驱动新一轮科学革命，人们将从分子和整体水平突破对疾病的传统认识，改变和革新现有的健康保障模式。

（焦炳华）

参 考 文 献

[1] Morgan TH. The theory of the gene. New Haven: Yale University Press. 1926.

[2] Beadle GW, Tatum EL. Genetic control of biochemical reactions in Neurospora. Proc Natl Acad Sci USA, 1941, 27(11): 499-506.

[3] Benzer S. Fine structure of a genetic region in bacteriophage. Proc Natl Acad Sci USA, 1955, 41(6): 344-354.

[4] Jacob F, Monod J. Genetic regulatory mechanisms in the synthesis of proteins. J Mol Biol, 1961, 3(3): 318-356.

[5] Watson JD, Crick FHC. Genetic implications of the structure of nucleic acid. A structure for DNA. Nature, 1953, 171(4361): 964-967.

[6] Collins FS, Morgan M, Patrinos A. The human genome project: lessons from large-scale biology. Science, 2003, 300(5617): 286-290.

[7] The ENCODE Project Consortium. An integrated encyclopedia of DNA elements in the human genome. Nature, 2012, 489(7414): 57-74.

[8] Agutter PS, Wheatley DN. About life-concepts in modern biology. Amsterdam: Springer Netherlands, 2007.

[9] Lewin B. Lewin's Genes XI. Sudbury: Pearson education, 2014.

[10] Meyers RA. Encyclopedia of molecular cell biology and molecular medicine. Weinheim: Wiley-VCH, 2012.

[11] Russell PJ. iGenetics: a molecular approach. 4th ed. San Francisco: Benjamin Cummings, 2014.

[12] Sambrook J, Russell DW. The condensed protocols from molecular cloning: a laboratory manual. New York: Cold Spring Harbor Laboratory Press, 2008.

[13] Weaver R. Molecular biology. 4th ed. New York: McGraw Hill Higher Education, 2007.

[14] 冯作化, 药立波. 生物化学与分子生物学. 3 版. 北京: 人民卫生出版社, 2015.

[15] 焦炳华. 现代生命科学概论. 2 版. 北京: 科学出版社, 2014.

第二章　基因组复制及DNA损伤与修复

基因组复制（genome replication）是指以亲代核酸链为模板按照碱基互补配对原则合成子链核酸的过程。各种生物通过其自身基因组核酸准确、完整的复制将其中蕴藏的生物遗传信息忠实地传给子代，以保证物种的连续性和基因组的完整性。因此，遗传信息的传递实际上就是基因组全部核酸序列的复制。基因组核酸的复制在不同生物中主要有 4 种形式，即 DNA 复制、DNA 通过 RNA 中间体进行复制、RNA 复制、RNA 通过 DNA 中间体进行复制。原核生物基因组、真核生物基因组和多数 DNA 病毒基因组通过 DNA 复制完成基因组的复制；少数 DNA 病毒通过 RNA 中间体复制其基因组 DNA；许多 RNA 病毒是通过 RNA 复制完成其基因组的复制；逆转录病毒则是通过 DNA 中间体复制其基因组 RNA。真核生物 DNA 的复制和原核生物相类似，但过程更为复杂、调控更为精确。

各种体内外因素所导致的 DNA 组成与结构的变化会引起 DNA 损伤。在长期的进化中，无论低等生物还是高等生物都形成了自己的 DNA 损伤修复系统，可随时修复损伤的 DNA，如能正确修复，细胞 DNA 结构恢复正常，细胞得以维持正常状态；当发生 DNA 不完全修复时，DNA 发生突变，染色体发生畸变，可诱导细胞出现功能改变，与一些疾病的发生密切相关。

第一节　真核生物基因组复制和调控

真核生物 DNA 复制与原核生物相似，但参与复制过程的酶和蛋白调节因子更为多样，其过程也更为复杂并受到严格调控。近年来对于真核生物 DNA 复制过程尤其是复制调控的认识逐步深入。因此，本节重点介绍真核生物 DNA 复制的进展。

一、真核生物 DNA 复制的基本过程

针对参与真核生物复制过程的酶和蛋白调节因子及真核生物 DNA 复制的基本过程，本部分只概括介绍，读者可以参照原核生物复制过程进行对比学习。

（一）常见的真核细胞 DNA 复制酶有 5 种

在真核细胞至少发现有 15 种 DNA 聚合酶（DNA polymerase，DNA Pol）（表 2-1），其中 5 种常见的真核 DNA 聚合酶是 Pol α、Pol β、Pol γ、Pol δ 和 Pol ε。Pol α 负责合成引物；Pol β 可能与碱基切除修复有关；Pol γ 负责线粒体 DNA 复制和损伤修复；Pol δ 负责 DNA 后随链的合成、核苷酸切除修复和碱基切除修复；Pol ε 负责 DNA 前导链的合成，DNA 的修复。

表 2-1　真核细胞 DNA 聚合酶的类型和功能

聚合酶	亚基数目	功能
Pol α	4	合成引物
Pol β	1	碱基切除修复
Pol γ	3	线粒体 DNA 复制和损伤修复
Pol δ	2～3	后随链的合成，核苷酸切除修复，碱基切除修复
Pol ε	4	前导链的合成，核苷酸切除修复，碱基切除修复
Pol θ	1	DNA 交联损伤修复
Pol ζ	1	TLS
Pol λ	1	减数分裂相关的 DNA 损伤修复
Pol μ	1	体细胞高频突变（somatic hypermutation）
Pol κ	1	TLS
Pol η	1	相对准确的 TLS（穿越环丁烷二聚体）
Pol ι	1	TLS，体细胞高频突变
Rev 1	1	TLS

注：1. TLS（translesion DNA synthesis）是跨损伤 DNA 合成。

（二）真核 DNA 复制叉形成及主要蛋白质的功能

目前已知的真核 DNA 复制叉蛋白质的主要类型及其功能见表 2-2。

表 2-2 真核 DNA 复制叉主要蛋白质的功能

蛋白质	功能
RPA	单链 DNA 结合蛋白，激活 DNA 聚合酶，使解旋酶容易结合 DNA
PCNA	激活 DNA 聚合酶和 RFC 的 ATP 酶（ATPase）活性
RFC	有依赖 DNA 的 ATPase 活性，结合于引物 - 模板链，激活 DNA 聚合酶，促使 PCNA 结合于引物 - 模板链
Pol α/ 引发酶	合成 RNA-DNA 引物
Pol δ/ε	DNA 复制，核苷酸切除修复，碱基切除修复
FEN1	核酸酶，切除 RNA 引物
RNase H I	核酸酶，切除 RNA 引物
DNA 连接酶 I	连接冈崎片段
DNA 解旋酶	DNA 双螺旋解链，参与组装引发体
拓扑异构酶	去除负超螺旋（使解旋酶容易解旋），去除复制叉前方产生的正超螺旋

1. DNA 聚合酶 α 引发酶复合物合成 RNA-DNA 引物 人 DNA 聚合酶（Pol α）分子由 4 个亚基（p180、p70、p58、p48）组成。其中，p180 是催化亚基，p48 具有引发酶活性，p58 是 p48 的稳定性和活性所必需的，而 p70 则与组装引发体有关。Pol α/ 引发酶复合物是唯一能合成 RNA 引物的酶。Pol α/ 引发酶的引发反应比较特殊：首先合成 RNA 引物，再利用其 DNA 聚合酶活性将引物延伸，产生起始 DNA（initiator DNA，iDNA）短序列，形成 RNA-DNA 引物。之后，Pol α/ 引发酶脱离模板链 DNA，由其他 DNA 聚合酶利用 RNA-DNA 引物合成前导链和后随链。

2. 复制蛋白 A 促进双螺旋 DNA 解旋并激活 Pol α/ 引发酶 复制蛋白 A（replication protein A，RPA）是单链 DNA 结合蛋白，以异源三聚体形式存在，其结构特征和功能与 *E.coli* 单链 DNA 结合蛋白（single-strand DNA binding protein，SSB）相似。

RPA 可促使双螺旋 DNA 进一步解旋，在一定条件下激活 Pol α/ 引发酶活性，并且为 Pol α 依赖复制因子 C（replication factor C，RFC）和增殖细胞核抗原（proliferating cell nuclear antigen，PCNA）合成 DNA 所必需。RPA p70 亚基可结合 Pol α 的引发酶亚基。这些相互作用是组装引发体复合物所必需的。RPA 还参与 DNA 重组和修复。

3. 复制因子 C 促进三聚体 PCNA 结合引物 - 模板链 真核生物复制因子 C 含有 5 个亚基（p140、p40、p38、p37 和 p36）。RFC 大亚基 p140 负责结合 PCNA，它的 N- 端具有 DNA 结合活性。3 个小亚基 p40、p37 和 p36 组成稳定的核心复合物，具有依赖 DNA 的 ATPase 活性，但必须有 p140 存在，其 ATPase 活性才能被 PCNA 激活。p38 可能在 p140 和核心复合物之间起连接作用。

RFC 的主要作用是促使同源三聚体 PCNA 环形分子结合引物 - 模板链或双螺旋 DNA 的切口。RFC 的这一功能是 Pol δ 在模板 DNA 链上组装、形成具有持续合成能力全酶所必需的。RFC 还具有 DNA 夹子加载蛋白的功能——将环形 DNA 夹子 PCNA 装到 DNA 模板上。

4. 增殖细胞核抗原促进 Pol δ 持续合成的能力 PCNA 分子为同源三聚体，尽管氨基酸序列保守性在种属间并不高，但酵母和人 PCNA 的三维结构几乎相同，即形成闭合环形的"DNA 夹子"。所以，PCNA 是真核 DNA 聚合酶的可滑动 DNA 夹子。

通过 RFC 介导，PCNA 三聚体装载于 DNA，并可沿 DNA 滑动。当 DNA 合成完成时，RFC 还能将 PCNA 三聚体从 DNA 上卸载。所以，PCNA 是 Pol δ 的进行性因子，在 DNA 复制中使 Pol δ 获得持续合成能力。PCNA 的上述功能与其自身结构有关：PCNA 内表面的某些氨基酸残基是激活 Pol δ 所必需的，而外表面（包括 N- 端、C- 端和结构域连接环）若干区域可与 Pol δ、RFC 相互作用。

PCNA 可与许多蛋白质分子结合，例如核酸酶 FEN1、DNA 连接酶 I、CDK（周期蛋白依赖激酶）抑制蛋白 p21、P53 诱导蛋白 GADD45、核苷酸切除修复蛋白 XPG、DNA（胞嘧啶 -5）甲基转移酶、错配修复蛋白 MLH1 和 MSH2，以及细胞周期蛋白 D 等。PCNA 与各种蛋白质的广泛相互作用提示，PCNA 是协调 DNA 复制、修复、表观遗传和细胞周期调控的核心因子。PCNA 也能激活 Pol ε，Pol ε 负责 DNA 前导链的复制、DNA 的修复。

5. Pol δ 负责 DNA 后随链的复制和 DNA 损

伤修复　Pol δ 分子是异源二聚体（p125 和 p50）。p125 是催化亚基，具有 DNA 聚合酶活性和 3′→5′ 外切核酸酶活性，其 N- 端区与 PCNA 相互作用。PCNA 能够激活哺乳动物 p125 的 DNA 聚合酶活性，但 p50 必须存在。在小鼠和果蝇中先后发现不依赖 PCNA 的 Pol δ。Pol δ 在 DNA 合成过程中负责后随链的合成，而在 DNA 损伤修复中则参与核苷酸切除修复和碱基切除修复。

6. FEN1 和 RNase H I 与冈崎片段 5′- 端的 RNA 引物切除有关　FEN1（flap endonuclease 1）是一种特异切割具有"帽边"或"盖子"（flap）结构的 DNA 内切酶。人和小鼠的 FEN1 分子为一条多肽链，具有内切核酸酶（endonuclease）和 5′→3′ 外切核酸酶活性。FEN1 可特异地去除冈崎片段 5′- 端的 RNA 引物，这一过程还需要其他因子如 PCNA、解旋酶 Dna2 参与。如果 DNA 双螺旋的一端发生解旋，一条链的 5′- 端因部分序列游离而形成盖子结构，FEN1 即表现内切酶活性，有效地切割盖子结构分支点，释放未配对片段。如果 DNA（或 RNA）的 5′- 端序列完全互补，没有盖子结构，FEN1 就通过 5′→3′ 外切酶活性降解 DNA（或 RNA）。

RNase H I 是内切核酸酶，参与冈崎片段成熟时切除 5′- 端 RNA 引物，具有特殊的底物特异性，其底物 RNA 连接在 DNA 链的 5′- 端（像冈崎片段中那样），但切割后在 DNA 链的 5′- 端残留一个核糖核苷酸，这个核苷酸再被 FEN1 切除。

7. Waga S 和 Lewin B 等提出真核复制叉模型　该模型总结了参与真核复制叉的主要分子及其在复制起始阶段的主要功能（图 2-1）。每个复制叉有一个 Pol α/ 引发酶复合物和 Pol δ/ε 复合物，前者合成 RNA-DNA 引物，而后者的功能类似于 *E.coli* 的 DNA 聚合酶 III，即 Pol ε 合成前导链，Pol δ 合成后随链。

RFC 识别引物 iDNA 的 3′- 端并去除 Pol α/ 引发酶，然后 PCNA 结合 DNA 并引入 Pol δ。核酸酶 RNase H I 和 FEN1 负责切除成熟冈崎片段 5′- 端的 RNA 引物，然后 Pol δ 负责填补冈崎片段之间的空隙，最后由 DNA 连接酶 I 封口。RPA 的功能类似于 *E.coli* 的 SSB 蛋白。另外，解旋酶对于复制叉的形成和移动必不可少。拓扑异构酶对于释放复制叉前进时产生的扭曲应力十分重要。

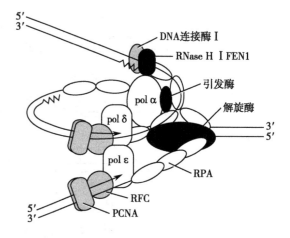

图 2-1　真核 DNA 复制叉模型

（三）真核生物 DNA 链延伸需要不同的 DNA 聚合酶

识别染色体 DNA 复制起点和 DNA 局部解旋后，Pol α/ 引发酶复合物结合于复制起点，这一步叫做引发体组装。引发体组装包括 DNA 解旋酶与 Pol α/ 引发酶相互作用。在 SV40 DNA 复制起点，T 抗原（DNA 解旋酶）、Pol α/ 引发酶和 RPA 相互作用，协调一致，共同起始 DNA 合成。

链的延伸需要 DNA 聚合酶 α/δ 或 α/ε 转换。在前导链，DNA 聚合酶 α/ε 转换出现在引发阶段，而后随链 α/δ 转换则发生于每个冈崎片段合成之际（图 2-2）。

Pol α/ 引发酶在被 RPA 覆盖的单链 DNA 模板上合成 RNA-DNA 引物（～40nt）。引物一旦合成，RFC 立即结合 iDNA 的 3′- 端，取代 Pol α/ 引发酶。发生转换是因为 Pol α 不具备持续合成能力，而且 RFC 紧密结合引物 - 模板接合处，促使 PCNA 和 Pol δ 接踵而至，由具有持续合成能力的 Pol δ 延伸 DNA 链。可见，DNA 聚合酶转换的关键蛋白是 RFC。在前导链，PCNA/Polε 复合物至少连续合成 5～10kb。在后随链，冈崎片段合成到遭遇前一个冈崎片段为止，后者的 RNA 引物被 RNase H I 和 FEN1 切除，留下的切口由 DNA 连接酶 I 连接。

（四）切除 RNA 引物有两种机制

冈崎片段的成熟过程是指将不连续合成产生的短冈崎片段转变成长的无间隙 DNA 产物，这一过程包括切除 RNA 引物、填补间隙、连接两个 DNA 片段等。在后随链成熟过程中，切除冈崎片段 5′- 端 RNA 引物依赖两种核酸酶（RNase H I 和

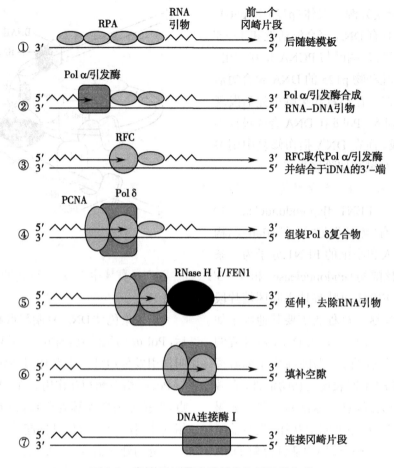

图 2-2 真核 DNA 聚合酶转换和后随链合成

FEN1），具体步骤是：首先 RNase H I 切割连接在冈崎片段 5′-端的 RNA 片段，在 RNA-DNA 引物连接点旁留下 1 个核糖核苷酸，然后 FEN1 切除最后这个核糖核苷酸（图 2-3A）。

还有一种方式切除冈崎片段 5′-端的 RNA 引物。解旋酶 Dna2 具有依赖 DNA 的 ATPase、3′→5′ 解旋酶活性，其解旋作用可以使前一个冈崎片段的 5′-端引物形成盖子结构，再由 FEN1 的内切酶

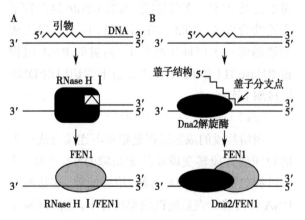

图 2-3 切除 RNA 引物的两种机制

活性切除（图 2-3B）。不仅冈崎片段 5′-端的 RNA 引物被切除，由 Pol α 合成的 iDNA 也可能在 Dna2 的解旋作用下被新生的冈崎片段所置换，然后被 FEN1 切除，形成的空隙由 Pol δ 负责填补，Pol δ 的 3′→5′ 外切核酸酶活性将增强复制的准确性，维持细胞基因组的完整。

（五）真核生物 DNA 合成后立即组装成核小体

真核生物 DNA 不是裸露的 DNA，而是与组蛋白组装形成核小体结构。复制后的染色质 DNA 需要重新装配，原有组蛋白及新合成的组蛋白结合到复制叉后的 DNA 链上，使 DNA 合成后立即组装成核小体。核小体的破坏仅局限在紧邻复制叉的一段短的区域内，复制叉的移动使核小体破坏，但是复制叉向前移动时，核小体在子链上迅速形成。

在真核生物细胞的 S 期（DNA 复制的时期），用等量已有的和新合成的组蛋白混合物装配染色质的途径称作复制 - 偶联途径（replication-coupled pathway）。其基本过程是复制时复制叉向前移行，

前方核小体组蛋白八聚体解聚形成 $(H3-H4)_2$ 四聚体和两个 H2A-H2B 二聚体，产生的已有的 $(H3-H4)_2$ 四聚体和 H2A-H2B 二聚体与新合成的同样的四聚体和二聚体在复制叉后约 600bp 处与两条子链随机组装成新的核小体。核小体形成需要一种辅助因子染色质组装因子 1（chromatin assembly factor-1，CAF-1）的参与。CAF-1 系由 5 个亚基组成的分子量为 238kDa 的复合蛋白，被 PCNA 招募到复制叉上。CAF-1 作为同组蛋白结合的分子伴侣，将单个组蛋白或组蛋白复合体释放给 DNA。CAF-1 把复制和核小体组装连接起来，保证了在 DNA 复制后立即组装核小体。

二、真核生物 DNA 复制的调节

真核生物 DNA 复制调控主要发生在复制起始和末端，而且和细胞周期密切相关。

（一）细胞周期调控蛋白控制 DNA 复制的起始

真核生物的细胞周期分为四个时期。其中，前面三个时期 G_1、S 和 G_2 为细胞间期，占细胞周期的大部分，主要执行细胞正常的代谢。M 期很短暂，为细胞分裂期，即母细胞分裂为两个子细胞。在细胞周期中，细胞在前一个细胞时期要进入下一个细胞时期，必须准备有足够的物质和原料，否则，细胞必须停止在前一个细胞时期，以防止 DNA 复制和细胞分裂紊乱。因此，细胞必须检查所有的条件是否满足其进入到下一个细胞时期的需要。细胞周期存在一些检查位点（checkpoint），可防止在细胞周期的上一个时期还没完全完成时过早进入到下一个时期。细胞周期中至少存在着两个检查位点，一个存在于 G_1 期，另一个存在于 G_2 期，主要由细胞周期蛋白（cyclin）和周期蛋白依赖激酶（cyclin-dependent kinase，CDK）来控制。

1. 细胞周期蛋白和 CDK 调控 DNA 复制所需的酶和相关蛋白质 在一些因子的作用下，细胞周期蛋白的基因被激活而合成周期蛋白，细胞周期蛋白结合 CDK，此后 CDK 可以被磷酸化或去磷酸化。CDK 被激活后可以进一步在细胞核中激活相关的因子，促使 DNA 复制相关的酶和蛋白质合成（见第十五章）。

2. 细胞周期蛋白和 CDK 调控复制起点激活并保证每个细胞周期中 DNA 只能复制一次 真核

细胞染色体 DNA 的复制仅仅出现在细胞周期的 S 期，而且只能复制一次。染色体任何一部分的不完全复制，均可能导致子代染色体分离时发生断裂和丢失。不适当的 DNA 复制也可能产生严重后果，如增加基因组中基因调控区的拷贝数，从而可能在基因表达、细胞分裂、对环境信号的应答等方面产生灾难性缺陷。

真核细胞 DNA 复制的起始分两步进行，即复制基因的选择和复制起点的激活，这两步分别出现于细胞周期的特定阶段。复制基因（replicator）是指 DNA 复制起始所必需的全部 DNA 序列。复制基因的选择出现于 G_1 期，在这一阶段，基因组的每个复制基因位点均组装前复制复合物（pre-replicative complex，pre-RC），又称复制许可因子（replication licensing factor，RLF）。复制起点的激活仅出现于细胞进入 S 期以后，这一阶段将激活 pre-RC，募集若干复制基因结合蛋白和 DNA 聚合酶，并起始 DNA 解旋。在真核细胞中，这两个阶段相分离可以确保每个染色体在每个细胞周期中仅复制一次。

在复制基因的选择阶段（G_1 期）将组装 pre-RC。pre-RC 由 4 种类型的蛋白质组成，它们按顺序在每个复制基因位点进行组装（图 2-4）。首先，由复制起始识别复合体（origin recognition complex，ORC）识别并结合复制基因；然后，ORC 至少募集两种解旋酶加载蛋白 CDC6 和 Cdt1；最后，这 3 种蛋白质一起募集真核细胞解旋酶 Mcm2-7。

真核细胞通过 CDK 严格控制 pre-RC 的激活。pre-RC 在 G_1 期形成，但复制起点 DNA 不会立即解旋或募集 DNA 聚合酶，因为 pre-RC 只能在 S 期被 CDK2 激活并起始复制。在 S 期，细胞周期蛋白 A 和 CDK2 结合，使 pre-RC 磷酸化，从而被激活。pre-RC 磷酸化导致在复制起点组装其他复制因子并起始复制，这些复制因子包括三种 DNA 聚合酶等。三种 DNA 聚合酶在复制起点的组装顺序是，首先结合 Pol δ 和 Pol ε，然后是 Pol α/引发酶。这一顺序确保在第一个 RNA 引物合成之前，所有三种 DNA 聚合酶均存在于复制起点。pre-RC 在被激活后或它们所结合的 DNA 被复制后即发生解体。细胞周期蛋白和 CDK 在细胞周期中的功能见第十五章。

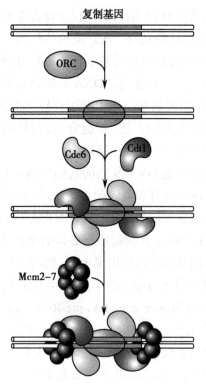

图 2-4 前复制复合物（pre-RC）的形成

（二）端粒酶及 DNA 复制末端的调控

1. 真核生物的端粒结构 端粒是存在于染色体末端的帽子结构部分，由 DNA 重复序列和许多端粒结合蛋白组成。真核生物的染色体末端为线性的 3′- 突出末端，与许多端粒蛋白结合组成端粒帽子结构保护其不被降解。不同物种真核生物的端粒长度存在差异，在酵母中大概为几百个碱基对，人类为 5～15kb 左右，而在鼠类则达到 40～50kb。哺乳动物端粒 DNA 由富含 G 的 5′-TTAGGG-3′ 重复序列链（G 链）和富含 C 的 3′-CCCTAA-5′ 重复序列链（C 链）组成。在结构上，端粒是由双链 DNA 和单链 DNA 组成，双链

DNA 构成端粒的大部分，而单链 DNA 是 G 链上突出的大概 100 个核苷酸。G 链上的突出部分（G-overhang）穿插到 DNA 端粒双链部分代替双链其中的一条链，并与相关的端粒结合蛋白形成 T-loop 结构（图 2-5）。T-loop 结构是保护 DNA 端粒末端免受 DNA 双链断裂（double-strand break，DSB）修复的关键因素。

端粒结合蛋白是形成端粒 T-loop 和保护 DNA 端粒末端免受 DSB 修复的关键，主要有两大类，分别为 Shelterin 复合体和 CST 复合体。Shelterin 复合体主要由 6 种蛋白组成，即 TRF1、TRF2、RAP1、TIN2、TPP1 和 POT1（图 2-6）。TRF1 和 TRF2 结合端粒双链部分，而 POT1 结合 G 链上的突出部分。TIN2 和 TPP1 两个蛋白是形成 Shelterin

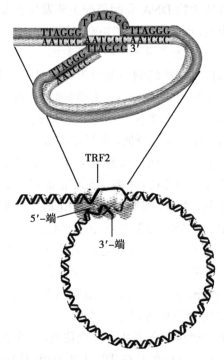

图 2-5 T-loop 结构

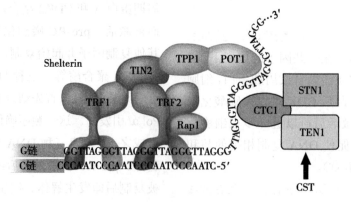

图 2-6 Shelterin 复合体和 CST 复合体示意图

复合物的连接蛋白,TIN2结合TRF1、TRF2和TPP1,TPP1分别结合TIN2和POT1,使端粒双链结合蛋白和单链结合蛋白连接在一起。RAP1和TRF2结合。Shelterin复合体的6种蛋白质组成一个功能单位,任何一个缺失将影响其保护端粒的作用。CST复合体由3种蛋白组成,分别为CTC1、STN1和TEN1。哺乳动物的CST复合体结合端粒的单链DNA。Shelterin复合体和CST复合体的功能见表2-3。

表2-3 人类Shelterin复合体和CST复合体的组成及功能

复合体	蛋白质分子	功能
Shelterin	TRF1	双链端粒结合蛋白;促进端粒复制;端粒长度负调控
	TRF2	保护端粒免受NHLJ损伤
	RAP1	招募TRF2,抑制端粒的再结合
	TIN2	稳定Shelterin复合物,与TPP1结合招募端粒酶
	TPP1	增加POT1与端粒单链结合;刺激端粒酶持续合成能力
	POT1	结合端粒单链;在缺少TPP1时抑制端粒酶活性
CST	CTC1	与POT1/TPP1结合抑制端粒酶活性;竞争性结合端粒单链;与STN1/TEN1结合增加引物酶结合DNA模板的能力
	STN1 TEN1	与CTC1结合增加引物酶结合DNA模板的能力

2. 真核生物端粒DNA的复制 真核生物端粒DNA复制在细胞分裂中起着重要的作用。端粒DNA复制失败则不能产生特定的端粒DNA长度和序列形成端粒保护结构,将导致DNA损伤修复和基因不稳定性,最终导致细胞周期停止和细胞凋亡。

20世纪80年代中期发现了端粒酶(telomerase)。1997年,人端粒酶基因被克隆成功并鉴定出该酶由三部分组成:端粒酶RNA(human telomerase RNA,hTR)约150nt、端粒酶协同蛋白(human telomerase associated protein 1,hTP1)和端粒酶反转录酶(human telomerase reverse transcriptase,hTRT)。可见该酶兼有提供RNA模板和催化反转录的功能。

端粒酶通过一种称为爬行模式(inchworm model)的机制合成端粒DNA(图2-7)。端粒酶依靠hTR(An Cn)x辨认及结合母链DNA(TnGn)x的重复序列并移至其3'-端,开始以反转录的方式复制;复制一段后,hTR(An Cn)x爬行移位至新合成的母链3'-端,再以反转录的方式复制延伸母链;延伸至足够长度后,端粒酶脱离母链,随后RNA引物酶以母链为模板合成引物,招募DNA Pol,以母链为模板,在DNA Pol催化下填充子链,最后引物被去除。端粒酶延长端粒主要由CST复合体控制。人类CST复合体通过隔离端粒酶,防止端粒酶与端粒结合和与促进端粒酶持续合成的POT1-TPP1结合而抑制端粒酶的活性。CST复合体的缺失将导致端粒酶过度延长端粒。

(三)DNA复制的时序调控

真核生物DNA复制遵循特定的时间顺序被称为复制时序(replication timing,RT),哺乳动物控制复制时序的碱基序列约400～800kb,又被称为复制域(replication domains)。复制时序与基因组架构的生成和转录功能密切关联,复制时序的缺陷将导致染色体浓缩、姐妹染色体聚集和基因组不稳定性,并和转录等基因表达调控异常及一些疾病相关。

细胞学研究表明早期DNA复制位点分散于细胞核浆,晚期DNA复制位点极为贴近细胞核纤层和核仁。利用高通量染色质捕获技术(HiC)在分子水平揭示了存在两个主要的被分隔开的染色质相互作用位点A和B,A和B位点分别关联复制时序的早期和晚期。HiC也检测到存在调节染色质自身相互作用的DNA区域被称为拓扑相关区域(topologically associating domain,TAD),A和B位点分别由数个邻近的TAD组成,特定的TAD可以改变复制时序和AB位点分布。TAD结构和AB位点的生成在细胞有丝分裂时被拆分,在细胞周期G_1早期又重建。最近的研究在16号染色体发现了三种不连续的特定序列TAD,被命名为早期复制控制元件(early replication control elements,ERCEs),这些元件具有增强子和启动子的功能,敲除这些顺式作用元件,损害了TAD空间结构,导致染色质复制时序从早期向晚期转换,并发生AB位点位移,以及丧失转录功能。这进一步揭示了存在调控复制时序的特定功能序列的存在。

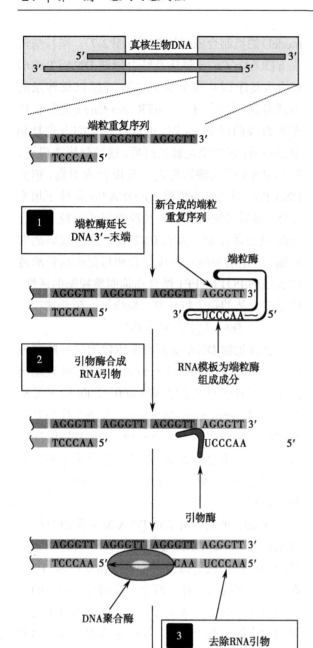

图 2-7 端粒酶催化的爬行模式和端粒的延长过程

三、线粒体 DNA 的复制与调控

动物线粒体和植物叶绿体环状双链 DNA 的复制常采用 D 环复制（D-loop replication）模式。下面主要以哺乳动物为例来说明线粒体 DNA 复制的基本过程与调控。

（一）线粒体 DNA 结构和复制基本过程

1. 线粒体 DNA 分子量小、结构简单 每个

线粒体有 4～6 个 mtDNA 分子，哺乳动物每个细胞含有 1 000 到 10 000 个 mtDNA 分子。与细胞核 DNA 相比，mtDNA 非常小，是动物细胞存在于细胞核基因组之外唯一具有独立复制功能的遗传物质。哺乳动物的 mtDNA 是结构紧密的双链闭合环状分子。1981 年，英国 Anderson S 等在 *Nature* 杂志上发表了人 mtDNA 全长序列的测定结果，含 16 569bp。mtDNA 在氯化铯密度梯度离心中双链密度不同分为重链（the heavy strand，H 链）和轻链（the light strand，L 链）。H 链富含嘌呤，L 链富含嘧啶。

人 mtDNA 含有 37 个编码基因（图 2-8），包括 2 个 rRNA 基因，22 个 tRNA 基因以及 13 个编码与线粒体氧化磷酸化功能相关的多肽基因，这些多肽分布于：复合体 I（NADH- 泛醌还原酶，NADH dehydogenase-ubiquinone oxidoreductase，ND）中 7 个亚基（ND_1，ND_2，ND_3，ND_4，ND_{4L}，ND_5，ND_6）；复合体 III（泛醌 - 细胞色素 c 还原酶，ubiquinone-cytochrome c oxidoreductase）中 1 个亚基（cyt b）；复合体 IV（细胞色素 c 氧化酶，cytochrome c oxidase，CO）中 3 个亚基（CO I，CO II，CO III）和复合体 V（ATP 合酶，ATP synthase）中 F_0 的 2 个亚基（ATPase6 和 ATPase8）。所有这十三种多肽均是呼吸链的组成成分，位于线粒体内膜。除一个蛋白质基因（*ND6*）和 8 个 tRNA 基因由 L 链编码外，其余大部分基因都由 H 链编码。

mtDNA 一般不与组蛋白结合，呈裸露状的闭环结构，其遗传密码与标准密码不完全相同，且 mtDNA 中基因排列紧密，无内含子，部分基因出现重叠。

mtDNA 上的 D 环调控区（D-loop regulatory region）位于 $tRNA^{pro}$ 和 $tRNA^{phe}$ 基因之间，包含 3 个保守序列节段（conserved sequence blocks，CSB I，CSB II，CSB III）、终止结合序列（termination associated sequences，TAS）、重链复制起始点（origin of heavy-strand，O_H）等序列。轻链复制的起始点（origin of light-strand，O_L）则位于距离 O_H 约为整个环状 mtDNA 的 2/3 的位置。

2. mtDNA 复制的基本过程 mtDNA 复制与原核生物 DNA 复制相似，但复制过程由 DNA 聚合酶 γ 负责，复制起始点被分成 O_H 和 O_L 两个部分。哺乳动物 mtDNA 最常见的复制模式是 D

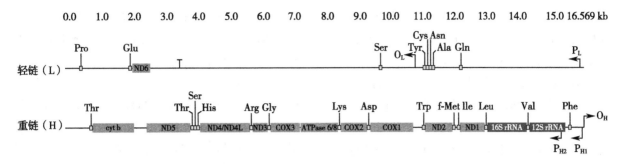

图 2-8　人线粒体基因组 DNA 图谱

O_H：重链复制起始点；O_L：轻链复制起始点；P_{H1}、P_{H2}：重链启动子；P_L：轻链启动子。

环复制：首先在 O_H 处以 L 链为模板，从轻链启动子（light-strand promoter，LSP）启动转录出一段 RNA 引物，然后由 DNA 聚合酶 γ 催化顺时针方向合成一个 500～600bp 长的 H 链片段，该片段与 L 链以氢键结合，取代亲代的 H 链，产生一种 D 环（displacement loop）复制中间物。然后，在各种复制相关酶和因子的作用下，复制又沿着 H 链合成的方向移动，新生成的 H 链片段继续合成。当 D 环膨胀到环形 mtDNA 约 2/3 位置时，即暴露出 L 链复制的起始位点，单股 DNA 吸引 mtDNA 引物酶合成第 2 个引物，并以原来的 H 链为模板逆时针方向开始 L 链 DNA 的复制。L 链合成结束后，切除 RNA 引物，完整 DNA 环连接，最后以环状双螺旋方式释放（图 2-9）。

　　mtDNA 两个复制起点的激活有先有后，两条链的复制也不是同时结束，D 环复制的特点是两条链的复制不同步。mtDNA 合成速度相当缓慢，每秒约 10 个核苷酸，整个复制过程需要 1h。新合成的线粒体 DNA 呈现松弛型，随后约 40min 折叠为超螺旋型。

（二）参与线粒体 DNA 复制的主要分子及其调控

　　参与 mtDNA 复制体系的相关酶和蛋白质因子主要包括 DNA 聚合酶 γ、解旋酶、拓扑异构酶、单链结合蛋白、引物酶、连接酶等。mtDNA 复制的调控包括复制起始的调控，编码复制组分核基因的表达调控，以及复制组件之间的相互作用。mtDNA 复制调控的异常会导致衰老、肿瘤、神经退行性疾病及糖尿病的发生，确切的分子机制有待进一步研究。

　　1. DNA 聚合酶 γ　DNA polγ 是线粒体特殊的 DNA 复制酶，具有持续合成 mtDNA 链和校正

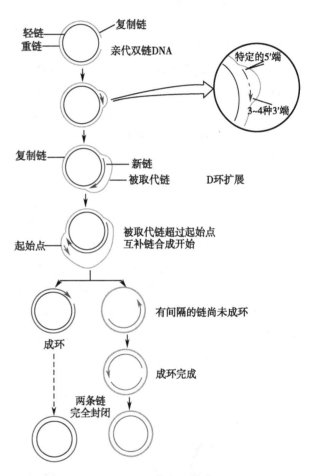

图 2-9　D 环复制模式

修复功能。DNA polγ 是由两个亚基组成的异二聚体，不同生物的 DNA polγ 区别很大。人 HeLa 细胞中提取的 DNA polγ 是由核基因 *POLG1* 编码的催化亚基 α 和核基因 *POLG2* 编码的附属亚基 β 组成。α 亚基具有 5′→3′ 聚合酶活性，3′→5′ 外切核酸酶活性，以及 5′- 脱氧核糖磷酸（dRP）裂解酶活性。β 亚基可增强 DNA 与 DNA polγ 之间的亲和力，识别复制引物。

　　2. 解旋酶和拓扑异构酶　mtDNA 是环状

DNA 分子，在 DNA 复制过程中，解旋酶和拓扑异构酶负责改变超螺旋结构，解开双链 DNA，在启动复制起始和 mtDNA 链延伸中发挥重要功能。TWINKLE 是哺乳动物线粒体内位于复制叉处的解旋酶，具有典型的解旋酶活性，解旋过程需要消耗 ATP。TWINKLE 与 DNA polγ 共同作用，利用单链 DNA 为模板，使 mtDNA 合成顺利进行。*TOP1* 基因编码一种线粒体拓扑异构酶，是脊椎动物细胞特有的。该蛋白的分子量约为 72kDa，具有缓解负超螺旋的能力。

3. 线粒体单链结合蛋白（mtSSB） 双链 DNA 解旋后，需要和 mtSSB 结合保证链延伸正常进行。真核生物 mtSSB 的分子量为 13～16kD，和 *E.coli* SSB 序列相似。mtSSB 与复制中间体的单链 DNA 结合，防止单链 DNA 再次复性或被 DNA 酶降解，同时 mtSSB 对 TWINKLE 解旋活性和 DNA polγ 聚合活性有促进作用，确保 mtDNA 复制链正常延伸。

4. 线粒体 DNA 复制装置 TWINKLE 单独存在时不能解开大于 55bp 的双链 DNA，DNA polγ 单独存在时不能利用双链 DNA 作为模板合成新的 DNA。因此复制过程中，DNA polγ 和 TWINKLE 首先形成特殊的复制装置，利用双链 DNA 合成约 2kb 的单链 DNA 分子。随后，mtSSB 的加入进一步促进反应的进行，最终产生约 16kb 的单链 DNA 产物（图 2-10）。

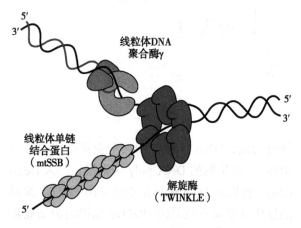

图 2-10 mtDNA 复制装置

5. mtDNA 复制的其他相关酶哺乳动物 mtDNA H 链复制起始需要一个引物 RNA。在 RNA 引物合成过程中，需要 RNA 聚合酶（POLRMT）、线粒体转录因子 A（TFAM）及线粒体转录因子 B（TFBM）参与。人体 POLRMT 为 DNA 依赖单亚基 RNA 聚合酶，也与 T3、T7 噬菌体的 RNA 聚合酶具有同源性。POLRMT 含有一个羧基端域（CTD），一个氨基端域（NTD）和一个氨基端延伸域（NTE）。CTD 含有高度保守的催化结构域和引物识别区域，NTD 包含识别启动子的重要元件，NTE 与转录抑制调控密切相关。TFAM 是第一个被发现的线粒体转录因子，能与 POLRMT 结合并在转录起始位点引发线粒体 DNA 的转录，促进引物的生成，TFBM 为 TFAM 和 POLRMT 连接的桥梁。

RNA 在完成其引物功能后即被切除，以确保 mtDNA 复制的完整性与高保真性。这一功能主要由 RNase H I 完成。RNase H I 具有核酸内切酶活性，主要发挥在复制起始点切除 RNA 引物的作用。最后 DNA 连接酶Ⅲ负责连接 mtDNA 单链切口。

第二节 DNA 损伤与修复

体内外多种因素会引起 DNA 损伤，生物体在进化过程中形成了 DNA 损伤修复系统，修复障碍与一些疾病的发生密切相关。研究 DNA 损伤与修复对于理解一些重要疾病的发生及寻找有效的干预措施意义重大。

DNA 损伤的诱发因素众多。一般可分为内部因素与外部因素。前者包括机体代谢过程中产生的有毒活性分子、DNA 复制过程中发生的碱基错配，以及 DNA 本身的热不稳定性等因素，可诱发 DNA 的"自发"损伤；后者包括辐射、化学毒物、药物、病毒感染、植物以及微生物的代谢产物等。值得注意的是，内部因素与外部因素的作用有时是不能截然分开的，许多外部因素通过产生内部因素引发 DNA 损伤。DNA 损伤主要包括碱基丢失、碱基改变、核苷酸插入或缺失、DNA 链断裂和 DNA 链间或链内交联等类型。

一、DNA 损伤修复系统有多种类型

DNA 损伤可能造成两种结果：一是导致复制或转录障碍；二是导致复制后产生基因突变（如胞嘧啶自发脱氨基转变为尿嘧啶），使 DNA 序列

发生永久性改变。而细胞内存在着灵敏的机制，能够识别和修复这些损伤，维持细胞的正常增殖和代谢。

DNA 损伤修复系统有几种类型（表 2-4），其中以切除修复最为普遍。一种 DNA 损伤可通过多种途径来修复，而一种修复途径也可参与多种 DNA 损伤的修复过程。人们对 *E.coli* 的 DNA 损伤修复系统已了解得比较清楚，对真核细胞损伤修复的认识也逐步加深。在此重点介绍真核细胞的 DNA 损伤修复。

（一）碱基切除修复直接将损伤的碱基切除

碱基切除修复（base excision repair，BER）是较普遍的切除修复方式之一。在该系统中，糖苷酶（glycosidase）识别受损碱基并通过水解糖苷键切除之（图 2-11），从而在 DNA 骨架上产生一个无嘌呤嘧啶位点（apurinic-apyrimidinic site，AP site），即 AP 位点。然后，AP 内切酶在 AP 位点的 5′- 端切断 DNA 骨架的磷酸二酯键，AP 外切酶再切割 AP 位点的 3′- 端，产生的缺口由 DNA 聚合酶利用未损伤的 DNA 链作为模板填补，最后 DNA 连接酶连接。这一方式可以修复细胞 DNA 中碱基（如 C）自发脱氨基产生的异常碱基（如 U）。脱嘌呤也是一种常见的细胞 DNA 损伤，也在 DNA 中产生 AP 位点，其修复和上述过程相似，只是不再需要 DNA 糖苷酶。

在人细胞核中已发现 8 种 DNA 糖苷酶。它们参与的碱基切除修复具有损伤特异性，其特异识别的异常碱基包括：胞嘧啶脱氨基产生的尿嘧

表 2-4 常见的 DNA 损伤修复途径

修复途径	修复对象	参与修复的酶或蛋白
直接修复	嘧啶二聚体	光复活酶
碱基切除修复	受损的碱基	DNA 糖基化酶、无嘌呤 / 无嘧啶内切核酸酶
核苷酸切除修复	嘧啶二聚体、DNA 螺旋结构的改变	大肠杆菌中 UvrA、UvrB、UvrC 和 UvrD，人 XP 系列蛋白 XPA、XPB、XPC、…、XPG 等
错配修复	复制或重组中的碱基配对错误	大肠杆菌中的 MutH、MutL、MutS，人的 MLH1、MSH2、MSH3、MSH6 等
重组修复	双链断裂	RecA 蛋白、Ku 蛋白、DNA-PKcs、XRCC4
损伤跨越修复	大范围的损伤或复制中来不及修复的损伤	RecA 蛋白、LexA 蛋白、其他类型的 DNA 聚合酶

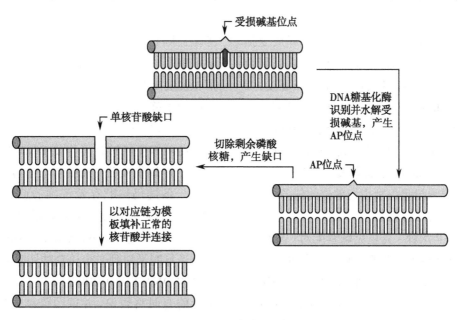

图 2-11 碱基切除修复

啶、氧化的鸟嘌呤（oxoG）、脱氨基的腺嘌呤、开环碱基以及碳原子之间双键变成单键的碱基等。DNA 糖苷酶也可以切除 T-G 错配中的 T。T-G 错配产生于 5- 甲基胞嘧啶自发脱氨基，这种现象在脊椎动物基因组中很常见。由于 T 和 G 均为正常碱基，DNA 糖苷酶只能假定 T-G 错配中的 T 来自 5- 甲基胞嘧啶自发脱氨基，故有选择地切除。

（二）核苷酸切除修复系统识别 DNA 双螺旋变形

与碱基切除修复不同，核苷酸切除修复（nucleotide excision repair，NER）系统并不识别任何特殊的碱基损伤，而是识别 DNA 双螺旋形状的变形。例如紫外线照射产生的胸腺嘧啶二聚体以及其他嘧啶二聚体（C-T 和 C-C），或某些致癌剂的巨大化学基团（如苯并芘、甲基胆蒽等烃基）共价修饰碱基而造成的变形。一个多酶复合物（核苷酸切除修复系统）搜寻在 DNA 中发生的这种变形，一旦发现，就在其两侧切断 DNA 链，接着解旋酶将包括损伤部位在内的单链 DNA 短片段去除，然后由 DNA 聚合酶和 DNA 连接酶利用未损伤的 DNA 链为模板修补缺口，从而恢复正常序列。

人类的 DNA 损伤核苷酸切除修复需要大约30 多种蛋白的参与。其修复过程如下：①首先由损伤部位识别蛋白 XPC 和 XPA 等，再加上复制蛋白 SSB，结合在损伤 DNA 的部位；② XPB、XPD发挥解旋酶的活性，与上述物质共同作用在受损DNA 周围形成一个凸起；③ XPG 与 XPF 发生构象改变，分别在凸起的 3′- 端和 5′- 端发挥内切核酸酶活性，在 PCNA 的帮助下，切除并释放受损的寡核苷酸；④遗留的缺损区由聚合酶 δ 或聚合酶 ε 进行修补合成；⑤最后由连接酶完成连接。

核苷酸切除修复不仅能够修复整个基因组中的损伤，而且能够修复那些正在转录的基因的模板链上的损伤，后者又称为转录偶联修复（transcription-coupled repair）。在此修复中，所不同的是由 RNA 聚合酶承担起识别损伤部位的任务。

（三）碱基错配修复

错配是指非沃森 - 克里克碱基配对（Watson-Crick base pairing）。碱基错配修复也可被看作是碱基切除修复的一种特殊形式，是维持细胞中DNA 结构完整稳定的重要方式，主要负责纠正：①复制与重组中出现的碱基配对错误；②因碱基

损伤所致的碱基配对错误；③碱基插入；④碱基缺失。从低等生物到高等生物，均拥有保守的碱基错配修复系统或途径。

大肠杆菌参与 DNA 复制中错配修复的蛋白包括 Mut（mutase）H、MutL、MutS、DNA 解旋酶、单链结合蛋白、外切核酸酶 I、DNA 聚合酶Ⅲ，以及 DNA 连接酶等至少 12 种蛋白成分（表 2-5）。

表 2-5 错配修复相关的酶或蛋白

酶或蛋白	功能
Dam 甲基化酶	甲基化 DNA 链中 GATC 中的 A
MutL、MutS	识别错配位点
MutH	切割无甲基化子链 GATC 中 G 位点
DNA 解旋酶Ⅱ	解开双链，便于修复
SSB	结合单链 DNA
DNA 多聚酶Ⅲ	修复被切割链
内切核酸酶 I / X	3′→5′ 方向切割 DNA 错配链
内切核酸酶Ⅶ	3′→5′ 或 5′→3′ 切割 DNA 错配链
Rec J 内切酶	5′→3′ 切割 DNA 错配链
DNA 连接酶	连接错配中新合成链

真核细胞中有多种与大肠杆菌 MutS、MutL高度同源的参与错配修复的蛋白，如与大肠杆菌 MutS 高度同源的人类的 MSH2（MutS Homolog 2）、MSH6、MSH3 等。MSH2 和 MSH6 的复合物可识别包括碱基错配、插入、缺失等 DNA 损伤，而由 MSH2 和 MSH3 形成的蛋白复合物则主要识别碱基的插入与缺失。MutL 在真核生物中的同源蛋白则是 MLH 和 PMS1。真核细胞并不像原核细胞那样以甲基化来区分母链和子链，可能是依赖修复酶与复制复合体之间的联合作用识别新合成的子链。

（四）重组修复

切除修复能够精确修复 DNA 损伤的重要前提之一是损伤发生于 DNA 双螺旋中的一条链，而另一条链仍然贮存着正确的遗传信息。对于DNA 双链断裂损伤，细胞必须利用双链断裂修复，即重组修复（recombination repair）。

当复制又遇到一个核苷酸切除修复系统未能修复的 DNA 损伤（如胸腺嘧啶二聚体）时，DNA聚合酶有时将暂停，并试图跨越损伤进行复制。虽然此时的复制不可能利用模板链，但通过与复

制叉的另一个子代DNA分子重组，可以恢复其序列信息。一旦完成这一重组修复，核苷酸切除修复系统就获得另一次机会修复胸腺嘧啶二聚体。另一种情况是，复制叉遇到一个缺口，复制叉跨越缺口将产生DNA断裂，修复这种损伤只能利用双链断裂修复。

E.coli 的 *rec* 基因（*recA*、*recB*、*recC* 和 *recD*）编码的几种酶参与重组修复。RecBCD 酶复合物兼有解旋酶和核酸酶活性，它利用 ATP 水解提供能量沿着 DNA 运动。其中，RecB 和 RecD 是两种 DNA 解旋酶。当 RecBCD 遇到 chi 序列（5′-GCTGGTGG-3′），它就在其附近将单链 DNA 切断，从而使 DNA 重组成为可能。*E.coli* 基因组大约有 1 000 个 chi 序列，因 DNA 链交换位点的结构类似希腊字母 χ（chi）而得名。这种结构以发现者的姓命名为 Holliday 结构。RecA 蛋白在 DNA 重组中起关键作用，也被称为重组酶，RuvA 蛋白识别 Holliday 结构连接处，紧紧结合于单链 DNA，每圈结合 6 个 RecA 分子。

真核细胞参与重组修复的蛋白质的结构与功能和 *E.coli* 的相似。例如，Rad51 蛋白相当于 RecA，MRX 蛋白（或 Rad50、Rad58 和 Rad60）相当于 RecB、RecC、RecD。另一种参与重组修复的重要蛋白是 XRCC（X-ray repair complementing defective in Chinese hamster），它能与 DNA 连接酶形成复合物并增强连接酶的活力。真核生物 DNA 重组修复过程见图 2-12。

（五）跨损伤 DNA 合成修复

当 DNA 双链发生大范围的损伤，DNA 损伤部位失去了模板作用，或复制叉已解开母链，致使修复系统无法通过上述方式进行有效修复。由于此类损伤是 DNA 聚合酶进行复制的障碍，复制体必须设法跨越损伤进行复制，或者被迫暂停复制。即使细胞不能修复这些损伤，自动防故障系统能够使复制体绕过损伤部位，这一机制就是跨损伤 DNA 合成（translesion DNA synthesis）。

跨损伤 DNA 合成使用一类特殊的 DNA 聚合酶，它们能够直接跨越损伤部位进行合成（图 2-13）。*E.coli* 的跨损伤 DNA 合成由 UmuC-UmuD′ 复合物进行。UmuC 是 Pol κ 家族的成员。

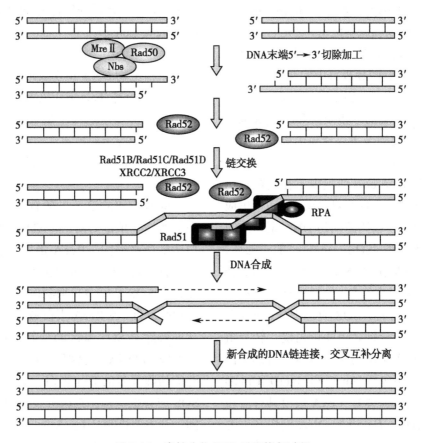

图 2-12 真核生物 DNA 重组修复过程

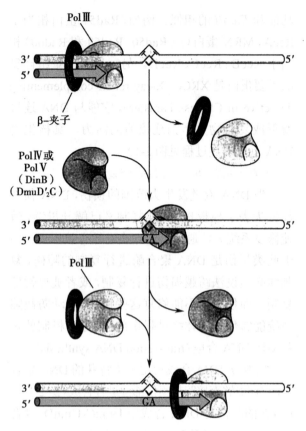

图 2-13 跨损伤 DNA 合成

这些跨损伤 DNA 聚合酶虽然依赖模板，但插入核苷酸时并不依赖碱基配对，这是它们能跨越模板链中的损伤合成 DNA 的原因。由于这些 DNA 聚合酶没有"阅读"模板链中的遗传信息，所以通常跨损伤 DNA 合成差错率较高。虽然这种机制合成 DNA 具有高度的差错倾向（error-prone），可能引入突变，但使细胞得以避免因染色体复制不完全而产生的恶果。

在正常环境中，*E.coli* 细胞内不存在跨损伤 DNA 聚合酶，这种酶仅仅在对 DNA 损伤做出应答时才被诱导合成。编码跨损伤 DNA 聚合酶的基因表达是 SOS 应答（SOS response）的一部分。在 DNA 受到严重损伤时，SOS 应答能够诱导合成很多参与 DNA 损伤修复（包括切除修复和重组修复）的酶和蛋白质。SOS 应答十分迅速，在 DNA 损伤发生后几分钟之内即可出现。转录阻遏蛋白 LexA 抑制若干编码参与 SOS 应答的蛋白质基因的表达，其中包括 UmuC 和 UmuD（UmuD 是 UmuD′ 的无活性前体）。LexA 蛋白具有潜在的蛋白水解酶活性。*E.coli* 的 DNA 损伤产生的单链 DNA 诱导 RecA 蛋白水平提高近 50 倍，而

RecA 蛋白能够激活 LexA 自我蛋白酶解（autoproteolysis），导致至少 15 个参与 SOS 应答的损伤修复蛋白基因解除阻遏状态而表达。相同的蛋白酶解激活途径将无活性 UmuD 转变成有活性的 UmuD′。

此外，受损的 DNA 分子除了启动上述诸多的修复途径以修复损伤之外，细胞还可以通过其他的途径将损伤后果的严重程度降至最低。如通过 DNA 损伤应激反应活化细胞周期检查点机制，延迟或阻断细胞周期进程，为损伤修复提供充足的时间，诱导修复基因转录翻译，使细胞能够安全进入新一轮的细胞周期。与此同时，细胞还可以激活凋亡机制，诱导严重受损的细胞发生凋亡，在整体上维持生物体基因组的稳定。

二、DNA 损伤反应

DNA 损伤修复主要依赖于 DNA 损伤的类型以及识别损伤位点并招募一些特异蛋白进行修复。但 DNA 损伤持续、广泛或是 DNA 损伤干扰 DNA 复制时，会引起一系列细胞反应，进一步招募修复蛋白并停滞细胞周期直到 DNA 损伤修复完成。这些细胞反应统称为 DNA 损伤反应（DNA damage response）。

（一）原核生物的 DNA 损伤反应

原核生物 DNA 损伤反应研究较为透彻的是细菌 SOS 应答（bacterial SOS response）。SOS 应答中起关键作用的因子是 RecA 蛋白。在 DNA 损伤时，RecA 蛋白被激活引起 SOS 应答，并进一步引起 DNA 损伤修复相关的基因表达而达到修复的目的。

SOS 应答的第一步是 DNA 损伤时 RecA 蛋白的激活。单链 DNA 和 ATP 的存在是 RecA 蛋白激活所必需的。RecA 蛋白激活导致 LexA 蛋白自我切割。LexA 蛋白在正常条件下相对稳定，在许多 SOS 基因中起抑制作用。LexA 蛋白具有蛋白酶活性，被 RecA 蛋白激活后导致自我切割，从而解除对 SOS 基因的抑制。SOS 基因主要是一些编码 DNA 修复相关蛋白的基因，如促进核苷酸切除修复的 Uvr 蛋白。此外，DNA 损伤时，SOS 应答也能抑制细菌分裂而增加 DNA 修复时间。其主要机制是 LexA 蛋白切割失活导致 SulA 蛋白的表达，SulA 蛋白与 FtsZ 蛋白结合从而导

致细菌分裂受抑制。FtsZ 蛋白是单一细菌分裂为两个细菌的关键蛋白。

SOS 应答具有自身调控的特点。随着 DNA 损伤的修复，单链 DNA 总量越来越少，RecA 蛋白失活，进一步导致 LexA 切割减少，从而导致 SOS 应答被抑制。另外一种 SOS 应答调节蛋白是 Din I（damage inducible I），能与 RecA 蛋白结合，阻止 RecA 蛋白激活 LexA，从而抑制 SOS 应答。

（二）真核生物的 DNA 损伤反应

1. **真核生物 DNA 损伤反应需要多种蛋白质的有序反应**　真核生物 DNA 损伤反应需要感应蛋白、调控激酶、中间蛋白和效应蛋白的有序参与。在真核生物中，持续的 DNA 单链和 DNA 双链断裂存在提示 DNA 损伤。与原核生物类似，真核生物 DNA 损伤反应的启动需要感应蛋白（sensor protein）结合到损伤位点上。但不同的是，真核生物的感应蛋白并不直接调控 DNA 修复相关蛋白转录，而是通过招募一系列蛋白激酶传递 DNA 损伤信号而形成一个更加复杂的反应。这些激酶称为真核生物 DNA 损伤反应调控激酶（regulator kinase）。调控激酶的磷酸化促使中间蛋白（mediator protein）磷酸化而被激活，激活的中间蛋白招募效应蛋白（effector protein），后者参与 DNA 损伤修复（图 2-14）。此外，还招募一些检查点激酶阻止细胞周期，从而延长 DNA 损伤修复的时间。

2. **RPA 和 MRN 是两种主要的感应蛋白**　在真核生物 DNA 损伤反应启动过程中，DNA 单链结合蛋白 RPA 和 DNA 双链断裂结合蛋白 MRN 是最主要的两种感应蛋白。RPA 能结合复制叉中 DNA 聚合酶前面的 DNA 单链，起着保护 DNA 单链和利于解旋酶结合 DNA 的作用。在正常的 DNA 复制中，PRA 随着 DNA 复制快速沿着 DNA 单链前进。在 DNA 损伤时，DNA 聚合酶被损伤部位阻止，而解旋酶仍然能解开双链，PRA 不断地结合到解开后的 DNA 单链中，由此不断累积 PRA- 单链 DNA 作为 DNA 损伤信号，募集调控激酶并启动 DNA 损伤反应。MRN 蛋白复合体包含 MRE11、RAD50 和 NBS1 蛋白。MRN 蛋白复合体结合到 DNA 双链断裂处，并招募调控激酶或是其他 DNA 双链断裂修复相关的蛋白。

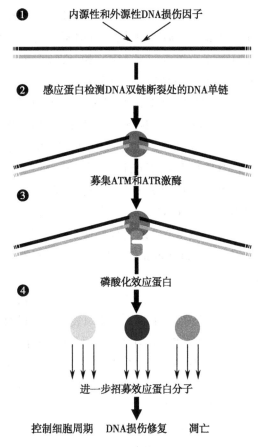

图 2-14　真核生物 DNA 损伤反应过程

3. **RPA 和 MRN 分别招募并激活 ATR 和 ATM 调控激酶**　ATR 和 ATM 都是磷脂酰肌醇 3- 激酶相关蛋白激酶（phosphoinositide 3-kinase-related protein kinase，PIKK），都能传递 DNA 损伤反应信号。在 DNA 损伤位点，RPA 并不能直接激活 ATR 调控激酶，而是招募 ATR 相互作用蛋白 ATRIP（ATR-interacting protein）、RAD17、9-1-1 和 TOPBP1 蛋白到 DNA 损伤位点，这些蛋白与 ATR 相互作用，激活 ATR 并扩大 DNA 损伤反应。ATR 的激活可产生两种结果：通过磷酸化复制相关蛋白控制复制叉和通过细胞周期检查点激酶 1（cell cycle checkpoint kinase 1，ChK1）磷酸化控制细胞周期进程。

MRN 通过 NBS1 亚基与 ATM 结合招募 ATM 到 DNA 双链断裂处并使其激活。在正常的 DNA 复制时，ATM 以失活的二聚体存在；DNA 双链断裂时，MRN-DNA 双链断裂复合体结合 ATM，导致 ATM 二聚体解开并使其自我磷酸化而激活。H2AX 是 ATM 最主要的靶蛋白，磷酸化的 H2AX

能结合 MDC1（mediator of the DNA-damage check-point protein 1），后者也能被 ATM 磷酸化。磷酸化的 MDC1 反过来招募 MRN 和 ATM 到双链断裂处，起着扩大 ATM 激活的作用。

磷酸化的 MDC1 和 H2AX 作为中间蛋白招募其他效应蛋白（图 2-15）。与 MDC1 相互作用的关键效应蛋白是泛素连接酶 RFN8 和泛素结合酶 UBC13，后两者能使组蛋白泛素化，泛素化的组蛋白随后招募其他蛋白，如 P53 结合蛋白 53BP1 和 BRCA1，发挥其相应的作用。此外，ATM 也能磷酸化激活细胞周期检查点激酶 2（cell cycle checkpoint kinase 2，ChK2），从而阻滞细胞周期进程。

4. DNA 损伤激活 P53 的调控作用　P53 是转录因子，能直接调控多个基因表达，控制细胞周期、凋亡和衰老等。在 DNA 损伤中，53BP1 是传递 DNA 损伤信号给 P53 的关键蛋白，募集 P53 到 DNA 损伤位点发挥作用。由于 P53 在 DNA 损伤或是其他细胞应激中起重要作用，其含量和活性受到严格调控。

P53 含量和活性的最重要的调控蛋白是泛素化连接酶 MDM2 和乙酰基转移酶 p300。MDM2 使 P53 泛素化促进其降解，而 p300 能乙酰化 P53 并抑制其泛素化，增强其稳定性。此外，p300 也能使组蛋白乙酰化，促进 P53 调控靶基因的表达。在 DNA 损伤时，ATR 或是 ATM 使 MDM2 磷酸化，磷酸化的 MDM2 不能与 P53 结合而不能使 P53 泛素化，P53 含量增加。此外，ATR 或是 ATM 也能直接磷酸化 P53，抑制 P53 与 MDM2 的结合，从而促进 p300 与 P53 结合并使其乙酰化，增加 P53 的稳定性和活性。

DNA 损伤时，P53 对靶基因的调控不仅与其稳定性和活性有关，而且与核内 P53 含量密切相关。在正常条件下，P53 被核输出信号（nuclear export signal）标记并运出细胞核；当 DNA 损伤时，P53 被磷酸化而稳定，磷酸化的 P53 也能形成四聚体而封闭核输出信号，从而使 P53 逗留在核内，调控靶基因的表达。P53 调控的靶基因 *p21* 能导致细胞周期阻滞，延长细胞 DNA 损伤修复的时间；如果损伤太大而无法修复，P53 则调控靶基因 *Puma*、*Bax* 和 *Noxa* 诱导细胞凋亡，或是调控靶基因 *p16* 和 *p19* 促使细胞衰老（图 2-16）。

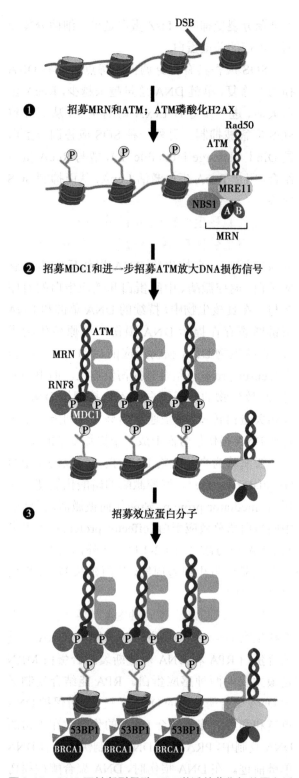

图 2-15　DNA 双链断裂导致 ATM 激活并募集相关蛋白质

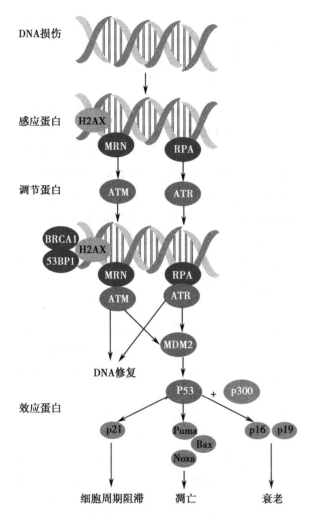

DNA损伤

感应蛋白

调节蛋白

效应蛋白

图 2-16 DNA 损伤激活 P53，诱导细胞周期阻滞、细胞凋亡和衰老

第三节 DNA 损伤修复缺陷与疾病

如果没有 DNA 修复系统，DNA 复制错配发生率可高达 $1/200 \sim 1/100$，而完好的修复系统使错配率降至 $10^{-11} \sim 10^{-10}$。如果机体没有修复 DNA 损伤的能力，与 DNA 修复缺陷相关的人类疾病（尤其是癌症）的发病率将比现在高出许多倍。因此，修复系统的存在对降低修复缺陷相关疾病的发病率具有十分重要的意义，DNA 损伤修复缺陷与多种疾病的发生密切相关。

一、DNA 损伤修复缺陷与疾病密切相关

人类基因组总是暴露在各种各样的损伤因素中。一旦 DNA 损伤超过细胞的修复能力或是修复功能缺陷，就会导致人类基因组的不稳定，最终会导致一些疾病的发生，包括毛细血管扩张性共济失调综合征、奈梅亨断裂综合征、沃纳综合征、范科尼贫血、肿瘤等。

（一）DNA 损伤修复缺陷与肿瘤

先天性 DNA 损伤修复系统缺陷患者容易发生恶性肿瘤，现在已知几种家族性癌症是由 DNA 修复的遗传缺陷引起的。DNA 修复系统由大量蛋白质组成，如果编码其中某个蛋白质的基因存在缺陷，将促进癌症的形成。

肿瘤发生是 DNA 损伤对机体的远期效应之一，存在着 DNA 损伤→DNA 修复异常→基因突变→肿瘤发生的过程。DNA 损伤可导致原癌基因激活，也可使抑癌基因失活。癌基因与抑癌基因的表达失衡是细胞恶变的重要机制。参与 DNA 修复的多种基因具有抑癌基因的功能，目前已发现这些基因在多种肿瘤中发生突变而失活。

1. HNPCC 人类遗传性非息肉性结肠癌（hereditary non-polyposis colorectal cancer，HNPCC）细胞存在错配修复缺陷和转录 - 偶联修复缺陷，造成细胞基因组的不稳定性，进而引起调控细胞生长基因的突变，发生细胞恶变。在 DNA 损伤时，MSH2 与 MSH6 或 MSH3 结合形成 Mutα 和 Mutβ 异二聚体，在错配修复中识别错配位点并招募其他修复蛋白；MLH1 与 PMS2 形成异 MutL-PMS2 二聚体，介导错配的 DNA 和 Mutα 的结合，启动错配修复。MLH1 和 MSH2 基因突变导致 DNA 损伤修复机制缺陷，使 HNPCC 病人的癌基因和抑癌基因突变率和肿瘤发生的总体频率大幅提高。

2. BRCA1 和 BRCA2 与乳腺癌 1/3 的乳腺癌患者是因为编码 BRCA1 或 BRCA2 蛋白的基因发生突变而引发，*BRCA1* 或 *BRCA2* 的突变也会使卵巢癌发生率增高。这类蛋白质对于修复 DNA 双链断裂（DSB）是必需的。当 *BRCA1* 或 *BRCA2* 基因的一个或两个拷贝有缺陷时，其修复 DSB 的能力丧失，最终导致更高频率的突变。

在 DSB 发生后，MRN 和 ATM 被激活，随后磷酸化 H2AX，后者招募许多 DNA 损伤反应蛋白到 DSB 位点，包括 BRCA1、Rad51、MDC1、53BP1 等。BRCA1 能与许多蛋白相互作用，在电离辐射或顺铂损伤作用下，BRCA1 是将同源重组修复蛋白 Rad51 募集到损伤位点的关键因

子。BRCA1 为同源重组修复 DSB 损伤所必需。BRCA2 也在同源重组修复细胞毒性物质引起的 DSB 损伤中起作用。在细胞周期中，如果 DNA 损伤，CDK 介导的磷酸化调控 BRCA2 和 Rad51 相互结合，进而促进 DNA 损伤修复。

（二）DNA 损伤修复缺陷与遗传性疾病

1. 着色性干皮病 着色性干皮病（xeroderma pigmentosum, XP）是一种罕见的常染色体隐性遗传皮肤病。在正常人皮肤成纤维细胞 DNA 中，紫外线辐射产生的嘧啶二聚体在 24h 之内有一半被切除修复，而 XP 患者的这种 DNA 损伤在相同时间内几乎没有任何改变。迄今已发现 8 个基因（XP 基因）与着色性干皮病有关，分别为 XPA～XPG，以及 XPV。这些基因包括核苷酸切除修复系统中的 XPA、XPC、XPD、XPF 和 XPG。XPE 识别 DNA 损伤并招募 XPC 到损伤位点，在识别 DNA 损伤位点后，XPA 也结合到损伤位点并进一步招募 XPB 和 XPD，而 XPB 和 XPD 是转录因子 TFⅡH 的组成部分，能打开损伤的 DNA 双链，利于 XPF 和 XPG 内切核酸酶切割损伤的 DNA，随后，切割后的 DNA 空隙由 DNA 聚合酶填充。XPV 在紫外线或是氧化应激诱导的 DNA 损伤中并没有起作用，而是在跨损伤 DNA 合成修复中发挥作用。

2. 毛细血管扩张性共济失调综合征 毛细血管扩张性共济失调综合征（ataxia telangiectasia syndrome, A-T）是一种常染色体隐性遗传病，A-T 由 ATM（ataxia-telangiectasia-mutated）基因突变所致。ATM 蛋白是丝氨酸/苏氨酸激酶，其在 DNA 损伤修复特别是在 DNA 双链断裂的修复中发挥重要作用。ATM 能使 KAP-1（Kruppel-associated box associated protein-1）磷酸化，随后磷酸化的 KAP-1 募集其他蛋白进入到 DNA 损伤部位。ATM 本身被 Mre11、Rad50 和 NBS1 形成的 MRN 复合体激活，而 MRN 复合体也是 DSB 的效应分子。

3. 奈梅亨断裂综合征 奈梅亨断裂综合征（Nijmegen breakage syndrome, NBS）在 1981 年首次由 Weemaes CM 等报导，是常染色体隐性遗传病。NBS 的致病基因是位于 8 号染色体上的 NBS1 基因等位突变。NBS1 是激活 ATM 蛋白并招募 ATM 蛋白到 DNA 双链断裂损伤部位的 MRN 复合体组成成分之一。因此，NBS 和 A-T 在临床症状上具有类似性。与 A-T 不同的是，NBS 患者脑袋小且畸形，其可能是 DNA 损伤修复功能缺陷，通过非 ATM 机制导致神经细胞凋亡造成脑细胞减少。

4. 毛发低硫营养不良 毛发低硫营养不良（trichothiodystophy, TTD）是一种罕见的常染色体隐性遗传病。TTD 主要的致病基因是 XPD、XPB 和 TTDA 三个基因。TTDA 是 TFⅡH 复合体中最小的组分，其功能主要是稳定 TFⅡH 复合体。TFⅡH 复合体在核苷酸切除修复和基础转录中都起着关键的作用。现在认为，XPD、XPB 和 TTDA 三个基因的突变导致 TTD 和影响 TFⅡH 复合体的稳定及基础转录。

5. 科凯恩综合征 科凯恩综合征（Cockayne syndrome, CS）是一种罕见的常染色体隐性遗传病。CS 患者的致病原因是 CSA 或是 CSB 基因缺失，有些 CS 病人也出现 XPB、XPD 或是 XPG 突变，出现 CS-XP 复合的临床症状。CSA 和 CSB 在核苷酸切除修复中起重要作用。CSB 识别损伤位点和进一步募集相关蛋白。CSA 属于 ROC1/CUL4A/DDB1 复合体的成分，此复合体具有泛素化连接酶活性，而泛素化过程是核苷酸切除修复所需要的。CSB 蛋白中存在泛素结合域（ubiquitin binding domain, UBD），当 CSB 蛋白缺乏 UBD 时，核苷酸切除修复机制便不能修复 DNA 损伤。

6. 范科尼贫血 范科尼贫血（Fanconi anemia, FA）为常染色体隐性遗传病。FA 相关的一些基因突变导致 FA 的发生。大概有 8 个 FA 蛋白突变，分别为 FANC-A、FANC-B、FANC-C、FANC-E、FANC-F、FANC-G、FANC-L 和 FANC-M。这些 FA 蛋白组成一个具有 E3 连接酶活性的核心复合体，能泛素化 FANC-I-FANC-D2（I-D）蛋白复合体。泛素化的 I-D 复合体与 FANC-D1、FANC-N 和 FANC-J 在 DNA 损伤位点结合，促进 DNA 损伤修复。

二、线粒体 DNA 损伤与疾病

线粒体 DNA 突变引起的相关疾病主要涉及氧化磷酸化功能下降、ATP 生成减少，表现为对能量敏感、需求较高组织器官的病变，如脑、肌肉、眼等。

（一）线粒体DNA易损伤且修复机制不足

线粒体DNA裸露在线粒体基质中，缺乏组蛋白的保护，比细胞核DNA更容易受损伤因素的影响，这些因素包括细胞内的代谢产物和来自环境的毒性物质，如治疗药物、放射线、活性氧等。线粒体DNA靠近产生活性氧的线粒体内膜，容易受到活性氧的影响。氧化磷酸化产生的超氧自由基可损伤线粒体DNA。虽然超氧自由基可被超氧化物歧化酶催化产生过氧化氢，但如果过氧化氢不能被清除，则与亚铁离子、铜离子反应产生羟自由基，后者也能损伤线粒体DNA。

线粒体也存在DNA损伤修复机制，不过没有细胞核DNA损伤修复机制多样，这也是线粒体DNA突变率高的原因。线粒体DNA缺乏核苷酸修复机制，碱基切除修复是线粒体DNA损伤修复的最普遍修复方式。此外，线粒体还能利用8-oxodG DNA糖苷酶、腺嘌呤DNA糖苷酶（ADG）等对损伤的DNA进行修复，主要对烷化作用、脱氨基作用和氧化作用形成的线粒体DNA损伤进行修复。线粒体中只存在一种DNA聚合酶，即DNA聚合酶γ，它既参与线粒体DNA的复制，也参与修复过程。

（二）线粒体相关疾病主要由线粒体DNA突变引起

在线粒体DNA突变中，超过一半的突变是发生在编码tRNA的基因中，而编码两种rRNA的线粒体基因突变率最低。线粒体DNA的突变主要表现为点突变和大规模缺失。由于线粒体DNA易受活性氧等物质损伤和缺乏有效的损伤修复机制，线粒体DNA存在高突变率和异质性的特点。线粒体DNA异质性是指同一个细胞或是同一个体内存在着两个以上的线粒体DNA亚群。线粒体DNA突变是否引起表型效应，取决于突变类型、异质状态（突变型所占的比例），即线粒体DNA突变引起疾病具有阈值效应。

1. Leber遗传性视神经病变 Leber遗传性视神经病变（Leber hereditary optic neuropathy，LHON）是一种最为常见的线粒体DNA相关疾病，此病在年轻成年人中表现为视力丢失，发病者主要是男性。LHON的发病机制是编码呼吸链复合体I（complex I）亚基的3个同质线粒基因中的一个突变。这3个可能突变的基因是NADH脱氢酶4（ND4）基因1 178位点G-A、ND1基因3 460位点G-A和ND6基因14 484位点T-C。

2. 线粒体脑肌病伴高乳酸血症和卒中样发作 线粒体脑肌病伴高乳酸血症和卒中样发作（mitochondrial encephalomyopathy with lactic acidosis and stroke-like episode，MELAS）是一种大脑、肌肉和内分泌系统多器官疾病，在儿童期和成人期常常是致死的。MELAS表现为线粒体脑病、酸中毒和中风样发作，有时会出现瘫痪和视听障碍。MELAS的发病原因不是很清楚，其最常见的突变是编码转运亮氨酸的tRNA的基因3 243位点A-G。此外，还有十几种编码其他tRNA和蛋白的基因突变。

3. NARP和MILS NARP是一种母系遗传综合征，主要表现为共济失调、色素性视网膜炎和外周神经病；MILS是利氏病（Leigh disease）中一种与mtDNA突变有关的神经变性疾病。NARP和MILS的致病基因突变有两个，最常见的是MTA6基因上8 993位点T-G突变或8 993位点T-C突变。

4. 卡恩斯-塞尔综合征 卡恩斯-塞尔综合征（Kearns-Sayre syndrome，KSS）的临床症状为眼肌瘫痪、眼睑下垂、视网膜色素变性、心肌梗死、小脑共济失调等。此病大多数发病于20岁之前，主要由母系遗传。KSS为线粒体大规模缺失所致，KSS的mtDNA缺失存在于广泛的组织中，为多系统疾病。KSS mtDNA缺失有两个特点：①不同组织缺失的mtDNA比例明显不同，在肌肉中最常见，其他组织如淋巴细胞、白细胞、纤维细胞中也有发现；②mtDNA缺失的部位常见重复序列。

除上述少发的综合征，研究发现mtDNA异常也与许多重大疾病相关，如心脏病、糖尿病、阿尔茨海默病、帕金森病（Parkinson disease，PD）和衰老（ageing）等。所以，mtDNA的突变与修复在医学研究上已引起广泛的兴趣。

（高国全）

参 考 文 献

[1] Eric AN, Tony RL. Functional biochemistry in health and disease. New Jersey: Wiley-Blackwell, 2009.

[2] de Lange T. How telomeres solve the end-protection problem. Science, 2009, 326(5955): 948-952.

[3] Jain D, Cooper JP. Telomeric strategies: means to an end. Annu Rev Genet, 2010, 44: 243-269.

[4] McKinnon PJ, Keith W, Caldecott KW. DNA strand break repair and human genetic disease. Annu Rev Genomics Hum Genet, 2007, 8: 27-55.

[5] Anderson S, Bankier AT, Barrell BG, et al. Sequence and organization of the human mitochondrial genome. Nature, 1981, 290(5806): 457-465.

[6] Falkenberg M, Larsson NG, Gustafsson CM. DNA replication and transcription in mammalian mitochondria. Annu Rev Biochem, 2007, 76: 679-699.

[7] Schon EA, DiMauro S, Hirano M. Human mitochondrial DNA: roles of inherited and somatic mutations. Nat Rev Genet, 2012, 13(12): 878-890.

[8] Shokolenko IN, Alexeyev MF. Mitochondrial DNA: A disposable genome? Biochim Biophys Acta, 2015, 1852(9): 1805-1809.

[9] Sima J, Chakraborty A, Dileep V, et al. Identifying *cis* elements for spatiotemporal control of mammalian DNA replication. Cell, 2019, 176(4): 816-830.

第三章　基因和基因组异常与疾病

在过去的很多年，和其他遗传现象一样，人们对基因和疾病关系的理解一直朦胧不清。直到17世纪，荷兰科学家Leeuwenhoek A和Graaf A发现了精子和卵子的存在，人们才意识到女性和男性都具备传递疾病性状的能力。18和19世纪，不少科学家和医生开始对遗传性疾病进行研究，其中较为著名的有通过遗传家谱来研究多趾症和白化病的法国科学家Maupertuis P以及研究不同疾病遗传模式并率先开展遗传咨询的英国医生Adams J。1865年，奥地利修道士孟德尔发表了使用豌豆作为模式生物来研究遗传模式的结果。在他研究结果的基础上建立的现代遗传学理论与Morgan T等用果蝇证明基因位于染色体上而发现的遗传连锁定律，成为医学遗传学的基础。

20世纪50年代后，分子遗传学突飞猛进地发展，白化病、短指症和血友病等单基因病的基因定位和克隆取得了成功。2003年，人类基因组计划的完成，极大地促进了对常见病、多发病的基因鉴定。目前，疾病相关基因的鉴定已有相当成熟的研究策略，研究的成果也在相关数据库得到体现。其中NCBI的GenBank是基因序列的数据库，载录了每个基因所有序列的信息，是基因异常检测的重要参考。在线人类孟德尔遗传数据库（Online Mendelian Inheritance in Man，OMIM）是以互联网为基础的孟德尔遗传疾病数据平台，详细记载了遗传疾病与相关基因异常的最新信息，也是研究者和医生经常使用的重要工具。以现代医学遗传学的观点来看，人类几乎所有的疾病都与基因和基因组异常直接或间接相关。本章首先介绍基因和基因组异常的类型、原因和检测手段，继而讨论由此导致的分子和临床结局，最后介绍定位和克隆疾病基因的策略。

第一节　基因与基因组异常

细胞的遗传信息是相对稳定的，在长期进化过程的内、外环境因素影响下，遗传物质的结构及其表达产物均可发生改变，称之为遗传变异（genetic variation），这是生物界中普遍存在的现象，也是生物多样性的体现。这些基因和基因组的变异可能是有害的、有益的或是中性的。对于高等动物而言，基因和基因组的变异可能会使原有的经过长期进化获得的平衡状态发生改变。从医学角度来讲，人们更关注基因与基因组的变异对人类个体有害的一面。基因和基因组异常是疾病发生的分子基础，可能引起功能基因在结构或表达方面出现异常和生物活性的紊乱，继而导致疾病的发生。因此要从本质上识别疾病发生、发展的原因并实施有效的诊治，就必须先了解相关基因与基因组异常的机制。

一、基因与基因组异常的类型

基因与基因组异常一般可分为结构异常和表达异常。基因与基因组结构的异常发生于体细胞或生殖细胞中，既可在核内基因组，也可在线粒体DNA；既可在结构基因的编码区，也可在非编码区。有些分布广泛但不引起异常表型的基因与基因组变异可用作遗传标记（genetic marker），如单核苷酸多态性、短串联重复（short tandem repeat，STR）和拷贝数目变异（copy number variation，CNV）等，它们在疾病相关基因的定位和克隆中发挥着十分重要的作用。各种不同类型基因和基因组异常，即基因型（genotype）的改变，可导致截然不同的表型（phenotype）和生物学效应。确定基因型和疾病表型的关系是医学遗传学的核心内容。基因和基因组表达异常往往以结构异常为基础，如基因启动子序列的变化或调节因子的结构或表达的变化。本节将对基因与基因组结构异常的不同类型进行介绍和讨论。关于基因表达异常的内容在此不作赘述。

（一）染色体数目和结构异常

染色体数目异常包括多倍体（polyploidy）和非整倍体（aneuploidy）。非整倍体则包括三体型（trisomy），如可导致唐氏综合征的 21 三体型；一对同源染色体同时缺失的缺对染色体性（nullisomy）；缺失 1 条染色体的单体性（monosomy）。染色体数目的增多或丢失可对个体产生不可逆的影响，一般这种异常可导致多系统的严重紊乱，表现为不同的综合征候群。染色体结构异常主要包括缺失（deletion）、插入（insertion）、重复（duplication）、倒位（inversion）、环状染色体（ring chromosome）、易位（translocation）等。不少染色体结构异常是致死性的，可直接导致妊娠的终止。

（二）单个核苷酸或核苷酸片段的序列突变

在基因特定位点出现单个或多个核苷酸序列的较小改变也可导致基因与基因组的异常。

1. 序列中单个核苷酸的改变 单个核苷酸的改变包括点突变及 SNP。

（1）点突变：点突变（point mutation）指 DNA 链中单个碱基的变异，包括嘌呤替换嘌呤（A 与 G 之间的互换）、嘧啶替换嘧啶（C 与 T 之间的互换），即转换（transition）；嘌呤与嘧啶之间的互换称为颠换（transversion）。

（2）SNP：SNP 是普遍存在于人类基因组中的单个核苷酸变异。在人类基因组中，大约每 300bp 就有一个 SNP，在人群中出现的频率达 1% 以上。

（3）单个核苷酸的变异对基因功能的影响：单个核苷酸突变根据生物学影响，可分为错义突变（missense mutation）、同义突变（synonymous mutation）和无义突变（nonsense mutation）等。错义突变是由于碱基对的改变使决定某一氨基酸的密码子变为决定另一种氨基酸的密码子的基因突变，这种基因突变有可能使它所编码的蛋白质部分或完全失活。有一些错义突变发生在蛋白质的非必需区，不影响或基本不影响蛋白质活性，没有明显的性状变化，这种突变称为中性突变（neutral mutation）。同义突变虽然碱基发生替换，但由于密码子的简并性，并不影响它所编码的氨基酸序

列，因此在蛋白质水平上并没有引起变化。无义突变指碱基对改变使得某一氨基酸的密码子变成终止密码子，导致多肽链的合成终止，形成不完整的多肽链，即截短的多肽（truncated peptide）。

2. 序列中多个核苷酸异常 多个核苷酸异常包括插入 / 缺失、基因重排、可变数目串联重复等。

（1）插入 / 缺失（insertion-deletion，InDel）：插入（insertion）和缺失（deletion）分别代表一个或一段核苷酸插入到 DNA 链中，以及 DNA 链上一个或一段核苷酸序列的丢失，即同时包括基因的插入和缺失。

（2）基因重排（gene rearrangement）：指不同基因片段以不同方向和衔接模式排列组合形成新的转录单位，是一种重要的基因变异方式。如果基因序列排列顺序出现 180° 变化即称为倒位（inversion）。同源染色体减数分裂时发生交换（cross-over），以及基因序列在非同源染色体间转移即易位（translocation），均可导致基因重排。同源重组还可导致病原体外源基因整合入宿主基因组，也属于基因重排。

（3）可变数目串联重复：以相同的核心核苷酸重复序列为单元，按首尾相接的方式串联排列在一起，形成重复单元数目不等的特殊序列，称为可变数目串联重复。其中 1~6bp 核苷酸为核心的重复序列又称为 STR。有些串联重复拷贝数的增加可随世代的传递而扩大，因而称作动态突变（dynamic mutation），是解释遗传早现（genetic anticipation）现象和临床表现严重程度的重要机制。

（4）核酸片段异常对基因功能的影响：单个碱基或片段的缺失或插入均可能使突变位点之后的三联体密码阅读框发生改变，导致插入或缺失部位之后的所有密码子都随之发生变化，产生异常多肽链，即所谓的移码突变（frameshift mutation）。此外，有些突变的发生可严重影响必需基因，使其蛋白质活性降低甚至完全无活性，从而直接影响到生命的维系，被称为致死突变（lethal mutation）。突变若位于基因内含子与外显子内或两者的交界处，则可影响 mRNA 的剪接和正常基因的表达；若位于启动子区或 mRNA 的多聚腺苷尾，则可影响基因转录，使受累基因转录抑制或增强。

（三）基因拷贝数目变化

人类基因组中存在着大小不等的 DNA 大片段的 CNV，与之对应的是功能蛋白质量的改变。这种变异也可处于非编码区作为遗传标记，用于疾病基因的关联分析。近年来，CNV 和神经系统等疾病的关系引起人们的关注。

二、导致基因与基因组异常的原因

引起基因与基因组异常的原因有很多，包括自然条件下发生的随机突变、同源重组、自然选择与遗传漂变，以及物理、化学和生物因素诱导的致病突变等。

（一）自然发生的随机突变

DNA 复制过程中，以母链 DNA 为模板，根据碱基互补配对原则完成复制事件。偶然的碱基错配、互变异构、脱氨基作用以及各种碱基修饰都可能自发产生。虽然 DNA 聚合酶的 $3' \rightarrow 5'$ 外切核酸酶活性可对错配的核苷酸发挥校正作用，加上 DNA 损伤修复机制的存在，保证了 DNA 代间传递的准确性，使 DNA 分子整体错配率降至 $10^{-9} \sim 10^{-10}$ 左右，但由于人类基因组序列数目庞大，实际上碱基的错配难以避免。

（二）各种物理、化学和生物因素

引起突变的因素广泛存在于机体内外环境中。引起突变的因素有多种，包括物理因素（紫外线照射、电离辐射如 X 射线等）、化学因素（羟胺、吖啶类染色剂、烷化剂、亚硝酸盐和碱基类似物等）和生物因素（麻疹、风疹等病毒及真菌、细菌产生的毒素如黄曲霉毒素等）等。各种物理、化学和生物的致突变因素可作用于 DNA 分子，引起一级结构的改变，导致蛋白质结构异常，相应地改变生物的遗传特征，从而导致疾病的发生。

（三）同源重组

同源重组（homologous recombination）是姐妹染色单体或同一染色体上具有同源序列的 DNA 分子间或分子内产生的重新组合。由此可产生基因倒位、交换和易位等现象，是很多基因异常发生的基础。此外，有些病原体可通过同源重组整合入宿主基因组，干扰宿主内源性基因的转录和翻译，从而导致内源性基因的表达异常。

（四）自然选择

自然选择（natural selection）是促进进化的关键要素，也能促使某种遗传性状在特定区域内有差异地延续。在特定环境中，若某基因组异常可导致子代存活率的增加，则这种异常将在种群的繁衍中体现出选择优势。以遗传疾病镰状细胞贫血为例，携带该异常基因的杂合子个体一般无大碍。非洲中西部地区致命恶性疟疾肆虐，携带该异常基因的杂合子个体不易罹患疟疾，因此远比携带正常基因纯合子的个体有存活优势，使得该致病等位基因频率在非洲中西部地区相当高。而在其他无疟疾地区，该异常基因不再体现出选择优势，因而基因频率均较低。

（五）遗传漂变

在大群体中，各种等位基因在个体自由婚配的过程中均匀地传递了下来；但在小群体中，由于子代数量有限，若婚配方式受到控制，可使一些基因异常得到大量积累，称为遗传漂变（genetic drift）。遗传漂变导致某些等位基因消失，特定基因的异常被固定下来，从而改变了群体遗传结构。建立某个小群体的祖辈若携带某些遗传突变，则这些突变在该小群体的世代繁衍过程中会以高于普通人群的频率保留下来，导致该遗传疾病的累积，称为建立者效应（founder effect）。其中最为极端的例子就是近亲婚配，严重时可能导致某封闭的小群体最终消失。因此已有的某些隔离族群（如芬兰人、一些犹太部落等）的 DNA 样本，成为鉴定某些遗传病基因的珍贵资源。

三、基因与基因组异常的检测方法

目前对基因结构异常有相应的检测方法。染色体数目和结构的异常较为宏观，一般使用核型分析（karyotype analysis）或荧光原位杂交（fluorescence *in situ* hybridization，FISH）直接观察和分析染色体数目、形态、结构的异常。对于点突变可以直接使用测序法，高通量准确地得到待测 DNA 的核苷酸序列信息；也可使用单链构象多态性（single-strand conformational polymorphism，SSCP）法、变性梯度凝胶电泳（denaturing gradient gel electrophoresis，DGGE）、DNA 错配裂解法、质谱、基因芯片和变性高效液相色谱（denaturing high performance liquid chromatography，DHPLC）等。SNP 的检测方式更为丰富，包括直接测序、等位基因特异性寡核酸杂交（allele-specific oligonucleotide hybridization，ASOH）、基因芯片、RFLP、DHPLC 和 Taqman 探针等方法。而基因插入或缺失可使用 Southern 印迹法、测序法、SSCP、DGGE、DNA 错配裂解法、质谱、基因芯片、FISH、HPLC、多重 PCR 等方法进行检测。基因重排可使用 Southern 印迹法、直接测序、FISH、DHPLC 等检测。VNTR 可使用以平板胶和毛细管电泳为基础的分型法、芯片分型法、测序法、质谱法等。而拷贝数目变异一般使用基因芯片和 FISH。外源基因组的整合则使用测序、芯片、FISH、定性 PCR 等方法。

第二节　基因与基因组异常的分子结局

基因与基因组异常对基因功能的影响可分为基因功能丧失（loss of function）和功能获得（gain of function）两种分子结局。基因功能的异常丧失或获得，对于维持细胞的正常代谢和生命活动都是不利的，严重时会导致疾病的发生。下面介绍基因异常导致基因功能丧失或获得的不同机制。

一、基因功能丧失

多种机制引起的基因与基因组异常可导致基因功能的部分丧失，而显性负效应和杂合性缺失可导致基因功能的严重丧失。

（一）基因功能部分丧失的机制

1. **单倍型不足**　单倍型不足（haplotype insufficiency）是指给定基因的两个拷贝中的一个等位基因发生突变或缺失，而另一个正常拷贝的表达产物（即该基因的 50% 蛋白质产物）不足以维持正常细胞功能的需要。常染色体显性遗传病如家族性高胆固醇血症的杂合子突变可减少 50% 低密度脂蛋白受体的量，杂合子个体与正常纯合个体相比，前者胆固醇水平几乎是后者的两倍，因而心血管疾病的风险大大升高；而在突变纯合子中，疾病则更为严重。

2. **反义 RNA 转录位置效应 / 表观遗传学修饰**　反义 RNA 转录位置效应 / 表观遗传学修饰是在特殊表型的 α 地中海贫血（珠蛋白生成障碍性贫血）家系的研究中发现的。正常人一条染色体上有两个功能性 α 珠蛋白基因（HBA2 和 HBA1），该家系病例成员中均被鉴定缺失一个 HBA1，并排除了 HBA2 基因点突变，但却表现出两者均缺失的典型血液学特征。原来，患者 HBA2 基因下游存在 23kb 的 DNA 片段缺失，使其下游与 HBA2 基因转录方向相反的 LUC7L 基因靠近了 HBA2 基因，LUC7L 基因的转录延伸到 HBA2 基因，转录产物与 HBA2 基因的转录产物部分互补，形成部分双链 RNA 而降解，同时介导 HBA2 基因上游位点的 CpG 岛发生甲基化（图 3-1）。因此，HBA2 基因虽然结构完整，但表达水平降低，导致α- 珠蛋白缺乏和疾病发生。

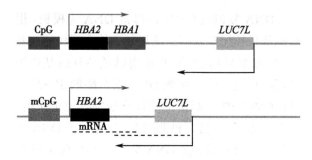

图 3-1　反义 RNA 转录位置效应示意图

3. **转录因子基因变异**　转录因子基因变异可影响与其结合的下游基因的正常转录，产生基因功能减弱的生物学效应。造血作用中重要的调节蛋白 GATA-1 是一种具有锌指结构的转录因子，该蛋白质氨基端的锌指模体负责与 DNA 分子结合。β 地中海贫血中，当 GATA-1 蛋白 N- 端锌指区的第 216 位氨基酸残基由精氨酸突变为谷胺酰胺时，使得该转录因子与 DNA 分子的结合稳定性下降。该基因的突变会造成人 β 珠蛋白基因转录水平下降，使 β 珠蛋白表达减少而不能合成足够的血红蛋白，由此引发疾病。

4. **真核生物 mRNA 的 3′- 端非翻译区异常**　真核生物 mRNA 的 3′- 端非翻译区（3′-UTR）与基因功能的实现密切相关，其异常可影响 mRNA 的稳定性，导致疾病发生。α 地中海贫血中，α 珠蛋白基因的突变导致其 mRNA 3′-UTR 的保守序列 AAUAAA 发生改变，无法在正常多聚腺苷酸剪切位点进行 mRNA 加尾，产生大量超长 mRNA 加工产物，这种异常 mRNA 被认为是"异己"而迅速被胞内 mRNA 降解机制清除。

（二）基因功能严重丧失的机制

1. **显性负效应** 显性负效应（dominant negative effect）指突变杂合子中，由于等位基因的一个突变导致正常等位基因产生的蛋白质也完全失去或丧失了部分正常功能。显性负效应一般出现在编码蛋白质复合体（由两种或以上亚基组成）亚基的基因中。例如由三股螺旋亚基组成的I型胶原中，单个位点突变导致的异常亚基可与其正常亚基结合，造成各种扭曲，继而导致严重损毁的三股螺旋胶原蛋白。

2. **杂合性缺失** 杂合性缺失（loss of heterozygosity，LOH）是指从亲代遗传而来的受精卵开始就带有某等位基因突变的杂合子个体再次发生遗传损伤，导致野生型显性基因突变或缺失形成突变纯合子，失去原有的杂合性状（图3-2）。视网膜母细胞瘤是肿瘤抑制基因 *RB* 突变为 *rb* 或缺失引起的，两个等位基因都发生缺失或者突变才致癌。1971年，Knudson A 根据视网膜母细胞瘤的发生，提出了"二次打击理论"。研究者认为，亲代遗传而来的一个 *rb* 基因或者生殖细胞已经遭受第一次打击（*RB* 变为 *rb*），此 *RB/rb* 杂合子再次发生损伤可使得原有的正常 *RB* 也丢失，由此引起癌变。1978年，Yunis JJ 根据13号染色体长臂1区4带在视网膜母细胞瘤中的缺失，将 *RB* 基因定位于13q14。

二、基因功能获得

基因与基因组异常既可通过诸如剂量效应及增强转录等机制引起基因功能增加，也可通过受体突变及新启动子产生等导致全新的基因功能，两者统称为基因功能获得。

（一）基因功能增强的机制

1. **转录增强作用** 特定基因的转录调节序列出现异常时会增强基因转录，使基因表达水平提高，产生异常表型。如在人类遗传性胎儿血红蛋白持续增多症个体中，已经鉴定了若干种位于 γ 基因启动子区、可促进该基因转录的点突变，这些启动子变异可上调 γ 基因的表达水平，使成人期本已关闭的表达胎儿珠蛋白链的 γ 基因重新开放，引起成人红细胞中 γ 链持续高表达状态，产生疾病表型。

2. **增强子位置效应** 增强子是指真核基因转录调控区中能够增强启动子转录活性的一段DNA序列，该序列可通过特有的染色质高级结构及其特异性蛋白质因子的结合作用接近被调节的靶基因，促进基因转录。在人群中发现的一类 δβ 地中海贫血以成人期胎儿血红蛋白异常持续升高为主要特征，其分子基础为基因片段缺失，3'-端缺失位点下游远端鉴定出特异性增强子序列，该增强子序列因大段丢失而被带到了邻近 Gγ 基因

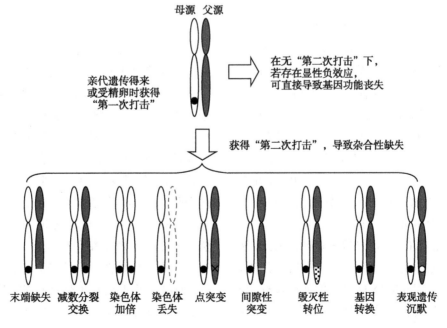

图3-2 杂合性缺失示意图

位点，此增强子可通过"距离效应"激活 Gγ 基因，其结果是使 Gγ 基因开放，上调 γ 珠蛋白链的表达水平。

3. 剂量效应 在剂量效应中，基因拷贝数变异是使基因功能增强的主要机制之一。在肿瘤发生过程中，肿瘤抑制基因由于突变而失活，使某些基因表达上调，细胞某些原癌基因的拷贝数异常增加，或由于基因突变激活受累位点的某些基因，也可导致细胞内相关基因剂量增加而使细胞持续分裂增殖发生癌变。如在小细胞肺癌细胞株中就有 *l-Myc*、*n-Myc* 和 *c-Myc* 基因拷贝数的扩增，其中尤以 *c-Myc* 的扩增最为显著，其拷贝数增加了数十倍至 200 倍之多。

（二）获得新基因功能的机制

1. 受体突变 表皮生长因子受体（epidermal growth factor receptor，EGFR）属于酪氨酸蛋白激酶受体家族，参与包括 Ras-MAPK 通路、PI3K-AKT 通路、Jak-STAT 通路等多种细胞信号转导过程，调节细胞的正常生长、增殖和分化过程。非小细胞肺癌个体中经常可检测到 *EGFR* 基因突变，其中 19 号外显子的片段缺失可使 EGFR 分子产生不依赖于配体结合的酪氨酸激酶活性，引起所谓的激活型突变。异常的 EGFR 最终促使肿瘤细胞增殖、迁移、分化和血管新生。

2. 新启动子产生 α 地中海贫血的病因中，存在由于基因调控区 SNP 突变导致新启动子产生的情况。新的启动子与原有的内源 α 珠蛋白启动子发生竞争，干扰了原有的内源性启动子的活性，使其下游的 α 珠蛋白基因的表达显著下调，导致 α 地中海贫血发生。从 SNP 突变的直接生物学效应看属于功能获得性异常，增加了相关位点 DNA 序列的转录因子结合功能。但如果从另一个角度来看，α 珠蛋白基因实际上失去了功能。

3. 获得性 RNA 堆积 强直性肌营养不良和近肢端肌营养不良症这两种疾病都与 RNA 在细胞内异常堆积有关。两种异常分别由各自相关基因的不同 STR 扩增导致 mRNA 3'-UTR 序列改变。这些不同的 STR 扩增导致大量异常 RNA 转录本的堆积，可抑制肌细胞分化或损伤肌细胞，也可干预正常基因 mRNA 转录本的剪接过程，导致新的异常剪接体的产生，最终导致发育障碍和肌萎缩。

总之，蛋白质结构的异常或蛋白质表达的异常在分子机制上各具不同类型，但这些基因和基因组异常导致的分子结局无论是基因功能的丧失还是获得，都可影响正常生理功能，导致遗传性疾病的发生。

第三节 基因与基因组异常的临床结局

基因与基因组异常导致的基因功能丧失或获得，在个体水平表现为各种疾病的发生，了解造成相关疾病的基因异常是揭示其致病机制的基础。基因与基因组异常导致的疾病可分为染色体疾病、体细胞遗传病、孟德尔遗传病（单基因遗传病，包括常染色体显性、隐性遗传病和性染色体遗传病）、线粒体遗传病和多因素/多基因复杂疾病五大类。其中染色体疾病导致的病理缺陷不可逆且尤为严重，常常直接导致自发流产。而体细胞遗传病发生在体细胞中，该疾病表型对其子代不具有遗传性，肿瘤就是一种典型的体细胞遗传病。本节主要对孟德尔遗传病、线粒体遗传病和多基因复杂疾病进行介绍和讨论。

一、常染色体基因异常导致的疾病

常染色体基因异常可导致显性或隐性遗传病，二者具有不同的致病机制和遗传模式。

（一）常染色体显性遗传病

常染色体显性遗传病指常染色体上一对等位基因之一发生突变即可导致的疾病。患病个体具有一个正常基因和一个突变基因时就称为该基因位点的杂合子。该患者与正常人（正常基因纯合子）的子代的患病概率为 50%。常染色体显性疾病呈现出垂直的遗传模式，且男性和女性的患病可能性几乎一致。研究常染色体遗传疾病患者的遗传家谱时，需要考虑到表型异质性的影响。不同个体疾病异常的表型程度存在差异，即外显率（penetrance）差异。临床表现未见异常的个体依然可能携带并将常染色体显性突变遗传给子代。有些常染色体显性性状的表达可能受到性别的影响，如斑秃几乎只有男性才患病，其遗传模式非常类似于 X 染色体隐性遗传疾病，因此在分析该类疾病时要考虑影响表达的因素以及外显率的差异，同时需要排除性腺镶嵌现象的干扰。性腺镶嵌现象发生在亲代之一的性腺中，患儿的父母都正常，患儿的兄弟姐妹也很少携带其他异常，但患儿突变的再现率高达50%。另外，拟基因型和拟表型导致的遗传异质性也是影响遗传模式分析的重要因素。拟基因型（genetic mimic）是指基因表型相似，功能密切相关，位置紧密连锁的基因，类似于等位基因但并不是等位基因。拟表型（phenocopy）则指环境因素导致的类似某种基因异常的疾病，其本身并非基因变异，也不会遗传。

亨廷顿病（Huntington disease，HD）作为一种显性遗传病主要出现在欧美地区，高加索人的发病率达1/20 000，发病年龄集中起始于30～50岁左右。HD的疾病特征为行为控制能力的进行性丧失，逐渐出现痴呆和感情障碍等精神病表现，其突变杂合子与突变纯合子个体的临床表型和进展基本一致。95%的患者的基因异常都是由患病亲代直接遗传而来。HD基因位于4号染色体的短臂。HD蛋白本身与细胞分泌过程中囊泡的产生有关，该蛋白质对脑源性神经生长因子的正常产生非常关键。测序分析显示该基因的编码区域存在过多的CAG重复序列，正常个体的重复数在10～26左右，而27～35次重复的个体虽然没有患病表型，但具有将这些高重复片段传递给子代的可能，36次重复以上个体可表现出疾病表型，且重复次数升高与发病年龄的提前有关。CAG重复可导致蛋白质氨基末端谷氨酸残基的过度积累，最终导致蛋白质功能的丧失。

（二）常染色体隐性遗传病

常染色体隐性遗传病是常染色体上一对等位基因都发生突变导致的疾病。该类疾病患者的一对等位基因携带相同突变，属于纯合子。一般患者的父母未患病，且每人携带一个隐性的缺陷疾病基因，他们子代的患病概率为25%，患者兄弟姐妹可能患病。常染色体隐性遗传病的遗传模式为水平传递近亲婚配可显著提高常染色体隐性遗传病的发病率。

囊性纤维化（cystic fibrosis，CF）是欧洲和北美常见的常染色体隐性遗传病，高加索人的患病率达1/2 000～1/4 000。约85%的CF患者呈现胰腺功能不足，导致慢性营养不良。该疾病最严重的问题在于黏液对肺部的阻塞，使得个体对金黄色葡萄球菌和铜绿假单胞菌具有高易感性，导致肺部的反复慢性阻塞和感染而死亡。与CF相关的基因位于7号染色体长臂，该基因十分庞大，跨越250kb，包含27个外显子。其蛋白质产物名为囊性纤维化穿膜传导调节蛋白（cystic fibrosis transmembrane conductance regulator，CFTR）。CFTR蛋白在上皮细胞膜表面形成cAMP调控的氯离子通道，同时也参与钠离子的转运。离子转运出现缺陷可导致气道脱水和黏液阻塞。测序结果显示，CFTR基因位点存在1 000多处不同的突变类型，70%的患者编码CFTR蛋白第508位苯丙氨酸残基的三碱基片段发生缺失，导致蛋白质二级结构出现很大改变，继而蛋白质功能出现异常。

二、性染色体异常导致的疾病

性染色体异常导致的遗传病呈现伴性遗传模式。性染色体异常分为X染色体显性基因异常、X染色体隐性基因异常以及Y染色体基因异常。男性只携带一条X染色体，因而为半合子（hemizygote）。X染色体显性遗传病中，男女发病率几乎一致，男性的疾病严重程度一致，但女性由于X染色体失活，患病情况迥异。该疾病遗传家谱与常染色体显性疾病十分相似，但略有差异，如该类疾病不出现男传男的现象，男性患者可把疾病传给所有女儿。而在X隐性遗传病中，男性的疾病一般更为严重，一旦男性获得一条缺陷的X染色体就会患病，而女性在两条X染色体都缺陷的情况下才患病，且由于女性的X染色体失活现象，往往女性隐性纯合缺陷基因携带者不发病或发病较轻。

迪谢内肌营养不良（Duchenne muscular dystrophy，DMD）是一种X染色体隐性遗传疾病。该病为最严重且常见的肌肉营养不良，在各种族中都十分普遍，约1/3 500男性罹患此症。患者小腿出现假性肥大增生，肌肉被脂肪和结缔组织浸润，直至骨骼肌完全退化，心肌和呼吸肌均受损，最终导致心力衰竭或呼吸衰竭而死亡。DMD基因位于X染色体短臂，女性DMD突变杂合子通常无疾病表型，仅有8%～10%个体出现一定程度的肌肉无力。该基因覆盖了2.5Mb序列，包含79个外显子，mRNA转录本长达14kb，成熟的蛋白质由3 585个氨基酸组成。其基因长度使突变的发生在所难免，每 10 000 个位点就可能存在一个突变位点。

三、线粒体基因异常导致的疾病

很多遗传病与线粒体基因异常有关，其中最为著名的是线粒体基因组上编码氧化磷酸化复合体 I 蛋白的基因发生错义突变而导致的 Leber 遗传性视神经病变（LHON）。LHOH 为罕见疾病，欧美人群患病率为 1/50 000～1/30 000。由于视神经的死亡可使病人迅速丧失视觉，病情一般出现在 20 岁以后并且是不可逆的。该疾病主要由线粒体基因组位于复合体 I 的 ND4、ND6 和 ND1 亚基因的第 11 778（G/A）、14 484（T/C）和 3 460（G/A）位点的任何一个点突变所引起。至今尚未发现该病的男性患者可将此病传递给后代，均通过女性垂直传递，是显著的母系遗传。

母系遗传是目前普遍认为的线粒体疾病遗传模式。因为在哺乳动物受精卵形成过程中，卵细胞 mtDNA 可保留，精子 mtDNA 则被破坏。但是在 2002 年，有科学家在患有运动不耐受的男性患者中发现来自于双亲的 mtDNA。然而由于该现象仅为个例，使人们对父系 mtDNA 遗传的重视度始终不足。2018 年，研究人员在 1 名 4 岁的男孩中又发现了 mtDNA 的双亲遗传现象。对该男孩家族的进一步分析发现，该家族中至少有四个不同世代的成员存在母系和父系 mtDNA 混合的现象。这种 mtDNA 双亲遗传的现象概率约为 1/5 000，尽管并不是一个普遍现象，但已然打破了人们对线粒体疾病仅为母系遗传的固有认识。

四、复杂性疾病

很多常见疾病中，可能参与疾病发生发展的分子事件极其复杂，环境等各种因素都与疾病的发生存在一定联系。从遗传角度看，多个遗传位点都参与了疾病的发病过程，呈现微效作用；遗传模式不遵循孟德尔遗传规律，但患者的近亲人群患病率远高于一般人群。研究复杂性疾病时，一般用该病先证者同胞患病率与同一群体该病总患病率之比值，即 λ 值来表示遗传作用的程度，λ 大于 3 就被认为遗传因素起着肯定的作用。双生子罹患调查在确定常见复杂性疾病的遗传因素方面起着难以替代的作用。对于孟德尔遗传病而言，同卵双生子群体共同患病的可能性是 100%，而对于复杂性疾病而言，一般小于 100% 但高于异卵双生子和同胞群体的患病率。

以类风湿关节炎（rheumatoid arthritis，RA）为代表的慢性炎症性免疫疾病就是一类复杂性疾病。RA 的全球发病率约 1%，某些病毒和细菌感染如 EB 病毒、细小病毒 B19、流感病毒及结核分枝杆菌可能作为始动因子，启动携带易感基因的个体发生免疫反应，进而导致 RA 发生。吸烟、寒冷、外伤及精神刺激等因素也可能诱发 RA。同时遗传因素也与该疾病的发生发展存在一定相关性，根据 2012 年 8 月的全基因组关联分析（genome-wide association study，GWAS）研究结果报道，多条染色体上如 *PADI4*、*IRF1*、*HLA*、*TRAF1* 等的很多基因位点都与 RA 致病存在关联，其中 P 值小于 5.3×10^{-8} 的 RA 相关基因就多达 40 种。

第四节 疾病基因的定位和克隆

人类携带的各种基因异常可以导致疾病的发生。定位和克隆某一疾病的致病基因，是研究基因病发生机制的基础，也为疾病的诊断和治疗提供了依据。而这一切的基础，首先是进行基因定位和细致的基因结构分析（图 3-3）。

一、定位疾病相关基因的重要手段

根据定位特异疾病相关基因的需要，可选用连锁分析、候选基因关联分析和 GWAS 等研究方案；同时，这三者也代表了鉴定疾病相关基因的三个历史发展阶段。

（一）连锁分析

研究单基因遗传疾病的基因一般应用连锁分析。当两个位点在同一条 DNA 链上的物理位置越接近，每条姐妹染色单体上的等位基因越有可能一起分离。如果观察到同源染色体上的不同等位基因以完整单位的形式进行分离，背离自由组合定律时，即称为连锁现象。连锁分析（linkage analysis）则利用与致病基因连锁的某些基因座位作为遗传标志，通过鉴定遗传标志的存在而判断个体是否带有致病基因。其优点是无需细致了解致病基因结构及其分子机制，适用于大多数由未

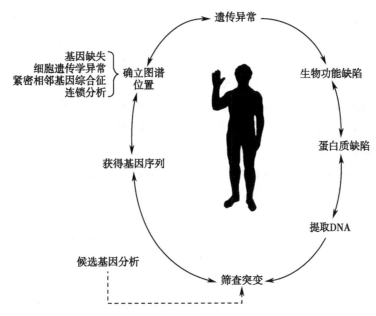

图 3-3　疾病相关基因异常的研究策略

知的基因缺陷引起的遗传性疾病的基因诊断。连锁分析是过去在不了解致病基因的情况下进行单基因遗传病基因诊断的一种有效手段，人们利用该手段成功地诊断和分析了镰状细胞贫血、β 地中海贫血、亨廷顿病和囊性纤维化等多种人类单基因遗传病。

连锁分析的模式如下：在单基因遗传病家系中，利用遗传标记找到病患共享的染色体区域，捕捉到其中的致病基因，实现基因定位；继而将正常人和患者的相应序列进行比较，从而识别出致病基因和突变。例如，已知血型基因 *XS* 定位于 X 染色体上，普通鱼鳞病和眼白化病基因与其连锁，因此判定这两个基因也在 X 染色体上，计算患者子代的重组率 θ，转换成相对距离，即遗传距离（单位为 cM）。但是连锁分析的局限性在于，目标基因只能定位于染色体上很大的区域内，只有通过观察足够多的重组交换才能获得有效信息，因而精确分析的前提是拥有大量家系或者大型家系。近年来，在罹患同胞的核心家系中，采用血缘同一（identity by descent，IBD）原理，定位了许多疾病相关基因。对于涉及多个位点和环境因素的复杂疾病来说，就需要其他手段才能有效定位。

（二）关联分析

1. 针对已知候选基因的关联分析　特定的遗传变异在疾病人群中与对照人群相比以较高频率出现时即被称为与该疾病相关。疾病相关的遗传异常意味着在该人类基因组区段上可能存在可引起疾病的潜在异常。候选基因关联分析（association study）则是观察候选基因异常与疾病性状在人群中的统计学关系的一种方法。理论上，疾病相关基因与疾病性状共同出现的频率应该高于随机发生频率，如对乙醇脱氢酶、乙醛脱氢酶基因多态性和酒精依赖症关系的研究。

2. 无假说驱动的关联分析　候选基因关联分析法的主要目的是证明某特定候选基因与疾病相关这个假说。GWAS 则是一种无假说驱动的方法。通过扫描整个基因组观察哪些基因与疾病表型间存在关联，将这些不同的遗传变异与某些性状（例如疾病）联系起来。在基因定位克隆中，常用一些分子遗传标记进行 GWAS，极大地提高了基因克隆的效率。在具体操作 GWAS 时，通常收集成千上万个正常与患病个体基因组 DNA 的标本，利用高通量芯片检测，即基因定型，在计算机上进行生物信息学分析，确定基因型和表型的关系。目前采用 GWAS 策略是基于常见病 - 常见定位基因（common disease-common allele，CD-CA）的设想，鉴定出的易感基因只能解释常见病 1/3 的遗传度。因而有人提出了常见病 - 少见等位基因（common disease-rare allele，CD-RA）的假设，使全外显子测序技术和全基因组测序颇受青睐。另外，整合了 GWAS 与基因表达数据的全转录组关联分析（transcriptome-wide association studies，TWAS）也是现在常用的确认基因与表型相关性的一种方法。

（1）全基因组测序：对患者样本进行深度覆盖的全基因组测序（whole genome sequencing，WGS）是发现包括 SNP、插入、缺失、倒置、重排和 CNV 等的全部基因组变异的优秀工具。目前主要应用第二代测序技术（next-generation sequencing，NGS）和第三代单分子实时测序和新型纳米孔测序技术。新一代基因测序技术的出现及测序费用的大幅度降低，也使之更适合用于疾病基因的鉴定。

（2）全外显子组测序技术：全外显子组测序（whole exome sequencing，WES）通过序列捕获技术将约 1% 的基因组片段的外显子区域 DNA 捕捉并富集后进行高通量测序及基因组分析。通过该技术可集中检测蛋白质编码序列中与绝大部分疾病相关的基因变异，以进行疾病相关基因的定位克隆，对常见和罕见的基因变异都具有较高的灵敏度。

近年来，针对不同族群多样本的荟萃分析（meta-analysis），极大地提高了通过关联分析获得的常见病、多发病易感基因的真实性和可靠性，有效简化了常见病的相关基因鉴定过程，提供了大量关于常见突变的信息，也成为一种确定疾病易感基因的重要辅助手段。

二、疾病基因的物理作图和克隆

疾病基因的物理作图是依靠各种遗传标记进行分析，将疾病相关基因定位到基因组物理图谱并确定位置的过程。疾病基因的克隆是获得疾病特异基因 DNA 分子的过程，包括定位克隆和功能克隆两种策略。疾病基因的物理作图和克隆相互关联，是确定基因特异性异常和疾病关系的基础。

（一）疾病基因的物理作图

基因物理作图就是将各种基因确定到染色体物理图谱的特定位置上，并分析基因的结构和疾病状态下基因的突变。染色体是基因的载体，而物理图谱则是以特异的 DNA 序列为界标来展示的染色体图，它能反映生物基因组中基因或遗传标记间的实际距离，图上界标之间的距离是以物理长度即核苷酸对的数目如 bp、kb、Mb 等来表示；大体上说，遗传图 1cM 的遗传距离相当于物理图的 1Mb 长度。作为界标的 DNA 序列可以是多态性遗传标记，如 RFLP 位点，但主要是非多态的 STS、STR、EST 和特定的基因序列等。疾病基因的作图可从家系分析、细胞、染色体和分子水平等几个层次进行，不同方法又可联合使用。常用的方法有：通过融合细胞筛查定位基因的体细胞杂交法、在细胞水平定位基因的染色体原位杂交法、直接借助染色体异常进行基因定位和连锁分析及关联分析等。

（二）疾病基因的克隆

随着分子生物学技术的发展和重组 DNA 技术水平的提高，尤其是 PCR 技术的广泛应用，使得疾病相关基因的鉴定与克隆工作得以迅速发展。这里主要介绍定位克隆和功能克隆这两种致病相关基因的克隆策略。

1. 定位克隆 定位克隆（positional cloning）是通过疾病表型来观察致病基因与多态性标记之间的类似关系，将基因定位并进一步分离和克隆的方法。

定位克隆是目前研究人类遗传病基因工作中最为常用的方法。定位克隆是从鉴定目标基因附近已经克隆的标记开始，因此首先需要获取基因在染色体上的位置信息，然后通过采用各种实验方法克隆基因和进行定位。基因的定位克隆策略大体上可以分成四个步骤：①通过家系连锁分析资料或染色体异常等数据，确定基因在染色体上的位置；②通过染色体步移（chromosome walking）、染色体区带显微切割等技术，获得基因所在区段的克隆重叠群（contig），绘制出更精细的染色体图谱，包括用邻近的标记作为探针在基因组文库中筛选重叠克隆（人类基因组计划的完成使该步骤可用生物信息学代替）；③确定含有候选基因的染色体片段；④从这些片段中进一步筛选目的基因，并作突变检测验证和功能分析。通过以上几步即可对目标基因进行克隆和定位。

2. 功能克隆 功能克隆（functional cloning）是指从致病基因的功能出发克隆该致病基因。

功能克隆采用的是从蛋白质到 DNA 的研究路线，针对的是一些功能蛋白缺陷导致的疾病，如血红蛋白病、苯丙酮尿症等出生缺陷引起的分子病可以采用这个方法定位和克隆疾病基因。这种方法获得部分纯化的蛋白质后，可以采用两种方式进行基因的克隆：①根据已知的部分氨基酸序列合成寡核苷酸作为探针，筛选 cDNA 文库；②利用特异性抗体筛选表达型 cDNA 文库。上述两种方式获得的阳性克隆，经序列测定和功能分析确定其是否为致病基因。目前研究者更倾向于选择通过比较正常与疾病情况下 mRNA 表达差异来克隆疾病相关基因，这也是功能克隆的一种形式，其主要方法包括：①削减杂交（subtractive hybridization），即将正常与异常同一组织的 mRNA 或 cDNA 文库进行杂交，从中筛选出表达有差异的克隆作为候选致病相关基因；②差异显示（differential display）PCR，能很灵敏地扩增两个 mRNA 样品中有差异的片段，克隆后进行分析；③基于 PCR 的抑制削减杂交（suppression subtractive hybridization，SSR），该方法将前两种方法结合起来，克服了削减杂交灵敏度低和差异显示 PCR 假阳性高的缺点。功能克隆技术成熟、方法直接、费用较低，迄今仍是克隆基因的首选策略。其缺点是特异功能蛋白质的确认、鉴定及其纯化都相当困难，微量表达的基因产物在研究中难以获

得，因而几乎不能用于多基因疾病的基因分离。

定位克隆和功能克隆对于疾病相关基因的克隆具有重要的推动作用，随着研究的深入，这些方法正逐步被新的技术所取代。随着基因组作图的完成和分子病理学的发展，可以不依靠染色体定位而直接根据病理学变化和对各种基因产物功能的了解预测出候选致病基因，这一策略称为非定位候选基因克隆策略。另外，一旦致病基因的染色体定位得以确认，可以利用 GenBank 所提供的基因序列数据鉴定出候选致病基因，此方法被称为定位候选基因克隆策略。这两种策略将加速致病基因克隆的研究工作。

目前，人们已经明确了将基因和基因组异常结构与人类疾病的异常表型相结合的研究模式。而人类基因组计划的完成，基因组测序和生物信息学等新兴技术的使用，组学、合成生物学及整合生物学等新兴学科的发展，使得人类疾病相关基因异常的研究变得非常活跃，但要将这些海量遗传信息与具体疾病表型对应并且用于临床实践，还有很长的路要走，需要大量人力和物力的投入。

（孟列素）

参 考 文 献

[1] Jorde L，Carey J，Bamshad M. Medical Genetics. 4th ed. Amsterdam：Elsevier，2015.

[2] Brown TA. Genomes. New York：Garland Science（Taylor & Francis Group），2017.

[3] Strachan T，Read AP. Human molecular genetics. New York：Taylor & Francis Group，2019.

[4] Luo S，Valencia CA，Zhang J，et al. Biparental inheritance of mitochondrial dna in humans. Proc Natl Acad Sci U S A，2018，115（51）：13039-13044.

[5] Langenberg C，Lotta LA. Genomic insights into the causes of type 2 diabetes. Lancet，2018，16，391（10138）：2463-2474.

[6] Wainberg M，Sinnott-Armstrong N，Mancuso N，et al. Opportunities and challenges for transcriptome-wide association studies. Nat Genet，2019，51（4）：592-599.

[7] Taylor JC，Martin HC，Lise S，et al. Factors influencing success of clinical genome sequencing across a broad spectrum of disorders. Nat Genet，2015，47（7）：717-726.

第四章 原癌基因和抑癌基因异常与疾病

细胞的生长增殖通常由功能相反的两大类基因调控。一大类基因发挥正性调控作用，促进细胞的生长增殖。该类基因的异常活化表达往往具有促进细胞恶性转化，诱导肿瘤发生的作用，因此被学术界称之为癌基因（oncogene），而且这一概念沿用至今。然而，这些所谓的癌基因实际上是存在于细胞中的正常的功能基因，即所谓的原癌基因（proto-oncogene），它们的表达通常被严格控制，只有在因某种原因使之异常活化表达时，才表现其致癌性。另一大类基因通常发挥负性调控作用，抑制细胞的生长增殖，该类基因往往具有阻止细胞恶性转化，抑制肿瘤发生的作用，因此被称之为抑癌基因（tumor suppressor gene）。抑癌基因异常失活同样具有促进细胞恶性转化、诱导肿瘤发生的作用。

癌基因，亦即原癌基因的异常活化与抑癌基因的异常失活除了与肿瘤的发生有关外，还与许多非肿瘤性疾病的发生有关。因此，本章在概要介绍癌基因（原癌基因）与抑癌基因的基本概念及癌基因理论建立的基础上，同时还将介绍癌基因（原癌基因）的异常活化和抑癌基因的异常失活，与肿瘤和非肿瘤性疾病发生之间的关系。

第一节 癌基因与原癌基因

众所周知，癌基因理论的建立是在癌基因发现的基础上逐步发展成熟起来的。回顾历史，癌基因的发现可上溯到20世纪初。1908年，Ellermann V等人用鸟白血病细胞浸出的无细胞滤液（含鸟白血病RNA病毒），给健康鸟注射，诱导健康鸟发生了白血病。1910年，Rous P等人将鸡肉瘤组织无细胞滤液（含鸡肉瘤RNA病毒），注射到健康鸡体内，诱导健康鸡长出了肉瘤。但是当时无法认识到这是RNA病毒中的癌基因在发挥作用，因此，上述发现并未受到学术界的重视。

至20世纪60年代，病毒与肿瘤的关系开始受到重视。1966年，Rous因发现劳斯肉瘤病毒（Rous sarcoma virus，RSV）荣获诺贝尔生理学或医学奖。1969年，Huebner R和Todaro G等人提出了癌基因假说（oncogene hypothesis），并逐步发展完善，成为癌基因理论。该理论认为，在脊椎动物细胞的基因组内，含有与致癌有关的遗传信息，被称之为癌基因，即所谓的细胞癌基因（cellular oncogene，c-onc），后来又称之为原癌基因。与细胞癌基因相对应，存在于病毒基因组内的癌基因被称为病毒癌基因（viral oncogene，v-onc）。第一个被发现的病毒癌基因是v-src，位于RSV基因组内。有关RSV基因组的结构及其v-src位置的简图见图4-1。

关于RSV基因组的结构，其5′-端有帽子结构，3′-端有多聚A链结构。从5′-端至3′-端依次排列着病毒核心抗原编码基因（gag）、反转录酶编码基因（pol）、病毒外壳蛋白编码基因（env）和病毒癌基因src等四个基因。另外，在RSV基因组的两端各有一段长末端重复序列（long terminal repeat，LTR），是启动子、增强子和复制调节序列

gag，编码病毒衣壳蛋白；pol，编码逆转录酶与整合酶；env，编码外膜蛋白；v-src，病毒癌基因，编码一种酪氨酸激酶；R，末端序列，5′端的R和3′-端的R序列相同；U₅和U₃分别是基因组5′-端和3′-端的独特区序列。

图4-1 RSV基因组的结构

所在，控制着病毒基因的表达调控与病毒基因组的复制。一般情况下，病毒基因组的 LTR，从 5′→3′，依次是 5′ 末端冗长序列（R）、5′- 端独特区（U5）、引物结合位点（primer binding site，PBS，未标出）、二聚体结合位点（DLS，未标出）、包装信号（ψ，未标出）、正链引物区（+P，未标出）、3′- 端独特区（U3）和 3′ 末端冗长序列（R）等结构。5′ 末端冗长序列的长度在不同病毒有所差别，范围是 10~80bp。PBS 区长 16~18bp，与一 tRNA 3′- 端序列互补并结合。这一 tRNA 作为反转录的引物，在不同的病毒中是不一样的，如禽病毒的是 Try-tRNA，小鼠和猫病毒的是 Pro-tRNA，鼠乳头状瘤病毒（mouse mammary tumor virus，MMTV）和慢病毒的是 Lys-tRNA。DLS 区可借助于此处氢键的连接把两分子的 RNA 结合在一起。ψ 区为病毒 RNA 组装成病毒颗粒所必需。+P 区长 12bp，富含嘌呤碱基，是反转录中第二链（＋ 链）合成起始结合引物的位点。U3 区较长，在不同的病毒有所差别，禽肿瘤病毒的是 150~170bp，而 MMTV 的则长达 1 200bp。MMTV 的 U3 含有一个 ORF，编码一小蛋白。

1970 年，Baltimore D 和 Temin H 等人，分别从 RNA 急性致瘤病毒中分离鉴定了反转录酶（reverse transcriptase），即依赖于 RNA 的 DNA 聚合酶（RNA-dependent DNA polymerase）。这打破了以往人们一直信奉的 DNA→RNA→蛋白质这一单向的遗传信息传递法则，在思想认识上引发了一场意义深远的生命科学革命。基于上述原创性科学发现，1975 年，Baltimore D、Temin H 与 Dullbecoo R 荣获了诺贝尔生理学或医学奖。

关于 c-onc 和 v-onc 的起源，Huebner RJ 和 Todaro GJ 等人曾认为，c-onc 可能是细胞在早期进化过程中，通过病毒感染获得的，即 c-onc 起源于 v-onc。实际的情况恰恰相反，是 v-onc 起源于 c-onc。当病毒侵染细胞时，由于细胞基因组上的 c-onc 与病毒基因组重组，最终生成 v-onc，相关机制详见文末彩图 4-2。c-onc 往往因相关肿瘤病毒感染而被活化。

第二节 原癌基因异常与疾病

癌基因，确切而言是原癌基因，广泛分布于从单细胞酵母、无脊椎动物到脊椎动物，当然也包括人类在内的基因组中，在进化上高度保守，表达产物对细胞的正常生长、增殖与分化发挥着精密的调控作用。这类基因异常活化时，将导致肿瘤或非肿瘤性疾病发生。

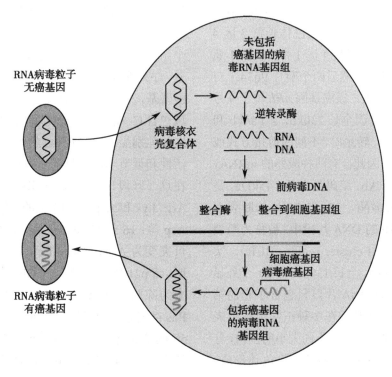

图 4-2 细胞癌基因与病毒基因组重组形成病毒癌基因示意图

一、原癌基因异常活化诱导肿瘤发生

原癌基因是对细胞的生长增殖发挥正性调控作用的重要功能基因,当这类基因发生结构性异常活化表达时,必然导致细胞生长增殖与分化异常,部分细胞甚至发生恶性改变,形成肿瘤。有关原癌基因异常活化诱导肿瘤发生的几个典型的分子机制简述如下。

(一)染色体易位突变活化原癌基因

不同的染色体断裂后重新连接时产生的不正确连接造成染色体易位(chromosomal transloca-tion)。染色体易位在转化细胞中经常出现,是某些原癌基因活化诱导肿瘤发生的主要分子机制。这方面的例子很多。主要包括如下两种类型:①位于易位断裂部位的基因相互融合,形成一嵌合基因,表达新的、异常的融合蛋白,促进细胞转化,诱导肿瘤发生;②易位导致一个基因与另一个基因的强启动子连接,或至另一个基因的强增强子附近,导致前者接受后者的转录调节,使前者高表达,同样促进细胞转化,诱导肿瘤发生。

费城染色体(Philadelphia chromosome,Ph chromosome)是慢性髓细胞性白血病(chronic myelogenous leukemia,CML)的特征性标志,见于约90%的CML患者。费城染色体比正常人最小的22号染色体还小,是由于t(9;22)(q34;q11)突变断裂融合形成的,即9号染色体长臂3区4带1亚带和22号染色体长臂1区1带2亚带1亚亚带处各发生一次断裂,然后两个断片9q34.1与22q11.21相互融合而成。原癌基因 ABL 位于9号染色体 q34.1 位点,基因全长230kb,含Ⅰa/Ⅰb和Ⅱ~Ⅺ 11个外显子。转录时,不同的剪接方式或选择Ⅰa,或选择Ⅰb,因此会有两种成熟的 mRNA,长度分别是6kb和7kb,编码蛋白约145kDa,是一种蛋白质酪氨酸激酶。22q11.21处的断裂点集簇位于一段5.8kb的DNA片段中,被称为断裂点集簇区(break point cluster region,BCR)。实际上BCR是一个基因,全长130kb,含21个外显子。而那段5.8kb的DNA片段只包含了它的第12~15外显子。BCR基因在多种正常组织中表达,因不同剪接方式编码两种不同大小的蛋白,分别为130kDa和160kDa。随着费城染色体形成,9q34.1处的原癌基因 ABL 易位并与位于22q11.21位点处的 BCR 基因融合,形成 BCR-ABL,转录本长度8.5kb,最终表达出一个新的融合蛋白 BCR-ABL,约210kDa。在此过程中,ABL 的前两个或前三个外显子缺失,因此缺失了正常情况下 ABL 蛋白的 N- 端部分序列,致使 ABL 的蛋白质酪氨酸激酶活性异常增高。将 BCR-ABL 基因转染正常鼠骨髓细胞,几周后发生白血病,与 CML 极其相似,说明 t(9;22)(q34;q11)染色体易位突变是 CML 的原因。另外,费城染色体也可见于一部分急性淋巴细胞白血病(acute lymphocytic leukemia,ALL)和急性髓细胞性白血病(acute myelogenous leukemia,AML)患者。

(二)基因点突变活化原癌基因

在放射线或化学致癌物的作用下,基因组 DNA 可发生点突变。某些原癌基因由于发生点突变,可造成其编码的蛋白质中的关键氨基酸残基替换,使蛋白质的功能持续活化,诱导肿瘤发生。

大量研究证明,点突变是 Ras 家族原癌基因 H-Ras、K-Ras 和 N-Ras 突变活化的主要方式,其突变位点主要发生于第12、13、16和61位密码子。Ras 家族原癌基因的点突变是膀胱癌、肺癌、大肠癌、急性髓细胞性白血病、神经母细胞瘤、黑色素瘤和纤维肉瘤等许多肿瘤发生的重要原因。

原癌基因 H-Ras、K-Ras 和 N-Ras 三者核酸序列相近,其蛋白编码产物均含189个氨基酸残基,分子量为21kDa,即p21-Ras。p21-Ras有三个结构域,第一结构域包含 N- 端80个氨基酸残基,序列保守;第二结构域包含中间的80个氨基酸残基,不同的p21-Ras之间略有差别;第三结构域包含 C- 端的29个氨基酸残基,不同的p21-Ras之间差别显著。p21-Ras的第一结构域有GTP酶活性和调节功能。目前所发现的点突变主要集中在这一区段,如12位的Gly可突变为Val、Cys、Arg、Lys和Asp等;13位的Gly可突变为Val和Asp等;16位的Gly可突变为Leu;61位的Glu可突变为Arg、Lys和Leu等。体外突变研究证明,将p21-Ras第12位的Gly或第61位的Glu突变为除脯氨酸以外的其他氨基酸均能改变p21-Ras在细胞中的活性。另外,人工突变p21-Ras第59或第63位氨基酸残基也具有同样作用。这些结果说明,第12、59、61和63位点对于维持p21-Ras蛋白的三维结构与功能至关重要。第12、59

和 61 位氨基酸残基可能处于 p21-Ras 结合 GTP 酶激活蛋白(GTPase-activating protein,GAP)的关键部位。GAP 可以刺激 GTPase 活性,使其由 GTP 型(活化型)转化为 GDP 型(失活型)。上述位点发生突变,可使 p21-Ras 对 GAP 的敏感性消失或降低,导致 p21-Ras 处于持续活化状态。

(三)基因扩增活化原癌基因

基因扩增(gene amplification)是指基因组个别基因的额外复制。正常的基因扩增发生在卵子的形成中,如爪蟾卵母细胞发育中的 rRNA 基因的扩增,扩增机制涉及染色体中这些基因的 DNA 不断地复制。

在许多转化细胞和肿瘤组织细胞中经常发现 *c-onc* 扩增。扩增的 *c-onc* 往往出现于染色体的均染区(homogeneously stainning region,HSR)。HSR 中,扩增的 DNA 片段脱离染色体后可形成分散的、成双的染色质小体,称双微体(double minute,DM)。采用 FISH 法可探明 DM 中扩增的 *c-onc*。

人髓细胞性白血病细胞系中存在 *c-MYC* 的扩增。在早幼粒白血病患者的白血病细胞和早幼粒白血病细胞系(HL60),每个细胞中有 8～30 拷贝的 *c-MYC* 基因。而其他一些原癌基因,如 *c-MYB*、*c-EGFR*、*c-HER2*、*c-CCND1*、*c-MYCN* 和 *c-MYCL* 等,也分别在小细胞肺癌、神经母细胞瘤、胶质母细胞瘤和乳腺癌中发现有 20～250 拷贝的扩增。

这些扩增的原癌基因高水平表达相应的 mRNA 和蛋白质,而且出现于肿瘤的进展期。肿瘤细胞中原癌基因扩增的拷贝数越多,患者的预后越差。例如 *c-MYC* 在小细胞肺癌中扩增的拷贝数与该肿瘤的恶性程度相关;*c-MYC* 在 40% 的神经母细胞瘤中有多个拷贝,而且临床分期越晚拷贝数越多。

癌基因的扩增有相对的肿瘤特异性,如 *c-MYC* 的扩增常见于小细胞肺癌和神经母细胞瘤,*c-EGFR* 的扩增常见于胶质母细胞瘤和某些鳞癌,*c-HER2* 的扩增常见于腺癌以及预后不好的晚期非激素依赖性乳腺癌。

(四)DNA 重排活化原癌基因

局部的 DNA 重排(DNA rearrangement)可导致某些原癌基因的序列缺失或与周围基因的序列进行交换。例如,原癌基因 *TRK* 的蛋白质产物是跨细胞膜的受体酪氨酸激酶。*TRK* 基因附近有非肌原肌球蛋白(non-muscle tropomyosin)基因,DNA 重排后,*TRK* 基因的 5′- 端序列被非肌原肌球蛋白基因的 5′- 端序列取代,形成一融合蛋白 NMT-TRK 编码基因,结果蛋白表达产物的 N- 端为非肌原肌球蛋白的 N- 端。N- 端的替换使蛋白质产物不再转运到细胞膜,而是保留在胞质中,并且由于非肌原肌球蛋白 N- 端肽链的相互作用形成二聚体,使蛋白质酪氨酸激酶活性被持续活化,促进肿瘤发生发展(文末彩图 4-3)。这一典型例子发现于结肠癌。

(五)逆转录病毒基因组整合活化原癌基因

逆转录病毒感染细胞后,前病毒 DNA 随机插入宿主细胞基因组,若该逆转录病毒携带 *v-onc*,体外培养时几天内就可将宿主细胞转化,动物

非肌肉原肌球蛋白
(non-muscle tropomyosin, NMT)

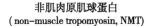

NMT-TRK融合蛋白

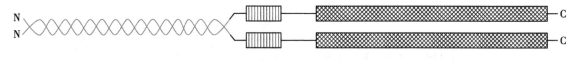

TRK酪氨酸蛋白激酶

细胞外结构域　　　　　　　　跨膜区　　　　　　细胞内激酶结构域

图 4-3 DNA 重排形成融合基因 *NMT-TRK* 编码蛋白的激酶活性持续激活

实验中较短时间内就可诱发肿瘤。这一类携带 *v-onc* 的病毒被称之为急性转化病毒（acute transforming virus）。不携带 *v-onc* 的逆转录病毒同样可以转化宿主细胞，但往往需要较长的时间。这是因为逆转录病毒基因组整合到 *c-onc* 附近造成的。这一类不携带 *v-onc* 的逆转录病毒被称之为慢性转化病毒（slowly transforming virus）。通常逆转录病毒基因组整合到 *c-onc* 附近的概率并不高，因此细胞转化的时间往往较长；然而一旦整合到 *c-onc* 附近，就有可能活化 *c-onc*，促进细胞转化。这是 *c-onc* 活化的分子机制之一。

在禽白血病病毒（avian leukosis virus，ALV）诱导的淋巴瘤中，ALV 基因组 DNA 整合到 *c-MYC* 基因上游，ALV 基因组中 LTR 增强 *c-MYC* 基因转录，从而导致 *c-MYC* 基因转录水平升高 50～100 倍。这一研究结果成功地解释了不含 *v-onc* 的逆转录病毒的致癌机制，已被总结为启动子或增强子插入活化原癌基因表达的经典模型，详见图 4-4。另外，将 ALV 的 LTR 整合到 *c-ERBB1* 基因上游 0.5kb 处，不但可以激活 *c-ERBB1* 基因，而且还可以引起相应细胞的显著增殖。

在逆转录病毒的水平传播中，前病毒 DNA 整合在原癌基因附近是随机事件，突变的积累也需要时间，因此慢性转化病毒感染宿主后诱发肿瘤需要较长的时间。禽类及小鼠的慢性转化病毒比急性转化病毒常见得多，推测病毒 LTR 的插入诱发肿瘤比 *v-onc* 更常见。有关 RNA 逆转录病毒癌基因以及 RNA 逆转录病毒活化的部分的细胞癌基因的情况分别详见表 4-1 和表 4-2。

表 4-1 RNA 逆转录病毒癌基因

v-onc	RNA 逆转录病毒	起源宿主	相关疾病
生长因子蛋白编码基因			
v-sis	PI-FeSV	猫	肉瘤
	SSV	猿猴	神经胶质瘤
跨膜酪氨酸激酶蛋白编码基因			
v-erbb	AEV-H, AEV-ES4	鸡	白血病，肉瘤
v-fms	SM-FeSV	猫	肉瘤
v-kit	HZ4-FeSV	猫	肉瘤
v-ros	UR2	鸡	肉瘤
膜相关酪氨酸激酶蛋白编码基因			
v-abl	Ab-MLV	小鼠	白血病
v-abl	HZ2-FeSV	猫	肉瘤
v-fgr	Gr-FeSV	猫	肉瘤
v-fps	FuSV/PRCII	鸡	肉瘤
v-src	RSV	鸡	肉瘤
v-yes	Y73/ESV	鸡	肉瘤
丝氨酸 / 苏氨酸激酶蛋白编码基因			
v-mos	Mo-MSV	小鼠	肉瘤
v-raf	MSV-3611	小鼠	肉瘤
RAS 蛋白编码基因			
v-H-ras	Ha-MSV	大鼠	肉瘤
v-K-ras	Ki-MSV	大鼠	肉瘤
核蛋白编码基因			
v-erba	AEV-ES4	鸡	红细胞白血病
v-ets	E26	鸡	红细胞白血病
v-fos	FBJ-MSV	小鼠	骨肉瘤
v-myb	E26	鸡	红细胞白血病
v-myc	MC29	鸡	癌，骨髓性白血病
v-rel	REV-T	火鸡	淋巴性白血病
v-ski	SKV770	猫	癌

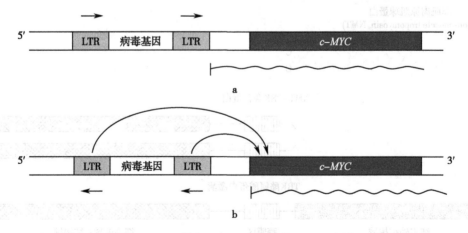

图 4-4 ALV 插入 *c-MYC* 上游活化 *c-MYC* 表达

注：a 图中发挥作用的是 LTR 中的启动子；b 图中发挥作用的是 LTR 中的增强子。

表 4-2 RNA 逆转录病毒活化的细胞癌基因

c-onc	RNA 逆转录病毒	易感动物	肿瘤类型
Eerb (EGFR)	禽白血病病毒 ALV	鸡	红白血病
Evi1	MCF-MLV	小鼠	骨髓瘤
Evi2	MCF-MLV	小鼠	骨髓瘤
H-Ras	MAV	鸡	神经母细胞瘤
IL2	GaLV	猿	T 细胞淋巴瘤
IL3	IAP	小鼠	骨髓单核细胞白血病
Int1	MMTV	小鼠	乳腺癌
Int2	MMTV	小鼠	乳腺癌
Myb	鼠白血病病毒 MLV	小鼠	淋巴肉瘤
Myc	禽白血病病毒 ALV，CSF，REV	鸡	Bursal 淋巴瘤
	鼠白血病病毒 MLV	小鼠	T 细胞淋巴瘤
	Feline 肉瘤病毒 FeLV	猫	T 细胞淋巴瘤
Mos	IAP	小鼠	浆细胞瘤
Pim1	M-MLV	小鼠	T 细胞淋巴瘤

（六）原癌基因启动子低甲基化改变活化原癌基因

DNA 分子甲基化状态的改变是导致真核基因结构与功能变化的一种重要机制。真核细胞 DNA 分子中的胞嘧啶是最常见的甲基化碱基，通常发生在基因转录调控区中的 CpG 富集区，即所谓的 CpG 岛。在识别甲基化与非甲基化 CpG 岛时，不同限制性内切核酸酶的反应性有明显差别：①对于 CCGG，限制性内切核酸酶 HapⅡ和 MspⅠ二者均能识别；②对于 CmCGG，MspⅠ能识别，HapⅡ不能；③对于 CmCmGG，HapⅡ和 MspⅠ二者均不能识别。利用上述这些限制性内切核酸酶对甲基化 CpG 岛敏感性的差别，研究分析癌、癌旁和远端正常组织中原癌基因的甲基化状态，发现 H-Ras 和 c-myc 等的低甲基化修饰改变是细胞癌变的一个重要特征。原癌基因的甲基化水平与肿瘤的生物学特性密切相关，原癌基因的甲基化水平越低，肿瘤的侵袭能力越强，临床分期也越晚。因此检测原癌基因的甲基化水平有可能发展成为评判肿瘤生物学特性以及肿瘤患者预后的重要指标。

二、原癌基因异常活化诱导非肿瘤性疾病发生

原癌基因异常活化不仅诱导多种肿瘤发生，还与许多非肿瘤性疾病的发生密切相关。这里同样涉及基因扩增、染色体易位、DNA 重排、点突变和低甲基化修饰等异常分子改变。

人类的原癌基因 c-MYC 位于染色体 8q24.21，由 3 个外显子组成，编码一种 DNA 结合蛋白 c-MYC，多数情况下发挥转录激活作用。c-MYC 蛋白的羧基端为 DNA 结合区，有典型的螺旋 - 环 - 螺旋及亮氨酸拉链等结构，氨基端为转录激活区。通常情况下，c-MYC 蛋白需要与 MAX 蛋白形成异源二聚体，才能与特异的 DNA 序列（CACGTG）结合，激活靶基因转录，调节细胞的生长、增殖等功能，与多种疾病的发生发展相关。

糖尿病肾病（diabetic nephropathy，DN）是糖尿病重要的微血管并发症之一，是糖尿病患者致死的主要原因。DN 在病理上主要表现为肾脏肥大、基底膜增厚、肾小球及肾小管间质细胞外基质进行性积聚，继而发生肾小球与肾间质纤维化，最终出现肾衰竭。DN 确切的发病机制至今尚未完全明了，但可能与 c-MYC 的高表达有关。

妊娠高血压综合征患者的子宫螺旋动脉出现急性动脉硬化，其中动脉壁的血管平滑肌细胞（vascular smooth muscle cell，VSMC）异常增生的检出率达 55%。VSMC 增生与 c-MYC 基因异常高表达有关，而且还可能涉及内皮素、5- 羟色胺和血管紧张素Ⅱ等血管活性物质，是引起妊娠高血压综合征发病的重要环节之一。

银屑病是一种常见的慢性炎症性皮肤病，可由多种因素，如创伤、感染和药物等诱发，其典型的皮肤表现是境界清楚的具有银白色鳞屑的红色斑块，轻者表现为几个银币大小的肘、膝部位斑块，重者可全身皮肤受累，病理生理机制主要为表皮增生分化异常与免疫系统激活。检测发现，c-MYC 在银屑病皮损组织中的表达水平显著升高，提示其可能参与了银屑病的病理过程。

肥厚型心肌病（hypertrophic cardiomyopathy）是以心肌肥厚为主要组织病理学特征的心肌受累性疾病。癌基因 RAS、MYB、MYC 和 FOS 等在心肌肥厚过程中高表达，可能发挥疾病促进作用。

高血压的细胞学改变主要是 VSMC 与成纤维细胞异常增生，使血管壁变厚、血管腔变窄，导致血流阻力增加，血压升高。有研究显示，*c-FOS* 等原癌基因的激活可能是 VSMC 与成纤维细胞异常增生的启动因素之一。

三、非编码 RNA 对原癌基因表达的调控

非编码 RNA 是指不编码蛋白质的 RNA，既包括 rRNA、tRNA、snRNA、snoRNA 和 miRNA 等多种已知功能的 RNA，也包括那些功能尚未完全确定的 RNA。这些 RNA 的共同特点是从基因组上转录出来后，直接在 RNA 水平上行使各自的生物学功能。此部分主要介绍 miRNA 和 lncRNA 对原癌基因的调控。

miRNA 与多种肿瘤的发生发展密切相关，许多被注释的 miRNA 在基因组上定位于肿瘤相关的脆性位点（fragile site）。这提示 miRNA 在肿瘤的发生发展过程中可能发挥着至关重要的作用。这些 miRNA 通过对原癌基因的表达实施转录后调控发挥功能。表 4-3 展示了 6 种调控原癌基因的 miRNA 及其相关肿瘤的情况。

miRNA-15a 和 miRNA-16 基因位于染色体 13q14.2。在多发性骨髓瘤（multiple myeloma）中，miRNA-15a 和 miRNA-16-1 低表达，负性调控 AKT3（AKT serine/threonine-protein-kinase）、RPS6（ribosomal-protein-S6）和 MAP3KIP3（NF-kappaB-activator）等表达。也有研究报道 miRNA-15a 和 miRNA-16 负性调控癌基因 *Bcl-2*。miRNA-15a 和 miRNA-16 的缺失或表达下调，可导致 *Bcl-2* 表达升高，促进白血病、淋巴瘤和前列腺癌的发生。在慢性 B 淋巴细胞白血病和前列腺癌等肿瘤患者中，存在包括 miRNA-15a 和 miRNA-16-1 基因在内的 13q14 位点缺失。

有研究发现肺癌患者 miRNA/let-7 的表达水平显著降低，而且这样的患者预后不良，即 miRNA/let-7 表达水平越低，肺癌患者的预后越差，术后生存期越短。体外细胞培养实验表明，在人肺癌细胞中瞬时表达 miRNA/let-7，可以明显抑制癌细胞的增殖。研究显示，miRNA/let-7 所调控的靶癌基因是 *K-RAS*、*HMGA2* 和 *ITGB3* 等。

lncRNA 是长度在 200nt 以上的非编码 RNA。lncRNA 调控原癌基因表达的分子作用机制十分复杂，近年来这方面的研究逐渐增加，是目前医学生物学领域的热点之一。不过许多研究尚处于差异 lncRNA 表达谱筛查以及初步的功能鉴定与验证阶段，所涉及的肿瘤主要包括胃癌、肠癌、肝癌、肺癌、乳腺癌、卵巢癌、前列腺癌、白血病、横纹肌肉瘤、肾母细胞瘤和神经母细胞瘤等，已有相当的广度。

第三节　抑癌基因异常与疾病

总体而言，抑癌基因是一类与癌基因或原癌基因功能截然相反的基因，如 *p53*、*RB*、*APC*、*CDKN2A* 和 *PTEN* 等，能够抑制细胞的生长增殖，遏制肿瘤的发生。

一、抑癌基因的发现

与癌基因相比，抑癌基因的发现相对较晚。不过，抑癌基因的发现对人们更深刻地认识癌基因理论发挥了重要作用。从实验技术和疾病模型的层面上讲，抑癌基因的发现主要依赖于体细胞杂交和对视网膜母细胞瘤（retinoblastoma）的研究。小鼠的恶性肿瘤细胞与小鼠的正常细胞杂交后，杂交细胞不但失去了恶性表型，而且这种杂交细胞接种到宿主体内不再成瘤。这提示在正常

表 4-3　调控原癌基因的 6 种 miRNA 及其染色体定位、靶原癌基因与相关肿瘤

miRNA	染色体定位	靶原癌基因	相关肿瘤
let-7	9q22.32	*K-Ras*、*HMGA2*、*ITGB3*	肺癌、结直肠癌和乳腺癌
miR-15a-16	13q14.2	*Bcl-2*、*c-Myb*、*RECK*	白血病、淋巴瘤和前列腺癌
miR-34	1p36.22	*MYCN*、*SIRT1*、NOTCH1	结肠癌和宫颈癌
miR-106a	Xq26.2	*FASTK*	星形细胞瘤
miR-143-145	5q32	*K-Ras*、*ERK5*、*FSCN1*	结直肠癌、前列腺癌和膀胱癌
miR-203	14q32.33	*PKCα*、*Ran*、*VEGFA*	肺癌、食管癌和宫颈癌

细胞中存在着某种抑癌基因,可以抑制癌细胞的恶性表型,而用癌基因的显性作用原理显然是不能解释的。

　　家族性视网膜母细胞瘤是以常染色体显性遗传方式传递的,与散发病例相比,更容易发生双侧性和多发性病灶,而且发病年龄相对较早。基于此,Knudson AF 等人于 1971 年提出了二次打击理论(two hits hypothesis)学说,认为视网膜母细胞瘤的发病需要两次相应基因的突变。遗传型视网膜母细胞瘤患者的第一次基因突变来源于双亲。在这种情况下,在后天环境中只需一次基因突变便可导致视网膜母细胞瘤发病。相反,散发型视网膜母细胞瘤患者必须在后天环境中经过两次基因突变才能致病。因此遗传型视网膜母细胞瘤患者发病早,易出现双发、多发。后来的大量研究证实,他们的推理完全符合实际情况。

　　视网膜母细胞瘤患者外周血细胞和皮肤成纤维细胞染色体 13q14 位点存在缺失,由体细胞有丝分裂时发生不分离重组造成,而且在肿瘤中缺失的正是来自正常亲本的 13 号染色体上的正常等位基因。这说明视网膜母细胞瘤的基因突变是一种功能缺失性突变,突变位于 13q14。只有当视网膜母细胞中该基因的两份拷贝均发生突变缺失后才会发生癌变,分子杂交实验说明突变区段是某一基因的编码区。最后这一候选基因被成功地克隆分离鉴定,即 RB 基因。这是人类发现的第一个抑癌基因。表 4-4 展示了部分抑癌基因的染色体定位及其相关肿瘤的情况。

二、抑癌基因异常失活可导致肿瘤发生

　　抑癌基因的异常失活同样具有促进细胞恶性转化的作用。抑癌基因异常失活的分子机制主要包括:①基因组纯合性或杂合性缺失导致抑癌基因失活;②基因突变导致抑癌基因失活;③癌蛋白作用导致抑癌蛋白失活;④基因启动子区高甲基化修饰导致抑癌基因失活等。

(一)基因组纯合性或杂合性缺失导致抑癌基因失活

　　抑癌基因的纯合性缺失已经被证实的主要有 RB、p53、APC、p16、WT-1 以及 Smad-2 和 Smad-4/DPC-4 等。两个等位基因纯合性缺失自然不可能再有相应蛋白表达,这是发现并克隆鉴定抑癌

表 4-4　抑癌基因的染色体定位及其相关肿瘤

抑癌基因	染色体定位	相关肿瘤
APC	5q21	结肠癌,直肠癌,胰腺癌,胃癌等
Catenin-a1	5q31.2	前列腺癌,肺癌等
BCNS	9q13	髓母细胞瘤,皮肤癌
BRCA1	17q21	乳腺癌,卵巢癌
BRCA2	13q12-13	乳腺癌
DCC	18q21.3	结直肠癌,脑瘤,神经母细胞瘤等
DPC4	18q21.1	胰腺癌
E-Cadherin	16q	乳腺癌,卵巢癌,子宫内膜癌,膀胱癌,胃癌,等
FHIT	3p14.2	消化道肿瘤,肾癌,肺癌等
HNPCC	2p22	遗传性非息肉病性结肠癌
IRF1	5q31.1	白血病,骨髓增生异常综合征
K-REV-1	1p	纤维母细胞瘤
MEN1	11q13	垂体腺瘤
MLM	9q21	黑色素瘤
NB1	1p36	神经母细胞瘤
NF1	17q11	恶性黑色素瘤,神经母细胞瘤,神经纤维瘤
NF2	22q12	神经鞘瘤、脑膜瘤
NM23	17q22	多种癌
p15	9p21	多种癌
p16(MTS1)	9p21	恶性黑色素瘤,食管癌等多种肿瘤
p53	17p13	大肠癌、乳腺癌,肺癌等多种肿瘤
PTCH	9q22.3	基底细胞癌
PTEN	10q23.3	胶质母细胞瘤等
PTPG	3p21	肾细胞癌,肺癌
RB	13q14	视网膜母细胞瘤,骨肉瘤,肺癌,乳腺癌等
RCC	3p14	肾癌
SMAD2	18q21	大肠癌
TSC2	16p	肾癌,脑肿瘤
TGF-βR2	3p24.1	结直肠癌等
TIMP	Xp11.3	多种癌
VHL	3p25	肾癌,嗜铬细胞瘤
WT1	11p13	肾母细胞瘤

基因的重要手段。在视网膜母细胞瘤患者，约有5%的患者外周血淋巴细胞和成纤维细胞13q14位点发生纯合性缺失。在家族性腺瘤性息肉病（familial adenomatous polyposis，FAP）患者中，可见5q21位点纯合性缺失，结果在该位点发现并克隆鉴定了抑癌基因*APC*。

如果两个等位基因中的一个已经缺失或因突变已丧失活性，而另一个等位基因仍具有功能，这种杂合子状态仍然可以保持抑癌基因的功能。基因的杂合性缺失（loss of heterozygosity，LOH）是指杂合子中有功能的等位基因因突变或缺失而失去功能。LOH常常发生在细胞有丝分裂或含野生型等位基因染色体丢失等过程中，其结果可导致原来是杂合子的等位基因由于LOH变成了纯合子。

抑癌基因缺失的效应是隐性的。只有两个等位基因皆缺失或失活，才能表现出对肿瘤抑制活性的完全丧失。如前所述，在视网膜母细胞瘤易感人群中，因胚系突变或体细胞突变等原因，定位于13p14的*RB*的一个等位基因已经缺失或失活，因此在此类人的视网膜母细胞中，两条同源染色体中的一条含有野生型*RB*，而另一条则缺失*RB*或含有突变型*RB*。在这种前提下，视网膜母细胞分裂，产生的子细胞如果发生LOH，就丧失了*RB*基因的杂合性，成为缺失*RB*基因的纯合子。在约60%的视网膜母细胞瘤患者的标本中可见LOH改变，瘤细胞中所保留的是突变型*RB*基因，而野生型*RB*基因已不复存在。

在大部分结肠腺瘤性息肉和结直肠癌患者，*APC*基因位点也是LOH最常侵犯的部位，结果使野生型*APC*等位基因发生缺失或失活，所保留下来的等位基因是突变型的。

需要特别指出的是，因为在绝大多数情况下，所发生的LOH可累及某一特定染色体臂的大部分或所有标记物，因此仅凭LOH分析尚难以对肿瘤抑制基因进行精确定位。

（二）基因突变导致抑癌基因失活

基因突变，特别是点突变，是导致抑癌基因失活甚至转变为癌基因的主要机制之一，抑癌基因*p53*就是一个最典型的例子。

抑癌基因*p53*位于染色体17p13.1，全长19 149bp，11个外显子，已发现8种不同的转录本，长度分别为2 591bp、2 588bp、2 724bp、2 651bp、2 271bp、2 404bp、2 331bp和2 708bp，所编码的肽链异构体分别包含393、393、341、346、261、209、214和354个氨基酸残基。其中包含393个氨基酸残基的多肽链分子量为53kDa（以下均以此异构体为例），4条相同的多肽链聚合成具有活性的四聚体。

50%～60%的人类恶性肿瘤，如肺癌、肝癌、胃癌、食管癌、膀胱癌、乳腺癌、结肠癌、卵巢癌和前列腺癌等癌组织细胞中均发现有*p53*基因突变。家族遗传性癌综合征，如利-弗劳梅尼综合征（Li-Fraumeni syndrome）中发现有胚系*p53*基因突变。*p53*基因胚系突变和在癌细胞中的*p53*基因体细胞突变（somatic mutation），常常是一对等位基因中只有一个有错义突变，造成P53蛋白中单个氨基酸残基替换。突变的P53蛋白不仅自身失去功能，它还能与由野生型等位基因表达的正常P53蛋白聚合成无功能的四聚体。这种突变基因作用的方式属于显性负效应。在肉瘤和一些淋巴瘤中，常常由于基因重排或剪接错误等造成*p53*等位基因双缺失，从而导致P53蛋白缺失。

P53蛋白是一种转录因子，肽链从N-端到C-端分别为：①转录激活域（氨基酸序列1～44），可与TBP结合，活化基础转录；②脯氨酸丰富域（氨基酸序列64～89），可与含有SH3域的蛋白质结合，参与信号转导；③DNA结合域（氨基酸序列110～290），与靶基因中特异的序列结合，绝大多数*p53*基因突变都发生在编码该结构域的序列中；④序列313～323是P53蛋白的核定位信号；⑤序列323～355是负责P53肽链聚合的寡聚结构域；⑥最后的C-端（序列370～393）是碱性区，能和DNA损伤后产生的DNA单链以及错配部位结合，这种结合无DNA序列特异性。当P53蛋白与损伤的DNA结合后，可激活P53蛋白的DNA结合域，活化的P53蛋白与损伤区解离后，可与靶基因中特异的顺式作用元件结合，促进基因转录。P53肽链的N-端及C-端特异部位的丝氨酸残基可被磷酸化修饰，详见图4-5。

（三）癌蛋白作用导致抑癌蛋白失活

SV40的大T抗原、腺病毒的E1B和高危型HPV的E6可以结合抑癌蛋白P53，使之失活。而癌蛋白MDM-2也可以结合P53蛋白，抑制其

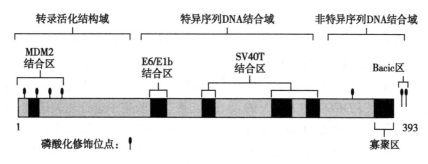

图 4-5 P53 蛋白肽链的结构

活性。在肉瘤中 *MDM-2* 基因经常显著扩增高表达,此时 *p53* 基因没有突变,依然表达正常的 P53 蛋白,但大量表达的癌蛋白 MDM-2 可以抑制 P53 蛋白的活性。另外,腺病毒的 E1A 和高危型 HPV 的 E7 可以与抑癌蛋白 RB 结合而使之失活。

(四)基因启动子区高甲基化修饰导致抑癌基因失活

抑癌基因启动子区 CpG 岛的高甲基化修饰是导致抑癌基因失活的重要分子机制之一。在许多肿瘤中,经常可以检测到 *p16*、*p53*、*BRCA-1* 和 DNA 复制错配修复基因等抑癌基因启动子区 CpG 岛高甲基化修饰,而且这往往是肿瘤发生的早期事件。通常情况下,转录因子蛋白不能结合甲基化修饰的转录调控元件。另外,肿瘤细胞内还存在着甲基化 CpG 岛结合蛋白。很显然,当这些蛋白与启动子区的甲基化 CpG 岛结合后,从空间上可进一步阻碍转录因子与启动子结合,因此抑癌基因的转录表达被抑制。

三、抑癌基因异常失活同样可导致非肿瘤性疾病发生

与原癌基因的异常活化可能会导致非肿瘤性疾病发生同理,抑癌基因的异常失活也可能会导致许多非肿瘤性疾病发生。这里同样涉及基因组纯合性或杂合性缺失、基因突变、癌蛋白作用和启动子区高甲基化修饰等异常分子改变。

糖尿病心肌病(diabetic cardiomyopathy,DCM)是糖尿病常见的并发症之一,是糖尿病患者致死的重要原因。DCM 的组织细胞病理改变主要包括心肌肥厚、心肌细胞肥大、心肌间质纤维化、心肌微血管病变、心肌细胞代谢障碍以及心肌细胞凋亡等一系列异常变化。抑癌基因 *p53* 异常表达可能在 DCM 的发病中发挥重要作用,主要机制

涉及心肌细胞凋亡,同时还可能有 MDM-2 等原癌基因的协同参与。

系统性红斑狼疮(systemic lupus erythematosus,SLE)是一种自身免疫性疾病。由于体内产生大量的致病性自身抗体和免疫复合物,可造成组织损伤,因此临床上常出现皮肤、关节,浆膜、心脏、肾脏、中枢神经系统、血液系统等多脏器多系统受累。目前关于 SLE 的发病机制尚未完全阐明,通常认为遗传因素和环境因素均在 SLE 的发病中发挥作用。此外,在 SLE 患者 CD4[+] T 细胞中,抑癌基因 *CDKN2A*(*p16*)高甲基化与浆膜炎以及抗 Sm 抗体(诊断红斑狼疮的特异性抗体)相关,提示其可能在 SLE 的发病中发挥某种作用。

四、非编码 RNA 对抑癌基因的调控

除了调控原癌基因表达外,miRNA 和 lncRNA 等非编码 RNA 同样调控抑癌基因的表达。表 4-5 展示了 6 种调控抑癌基因的 miRNA 及其相关肿瘤的情况。

表 4-5 调控抑癌基因的 miRNA 及其染色体定位、靶抑癌基因与相关肿瘤

miRNA	染色体定位	靶抑癌基因	相关肿瘤
miR-10b	2q31.1	*E-cadherin*	卵巢癌、肝细胞癌和食管癌
miR-21	17q23.1	*PDCD4*、*PTEN*	肺癌、胰腺癌和乳腺癌
miR-17-92	13q31.3	*P21*	恶性淋巴瘤
miR-155	21q21.3	*p53*	淋巴瘤、胶质瘤和胰腺癌
miR-221	Xp11.3	*P27*	乳腺癌、胰腺癌和前列腺癌等
miR-372-373	19q13.42	*TNFAIP1*	肝癌和胃癌

miR-21 调控的靶抑癌基因有 *PDCD4* 和 *PTEN*。研究报道，肺癌、胰腺癌、乳腺癌、子宫颈癌、前列腺癌、大肠癌、胶质瘤和胆管癌等多种恶性肿瘤组织细胞中，miRNA-21 的表达水平明显增加，而 miR-21 的靶抑癌基因 *PDCD4* 和 *PTEN* 的表达显著降低。目前已公认 miRNA-21 是一个致癌性 miRNA，主要通过抑制肿瘤细胞凋亡发挥其作用，与肿瘤细胞的分裂增殖关系不大。

miR-155 所调控的靶抑癌基因是 *p53* 等。研究发现，在伯基特淋巴瘤和霍奇金淋巴瘤等肿瘤中 miR-155 的表达量明显升高，除了抑制抑癌基因 *p53* 的表达外，还可能与癌基因 *c-MYC* 之间存在着某种协同作用。

尽管目前有关 lncRNA 如何调控抑癌基因表达尚未见系统研究报道。但这方面的研究是当前生物医学领域的热点之一，也许正在世界上某个或某些实验室中进行相关研究，学界对此保持关注。而且在最近的研究中，已有学者尝试性提出了促癌 lncRNA 与抑癌 lncRNA 等新概念。这些新概念最终是否会被肿瘤学界普遍接受尚有待时日。不过，借助于肿瘤这一特殊生物平台系统，一定会鉴定出更多的功能性 lncRNA，这无疑有助于对整个功能性基因调控的基础进行重新解读。

（李恩民）

参 考 文 献

[1] Jain M, Arvanitis C, Chu K, et al. Sustained loss of a neoplastic phenotype by brief inactivation of MYC. Science, 2002, 297(5578): 102-104.

[2] Laurie NA, Donovan SL, Shih CS, et al. Inactivation of the p53 pathway in retinoblastoma. Nature, 2006, 444(7115): 61-66.

[3] Ponting CP, Oliver PL, Reik W. Evolution and functions of long noncoding RNAs. Cell, 2009, 136(4): 629-641.

[4] Lujambio A, Lowe SW. The microcosmos of cancer. Nature, 2012, 482(7385): 347-355.

[5] Lai F, Orom UA, Cesaroni M, et al. Activating RNAs associate with mediator to enhance chromatin architecture and transcription. Nature, 2013, 494(7438): 497-501.

[6] Batista PJ, Chang HY. Long noncoding RNAs: cellular address codes in development and disease. Cell, 2013, 152(6): 1298-1307.

[7] Roccaro AM, Sacco A, Thompson B, et al. MicroRNAs 15a and 16 regulate tumor proliferation in multiple myeloma. Blood, 2009, 113(26): 6669-6680.

[8] Zhang XD, Huang GW, Xie YH, et al. The interaction of lncRNA EZR-AS1 with SMYD3 maintains overexpression of EZR in ESCC cells. Nucleic Acids Res, 2018, 46(4): 1793-1809.

第二篇 蛋 白 质

第五章　蛋白质的折叠和定位

蛋白质作为基因表达的最终产物，参与了生命活动的每一个环节。为了发挥应有的生物学功能，蛋白质不仅需要有正确的氨基酸序列，而且还需要有正确的空间结构、正确的亚基组装、正确的化学修饰和正确的靶向定位。以 mRNA 为模板，以氨基酸为底物，从合成第一个肽键起，新生的多肽链就开始了反复不断的折叠 - 去折叠 - 再折叠的复杂过程，最终形成一个具有天然空间结构的蛋白质。蛋白质需要遵循什么样的原理和机制形成正确的空间构象；一旦出现错误的折叠，多肽链如何进行错误纠正；以及具有正确空间结构的蛋白质如何被运输到不同的细胞部位等，这些都是人们在进行生命科学探索时所必须回答的问题。

本章将介绍蛋白质体外折叠的理论和模型，蛋白质体内折叠的内在因素和外部条件（包括协助蛋白质进行正确折叠的辅助分子），以及蛋白质的靶向输运。蛋白质折叠和定位被视为是 21 世纪生物学和生命科学中的重要课题之一。研究蛋白质的折叠和定位在揭示蛋白质的生物学功能、认识疾病的发病机制、设计特异性的蛋白质和工业化制备功能性蛋白质等方面具有重大的学术价值和社会意义。需要指出的是，蛋白质的折叠不仅需要生物化学和分子生物学的基础知识，而且还涉及到了生物物理学、结构生物学、分子力场、热力学、分子动力学等诸多学科的深奥理论，这对医学专业的学生来说是一个不小的挑战。本章将介绍一些相关的基本概念和知识点。

第一节　蛋白质分子的折叠

从一条伸展无序的多肽链形成一个具有正确空间结构蛋白质分子的过程称为蛋白质折叠（protein folding）。多肽链上的氨基酸残基具有亲水性、疏水性、正电性、负电性、反应活性等不同特性，通过残基之间的相互作用折叠成为立体的三级结构。人们一直在强调，蛋白质的一级结构包含了决定蛋白质空间结构的所有信息。但是，在目前条件下，人们无法根据蛋白质的氨基酸序列预测出蛋白质的天然结构。这表明，蛋白质折叠还需要更复杂的信息，这就是人们猜测的"第二遗传密码"—折叠密码（folding code）是否存在的缘由。蛋白质折叠涉及了生物学中的三个基本问题。①折叠规则：蛋白质的氨基酸理化性质如何决定蛋白质的空间结构？如果蛋白质折叠受控于蛋白质折叠密码，什么是蛋白质折叠密码？②折叠机制：一条多肽链具有天文数字的可能结构，蛋白质如何能够快速地（微秒量级）折叠成唯一的、准确定义的天然构象？③结构预测：能否根据一个蛋白质的氨基酸序列来预测出这个蛋白质的天然构象？这样人类可以从容地设计不同的蛋白质以满足特定的需求。

一、蛋白质折叠机制的热力学和动力学的和谐统一

探求蛋白质的折叠机制，需要解决的问题是蛋白质遵循什么样的规律来完成折叠过程。人们从热力学、反应动力学以及统计物理学的角度对蛋白质的折叠进行了模拟、推演和预测，提出了不同的理论，并在实验基础上修正和完善已有的理论。这些理论相辅相成，构建了和谐统一的理论框架，使人们能从不同的视角认识蛋白质折叠的真正内涵。

（一）蛋白质体外折叠的"自组装"热力学假说

1960 年，美国科学家 Anfinsen CB 进行了著名的牛胰核糖核酸酶体外变性 - 复性的实验。牛

胰核糖核酸酶有 124 个氨基酸,8 个半胱氨酸构成了 4 对二硫键。在天然条件下,牛胰核糖核酸酶形成了以 β- 片层为主的空间结构。在温和的碱性条件下,8mol 尿素或 β- 巯基乙醇可以将 4 对二硫键完全还原,导致蛋白质变性并丧失酶活性。缓慢地去除蛋白质溶液中的变性剂,变性的核糖核酸酶不仅完全恢复了正确的空间构象,而且还恢复了原有的酶活性。特别是二硫键的巯基配对组合与天然状态的牛胰核糖核酸酶完全一样。复性的核糖核酸酶还可以结晶,并产生与天然蛋白质晶体相同的 X 射线衍射图样,表明蛋白质能够自发地折叠成为天然的空间构象。为此,Anfinsen 提出了"自组装"(self-assembly)热力学假说:变性的蛋白质可以在体外复性;天然蛋白质在生物学环境中处在热力学最稳定的状态;多肽链的氨基酸序列包含了可以形成热力学意义上稳定的天然构象所必需的全部信息。Anfinsen 的"自组装"热力学假说得到了许多体外实验的支持,特别是一些小分子量的蛋白质在体外可以进行可逆的变性和复性。Anfinsen 将此假说发展成为"蛋白质一级结构决定高级结构"的著名论断,并荣获了 1972 年诺贝尔化学奖。

(二)动力学控制的蛋白质折叠过程

随着研究的不断深入,人们发现了许多"自组装"假说所不能解释的现象。例如,蛋白质在体外的变性 - 复性过程并非完全可逆;有些蛋白质的复性效率很低;中等大小的蛋白质体外重折叠要比体内折叠慢得多。依据热力学理论,如果天然蛋白质处于热力学最稳态,那么,蛋白质的变性就难以理解了,蛋白质折叠途径的概念似乎也没有必要了。其次,蛋白质的变性和复性是在不同的条件下进行的,这也不符合热力学准静态过程的标准。这些疑问引出了蛋白质折叠的动力学悖论:如果蛋白质的自发折叠是随机进行的,多肽链将尝试每个可旋转单键中的所有构象,直至找到接近自由能最小点的构象。由于需要尝试的构象数目呈指数增长,完成这样一个折叠过程的时间将是一个天文数字。因此,Levinthal C 推断蛋白质折叠不可能是一个完全随机和反复尝试所有可能的构象直至找到自由能最低构象的过程,而是一个受动力学控制的折叠过程。

蛋白质折叠的动力学学说认为:从总体上

看,蛋白质的折叠遵循从高能态向低能态转变的热力学理论,但是在蛋白质折叠的途径中存在着某些能级势垒,阻碍蛋白质形成最稳定的空间构象,从而使得蛋白质结构处在某种亚稳态,受到了动力学的控制。

在折叠的起始阶段,变性蛋白质(U)的疏水性氨基酸完全暴露,从而导致多肽链迅速折叠形成非稳态的折叠中间体(I)。这些具有局部二级结构的折叠中间体与变性蛋白质之间存在着快速的平衡。折叠中间体可以进一步发展成为下一个折叠中间体。以此类推,多肽链经过多步的折叠中间体,逐步形成具有天然构象的蛋白质(N)。与此同时,由于折叠中间体中仍有大量暴露的疏水表面,它们之间可以相互结合,形成聚合体(A)。这是一个不可逆的反应,因此降低了蛋白质的复性效率(图 5-1)。由此可见,蛋白质的复性不可单一地解释为热力学或动力学过程,两者在多肽链折叠反应中的作用是统一的。蛋白质的折叠遵循热力学假说,是一个自由能降低的过程,但同时又受到动力学的控制。对于结构简单的小蛋白质来说,折叠过程相对简单,在热力学控制下能较容易地进行可逆的变性和复性。但对于结构复杂,尤其是在复性过程中涉及二硫键重排、脯氨酰顺反异构化等限速步骤的蛋白质来说,虽然总体上折叠过程受热力学控制,但折叠途径却受到动力学的控制。动力学控制学说进一步完善了蛋白质折叠的理论体系。

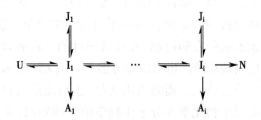

图 5-1 蛋白质折叠示意图

U 代表非折叠(unfolded)的多肽链;I 代表折叠中间态(intermediate);A 代表有序聚集(ordered aggregate)的多肽链,I→A 是不可逆过程;J 代表无序聚集(disordered aggregate)的多肽链,J⇌I 是可逆过程;N 代表具有天然态(native)的多肽链。

(三)诠释蛋白质折叠过程的能级形貌理论

为了解决热力学假说和动力学悖论之间的矛盾,人们提出了能级形貌(energy landscape)理论。该理论融合了热力学和动力学的内涵，为蛋白质的折叠过程进行了合理的诠释。该理论认为，蛋白质是一组具有随机结构的分子群，在折叠过程中各个分子沿着各自的途径进行折叠。在折叠初期，分子结构松散，自由能大，可选择的构象熵（conformational entropy）也大。蛋白质多肽链（随机结构）通过构象塌陷、表面张力或疏水作用形成紧凑结构。这些结构在拓扑学上同蛋白质活性结构相类似，表现出局部趋稳性。随着折叠的进行，这些结构经过局部的重构造，折叠中间体数目不断减少，形成的折叠中间体的构象也越来越稳定，即自由能越来越小，构象熵越来越小，最终形成热力学最稳定的、自由能最小的、唯一的天然构象，这一系列逐步收敛的变化呈漏斗状（图5-2）。

人们可以通过统计学方法，计算蛋白质折叠中的自由能，寻找热力学最稳态结构，从而解释蛋白质折叠和预测蛋白质结构。三维的能级形貌图给出了所有可能到达天然折叠的一切路径，它们都具有途径中最低的局部能量。漏斗的形状把所有构象都指向天然构象，避免把所有可能的构象都尝试一遍。具有最佳折叠能力的多肽链具有最陡峭的漏斗途径。显然，能级形貌理论为蛋白质折叠问题提供了合理的理论基础，可以说明蛋白质折叠的一些特点，并与一些实验结果吻合。然而，能级形貌理论也有一定的局限性。它还不能解释为什么蛋白质折叠的不可逆过程具有协同性，为什么一个氨基酸残基的变化会导致整个蛋白质折叠特性的重大改变？为什么蛋白质残基对蛋白质稳定性的作用不是简单的叠加？由此看来，真正认识蛋白质折叠的机制还需要大量的工作。

二、描述蛋白质折叠过程的模型

为了描述一条多肽链折叠成具有天然空间结构的蛋白质，人们提出了不同的蛋白质折叠模型。

1. 成核 - 快速生长模型 多肽链开始折叠时，首先在多肽链中的某一区域形成许多折叠晶核（nucleus）。这些晶核是由一些特定的氨基酸残基形成的、接近于天然状态相互作用的结构，一般有8~18个氨基酸，这些氨基酸残基之间的特异性相互作用使它们形成了紧密堆积。晶核的形成是折叠起始阶段的限速步骤。一条多肽链中可以有多个晶核，并以每个晶核为核心向两侧扩大，使得整个肽链迅速折叠成为天然构象。这种折叠方式称为成核 - 快速生长模型（nucleation-rapid growth model）。

2. 拼版模型 拼版模型（jig-saw puzzle model）是指多肽链可以沿多条不同的途径进行折叠。在沿每条途径折叠的过程中都是天然结构越来越多，最终形成天然构象，而且沿每条途径的折叠速度都较快，与单一途径折叠方式相比，多肽链折叠速度较快。另一方面，外界生理生化环境的微小变化或突变等因素可能会给单一折叠途径造成较大的影响，而对具有多条途径的折叠方式而言，这些变化可能会给某条折叠途径带来影响，但不会影响其他的折叠途径，因而不会从总体上干扰多肽链的折叠。

3. 框架模型 在多肽链折叠过程的起始阶段，先迅速形成不稳定的二级结构单元，称为抖动基团（flickering cluster）；随后，这些二级结构靠近接触，从而形成稳定的二级结构框架；最后，二级结构框架相互拼接，肽链逐渐紧缩，形成了蛋

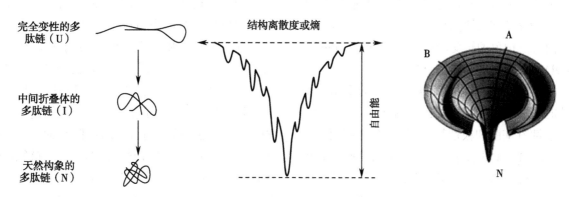

图 5-2 蛋白质折叠过程的能级形貌

注：A和B代表两个不同非折叠态的多肽链，N代表具有天然构象的多肽链。

白质的三级结构。框架模型（framework model）认为，即使是一个小分子的蛋白质也可以一部分一部分地进行折叠，其间形成的亚结构域（sub-domain）是折叠中间体的重要结构。

4. 快速疏水垮塌模型 在快速疏水垮塌模型（rapid hydrophobic collapse model）中，疏水作用力被认为是在多肽链折叠过程中起决定性的因素。在水溶液环境中，为了避开极性环境，疏水侧链基团将引导多肽链快速折叠，使许多蛋白质处于既不是完全的折叠状态，也不是完全的非折叠状态，称为"熔球体（molten globule）"。在形成任何二级结构和三级结构之前首先发生很快的非特异性的疏水塌缩，然后再进一步折叠形成天然构象。

5. 扩散-碰撞-缔合模型 多肽链的折叠起始于肽链上的几个位点，在这些位点上生成不稳定的二级结构单元或者疏水簇，主要依靠局部序列的近程或中程相互作用来维系。它们以非特异性布朗运动的方式扩散、碰撞、相互黏附，生成较大的结构域，因此增加了稳定性。进一步的碰撞形成具有疏水核心和二级结构的类熔球态中间体的球状结构。球形中间体调整为致密的、无活性的、类似天然结构的、高度有序的熔球态结构。最后，无活性的、高度有序的熔球态转变为完整的、有活力的天然态。这就是扩散-碰撞-缔合模型（diffusion-collision-adhesion model）。

6. 动力学模型 多肽链折叠分为三个阶段。多肽链折叠的起始阶段与拼版模型类似，多肽链沿多条途径迅速形成许多具有一些局部结构的中间体。多肽链折叠的中间阶段又与"成核-快速生长模型"的快速生长阶段类似，多肽链在第一阶段形成的局部结构的基础上进行快速折叠，形成具有较多天然结构的中间体。最后阶段是中间体向天然构象的转变，这是动力学模型（kinetic model）折叠过程中的限速步骤。

7. 格点模型 根据每类氨基酸的亲水疏水特性的不同，将组成蛋白质的氨基酸分为两大类，即疏水性氨基酸和极性氨基酸，并分别用两个有效氨基酸 H 和 P 来表示。格点模型（HP model）可分为二维模型和三维模型两类。二维格点模型就是在平面中产生正交的单位长度的网格，每个氨基酸分子按在序列中的先后顺序依次放置到这些

网格交叉点上，在放置氨基酸分子的过程中，如果出现当前所要放置的氨基酸分子没有位置可以放置了，那就说明该构型是不合理的，需要重新放置。三维格点模型和二维格点模型相似，它是在三维空间中产生的单位长度的立体网格。

三、制约蛋白质体内折叠的内在因素和外部条件

蛋白质折叠的体外实验为揭示蛋白质折叠的本质提供了大量信息，但是这样的体外实验与细胞内肽链折叠的真实状况相差甚远。在细胞内，多肽链的合成和多肽链的折叠是同时进行的。一旦多肽链的 N-末端片段从核糖体中释放出来，便立即进入了折叠过程。但是，在多肽链延长过程中形成的中间折叠体结构只是暂短的过渡态，并不是功能性蛋白质的最终结构。因此，随着多肽链的延长，多肽链需要反复不断地通过折叠-去折叠/部分去折叠-再折叠的过程来调整构象。细胞内的多肽链合成和多肽链折叠是一个共生并存、协调进行的动态过程。细胞内的蛋白质折叠是由多肽链的内在因素和所处的特殊环境共同决定的。

（一）影响蛋白质折叠的内在因素：氨基酸的侧链和肽链的二级结构

1. 不同类型的氨基酸在蛋白质二级结构中具有一定的偏好性 氨基酸的侧链具有不同的大小、极性、疏水性、氢键形成能力以及反应活力，氨基酸侧链的特性决定了氨基酸之间的相互作用以及氨基酸与邻近的化学基团（配体、金属离子、辅助因子等）之间的相互作用，使它们在蛋白质二级结构中表现出不同的偏好性，进而影响蛋白质的空间结构和稳定性（图5-3）。疏水性氨基酸残基仅仅参与范德华相互作用，它们倾向于聚集在一起，避免和水分子接触，构成了疏水核。侧链的大小也决定了立体效应的范德华半径。亲水性氨基酸残基可以与肽链主链、其他氨基酸残基的侧链、极性有机分子和水分子形成氢键。丙氨酸和亮氨酸强烈倾向于形成 α-螺旋，而脯氨酸则很少出现在 α-螺旋中，这是因为它的主链氮原子不能形成螺旋所需的氢键。苯丙氨酸的芳香族侧链有时可以参与弱的极性相互作用。

**2. 二硫键的形成和脯氨酸残基酰胺键的顺

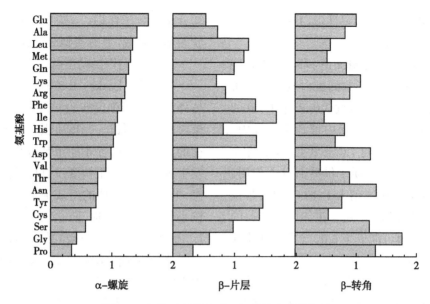

图 5-3 氨基酸在蛋白质二级结构中的偏好性

注：每个构象的归一化频率是每个氨基酸残基在该构象中所出现的次数除以所有残基的出现数。该数值为 1 时表示该氨基酸随机出现，大于 1 时表示具有偏好性。

反异构化是折叠过程中的"慢"反应 细胞内蛋白质的合成速率大约是 20 个残基／秒，而很多小的可溶性蛋白的折叠至少需要 100 毫秒才能完成。翻译速率和折叠速率的差异提示体内的蛋白质折叠是一个限速过程。由蛋白质二硫键异构酶（protein disulfide isomerase，PDI）催化的二硫键的形成是体外蛋白质折叠的限速步骤。

腧氨酸是 20 种天然氨基酸中唯一具有环状侧链的氨基酸，由于缺少酰胺质子（—NH），阻碍了蛋白质折叠。实验发现，具有腧氨酸的肽键和其他肽键在顺反异构化上的比例约为 4∶1。去折叠消除了很多肽键的限制，导致腧氨酸肽键的随机化。平均而言，在含有 5 个腧氨酸的蛋白质中就会出现一个顺式腧氨酸肽键构象。腧氨酸顺反异构化作用是抑制蛋白质折叠速率的潜在因素。

3. **形成 α- 螺旋的起始阶段是个慢过程** 形成 α- 螺旋结构的时间常数大约为 1 微秒。在初始阶段，新生肽链处在一个无序的状态下，在间隔 3 个氨基酸的两个残基之间形成氢键是一个慢反应。但是一旦 α- 螺旋形成，它将从这个有序的 α- 螺旋的区域（有时称为成核位点）迅速地扩张。大多数 α- 螺旋结构形成实验都起源于同源多肽的合成。

4. **单个结构域作为独立单位进行折叠** 较大的蛋白质分子水解后，可以分离出多个结构域。每个结构域都是一个独立的结构单位，可以像单结构域蛋白质一样去折叠和再折叠。在多结构域的整个折叠过程中，配体连接到中间折叠体的一个折叠结构域时，中间体会更加稳定，由此改变蛋白质再折叠的速度。

（二）影响蛋白质折叠的外部条件：细胞内特殊环境

1. **细胞内的大分子拥挤效应影响多肽链的折叠过程** 蛋白质体外折叠实验一般是在较低的蛋白质浓度体系中进行的，从而避免了在再折叠过程中发生蛋白质的自身聚集。但是，这种人为设置条件和细胞内实际状况大不相同，如细胞内蛋白质的总浓度可达到 200～300g/L。其次，随着细胞周期的变化，胞质中蛋白质浓度还会出现上调和下降。再者，由于大分子的不可穿透性使得任何一个大分子的实际可利用空间大大减小。因此，这些生物大分子占据了细胞的大部分体积，使得细胞内各类分子拥挤不堪，产生"大分子拥挤效应"或"排阻体积效应（excluded volume effect）"，影响到新生肽链的折叠过程。

2. **温度和 pH 也会影响多肽链的折叠** 哺乳动物细胞的温度大约为 37℃，pH 值一般在中性范围内。如果在这样的条件下进行蛋白质体外复性的话，通常会形成大量的聚集物，具有生物活性的蛋白质的回收率也极低。为了得到高产率的复性，往往降低温度到 4℃，复性蛋白的浓度也很低，通常大约在 1mg/mL。

氨基酸侧链具有不同 pKa 值，环境 pH 条件会改变其电荷状态，进而影响到蛋白质的体内折叠。酸性氨基酸的 pKa 值接近 3.0，在 pH 7.0 的环境中带负电荷；但在蛋白质内部疏水环境中，它们的 pKa 值可能变化到 7.0 甚至更高，这样在生理 pH 条件下就可作为质子供体而发挥作用。碱性氨基酸在水中的 pKa 值大于 10.0，通常带正电荷；但在非极性环境中，或者在邻近正电荷的影响下，它的 pKa 值可能低于 6.0，导致中性化并可能成为质子受体。

3. 金属离子的配位效应可以影响蛋白质的天然结构 金属离子通过与内源配体（氨基酸侧链基团）和外源配体（如水分子、卟啉环、有机小分子等）的配位，与蛋白质形成配位共价键，稳定蛋白质的空间构象。金属配位的键能一般为 $40\sim120kJ/mol$，虽然弱于共价键，但是比氢键大一个数量级。因此，金属配位效应与蛋白质的空间结构密切相关。金属结合部位及其附近的肽链结构具有一定的保守性，如 II 型限制性内切核酸酶中，与 Mg^{2+} 结合的区域都是由 5 个 β- 片层和 2 个 α- 螺旋形成的共同核心模体（common core motif）。大多数调控基因表达的蛋白质都含有锌指结构域。在钙结合蛋白中，与 Ca^{2+} 结合的肽段都具有规则的螺旋 - 环 - 螺旋的结构。

四、参与蛋白质折叠的其他辅助分子

蛋白质能否形成正确的空间结构，还需要正确的二硫键组合和复杂的非共价键作用（氢键、离子作用力和疏水作用力）、适当的外部环境（温度、pH、金属离子、细胞内的空间拥挤程度等）和辅助分子的参与。

在细胞内，肽链的合成和肽链的折叠是同步进行的。多肽链中间折叠体需要随着多肽链的延长进行反复的折叠 - 去折叠 / 部分去折叠 - 再折叠的调整，直至肽链合成终止。多肽链折叠过程需要其他辅助分子的参与。在细胞内至少有三类辅助分子参与了多肽链的折叠。①分子伴侣蛋白质：它们帮助肽链正确地折叠成为中间折叠体，阻止和纠正不正确折叠，遵从 Anfinsen 规则；②折叠酶：催化与折叠直接有关的化学反应；③分子内分子伴侣：一些蛋白质在细胞内以前导肽的形式合成，具有类似分子伴侣的功能。

（一）细胞内协助蛋白质正确折叠的分子伴侣

1978 年，Laskey R 在研究组蛋白和 DNA 在体外生理离子强度实验时发现，只有在一种细胞核内的酸性蛋白——核质蛋白（nucleoplasmin）存在的条件下，二者才能组装成核小体，否则就会发生沉淀。核质蛋白既没有提供蛋白质组装的信息，也不是核小体的组成成分；但是它可以屏蔽核小体上的正电荷，防止组蛋白与 DNA 形成沉淀，促进了二者的正确组装。Laskey R 将其称为分子伴侣（chaperone）。其后，人们在许多生物体中也发现了类似现象。

1993 年，人们对分子伴侣给出了更为确切的定义：它们是一类序列和结构上没有相关性但有共同功能的蛋白质；它们的共同功能就是帮助其他蛋白质在细胞内进行非共价的组装和卸装；但是它们不是这些蛋白质在发挥其正常的生物学功能时所应有的组成成分。分子伴侣本身不包括控制正确折叠所需的构象信息，但是能阻止非天然态多肽链的错误折叠或凝集，为处在折叠中间体的多肽链提供更多正确折叠的机会。因而，它们能提高折叠的产率而不一定能提高其速度。截至目前，人们发现了许多分子伴侣家族，包括存在于细胞质中的热激蛋白（HSP100、HSP90、HSP70、HSP60）、晶体蛋白（crystallin）、前折叠素（prefoldin）、核质蛋白、TCP-1 ring complex（TRiC）、触发因子（trigger factor，TF）等，以及存在于内质网中的钙连蛋白（calnexin）、Bip 和 Grp94 等。

1. 热激蛋白 HSP70 和 HSP40 以 ATP 依赖方式参与蛋白质折叠过程 HSP70 在大肠杆菌中的同源蛋白为 DnaK。这个家族蛋白的 N- 末端是具有高度保守特性的 ATP 酶功能域；C- 末端是底物结合功能域，保守性差，能够结合未折叠的多肽。HSP70 通常结合的是一些约含有 7 个氨基酸的短肽，除参与蛋白质的折叠外，还参与蛋白质的组装、跨膜、分泌与降解。在大肠杆菌中，DnaK 不能单独行使生物学功能，需要 DnaJ 和 GrpE 两个辅伴侣（co-chaperone）的参与。DnaK 以 ATP 依赖的方式结合和释放非天然构象多肽链的疏水片段，在蛋白质折叠过程中保证蛋白质的松弛构象并避免聚集。

HSP40 在大肠杆菌中被称为 DnaJ。DnaJ 由 4 个结构域组成：保守的 J 结构域、连接了富含 Gly/Phe 区域的功能不明结构域、锌指结构域和功能不清的 C- 末端。DnaJ 可以与一些变性底物蛋白直接结合，发挥分子伴侣的作用。DnaJ 具有活性的二硫键，可以催化蛋白质二硫键的形成、还原和异构。

GrpE 作为核苷酸交换因子控制 HSP70 的 ATPase 活性。GrpE 对 DnaK 单体和它的 ATPase 结构域有很高的亲和力，但对 DnaK 多聚体、游离 ATP 和 ADP 无亲和力。GrpE 与 DnaK 结合后，使 DnaK 的构象发生改变，与核苷酸结合的裂隙开放，与核苷酸的亲和力降低。DnaJ 和 DnaK 在蛋白质折叠过程中的作用如图 5-4 所示。

2. 分子伴侣素 HSP60 和 HSP10 形成了圆桶状复合体辅助多肽链的正确折叠 分子伴侣素也是分子伴侣，包括真核细胞中的 HSP60 和 HSP10，原核细胞中的同源蛋白为 GroEL 和 GroES。基于结构特征，可以将其分为两类：Ⅰ 类见于原核细胞和真核细胞，以 HSP60 和 GroEL 为代表；Ⅱ 类见于古细菌和真核细胞，以热聚体（thermosome）和 TRiC 为代表。Ⅰ 类和 Ⅱ 类分子伴侣素有相似的结构域排列方式。

GroEL 是一个由 14 个相同亚基组成的多聚体。每 7 个亚基相互连接合围成一个环状结构，两个环状结构背对背地堆叠成中空圆桶状复合体。圆桶状复合体的中间空腔能够结合一个蛋白质底物。每个亚基含有赤道结构域（equatorial

domain）、顶端结构域（apical domain）和中间结构域（intermediate domain）。赤道结构域有 ATP 结合位点及大部分环内、环与环之间的相互作用位点；顶端结构域位于中空圆桶状的两端开口处，有底物蛋白和辅助伴侣分子的结合位点；当赤道结构域结合 ATP 导致构象发生变化时，中间结构域能够像铰链一样连接顶端结构域和赤道结构域。GroES 是由 7 个亚基组成的圆顶状的蛋白质。每个亚基有一个与 GroES 功能密切相关的环形区域，它从圆顶部突出，可以将 GroES 锚定在 GroEL 上。GroES 可作为"桶盖"瞬时地开放和关闭 GroEL 的顶端。GroES-GroEL 复合体的结构以及参与蛋白质折叠过程如图 5-5 所示。

3. 触发因子是一类可以与核糖体结合的分子伴侣 触发因子（TF）是分子质量为 48kDa 的真细菌蛋白（eubacterial protein），以 1∶1 的比例与核糖体结合。TF 能够识别新生肽链中富含疏水性氨基酸的序列，形成新生肽链结合复合物（nascent chain-associate complex，NAC），使延长中的多肽链不会过早折叠，以保证蛋白质折叠的高效性和高产性。真核生物体系中缺乏 TF，实现同样功能的是一种由 α 链和 β 链组成的异二聚体蛋白质。

（二）辅助共价键形成的折叠酶

最常见的折叠酶有蛋白质二硫键异构酶（protein disulfide isomerase，PDI）和肽基脯氨酰顺反异构酶（peptidylprolyl *cis*-trans isomerase，PPI）。前者催化蛋白质中二硫键的形成，后者催化蛋白

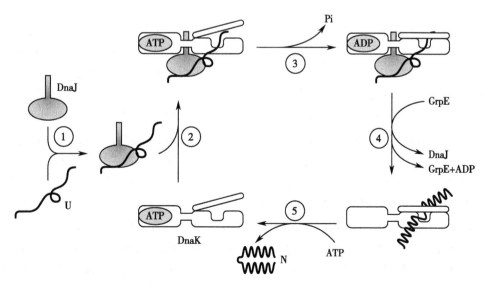

图 5-4 分子伴侣 DnaJ 和 DnaK 辅助蛋白质折叠的过程示意图

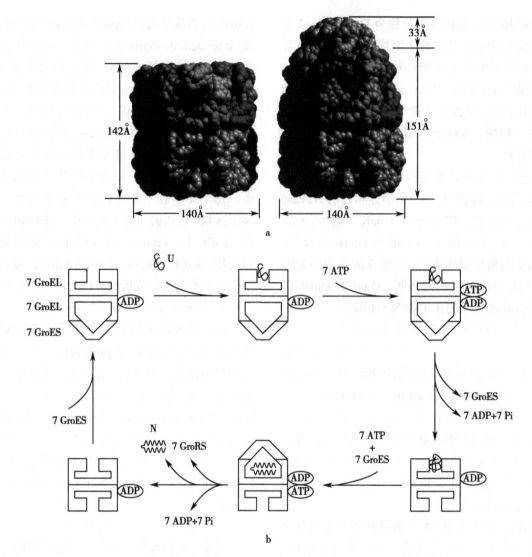

图 5-5 分子伴侣素 GroEL 和 GroES 辅助蛋白质折叠的过程示意图

a. GroEL-GroES 复合体；b. 分子伴侣素 GroEL 和 GroES 辅助蛋白质折叠，N 代表天然态（native），U 代表非折叠态（unfolded）。

质中某些稳定的反式肽基脯氨酰键转变为功能蛋白所必需的顺式构型。

1. PDI 参与多肽链内和多肽链间的二硫键的形成 虽然一个半胱氨酸可以形成不同配对的二硫键，但是只有一种是具有生物活性的正确配对。PDI 的作用就是加速形成正确配对的二硫键。

PDI 是存在于内质网管腔内的多功能蛋白。它可以非特异性地结合具有不同序列、不同长度和不同电荷分布的多肽。它既是一个钙结合蛋白又是一个能够被磷酸化的蛋白，这些都是分子伴侣所必备的重要条件。同时，它还是脯氨酸 -4- 羟化酶的 α- 亚基，是微粒体内甘油三酯转移蛋白复合物的小亚基，是一种糖基化位点结合蛋白。

PDI 由 5 个顺序排列的结构域（a、a′、b、b′ 和 c）组成。a 和 a′ 是催化结构域，分别具有 1 个与硫氧还蛋白相似的 -CGHC- 序列，是异构酶的活性部位；b′ 是结合结构域。对活性部位中的巯基进行化学修饰可以使异构酶活性几乎全部丧失，但并不影响 PDI 的分子伴侣活性。这说明 PDI 的分子伴侣活性与酶活性部位无关。

PDI 可以与非天然构象的蛋白质以及分泌蛋白相结合，可以与在内质网内进行折叠的蛋白质发生瞬间结合，能够特异识别和结合在内质网中折叠错误的胶原蛋白分子，并把它们保留在内质网中。此外，分泌蛋白的过量合成以及未折叠好的和错误折叠的蛋白在内质网中的积累可诱导

PDI 表达。PDI 通过结合这些非天然结构，防止靶蛋白或底物蛋白之间错误的结合和聚合。PDI 与靶底物的结合是瞬间的，复合物的解离也不需要 ATP。PDI 通过反复不断进行的快速结合 - 解离的过程来阻止新生肽链聚合或错误折叠。

2. PPI 帮助脯氨酸弯折处形成正确的折叠

PPI 广泛存在于人体的各种组织和器官中，多数定位于胞质中。第一个 PPI 是 1984 年在研究免疫抑制剂环孢素 A（cyclosporin A）时发现的，命名为亲环蛋白（cyclophilin）。根据对免疫抑制剂的敏感性，PPI 分属 3 个独立的家族：亲环蛋白、FK506 结合蛋白（FK506-binding protein）和细蛋白（parvulin）。它们具有同样的生化功能，但不同源。最新统计表明，人类基因组中至少有 11 个亲环蛋白、18 个 FK506 结合蛋白和两个细蛋白的编码序列。

多肽链中肽酰 - 脯氨酸间形成的肽键（Xaa-Pro 键）有顺式和反式两种异构体，空间构象有明显差别，生物学功能也不同。在新合成的肽链中，Xaa-Pro 键的构型是反式的，而成熟蛋白质中的 Xaa-Pro 键的构型有 10% 以上是反式的。PPI 在细胞中的基本作用是通过非共价键方式，稳定扭曲的酰胺过渡态，催化 Xaa-Pro 键的顺式 - 反式异构体之间的转换。Xaa-Pro 键的旋转异构是蛋白质折叠最慢的限速步骤。在肽链合成需要形成顺式构型时，PPI 可使多肽链在各脯氨酸弯折处形成准确折叠。

（三）作为分子内分子伴侣的具有前导肽的蛋白质前体形式

许多有前导肽（Pro 肽）的前体形式的蛋白质，必须要有 Pro 肽的参与才能完成折叠，形成具有活性的酶，如枯草杆菌素、α- 水解蛋白酶、丝氨酸蛋白酶、半胱氨酸蛋白酶、天冬氨酸蛋白酶、霍乱弧菌毒、羧肽酶 Y 等。Pro 肽具备了分子伴侣的作用。为了与普遍意义上的分子伴侣相区别，人们提出了分子内分子伴侣（intramolecular chaperone，IMC）的概念。IMC 可以独立于蛋白质对其折叠反应起作用，说明 Pro 肽与蛋白质之间可能存在特异性的相互作用，它们可以相互识别。因此，可以将 Pro 肽看作是一个折叠酶，它可以特异性地催化与其共价连接的蛋白质的折叠过程。在生物体内，这种共价连接的 IMC 辅助的蛋白质折叠模式可以大大提高蛋白质的折叠效率。因为直接将催化酶和底物连接在一起，可以将催化反应变成一个分子内反应。

IMC 分为两类：Ⅰ类主要参与多肽链的延伸和正确折叠，如枯草杆菌素、α- 水解蛋白酶等，在前导肽中包含了蛋白质正确折叠并获得生物活性的信息；Ⅱ类的功能主要是参与蛋白质在胞内的转运和定位，并不直接参与蛋白质的折叠，如生长抑素Ⅱ（somatostatin Ⅱ）、髓过氧化物酶（myeloperoxidase）等，在前导肽中包含了蛋白质分选的信息，引导蛋白质的正确分泌。

IMC 介导的蛋白质折叠主要有以下特点：① IMC 在体内与多肽链以共价键结合，具有高度特异性；② IMC 在结构及编码基因上与它作用的蛋白质紧密相连；③ IMC 可与经它作用后已折叠的蛋白质（酶）相互作用，并是其竞争性抑制剂；④ IMC 释放"底物"是 ATP 非依赖性的，但取决于折叠完成的"底物"或胞内蛋白酶的酶解作用。

（四）辅助其他生物大分子折叠的分子伴侣

分子伴侣并不局限于蛋白质。细胞膜上的磷脂酰乙醇胺是乳糖透性酶正确折叠所必需的，被称为"脂分子伴侣"。分子伴侣所辅助的对象也不局限于蛋白质。"DNA 分子伴侣"可以与 DNA 相结合并帮助 DNA 折叠。在这种复合物中，DNA 分子包围在蛋白质分子的表面，既是高度有序的，又有一定程度的改变。在溶液中的 DNA 结构有相当的刚性，必须克服一个能量势垒才能与蛋白质形成稳定的复合体。分子伴侣的作用就是帮助 DNA 分子进行折叠和扭曲，从而把 DNA 稳定在一个适合于和蛋白质结合的特定构型中。DNA 与分子伴侣的这种相互作用对 DNA 的转录、复制以及重组都十分重要，也是在核小体组装中所必需的。同样，帮助 RNA 折叠的称为"RNA 分子伴侣"，如核糖核蛋白酶，都具有"RNA 分子伴侣"的活性。触发因子和新生肽链相关复合物均归属于这一类中。

五、膜蛋白的折叠过程

膜蛋白包括与磷脂双层膜发生相互作用的酶类、载体蛋白、孔蛋白、糖蛋白、膜受体等，具有重要的生物学功能，如参与接收和转导细胞外信号、物质转运、能量转换、细胞之间的识别、病毒和细菌的感染、肿瘤的发生、细菌的耐药等。根据其分布特征，膜蛋白可以分为外周膜蛋白（peripheral membrane protein）、内在蛋白质或称整合蛋白质（integral protein）或跨膜蛋白（trans-membrane protein）、脂锚定蛋白或称脂连接蛋白（lipid-linked protein）三大类。

细胞的外周膜蛋白一般为水溶性蛋白，蛋白完全暴露在磷脂双层膜的内外两侧（胞质侧或胞外侧），通过离子键与脂类分子头部极性区或跨膜蛋白亲水区发生相互作用，间接与膜结合。内在蛋白质是在胞质中游离核糖体上合成出来的，因此，它的折叠过程与其他胞质内的水溶性蛋白非常相似。对于只是部分插入到磷脂双层膜中的外周膜蛋白的折叠，一般认为在插入之前，蛋白质分子要进行部分折叠。

细胞的脂锚定蛋白通过共价健的方式与脂分子结合，位于磷脂双层膜的外侧。脂锚定蛋白与脂分子的结合有两种方式：直接结合于磷脂双层膜上，或者通过一个糖分子间接与脂分子结合。细胞的脂锚定蛋白具有水溶性特征，其折叠过程与其他胞质内的水溶性蛋白折叠过程非常相似。

顾名思义，跨膜蛋白几乎都是完全穿过磷脂双层膜的蛋白，具有一个或多个富含疏水氨基酸的片段。亲水部分暴露在磷脂双层膜的两侧表面，而疏水片段与磷脂双层膜的疏水尾部相互作用，包埋在磷脂双层膜中。跨膜蛋白的表现方式为：①单次穿膜，疏水片段贯穿磷脂双层膜，两个末端分布于膜内和膜外两侧；②多次穿膜，多肽链含有多个疏水区域，引导多肽链多次穿越磷脂双层膜；③多个单次穿膜的亚基组成一个跨膜通道。跨膜蛋白是由附着在内质网膜上的核糖体合成的。新合成的多肽链并不完全进入内质网腔，而是锚定在内质网膜上，通过内质网膜的"出芽"方式形成囊泡。随后，多肽链随囊泡转移到高尔基复合体中进行加工，再随囊泡转运到细胞膜，最终与细胞膜融合构成跨膜蛋白。多肽链的折叠已经在内质网腔内或在高尔基复合体中已经完成。

与可溶性蛋白相比，人们对多肽链如何在磷脂双层膜中折叠成特定的空间结构知之甚少。原因在于，无论是从细胞中分离跨膜蛋白，还是利用基因工程技术进行体外表达和纯化膜蛋白都具有一定挑战性。此外，膜蛋白的体外变性 - 复性实验都要在疏水环境中进行，这样的研究比较困难。到目前为止，只有几个膜蛋白在体外成功地进行了变性 - 复性实验。

（一）磷脂膜中二级结构全部是 α- 螺旋结构的膜蛋白质

紫膜质（bacteriorhodopsin）能够以与核糖核酸酶相似的方式变性和复性，表明膜蛋白也具有所有膜蛋白折叠所需的信息。根据体外研究结果，人们提出了 α- 螺旋跨膜蛋白折叠的"两步模型"。第一步是形成约 25 个氨基酸的疏水 α- 螺旋，插入膜中。第二步是在磷脂膜内疏水条件下，内部 α- 螺旋相互作用，引导蛋白质趋向天然结构。磷脂膜内疏水环境使得肽链主链上的极性基团 N—H 和 C=O 只能相互形成氢键，有利于 α- 螺旋的形成和稳定。紫膜质的结构如图 5-6 所示。对于只有部分插入到磷脂膜中的外周膜蛋白质的折叠，一般认为在插入之前，蛋白质分子已经有了部分折叠。

图 5-6　膜蛋白紫膜质在磷脂膜中二级结构均是 α- 螺旋结构

近来的研究发现，易位子（translocon）不仅在蛋白质的跨膜转运中起重要作用，而且还可能参与协助膜蛋白的折叠。易位子由跨膜的多亚基膜蛋白组成，能够形成可开放或关闭的跨膜通道，使新生肽链进入内质网腔内。例如，酵母膜蛋白 Sec61P 有 10 个跨膜 α- 螺旋区，形成肽链跨膜通道。Sec61P 可以与合成分泌蛋白的核糖体大亚基结合形成易位子 - 核糖体复合物。当分泌蛋白的新生肽链合成后，与易位子 - 核糖体复合物结合，在易位子的协助下折叠成 α- 螺旋，并跨膜转运入内质网腔。

（二）磷脂膜中的二级结构全部是 β- 片层结构的膜蛋白质

另一类常见的膜蛋白是孔蛋白（porin）。它们通常由多个 β- 片层在外膜上形成 β- 桶状结构的通道，能够辅助较小的极性分子进入细胞质空间。孔蛋白是外膜含量很高的蛋白质，估计每个细胞约有 100 000 个孔蛋白。大肠杆菌外膜的孔蛋白 OmpF（outer membrane protein F）是由 16 条反平行的 β- 片层形成的空腔桶状结构（antiparallel β-barrel），其长度跨过磷脂膜，到达胞膜两侧（图 5-7）。它形成的离子通道是大肠杆菌与外界进行物质交换的重要通道，允许分子量不大于 600Da 的水溶性物质通过。OmpF 与大肠杆菌的抗药性、抗酸性以及抗渗透压等生理活动密切相关。β- 桶状结构的疏水残基侧链位于与磷脂膜直接接触的区域，而极性残基的侧链远离疏水的磷脂膜，与空腔中的水形成氢键。研究表明，孔蛋白由信号肽引导，以成熟的蛋白质形式分泌到细胞质中，然后插入到磷脂膜。这一过程包括了部分的折叠和与其他链的相互作用。体外实验也证明孔蛋白可以在磷脂膜中完全重折叠。但是，无论是 α- 螺旋结构的膜蛋白还是 β- 片层结构的膜蛋白，它们的折叠机制仍是一个未解之谜。

图 5-7　孔蛋白在磷脂膜内的二级结构全部是 β- 片层结构

六、预测蛋白质天然结构的计算机分子模拟方法

在结构生物学的层面上，计算机分子模拟（computer molecular simulation，CMS）是指利用计算机强大的数据处理和图形显示功能，对蛋白质上的各个原子之间相互作用力进行计算和分析，从而确定原子之间的相对位置关系，以此确定出蛋白质的空间构象。通过与分子计算的蛋白质结构和实验所确定的蛋白质结构相比，人们不断地优化数据和方法，进一步预测出只有一级序列相似的蛋白质空间结构。

计算机分子模拟的基础理论是量子力学（quantum mechanics，QM）和分子力学（molecular mechanics，MM）。量子力学用量子态的概念表征微观体系（电子、原子、小分子等）状态，而量子态由状态函数或状态函数的任意线性叠加来表示。经典物理量的量子态问题将归结为薛定谔波动方程的求解问题。由于薛定谔方程求解的复杂性，人们开发出许多近似方法，并不断地对其进行优化。例如 p 电子体系的分子轨道近似理论、密度泛函理论、半经验量子化学计算方法 CNDO 和 INDO、从头（ab initio）计算方法，以及目前得到广泛应用的 Gaussian 软件。利用量子力学方法，人们可以计算出小分子的许多性质（例如键长、键角、两面角、总能量、偶极矩、四极矩、振动频率、反应活性等），并用以解释一些具体的化学问题。

分子力学的关键在于分子力场（force field），即用于计算分子体系总能量的势函数（potential function）。力场通常分为成键项和非键项式。成键项来自于化学键，包括键伸缩能、键角弯曲能和二面角扭转能；而非键项来自于非化学键，则包括原子间静电相互作用能和范德华相互作用能。分子力场优化的目的就是使分子体系的能量最低化，从而使对应的分子构象最稳定。分子力场中各项力场参数需要量子力学针对模型体系计算而得。

鉴于蛋白质是复杂的生物大分子，对此利用多尺度模型，就是从电子、原子、分子等不同层面进行分子模拟，这是针对复杂的诸如蛋白质这样的大分子体系而采取的分而治之的策略。多尺度分子模拟技术的主要思想是将一个大体系分为若干区域，其核心区域是包含了直接参与化学反应过程的原子，采用 QM 进行计算，称为 QM 区域，所含原子数量较少，具有较好的计算精度，能够很好地反映原子间的键能、键角、位移变化或电子激发等过程。核心区域周围的部分采用分子力场进行计算，称为 MM 区域；远离核心区域的部分则简化为电介质，从而简化了计算难度。QM/MM 方法计算的能量是 QM 部分的能量、MM 部分能量和 QM/MM 相互作用能三部分的加和。Gaussian 软件中的 ONIOM 算法就是目前最流行的处理复杂体系的 QM/MM 算法。QM/MM 算法的第一个成功案例是 1976 年用于计算一个类似视黄醛的分子，同年该算法又成功地模拟了溶菌酶的化学反应。

分子动力学（molecular dynamics，MD）是在分子力学基础采用牛顿第二定律来研究分子体系动态行为以及热力学、动力学性质的法。通过求解时间相关的牛顿运动方程，可以得到分子体系所有原子随时间的运动轨迹，从而求得体系的各种动力学和热力学性质。目前分子动力学模拟体系可以包含多达数百万个原子，时间尺度达到微秒甚至毫秒级别，且具有很高的准确度。由此，分子动力学可以用来模拟蛋白质的折叠过程。随着计算能力的提高和物理模型的发展，分子模拟技术为解决这一问题提供了可能。1998 年，Kollman DY 等率先实现了对蛋白质进行长达 1μs 的分子动力学模拟，观察到一个含 100 个左右氨基酸残基的小型蛋白的折叠过程，获得了与实验一致的构象。1999 年，Karplus M 报道了长达 1ms 的蛋白质折叠模拟，获得了与实验结果一致的三螺旋蛋白构象。计算机分子模拟已经成为了研究蛋白质结构和蛋白质折叠的必不可少的工具了。此外，计算机分子模拟还在酶促反应模拟以及药物分子设计等领域发挥着不可取代的作用。

在过去的 20 年间，人们在研究蛋白质折叠机制方面取得了巨大的成就。这得益于蛋白质结构数据库的建立和扩容，目前该数据库已经保存了超过 80 000 个蛋白质结构，为人类研究蛋白质结构、功能、相互作用以及正确的空间构象提供了最基本的保障。另一方面，计算机硬件和软件技术的迅猛发展，使得科研工作者观察蛋白质身临其境、分析蛋白质易如反掌、模拟蛋白质唾手可得。分子生物学以及合成生物学的先进技术又将分子力场的优化推向新的高度。

目前仍然面临同样的问题：蛋白质是如何折叠的？虽然这是一个非常典型的基础问题，但是却难以回答，因为：

1）还无法在实验上获取关于蛋白质折叠的能量形貌信息；

2）还没有任何对任意氨基酸序列的折叠途径或过渡态的定量理解；

3）还不能预测蛋白质的聚集，而它对衰老和折叠疾病都非常重要；

4）还没有一个算法，能够准确地给出药物或小分子与蛋白质的结合能力；

5）还不能够理解为什么在高密度的细胞内，细胞的蛋白质组不会发生沉淀；

6）还不知道折叠疾病是如何发生的，或者该如何进行干预；

7）对膜蛋白的结构、功能和折叠的了解仍然少的可怜，尽管膜蛋白很重要；

8）对蛋白质无序区域的功能知之甚少，尽管有近一半的真核蛋白都含有较长的无序区域，它们又是如何参与蛋白质的折叠呢？

9）还无法应用计算机分子模拟来解析分子伴侣是如何参与蛋白质折叠的。

第二节 蛋白质的定位

细胞中的蛋白质或是在细胞质中游离的核糖体上合成，或是在线粒体的核糖体上合成。合成的蛋白质有几个去向：驻留在细胞质中；运输到细胞器中；分泌到细胞外；插入到细胞膜中。在游离核糖体上合成的蛋白质可以直接释放到细胞质中，而其他蛋白质需要经过靶向输送后才能到达特定的靶部位。蛋白质合成后被定向输送到发挥作用的靶区域的过程称为蛋白质的靶向输送（protein translocation），这个过程是由蛋白质上所携带的定位信号所决定的。

一、蛋白质分子上的定位信号

20 世纪 70 年代，Blobel G 提出了"信号肽假说"，即所有靶向输送的蛋白质的一级结构中都存在定位信号，它可以将蛋白质引导到适当的细胞靶部位。定位信号是决定蛋白质靶向输送的关键因素。例如，靶向输送到溶酶体、质膜或分泌到细胞外的蛋白质，其信号肽（signal peptide）是肽链 N- 末端长度为 13～36 个氨基酸的序列。这个信号肽将正在合成之中的分泌型蛋白引导到内质网腔中，然后信号肽被切除，分泌型蛋白在内质网腔中经过折叠、组装和修饰后，经由高尔基复合体输送到细胞外、溶酶体中、内质网腔中、高尔基复合体腔中，或整合到这些细胞器的膜上，或整合到细胞质膜上。非分泌型蛋白在细胞质中游离核糖体上合成后释放到细胞质中，然后在蛋白分子中定位信号的引导下进入不同的细胞器。Blobel G 因为发现蛋白质具有内在的、可以引导它们在细胞内转运和定位的信号，荣获了 1999 年的诺贝尔生理学或医学奖。

二、引导蛋白质定位到细胞不同部位的定位信号

蛋白质的靶向输送取决于蛋白质所携带的细胞定位信号以及蛋白质靶向定位的分子机制。细胞定位信号可以以不同的形式存在于蛋白质中，如氨基酸的序列、蛋白质的空间结构、蛋白质的侧链修饰等，其中研究最清楚的是氨基酸序列中的定位信号。

（一）靶向输送到线粒体中的核基因编码的线粒体蛋白质

虽然线粒体拥有自己的基因组、核糖体和mRNA，但是定位在线粒体不同部位（基质、内膜、膜间质和外膜）的几百种蛋白质分子中只有少数几种是在线粒体中的核糖体上合成的，而绝大多数都是由核基因编码、在胞质中的游离核糖体上合成后，靶向输送到线粒体中的。业已发现，这些胞质中合成线粒体的蛋白质都是以一种前体（precursor）的形式存在，而且它们的 N- 末端都携带定位信号。在进入线粒体之前，前体蛋白保持着非折叠状态。这些线粒体蛋白质可以定位于线粒体的基质、内膜、膜间隙和外膜。定位在内膜或外膜上的蛋白质具有方向性。

1. 定位在线粒体基质中的前体蛋白的 N- 末端带有定位信号 定位在线粒体基质中的前体蛋白的 N- 末端都有一段称为"基质靶向序列（matrix-targeting sequence，MTS）"的定位信号。这些序列的特征是富含带正电荷的氨基酸（主要是精氨酸、丝氨酸、苏氨酸和赖氨酸），但不含酸性氨基酸（如天冬氨酸和谷氨酸）。

蛋白质定位在线粒体基质中的过程包括以下步骤：①前体蛋白从细胞质中的游离核糖体上释放到细胞质中；②尚未完全折叠的前体蛋白与细胞质中的分子伴侣蛋白、线粒体输入刺激蛋白（mitochondrial import stimulating factor，MSF）或 HSP70 结合，以维持这种非天然构象，并阻止它们之间的聚集；③前体蛋白上的信号序列与线粒体外膜上的特异受体外膜转运酶复合体（translocase of outer membrane complex，TOM complex）结合并被转运跨过外膜；④前体蛋白在膜间隙中与位于内膜上的内膜转运酶复合体（translocase of inner membrane complex，TIM complex）结合并被转运进入线粒体基质；⑤前体蛋白的 MTS 被线粒体基质中的基质作用蛋白酶（matrix processing protease，MPP）切除，然后蛋白质自发地或在分子伴侣帮助下折叠形成天然构象。这种转运过程不仅包括蛋白分子的特异识别，还涉及能量的提供问题。

TOM 复合体含 9 种蛋白质，其中许多是膜整合蛋白质。当蛋白质通过 TOM 复合体易位时，它将暴露于细胞质中的结构域转换到暴露于膜间隙。然后，在不释放蛋白质的情况下，直接转移进入了 TIM 复合体。

2. 定位在线粒体膜间隙的前体蛋白带有两端定位序列 定位在线粒体膜间隙的前体蛋白（如细胞色素 C）的 N- 末端，除了上述信号肽之外，还含有一段紧接其后的膜间隙定位序列（intermediate space-targeting sequence，ISTS）。在前体蛋白被转运到基质后，蛋白酶切除 MTS 序列，然后依照 ISTS 的不同，前体蛋白面临两种不同的选择：①携带 ISTS 的"次前体"蛋白被内膜上的特异转运系统输送到膜间隙中，ISTS 在膜间隙中被特异的细胞基质蛋白酶切除，之后蛋白分子折叠形成其天然构象。②ISTS 发挥转运终止序列的作用。在 ISTS 引导下，定位在内膜上。膜间隙内的蛋白酶将 ISTS 切除，将还未进入内膜的 C- 末端留在膜间隙。

3. 定位在线粒体外膜上的线粒体蛋白需要疏水性的定位信号 定位在线粒体外膜上的线粒体蛋白（如外膜孔蛋白）一般在 MTS 后有一段较长的疏水氨基酸，称为"停止转运和外膜定位序列（stop-transfer and outer-membrane localization sequence）"，发挥着转运终止序列的作用，使其定

位于外膜上。定位在外膜上的前体蛋白的信号序列仍然保留在蛋白质分子上。

4. 定位在线粒体内膜的蛋白只有 MTS 定位在线粒体内膜的蛋白（如柠檬酸合酶和细胞色素 C 氧化酶等）只携带 MTS。定位后 MTS 被特异性细胞基质蛋白酶切除。但是该蛋白如何定位在线粒体内膜的机制尚不清楚。

上述线粒体蛋白质定位模型是基于对酿酒酵母（Saccharomyces cerevisiae）和粗糙链孢菌（Neurosporacrassa）两种模式生物的研究提出的。这种定位机制具有高度保守性，真核细胞中蛋白质转运进入线粒体的机制与上述模型基本一致。但是对于外膜和内膜蛋白的转运，还缺少被广泛认同的模型。

（二）靶向输送到细胞核中的蛋白质的核定位信号和核输出信号

细胞核与细胞质之间需要不断地进行物质交换。所有细胞核中的蛋白质，如组蛋白、DNA 和 RNA 聚合酶、基因调节蛋白、RNA 加工蛋白等都是在细胞质中的游离核糖体上合成之后转运进入细胞核中的。细胞核中新合成的 tRNA 和 mRNA 分子也需要从细胞核中转运到细胞质中发挥生物学效应。

1. 蛋白质的核定位信号和核输出信号决定了蛋白质在细胞核内外的转运 蛋白质的跨核孔转运是由核定位信号（nuclear localization signal，NLS）决定的。NLS 是由 4～8 个氨基酸残基组成的短序列，富含带正电荷的赖氨酸、精氨酸及脯氨酸，常常存在一个脯氨酸残基来阻断上游的 α-螺旋，疏水残基很少，不同的 NLS 之间未发现共有序列。NLS 可位于肽链的不同部位，而且在该蛋白质完成核内定位后不被切除。

除了碱性核定位信号之外，在个别蛋白质中还有其他类型的核定位信号。例如（K/R)4-6 模体被大约 10～12 个氨基酸残基分为两簇，以（K/R)$_2$X$_{10-12}$(K/R)$_3$ 的形式存在，这类蛋白质的代表是核质蛋白和 M9 序列（存在于 hnRNP A1 和 hnRNP A2 等蛋白中，由 N- 末端大约 40 个残基组成）等。这些蛋白质转运入核的分子机制还有待深入研究。不过高等真核细胞可以产生 20 多种核输入蛋白（nuclear importin），不同的核输入蛋白可能协助带有不同信号肽的核蛋白转运。

许多核输出蛋白质也有相似的信号序列，负责把蛋白质从细胞核内转运至细胞质，这些模体称为核输出信号（nuclear export signal，NES）。NES 通常是一段大约 10 个氨基酸残基的序列，其共同特点是一组保守的亮氨酸组合模式。蛋白质可以同时含有 NLS 和 NES。

核蛋白入核和出核的基本过程是载体蛋白（或称转运受体）携带底物通过核孔，完成输运后，载体蛋白跨膜返回，为下一次循环做好准备。根据所转运物质的方向，载体蛋白分为输入蛋白（importin）和输出蛋白（exportin）。目前研究比较清楚的是输入蛋白。输入蛋白是 αβ 二聚体，α- 亚基结合含有 NLS 序列的蛋白质，β- 亚基与核孔结合。

2. 蛋白质的出核和入核需要由 G 蛋白提供能量 在蛋白质穿过核孔的过程中，一种名为 Ran 的物质为核蛋白的转运提供能量。Ran 是一种典型的 G 蛋白单体，具有 GTP 酶活性。Ran-GTP 的 GTP 酶活性催化 GTP 水解产生 Ran-GDP。一般来说，Ran-GTP 存在于细胞核内，维持输出复合体稳定；而 Ran-GDP 存在于细胞质中，维持输入复合体稳定。细胞核内还有一种 Ran 核苷酸交换因子（Ran nucleotide exchange factor，又被称为 RCC1），它能将细胞核内的 Ran-GDP 转化为 Ran-GTP。Ran 核苷酸交换因子位于核孔复合体的细胞质面，它与 Ran 结合蛋白（Ran-binding protein，RanBP1）一起激活 Ran 的活性。因此，输出复合体在细胞核内形成，在细胞质中解离，而输入复合体则恰好相反。

首先，细胞质内合成的细胞核蛋白与输入蛋白 αβ 二聚体结合形成复合物，并被引导到细胞核膜的核孔；然后由 Ran-GTP 水解 GTP 释能，核蛋白质 - 输入蛋白复合物通过耗能机制跨越核孔，进入核基质；最后转位过程中，输入蛋白的 β- 亚基和 α- 亚基先后解离，转运出核孔后被再次利用，核蛋白质则定位在细胞核内，其 NLS 序列不被切除（图 5-8）。

（三）转运到过氧化物酶体中的成熟蛋白质

过氧化物酶体是真核细胞中由单层膜包围的小体，除了成熟的红细胞，过氧化物酶几乎存在于人类所有的细胞之中。过氧化物酶体中含有进行脂肪酸氧化的所有酶以及将过氧化氢（H$_2$O$_2$）分解成水的过氧化氢酶（catalase）。所有过氧化

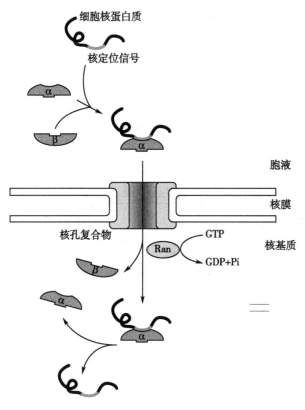

图 5-8　核蛋白质的靶向入核示意图

物酶体中的蛋白质（主要是酶类）以及膜蛋白都是在细胞质中游离核糖体上合成的。进入到过氧化物酶体中的蛋白质都是在完全折叠好之后才进行转运的。

在过氧化物酶体内的蛋白质中，人们已经鉴定出了两类较为普遍存在的信号肽。过氧化氢酶、脂酰辅酶 A 氧化酶（fatty acyl CoA oxidase）和尿酸氧化酶（urate oxidase）等蛋白质的 C- 末端都有一段保守的 Ser-Lys-Leu（SKL）序列，该保守序列在蛋白质进入过氧化物酶体后不被切除。除 SKL 序列之外，还有一类序列称为过氧化物酶体靶向信号 1（peroxisome-targeting signal 1，PTS1），只要将该序列加到细胞质蛋白质的 C- 末端，就足以让它们进入过氧化物酶体。另外一类过氧化物酶体蛋白的定位信号位于 N- 末端，这类信号被称为 PTS2，相应序列在蛋白质进入过氧化物酶体后被切除，这类蛋白质的代表是硫解酶（thiolase）。含有 PTS1 和 PTS2 的蛋白在细胞质中似乎是被不同的受体（PTS1R 和 PTS2R）所识别，但定位在过氧化物酶体膜上的蛋白质则利用了同一个运输机制。过氧化物酶体的转运与其他

细胞转运系统的差异在于，只有成熟的、完全折叠的蛋白质才能被转运到过氧化物酶体中。

（四）起始于粗面内质网的分泌型蛋白质

真核细胞的内质网是最大的膜状结构细胞器。大部分的内质网与核糖体相结合形成粗面内质网（rough ER）。粗面内质网上的核糖体是膜蛋白和分泌型蛋白质合成的地方，也是蛋白质分泌途径的起点（图 5-9）。真核细胞分泌型蛋白质的靶向输送过程可以概括为：核糖体上合成的多肽链先由信号肽引导进入内质网腔，在内质网腔中得到修饰并被折叠成为具有一定功能构象的蛋白质，在高尔基复合体中被包装进分泌囊泡，转移至细胞膜，再分泌到细胞外。

分泌型蛋白质靶向进入内质网需要多种蛋白质成分的协同作用。当合成的多肽链延伸到大约 70 个氨基酸残基时，最先被翻译出来的 N- 末端序列作为"信号序列"（signal sequence）伸出了核糖体，并被细胞质中的"信号肽识别颗粒"（signal recognition particle，SRP）所结合，同时新生肽链的合成也暂时停止。然后，SRP 与其受体结合，随即核糖体与膜结合。之后，信号肽识别颗粒及其受体与核糖体解离，同时，新生肽链进入由内质网膜上的易位子打开的通道中。这时，新生肽链的合成重新启动，合成的新肽链位于内质网腔中，并在信号肽被切除后，在分子伴侣的作用下折叠成天然构象。分泌型蛋白质在内质网腔内完成折叠后，将被释放到高尔基复合体进行糖基化修饰。糖基化后的分泌型蛋白质以分泌小泡的形式从反面高尔基网状结构转运至细胞膜，通过胞吐作用分泌到细胞外。

尽管不同蛋白质分子进入内质网腔的信号序列并非完全一样，但它们都具有一定的相似性：肽链的 N- 末端的信号肽是一个长度为 13～36 个氨基酸的序列，富含带正电荷的碱性氨基酸；中段是疏水核心区；C- 末端由一些极性相对较大、侧链较短的氨基酸组成，紧接着是被信号肽酶（signal peptidase，SPase）裂解的位点。这些信号肽在引导多肽链进入内质网腔后，将被特异蛋白水解酶切除。内质网腔中的蛋白质分子根据各自所携带的信号的不同可以有以下去向：①通过高尔基复合体和运输囊泡被调节性（如胰岛 β 细胞中的胰岛素、胰岛 α 细胞中的胰高血糖素、胰岛

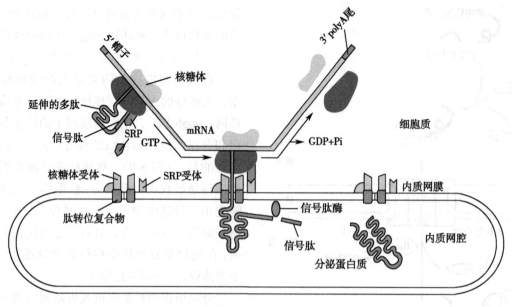

图 5-9 分泌蛋白质的加工和靶向转运

腺泡细胞中的各种蛋白酶原、乳腺细胞中的酪蛋白和乳清蛋白等）或非调节性（如肝细胞中的清蛋白和转铁蛋白、淋巴细胞中的免疫球蛋白、成纤维细胞中的胶原蛋白和粘连蛋白等）地转运到细胞外；②通过运输囊泡被转运到溶酶体中（各种酸性水解酶）；③先输送到高尔基复合体，然后再通过运输囊泡逆转运至内质网腔中。

（五）具有插入方向性的膜蛋白

1. **膜蛋白都是从粗面内质网转运到膜上** 在脂膜两侧都有结构域存在的蛋白质称为跨膜蛋白（transmembrane protein）。存在于真核细胞质膜、滑面内质网膜、高尔基复合体膜、溶酶体膜等的膜蛋白都是从粗面内质网转运到这些膜上的。典型的例子有红细胞质膜上的血型糖蛋白（glycophorin）、肝细胞质膜上的低密度脂蛋白受体（LDL receptor）、高尔基复合体膜上的半乳糖基转移酶（galactosyltransferase）和唾液酰基转移酶（sialyltransferase）等。这些膜蛋白的插入具有特定的方向性。Ⅰ型蛋白质（group Ⅰ protein）的N-末端暴露在胞膜外，这类蛋白质较为普遍；而Ⅱ型蛋白质（group Ⅱ protein）的N-末端朝向胞质。

2. **膜蛋白的方向性是在蛋白质插入内质网膜的过程中决定的** 利用重组 DNA 技术所进行

的分析表明，所有膜蛋白的拓扑定位主要由存在于其多肽链上的拓扑序列（topological sequences）决定。拓扑序列的长度可以达到 25 个氨基酸残基，主要有以下几类：①内质网跨膜信号序列（ER cross-membrane signal sequences），位于肽链的N-末端或是内部；②停止转运序列（stop-transfer sequences）；③膜锚定序列（membrane-anchor sequences）。有时候两个甚至三个这样的拓扑序列合而为一。例如在细胞色素 p450 肽链内部就有一段序列具有跨内质网膜、停止转运和膜锚定3 种功能。在多次跨膜蛋白中一般每一个跨膜 α-螺旋都是一个拓扑序列，很多离子通道、离子泵、转运蛋白都属这一类。

细胞中的很多脂锚定蛋白质通过共价连接的糖基磷脂酰肌醇（glycosylphosphatidyl inositol，GPI）锚定在细胞膜上。这类蛋白质利用位于N-末端的内质网信号肽和位于内部的停止转运-膜锚定序列而插入到内质网膜上，随后，内质网腔中特异蛋白酶将膜上部分和腔内部分剪切为两部分，并将腔内部分转移到已经锚定于内质网膜的GPI 分子上。

（关一夫）

参 考 文 献

[1] Mirny L, Shakhnovich E. Protein folding theory: from lattice to all-atom models. Annu Rev Biophys Biochem Struct, 2001, 30: 361-396.

[2] Onuchic JN, Luthey-Schulten Z, Wolynes PG. Theory of protein folding: the energy landscape perspective. Annl Rev Phyl Chem, 1997, 48: 545-600.

[3] Anfinsen CB. Principles that govern the folding of protein chains. Science, 1973, 181(4096): 223-230.

[4] Levinthal C. Are there pathways for protein folding? J Chim Phys, 1968, 65: 44-45.

[5] Hartl FU, Hayer-Hartl M. Molecular chaperones in the cytosol: from nascent chain to folded protein. Science, 2002, 295(5561): 1852-1858.

[6] Varshavsky A. The N-end rule: functions, mysteries, uses. Proc Natl Acad Sci USA, 1996, 93(22): 12142-12149.

[7] Silva JL, Cordeiro Y, Foguel D. Protein folding and aggregation: Two sides of the same coin in the condensation of proteins revealed by pressure studies. Biochi Biophys Acta, 2006, 1764(3): 443-451.

[8] Naeem A, Fazili NA. Defective protein folding and aggregation as the basis of neurodegenerative diseases: the darker aspect of proteins. Cell Biochem Biophys, 2011, 61(2): 237-250.

[9] DeToma AS, Salamekh S, Ramamoorthy A, et al. Misfolded proteins in Alzheimer's disease and type II diabetes. Chem Soc Rev, 2012, 41(2): 608-621.

[10] Lapidus LJ. Exploring the top of the protein folding funnel by experiment. Curr Opin in Struct Biol, 2013, 23(1): 30-35.

[11] Schug A, Onuchic J. From protein folding to protein function and biomolecular binding by energy landscape theory. Curr Opin in Pharmacol, 2010, 10(6): 709-714.

[12] Sophie Sacquin-Mora. Fold and flexibility: what can proteins'mechanical properties tell us about their folding nucleus? J R Soc Interface, 2015, 12(112): 20150876.

[13] Ecroyd H, Carver JA. Unraveling the mysteries of protein folding and misfolding. IUBMB Life, 2008, 60(12): 769-774.

[14] Perez A, Morrone JA, Brini E, et al. Blind protein structure prediction using accelerated free-energy simulations. Sci Adv, 2016, 2(11): e1601274.

第六章 蛋白质的修饰与降解

蛋白质是基因的功能执行者,蛋白质的生物合成一直是生物学的研究重点。直到 20 世纪 50 年代中期,蛋白质修饰和降解才引起了人们的重视。Sutherland EW 在糖代谢研究中发现了磷酸化对酶活性的调节作用,de Duve C 在鼠肝细胞中发现了溶酶体,这两个发现正式揭开了研究蛋白质修饰和降解的序幕。目前已发现,蛋白质的修饰和降解在真核细胞的生长、代谢、分化、衰老、凋亡、细胞周期和基因转录调控中发挥着重要的作用。蛋白质修饰和降解的异常可以导致人类重大疾病。因此,阐明蛋白质修饰和降解的机制对诠释、预防、治疗相关疾病具有重要的意义。

第一节 蛋白质的修饰

蛋白质的修饰是指对蛋白质的某些氨基酸残基进行共价连接化学基团的过程。蛋白质的修饰使蛋白质的结构更为复杂,功能更为完善,调节更为精细,作用更为专一。它改变了蛋白质的性质,调节了蛋白质的活性状态、定位、折叠以及蛋白质 - 蛋白质之间的相互作用等。

一、蛋白质修饰的种类

常见的蛋白质修饰过程有磷酸化、脂基化、甲基化、乙酰化、类泛素化、巴豆酰化、糖基化和泛素化等。磷酸化修饰涉及细胞信号转导、神经活动、肌肉收缩以及细胞增殖、发育和分化等生理病理过程;糖基化修饰在免疫保护、病毒复制、细胞生长、炎症发生等许多生物学过程中发挥着重要作用;泛素化修饰对于细胞分化与凋亡、DNA 修复、细胞免疫应答和应激反应等生理过程起着重要作用;类泛素化修饰可以影响基因转录调节、核转运以及基因组的完整性;脂基化修饰对于生物体内的细胞信号转导过程起着非常关键

的作用;蛋白质的甲基化和乙酰化修饰与基因转录调控密切有关;巴豆酰化修饰能与活性转录启动区域和增强子密切作用。在生物体内,蛋白质的修饰不是孤立的过程,这些过程可以相互影响和相互协调。本章将重点阐述蛋白质的磷酸化、脂基化、甲基化、乙酰化、类泛素化和巴豆酰化修饰,蛋白质糖基化修饰将在第八章中详细阐述,蛋白质泛素化修饰将在第十七章中详细阐述。

(一)磷酸化修饰

蛋白质磷酸化修饰是最常见和最重要的一种蛋白质修饰方式。1992 年,Fischer EH 和 Krebs EG 因在蛋白质磷酸化调节机制研究中的巨大贡献而共同获得诺贝尔生理学或医学奖。

1. 蛋白质磷酸化和去磷酸化的概念 蛋白质磷酸化(protein phosphorylation)是在蛋白激酶催化下将 ATP 或 GTP 的 γ 位磷酸基团转移到蛋白质特定氨基酸残基上的过程。蛋白质去磷酸化(protein dephosphorylation)是蛋白质磷酸化修饰的逆过程,是在蛋白磷酸酶催化下除去磷酸基团的过程。

蛋白质磷酸化是生物中的一种最有效的调控途径。在磷酸化反应中,蛋白质氨基酸残基的侧链连接了一个带有负电的磷酸基团,从而改变了蛋白质的构象、活性以及与其他分子的相互作用。大部分细胞中至少有 30% 的蛋白质被可逆的磷酸化和去磷酸化修饰所调控。

2. 蛋白质磷酸化的生物学功能 作为细胞外信号的一些激素或细胞因子,与细胞膜受体或细胞内受体结合可激活细胞内蛋白激酶,激活的蛋白激酶可磷酸化细胞内一系列蛋白底物,引起细胞内的信号级联,从而调节细胞的生物学功能。此外,细胞中 DNA 损伤可导致 RPA 32kDa 亚基 N- 端发生过度磷酸化,从而导致 RPA 构象改变,降低 DNA 复制的活性,但不会影响 DNA

的修复。这有助于细胞调控 DNA 的新陈代谢，促进 DNA 修复。

3. 催化蛋白质磷酸化的蛋白激酶　蛋白激酶（protein kinase，PK）是目前已知最大的蛋白家族。所有蛋白激酶都有一个由 250～300 个氨基酸残基组成的高度保守的催化核心，分子量大约为 30kDa。催化核心以外的区域往往与 PK 的酶活性调节和亚细胞定位有关，但没有进化同源性。

（1）PK 的分类　根据其底物的磷酸化位点，可将 PK 分为三大类：

1）丝氨酸 / 苏氨酸 PK（serine/threonine protein kinase，Ser/Thr PK）：一大类特异性催化蛋白质丝氨酸 / 苏氨酸残基磷酸化的蛋白激酶家族。

根据 Ser/Thr PK 激活所依赖的信号转导途径的调节，可进一步将 Ser/Thr PK 分成 5 个类型：①依赖 cAMP 的蛋白激酶（cAMP-dependent protein kinase，PKA）：细胞外信号与细胞膜受体结合激活腺苷酸环化酶（adenylate cyclase，AC），活化的 AC 将 ATP 催化生成 cAMP，cAMP 激活 PKA，PKA 进一步调节细胞的生理反应。② Ca^{2+} / 磷脂依赖的蛋白激酶（Ca^{2+}/phospholipid dependent protein kinase，Ca^{2+}/PL-PK）或蛋白激酶 C（protein kinase C，PKC）：多种激动剂与质膜上特异性受体结合，激活磷脂酶 C，促使肌醇磷脂水解，生成第二信使肌醇三磷酸（IP_3）和甘油二酯（DAG）。IP_3 刺激胞内 Ca^{2+} 库释放出 Ca^{2+}，导致胞内 Ca^{2+} 浓度升高，进一步激活 PKC，引起特异蛋白磷酸化产生多种生物学效应。③依赖 Ca^{2+} / 钙调蛋白的蛋白激酶（Ca^{2+}/calmodulin-dependent protein kinase，CaM-PK）：胞内 Ca^{2+} 浓度升高可与钙调蛋白（calmodulin，CaM）结合，共同激活 CaM-PK，调节细胞骨架和基因表达等多种生物学功能。④依赖 cGMP 的蛋白激酶（cGMP-dependent protein kinase，PKG）：激素、药物、毒素和体内生物活性物质（如血管活性肽和 NO 等）可以激活膜结合型或胞浆可溶性鸟苷酸环化酶（guanylate cyclase，GC）产生 cGMP，cGMP 进一步激活 PKG，参与调节视觉、嗅觉信号转导途径等。⑤ DNA 依赖的蛋白激酶（DNA dependent protein kinase，DNA-PK）：一类存在于细胞核内，能被 DNA 激活的特异性 Ser/Thr PK，可引起多种核 DNA 结合蛋白质磷酸化，其功能与调控细胞核 DNA 损伤后修复和基因转录有关。

2）酪氨酸蛋白激酶（tyrosine protein kinase，Tyr PK）：一类特异性催化蛋白质酪氨酸残基磷酸化的蛋白激酶家族，分为受体型 Tyr PK 和非受体型 Tyr PK。

3）双专一性蛋白激酶（double specific protein kinase，DSPK）：这类蛋白激酶可以同时自身磷酸化 Tyr 和 Ser/Thr，如 Weel 激酶可自身磷酸化 Ser 和 Tyr 两种不同氨基酸残基，产生等量的 P-Ser 和 P-Tyr。DSPK 在信号级联反应中起重要作用，而且其结构对研究 PK 的底物专一性可提供很重要的信息。已知的 DSPK 有 Weel、CLK、ERK1、ERK2 等。

（2）常见的蛋白激酶抑制剂　20 世纪 70 年代后期，人们发现，PKC 的催化作用可被自身的调节亚单位所抑制，故被称为 PK 抑制剂（protein kinase inhibitor，PKI）。常见的 PKI 可分为：

1）作用于 PK 的 ATP 结合位点的抑制剂：因为真菌衍生的吲哚咔唑类抑制剂，如星型孢菌素（staurosporine）、K252α 及其衍生物等可以与 PKC 的 ATP 结合位点相互作用，曾被认为是 PKC 选择性抑制剂。但是，它们对 PKA、PKC、PKG、MLCK、CKⅠ型和 CKⅡ型和 CAMKⅡ型等 PK 都有抑制作用，是对 Ser/Thr PK 最广泛应用的抑制剂。staurosporine 的衍生物二吲哚丁烯二醯亚胺类衍生物（bisindolymaleimide derivatie）则对不同 PKA 的同工酶具有较好的选择性抑制作用。

2）Tyr PK 的抑制剂：天然 PK 抑制剂链霉素产生的芳香族类化合物，如三羟异黄酮（erbstatin）、除莠霉素（herbimycin）和熏衣草霉素（lavandustin），均可逆转由 Tyr PK 引起的癌细胞转化，其中 erbstatin 的合成衍生物——酪氨酸磷酸化抑制剂（tyrphostins）对不同 Tyr PK 具有不同的抑制效应。

4. 催化蛋白质去磷酸化的蛋白磷酸酶　在调控细胞性状方面，人们发现，除 PK 催化磷酸化外，蛋白质的去磷酸化由蛋白磷酸酶（protein phosphatase，PP）所催化。

（1）PP 的分类　根据磷酸化的氨基酸残基不同可将 PP 分为两类：

1）丝氨酸 / 苏氨酸 PP：已知的针对磷酸化 Ser/Thr 残基的 PP 有 PP1、PP2A、PP2B、PP2C、PPX 等，其亚细胞定位各有侧重，均有亚型。如 PP1G

位于肌浆内质网，PP1M 位于肌丝，PP1N 位于胞核；PP2A 主要存在于细胞质，少数在线粒体和细胞核；PP2C 主要存在于胞浆；PPX 存在于细胞核和中心体。

2）酪氨酸 PP：目前已发现有 30 多种酪氨酸 PP，其中 1/3 是跨膜的酪氨酸 PP，类似受体分子；余下 2/3 则位于胞浆，为非受体型酪氨酸 PP。除高度保守的催化亚单位外，这两类 PP 的非催化区氨基酸序列存在很大区别。

（2）常见的 PP 抑制剂　主要有以下两类：

1）作用于 PP1 和 PP2A 的抑制剂：这些抑制剂虽具有不同的一级结构，但作用于 PP1 和 PP2A 的位点是相同的。例如，okadaic acid 的化学结构为聚酯羧酸，对 PP 抑制的强度为 PP2A ＞ PP1 ＞＞＞ PP2B，可通透细胞膜。又如 tautomycin 的化学结构为聚乙酰及其衍生物，抑制程度为 PP1 ＞ PP2A ＞＞＞ PP2B。calyculin A 是一种磷酸化的聚乙酰，抑制程度为 PP2A ＝ PP1 ＞＞＞ PP2B，可通透细胞膜。cantharidin 和 endothall 都是类萜，抑制程度为 PP2A ＞ PP1 ＞＞＞ PP2B。

2）作用于 PP2B 的抑制剂：常用的免疫抑制剂 cyclosporin A 是真菌代谢产物，cyclosporin A 可与真核细胞内的蛋白 cyclophilin 结合。另一种免疫抑制剂 tacrolimus（FK506），可与 FK506 结合蛋白（FK506BP）结合形成复合物。这两种免疫抑制剂都是抑制 Ca^{2+} 依赖性的 PP2B 的活性。

（二）脂基化修饰

脂基化蛋白质是一类膜结合蛋白质，特定的脂肪链修饰可以帮助这类蛋白质在细胞膜上定位，并进一步协助该蛋白质发挥其生物学功能。

1. 蛋白质脂基化的概念　蛋白质脂基化（protein lipodation）是指长链脂肪酸通过 O 原子或者 S 原子与蛋白质缀合形成蛋白质缀合物的过程，通常是蛋白质分子中半胱氨酸残基的 S 键被棕榈酰基乙酰化或者被法呢基烷基化。这两种脂肪酸链通常共同修饰同一个蛋白质分子，通过脂肪酸链与生物磷脂膜良好的相溶性，将蛋白质固定在细胞膜上。

2. 蛋白质脂基化的生物学功能　脂基化蛋白质相当于细胞信号转导的开关。蛋白质的脂基化能够增强蛋白质在细胞膜上的亲和性，参与细胞内的信号转导，调节细胞中蛋白质的相互作用。例

如，糖基磷脂酰肌醇（glycosylphosphatidylinositol，GPI）锚定主要是通过蛋白质羧基端的脂类修饰使其固定在细胞膜上，GPI 的重要组成成分磷脂酰肌醇通过与蛋白质的羧基端连接，转运到细胞膜上形成未成熟的蛋白质，将蛋白质羧基端上游的序列剪切之后，通过重新连接形成成熟的膜蛋白。

3. 催化蛋白质脂基化的酶　主要是棕榈酰基转移酶和法呢基转移酶。

目前以蛋白质脂基化作为药物靶点的法呢基转移酶抑制剂对肿瘤细胞有很好的杀伤作用，而对正常的细胞无任何毒性。同样，棕榈酰基转移酶抑制剂也表现出抗肿瘤特性，对于乳腺癌、前列腺癌等均有抑制作用。

（三）甲基化修饰

蛋白质甲基化同其他蛋白质翻译后修饰过程一样，机制复杂，在生命调控过程中地位重要。

1. 蛋白质甲基化的概念　蛋白质甲基化（protein methylation）是指在甲基转移酶催化下，将 S- 腺苷甲硫氨酸的甲基基团转移至相应蛋白质的过程。甲基基团虽然不能明显改变整个氨基酸的电荷载量，只是替代了氨基上的 H 原子，但减少了蛋白质氢键的形成数量。此外，蛋白质甲基化可增加空间位阻效应，影响底物与蛋白质的相互作用。

2. 蛋白质甲基化的生物学功能　蛋白质甲基化可以影响蛋白质 - 蛋白质的相互作用、蛋白质 -RNA 的相互作用、蛋白质的定位、RNA 加工、细胞信号转导等。组蛋白甲基化可影响异染色质形成、基因印记和转录调控。如组蛋白 H3K9、H3K27 和 H4K20 的甲基化与染色体的钝化过程有关；H4K9 的甲基化可能与大范围的染色质水平的抑制有关；H3K4、H3K36 和 H3K79 的甲基化与染色体转录激活过程有关；组蛋白 H3R2、H3R4、H3R17 和 H3R26 的甲基化可以增强基因的转录。

3. 催化蛋白质甲基化的酶　催化蛋白质甲基化的酶是甲基转移酶。甲基化的主要位点是蛋白质的赖氨酸或精氨酸侧链的氨基。另外，也可在天冬氨酸或谷氨酸侧链羧基上进行甲基化修饰。

（四）乙酰化修饰

1. 蛋白质乙酰化的概念　蛋白质乙酰化（protein acetylation）是在乙酰基转移酶的催化下，

在蛋白质特定的位置连接乙酰基的过程。

2. 蛋白质乙酰化的生物学功能 四十多年前，科学家就发现了蛋白质乙酰化修饰现象，但对其功能认识很局限，主要集中在组蛋白乙酰化对细胞染色体结构的影响以及对核内转录调控因子的激活方面。近年来发现，乙酰化修饰影响着细胞生理状态下各个方面的广泛修饰，"乙酰化"的调控作用在生命体新陈代谢过程中普遍存在。

（1）组蛋白的乙酰化调节基因转录 核心组蛋白 N- 端的末端富含赖氨酸，生理条件下带正电，可以与带负电的 DNA 或相邻的核小体发生作用，导致核小体构象紧凑及染色质高度折叠。乙酰化修饰使组蛋白与 DNA 间的作用减弱，导致染色质构象松散，这种染色质的松散构象有利于转录调节因子的接近，从而可以和转录因子结合，促进基因的转录。组蛋白的去乙酰化则可抑制基因转录。

（2）乙酰化修饰实现对自噬过程的动态调控 组蛋白乙酰化酶 Esa1 以及去乙酰化酶 Rpd3 通过调节自噬发生关键蛋白 Atg3 的乙酰化水平，可影响细胞自噬的发生。

（3）乙酰化修饰调节代谢酶的活性及代谢通路 在人体的肝脏细胞中，"乙酰化"可以普遍修饰代谢酶，调节代谢酶的活性及代谢通路。

3. 催化蛋白质乙酰化的酶 为乙酰基转移酶。

（五）类泛素化修饰

小泛素相关修饰物（small ubiquitin related modifier, SUMO）是类泛素蛋白家族的重要成员之一，可与多种蛋白结合发挥相应的功能，其分子结构及 SUMO 化反应途径都与泛素类似，但二者功能完全不同。SUMO 化修饰可参与转录调节、核转运、维持基因组完整性及信号转导等多种细胞内活动，是一种重要的多功能蛋白质翻译后修饰方式。

1. SUMO 的结构与分类

（1）SUMO 的结构 SUMO 与泛素具有相同的三维结构（图 6-1），即一个 β 折叠缠绕一个 α 螺旋的球状折叠，而且参与反应的 C- 端双 Gly 残基位置也十分相似。不同的是 SUMO 的 N- 端还含有一个约 10～25 氨基酸残基长度的柔韧延伸，而泛素无此结构；并且二者的表面电荷分布也完全不同，这提示它们可能具有不同的功能。

（2）SUMO 的分类 SUMO 蛋白分布广泛，存在于各种真核生物细胞中，在芽殖酵母、线虫、果蝇及培养的脊椎动物细胞中均有表达。人类基因组编码了四种不同的 SUMO 蛋白，分别为：SUMO1（又称 PIC1、UBL1、GMP1 或 SMT3C）、SUMO2（又称 SMT3A）、SUMO3（又称 SMT3B）和 SUMO4。其中 SUMO1-3 在各种组织中均有表达，而 SUMO4 则主要在肾脏、淋巴结和脾脏中表达。

2. SUMO 可逆性修饰途径 同蛋白质泛素化修饰类似，SUMO 化修饰也是在修饰蛋白质 C- 端的 Gly 残基和底物蛋白质 Lys 的 ε 氨基之间形成一个异肽键。其具体途径也与泛素化修饰十分相似，涉及多个酶的级联反应，但二者反应途径中涉及到的酶完全不同。

（1）SUMO 的成熟 SUMO 基因最先表达出的是一种不成熟的前体蛋白，其 C 末端带有一段约 2～11 个氨基酸长短不等的短肽。细胞内有一种 SUMO 特异的蛋白酶（Ulp）能将其 C 末端短肽切除掉，暴露出标志性的 C- 端 Gly-Gly 模体序列，如此 SUMO 才转变为成熟的功能蛋白发挥其可逆性的修饰作用。

（2）SUMO 化修饰的反应途径 同泛素化类似，其具体过程如下（图 6-1）：

1）活化：首先 SUMO 分子由 ATP 提供能量发生 C 末端羧基腺苷酸化；然后与 E1 酶 SAE2 亚基活性位点的半胱氨酸反应，释放 AMP，形成 E1 酶和 SUMO 分子 C- 端羧基之间的高能硫酯键，于是 SUMO 被活化；随后活化的 SUMO 被转移至 E2 酶。

2）结合：SUMO 转至 E2 结合酶 UBC9，C- 端羧基与 UBC9 活性位点的半胱氨酸反应生成 SUMO-E2 硫酯中间体。

3）连接：UBC9 将 SUMO 分子转移至底物，在 SUMO 的 C- 端 Gly 残基和底物蛋白侧链 Lys 残基之间生成异肽键，SUMO 化完成。

（3）去 SUMO 化 SUMO 化是一个动态的可逆性修饰过程，细胞内有一种特异性蛋白酶 Ulp 能将 SUMO 从已发生 SUMO 化修饰的蛋白上移除。Ulp 是一种半胱氨酸特异性蛋白酶，既可以切除新合成 SUMO 前体蛋白 C- 端的短肽，以利于 SUMO 的成熟；又具备去 SUMO 化的功能。

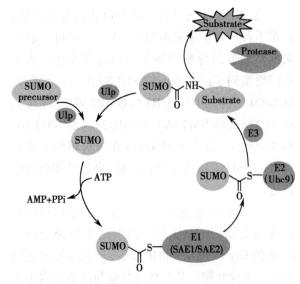

图 6-1 蛋白质 SUMO 化反应示意图

正是由于有了 Ulp（去 SUMO 化酶）这两种功能，细胞内 SUMO 化结合才得以维持在正常水平。

3. SUMO 化修饰的生物学功能 可被 SUMO 化修饰的底物蛋白质已超过 120 余种，其中绝大部分是核蛋白。近年来的研究发现，一些非核蛋白质以及外来蛋白质也可以发生 SUMO 化，表明 SUMO 化修饰在细胞核外也发挥重要作用。

（1）SUMO 化的核内底物多数都是转录调节因子或共调节因子 在哺乳动物中，SUMO 化对转录因子 Elk、Sp3、SREBP、STAT1、SRF、c-Myb、C/EBPs、转录共激活因子 p300 以及雄激素受体和孕激素受体均起到负性调控的作用。但是，SUMO 也可通过热激因子 HSF1 和 HSF2 以及 β-catenin 的活化因子 TCF4 对转录激活起正性调控作用。

（2）SUMO 参与维持基因组的完整性，调节染色体凝集与分离 现已证实 SUMO 结合对于维持高度有序的染色质结构及协助染色体分离都有一定的作用。如裂殖酵母若缺失 SUMO 连接虽然可以存活，但长势很差，对 DNA 损伤剂非常敏感，发生染色体丢失和畸形有丝分裂的频率也大大增加。

（3）SUMO 参与 DNA 修复过程 SUMO E3 连接酶 Mms21/Nse2 能催化 Smc5/6 复合物 SUMO 化，参与 DNA 双链断裂的修复，若此 E3 连接酶功能丧失则会引起 DNA 损伤敏感性增高。

（4）SUMO 参与拮抗泛素化修饰的作用 SUMO 可与泛素竞争结合底物蛋白质的同一赖氨酸结合位点，从而达到阻止蛋白质降解的作用。如在正常情况下，转录因子 NF-κB 在胞质中与抑制物 IκBα 结合处于非活性状态，在外界刺激作用下，IκBα 发生泛素化修饰，随之被 26S 蛋白酶体降解，从而使 NF-κB 进入细胞核，激活靶基因转录。但因为 SUMO 可与泛素竞争结合 IκBα 的同一赖氨酸位点，可使之免受泛素 - 蛋白酶体系统的降解。

（5）SUMO 可调节蛋白的核浆转运及信号转导 RanGAP1 是第一个被发现的 SUMO 的重要底物蛋白质。SUMO 化的 RanGAP1 具有活化小 GTP 酶蛋白 Ran 的重要功能。因为 Ran 是核孔复合体中的重要成分，发挥控制蛋白质核浆转运的功能，RanGAP1 的 SUMO 化便成了 Ran 发挥核浆转运功能不可缺少的条件。

4. 催化蛋白质 SUMO 化修饰的酶 与泛素化修饰类似，SUMO 化修饰涉及多个酶的级联反应：E1 活化酶、E2 结合酶以及 E3 连接酶，但二者反应途径中涉及到的酶完全不同。E1 活化酶是一种异源二聚体，在哺乳动物中为 SAE1/SAE2，两个亚基的功能以及调控机制各不相同，但必须二者同时存在时才能够正常发挥功能。E2 结合酶为 UBC9，它的序列及折叠结构都与泛素化途径中 E2 酶十分类似；但不同的是，泛素化途径包含数目众多的 E2 结合酶以应对不同的底物，而 UBC9 却是 SUMO 化修饰中唯一的 E2 结合酶。E3 连接酶主要包括三类：PIAS 家族、核孔蛋白 RanBP2/Nup358 和 Pc2（polycomb group protein 2）。

SUMO 化修饰仅依赖 E1 活化酶和 E2 结合酶足以使底物蛋白完成修饰。但事实上体内大多数 SUMO 化修饰仍需 E3 连接酶的参与，E3 连接酶并不与 SUMO 分子形成共价结合，但它可以结合 E2（UBC9）和底物，促进 SUMO 由 E2 向底物的转移。

（六）巴豆酰化修饰

赖氨酸巴豆酰化修饰（lysine crotonylation，Kcr）是一种新型组蛋白翻译后修饰方式。这是一种进化高度保守、且生物学功能完全不同于组蛋白赖氨酸乙酰化的蛋白质修饰方式。

1. 蛋白质巴豆酰化的概念 蛋白质巴豆酰化是指在巴豆酰基转移酶的催化下，在蛋白质特定的位置添加巴豆酰基的过程。

2. 蛋白质巴豆酰化的生物学功能　组蛋白赖氨酸巴豆酰化修饰能与活性转录启动区域和增强子密切作用，并与减数分裂后期精子细胞中性染色体的活性基因密切相关。研究人员发现在人类体细胞和小鼠精子细胞基因组中，组蛋白 Kcr 分布于基因活性转录启动区域或增强子上。在减数分裂后的精子细胞中，Kcr 高丰度集中在性染色体上标记睾丸特异性基因，其中包括大量性染色体活性基因，但机制目前尚不清楚。

3. 催化蛋白质巴豆酰化的酶　为巴豆酰基转移酶。

二、不同翻译后修饰过程的相互协调与影响

在体内，各种蛋白质翻译后修饰过程不是孤立存在的。在很多细胞活动中，需要各种翻译后修饰的蛋白质共同作用。

（一）在细胞信号转导的过程中存在多种蛋白质翻译后修饰

位于细胞膜外侧的细胞外信号受体与相应的配体结合，这些糖蛋白受体会将细胞所处环境中的刺激信号转导入细胞膜，并首先转导到这类与膜结合的脂蛋白上，然后再通过脂蛋白向下级的蛋白质或蛋白激酶转导。同时，在绝大多数的信号转导过程中。脂蛋白都是另外一系列蛋白质磷酸化修饰的开端，这些磷酸化修饰过程又分别受到特定的蛋白激酶调节，是细胞信号转导过程中的主体。

（二）一种蛋白质可以有一种以上的翻译后修饰

RNA 聚合酶 II 控制的基因表达过程中，磷酸化和糖基化修饰对 RNA 聚合酶 II 起到了不同的作用。RNA 聚合酶 C- 端是高度糖基化区域，RNA 聚合酶从进入细胞核到与转录因子相互作用的过程中，蛋白质会迅速并且完全发生去糖基化，同时发生磷酸化。这说明 RNA 聚合酶只有在非磷酸化时才可能有大量的乙酰葡糖基团，并且磷酸化和糖基化是分别在细胞膜的内外两侧发生，因此推测：糖基化同磷酸化的作用位点相同，并影响 RNA 聚合酶的磷酸化程度。

另外，组蛋白可以同时被甲基化和乙酰化共同修饰。组蛋白上乙酰化和甲基化的主要作用位点是组蛋白 H3 和 H4 末端保守的赖氨酸残基。组蛋白乙酰化修饰贯穿整个细胞周期，而甲基化修饰多发生在 G_2 期以及异染色质组装过程。有实验显示，组蛋白末端赖氨酸的乙酰化和甲基化具有修饰的特殊关联性，这种关联性可能具有对抗或者协同的生物学功能。

三、蛋白质修饰的研究策略

尽管蛋白质的翻译后修饰对生物功能的发挥有着至关重要的作用，但对它的规模化研究受到分析方法的限制，这很大程度上是由于翻译后修饰蛋白质的化学计量值低、复杂性大造成的。基因转录产物 mRNA 的可变剪接以及翻译中和翻译后修饰造成了基因产物的多样性，同时，翻译后修饰还存在时空特异性，蛋白质的修饰类型及修饰程度随蛋白质的生存环境及内在状态的变化会表现出极大的差别，有的修饰甚至是转瞬即逝的，所以，蛋白质翻译后修饰的程度以及其生物学功能的挖掘还存在着极大的空间。

目前研究蛋白质翻译后修饰的主要策略是利用现有技术（如电泳、免疫共沉淀、色谱、生物质谱以及生物信息学等）对修饰蛋白质进行鉴定，并确定出修饰位点。

（一）传统的蛋白质修饰研究策略

蛋白翻译后修饰研究的传统方法是整合放射性前体分子，然后将蛋白完全水解来分析氨基酸残基。在早期的研究中通过该方法鉴定了组蛋白的乙酰化、甲基化和磷酸化。该方法存在的缺点是需要样品量大，样品纯度要求高，样品制备繁琐，而且难以获得精确的修饰图谱。此外，如果蛋白质存在 N- 末端序列封堵现象，则会导致部分序列信息丢失。

（二）基于抗体的蛋白质修饰研究策略

20 世纪 80 年代后期，利用组蛋白 H4 乙酰化特异性抗体和蛋白质免疫印迹技术不仅识别了组蛋白 H4 的乙酰化位点，而且还区分了其他不同的修饰位点。荧光技术结合抗体技术可以快速地定位基因组特定区域的特异组蛋白修饰位点。抗体技术还被广泛地应用到蛋白质其他翻译后修饰研究中，如赖氨酸和精氨酸的甲基化或丝氨酸和苏氨酸的磷酸化等。

尽管抗体技术灵敏、特异性高，但是基于抗

体的方法需要了解修饰的背景知识，这样才能避免交联反应和表位闭塞。抗体技术往往一次检测到的蛋白质修饰的位点很少或缺少足够多的特异抗体来识别每一种修饰。因此要充分了解特定蛋白修饰的复杂调控过程，还必须考虑特定位点周围的翻译修饰状况。

（三）基于质谱的蛋白质修饰研究策略

质谱是蛋白质组学研究的核心策略，可以无偏倚地、同时分析蛋白质的各种化学修饰，也可以进行蛋白质表达和修饰蛋白质的差异分析研究。质谱已经被成功应用到组蛋白分析研究中，且成为组蛋白翻译修饰研究的重要工具。

质谱分析需要先将蛋白质酶解成为一定大小的肽段，这将会导致蛋白质不同部分间的连接位点丢失，从而不能区分蛋白质序列变异体。因此，该方法不适合分析组合式蛋白翻译后修饰密码。同时，基于该分析方法所需的质谱仪比较昂贵，限制了其广泛应用。

第二节 蛋白质的降解

溶酶体系统和蛋白酶体系统是细胞内蛋白质降解的两种最主要系统。1955 年，de Duve C 与 Novikoff A 首次利用电子显微镜证明了溶酶体的存在，并因其在维持细胞正常代谢活动及防御等方面的重要作用而引起了人们的重视。1980 年，Ciechanover A、Hershko A 和 Rose O 发现了泛素-蛋白酶体系统（ubiquitin-proteasome system，UPS），并因其该发现于 2004 年获得诺贝尔化学奖。这些重大发现使蛋白质降解系统的研究倍受关注。

一、UPS

UPS 是细胞内蛋白质降解的主要途径，参与细胞内 80% 以上蛋白质的降解。

（一）UPS 的组成与分类

有酶促活性的蛋白酶体是由 20S 核心颗粒和蛋白酶体激活因子共同构成复合体，负责选择性地降解短寿命的调节蛋白质和损伤蛋白质（图 6-2）。人体内主要有三种蛋白酶体激活因子：19S（PA700）、11S（PA28 或 REG）和 PA200。

1. ATP 和泛素依赖的 UPS 组成 如图 6-3 所示，19S 蛋白酶体激活因子结合 20S 蛋白酶体形成 26S 蛋白酶体，这是一种 ATP 和泛素依赖的蛋白酶复合体。细胞内大多数蛋白质泛素化后，都要经 26S 蛋白酶体进行降解，26S 蛋白酶体是降解蛋白质的最主要体系之一。已经发现，19S 激活因子有 6 种不同的 ATP 酶亚基，它们在蛋白质底物进入 20S 核心颗粒前提供 ATP，从而将蛋白质底物进行解折叠，并使蛋白质底物去泛素化。

2. 不依赖 ATP 和泛素的 UPS 组成 11S 蛋白酶体激活因子没有 ATP 酶活性，能够不依赖 ATP 和泛素介导蛋白酶体来降解蛋白质。在 3 种 REG 家族成员中，REGα 和 REGβ 的同源性高达 50%，而 REGγ 与 REGα 和 REGβ 的同源性仅有 25%。REGα/β 主要位于细胞质，一起形成异源七聚体的帽状结构，REGγ 主要位于细胞核，可形成同源七聚体的帽状结构，但在有丝分裂期间，核膜破裂，REGγ 可分布于整个细胞。目前发现 REG 不参与泛素化蛋白质的识别，但影响 20S 蛋白酶体降解蛋白质的活性。

除了上述 19S 和 11S 激活因子外，人们还发现了蛋白酶体激活因子 PA200。这是分子量为 200kD 的单体结构的激活因子，可以激活蛋白酶体来降解肽链，但不能降解蛋白质。

3. UPS 的分类 这 3 种激活因子与 20S 蛋白酶体可至少组成 4 种蛋白酶体复合体：19S-20S-19S、11S-20S-11S、11S-20S-19S 和 PA200-20S-19S，后两者又被称为杂交蛋白酶体（图 6-2）。

细胞内大多数蛋白质主要通过 26S 蛋白酶体以 ATP 和泛素依赖方式降解，而 11S-20S-11S、11S-20S-19S 和 PA200-20S-19S 蛋白酶体可以非 ATP 和非泛素依赖的方式降解一些调节蛋白质、氧化蛋白质以及衰老蛋白质等。

（二）蛋白质经 UPS 降解的反应过程

泛素是一个由 76 个氨基酸组成的高度保守的多肽链，因其广泛分布于各类细胞而得名。泛素可共价结合于底物蛋白质的赖氨酸残基上，将底物蛋白质进行泛素化标记而被 UPS 特异性识别并迅速降解。

1. 靶蛋白质的泛素化降解

（1）泛素的活化：这个过程需要以 ATP 作为能量，将泛素 C- 端的羧基连接到泛素活化酶 E1 的巯基上，最终形成一个泛素和泛素活化酶 E1 之间的硫酯键。

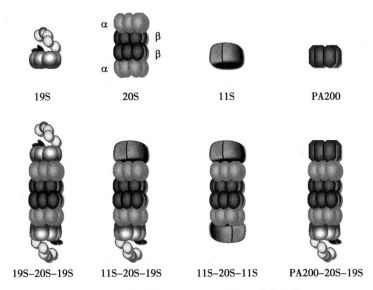

图 6-2　蛋白酶体激活因子及蛋白酶体复合物

（2）泛素活化酶 E1 将活化后的泛素通过交酯化反应传递给泛素结合酶 E2。

（3）泛素连接酶 E3 将结合在 E2 上的泛素连接到靶蛋白质上。

靶蛋白质在泛素激活酶 E1、泛素结合酶 E2 和泛素连接酶 E3 的作用下共价连接上几个泛素分子，然后被 26S 蛋白酶体所降解（如图 6-3）。

2. 靶蛋白质的降解　靶蛋白质的降解是在 20S 核心颗粒的 β 亚基中进行，一般不生成部分降解的产物，而是将靶蛋白质完全降解为长度一定的肽段。26S 蛋白酶体只识别泛素化标记的蛋白质并将其降解为小肽，泛素在去泛素连接酶的作用下再回收利用。这些小肽随后被细胞质中的蛋白酶进一步降解为氨基酸。

3. 泛素化过程的关键酶　在哺乳动物细胞内，UPS 是一个层次非常鲜明的体系：细胞内只表达一种泛素激活酶 E1，负责将泛素转移到大约 50 种泛素结合酶 E2 上，每种 E2 都可以与多种泛素连接酶 E3 相互作用。泛素连接酶 E3 在细胞内大约有 1 000 个，可分为三大类：含 HECT 结构

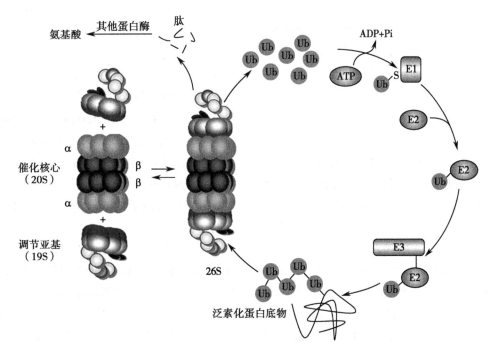

图 6-3　26S 蛋白酶体以 ATP 和泛素依赖方式降解蛋白质

域的 E3、含 RING 结构域的 E3 和含 U-box 结构域的 E3。它们直接或间接与底物蛋白质结合，促进泛素从 E2 的硫酯键转移到底物蛋白质上，作为被 UPS 识别和降解的靶向性信号，使底物蛋白质进入 UPS 并在 UPS 内降解成寡肽。UPS 通过 E1、E2 和 E3 的组合获得泛素化过程而具有特异性和选择性，因此 UPS 降解底物蛋白质具有高度选择性。

（三）泛素化调节和去泛素化调节

1. 蛋白质本身可以提供特定的信号给 UPS 识别 N 末端规则：即通过蛋白质 N 末端的氨基酸来预测其半衰期。PEST 序列：为蛋白质降解的信号序列，在短短 8 个氨基酸的片段上富含脯氨酸、谷氨酸、丝氨酸和苏氨酸，移除 PEST 序列可延长蛋白质半衰期。

通常这些泛素化的信号被掩盖在正常蛋白质结构中，蛋白质在天然状态下不被降解。但是，一旦蛋白质的正常结构出现变化或者受损，暴露这些信号，就会被 UPS 发现。这就是折叠异常和突变蛋白质容易被降解的原因。

2. 细胞内同时还存在去泛素化调节 细胞内存在特异性去泛素化蛋白酶，具有泛素解离酶（deubiquitinating enzymes，DUBs）的功能。

（四）UPS 的生物学意义

细胞内 80%～90% 的蛋白质都是通过 UPS 降解，其意义在于，一方面是通过降解错误折叠、突变或者损伤的蛋白质来维持细胞的质量控制；另一方面是通过降解关键的调节蛋白质来控制细胞的基本生命活动，如生长、代谢、细胞凋亡、细胞周期和转录调节等。

二、溶酶体系统

溶酶体（lysosome）是内膜系统的另一种重要结构组分。1949 年，de Duve C 在寻找与糖代谢有关的酶时发现，对大鼠肝组织匀浆组分进行差速离心分离时，作为对照的酸性磷酸酶活性主要集中在线粒体分离层。引起人们关注的另一个实验现象是：酸性磷酸酶活性在蒸馏水提取物中高于蔗糖渗透平衡液抽提物；在放置一段时间的抽提物中高于新鲜制品，而且酶的活性与沉淀的线粒体物质无关。由此推断：在线粒体分离层组分中可能存在另一种细胞器。这一推断在 1955 年

由 de Duve C 和 Novikoff A 等在对鼠肝细胞的电镜观察中得以证实，并因其细胞器内含多种水解酶而被命名为溶酶体。

（一）溶酶体系统的概念及分类

1. 溶酶体的概念 溶酶体在细胞内普遍存在，是一种内含多种酸性水解酶、具有高度异质性的单层膜性结构细胞器。不同细胞中溶酶体的数量差异巨大，不同溶酶体中所含有的水解酶亦并非完全相同，因此表现出不同的生化和生理性质。

2. 溶酶体的类型 根据其不同发育阶段和生理功能状态，将溶酶体划分为初级溶酶体、次级溶酶体和三级溶酶体三种基本类型。

（1）初级溶酶体 初级溶酶体（primary lysosome）是指通过其形成途径刚刚产生的溶酶体。所以，也有原溶酶体（proto-lycosome）、前溶酶体（prelysosome）之称。另外，初级溶酶体囊腔中的酶通常处于非活性状态，因此也有人称之为无活性溶酶体（inactive lysosome）。

（2）次级溶酶体 次级溶酶体（secondary lysosome）是指当初级溶酶体经过成熟，接受来自细胞内、外的物质，进而与之发生相互作用时，即为次级溶酶体。次级溶酶体实质上是溶酶体的一种功能作用状态，故又被称作消化泡（digestive vacuole）。依据次级溶酶体中所含作用底物性质和来源不同，又将次级溶酶体分为不同的类型：

1）自噬溶酶体（autophagolysosome）：又称自体吞噬泡（autophagic vacuole），是由初级溶酶体融合自噬体（autophagosome）后形成的一类次级溶酶体，其作用底物主要是细胞内的细胞器、大分子物质及错误折叠的蛋白质等。

2）异噬溶酶体（heterophagic lysosome）：又称异体吞噬泡（heterophagic vacuole），是由初级溶酶体与细胞通过胞吞作用所形成的异噬体（heterophagolysosome），其中包括吞噬体与吞饮体小泡，相互融合而成的次级溶酶体，其作用底物源于外来异物。

3）吞噬溶酶体（phagolysosome）：是由吞噬细胞吞入胞外病原体或其他外来较大的颗粒性异物所形成的吞噬体与初级溶酶体融合而成的次级溶酶体。由于吞噬溶酶体与异噬溶酶体的作用底物均为细胞外来物，因此，二者之间并无本质上的区别。

（3）三级溶酶体 三级溶酶体（tertiary lysosome），又称后溶酶体（post-lysosome）或终末溶酶体（telolysosome），是指次级溶酶体在完成对绝大部分作用底物的消化、分解作用之后，尚会有一些不能被消化、分解的物质残留于其中，随着酶活性的逐渐降低以至最终消失，进入了溶酶体生理功能作用的终末状态。此时又被称为残余体（residual body）。

（二）蛋白质经溶酶体系统降解的过程

1. 溶酶体的形成 溶酶体的形成是内质网和高尔基复合体共同参与、集胞内物质合成加工、包装、运输及结构转化为一体的复杂而有序的过程。目前普遍认为，溶酶体的形成主要经历以下几个阶段：

（1）酶蛋白的 N- 糖基化与内质网转运 合成的酶蛋白前体进入内质网网腔，经过加工、修饰，形成 N- 连接的甘露糖糖蛋白；再被内质网以出芽的形式包裹形成膜性小泡，转运运输到高尔基复合体的形成面。

（2）酶蛋白在高尔基复合体内的加工与转移 在高尔基复合体的催化下，寡糖链上的甘露糖残基磷酸化形成甘露糖 -6- 磷酸（mannose-6-phosphate，M-6-P），此乃溶酶体水解酶分选的重要识别信号。

（3）酶蛋白的分选与转运 当带有 M-6-P 标记的溶酶体水解酶前体到达高尔基复合体成熟面时，被高尔基复合体网膜囊腔面的受体蛋白所识别、结合，随即触发高尔基复合体局部出芽和网膜外胞质面网格蛋白的组装，并最终以表面覆有网格蛋白的有被小泡（coated vesicle）形式与高尔基复合体囊膜断离。

（4）内体性溶酶体的形成与成熟 断离后的有被小泡，很快脱去网格蛋白外被形成表面光滑的无被运输小泡，它们与细胞质内的晚期内吞体融合，最终形成溶酶体（也称内体性溶酶体）（文末彩图 6-4）。

2. 蛋白质的溶酶体降解途径

（1）异体吞噬的溶酶体降解途径 也称吞噬性溶酶体途径，是经由细胞胞吞（饮）作用形成的内体晚期阶段即晚期内体（late endosome）所形成；主要指细胞通过吞噬外来物作为底物进行消化降解为细胞重新利用的过程。一些细胞外物质

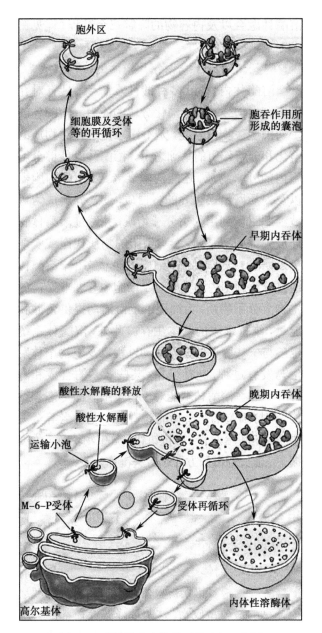

图 6-4 内体性溶酶体的形成过程示意图

通过内吞（饮）作用形成囊泡进入胞内，通过直接或间接和溶酶体融合形成细胞溶酶体（cytolysosome）或自噬溶酶体，从而将胞外的生长因子、营养物质、激素、病毒以及毒性蛋白等内容物降解。

（2）自体吞噬的溶酶体降解途径 也叫内体性溶酶体（endolysosome）或内溶酶体途径，主要由自噬溶酶体介导的对细胞内衰老蜕变或残损破碎的细胞器（如损害的内质网、线粒体等）、糖原颗粒等其他胞内大分子物质或内质网错误折叠的蛋白质等经过内体系统的筛选分类后，其中的废物或有害物质进行消化降解为细胞重新利用。反应过程主要包括自噬发生形成过程、自噬体与

溶酶体融合以及内容物的降解三个过程（详见第十七章第二节内容）。

（三）溶酶体系统降解蛋白质的生物学意义

溶酶体内含 60 多种酸性水解酶，具有对几乎所有生物分子进行消化分解的能力。溶酶体的一切细胞生物学功能，无不建立在这种对物质的消化和分解作用的基础之上。溶酶体既能够分解胞内的外来物质，还能清除衰老、残损的细胞器以及内质网错误折叠的蛋白质，使之分解成为可被细胞重新利用的小分子物质，并透过溶酶体膜释放到细胞质基质，参与细胞的物质代谢或实现免疫防御功能。另外，细胞饥饿状态下，溶酶体通过分解细胞内的一些对于细胞生存并非必需的生物大分子物质，为细胞的生命活动提供营养和能量，维持细胞的基本生存。此外，溶酶体系统也参与一些腺体的分泌活动过程以及生物个体发生与发育过程，包括受精、某些激素的合成和降解等。这些溶酶体功能对于稳定细胞的形态和结构、维持细胞的正常功能和避免细胞衰老等至关重要，在胚胎发育、抵抗饥饿、微生物清除、免疫调节、延长寿命等方面起着关键作用。

三、蛋白酶体途径和溶酶体途径之间的相互联系

（一）不同的蛋白质降解途径相互依赖

1. 蛋白酶体途径与溶酶体途径之间在功能上有某些重叠 错误折叠蛋白质是这两种降解途径分享的最典型底物，这两种降解途径都能够降解可溶性错误折叠蛋白质。蛋白酶体介导错误折叠蛋白质降解中的一个重要 E3 连接酶是 Hsp70 偶联的共伴侣 CHIP。如果 Hsp70 与一个错误折叠蛋白结合形成复合物，则该 Hsp70- 底物复合物可被 CHIP 识别，诱导该底物发生多聚泛素化，使该底物被蛋白酶体降解。降解错误折叠蛋白质的另一个重要体系是分子伴侣介导的自噬溶酶体。在分子伴侣介导的自噬溶酶体中，底物蛋白质的特定序列 KFERQ（或相关序列）首先被 Hsp70 识别，再与 Hsp40、Hip 和 Hop 结合，然后该底物经溶酶体偶联的膜蛋白 2A 转入溶酶体而被降解。

2. 错误折叠蛋白质也可被巨溶酶体降解 溶酶体系统对聚集的错误折叠蛋白质的降解非常重要，因为蛋白被 UPS 或分子伴侣介导的自噬溶酶体降解之前需要形成单体并进行去折叠，所以 UPS 或分子伴侣介导的自噬溶酶体不能降解聚集的错误折叠蛋白质。如果产生的错误折叠蛋白质过多，超出蛋白酶体的清除能力，错误折叠的单体和小的可溶性聚集蛋白质会活跃地聚集形成较大聚集体，该聚集体最终可被巨溶酶体降解。所以一个特定的错误折叠蛋白质也许有几种不同的结果。与 UPS 和溶酶体系统分别为降解短寿命蛋白质和长寿命蛋白质的独立途径的传统观念相反，在某些情况下被 UPS 正常降解的短寿命蛋白质也可被溶酶体系统选择性地降解，而被溶酶体系统正常降解的较长寿命蛋白质也可被 UPS 降解。例如，神经元蛋白 α- 突触核蛋白（突变可引起帕金森病）可被 UPS 或巨自噬溶酶体或分子伴侣介导的自噬溶酶体降解。一个错误折叠蛋白质的降解部分地由每种降解体系的相对活性所决定。抑制蛋白酶体可诱导自噬溶酶体。错误折叠蛋白质产生过多时，蛋白酶体不堪重负，此时诱导自噬溶酶体可作为一种补偿机制。

（二）不同的蛋白质降解途径可以相互影响

UPS 损伤可导致自噬溶酶体功能增强。反之，慢性抑制自噬溶酶体可阻碍 UPS 降解泛素化底物。另外，长期抑制自噬溶酶体可减慢蛋白酶体降解短寿命底物。如自噬溶酶体系统失活，导致泛素化蛋白质的堆积和聚集，对此现象有几种可能性的解释：一是泛素化蛋白质可被自噬溶酶体系统降解；二是自噬体溶酶体的成员（clients）起初没被泛素化，但在自噬溶酶体系统缺陷细胞中驻留时间长得足以被泛素修饰，最终，自噬溶酶体系统损伤可对 UPS 施加影响。

四、蛋白质降解的研究策略

（一）UPS 的研究策略

1. UPS 途径各因子的 mRNA 和蛋白水平检测 如 RT-PCR、以标记 cDNA 为探针的 Northern 杂交、免疫印迹等。

2. 蛋白酶体功能检测 如采用荧光素标记相应酶的底物肽检测 26S、20S 蛋白酶体的催化功能。

3. 蛋白酶体抑制剂的应用 蛋白酶体的抑制剂可分为天然化合物和合成化合物两类。天然化合物类有二氯异香豆素（DCI）、乳胞素（lactacystin）、阿克拉霉素（aclacinomycin）、埃培霉素

（eponemycin）等。合成化合物类有醛基肽类蛋白酶体抑制剂（如 MLN-519、MG-132、CEP-1612、CVT-634 等）、硼酸肽类蛋白酶体抑制剂（如二肽硼酸衍生物）等。

（二）溶酶体系统的研究策略

1. **自噬溶酶体形成的稳态监测** 透射电子显微镜下超微结构的形态学检测为检测自噬溶酶体的金指标。其特征为新月状或杯状，双层或多层膜，有包绕胞浆成分的趋势。自噬泡不断延伸，将胞浆中的任何成分，包括细胞器，全部揽入"碗"中，然后"收口"，成为密闭的球状的自噬溶酶体。

2. **自噬体膜标志性蛋白的检测** 如 LC3-Ⅱ、Beclin-1 等蛋白水平检测。

3. **TOR 和 Atg1 激酶活性检测** 通过检测两者的活性可以反应自噬溶酶体发生情况。

综上所述，检测蛋白质降解的方法有很多，但仍没有任何单独的一种检测方法能完全确定自噬溶酶体和 UPS 途径的发生发展变化过程，在实验中需根据自身研究的目的和内容选择恰当的方法进行检测，以得到满意的结果。

（陈　娟）

参 考 文 献

[1] Hilt W, Wolf D H. The ubiquitin-proteasome system: past, present and future. Cellular and Molecular Life Sciences, 2004, 61(13): 1545

[2] Fang S, Weissman A M. A field guide to ubiquitylation. Cellular and Molecular Life Sciences, 2004, 61(13): 1546-1561

[3] Tedford NC, Hall AB, Graham JR, et al. Quantitative analysis of cell signaling and drug action via mass spectrometry-based systems level phosphoproteomics. Proteomics, 2009, 9(6): 1469-1487.

[4] Wilson LJ, Linley A, Hammond DE, et al. New Perspectives, Opportunities, and Challenges in Exploring the Human Protein Kinome. Cancer Res, 2018, 78(1): 15-29.

[5] Jiang X, Bomgarden R, Brown J, et al. Sensitive and Accurate Quantitation of Phosphopeptides Using TMT Isobaric Labeling Technique. J Proteome Res, 2017,
16(11): 4244-4252.

[6] Swaney DL, Villén J. Proteomic Analysis of Protein Post-translational Modifications by Mass Spectrometry. Cold Spring Harb Protoc, 2016, 2016(3): pdb.top077743.

[7] Wan J, Subramonian D, Zhang XD. SUMOylation in control of accurate chromosome segregation during mitosis. Curr Protein Pept Sci, 2012, 13(5): 467-481.

[8] Hagiwara M, Nagata K. Redox-dependent protein quality control in the endoplasmic reticulum: folding to degradation. Antioxid Redox Signal. 2012, 16(10): 1119-1128.

[9] Benyair R, Ron E, Lederkremer GZ. Protein quality control, retention, and degradation at the endoplasmic reticulum. Int Rev Cell Mol Biol, 2011, 292: 197-280.

[10] Gareau JR, Lima CD. The SUMO pathway: emerging mechanisms that shape specificity, conjugation and recognition. Nat Rev Mol Cell Biol, 2010, 11(12): 861-871.

第七章 蛋白质-蛋白质相互作用

蛋白质-蛋白质相互作用(protein-protein interaction, PPI)是指两个或两个以上的蛋白质分子通过非共价键形成蛋白质复合物(protein complex)的过程。

作为生命活动执行者,细胞内的蛋白质并非孤立存在,而是依据结构和功能特性与其他蛋白质相互识别结合,形成复合物来行使其功能,如蛋白酶体、核孔复合物等。本质上几乎所有的细胞生命活动,包括物质代谢、DNA 合成、基因表达、信号转导、内外环境感应等,都是以 PPI 为纽带的时空有序、协同运作的过程。完整的生命活动不仅需要 PPI,还需要蛋白质与其他分子,如DNA、RNA、多糖链或脂类等相互作用,装配成为多种多样的生物大分子复合物(macromolecular complex)。这些高效、专一、动态可调的生物大分子复合物也被称为分子机器(molecular machine)。

最初,人们仅认识到生物分子间的一些简单联系,即 A 作用于 B,B 再作用于 C,所以主要以直线式作用图来叙述代谢途径或信号转导过程;后来才认识到这些相互作用并不是直线的,而是盘根错节的蛋白质相互作用网络(protein interaction network)。如果只研究单一蛋白质的结构和功能,很难全面理解生物功能的精细调控过程及其变化的分子基础。以蛋白质为核心的大分子复合物的成分和网络调节机制,已经成为当今生物化学与分子生物学研究的重要内容。生物大分子复合物高度复杂多样,需要生物物理学、细胞生物学、量子化学、分子动力学、化学生物学等多学科的共同努力,才可能真正认识细胞中分子生态或细胞这一复杂的分子社会(molecular sociology)。

本章主要叙述蛋白质复合物的形成与意义、PPI 的结构基础以及研究策略,DNA-蛋白质间、RNA-蛋白质间的相互作用见遗传信息传递及其调控各章节。

第一节 蛋白质复合物的形成与意义

蛋白质复合物具有特定的空间结构,依据细胞环境变化的需求形成或解离。理解一种蛋白质的确切功能,不仅需要认识其自身的结构与功能,更需要认识它与其他蛋白质或其他分子相互作用时的结构变化和功能意义。

一、蛋白质复合物参与组成分子机器

细胞可以视为由一些超级大分子复合物所构成,而蛋白复合物是各种分子机器组装最基本的结构基础,是所有细胞活动的基石。蛋白质间的结合,使得功能关联的分子在细胞内得以接近,改善反应速度和专一性,保证细胞活动的高效率。遗憾的是,目前裂解细胞和分离蛋白质的研究技术破坏了细胞内原本存在的蛋白质复合物。因此,细胞中实际存在的复合物应远多于目前已经发现的复合物种类和数目。预测体内存在的蛋白质复合物有约 4 000 种之多,而目前已知的复合物仅约 40%。

分子机器包含的蛋白质复合物大小不同。酵母RNA 外切体为 400kDa,26S 蛋白酶体为 2.5mDa,核孔复合物则达 50～100mDa。依据蛋白质复合物中蛋白质的数目,两个蛋白质构成的称为二聚体(dimer)、三个蛋白质构成的为三聚体(trimer),进而有寡聚体(oligomer)和多聚体(polymer)之称。

一种蛋白质可以参加多种不同的复合物的形成,不同的复合物执行不同的功能,同一复合物也可以在不同因子的参与下执行不同的功能,影响复合物形成和功能的因素包括:①复合物存在的细胞部位和存在时间;②营养状态、细胞周期、细胞应激等。

二、蛋白质复合物具有多种形式和种类

蛋白质间的相互作用存在极大的多样性，形成的蛋白质复合物亦有不同形式。蛋白质数据库（protein data base）中早期收录的蛋白质复合物大多数都是抗体 - 抗原或酶 - 抑制剂复合物。近年来，参与信号转导的蛋白质复合物和其他细胞活动调节复合物的数目激增。这些复合物在成分、结构和稳定性均有差别，可以根据不同标准加以分类。

（一）蛋白质复合物的组成不同

蛋白质复合物可以是同聚体，也可以是异聚体。由同一种蛋白质聚合而成的复合物称为同聚体（homopolymer），如形成肌原纤维的肌动蛋白同多聚体、膜上表皮生长因子受体形成的同二聚体（homodimer）、肿瘤坏死因子受体形成的同三聚体等。由不同的蛋白质构成的复合物称为异聚体（heteropolymer），如转录因子 c-Fos 和 c-Jun 构成的异二聚体（heterodimer）复合物 AP-1、细胞信号途径中的 MAPK 信号复合物等。在多个亚基组成的四级结构蛋白质中，若亚基结构相同，也称之为同聚体，亚基分子不同，可称之为异聚体。

（二）蛋白质复合物的结构多样

蛋白质的结构和相互间聚合方式不同，产生的复合物的形式和结构也不尽相同，可以是线性、环状、螺旋状以及球形等。蛋白质分子之间、蛋白质分子内不同亚基之间的结合并不是随意的，其接触部分在形状上能相嵌互补，为此还需要蛋白质分子和亚基发生一定程度的构象变化。

（三）蛋白质复合物的稳定性各异

体内的蛋白质复合物有的十分稳定，除非发生蛋白质降解，否则不会解离。然而，大部分蛋白质复合物处于不断形成又不断解聚的状态。与动态化复合物相比，稳定蛋白质复合物在不同种属中较为保守。稳定蛋白质复合物多是结构性复合物，如细胞骨架、核孔复合物等；动态复合物则多属于信号转导复合物。但即使是前者，其成分和结构也会受到环境影响而变化。

（四）蛋白质复合物可分为不同种类

体内的蛋白质复合物可以按照不同标准加以分类。根据其稳定性，可分为不可逆（irreversible）复合物和可逆（reversible）复合物，又分别称

为必需（obligate）复合物和瞬时（transient）复合物。前者如蛋白酶体、核糖体，除非损伤或细胞不再需要，这些复合物成员固定且以高亲和力结合而稳定存在。而可逆复合物之间在亲和力和寿命上存在较大差异，有的以弱作用力结合瞬时存在；有的以强作用力结合但瞬时存在，如激酶与底物之间的结合；还有一些抗原 - 抗体、酶 - 抑制剂复合物结合力较强且稳定，类似于不可逆复合物。另根据蛋白质相互结合部位的结构，又可以分为"结构域 - 结构域"复合物和"结构域 - 肽"复合物，后者是高等真核生物细胞可逆信号转导的重要基础。关于结构域的介绍详见后文。

三、蛋白质复合物的形成依赖细胞内环境

蛋白质复合物的形成受到各种因素的制约。首先，蛋白质的一级结构和空间结构是蛋白质间相互作用的决定性信号；其次，细胞环境有利于蛋白质复合物的自然形成。

（一）蛋白质复合物的形成依赖细胞拥挤环境

细胞内的蛋白质和核酸等生物大分子浓度极高，即处于大分子拥挤（macromolecular crowding）状态。例如，在容积仅 $0.6 \sim 0.7 \mu m^3$ 的大肠杆菌细胞内，至少可以检测到上千种蛋白质，再加上 RNA 和 DNA 的存在，预计其大分子浓度大约可达到 $300 \sim 400 mg/ml$。这种拥挤环境直接影响着大分子间相互作用的速率和平衡状态。在有限的细胞体积内，溶剂的减少提高了各种分子的有效浓度，提高了分子碰撞机会，这将有利于大分子复合物的装配。无论是蛋白质间还是 DNA- 蛋白质间或 RNA- 蛋白质间，其解离常数都受到拥挤环境的制约，而趋于形成复合物。

细胞中大分子拥挤现象与一些疾病发生亦有密切关系。例如，眼晶状体中的晶体蛋白浓度可达 $500 mg/ml$，必须被维持在稳定状态，才能保证晶状体的透明，它的沉淀或聚集会引起白内障。高浓度赋予晶体蛋白一定的热稳定性和抗损伤能力。

（二）体外研究难以模拟细胞内环境

目前蛋白质相互作用的研究主要是在细胞外完成的。非拥挤的缓冲液中存在的相互作用必然有别于细胞内自然存在的相互作用，这些实验数

据不能真实反映细胞内状态。相对稀释的分子浓度中获得的酶的催化特性、代谢过程等研究数据，与活细胞中的实际相比可能会有数量级的差异。人们也在试图通过创建人工的分子拥挤环境，来模拟细胞内 PPI 的自然状态。例如，使用高浓度的细胞提取物进行实验，或通过加入聚乙二醇等多聚物来提高蛋白质的局部浓度。然而，这些人工模拟环境往往改变了所研究的蛋白质的天然构象，因而仍然不能反映细胞内实际发生的 PPI 状态。

四、蛋白质复合物的形成具有动态特征

生命是一个开放系统，机体内的每一个细胞都处于不断变化的过程中。各种内源性和外源性信号不断改变细胞的形态、增殖状态、物质代谢速度等内在特性，运转这一系统的蛋白质复合物为核心的分子机器也必须时时随之改变。蛋白质复合物的形成和解离始终处于动态变化中，形成了细胞内 PPI 的时间和空间特异性（文末彩图 7-1）。古希腊哲学家赫拉克利特（Heraclitus）的名言"人不能两次踏入同一河流"，可作为细胞内蛋白质复合物形成动态性的最贴切的表述。

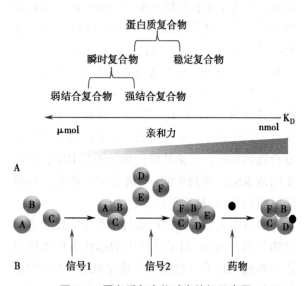

图 7-1 蛋白质复合物动态特征示意图

1. 细胞的特定基因表达谱决定其蛋白质复合物的基本类别 在个体发育的不同阶段，不同组织细胞都有其特有的基因表达谱，决定着不同细胞内可产生的蛋白质种类，因而也确定了这种细胞内可存在的蛋白质复合物的基本类别。

2. 蛋白质复合物分布于细胞的不同部位 蛋白质的细胞内空间定位赋予蛋白质复合物分布于细胞不同部位，有些复合物只存在于线粒体（电子传递链复合物、脂肪酸 β 氧化多酶复合物等），有些只存在于细胞核内（转录起始复合物、翻译起始复合物等）。

3. 蛋白质复合物动态变化改变细胞行为 细胞在各种内外信号作用下所引起的细胞行为变化，也是蛋白质复合物动态变化的结果。例如细胞周期进程中，负责 DNA 复制的蛋白质复合物只有当细胞在生长因子信号驱动下进入 DNA 合成期（S 期）时可以形成，并完成基因组的复制。动态可调节的蛋白质复合物在细胞活动调控中具有重要意义，并且都是基因表达和信号转导过程中具有重要作用的蛋白质而形成的。

五、蛋白质复合物伴随进化而趋于复杂

现代综合进化论奠基人 Dobzhansky T 曾指出："除了进化的光辉，没有其他方式能解释生物"。高等动物基因组研究表明，导致生物体复杂性的不是基因数量的增加，而是基于更为复杂的蛋白质 - 蛋白质间发生的相互作用。反之亦然，生物进化过程中逐渐产生了更为复杂的 PPI 网络，人的蛋白质复合物大约 60% 是伴随着脊椎动物的进化才出现的，这些复合物在低等生物中并不存在。

1. PPI 是生物进化的基础 生物进化过程的本质是分子进化，蛋白质的进化在这一过程中起到了中心作用。进化中产生的蛋白质多样性，尤其是 PPI 的多样性，是形成生物复杂性的根本原因。

2. 进化产生复杂的 PPI PPI 的进化涉及五个层次：模体（motif）、模块（module）、蛋白质、蛋白质间和网络。蛋白质表达水平、蛋白质功能及其参与的生物学过程是影响蛋白质进化的主要因素，而蛋白质在相互作用网络中的位置和连接度也对蛋白质进化起到"调节作用"。在酵母、线虫和果蝇三个物种的 PPI 网络中，蛋白质中心性越高，其进化越慢，作为生存必需的蛋白质的可能性越高。

3. 结构域在蛋白质分子进化过程中具有中心作用 理论计算表明，仅依靠个别氨基酸的随

意选择，蛋白质的演变过程极其有限。蛋白质相互作用结构域在进化过程中的出现，加速了细胞进行复杂分子机器的装配能力。蛋白质相互作用结构域（见本章第二节）的重复使用在细胞功能的进化中发挥了重要作用，因为这些结构域的加入开创了细胞内蛋白质间新的联系，并在此基础上发展出更为精巧和复杂的分子机器。

六、蛋白质复合物构成生命活动网络

在后基因组时代，PPI 的重要性更加突出。在细胞活动过程中，PPI 调节着信号途径中各种信号的输入、反馈和交互。复制、转录、翻译、信号转导、蛋白质转运和蛋白质降解都与蛋白质复合物的形成有关。细胞内精确组装的蛋白质复合物呈现网络特点，保证了功能调节的选择性、调节性、多样性和复杂性，平衡了自身内环境稳定。PPI 网络也被称为相互作用物组（interactome）。

（一）蛋白质相互作用形成网络及枢纽分子

细胞内每个蛋白质都可以与多个其他蛋白质结合，交织构成 PPI 网络。网络中的各成分并非均衡连接（文末彩图 7-2）。大部分蛋白质分子（90%）的连接比较简单，为成对相互作用或与少数蛋白质有相互作用。然而有一些分子（10%）却可以同时与多种蛋白质发生相互作用，因而成为网络的节点，在复合物的形成和变化中起着核心作用。这些分子的作用类似于网络设备中的集线器（hub），是连接多个蛋白质的枢纽，因而被称为枢纽或节点蛋白质。它们往往是参与多种重要细胞活动的关键分子，如肌动蛋白调节分子和 WAVE/WASP 分子就是这样的中心分子，它们至少连接着 6 个其他分子。对这些枢纽分子的研究，往往会引发对各种生命活动机制的理论研究突破，无疑也会成为疾病诊断和治疗的关键标志和靶点。

PPI 领域的重要问题之一就是如何鉴定出这些枢纽分子。酵母、果蝇等生物的蛋白质数据库中已有比较丰富的 PPI 数据资源，利用生物信息学工具，可以从中分析出哪些分子是 PPI 网络中的枢纽分子。在那些 PPI 数据尚不充分的种属中，确定这些分子就比较困难。目前已有一些计算方法，可以依据蛋白质的结构信息预测出蛋白质的两两相互作用，但是对具有多个连接能力的枢纽蛋白质进行预测还面临着极大挑战。

（二）蛋白质复合物构成信号转导网络

细胞所有活动都离不开对内、外环境中各种信号的应答。PPI 是信号转导的基石，高度有序的蛋白质复合物的组装对于有效的信号转导则更为重要。细胞膜上的生长因子受体在结合配体后，酶的激活导致的蛋白质磷酸化就是通过启动多组分的信号转导复合物组装来传递信号；信号转导至核内时，又在染色质的基因启动子上进行转录复合物的组装完成细胞对信号的应答。

蛋白质间的相互作用以正或负反馈方式募集正向或负向调节因子，影响细胞信号途径的动力学。如果一种 PPI 取决于多位点磷酸化，就可以成就一类依赖于激酶活性的通路开关分子来应答外界反应。典型的例证是酵母的一种超敏感的细胞周期开关分子 SIC1（stoichiometric inhibitor of CDK1），它的多位点磷酸化严格调控着细胞周期从 G_1 期向 S 期的过渡。SIC1 对 S 期细胞周期蛋白依赖性激酶（cyclin dependent kinase，CDK）的活性具有抑制作用，所以在进入 S 期开始 DNA 复制时必须被清除。清除的方式是 SIC1 与泛素连接酶结合，并发生泛素化降解，而这种结合需要 G_1 期的 CDK 催化 SIC1 上的 6 个或更多的丝氨酸 / 苏氨酸位点发生磷酸化。

不同的信号分子组装成复合物还可以影响对外源刺激的反应动力学。骨骼肌中的 A 激酶锚定蛋白质（A-kinase anchor protein，AKAP）可同时结合 PKA 的 RII 调节亚单位和 4 型磷酸二酯酶（PDE4D3）的 N- 端。在未受刺激的细胞中，PDE4D3 的活性使得 cAMP 在局部保持在低浓度，维持着最低活性的 PKA。接受激素刺激，cAMP 浓度迅速提高，克服 PDE 的效应，激活 PKA。PKA 又可以使 PDE4D3 的第 13 和第 54 位丝氨酸磷酸化，诱导其活性增加数千倍，使 cAMP 浓度又迅

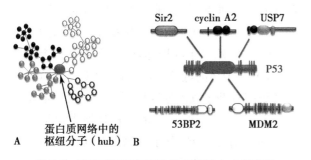

图 7-2　PPI 网络和枢纽分子的连接方式示意图

速下降。这种复杂的调控方式形成了 PKA 信号迅速活化又迅速消退的动力学特征。看似简单的 PPI 可以形成复杂的信号和细胞周期反应网络。

第二节　蛋白质相互作用的结构基础

PPI 在生命活动中的重要性已经毋庸置疑，对其结构基础的认识当然也成为分子生物学的重要研究领域。蛋白质在细胞内如何组装为各种分子机器和控制细胞生物行为的功能网络，需要对 PPI 的结构基础进行深入理解。

1975 年，Chothia C 等通过对胰岛素的 α 和 β 亚单位间、牛胰蛋白酶及其抑制剂间、马氧合血红蛋白亚单位间的晶体结构进行分析，首次揭示了 PPI 的物理和化学特性。此后，对 PPI 的研究逐步发展，从相互作用结构域到相互作用界面的特性，在宏观到微观层次都有了比较深刻的认识。特别是对蛋白质复合物的结构分析，已经从最初阐明 2 个蛋白质间的相互作用，到多至 75 个蛋白质所构成的复合物。其中包括那些完成基本生命活动的大分子复合物，如核糖体、转录复合物、剪接体等极复杂的蛋白质核酸复合物的结构解析。2004 年，大分子复合物的研究被列为年度十大科学进展之一。

迄今对于 PPI 结构基础的认识主要来自两个方面：一是通过对蛋白质复合物的晶体结构或液相结构解析，特别是批量解析蛋白质复合物的空间结构，直接认识 PPI 界面的结构特点；二是利用分子生物学方法鉴定 PPI 的结构需求，如体外基因突变确定结合所需要的重要肽段或重要氨基酸残基。

基因组序列分析的完成提供了众多细胞内蛋白质的信息，然而，目前对于 PPI 结构基础的理解仍然十分有限。因此，还不可能准确预测哪些蛋白质将在细胞内发生相互作用，如何发生相互作用。本节首先介绍目前对 PPI 界面化学特性的认识，然后重点讨论蛋白质相互作用结构域在 PPI 中的意义。

一、蛋白质相互作用界面具有特征化学结构

蛋白质之间的专一性结合需要分子识别（molecular recognition）。分子识别是通过蛋白质各自特定结构而实现的。分子间的识别需要两个条件：一是蛋白质结合部位之间的微区构象可镶嵌互补，形成一定的接触面，或经过构象变化达到这一目的；二是两个结合部位具有相应的化学基团，相互之间能产生足够的结合能力。

相互作用的蛋白质之间借由表面的氨基酸残基共同形成的接触面称为界面（interface），这一界面的形状并不规则，大小和形状上亦十分多样，既可以在低分子量蛋白质之间、低分子量蛋白质和高分子量蛋白质之间，也可以在高分子量蛋白质之间形成。无论何种情况，相互结合的蛋白质表面之间在形状和电荷上往往具有良好的互补性。根据不同标准 PPI 界面可以分为不同种类，如同聚物和异聚物相互作用界面，暂时和永久相互作用界面，相同结构域和不同结构域相互作用界面。PPI 界面特征表述应该包括其大小、结构特点、氨基酸残基构成以及化学性质等，这些物理化学特性是在长期进化中形成的，且在不同种类界面有所不同。

（一）蛋白质相互作用界面主要依靠非共价键维系

细胞中生物分子的相互作用方式灵活多样，同时又必须快速可逆。因此，介导生物大分子相互作用的化学键通常是相对较弱的非共价键，既足以保证正确的分子（或原子团）相互作用，又便于分子之间的快速解离。构成蛋白质的氨基酸残基有 20 种之多，它们各自具有不同的侧链基团，其中包含羧基、氨基、羟基、巯基、芳香族基团、含氮杂环等。这些侧链基团之间极易通过非共价键"牵手"，从而将两个蛋白质分子维系在一起。

1. **氢键**　氢键在 PPI 界面中十分重要。氢键强于范德瓦耳斯力，但弱于共价键和离子键，故其相互作用的稳定性弱于共价键和离子键。目前蛋白质数据库中得到的 PPI 界面的氢键数据是，异源二聚体中平均每个相互作用残基的氢键数（0.24 个）略多于同聚体（0.22 个）；就每个界面而言，异二聚体的氢键数（12）低于同二聚体（18）。这些数据有助于预测相互作用分子间的稳定性。

2. **范德瓦耳斯力**　范德瓦耳斯力包括三种较弱的作用力：极性分子或极性基团之间的定向效应、极性物质和非极性物质之间的诱导效应、

非极性分子或基团间的分散效应。虽然范德瓦耳斯力自身较弱,但是在蛋白质相互界面上,范德瓦耳斯力数量大且有加和,因此也是蛋白质间相互作用的一种不可忽视的作用力。

3. 疏水作用 疏水作用在蛋白质复合物形成的过程中发挥着重要作用,但并非像蛋白质折叠中那样强大。一般说来,PPI 界面的疏水性要强于蛋白质复合物的表面,但是仍弱于蛋白质内部。

4. 离子键 许多氨基酸在特定 pH 环境中发生解离而带上电荷,带正、负电荷的氨基酸之间可以通过离子键相互吸引而结合。在多数情况下,这些基团分布在球状蛋白质分子的表面,因此,盐桥在蛋白质间相互作用也是一种重要的作用力。

5. 共价键 少数蛋白质的相互作用也可能由共价键介导,如两种蛋白质通过半胱氨酸残基形成二硫键,从而牢固地结合在一起。

总之,多肽主链和侧链原子对相互作用界面均有影响,其中主链原子对界面的贡献约为 19%,特别是那些羰基氧基团的贡献达 11%,侧链的贡献在 80% 左右,非极性基团占 0.4%。此外,非蛋白质基团例如金属离子,对一些蛋白质复合物中的界面也具有重要的作用。

(二)蛋白质相互作用界面大小影响其稳定性

PPI 界面的大小指两个蛋白质间相互接触的面积,已广泛用于描述蛋白质复合物特性。具体表现为从蛋白质单体到二聚体形成过程中的可及表面面积(accessible surface area, ASA)的变化。大部分"结构域 - 结构域"相互作用界面的典型结构是由核心(core)疏水区和环绕周围的边缘(rim)极性区构成的斑(patch)。核心区和边缘区分别占界面包埋的表面面积的 75% 和 25%,核心区的疏水性较蛋白质分子内部强而较分子表面弱。Conte L 等曾分析了 75 个蛋白质复合物,其中 52 个的界面面积在(1 600±400)$Å^2$,为"经典"复合物界面,20 个界面面积较大,为 2 000~4 600$Å^2$,仅有 3 个蛋白质复合物的界面面积比标准小。亦有报道可逆异二聚体的界面面积范围为 700~8 500$Å^2$。一般小于 2 000$Å^2$ 的界面包含单一斑,而较大的界面则含有多个斑。"结构域 - 肽"相互作用界面中由于肽一般为包含 4~10 个氨基酸残基的线性短肽,其界面大小平均仅为

350$Å^2$。此外,永久性界面通常较大而暂时性界面则较小。

ASA 的大小以及蛋白质间结合的稳定程度均与界面所涉及的氨基酸残基数呈正相关,在某种程度上也与蛋白质复合物的作用相关。蛋白质间相互接触的残基数平均为 42~57 个。蛋白质复合物中两个异源蛋白间接触面所含的残基数在 18~162 个之间,同源蛋白质则在 15~308 个之间。细胞中功能动态调节性复合物中,相互作用界面残基数少于 50 的比例较大;而在较为稳定的结构性复合物中,大于 50 个残基的界面相对较多;超过 100 个残基的界面则主要存在于酶复合物中。

(三)蛋白质相互作用界面氨基酸残基具有倾向性

蛋白质间是否存在相互作用以及如何形成蛋白质复合物,都是由每种蛋白质的一级结构所决定的。换言之,组成每种蛋白质的氨基酸残基的物理化学特性决定着它在细胞内的相互作用伴侣。尽管在不同的复合物界面中氨基酸的组成不同,但仍具有一定倾向性,以亮氨酸最为常见。芳香族氨基酸位于蛋白质表面提示其极有可能参与构成结合界面,蛋白质表面的带电荷的氨基酸包括天冬氨酸、谷氨酸、赖氨酸、组氨酸也易于形成结合界面。

PPI 界面氨基酸残基可以是疏水、亲水或双亲性的,在不同种类的界面有所不同。譬如同聚体很少以单体的形式行使生物学功能,界面的核心疏水区常包埋在蛋白质复合物当中,界面疏水性氨基酸比例较高;而异聚体的蛋白质可以单独行使其功能,界面核心疏水区相对较小,界面的亲水性氨基酸比例较高。此外,永久性界面以非极性疏水性的残基为主,而暂时性界面以极性残基为主。

位于 PPI 界面上的氨基酸残基对结合能的贡献并不均等,这主要取决于少数特定氨基酸残基簇,称之为热点(hot spot),常位于界面核心区的近中心部位,最常见的热点氨基酸残基有色氨酸、精氨酸和酪氨酸,约占到 1/2,亮氨酸则很少见。依据氨基酸残基相互作用的自由能变化、蛋白质的结构和序列进化信息,可以对介导 PPI 的热点氨基酸残基进行预测。

（四）蛋白质相互作用界面的形成伴随构象变化

PPI 的两个分子在形成界面时，会在构象上发生一些改变，以充分互补；界面越大，相互作用伴侣各自的构象变化越大。一般有三种类型的结构改变：①多肽链从无序到有序的转变，在单个蛋白质中这些多肽链相对自由，而形成复合物后变得有序；②铰链区主链的移动形成不同的构象；③多亚基蛋白质在形成复合物过程中亚基的位移。第三种类型的结构改变是比较常见的类型。在很多情况下，这三种结构改变类型是结合在一起发生的，例如 CDK2 激酶和周期蛋白 A 形成复合物时不仅经历了结构域移动和铰链区移动，同时还发生了一个 α- 螺旋的旋转。此外，翻译后修饰、小分子等亦通过改变蛋白质的构象而促进或抑制 PPI 界面形成。

二、蛋白质相互作用结构域识别和募集结合伴侣

结构域是蛋白质中折叠较为紧密且具有一定功能的球状和纤维状的结构，以模块（module）方式构成具有多种不同功能的分子。结构域作为结构和功能单位，对于功能高度复杂的蛋白质的形成具有重要意义。蛋白质相互作用结构域（protein interaction domain）专指那些可以识别其他蛋白质中的特殊结构，从而介导两个蛋白质之间发生相互作用的结构域。在细胞内，蛋白质依

据相互作用结构域识别特定序列，募集相应结合伴侣，形成复杂的相互作用网络。

（一）蛋白质相互作用结构域概述

蛋白质相互作用结构域一般由 50～100 个氨基酸残基构成，通常独立折叠，在成熟蛋白质中的结合部位暴露于分子表面。目前已发现了近 50 种蛋白质相互作用结构域，如 SH2 域（Src homology 2 domain）、SH3 域（Src homology 3 domain）等。蛋白质相互作用结构域与其结合伴侣的亲和力在纳摩尔至微摩尔水平不等。蛋白质相互作用结构域可识别其结合蛋白质上的一个核心决定簇，并需要邻近氨基酸残基共同协助，实现选择性结合。

一种结构域可存在于多种不同类别的蛋白质中。例如，人类基因组内有 115 个 SH2 编码序列，意味着有上百种蛋白质中存在 SH2 域。这些蛋白质包括蛋白质激酶、蛋白质磷酸酶等多种细胞调节蛋白质（图 7-3），它们大部分含有一个 SH2 域，也有的含有两个以上的 SH2 域。这些蛋白质中 SH2 域的一级结构有着比较大的差异，但是其空间结构却十分类似，因此它们都能够识别和结合含磷酸化酪氨酸的特定模体。

蛋白质相互作用结构域的作用方式有两类：一类是"结构域 - 结构域"相互作用，复合物的两个蛋白质组分的结合发生在两个结构域之间；另一类是"结构域 - 肽段模体"相互作用，复合物中的一个蛋白质提供蛋白质相互作用结构域，另一蛋白质提供由 3～6 个氨基酸残基组成的模体作

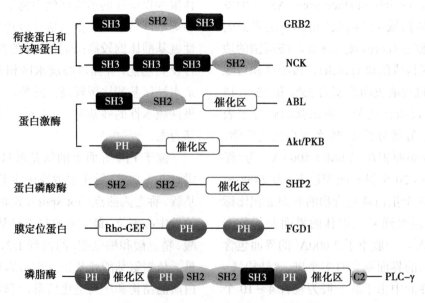

图 7-3 蛋白质相互作用结构域与分布

为被识别信号。

蛋白质相互作用结构域可以通过它们的共有氨基酸序列来鉴定和预测。人类基因组所包含和编码的蛋白质相互作用结构域有数百种，被细胞以多样的组织形式加以利用进行各种活动。利用有限的蛋白质相互作用结构域，细胞将无限多样的活动及其调控组成信号网络。

（二）主要的蛋白质相互作用结构域

蛋白质相互作用结构域介导着蛋白质间的结合，也可介导蛋白质与磷脂、小分子以及核酸等的结合（文末彩图7-4）。它们在结合过程中的组装能力，促进了各种细胞活动的进化。目前已知的结构域已有近50种，这里仅列举几个典型例子，对SH2域的讨论将稍微详细一些，体现出的规律性部分也有助于对其他蛋白质相互作用结构域的理解。

1. SH2域 SH2域为Src同源序列2结构域，因其在结构上与蛋白质Src中的一个结构域相似而得名。SH2域为约100个氨基酸残基的序列，存在于多种蛋白质激酶、衔接蛋白质、磷酸酶等调节分子中。

SH2域识别的位点是磷酸化酪氨酸及相邻的3～6个氨基酸残基，不同的相邻氨基酸组成可形成不同的SH2结合位点，与不同蛋白质分子的SH2域结合。含有SH2域的各种蛋白质都具有识别磷酸化酪氨酸的能力，这是由其共有的空间结构所决定的。然而由于一级结构不同，它们又可以辨别磷酸化酪氨酸邻近的氨基酸残基序列，从而形成专一性的识别能力。例如，SRC家族蛋白质激酶的SH2域识别YEEI模体；表皮生长因子受体EGFR和PI3K的p85亚基的SH2域识别YMXM模体；磷脂酶PLC-γ的SH2域识别YVIP模体；衔接蛋白质GRB2（growth factor receptor-binding protein 2）的SH2域识别YXNX模体。

除了经典的磷酸化肽段结合位点以外，有些SH2域还可以结合到SH3的界面上，并因此作为衔接蛋白质，连接酪氨酸磷酸化蛋白质和含SH3的蛋白质。例如，人的SAP蛋白只含有一个SH2域，可与激活性T细胞中SLAM受体的磷酸化酪氨酸模体结合，同时又可以结合蛋白质激酶Fyn

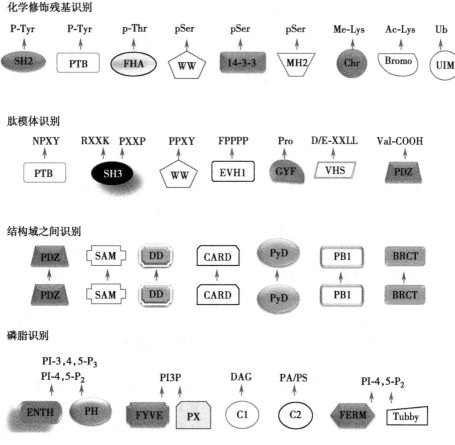

图7-4 蛋白质相互作用结构域识别的结构

的 SH3 域。介导这一结合的是位于 SH2 域的第78 位精氨酸周围的界面，其在结构上与识别磷酸化酪氨酸模体的部分是分开的。这种结合拉近了 Fyn 和 SLAM 的分子间距离，促进了 SLAM 分子的磷酸化，进而将含有 SH2 域的蛋白质募集到磷酸化的 SLAM 分子上，调节淋巴细胞对病毒感染的反应。

2. SH3 域　SH3 域由 50 个左右的氨基酸残基组成，常存在于各种蛋白质激酶和衔接蛋白质中。它可以与 SH2 域共存于一种蛋白质分子中，也可存在于不含 SH2 域的蛋白质中。一个蛋白质分子可含有一个或多个 SH3 域。SH3 识别和结合蛋白质分子中富含脯氨酸的序列（R/KXXPXXP 或 PXXPXR/K），其亲和力与脯氨酸残基及邻近氨基酸残基组成相关。同时含有 SH2 和 SH3 域的蛋白质常是连接蛋白质激酶和调节蛋白质的衔接蛋白质（见本章第三节），如 GRB2，它的 SH2 域可以与上游受体中的磷酸化酪氨酸结合，所含有的两个 SH3 域又可以与下游分子 SOS 结合，所形成的 GRB-SOS 复合物可使低分子量 G 蛋白 Ras 激活，从而将信号向下游转导。

3. PH 结构域　PH 结构域（pleckstrin homology domain）最初被发现在血小板蛋白 pleckstrin 中重复出现，而被命名为 pleckstrin 同源序列。PH 结构域是由 100～120 个氨基酸残基组成的功能性结构域，存在于多种细胞骨架蛋白质、蛋白质丝氨酸/苏氨酸激酶、蛋白质酪氨酸激酶、PLC 超家族等多种分子中。PH 结构域兼具结合磷脂类分子和蛋白质的双重能力。PH 结构域中带正电荷的分子表面与带负电荷的磷脂形成静电引力，借此与磷脂类分子 PIP_2、PIP_3 等结合，使配体蛋白质定位于膜质结构上，有利于酶活性的发挥。此外，PH 结构域也可以结合一些蛋白质分子，从而调节相结合的蛋白质的生物活性，例如 PKC 通过 PH 结构域与 G 蛋白的 βγ 亚单位结合并调节其活性。因此，PH 结构域是信号转导过程中的蛋白质与蛋白质、蛋白质与脂类相互作用的重要结构基础。

4. WW 结构域　WW 结构域（WW domain）是由 30～40 个氨基酸残基组成的三股反平行 β-片层结构域，因其结构内有两个高度保守的色氨酸（W）而得名，两个 W 间隔着 20～23 个氨基酸残基。WW 结构域识别富含脯氨酸序列 XPPXY（P 代表脯氨酸，Y 为酪氨酸，X 为任意氨基酸）的蛋白质分子。含有 WW 结构域的蛋白质参与非受体信号转导、转录和蛋白质降解等过程的调节。

5. PDZ 结构域　PDZ 结构域是由 80～100 个氨基酸残基组成的保守序列，包含 2 个 α- 螺旋和 6 个 β- 折叠。其名称来自于最初发现的存在该结构域的 3 种蛋白质（postsynaptic-density protein of 95kDa, discs large 和 zona occludens-1）的首字母。在真核生物，PDZ 结构域通常以串联重复拷贝存在于蛋白质中，是构成支架蛋白质（见本章第三节）的重要结构。PDZ 结构域在细胞质膜上的蛋白质聚集中发挥重要作用。

（三）蛋白质相互作用结构域可识别蛋白质的翻译后修饰

蛋白质的化学修饰通常是蛋白质相互作用结构域识别的位点，从而介导以蛋白质为核心的大分子复合物形成，控制蛋白质的构象、活性和亚细胞定位等。在信号转导过程中，信号分子的催化结构域和蛋白质相互作用结构域在细胞的动态控制中恰如手和手套的关系。

1. SH2 域识别含磷酸化酪氨酸模体　大部分 SH2 域具有严格的区分不同磷酸化位点的能力，一方面维持着磷酸化酪氨酸依赖性，同时其有限的结合表面还对邻近氨基酸序列具有选择性。在 X 染色体连锁遗传性淋巴细胞增生综合征，突变的 SAP 的 SH2 域的磷酸化肽识别区域扩大，使其可以识别位于酪氨酸之前的苏氨酸，导致其与 SLAM 受体的结合异常。

SH2 域不会与含有磷酸化丝氨酸/苏氨酸的蛋白质结合，这是因为 SH2 形成一个较深的口袋状结构，并通过位于口袋底部的精氨酸残基结合磷酸化酪氨酸，而丝氨酸/苏氨酸的侧链短于酪氨酸，不能深入口袋内与精氨酸结合。

2. FHA 结构域和 MH2 结构域识别含磷酸化丝氨酸/苏氨酸模体　FHA（fork-head associated）结构域和 Smad 分子中 MH2 结构域都可以识别磷酸化苏氨酸以及其后第三位氨基酸残基。如酵母的 DNA 损伤修复相关蛋白质激酶 Rad53 的 N- 端 FHA 结构域倾向识别 pTXXD 模体，而人的蛋白质激酶 ChK2 的 FHA 结构域则识别和结合 pTXXI 模体序列。

3. 布罗莫结构域识别组蛋白中的乙酰化赖氨酸 组蛋白的乙酰化和甲基化直接影响染色质的结构,参与基因表达的表观遗传调控。布罗莫结构域存在于那些可以诱导染色质活化的蛋白质中,如组蛋白乙酰基转移酶(histone acetyltransferase,HAT)。布罗莫结构域形成一个疏水腔,含乙酰化赖氨酸的肽段模体借助赖氨酸侧链伸展入腔内与其结合,乙酰化赖氨酸的 N- 端和 C- 端的残基也参与布罗莫结构域的结合。

4. 克罗莫结构域(chromodomain)识别组蛋白中的甲基化赖氨酸 异染色质蛋白质(heterochromatin protein 1,HP1)中的克罗莫结构域识别组蛋白中的甲基化赖氨酸模体,引导其结合于第 9 位赖氨酸发生了二甲基化或三甲基化的 H3 组蛋白上,诱导染色质的构象变化,参与调控基因沉默和活化。

蛋白质相互作用结构域不仅在真核生物的细胞组织和功能调节中具有重要作用,在原核生物也是如此。例如 FHA 结构域在细菌中普遍存在,尽管这些结构域相对简单,但有证据表明,它们在细菌的适应性、组装大分子复合物的能力以及进化出更为复杂的其他功能的潜力方面发挥着重要作用。细胞内调节蛋白质中的结构域在细胞的活动专一性和复杂性进化中具有重要意义,蛋白质相互作用结构域的使用赋予了细胞更多的新特性。

(四)蛋白质相互作用结构域在功能上具有灵活性

1. 一种结构域能够同时或序贯结合于数种不同的配体蛋白 例如,R-Smad 分子 N- 端是 DNA 结合结构域 MH1,C- 端是可结合多种配体的 MH2 结构域,可以结合诸如含有磷酸化丝氨酸模体的多种蛋白质,如与 TGF-β 受体相结合的支架蛋白质 SARA 等。接受 TGF-β 信号时,活化受体上富含甘氨酸和丝氨酸的近膜区可被 R-Smad 的 MH2 结构域识别,R-Smad C- 端的 Ser-X-Ser 模体被磷酸化,使得 R-Smad 从受体上解离,并与其他 Smad 分子中的 MH2 相互作用形成 Smad 复合物而进入细胞核。在核内,Smad MH2 又与转录因子相互结合,促进或抑制靶基因的表达。在这一过程中,Smad MH2 应用大量的相互作用界面募集多种不同的结合伴侣。

2. 同一相互作用结构域可能结合结构上不同的蛋白质 例如,SH3 域通常结合 PXXP(脯 XX 脯)核心模体,但是有些 SH3 域的亚类,如 T 细胞中的衔接蛋白质 GAD 羧基端的 SH3 使用同样的结构,却结合 RXXK(精 XX 赖)模体。其他一些蛋白质相互作用结构域,如 PH、PTB 等亦存在这种一物多用的功能。如 Ran GTP 酶结合蛋白质 RanBP2,可利用不同的结合表面分别结合肽、磷酸化肽和磷脂。PH 结构域也属于这种可塑性很强的结构,可以作为多种不同性质分子结合的支架,在进化过程中被选择出来。

3. 相互作用结构域不能解释所有的 PPI 蛋白质相互作用结构域是蛋白质复合物组装的主要结构单元,但是不能代表所有形式的蛋白质间的识别和结合。例如,作为一类膜受体的整合素家族有一种类型独特的金属离子介导的 PPI,金属离子(Mg^{2+} 或 Ca^{2+})在整合素和其配体胶原间形成桥梁。两者的结合具有严格的金属依赖性,而且任何一个有金属结合的氨基酸发生突变都将破坏它们的结合。

(五)重复模体有助于多蛋白质复合物组装

一个蛋白质分子上的重复模体(可多达 50 个)可以组合形成更大的界面组装多蛋白质复合物。典型的例子是联蛋白 β-catenin 的 12 个 Arm 重复模体介导组装的多蛋白质复合物。

Wnt 信号途径中的 β-catenin 是另一个由重复螺旋构成的多界面复合物的典范,在质膜向细胞核传递信号的过程中具有重要作用。在 β-catenin 的中心区域,12 个 Arm 重复模体形成一个带有较多正电荷的超螺旋槽,这个超螺旋槽可以与多种蛋白质相结合。在细胞质中,与 E-cadherin 的尾部结合参与细胞间黏附;在核中与 APC(adenomatous polyposis coli)和 TCF 结合,ICAT(inhibitor of β-catenin and TCF)还可以与 TCF 竞争性结合 β-catenin。这些结合伴侣都有相关的核心模体,识别和结合上述超螺旋槽,而旁侧结构则与 Arm 结构域相接触。

(六)蛋白质相互作用结构域参与组装模块化信号网络

蛋白质相互作用结构域介导细胞膜表面受体与胞内信号转导分子的结合,在细胞质或细胞核内形成各种信号转导复合物,组装为信号转导网络。受体酪氨酸激酶（receptor tyrosine kinase，RTK）和受体丝氨酸 / 苏氨酸激酶（receptor serine/threonine kinase，RSK）在结合配体时，构象变化激活催化结构域，受体的磷酸化使其与胞内信号转导分子相结合而完成信号传递。RTK 募集含 SH2 域的信号分子，而 RSK 募集含有 MH2 结构域的分子。其他不具有激酶催化活性的受体也同样可以利用相互作用结构域募集胞质中的信号分子。例如，肿瘤坏死因子受体（tumor necrosis factor receptor，TNFR）家族成员 Fas 和 TNFR-1 等，在分子的胞质部分都有死亡结构域（death domain），与其他衔接蛋白质或支架蛋白质相结合而传递信号。

不同的相互作用结构域在细胞内的联合序贯使用，是形成信号转导通路和网络的主要结构和功能基础。生物体产生复杂性的方式之一就是蛋白质在细胞的不同部位和不同环节与不同的其他蛋白质合作并重复使用这些相互作用结构域。神经突触对神经递质的反应需要形成以含 PDZ 结构域的蛋白质为核心组织者的超级复合物，保证神经递质受体在细胞内的转运和定位，控制着神经递质信号在细胞内的传递。例如，含 PZD 结构域的 PSD-95 蛋白就可以作为突触区域的连接分子，与离子通道受体、胞内信号分子以及其他锚定蛋白质等结合在一起。PSD-95 基因的变异可影响小鼠的突触功能和空间学习记忆能力。

三、衔接蛋白质和支架蛋白质介导蛋白质复合物形成

蛋白质相互作用结构域对结合伴侣的识别和结合是细胞内蛋白质复合物形成中的重要机制，但是蛋白质间的两两结合能力并不能解释多个蛋白质如何在细胞内组装。细胞内存在的一些由多个蛋白质相互作用结构域构成的蛋白质，为多蛋白复合物的形成提供了结构基础。这些蛋白质包括衔接蛋白质（adaptor protein）和支架蛋白质（scaffold protein）。

（一）衔接蛋白质是蛋白质复合物中的接头

衔接蛋白质亦称接头蛋白质，可作为两种或更多的蛋白质分子之间相互作用的中介分子，选择性募集其他配体蛋白质，在蛋白质复合物形成中起到"胶水"的作用。蛋白质相互作用结构域是衔接蛋白质的主要结构。例如，生长因子受体结合蛋白 GRB2 由 3 个蛋白质相互作用结构域按照 SH3-SH2-SH3 的顺序串联排列构成；NCK（noncatalytic region of tyrosine kinase）由 4 个蛋白质相互作用结构域按照 SH3-SH3-SH3-SH2 顺序串联排列。在细胞应答生长因子、白细胞介素等外源信号时，受体活化募集衔接蛋白质，再通过衔接蛋白质募集其他信号转导分子和效应分子（PI3K，PLC-γ 等），形成信号转导蛋白质复合物。例如，GRB2 可连接 RTK 和 Ras-SOS 分子，继而激活 MAPK 通路。

衔接蛋白质还参与组织产生信号分子网络，例如 GRB2 通过其羧基端的 SH3 域结合锚定蛋白 GAB1，GAB1 继之发生酪氨酸磷酸化，再连接胞质中的其他含 SH2 域的蛋白质，如 PI3K 的 p85 亚单位，从而启动细胞内依赖于这一含有磷酸化酪氨酸模体相互作用而引发的细胞存活和增殖信号。

（二）支架蛋白质是蛋白质复合物的骨架

信号转导网络中另一种重要的分子是支架蛋白质，也是含有多个蛋白质相互作用结构域的分子，负责多蛋白质复合物分子的组装。例如 MAPK 途径中的支架分子 JIP-1（JNK-interacting protein 1）含有多个 PDZ 结构域，可以同时与 MAPK 途径中三个核心酶的 C- 端相结合。

支架蛋白质在蛋白质复合物中的可能功能是：①作为蛋白质复合物的组织者，将一套功能关联的蛋白质特异性组装在一起，提高局部浓度，形成高效分子机器；②负责蛋白质复合物中的蛋白质间的专一连接，减少不同信号途径间的相互干扰；③对与之结合的蛋白质的构象产生影响，影响它们的活性，提高或减弱信号分子的作用。这些功能有的已经得到实验证实，有的还属于推测。

使用支架蛋白质组装蛋白质复合物是一个在进化上相对保守的策略。酵母的 MAPK 信号途径参与对外激素或信息素、渗透压变化和纤维形成等信号的应答，不同的信号利用不同的支架蛋白质来组织信号途径。在哺乳动物细胞中，存在着数种不同的参加 MAPK 通路组织的支架蛋白质，如 Ras 激酶抑制因子（kinase suppressor of Ras，KSR）与标准的 MAPK 级联反应通路成员 Raf、MEKK、ERK 结合；生长因子受体结合蛋

白 10（growth factor receptor-binding protein 10，GRB10）与受体、Raf、MEK 结合；MEK 伴侣分子 1（MEK partner 1，MP1）结合 ERK1、MEK 等。

目前对于支架蛋白质的生物化学的理解还十分有限，需要深入探讨的问题很多。例如，细胞内存在哪些支架蛋白质，它们的作用有哪些共性和特性，支架蛋白质是否具有共同的遗传特性，支架蛋白质是加速还是削弱它所构建的信号途径，支架蛋白质组装的蛋白质复合物稳定性如何，是否易受其各种成分浓度的影响？这些问题的回答对于理解蛋白质相互作用在细胞活动中的意义和机制都具有重要价值。

第三节 蛋白质相互作用的研究策略

细胞内外大分子复合物的种类、数量、形成机制及其动态调节是目前生物学研究的重要主题，PPI 研究在生命科学中的主要意义在于：①阐明大部分蛋白质复合物的功能及其连接特点，是认识生物学网络自然属性的基础；②如果已知一种蛋白质的功能，找到它的相互结合配体，在理论上就可以预测出这一配体的功能；③任何蛋白质都可以参加多种蛋白质复合物的构成，从其参与构成的复合物的其他成分可以推测它所执行的功能；④细胞各项功能之间的联系依赖 PPI，不同的蛋白质复合物间的联系有助于认识细胞功能网络；⑤新的蛋白质复合物以及其中功能未知蛋白质的功能，可以依据其中已知蛋白质成分的多数已知功能原则予以预测。

高效有序的细胞活动离不开蛋白质的相互作用及其构成的大分子复合物网络，而异常的 PPI 通过改变正常的信号途径而导致疾病的发生和发展，因此揭示这些异常 PPI 是发现和理解发病分子机制的重要切入点，干预这些异常相互作用将为疾病治疗和机体稳态的恢复带来新的策略，可见 PPI 研究对于医学更具有极其重要的意义。

PPI 的研究内容主要包括：①哪些蛋白质间存在相互作用，相互作用的结构基础和功能意义是什么；②主要的大分子复合物由哪些蛋白质构成，复合物中的关键节点分子是什么，复合物的功能及其形成的动态调节机制是什么；③大分子复合物之间如何形成网络，如何调节。基于此，PPI 的研究主要集中在两个方面：一是系统筛选细胞在特定条件下所存在的 PPI，确定蛋白质复合物的种类、成分和调节方式；二是解析蛋白质复合物的空间结构，理解结构与功能的关系。PPI 的具体研究方法和技术很多且各具特点（表 7-1），此处仅重点介绍 PPI 研究策略和常用技术的基本概念与用途，详细的实验原理和操作可参考本系列教材《医学分子生物学实验技术》一书。

一、蛋白质复合物空间结构的解析方法

目前主要有三种技术用于生物大分子的空间结构解析，即 X 射线晶体衍射（X-ray crystallography）、核磁共振波谱（nuclear magnetic resonance spectroscopy，NMR）和冷冻电子显微三维重构技术（3D reconstruction technology of the cryo-electron microscopy），简称冷冻电镜技术。

表 7-1 PPI 研究方法的类别和比较

名称	原理	通量	特异性	敏感性	样品量	优势	局限性
定性检测方法							
亲和纯化	基于亲和层析分离蛋白质复合物	低	低	低	小	费用低，无须标记，可联用质谱	背景高，弱相互作用需大量诱饵蛋白质
免疫共沉淀	基于抗原-抗体特异结合富集蛋白质复合物	低	低	低	小	同上	同上
酵母双杂交	分别融合在两个蛋白质上的转录因子结构域因相互作用靠近时形成有功能的转录因子而激活报告基因	高	很低	中	小	高通量	假阳性和阴性率高
蛋白质阵列	相互作用蛋白质间物理结合	高	低	中	小	高通量，复用性	蛋白质固相化可能会影响其活性，需设备

续表

名称	原理	通量	特异性	敏感性	样品量	优势	局限性
细胞内检测方法							
荧光共振能量转移	两个带有荧光标记的蛋白质因相互作用靠近时发生荧光共振能量转移导致荧光信号改变	低	高	中	—	可定位,可实现单分子实时动态观测	自发荧光可能导致高背景,检测范围受限
生物分子荧光互补	分别融合在两个蛋白质上的荧光蛋白质 N- 端和 C- 端因相互作用靠近时形成有活性的荧光蛋白质	低	中	高	—	可定位,低背景,无需昂贵设备	荧光稳定性弱,不能监测动态变化
邻近连接实验	两个偶联寡核苷酸的蛋白质结合物因靶蛋白质相互作用而邻近时,可被第 3 条互补的寡核苷酸结合而掺入荧光染料	低	高	低	小	可在组织切片原位定位检测	不具有复用性,非直接结合信息
无须标记的定量分析技术							
等温滴定热分析法	蛋白质结合与解离伴随热吸收与释放	低	低/高	高	大	可获取准确的相互作用动态数值和化学计量	耗时,需高度纯化的蛋白质和昂贵设备
反向散射干涉法	PPI 改变蛋白质折光率	低	中	高	小	无须表面结合优化	需特殊设备
圆二色谱法	PPI 改变蛋白质构象和圆二色谱	低	高	中	中	快速,可检测动力学特征	劳动密集,设备昂贵,对结构的分辨率低
表面等离子共振法	PPI 导致固定于金属表面的蛋白质折光率变化	低	高	中	中	可实时动态检测,无须纯化样品,可联合质谱	设备昂贵,需专业的数据分析,不适用于低分子量蛋白质
核磁共振波谱法	PPI 改变蛋白质构象和核磁共振波谱	低	高	低	大	检测的动态范围广,适用于小分子可溶性蛋白质	设备昂贵,需专业的数据分析,劳动密集,需标记的内对照蛋白质
基于荧光标记的定量分析技术							
微型热泳法	PPI 改变标记蛋白质的构象和热泳效应	低	低	高	小	检测自然相互作用和亲和力,无须纯化蛋白质	背景高,对蛋白质分子大小、电荷等的变化高度敏感
荧光偏振法	PPI 改变标记蛋白质的荧光偏振发射	中	高	中	中	实时检测,动态范围广,空间分辨率高	设备昂贵,荧光稳定性弱,信号易受分子大小与形状影响
质谱技术							
质谱分析法	PPI 以及翻译后修饰改变蛋白质的荷质比	高	—	高	小	可与多种方法联用,定量分析 PPI	设备昂贵,需专业的数据分析

注:"—"表示"未明"。

1. **蛋白质结晶技术** 是一种在原子水平研究蛋白质复合物的主要手段,在方法学上已趋于成熟。这一技术的限制主要在于蛋白质的纯化和晶体生长。DNA 重组技术、蛋白质表达与晶体筛选技术的发展,使得大规模克隆基因、快速纯化蛋白质和高通量自动化筛选蛋白质晶体成为可能。然而获得多分子构成的生物大分子复合物有相当难度,尤其是膜蛋白复合物更为困难。目前能够解析的主要是那些在细胞内含量较高的复合物结构,如转录复合物等。

2. **核磁共振波谱** 是一种研究物质结构的分析手段，与晶体学方法相比，核磁共振技术能够在更加接近生理环境（溶液状态、pH 值、盐浓度和温度等）的状态下对蛋白质三维结构进行研究，特别是对于研究部分折叠的、不能结晶的蛋白质具有优势。而且，核磁共振技术能够提供有关蛋白质折叠、动力学特征、多构象态以及与配基相互作用等方面的有用信息。传统上核磁共振技术限用于 30kDa 以下的蛋白质，但近年来在方法学上的进步使得 NMR 也能够用于研究较大复合物，特别是膜蛋白质复合物。

3. **冷冻电镜技术** 又称为低温电镜技术，是在低温下采用透射电镜观察样品的显微技术，能够解析任意不规则生物大分子复合物的高分辨率三维结构，尤其对传统 X 射线晶体衍射无法解析的大型复合物及膜蛋白质更显优势。其特点是生物样品无需结晶、保持了近生理状态，且样品适用范围广泛。随着电镜技术与计算机图像处理软件技术的快速发展，冷冻电镜的分辨率已达到了原子水平，成为生物大分子结构分析的主要方法之一。2015 年，中国科学家采用冷冻电镜对剪接体（spliceosome）三维结构的解析曾被列为年度十大科学新闻之一。冷冻电镜技术的开创者被授予了 2017 年诺贝尔化学奖。

二、细胞蛋白质相互作用物组的高通量研究

目前主要有三种用于全基因组 / 蛋白质组规模高通量研究 PPI 的方法，包括高通量酵母双杂交方法（high-throughput yeast two-hybrid，HT-Y2H），基于质谱法（mass spectrometry，MS）的鉴定方法和蛋白质阵列（protein array）技术。

1. **酵母双杂交** 以酿酒酵母为实验宿主，基于对真核生物调控转录起始过程的认识和报告基因技术的发展而建立，是目前 PPI 分析尤其是筛选未知 PPI 的最有力工具。酵母的遗传能力及易操作性使其可以低成本、高通量地评估大量的蛋白质相互作用。高通量酵母双杂交方法是大规模研究 PPI，即研究蛋白质相互作用物组的主要方法之一。酵母双杂交技术既可以用于筛选和鉴定未知的蛋白质间的两两相互作用，也可以用于证明已知的蛋白质间的两两相互作用。

2. **质谱技术** 质谱技术在过去 20 年取得了飞速发展，已广泛用于蛋白质复合物成分的鉴定和定量分析，成为了蛋白组学研究的金标准技术。质谱法与其他技术联用的 PPI 研究策略可用于蛋白质复合物的大规模筛选。

以抗体或标签蛋白质为标志的亲和纯化与质谱联用（affinity purification and mass spectrometry，AP-MS）使用得最早也最为常见。用数个诱饵分子共同进行的串联亲和纯化法（tandem affinity purification，TAP）可以进一步降低背景，提高特异性。化学交联结合质谱技术（chemical cross-linking coupled with mass spectrometry，CXMS），简称交联质谱技术，通过化学交联剂能够将空间距离足够接近、可与交联剂反应的两个氨基酸以共价键连接起来，之后利用基于质谱技术的蛋白质组学手段分析交联产物，可用于高通量蛋白质的结构和相互作用分析，尤其对于结合力弱的瞬时蛋白质复合物具有明显优势，且具有快速、低成本、对蛋白质性状要求低等优势。此外，质谱技术还可以与表面等离子共振、稳定同位素标记技术等联用。

3. **蛋白质阵列** 通过将蛋白质或多肽固定于固相化支持介质表面，可用于规模化分析样品成分蛋白质和目的蛋白质之间的相互作用，具有高通量、高信噪比的特点。

三、蛋白质相互作用的常用鉴定方法

在 PPI 研究中，在体内和体外确定相互作用的存在是非常重要的。目前的方法主要有以下几种。

1. **标签融合蛋白质结合实验** 这是基于亲和层析原理分析蛋白质体外直接相互作用的方法。利用一种带有特定蛋白质序列标签（tag）的纯化融合蛋白质作为钓饵，在体外与待检测的纯化蛋白质温育，然后用可结合蛋白质标签的琼脂糖珠将融合蛋白质沉淀回收，洗脱液经电泳分离并染色。如果两种蛋白质有直接的结合，待检测蛋白质将与融合蛋白质同时被琼脂糖珠沉淀（pull-down），在电泳胶中见到相应条带。

2. **免疫共沉淀** 免疫共沉淀（co-immunoprecipitation，CoIP）以抗体和抗原之间的特异性结合为基础，将目的蛋白质以及生理条件下与其发生相互作用的蛋白质复合物沉淀出来，用于测定

PPI。该方法所研究的蛋白质是在体内经过翻译后修饰，分离得到的是天然状态的相互作用蛋白质复合物，因此是确定两种蛋白质在完整细胞内生理性相互作用的有效方法。

3. 细胞免疫荧光染色共定位 这是将免疫学、细胞生物学以及显微技术结合起来的一项技术。利用不同荧光基团标记的抗体与细胞内相应蛋白质结合，借助激光共聚焦显微镜获取荧光图像，可以显示目的蛋白质在细胞内的定位信息，从而为研究细胞内蛋白质间的相互作用提供证据，并能为蛋白质间的功能研究提供一定的线索。随着显微镜和计算机技术的发展，可更加简便快速地对荧光标记蛋白质共定位加以统计分析，从而对 PPI 进行检测和定量。基于荧光共定位的新技术如双颗粒共示踪（dual-particle co-tracking）、3D 共定位、3D 双颗粒示踪等，显著提高了图像分辨率和时空定位精度，可实现细胞内单分子水平的定位和示踪。

4. 荧光或生物发光共振能量转移 荧光共振能量转移（fluorescence resonance energy transfer，FRET）借助分析两个带有荧光标记的蛋白质在细胞内结合时发生的荧光信号变化，可以确定蛋白质在活细胞内是否存在直接相互作用。生物发光共振能量转移（bioluminescence resonance energy transfer，BRET）与 FERT 的区别在于两个蛋白质分别标记上荧光素酶和底物，发生相互作用时酶促反应介导产生荧光信号。免疫共沉淀等传统的研究方法需要破碎细胞，只能反映细胞群体的静态事件，而 FRET/BRET 技术克服了这一缺陷，具有高的时空分辨率，可实现单个活细胞 PPI 在体实时动态的连续观测。新改进的 FRET 技术有单分子 FRET（single-molecule FRET，smFERT，smFRET）、FRET-荧光存留时间成像显微镜（FRET-fluorescence lifetime imaging microscopy，FRET-FLIM），均可明显提高 FRET 的时间和空间分辨率及整体成像性能；序贯 BRET-FRET（sequential BRET-FRET，SRET）可分析活细胞内三个分子之间的物理结合，是复杂 PPI 的强有力分析工具。

5. 表面等离子共振 表面等离子共振（surface plasmon resonance，SPR）技术是通过监测相互作用分子表面折光系数的变化来检测和定量分子间的结合反应。该技术在研究蛋白质与蛋白质、蛋白质与小分子、蛋白质与脂类以及蛋白质与核酸间相互作用的动力学数据方面有着广泛的应用，并且可以与质谱联用。

四、蛋白质相互作用数据库及预测

随着分子生物学的发展，人们对基因组序列、蛋白质序列、蛋白质结构特别是蛋白质相互作用结构域有了更为深入的了解，建立了各种蛋白质相互作用数据库，也使得基于这些数据和计算机算法预测蛋白质的相互作用成为可能。

1. 蛋白质相互作用数据库 随着高通量检测 PPI 技术的发展与费用下降以及计算机网络的成熟，建立了大量的蛋白质相互作用数据库。目前常用的蛋白质相互作用数据库包括 3 类。第一类是综合蛋白质相互作用数据库，主要是通过收集实验证实的蛋白质相互作用资料而建立的，代表性的有 BioGRID、DIP、IntAct、MINT。第二类是特定物种、疾病、或特定相互作用类型的专门数据库，例如 HPRD 是人的蛋白质相互作用库，兼有蛋白质翻译后修饰、结构域结构、蛋白质定位、表达等信息，InnateDB 是关于固有免疫相关的蛋白质相互作用数据库。第三类为生物信号途径数据库，主要有 Reactome、KEGG。

2. 蛋白质相互作用预测 蛋白质相互作用数据库尽管很实用但远不能穷尽，并且随着蛋白质组层面规模化分析相互作用的发展趋势，PPI 的预测也逐渐成为了蛋白质相互作用研究中的有力工具。PPI 的预测主要基于蛋白质数据库中已知的结构数据，尤其是对 PPI 结构域的结构和识别序列等信息，通过相应算法，预测蛋白质间是否存在相互作用。例如"蛋白质对接（protein-docking）技术"主要基于蛋白质三维结构；基因融合法（gene fusion）预测两个独立蛋白质之间极有可能相互作用是源于其同源物属于同一个基因。蛋白质相互作用的预测还可以基于基因组信息的系统发育谱（phylogenetic profile）、基因邻接（gene neighborhood）、进化同源关系的镜像树（mirror tree）、关联突变（correlated mutant）等其他方法。由于 PPI 受多种因素影响，综合 PPI 的各种特征，用不同的方法同时进行预测能有效提高预测可信度。目前估计人蛋白质组中约有超过 650 000 相互作用。

基于上述生物学背景知识、假设和模型，综合数学、统计学、信息学、化学等学科的理论和方法，目前的数据库不仅提供已知的蛋白质相互作用信息，还可以推测新的相互作用是否存在，亦建立了相应的预测蛋白质相互作用数据库，主要有 BIND、I2D（Interlogous Interaction Database）、STING、PIPs 等。但对于预测获得的 PPI 是否为真正的"生物学"的蛋白质相互作用，需审慎评估和实验验证。同时，有必要开发更加有效的实验工具和生物信息学手段，以建立准确度和可信度更高的蛋白质相互作用物组。总之，蛋白质相互作用数据库已被广泛应用于数据分析、数据阐释和假设验证。随着"人工智能"等高效的数学与统计学分析及数据挖掘方法的日益成熟与广泛应用，将极大推动蛋白质相互作用乃至生命科学的研究。

五、蛋白质相互作用研究的趋势

如前所述，生物体的 PPI 具有网络特征。许多蛋白质参与了不止一个复合物的构成，单纯的蛋白质间两两相互作用研究远不能适应这种复杂的相互作用系统。只有大规模高通量的 PPI 研究才可能解析整个 PPI 网络结构和功能，才能在相互作用物组层次研究一个生物所有蛋白质在各个时空的相互作用。1999 年哺乳动物细胞周期控制的相互作用蛋白质图的绘制，2000 年酵母的 1 548 种 PPI 的鉴定，2011 年果蝇约 5 000 种蛋白质之间的精确连接及多样联系的解析，2012 年人的 13 993 种相互作用蛋白质的发现和 622 种蛋白质复合物与疾病关联都是利用各种高通量筛选技术进行的规模化研究的重要进展。可见系统整合是全面认识蛋白质复合物的保证。

理论研究深入到一定程度后，技术往往会成为继续发展的"瓶颈"。目前，技术创新是 PPI 研究领域取得突破的前提，这也是目前 PPI 的论文中技术方法研究占了相当大比重的原因。PPI 研究主要面临两方面的挑战，一是相互作用网络的复杂和多样，二是相互作用的实时动态变化难以监测。迄今尚无理想的技术可以实时反映生物体内瞬息万变的 PPI 网络的真实状态。蛋白质相互作用物组的复杂多样，再加上随环境变化而呈现的动态性，蛋白质相互作用物组研究的困难是难以想象的。以突触前末梢约含有 1 000 种蛋白质计算，要完全理解其中所有蛋白质间相互作用可能需要 2000 年；考虑到仅仅小鼠的视觉皮层就有 200 万个神经元，小鼠整体的蛋白质相互作用物组的规模无疑是天文数字，要从根本上理解蛋白质相互作用仍亟待技术创新。

（李 霞）

参 考 文 献

[1] Kangueane P. Protein-Protein Interaction. 2nd ed. New York: Nova Science Publishers, 2015.

[2] Ellis RJ. Macromolecular crowding: obvious but under-appreciated. Trends Biochem Sci, 2001, 26(10): 597-604.

[3] Jones S, Thornton JM. Principles of protein-protein interactions. Proc Natl Acad Sci USA, 1996, 93: 13-20.

[4] Pawson T, Nash P. Assembly of cell regulatory systems through protein interaction domains. Science, 2003, 300(5618): 445-452.

[5] Robinson CV, Sali A, Baumeister W. The molecular sociology of the cell. Nature, 2007, 450(7172): 973-982.

[6] Good MC, Zalatan JG, Lim WA. Scaffold proteins: hubs for controlling the flow of cellular information. Science, 2011, 332(6030): 680-686.

[7] Marsh JA, Hermández H, Hall Z, et al. Protein complexes are under evolutionary selection to assemble via ordered pathways. Cell, 2013, 153(2): 461-470.

[8] Hakes L, Pinney JW, Robertson DL, et al. Protein-protein interaction networks and biology—what's the connection? Nat Biotechnol, 2008, 26(1): 69-72.

[9] Syafrizayanti, Betzen C, Hoheisel JD, et al. Methods for analyzing and quantifying protein-protein interaction. Expert Review of Proteomics, 2014, 11(1): 107-120.

[10] Smits A H, Vermeulen M. Characterizing protein-protein interactions using mass spectrometry: challenges and opportunities. Trends in biotechnology, Trends Biotechnol, 2016, 34(10): 825-834.

第八章　糖蛋白和蛋白聚糖的结构与功能

蛋白质分子通常由氨基酸肽链构成，称为单纯蛋白。有些蛋白质除了氨基酸肽链成分以外，还有其他非氨基酸成分，例如糖类、脂类、金属离子或其他基团，则称为结合蛋白。结合蛋白的种类繁多，比如氨基酸肽链与脂类组成脂蛋白；与寡糖或者多糖组成糖蛋白或蛋白聚糖；与核苷酸组成核蛋白；与金属离子组成金属蛋白，如铁蛋白、铜蛋白、锌蛋白等。许多结合蛋白的构成可以通过肽链中的氨基酸与非氨基酸成分以共价键相连，属于蛋白质翻译后修饰，形成牢固的复合物。金属蛋白则常常是通过离子键相结合，有些结合蛋白也通过离子键相结合，如血红蛋白和肌红蛋白，这种结合也比较牢固。脂蛋白则常常通过疏水作用使肽链与脂类相结合，这种结合比较松散，如血浆载脂蛋白结合多种脂质，在血循环运送过程中可以不断地释放或者加入脂类，是动态过程。蛋白质与 DNA 等核酸的结合很多属于非共价结合，有利于动态结合和分离调节。

与单纯蛋白比较，结合蛋白的结构与功能更具多样性，因此极大地丰富了蛋白质的结构和功能。例如，蛋白质的磷酸化和乙酰化修饰能够非常有效地改变蛋白质的功能状态，使得某些重要蛋白质如蛋白激酶从非活性状态变成活性状态，或者从活性状态转换成非活性状态。肽链的糖基化修饰主要影响蛋白质的稳定性和蛋白质分子间的相互作用，改变蛋白质的识别和结合能力，从而改变蛋白质分子间的相互作用。本章主要讨论糖蛋白和蛋白聚糖，其他类别的结合蛋白分别见蛋白质的化学修饰以及基因表达调控相关章节。

第一节　糖蛋白的结构与功能

蛋白质与寡糖化合物结合形成糖蛋白（glycoprotein）。糖蛋白分子中的含糖量因蛋白质不同而各异，有的蛋白含糖量不到 5%，有的可达 20%，一般糖链的质量不会超过肽链的质量。糖蛋白分子是由氨基酸肽链与糖链共价结合形成，蛋白聚糖（proteoglycan）也是肽链和聚糖通过共价结合形成的，不过聚糖作为分子中主要的成分，聚糖质量一般可以超过肽链的质量，甚至可达更高的比例。蛋白聚糖中的聚糖常含有重复的结构单元，其结构、组成、种类和生成方面与糖蛋白分子中的寡糖都存在显著差异。糖蛋白与蛋白聚糖都属于复合糖，体内的复合糖还包括糖脂。糖链和糖蛋白的结合方式可分为 N- 连接型和 O- 连接型（图 8-1）。本节主要讨论糖蛋白的结构和功能。

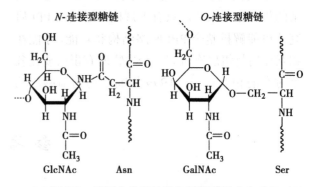

图 8-1　糖蛋白分子肽链和糖链的结合方式

一、N- 连接型糖链是糖蛋白最常见的糖链

N- 连接型糖链是糖蛋白分子中寡糖链与蛋白质肽链中天冬酰胺残基侧链的酰胺氮相连接而成的蛋白，这种糖链也称为 N- 聚糖（N-glycan）或 N- 糖链。此类 N- 糖链通常含有一个五糖核心结构和外周糖链。N- 聚糖连接在肽链中天冬酰胺残基上，但并非所有天冬酰胺残基都可连接聚糖或寡糖，只有在特定氨基酸序列中的天冬酰胺残基才可以连接聚糖，如 Asn-X-Ser/Thr（其中 Asn

为天冬酰胺，Ser 为丝氨酸，Thr 为苏氨酸，X 为脯氨酸以外的任何氨基酸），这三个氨基酸残基组成的序列段最为常见，这一序列常被称为 N- 糖基化位点。

（一）N- 糖链的结构特点

所有的 N- 糖链都含有一个共同结构，即核心五糖结构（图 8-2），也称三甘露糖基核心。此核心结构以前体形式先行合成的，即先形成一个多萜醇焦磷酸十四糖寡糖，又称 G 寡糖，在糖蛋白糖基化修饰过程中，G 寡糖作为一个整体被转移到新生肽链的 N- 糖基化位点上。

根据连接于核心结构中 3 个甘露糖基的位置以及糖基数量、类型，可将 N- 糖链分为三种类型：高甘露糖型、复杂型和杂合型（文末彩图 8-2）。这三种 N- 糖链都连接于核心五糖结构。高甘露糖型 N- 糖链，其核心五糖上连接了近 10 个甘露糖残基；复杂型糖链核心五糖上可连接数目不等的糖基，形成二、三、四或五个糖链的分支，形似天线状结构，天线结构的末端可连接 N- 乙酰神经氨酸；杂合型居于二者之间。

1. 高甘露糖型糖链结构特点 在这类 N- 型糖链结构中，除核心五糖外，还含有 α- 甘露糖残基，一般可以连接 2～9 个甘露糖残基，但往往不含其他糖基。在核心五糖结构外的两个分支基础

上，以 α-1，3 和 α-1，6 键连接两个甘露糖残基，形成七糖结构，成为这类糖链最基本的共同核心。其他甘露糖以 α-1，2 与七糖结构的 3 个非还原端 α- 甘露糖连接，但残基的数目和位置常因糖链而异。

2. 复杂型糖链结构特点 复杂型糖链在三种糖链中结构变化最大。在这类糖链中，主要的结构特点是核心五糖结构中的两个外侧的 α- 甘露糖残基与 N- 乙酰葡糖胺（GlcNAc）相连形成所谓的天线结构，催化这一反应的关键酶是乙酰葡糖胺转移酶（acetylglucosaminyltransferase，GlcNAc T）。核心五糖结构中另一个 α- 甘露糖残基也可与 N- 乙酰葡糖胺以 β-1，4 键连接（图 8-2），形成平分型天线（bisecting antenna），负责催化这一结构的酶为 GlcNAc T Ⅲ。

这些外链结构类似天线，常常形成单、双、三、四和五天线糖链结构；外链结构和糖基的种类和形式亦各异，包含岩藻糖、唾液酸、N- 乙酰葡糖胺和 N- 乙酰半乳糖胺等，糖链末端可以被高度岩藻糖基化、唾液酸化或硫酸化修饰。天线数目不等、结构繁杂多样，构成了复杂型 N- 连接糖链的多样性。这些糖链作为生物学的识别信号，在生物体内展现出多种多样的功能，对多细胞及机体具有重要的作用。

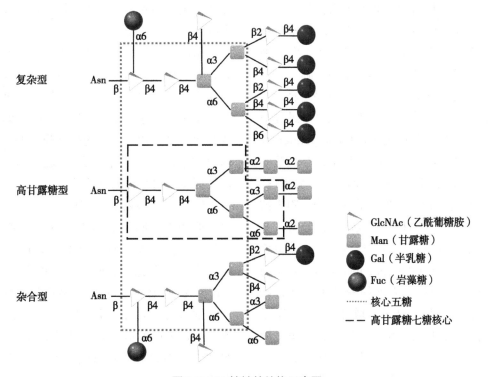

图 8-2 N- 糖链的结构示意图

3. 杂合型糖链结构特点 此类糖链结构可兼有复杂型和高甘露糖型两类糖链的结构特点。常有 α- 甘露糖残基与五糖核心的 α-1,6 臂相连接，这点与高甘露糖型糖链相似；而与核心五糖的甘露糖 α-1,3 臂相连的通常有 1～2 个外侧链天线结构，这点与复杂型糖链相似。在核心五糖结构的 β- 甘露糖 C4 位置也常插入 β-N- 乙酰葡糖胺，靠近糖链内侧的乙酰葡糖胺 6 位上常有核心岩藻糖，形成 α-1,6 键修饰（图 8-2）。

（二）糖蛋白 N- 糖链的功能特点

蛋白质肽链氨基酸残基经过 N- 糖链修饰以后，分子的结构和功能特性发生一定程度的改变。糖链的存在，至少在空间结构上影响了该蛋白质的折叠构象，一些关键基团的相对空间位置发生了变化，使之与配体分子的识别和结合能力发生改变。有些糖蛋白本身就是信号转导体，当发生糖基化修饰后，就会触发信号的转导，产生刺激或者抑制效果。修饰的糖基还含有大量的羟基，作为质子的提供者，可以与水分子形成氢键，吸引大量的水分子。

1. 参与细胞之间的相互识别 细胞膜由磷脂双分子层组成，但是磷脂没有特异性，不同的细胞之间磷脂的差别不是细胞识别的基础。然而，不同细胞之间功能差别很大，细胞与细胞之间需要识别，这种细胞之间的识别就是依赖于细胞膜上的蛋白质，而且这些膜蛋白质经常有糖链修饰，分布于细胞的表面，这些细胞表面的糖蛋白为细胞的识别提供了基本的结构基础。

（1）参与精子与卵细胞的识别：受精是精子和卵子结合形成二倍体合子的过程。在这个过程中精子需要与卵子的膜外层透明带（zona pellucida, ZP）的糖蛋白结合，发生顶体反应，继而穿过透明带层。透明带中有 ZP1、ZP2 和 ZP3 三种糖蛋白，它们的糖链具有独特的多聚唾液酸结构。ZP3 被认为是精子的初级受体和顶体反应的诱导物。

海胆卵细胞膜外包裹着大量线性结构的硫酸化岩藻多糖（fucose sulfate polymer），卵子外层的硫酸化岩藻多糖与精子表面的受体蛋白结合以后，诱导精子细胞膜钙离子通道开放，引发精子顶体囊泡分泌，引起顶体反应。硫酸化岩藻多糖是引起顶体反应的诱导物，主要由线性 α-1,3 键连接的岩藻多聚糖组成。3～4 个糖基形成一个重复的结构单元，每个单元内岩藻糖的硫酸化修饰不同。单元内的岩藻糖残基数量、连接方式以及硫酸基团位置具有物种选择性，与不同物种的顶体反应有关。卵细胞硫酸化岩藻多糖至少能与一种精子细胞膜受体蛋白结合，如 REJ1 是 Jelly-1 蛋白的受体，含 1 450 个氨基酸，肽链氨基端含有 2 个 C 型凝集素样结构域，属于典型的选择素蛋白的配体。精子表面的凝集素样蛋白可识别和结合此类糖链结构，促进精子和卵子的结合。

哺乳动物卵细胞的透明带蛋白 ZP3 蛋白，其 N- 糖链的 70% 为酸性复杂型糖链，可形成二天线、三天线型和四天线型。人的 ZP 蛋白的糖链，不管是 N- 型还是 O- 型糖链，含量最为丰富的是唾液酸化的路易斯抗原 Sialyl-Lewis（x）[NeuAc α-2,3Gal β-1,4（Fuc α-1,3）GlcNAc]末端结构。因此，唾液酸化的 Lewis（x）糖链是人类精子与卵细胞结合所需的重要结构域。

（2）参与免疫识别：免疫细胞间的识别同样依赖于细胞膜受体或配体与其他细胞膜配体或受体的选择性相互作用。淋巴细胞产生的免疫球蛋白就是高度糖基化的蛋白质，这些糖基化修饰很大程度影响了抗体与抗原结合的亲和性。淋巴细胞膜表面的受体或者其他识别分子都是糖蛋白，调节淋巴细胞的一些细胞因子大多也是糖蛋白。这些糖蛋白的糖链修饰极大地丰富了免疫系统的多样性，提供了免疫细胞的识别结构基础。

糖链复合物在病原体感染人类细胞的过程中具有重要作用。病原体的入侵始于在黏膜或皮肤的黏附或者附着，多数病原体都能分泌一些属于凝集素类的分子，直接结合到细胞表面的糖蛋白或其他糖复合物上。人的细胞膜表面有与不同的病原体糖链结合的特异受体，这种结合的选择性很大程度上取决于糖链的结构。

例如，伤寒沙门菌的外壳核心寡糖能被人上皮细胞识别，进而内吞，是感染宿主细胞的关键结构。恶性疟原虫有一个 175kDa 的结合蛋白，能结合到红细胞膜表面的血型糖蛋白 A（glycophorin A）的唾液酸残基上，从而使恶性疟原虫进入红细胞内。病毒感染也依赖于糖蛋白结构，如流感病毒表面的血凝素和神经氨酸酶，与宿主组织细胞表面含有唾液酸的糖链相互作用。感染人的流感病毒主要与 N- 乙酰神经氨酸（N-acetylneuraminic acid）结合，猪流感病毒主要与羟乙酰神经氨酸（N-glycolylneuraminic acid）结合。人流感病毒偏向于结合 α-2，6 连接糖链末端的唾液酸，禽流感病毒则结合 α-2，3 连接的唾液酸，而猪的支气管上皮细胞同时存在 α-2，6 连接和 α-2，3 连接的唾液酸，因此人流感病毒和禽流感病毒都能感染猪。

（3）糖链修饰影响分子之间的识别：分子之间的识别过程实际上是分子在特定的条件下通过分子间作用力的协同作用达到选择性相互结合的过程。分子识别是一种普遍的生物学现象，糖链的修饰极大地丰富了蛋白质的结构多样性，并为分子间的识别提供了特异性的结构基础，有些糖链实际上就是分子之间识别的关键结构域。这种分子识别可以发生在蛋白质、核酸和脂质分子之间或各自之间，分子之间相互识别就是细胞之间识别的基础，如 Lewis 三糖结构域就是选择素蛋白的特异识别结构，也是有些细胞识别的基础。

2. 参与细胞与基质的相互作用　细胞外基质（extracellular matrix，ECM）是由动物细胞合成、分泌、并分布在细胞外的大分子，主要是一些多糖或蛋白聚糖。这些物质构成复杂的网架结构，支持并连接组织结构，调节组织的发生和细胞的生理活动。

构成细胞外基质的大分子种类虽多，但可大致归纳为四大类：胶原、非胶原糖蛋白、蛋白聚糖和弹性蛋白。胶原和弹性蛋白等结构蛋白质赋予细胞外基质强度和韧性，而非胶原糖蛋白与蛋白聚糖等能够形成胶状物，通过纤连蛋白或层粘连蛋白及其他分子直接与细胞膜受体结合，或附着到受体上，促使细胞同基质结合，而细胞与基质间的相互作用需要含有大量糖的结构参与。基质对细胞作用不只具有连接、支持、保留水分、抗压及保护等物理学作用，还对细胞的基本生命活动发挥重要的生物学作用，包括影响细胞的存活、生长与死亡，决定细胞的形状，控制细胞的分化，参与细胞的迁移等。

3. 介导细胞信号转导　受体在细胞信号转导过程中具有重要作用。细胞膜受体多数是糖蛋白，少数可以是糖脂或蛋白聚糖，细胞膜受体上的糖链修饰对受体膜蛋白的功能至关重要。转化生长因子受体如果缺少岩藻糖的修饰，会发生与转化生长因子结合缺陷，导致胚胎发育障碍。高浓度的岩藻糖寡糖可以阻断白细胞介素 8 受体与配体的结合，阻断受体下游的信号转导，从而抑制细胞的趋化效应。细胞膜上的糖蛋白糖链结构发生变化时，也会诱发信号转导。例如表皮细胞生长因子受体的糖链结构变化后，其本身及其下游分子的磷酸化水平就会受到影响。细胞膜表面的 E- 钙黏蛋白是高度糖基化的黏附分子，当它的糖链缺失岩藻糖时，不但影响该细胞的黏附特性，而且影响它的信号转导，使得下游分子连环蛋白的磷酸化水平改变，进而影响其功能。

4. 协助蛋白质新生肽链的折叠　很多膜蛋白或者分泌蛋白属于糖蛋白，它们在内质网和高尔基复合体完成糖链修饰，修饰以后转运到细胞膜或者细胞外。这种糖链的修饰可以帮助该蛋白进行正确的折叠，形成合适的空间结构，并具有生物学活性和功能。如果缺少糖链空间结构，可能会使肽链发生错误的折叠。这种错误折叠的蛋白质无法正常转运出去，造成这些蛋白质在高尔基复合体内的堆积，形成一种细胞应激状态，即所谓的内质网应激（ER stress），严重时会诱导细胞的凋亡。

5. 维持血浆蛋白的稳定性　血浆蛋白很多是糖蛋白，大多含 N- 连接的糖链，糖链的末端还会有唾液酸残基。如免疫球蛋白、促红细胞生成素、甲胎蛋白、运铁蛋白等。当这些糖蛋白的糖链缺失，或者末端唾液酸残基被血管壁上的唾液酸酶切除并暴露出半乳糖残基后，将很快被肝细胞膜上的去唾液酸糖蛋白受体所识别，通过胞吞作用被肝细胞摄入细胞内，与溶酶体融合，并在溶酶体内被蛋白酶水解。去唾液酸糖蛋白的受体有三条各含一个半乳糖结合位点的多肽链，在空间上排列成能与配体糖链进行最适相互作用的结构。各种血浆蛋白的糖链结构通过其特异的识别和检验，在机体的血循环中，维持血浆蛋白的稳定。

以上功能特点常见于 N- 糖链蛋白。但是由于一种糖蛋白有时候会有多种糖链的修饰，比如糖蛋白既可以有 N- 糖链修饰，也可以有 O- 聚糖修饰。因此，这些功能特点虽然常见于 N- 糖链蛋白，但并非 N- 糖链蛋白所特有，有时也可见于其他糖链修饰的蛋白质。

二、O-聚糖结构丰富多样

多肽链的丝氨酸或苏氨酸残基的羟基与糖链中的 N- 乙酰半乳糖胺以共价键相连,形成 O- 连接糖蛋白,这种糖链称为 O- 聚糖(O-glycan)(图 8-1)。它的糖基化位点的确切序列还不清楚,但通常存在于糖蛋白分子表面丝氨酸和苏氨酸比较集中且周围常有脯氨酸的序列中,提示 O- 连接糖蛋白的糖基化位点由多肽链的二级结构、三级结构决定。与大多数 N- 糖链相比,O- 聚糖结构的分支较少,通常是双天线结构,但其连接形式远比 N- 糖链丰富多样。

(一)O- 聚糖的结构特点

O- 连接糖蛋白根据与肽链氨基酸直接连接的糖基不同,存在几种连接的方式,如 O- 乙酰半乳糖胺、O- 岩藻糖和 O- 乙酰葡糖胺等方式,糖链的长度有长有短,短的仅为 1 个糖基。

1. 以 O- 乙酰半乳糖胺连接的糖链 O- 乙酰半乳糖胺(O-GalNAc)糖链是指糖链通过乙酰半乳糖胺直接与丝、苏氨酸的羟基结合(图 8-3),其他糖基再通过不同的连接方式与乙酰半乳糖胺相连,这些不同的连接方式还可以形成 8 种不同的核心结构,如下所示:

核心 1 半乳糖 β-1,3 乙酰半乳糖胺 -α- 丝氨酸 / 苏氨酸

核心 2 乙酰葡糖胺 β-1,6(半乳糖 β-1,3)乙酰半乳糖胺 -α- 丝氨酸 / 苏氨酸

核心 3 乙酰葡糖胺 β-1,3 乙酰半乳糖胺 -α- 丝氨酸 / 苏氨酸

核心 4 乙酰葡糖胺 β-1,6(乙酰葡糖胺 β-1,3)乙酰半乳糖胺 -α- 丝氨酸 / 苏氨酸

核心 5 乙酰半乳糖胺 α-1,3 乙酰半乳糖胺 -α- 丝氨酸 / 苏氨酸

核心 6 乙酰葡糖胺 β-1,6 乙酰半乳糖胺 -α- 丝氨酸 / 苏氨酸

核心 7 乙酰半乳糖胺 α-1,6 乙酰半乳糖胺 -α- 丝氨酸 / 苏氨酸

核心 8 半乳糖 α-1,3 乙酰半乳糖胺 -α- 丝氨酸 / 苏氨酸

O-GalNAc 糖链虽然连接方式多,但是糖链长度比较短,糖链残基数较少。单纯的 O-GalNAc 与丝氨酸 / 苏氨酸形成最简单的糖链(GalNAc-α-Ser/Thr),后者又称 Tn 抗原,这种结构已经具备免疫原性。末端再接上唾液酸残基就形成唾液酸化的 Tn 抗原(Siaα-2-6 GalNAc-α-Ser/Thr)。最常见的 O-GalNAc 糖链是核心 1 结构,又称 T 抗原,在许多糖蛋白或者黏蛋白分子中都存在。

2. O- 岩藻糖是一种重要的修饰 O- 岩藻糖基化在发育相关信号分子 Notch 的功能调控中极为重要。经 GDP- 岩藻糖 - 蛋白岩藻糖基转移酶

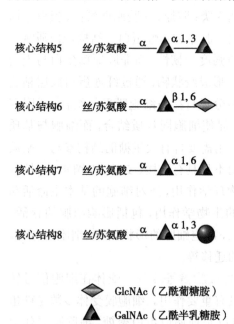

图 8-3 O- 聚糖的结构示意图

（GDP-fucose protein O-fucosyltransferase，POFUT）催化，Notch 受体蛋白的 EGF（表皮生长因子）样结构域中第 2 和第 3 个保守半胱氨酸残基之间的丝氨酸或苏氨酸残基形成 *O-* 连接的岩藻糖基。这种可逆的 *O-* 岩藻糖基修饰是动态的，而且具有重要的功能调节作用。如果 POFUT1 基因被敲除，Notch 的信号通路可被完全破坏。

3. *O-* 乙酰葡糖胺广泛修饰细胞内蛋白质 *O-* 连接型 β-*N-* 乙酰葡糖胺（*O-*GlcNAc）于 1983 年被发现，是利用半乳糖转移酶及其氚放射性核素标记的底物 UDP- 半乳糖，在小鼠 B、T 淋巴细胞及巨噬细胞中寻找带有 *N-* 乙酰葡糖胺末端的糖蛋白时偶然发现的。经典的观点认为，蛋白质的糖基化并不发生于细胞核和细胞质中，*N-* 糖蛋白及 *O-* 糖蛋白都很好地验证了这一观点，因为它们都是在高尔基复合体和内质网的内腔中通过糖基转移酶来对蛋白质进行糖基化修饰。然而，现在人们普遍认识到，确有一些特定类型的蛋白质糖基化修饰发生于细胞核及细胞质中，比如 *O-* 型 *N-* 乙酰葡糖胺（*O-*GlcNAc）糖基化，事实上，*O-*GlcNAc 是在动植物的胞质及胞核中最广泛存在的翻译后修饰之一。

*O-*GlcNAc 在许多方面与其他几种普遍存在的蛋白质糖基化修饰有所不同。首先，这种修饰只发生在细胞核和细胞质中；其次，生成的乙酰葡糖胺结构通常不再延长，不再被进一步修饰从而形成更加复杂的糖链结构；此外，它能够多次并以不同速率在一个多肽分子的不同位点进行修饰、再水解脱落。*O-* 型 *N-* 乙酰葡糖胺转移酶（*O-*GlcNAc transferase，OGT）负责将 GlcNAc 基团转移到蛋白质分子上，生成 *O-*GlcNAc（图 8-4）；而 *O-* 型 *N-* 乙酰葡糖胺酶（*O-*GlcNAcase，OGA）

能将 *O-*GlcNAc 基团水解下来。两个酶经常处在一个复合物之中，由调节因素决定该蛋白质的修饰。在多数情况下，*O-* 型 *N-* 乙酰葡糖胺糖基修饰更加类似于蛋白质的磷酸化修饰，而非经典的糖基化修饰作用。现在越来越多的证据表明，细胞中大多数的转录因子以及很多蛋白激酶都受 *O-*GlcNAc 的修饰，修饰以后这些重要的蛋白质功能状态发生了改变，调节下游分子涉及多种细胞功能的改变，如基因的转录表达调控。

在 SKP1 蛋白中还发现另一种连接在羟脯氨酸上的 *O-* 聚糖修饰（文末彩图 8-5）。SKP1 是 E3 泛素化连接酶复合体中的接头蛋白，存在于结合细胞周期蛋白结合的多蛋白复合物（SCF 复合物）中，参与对多种细胞周期蛋白质的泛素化。SKP1 的第 143 位脯氨酸羟基化后可发生糖基化作用，修饰的糖链常为含有一个核心三糖的寡糖结构：岩藻糖 α-1，2 半乳糖 β-1，3 乙酰葡糖胺。随后，这个核心结构被进一步修饰，包括在岩藻糖基上添加一个 α-1，3 半乳糖残基，以及在 α- 半乳糖或岩藻糖基上添加额外的 α- 半乳糖等。SKP1 糖链特异的结构形式以及这种结构形式与蛋白质在细胞内分布的联系都揭示出一种非典型的糖基化修饰通路及其对蛋白质的影响。SKP1 第 143 位脯氨酸在植物、无脊椎动物以及低等真核生物中具有高度的同源性。此外，与 SKP1 糖基化修饰相关的酶的基因广泛存在于其他生物基因组中，提示类似的糖基化修饰作用也可能发生在其他生物体中。

（二）糖蛋白 *O-* 聚糖的功能特点

糖蛋白经 *O-* 型糖链修饰后，有多种生物学活性改变，在基因的转录调控、免疫识别以及细胞信号转导等生命活动中发挥重要作用。

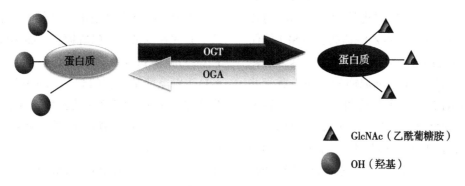

GlcNAc（乙酰葡糖胺）

OH（羟基）

图 8-4 *O-* 乙酰葡糖胺的生成与降解

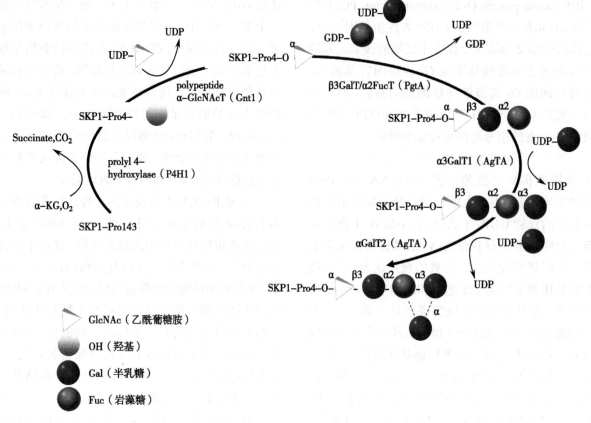

图 8-5 SKP1 蛋白质羟脯氨酸糖基化修饰

1. 调节转录因子活性 *O*-型糖链修饰的糖蛋白可以是转录因子,后者修饰的糖基常常是 *O*-GlcNAc。这种修饰能直接调节一些重要的转录因子的活性,如 SP1、STAT5、NF-κB、P53、YY1、ELF1、RB、PDX-1、CREB,以及雌激素受体等。生物体细胞内的 RNA 聚合酶Ⅱ及大量转录因子都广泛存在 *O*-型 GlcNAc 糖基化修饰,不过这种修饰作用可能抑制转录因子活性,也可能促进基因的转录活性,取决于转录因子结合的基因启动子区以及其他相关蛋白质的差异性。

在糖尿病病人中,常含有高度糖基化的 SP1 转录因子,这种 *O*-GlcNAc 修饰能显著促进一些糖尿病相关基因的转录,同时也抑制有些基因的转录。比如,富含有 *O*-型 *N*-乙酰葡糖胺的 SP1 能促进纤溶酶原激活物以及细胞外基质蛋白基因的转录,而这些蛋白质分子与糖尿病相关的心血管并发症有关。CREB 是一个与长期记忆相关的转录因子,其糖基化修饰将破坏它与转录复合体中其他分子的相互作用,从而抑制其转录活性。CREB 的结合蛋白(CBP)与转录因子 STAT5 的结合则要求 STAT5 分子被 *N*-乙酰葡糖胺糖基化修饰。

2. 构成血型抗原的结构基础 ABO 血型系统在 20 世纪初由 Landsteiner K 发现。ABO 血型的抗原决定簇完全取决于糖链结构,它可以在 1 型或 2 型糖链上,也可以存在于 *O*-乙酰半乳糖胺的糖链上(3 型),还可以由糖脂的糖链构筑形成(4 型)。它们富集在红细胞膜上,从红细胞膜中提取的血型抗原称为凝集原,在 ABO 血型系统中分布有凝集原 A 和凝集原 B(文末彩图 8-6),凝集原的血型决定簇实际上仅仅是寡糖本身,这种血型寡糖存在于糖蛋白的 *O*-聚糖结构中,也可在鞘糖脂中通过乳糖基与神经酰胺 C1 位上的羟基相连。

ABO 血型抗原是由糖基转移酶依次催化生成。首先在糖链的乙酰乳糖胺(Gal β-1,3 GlcNAc,1 型;Gal β-1,4 GlcNAc,2 型)的基础上,通过 α-1,2 岩藻糖基转移酶(*H* 和 *Se* 基因编码),催化生成带有 α-1,2 岩藻糖的乙酰乳糖胺,成为 H 抗原(图 8-6)。A 和 B 抗原则由 H 抗原进一步生成,凝集原 A 由 α-1,3 乙酰半乳糖胺转移酶催化生成,该酶催化 GDP-GalNAc 中的乙酰半乳糖胺转移到半乳糖残基上,形成带有 α-1,3 乙酰半乳糖胺的糖链，后者即为凝集原 A。α-1，3 半乳糖基转移酶则催化 GDP-Gal 中的半乳糖转移到半乳糖残基上，形成带有 α-1，3 半乳糖的糖链，后者即为凝集原 B。ABO 基因位点的 O 等位基因编码无功能的 A 或 B 糖基转移酶，如果一个人是 A 型血，其基因型可能是 AA 或者 AO，而 B 型

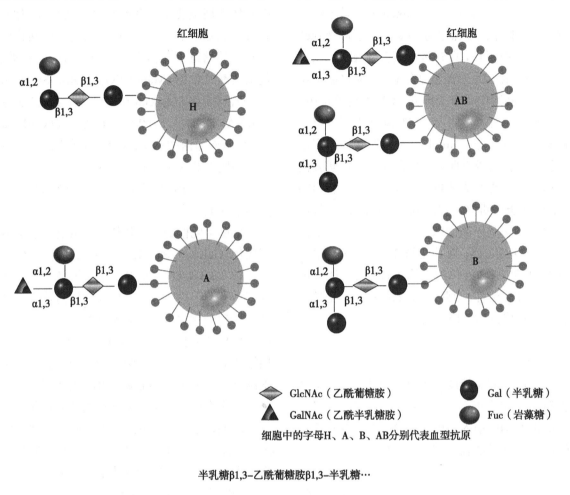

GlcNAc（乙酰葡糖胺）　　Gal（半乳糖）

GalNAc（乙酰半乳糖胺）　　Fuc（岩藻糖）

细胞中的字母H、A、B、AB分别代表血型抗原

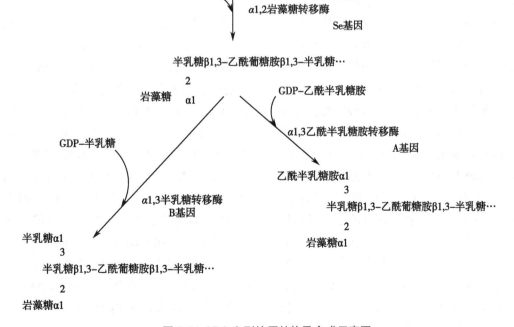

图 8-6　ABO 血型抗原结构及合成示意图

个体的基因型则是 BB 或者是 BO。如果同时有 A 和 B 基因表达，一个个体同时具有 A 和 B 凝集原，即为 AB 型（图 8-6）。

3. 调控信号转导途径　Notch 分子是多细胞生物发育过程中高度保守的跨膜信号受体。Notch 受体分子为糖蛋白，具有多种糖基化结构，包含 N- 连接糖基化，O- 岩藻糖基化和 O- 葡聚糖基化等，这些糖链结构分布于部分 EGF 重复单位中，在不同种属间有所不同，但某些 EGF 重复单位中的糖基化十分保守。Notch 分子中糖基化的规律性及保守性使其成为理想的蛋白质糖基化研究模型。糖基化位点缺失或糖链长度的改变，会影响 Notch 受体蛋白折叠、与配体的结合能力、信号传递能力以及靶基因激活水平等。此外，一些蛋白激酶也受 O-GlcNAc 糖基化修饰，而且这种糖基化修饰以后，与磷酸化的修饰类似，也能调节蛋白激酶的催化活性，因此，O-GlcNAc 糖基化是一种新的共价修饰的调控酶的方式。

三、酸性糖链结构特点突出

以上讨论的聚糖或者糖链都是中性糖链，尽管糖链中有很多的羟基，但是基本上不带电荷。如果糖链结构中引入了酸性基团，如硫酸或者唾液酸，就属于酸性糖链，就会产生电荷。

（一）硫酸糖链结构特点

1. 肽链酪氨酸残基硫酸化修饰　蛋白质分子的酪氨酸残基硫酸化也是一种常见的翻译后修饰，硫酸基团被添加到蛋白质分子的酪氨酸残基上。酪氨酸硫酸化修饰过程可能发生于经过高尔基复合体加工的分泌蛋白和质膜蛋白的胞外部分等，这种修饰形式广泛存在于动植物中，但并不存在于原核生物或酵母中。酪氨酸硫酸化修饰由高尔基复合体中的蛋白质酪氨酸硫酸基转移酶（tyrosylprotein sulfotransferase, TPST）所催化，有 TPST-1 和 TPST-2 两种类型。在酪氨酸硫酸化过程中，硫酸基团从广泛存在的硫酸基团供体 3′-磷酸腺苷 -5′- 磷酸硫酸中被转移到酪氨酸残基侧链的羟基上，硫酸化位点常见于含有酸性残基的蛋白质分子表面的酪氨酸残基上。酪氨酸硫酸化在加强蛋白质相互作用中具有作用，常存在于黏附分子、G 蛋白偶联受体、凝血因子、丝氨酸蛋白酶抑制子、细胞外基质蛋白以及各类激素等。

TPST 基因敲除小鼠的生长活力、生殖能力等都受到较大影响。

2. 糖蛋白糖链的硫酸化修饰　哺乳动物体内硫酸聚糖主要由葡糖氨基聚糖类组成，如硫酸软骨素、硫酸肝素等，大量的硫酸基团共价结合到它们的糖链上。糖蛋白中也含有硫酸化糖链，包括硫酸甘露糖（Man-4-SO$_4$，Man-6-SO$_4$）、硫酸半乳糖（Gal-3-SO$_4$，Gal-6-SO$_4$）、硫酸乙酰葡糖胺（GlcNAc-6-SO$_4$）、硫酸乙酰半乳糖胺（GalNAc-4-SO$_4$）、硫酸葡糖酸（GlcA-3-SO$_4$）等形式。尽管它们在细胞内的含量没有硫酸化葡糖氨基聚糖类丰富，但这些具有硫酸化修饰的复合物都具有重要生物学功能。

糖链半乳糖的硫酸化修饰主要有半乳糖 6 位硫酸化（Gal-6-O- 硫酸化）、3 位（Gal-3-O- 硫酸化）和 4 位（Gal-4-O- 硫酸化）硫酸化修饰等几种形式，这些反应主要由高尔基复合体内特异的硫酸基转移酶催化，它们对于各自的寡糖底物具有高度的催化特异性。这些硫酸化糖链常见于 O- 连接糖链上，在血管内皮细胞表达会促进与 L- 选择素结合，从而使得白细胞活力改变。糖链半乳糖基硫酸化修饰对于蛋白质和糖类特异性相互作用具有影响，其中起着关键作用的便是这些硫酸基团，它们自身的理化特性使得复合物之间的相互作用发生改变，包括亲和力和特异性等方面，进而改变细胞的生理活性，影响机体的功能。

（二）唾液酸糖链的结构特点

唾液酸（sialic acid）是一类神经氨酸衍生物，含有 9 个碳原子，具有吡喃糖结构的酸性氨基糖。含唾液酸残基的糖链常见于 N- 型糖链、O- 聚糖和鞘糖脂的末端。根据 5 位碳上不同的连接基团，形成了不同的唾液酸衍生物，最主要的两种唾液酸为 5- 乙酰氨基 -3，5- 二脱氧 -D- 甘油 -D- 半乳壬酮糖（NANA，Neu5Ac，N- 乙酰神经氨酸）和 3- 脱氧 -D- 甘油 -D- 半乳壬酮糖（KDN），其余的唾液酸均是由这两种衍生而成。如图 8-7 所示，唾液酸及其衍生物的结构式多种多样，其中各个残基的替代基团可以是乙酰基、羟乙酰基、氨基、羟基、乳酰基、甲基、硫酸酯、磷酸酯及海藻糖、葡萄糖、半乳糖等，另外，唾液酸本身也可以通过分子内部的氢键构成多个环状结构，提高分子的稳定性。

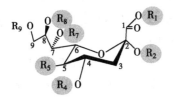

N-acetylneuraminic acid　　2-keto-3-deoxynonic acid
（Neu5Ac）　　　　　　　　（Kdn）

图 8-7　唾液酸和衍生物的结构

唾液酸主要有以下一些特点。

1. **唾液酸在自然界分布很广**　在许多生物体内均存在唾液酸，主要以短链残基的形式存在于糖蛋白和糖脂的糖链末端。唾液酸化的糖链结构是由一种或多种唾液酸转移酶催化合成的，它们应用共同的唾液酸供体（CMP-Sias），对不同的糖链结构进行唾液酸化的末端修饰。

2. **唾液酸有不同的连接方式**　唾液酸与糖链的连接形式复杂多样，可以通过其第 2 位碳原子与糖链进行 α 连接；较常见的形式还有连接到糖链半乳糖残基的第 3 位或第 6 位碳原子，或者是 N- 乙酰氨基半乳糖残基的第 6 位碳原子上；唾液酸还能够占据聚糖糖链内侧的糖基，通常以其第 8 位碳原子进行唾液酸化糖链修饰。唾液酸的第 5 位碳原子上的基团可以是 N- 乙酰基（形成 N- 乙基神经氨酸）或羟基，此处的 N- 乙酰基团还可以被羟基化形成羟乙酰神经氨酸（Neu5Gc），还可形成神经氨酸（Neu）。这四种核心的唾液酸分子在其侧链的羟基上还可以再额外地添加多个化学基团，如 O- 乙酰基、O- 甲基、O- 硫酸基、O- 乳酰基以及磷酸基团等，多样的化学基团修饰使得唾液酸存在多张形式，繁杂不一。

根据唾液酸与糖链残基的连接方式，可分为 α-2，3、α-2，6 和 α-2，8 唾液酸三大类，根据识别的末端糖残基还可以进一步分为不同的亚类。

3. **唾液酸可增加蛋白质和细胞的负电荷**　唾液酸是带有负电荷的酸性氨基糖，由于其普遍存在于细胞膜的表面，被认为是细胞膜负电荷的重要来源，与细胞的黏附作用密切相关。唾液酸在细胞和细胞之间以及细胞与胞外环境之间起着至关重要的作用。在细胞的生长、分化、衰老等过程中，常伴随有细胞膜表面复合糖分子结构变化，其中就包括唾液酸糖链，如正常生长的细胞膜唾液酸含量通常高于衰老状态的细胞，而多种细胞经唾液酸酶处理后，其细胞间的排斥性下降，流动性降低，且细胞寿命也有所缩短。此外，细胞膜表面唾液酸含量还与肿瘤细胞恶性程度有关，细胞膜唾液酸含量高的肿瘤细胞，其转移性也高。

（三）酸性糖链的功能特点

生物体内种类和数量繁多的硫酸糖链和唾液酸糖链等都属于酸性糖链，由于它们的结构都带有酸性基团，在体内的环境下，携带有负电荷，如上述的糖链自身的作用，对于生物体的生长、发育、生殖等过程有时有重要作用，其生理功能的发挥主要依赖其自身的调节特点和对细胞各个生理过程的影响，主要包括糖链组分的负电荷增加、对配体亲和力的改变以及水溶性增加等。

1. **增加糖链的负电荷**　机体内部尤其是细胞表面的一些复合糖蛋白分子常具有酸性糖基化修饰，而酸性糖链带有相对大量的负电荷，从而使得这些复合糖蛋白分子以及相应的细胞负电荷增多，显著影响其生物学功能的发挥。细胞表面负电荷含量的改变常影响细胞的黏附作用和迁移作用等，进而影响组织的生理功能。如血液中白细胞表面存在大量的负电荷，它们相互排斥，不至于聚集在一起，而以单个细胞状态悬浮于血液的流动相中。

2. **改变糖蛋白与配体的亲和力**　糖蛋白分子的酸性糖基化修饰还会影响该分子与其他分子间的亲和力。硫酸糖链修饰常会使细胞膜上的黏附分子、受体分子和细胞外基质蛋白等配体分子的亲和力发生改变，影响分子间的相互作用。这种相互作用有时候具有重要的影响力，可改变细胞的生物学活性。唾液酸糖链修饰常改变细胞膜受体分子的活性，阻止或减弱细胞或分子对其特异性配体的接触和识别，影响信号分子的信号转导作用，从而影响细胞与细胞之间的信息传递。

3. **增加糖蛋白的水溶性**　糖链的生化特征很大部分取决于其结构中的酸性基团，如携带负电荷、空间占位、携带水分子和其他离子等，这种酸性糖链修饰常使得细胞中被修饰的蛋白质分子水溶性增加，从而影响其自身的理化功能，改变细胞整体的生物学活性。由于酸性基团水溶性更强，如果分子中具有大量的酸性糖链，将会吸附大量的水分子，适合于细胞外的基质成分。

四、糖蛋白糖链结构的调节

糖蛋白的糖链结构极其复杂，且糖链合成没有模板可以参考，糖链中的糖基顺序是由糖基转移酶活性以及糖基供体底物所决定，其调节机制至今尚不明了。

（一）糖链合成的调节

糖基转移酶负责催化将糖基连接到现有的糖链上，这种用于合成的糖基常常来源于单糖供体底物。这种底物单糖一般需要先活化，单糖先接到 GDP 分子上，形成 GDP- 糖分子，如 GDP- 岩藻糖用于合成血型抗原。如果体内供体底物不足会影响该糖链的合成速度。糖基转移酶具有高度的底物特异性，尽管单糖含有多个羟基，但是每一位点都能被不同的糖基转移酶所识别；而且在糖链的合成过程中也会有不同的糖基转移酶来识别这些位点。因此，糖链上合成新的糖基主要取决于糖基转移酶的活性，不同的活性状态将会决定糖链合成哪一个糖基。

（二）糖链降解的调节

糖链的降解主要由糖苷酶负责，糖苷酶的特异性相对比较低，可以水解一类或者一种糖苷键。体内糖基转移酶和糖苷酶共同维护着糖蛋白糖链的结构稳定性，根据细胞的功能需要，有些糖蛋白的糖链也会发生随时变化，如蛋白激酶的修饰；但有些糖链非常稳定，如血型抗原，这取决于糖基转移酶的基因表达。

五、糖蛋白在体内分布广泛

经过糖链修饰的糖蛋白分布非常广泛，包括膜受体、黏附分子、细胞外基质蛋白、细胞内蛋白激酶和转录因子等。

（一）细胞膜蛋白大多是糖蛋白

膜蛋白通过疏水肽段与质膜的脂质双分子层结合，位于细胞膜内的部分具有疏水性，但是膜外侧的肽段具有亲水性，游离于细胞外液，与其他分子进行相互作用，参与细胞的相互识别。膜蛋白的外侧肽段经常具有糖链的修饰。根据这些膜蛋白分离的难易程度及在生物膜中分布的位置，膜蛋白可分为三大类：膜周蛋白或称外周膜蛋白、嵌合膜蛋白或称整合膜蛋白和脂锚定蛋白。

1. **膜周蛋白** 膜周蛋白是能够暂时与细胞膜或膜内蛋白结合的一些蛋白质，主要是通过疏水、静电和其他非共价键相互作用进行结合，这种结合可以通过加入极性试剂，如高 pH 或高盐溶液来破坏而分离。

2. **嵌合膜蛋白** 嵌合膜蛋白是细胞膜的内在蛋白，约占膜蛋白总量的 70%～80%，兼有疏水性和亲水性，可不同程度地嵌入脂质双层分子中。有的贯穿整个脂质双层，两端暴露于细胞膜的内、外表面，这种类型的膜蛋白又称跨膜蛋白（transmembrane protein）。内在膜蛋白在膜外的部分一般含较多的极性氨基酸，属亲水性，位置邻近磷脂分子的亲水头部，可以被糖链修饰；嵌入磷脂双分子层内部的膜蛋白均由非极性的氨基酸组成，因而与脂质分子的疏水尾部相互结合，与膜结合非常紧密。这些跨膜蛋白常常是一些细胞膜的受体蛋白。内在膜蛋白和膜周蛋白都可以被翻译后修饰，最常见的修饰是糖基化修饰。

3. **脂锚定蛋白** 脂锚定蛋白（lipid-anchored protein）又称脂连接蛋白（lipid-linked protein），通过共价键的方式同脂类分子的脂肪酸链相结合，既可位于磷脂双分子层的外侧，也可以在膜的内侧。这些蛋白质常常通过一个寡糖基团间接同脂类分子结合，最典型的是 GPI 锚定。在 GPI 锚定过程中，磷脂酰肌醇与寡糖基团（氨基葡糖或者甘露糖）形成糖苷键连接，再经过磷酸乙醇胺连接到蛋白质羧基末端的氨基酸上，形成糖基磷脂酰肌醇锚蛋白。磷脂酰肌醇中两条疏水性的脂肪酸链，可以插入细胞膜的磷脂双分子层中，将蛋白质固定在细胞膜上。细胞膜上的磷脂酶 C 可以水解糖基磷脂酰肌醇锚蛋白中的甘油磷酯键，释放蛋白质。脂锚定蛋白在细胞膜上并不是无规则地弥散在细胞膜中，而是相对集中在细胞膜的脂质微结构域中（脂筏）。

膜蛋白 GPI 锚定具有重要的生理作用，如果 GPI 的合成障碍，补体调节蛋白 CD55 和 CD59 不能与 GPI 正确连接，导致红细胞膜上缺少 CD55 和 CD59 分子，补体系统就会激活和裂解红细胞，造成红细胞的破坏，发生溶血。这种情况可见于阵发性睡眠性血红蛋白尿症和伴有智力障碍的高磷酸酶症。

（二）细胞内有些重要蛋白质也受糖基化修饰

过去认为糖蛋白主要局限于膜蛋白，现在已经知道细胞内的很多蛋白质同样是糖蛋白。

1. **转录因子的糖基化修饰**　糖基化修饰是转录因子常见的一种修饰，而且与转录活性紧密相关。这种糖基化修饰主要是 O- 乙酰葡糖胺（O-GlcNAc）修饰。这种糖基修饰高度动态，显著地影响着转录因子的活性。例如，转录因子 SP1 和 c-Myc 在发生 O-GlcNAc 修饰以后，转录活性均显著改变。P53 和 NF-κB 受 O-GlcNAc 修饰以后，转录活性明显增强。

2. **酶蛋白糖基化修饰**　目前已知，酶蛋白分子同样可以受 O-GlcNAc 的修饰。典型的例子是糖代谢中的关键酶磷酸果糖激酶 -1，该酶的第 529 位丝氨酸残基的羟基上可发生 O-GlcNAc 修饰，修饰后酶活性受到抑制，糖代谢的速率减慢。磷酸果糖激酶 -1 是糖酵解的关键酶，受到复杂的别构调控，ATP、乳酸、柠檬酸、长链脂酰辅酶 A 等细胞内的营养代谢物都能抑制该酶的活性，而 AMP 和果糖 -2,6- 二磷酸能够激活该酶。营养代谢物增多时会促进 O- 乙酰葡糖胺修饰蛋白质，从而抑制糖酵解，使葡萄糖转向磷酸戊糖途径代谢。

（三）细胞外也有很多糖蛋白分布

糖蛋白除了分布在细胞膜以及细胞内，实际上，细胞外也有很多的糖蛋白，例如细胞基质蛋白很多都受糖链修饰，这些基质蛋白在组织中构成细胞外的微环境，提供细胞发挥功能的条件。

1. **血液中可以检测到许多糖蛋白**　许多糖蛋白在血液中存在，并可检测到，这些糖蛋白具有生理和病理意义。如促红细胞生成素，如果没有糖链的修饰，在血液中的半衰期很短，作用持续时间短，糖基修饰后作用持续时间延长。又如 PSA（prostate-specific antigen）在前列腺癌时升高，CA-125 在卵巢癌时升高，癌胚抗原（carcinoembryonic antigen，CEA）在结肠癌、膀胱癌、乳腺癌、胰腺癌和肺癌时升高。这些都是糖蛋白，在临床疾病的诊断中应用广泛。此外，CA19-9、CA-242、CA-195、CA-50、CA-74-2 等也都是糖蛋白，可以作为一些疾病的诊断指标标志物应用于临床检验。甲胎蛋白（AFP）是诊断肝癌的重要指标，也是糖蛋白，而且甲胎蛋白如果存在核心岩藻糖修饰的话，诊断正确率会进一步提高。

2. **细胞外基质蛋白大多是糖蛋白**　这些基质蛋白在细胞外构筑成重要的微环境，通过糖链结构与其他分子相互作用和识别。基质蛋白可结合大量的细胞因子，如细胞生长因子和趋化细胞因子等，参与诱导和调节细胞的生长和迁移。层粘连蛋白、纤连蛋白、胶原蛋白等都是糖蛋白。

（1）层粘连蛋白：层粘连蛋白（laminin）是基底膜中的主要蛋白质，形成器官组织的蛋白质网络基底层结构。层粘连蛋白由三条链构成，三聚体的层粘连蛋白相互交叉形成网状结构，并与其他基质蛋白如胶原蛋白，或者细胞膜的整合蛋白相连接。层粘连蛋白具有丰富的 N- 型糖链的修饰，这些 N- 型糖链结构发生变化时，会直接影响到层粘连蛋白的功能。

（2）纤连蛋白：纤连蛋白（fibronectin）是高分子量的细胞外基质糖蛋白，由两个几乎相同的单体组成，每一个单体的分子量在 230～250kDa 之间，两条链之间可由二硫键相连接。纤连蛋白能够结合细胞膜上的整合素（α5β1 和 αVβ3），也能结合其他基质蛋白如胶原蛋白、黏结蛋白聚糖（syndecan）等。从细胞分泌的纤连蛋白二聚体是可溶性的，当与整合素 α5β1 结合以后，会造成整合素的局部聚集，从而结合更多的纤连蛋白。这些结合在一起的纤连蛋白相互作用，形成短的纤连蛋白原纤维，导致基质的装配聚集，纤连蛋白纤维也由可溶性转变为不可溶解的纤维。

（3）胶原蛋白：胶原蛋白（collagen）是结缔组织的主要成分，机体内最为丰富的蛋白质之一。胶原蛋白形成的原纤维常见于韧带、皮肤、肌腱、角膜、软骨、血管等组织。胶原蛋白有 20 多种类型，常见的有 5 种类型，分别为 Ⅰ、Ⅱ、Ⅲ、Ⅳ 和 Ⅴ 型，体内超过 90% 的胶原都是 Ⅰ 型胶原蛋白。胶原分子是由三条 α 链组成的左手螺旋，每条 α 链中含有比较多的羟脯氨酸和羟赖氨酸，其一级结构含有甘氨酸 -X-Y 的重复序列。X 和 Y 代表任何氨基酸，但是常见的是羟脯氨酸和羟赖氨酸。在羟赖氨酸的羟基上可进行糖基化修饰，可以接上葡萄糖或者半乳糖，最为常见的是二糖修饰，这种糖链修饰发生在三链螺旋形成之前，是在高尔基复合体中进行的。脯氨酸和赖氨酸的这种修饰对于胶原蛋白的结构具有重要的意义。糖基化修饰提供了细胞膜受体的识别基础，与一些膜蛋白相互作用，进而与细胞膜相结合或者被细胞内吞。如果糖基化减少，会损伤胶原蛋白的交联，如果发生在骨组织，还会造成无机物沉淀异常，骨质的强度降低。

第二节 蛋白聚糖的结构与功能

蛋白聚糖（proteoglycan）亦称蛋白多糖，是含有大量糖基修饰的蛋白质，是细胞外基质的重要成分。蛋白聚糖分子中的蛋白质部分称为核心蛋白（core protein），蛋白聚糖就是由核心蛋白与一个或多个糖胺聚糖链重复单位共价结合组成（图8-8）；分子中的糖含量一般较糖蛋白高。例如一个分子量20kDa的糖胺聚糖通常会有80多个单糖残基，而在二天线的 N- 糖链，一般只有10多个单糖残基。由于聚糖在分子中所占比例高，因此在功能上显示主导地位。

糖胺聚糖链主要为一种长而不分支的线性糖胺聚糖糖链，可由氨基己糖和己糖醛酸或半乳糖单位组成，包括 N- 乙酰葡糖胺（N-acetylglu-cosamine）、葡糖胺（glucosamine）、N- 乙酰乳糖胺（N-acetylgalactosamine）和糖醛酸（葡糖醛酸或者艾杜糖醛酸）或半乳糖，它们交替排列成线性序列，呈现重复的二糖序列或二糖单位。在蛋白聚糖分子中，糖胺聚糖通过四糖桥连接到核心蛋白上，其附着点是一个丝氨酸残基，这种丝氨酸通常与其他氨基酸残基构成一种比较保守的序列，即 - 丝氨酸 - 甘氨酸 -X- 甘氨酸 -，其中 X 可指任何氨基酸残基，糖胺聚糖链常连接于这种序列，但并不是所有具有此序列的蛋白质都附着有糖胺聚糖。蛋白聚糖实际上也可以存在 N- 型或者 O-型糖链。

一、蛋白聚糖结构变异种类繁多

蛋白聚糖的结构变异大，核心蛋白种类多。由于核心蛋白分子大小、结构以及糖胺聚糖链的成分、数目、结构和硫酸化部位等的不同，形成了种类繁多的蛋白聚糖。有些蛋白聚糖仅含一两个聚糖链，如核心蛋白聚糖（decorin）和双糖链蛋白聚糖（biglycan）；有些可含有多达100个聚糖链，如聚集蛋白聚糖（aggrecan）或蛋白聚糖聚合体（文末彩图8-8）。不同组织来源的蛋白聚糖结构也各有差异。

依据糖胺聚糖糖链的形式可对蛋白聚糖进行分类，常见的糖胺聚糖有硫酸软骨素、硫酸皮肤素、硫酸乙酰肝素、硫酸角质素、透明质酸。

蛋白聚糖也可以依据其分子质量大小来区

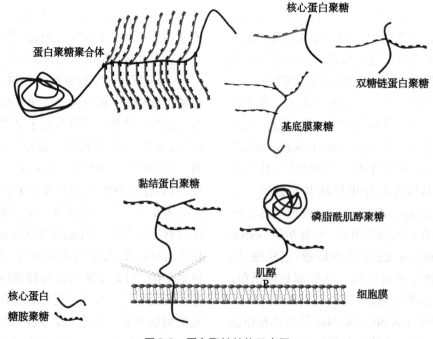

图8-8 蛋白聚糖结构示意图

分。根据相对分子量的大小，可分为小分子的蛋白聚糖和大分子的蛋白聚糖（表8-1）。一般来说，蛋白聚糖分子量都比较大，但是有些比较小，如核心蛋白聚糖，分子量只有36kDa，因为核心蛋白聚糖分子只含有一条糖胺聚糖链。

表8-1　根据分子大小划分的蛋白聚糖

小分子蛋白聚糖 （分子量＜100kDa）	大分子蛋白聚糖 （分子量＞100kDa）
核心蛋白聚糖	多能蛋白聚糖
双糖链蛋白聚糖	串珠蛋白聚糖
睾丸蛋白聚糖	神经蛋白聚糖
纤调蛋白聚糖	聚集蛋白聚糖

二、蛋白聚糖分布广泛

蛋白聚糖分布非常广泛，并且在不同组织中的蛋白聚糖结构并不相同，因此蛋白聚糖具有特殊的分布特性。根据组织分布特征，蛋白聚糖可以形成以组织为代表的类别。

1. **间质蛋白聚糖**　分布于细胞外基质的蛋白聚糖也称为间质蛋白聚糖，常含有硫酸软骨素、硫酸皮肤素、硫酸角质素聚糖。蛋白聚糖也是结缔组织的主要成分之一，由结缔组织基质细胞或纤维细胞和软骨细胞产生，其主要功能是作为结缔组织纤维成分（胶原和弹性蛋白）的基质，支持和稳定胶原纤维，也可作为组织垫使关节滑润。核心蛋白聚糖能结合和固定转化生长因子。

2. **分泌颗粒蛋白聚糖**　蛋白聚糖也可以存在于细胞的分泌颗粒中，形成分泌颗粒蛋白聚糖。在内皮细胞、内分泌腺细胞中主要是丝甘蛋白聚糖，后者主要含有硫酸软骨素和肝素聚糖。

3. **基底膜蛋白聚糖**　基底膜主要由胶原蛋白、层粘连蛋白、巢蛋白和蛋白聚糖组成。常见的聚糖为串珠蛋白聚糖（perlecan），又称基底膜聚糖和突触蛋白聚糖（agrin），这些聚糖含有硫酸肝素和硫酸软骨素糖链。串珠蛋白聚糖分子量很大，可达到400kDa，含有多个功能结构域，参与胚胎的发育过程。

4. **膜结合蛋白聚糖**　其糖链结构比较多样化，如黏结蛋白聚糖、聚集蛋白聚糖和小分子富含亮氨酸的蛋白聚糖（双糖链蛋白聚糖、核心蛋白聚糖）等。黏结蛋白聚糖的家族成员都含有一个跨膜结构域、大的细胞外结构域和一个较小的细胞质结构域，膜外结构域与聚糖链相连接。黏结蛋白聚糖-1和黏结蛋白聚糖-3在膜的近端连接有硫酸软骨素糖链，在远端连接着硫酸肝素糖链。黏结蛋白聚糖-2和黏结蛋白聚糖-4只含有硫酸肝素糖链。作为跨膜蛋白，黏结蛋白聚糖能够将细胞的信号转导到细胞内，如当硫酸肝素聚糖链与配体结合时，会造成细胞表面的黏结蛋白聚糖形成聚合体，并通过黏结蛋白聚糖的胞内结构域募集信号分子，如c-SRC蛋白激酶或者细胞骨架蛋白，造成细胞骨架蛋白聚集，改变细胞形态、迁移等。如果经蛋白酶水解黏结蛋白聚糖，细胞外的结构域就会脱落。

磷脂酰肌醇聚糖（phosphatidylinositol glypican）则通过羧基端的GPI锚插入细胞膜，但是没有胞内结构域。磷脂酰肌醇聚糖只含有硫酸肝素糖链，能够广泛结合蛋白因子。

三、蛋白聚糖受生物合成与降解机制调控

蛋白聚糖的生物合成包括肽链的合成及糖链的合成，其蛋白组分由核糖体合成并转运至粗面内质网腔中，而蛋白聚糖的糖基化发生在高尔基复合体，经多步酶促反应而成。糖胺聚糖糖链的合成过程与糖蛋白类似，亦由一系列糖基转移酶催化将活化单糖的糖基逐个转移到肽链及未完成的糖链，使之不断延长。聚糖通过四糖桥连接到核心蛋白质的丝氨酸残基侧链上，进而促进多糖糖链的连续合成，合成完毕的蛋白聚糖随后通过分泌泡转移到细胞外基质中。

蛋白聚糖可在细胞外或溶酶体中经酶催化而降解。水解聚糖链的酶包括内切糖苷酶及外切糖苷酶，分别催化水解糖链中及糖链非还原末端的糖苷键。透明质酸酶是研究最多的内切糖苷酶。透明质酸酶对于精子穿过卵细胞膜实现受精成功是必需的，而细菌分泌的透明质酸酶对其侵犯宿主组织有重要作用。糖胺聚糖中的硫酸基团可由硫酸酯酶催化，水解脱去硫酸，此反应常为糖胺聚糖糖链降解的限速步骤，未经脱硫酸的聚糖链，无法经糖苷酶水解。

四、蛋白聚糖具有突出的生物学作用特点

蛋白聚糖功能的多样性，使得其在维持人体正常生理活动中具有重要作用，蛋白聚糖含量及分布的异常变化常与人体多种疾病密切相关。

1. **蛋白聚糖是构成细胞外基质的重要成分** 蛋白聚糖是动物细胞外基质的主要成分，但是不同组织的细胞外基质中含有的糖胺聚糖及蛋白聚糖的类型、含量及结构不相同，这种不同与其功能相适应。蛋白聚糖在细胞外基质中与其他成分彼此交联，形成孔径不同、电荷密度不同的网状凝胶样结构，使细胞外基质连成一个体系，形成细胞外的微环境，而且可以作为控制细胞及其调控的筛网。这在肾小球及血管基底膜尤为重要。硫酸软骨素吸收水分（由糖基的多羟基及多阴离子决定），保持湿润和润滑，这对于骨骺的生长板尤其重要。硫酸软骨素蛋白聚糖的缺乏或硫酸软骨素的硫酸化不足，可缩减骺板的体积，从而导致肢体发育短小和畸形。而角膜中的蛋白聚糖主要含硫酸角质素及硫酸皮肤素，硫酸角质素蛋白聚糖负责角膜基质的胶原纤维的构建及维持，从而使角膜基质具有透光性。

2. **蛋白聚糖参与构建基底膜结构** 蛋白聚糖对于基底膜的作用也显而易见，能调节某些特殊基底膜的生物学特性。细胞外基质中的蛋白聚糖可以结合很多细胞因子，如生长因子、骨形成蛋白、转化生长因子等，保护它们避免被蛋白酶水解。膜上的蛋白聚糖分子可作为共同受体协同多种酪氨酸激酶型生长因子受体，并降低信号反应的起始阈值或改变反应的持续程度，它们还能与膜上的整合素分子以及其他细胞黏附分子协同作用，促进细胞间连接及细胞运动等。

3. **蛋白聚糖增加组织的水分保有量** 糖胺聚糖属于多聚阴离子化合物，能结合阳离子（如钠离子、钾离子和钙离子等）和水分子，进而影响水的流动性，也就直接影响组织的渗透压，而其与阳离子的结合是一种静电结合作用，影响离子的运输。如透明质酸的糖链含有很多的葡萄糖醛酸，具有非常强的保湿性能，能携带 500 倍以上的水分，常用作化妆品和眼药水的基础成分。

4. **肝素具有很强的抗凝血作用** 某些糖胺聚糖可与血浆蛋白结合，例如肝素可与凝血相关的几种凝血因子（如因子 X 及凝血酶）及抗凝血酶 III（血浆 α_2 糖蛋白）结合，从而抑制凝血。

5. **特殊结构的聚糖具有生物信号作用** 聚集蛋白聚糖是膜结合蛋白，其疏水的跨膜结构域一头接着短小的胞内端，另一头接着很大的细胞外端结构域，并且链接糖胺聚糖。聚糖包含硫酸肝素聚糖，可与细胞外的配体分子相互作用，如细胞因子和基质蛋白等结合，因此聚集蛋白聚糖与细胞外配体结合以后，可以将细胞外的信号传导到细胞内。因为其膜外结构域的硫酸肝素聚糖链可与其配体相结合，可造成聚集蛋白聚糖在膜上形成二聚体，导致其胞内端结构域与细胞骨架蛋白或者信号效应分子如 Src 蛋白激酶结合，并诱导激活并传导信号。如果聚集蛋白聚糖的胞外段被金属蛋白酶水解，就会失去聚糖链，就不能与其配体相结合传导信号。此外，糖胺聚糖经常含有硫酸基团的修饰，接在半乳糖的 3'、4' 或 6' 位的羟基上，形成带有负电荷的特殊结构，可以识别特别的配体蛋白，激发信号传导，使下游的信号蛋白激酶（如 Src 或 Akt 等）激活，如果将硫酸基团去除，也将会失去信号激发作用。

第三节 聚糖结构蕴含重要信息

随着对聚糖糖链等糖复合物结构的研究深入，目前已知糖蛋白和蛋白聚糖具有重要的生物学功能，且与聚糖链的结构密不可分，因此人们把专门从事糖复合物结构与功能领域研究的学科称之为糖生物学（glycobiology）。

一、糖链结构含有生物学信息

糖蛋白糖链和聚糖结构非常复杂，而且这种复杂的结构具有重要的生物学功能，细胞在不同的功能状态时期，糖链的结构也会有不同。不同的糖链结构还会引导不同的信号转导，识别不同的分子，结合不同的配体，这种不同的分子识别和结合最后会导致细胞功能的调节，如细胞发育、增殖和分化等。因此把糖链结构所蕴含的生物信息称为糖密码（sugar code）。糖链作为生物信息的携带物质，其结构远比核酸和蛋白质更为复杂。DNA 和 RNA 的基本结构来自于 4 种核苷酸的排

列组合，蛋白质则有 20 种氨基酸，而糖链则可能至少含有 32 种不同的单糖连接结构。核酸和蛋白质都是线性分子，而糖链结构可以分支，而且单糖还有多个羟基，形成不同的连接键，不同排列组合形成的糖密码可能比基因密码还要多。

不同的聚糖结构能被其他分子识别，最重要的是被蛋白质分子所识别，这种能够识别聚糖并与聚糖结合在一起的蛋白质通常称为聚糖结合蛋白（glycan-binding protein，GBP），聚糖实际上可以与很多蛋白质相互作用和结合，例如聚糖能被酶蛋白、抗体蛋白、病毒或细菌蛋白识别和结合。但在体内，聚糖结合蛋白主要为凝集素（lectin）蛋白和糖胺聚糖结合蛋白两大类。凝集素蛋白属于含有糖位点识别结构域（carbohydrate-recognition domains）的蛋白家族成员，凝集素和聚糖具有很高的亲和力，如果单个聚糖位点与凝集素结合，灵敏度可达到微克分子浓度，有些凝集素甚至可达到纳克分子浓度，如果有多个位点与凝集素识别结合，则亲和力可更高。凝集素蛋白主要通过分子表面的浅表结构与聚糖链的末端残基相互作用和识别，亲水的聚糖链取代水分子结合在凝集素分子的结合部位。糖胺聚糖结合蛋白则是通过电荷作用与糖胺聚糖结合，糖胺聚糖分子内常含有硫酸基团，带有负电荷的残基与蛋白质分子表面成簇的带正电荷的氨基酸残基形成静电相互作用。

凝集素有植物凝集素、细菌凝集素、病毒凝集素和动物凝集素。人体内的凝集素属于动物凝集素。凝集素与聚糖结合具有高度的特异性，不同的糖链结构都可以被不同的凝集素蛋白所识别。如果说不同的糖链结构代表不同的生物学意义，这种不同结构的糖链就可以理解为糖密码，就像基因密码一样蕴藏着生物学的含义。重要的问题是这些糖密码是如何被翻译出来，翻译这些糖密码就需要一套机制能够识别这些密码，不像基因密码靠核酸配对识别，糖密码的识别主要靠蛋白质识别。体内这种糖密码可以被一些蛋白质识别，这些蛋白质主要是凝集素，几乎在所有生物体内都存在，能够特异性识别糖链结构并结合到特定糖链上的蛋白质，这种识别和结合为糖密码的解读提供了前提。

凝集素识别聚糖结构具有一定的共同特点，

从凝集素蛋白本身来看，都具有糖链识别结构域，这种结构域的氨基酸序列在一些凝集素中具有保守性。根据这种同源特点，将凝集素分成 C 型、P 型、I 型、L 型和半乳糖凝集素几个大类。C 型凝集素结合糖链的时候需要钙离子，C 型凝集素家族有很多成员蛋白，它们的糖链识别结构域的氨基酸序列具有同源性。半乳糖凝集素识别含有半乳糖苷（β-galactosides）的糖链，其糖链识别结构域的氨基酸序列也具有同源性。P 型凝集素识别含有 6-磷酸甘露糖（mannose-6-phosphate）的糖链。I 型凝集素属于免疫球蛋白超家族，但不同于抗体免疫球蛋白和 T 细胞受体，主要有识别唾液酸的凝集素。L 型凝集素最早在豆科植物种子中分离发现的，参与蛋白质合成以后的分选过程并有分子伴侣作用，还可参与细胞的防御机制。

二、各组织表达不同的聚糖结构形成不同的糖型

由于细胞功能的需要，连接在蛋白质或者脂类分子上的糖链长度、结构或者糖基的种类可以有很大的变异性，从而形成结构多样性，这种多样性称为糖型（glycoform），糖型也就是复合糖分子中糖链结构的不均一性。糖复合物分子常具有大量不同的糖型，产生于不同的糖基化过程或者糖苷酶和糖基转移酶的作用。一个组织或者细胞在不同的功能时期呈现不同的糖型，不同的糖型也反映细胞的不同功能状态。糖型的检测可以利用凝集素结合的方法，如凝集素亲和层析、凝集素亲和电泳、凝集素芯片等，以了解具体蛋白质分子的糖型特点。有些糖蛋白如血浆蛋白、类黏蛋白、抗胰蛋白酶、触珠蛋白等常具有特殊的糖型，在一些疾病发生时，检测这些糖蛋白的糖型，有利于了解疾病的发展。

三、研究生物体所有的糖链结构信息就形成糖组学

相对于基因组和蛋白质组，一个生物体内的所有糖链结构信息称为糖组（glycome），研究单一生物体内的所有糖链结构信息的科学就称为糖组学（glycomics）。糖组学从分析和破解一个生物体或细胞全部糖链所含信息入手，研究糖链的结构、合成调控、功能多样性，从而从遗传、生理

和病理学等不同方面研究它们与疾病的关系。糖组学的研究不仅对于认识生物体内糖链的结构、分布、功能等具有十分重要的意义，依靠这些广泛深入的糖组学研究，能使我们更深入地理解生物体内糖类的多样性及其重要功能。

糖蛋白和蛋白聚糖的结构与功能研究近年来取得了进展，过去由于技术手段较少，研究聚糖的结构主要依靠化学分析和凝集素结合特征，随着质谱技术的发展和普及，结合高效液相色谱分离技术，质谱分析法已经成为分析聚糖结构的普遍应用手段。在这种分析方法中，糖链部分经过酶法或化学法从目的复合物上分离下来后，再进行具体的高效液相色谱、气相色谱、质谱分析，鉴定糖链的结构。凝集素和抗体芯片分析方法能够提供高通量的筛选和分析聚糖的结构特征。此外，经过合成或者分离纯化得到的各种寡糖交联在玻璃片上，形成寡糖微阵列，可用于筛选聚糖结合蛋白，并检测聚糖结合蛋白的寡糖结合特征。寡糖复合物可以通过糖基转移酶的基因重组技术，在细胞内进行生物合成。聚糖的代谢共价标记是研究糖链结构的重要方法，经典的叠氮基团标记糖链方法已经被广泛应用于体内和体外的聚糖分析中。

（吴兴中）

参 考 文 献

[1] Wu W, Dong YW, Shi P, et al. Regulation of integrin αV subunit expression by sulfatide in hepatocellular carcinoma cells. Journal of Lipid Research, 2013, 54(4): 936-952

[2] Wu LH, Shi BZ, Zhao QL, et al. Fucosylated glycan inhibition of human hepatocellular carcinoma cell migration through binding to chemokine receptors. Glycobiology, 2010, 20(2), 215-223.

[3] Varki A, Cummings RD, Esko JD. Essentials of Glycobiology. 2nd ed. New York: Cold Spring Harbor Laboratory Press, 2009.

[4] Richard D, Cummings J, Michael P. Handbook of glycomics. Burlington: Academic Press, 2009.

[5] Wang R, Wu XZ. Roles of galactose 3'-O-sulfation in signaling. Glycoconjugate Journal, 2014, 31(8): 549-554

[6] Kobata A. A journey to the world of glycobiology. Glycoconjugate Journal, 2000, 17(7-9): 443-464.

[7] Rillahan CD, Paulson JC. Glycan microarrays for decoding the glycome. Annul Rev Biochem, 2011, 80: 797-823.

[8] Shao K. Chen ZY, Gautam S, et al. Post-translational modification of e-cadherin by core-fucosylation regulates src activation and induces emt-like process in lung cancer cells. Glycobiology, 2016, 26(2): 142-154

[9] Gonzalez PS, O'Prey J, Cardaci S, et al. Mannose impairs tumour growth and enhances chemotherapy. Nature, 2018, 563(7733): 719-723.

[10] Inamori K, Yoshida-Moriguchi T, Hara Y, et al. Dystroglycan function requires xylosyl- and glucuronyltransferase activities of LARGE. Science, 2012, 335(6064): 93-96.

第九章 蛋白质组学

人类基因组全序列图谱的揭示无疑是生命科学研究中里程碑式的事件，但仅从基因组和转录水平分析研究生命现象的复杂性、多样性是不够的，阐释生命活动的规律，必须对基因的表达产物——蛋白质进行系统、深入的研究。鉴于基因表达在时间与空间的动态变化，以及蛋白质存在复杂的可变形式、加工修饰、相互作用及亚细胞定位。因此，以对全基因组表达的所有蛋白质进行高通量鉴定、定量和功能研究为核心内容的蛋白质组学（proteomics）应运而生。蛋白质组学的科学目标包括：特定条件下基因组中未知基因群表达的蛋白质的规模识别与定量；在蛋白质水平上，认识基因表达的集群调控规律及转录、翻译差异的调控规律；蛋白质相互作用网络构建；认识蛋白质加工修饰规律及蛋白质复合物的组装和调节规律等。2002 年底，国际蛋白质组组织宣布启动人类蛋白质组计划，其任务是从蛋白质水平对人类基因组编码基因进行功能"解码"，以阐明生理和病理过程中的分子功能与生化进程，服务疾病诊治。

第一节 蛋白质组学发展历程

蛋白质组学是 20 世纪 90 年代中期兴起的一门学科，属于生物化学与分子生物学分支，20 多年来有了突飞猛进的发展，成为"后基因组时代"的主要研究领域。蛋白质组学不仅在技术方法和基础理论上不断进步和革新，其在基础和临床研究中的应用也越来越广泛。

一、蛋白质组学概念

蛋白质组（proteome）的概念是澳大利亚学者 Wilkins MR 和 Williams K 于 1994 年首先提出，并最早见于 1995 年 7 月的 Electrophoresis 杂志。

它源于蛋白质与基因组（genome）两个词的组合，即意指"一个细胞或一个组织基因组所表达的全部蛋白质"。早期蛋白质组学研究的主要目的侧重于蛋白质组的序列测定及建立蛋白质表达图谱，但蛋白质并非简单地对应于基因组中编码基因的表达产物，转录后的加工产生的可变剪接、翻译后的修饰等因素都大大增加了蛋白质组的复杂性。此外，蛋白质与其他蛋白质或分子结合的复合物形式、特异的细胞器或亚细胞组分定位等均是蛋白质组的重要组成部分。因此，"蛋白质组"发展的定义为：一个生物个体中存在的所有蛋白质形式及其相互作用。"蛋白质组学"可相应地定义为：从整体水平对细胞内蛋白质的存在形式及其动态变化进行研究的科学。

二、蛋白质组学的产生和发展

1996 年，澳大利亚率先建立了第一个蛋白质组研究中心（Australia Proteome Analysis Facility, APAF），同年丹麦、加拿大也先后成立了国家蛋白质研究中心，随后美国、英国等也加入蛋白质研究行列。美国国立癌症研究所首先开始建立癌症的蛋白质组数据库，Celera 公司启动全面鉴定和分类汇总人类组织、细胞和体液的蛋白质及异构体，构建新一代蛋白质表达数据库。1997 年召开了第一届国际蛋白质组学会议，于 2001 年 2 月公布人类基因组草图的同月，国际人类蛋白质组组织（Human Proteome Organization, HUPO）宣告成立，并于次年宣布启动人类蛋白质组计划。中国于 1998 年启动了蛋白质组学研究，2003 年成立了中国人类蛋白质组组织，并于 2004 年在北京举办了第三届国际蛋白质组学会议。这些预示着生命科学的研究重心开始从基因组学转移到蛋白质组学，蛋白质科学及技术将成为 21 世纪生命科学与生物技术的重要战略前沿。

蛋白质组学的诞生及发展，得益于基因组、表达序列标签和蛋白质序列数据库的日渐完善，及以双向电泳（two-dimensional electrophoresis，2-DE）、质谱法、蛋白质阵列和生物信息学（bioinformatics）为代表的相关技术方法的进步和突破，这些实验技术和分析工具的革新实现了对蛋白质的大规模定性和定量鉴定。当前，基于质谱的蛋白质组学策略可以对不同状态下细胞／组织的每一蛋白质或整个蛋白质组进行全面的、可重复的、精确的、量化的鉴定。因此，蛋白质组学的研究重点将从筛选鉴定蛋白质转向确定生物系统背景下及不同状态中蛋白质的量变模式。目前利用高效的生物质谱鉴定能力和生物信息分析数据库，在细胞系样本中已可鉴定 7 000~9 000 种蛋白质，实现鉴定人类基因编码蛋白质接近全覆盖的目标已不再遥远。完整的蛋白质组图谱的构建及解读，将大大提升蛋白质组学在生物学及临床研究中的影响力。

三、人类蛋白质组计划的进展

2001 年，代表和推进蛋白质组学发展的国际科学组织 HUPO 成立，其以发展新技术和交流培训形式促进国际合作，目的是为了更好地了解人类疾病和与人类相关的其他方面，也支持动植物、病原体等相关的研究。

2002 年，由 HUPO 组织的国际计划——人类蛋白质组计划（Human Proteome Project，HPP）宣布启动，其任务是系统性地测定生理和病理过程中人类所有蛋白质组，在蛋白质水平对基因组编码基因进行深入注释，提供有助于阐明生物学进程和分子功能、促进疾病诊治的资源，并促进相关技术的提升及其在疾病研究中的应用。

HPP 的实施策略分三个主要层面：①从单一蛋白质层次预测人类基因组中的每个编码蛋白质的基因，解析其代表蛋白质产物，描述其丰度、相互作用分子及表达定位等，生成人类蛋白质组图谱；②在系统层面，对所有蛋白质在定位、相互作用及翻译后修饰等方面的动态关系进行系统阐述；③以疾病为对象，阐明蛋白质在生理及病理状态下表达量、功能及活性的变化。其目标包括对人类蛋白质的测定（翻译后修饰、异构体、细胞／组织／体液／器官的蛋白质表达和定量）和对

人类蛋白质的生物学注释（相互作用网络构建、疾病样本比较、数据整合分析）。

实施 HPP 的基本要素是用于蛋白质解析的质谱技术、用于蛋白质表达和定位分析的抗体技术、可交换的数据格式和知识库以及一系列的示范计划。

HPP 启动的一系列示范计划包括：2002 年首批启动的人类血浆蛋白质组分计划和由中国科学家领衔的人类肝脏蛋白质组计划，以及之后陆续启动的脑、肾和尿液、心血管等器官／组织蛋白质组分计划。此外，还启动了数据分析标准化、抗体、生物标志物等一批支撑分计划（表 9-1）。这些示范计划产出了大量的人类蛋白质组数据：2005 年，人类血浆 3 020 种蛋白质核心数据集是首个被鉴定的人体体液蛋白质组；2010 年，人类肝蛋白质组计划鉴定出 6 788 种蛋白质，成为首个被鉴定的人体器官蛋白质组，其中半数以上蛋白质在人类肝中首次发现。进一步在 2016 年展示了四种肝细胞蛋白质组的图谱，共鉴定了 10 075 个基因产物。由中国科学家贺福初院士领衔的该计划也显著推进了中国的蛋白质组学研究。对其他器官／组织的子计划也发布了 1 000~3 000 余种蛋白质构成的数据集。

2010 年启动的人类染色体蛋白质组计划，旨在以基因组为框架将蛋白质组数据进行有效整合，以提高对复杂生物学系统的认知。中国科学家承担了 1 号、8 号和 20 号染色体对应蛋白质的鉴定任务。2014 年 5 月，*Nature* 杂志发表了一张 HPP 草图，其对 30 个组织学正常的人类样本（包括 17 个成人组织、7 个胎儿组织和 6 个纯化的原发性造血细胞）进行深入的蛋白质组学分析，鉴定出 17 294 个基因编码的蛋白质，约占人类注释编码基因总数的 84%，并提供一个大型的人类蛋白质组目录（http://www.humanproteomemap.org）补充现有的人类基因组和转录组数据。因此，HPP 的成果加速了人类健康和疾病方面的生物医学研究。

四、蛋白质组学与基因组学的联系

蛋白质组是基因组中编码基因在某一特定时间和空间上的选择性表达、加工、修饰产物的集合。基因组学为蛋白质组学提供原始的序列信息，启动蛋白质组学的研究。蛋白质组与基因组有着

表 9-1 人类蛋白质组计划进展

启动年份	子计划	发布的核心数据集	产出年份
2002	人类血浆蛋白质组计划	Human Plasma Peptide Atlas，3 020 种蛋白质	2005
2002	人类肝脏蛋白质组计划	Proteome View，6 788 种蛋白质	2010
2003	人类脑蛋白质组计划	1 832 种（人）、792 种（鼠）蛋白质	2010
2003	蛋白质组标准化计划	分子间相互作用：PAR/MIAPAR/PSICQUIC 蛋白质分离：MIAPE-GEL/MIAPE-CC/MIAPE-CE	2010
2005	人类肾脏和尿液蛋白质组计划	3 679 种蛋白质；非蛋白尿尿蛋白质组学的最终标准	2009
2005	人类抗体启动计划	第 10 版数据库已覆盖 14 079 个编码基因	2012
2005	人类疾病糖组学启动计划	O- 糖基化全谱分析方法的比较，肿瘤细胞糖蛋白的全谱分析	2010
2005	人类疾病小鼠模型计划	小鼠分泌蛋白质组已鉴定 1 400 种以上蛋白质	2006
2006	人类心血管蛋白质组启动计划	1 333 种蛋白质并附 10 000 以上 GO 注释	2009
2007	干细胞生理蛋白质组启动计划	干细胞标志物、干细胞信号通路、干细胞与疾病	2009
2009	疾病标志物启动计划	肿瘤、心血管疾病、肺病标志物	2010
2010	模式生物蛋白质组启动计划	模式生物进展	2010
2010	人类染色体蛋白质组计划	J Proteome Res，专刊	2013

密不可分的联系。"蛋白质组"及"蛋白质组学"的概念，即源于"基因组"和"基因组学"的类比。目前蛋白质序列数据库中相当一部分序列是由基因组中预测的编码蛋白质的基因序列翻译而得到的。质谱法蛋白质鉴定的准确度，在很大程度上也取决于基因组注释的准确度，同时，基因组中对于"蛋白质编码区域"的注释也在不断更新及完善。

蛋白质组与基因组相比，又有其特点。①与生理 / 病理过程直接相关：蛋白质是生命活动的主要执行者，与生理功能直接相关。②复杂性：人类基因组大约有 2.5 万个基因，由于 mRNA 的选择剪接、翻译后修饰或细胞内定位的差异等原因会引发蛋白质的质和量的变化，因而导致蛋白质组组成、功能状态甚至表型的改变。③动态性：与遗传稳定的基因组不同，蛋白质组的一个重要特点是时空特异性。因此，蛋白质组学研究更需要重点关注蛋白质组成的动态变化及其与各种生理、病理过程的关系。④技术难度大：基因组学研究对象是 DNA，可通过 PCR 及基因工程技术进行扩增和改造，而且自动化 DNA 测序技术的发展使基因组及转录组的测序工作已变得非常容易。而蛋白质组学的研究对象是蛋白质，不能像 DNA 一样实现扩增和定点切割，且目前蛋白质全长测序很难实现，这些都限制了蛋白质组学研究的发展。尽管基于质谱的蛋白质组学技术

也实现了重大突破，目前基本达到对复杂样品蛋白质组"全覆盖"的水平。但仍存在很多难题，如依赖于基因组注释、需要将蛋白质酶切成肽段后测定而不易直接测定等。

蛋白质组鉴定结果可以反过来对基因组注释起到修正和补充的作用。利用蛋白质组学得到的图谱信息对基因组中"基因模型"进行注释是当前研究非常广泛的一个领域，称为蛋白质 - 基因组学（proteogenomics）。基于质谱鉴定所得的肽段可实现对基因组注释进行验证和校正，甚至发现新基因。具体内容如下：①验证已注释编码基因的结构。编码蛋白质基因结构的注释信息包括翻译起始位置、可变剪接位点等。②校正已注释编码基因边界。编码基因的翻译起始位点容易存在注释错误。如在极少数蛋白质中，终止子 TGA 可以编码第 21 号氨基酸——硒代半胱氨酸，这会使得这些编码基因的终止子注释存在错误。利用基于质谱的蛋白质组学数据重新注释基因组，可纠正这方面错误。③校正外显子边界（基因内）或发现新的外显子和可变剪接体。如 Chaerkady R 等利用冈比亚疟蚊基因组序列进行蛋白质组学研究，鉴定到 2 682 个仅能通过基因组序列搜索得到的肽段，分布在基因间区、内含子或非翻译区；利用包含潜在剪切位点的数据库，还鉴定到了 35 个新的剪切跳跃位点。此外，基于蛋白质 -

基因组学策略对基因组注释的验证和校正还包括：对基因组突变或单核苷酸多态性的注释、移码突变注释、RNA编辑注释和融合基因注释等。

当前，蛋白质组学与基因组学、转录组学、代谢组学等多个组学数据集成策略的兴起及生物信息学的进步，正在推动着生物医学科学研究的重大转变。基因组学与蛋白质组学整合分析及其在进化生物学研究中的应用，大大促进了进化生物学理论的突破。比较基因组学及系统生物学的最新研究成果，使人们发现，"非适应性过程"在进化中所起的作用比以往所认识的重要得多。转录组学及蛋白质组学数据应用于进化生物学规律研究，也大大促进了基因型变量（基因或蛋白质内在属性，如基因长度、进化速率、氨基酸组成、密码子偏性等）与表型变量（基因表达、定位、降解等过程）之间的关系研究。这些研究进一步加深了人们对生物学复杂性的规律性认识。

第二节 蛋白质组学的研究内容

蛋白质组学是从整体上系统研究蛋白质（群）是如何在生物体内发挥作用的工具学科。蛋白质编码基因的表达过程中存在复杂的时空动态变化、转录与翻译水平的调控与加工修饰、以及蛋白质间的相互作用及特征性亚细胞定位等，随着质谱技术、生物信息学分析方法等的不断发展，蛋白质组学研究从最初的定性定量鉴定逐渐走向蛋白质功能分析。按研究目的不同，目前蛋白质组学研究的主要内容包括：表达蛋白质组、亚细胞蛋白质组、定量蛋白质组、修饰蛋白质组、相互作用蛋白质组等。

一、表达蛋白质组

蛋白质组学研究的首要任务是鉴定细胞、体液或组织中存在的全部蛋白质，并发掘其中蕴含的生物学特征。尽管针对的是已有基因组或转录组数据库的生物体、组织或细胞，但人们发现蛋白质的数目并不完全与基因组编码基因一一对应，且蛋白质在细胞中的丰度是不均一的，并随着环境改变而处于动态变化之中。因此，在一个生物体/细胞中究竟表达多少种蛋白质，其组成规律是什么，也就成为了蛋白质组学研究的基本

任务，即表达蛋白质组学研究，其是指从整体水平上研究细胞、组织乃至生物个体蛋白质的表达模式，构建相应蛋白质表达图谱或亚蛋白质组数据库，从而确定重大生命活动的蛋白质基础。目前，借助蛋白质组研究技术，人们已经在细胞系、微生物、模式动植物和人的体液及器官等方面开展了大规模蛋白质表达谱研究，获得了代表性的表达蛋白质组研究成果（表9-2）。

表 9-2 表达蛋白质组研究的代表性研究成果

物种	组织	蛋白质鉴定数	关键技术	覆盖度	发表年代
酵母	全细胞	1 484	MudPIT	22%	2001
	全细胞	1 350	MRM	20%	2009
	全细胞	5 170	MudPIT	77%	2014
疟原虫	全细胞	1 289	shotgun	23%	2002
	细胞表面	2 737	MudPIT	49%	2017
钩端螺旋体	全细胞	2 221	MRM	61%	2009
线虫	全细胞	6 779	shotgun	27%	2008
人	细胞系	11 731	shotgun	51%	2012
	肝	6 788	shotgun	30%	2010
	精子	6 198	MudPIT	27%	2014
	血液	3 020	MudPIT	13%	2005

注：MudPIT—多维蛋白质鉴定技术。
MRM—多反应监测。

细胞系是细胞生物学研究中的重要研究材料，随着质谱技术的进步，目前已实现了对细胞系表达蛋白质的高覆盖度分析。研究人员从11个实验室常用的人源性细胞系中共鉴定到11 731种蛋白质，每种细胞平均表达的蛋白质均超过10 000种。这些细胞共同表达的蛋白质中，管家基因的表达量是比较一致的，而与代谢相关的基因表达则具有很大的细胞特异性。

酵母是单细胞真核生物的代表性物种。早在2001年，Yates JR实验室建立了多维蛋白质鉴定技术（multidimensional protein identification technology，MudPIT），并从酵母中鉴定到了1 484种蛋白质。2009年，靶向定量技术分析酵母中1 350种蛋白质的拷贝数，给出了很多低丰度蛋白质的表达绝对量信息，并且首次分析了酵母中的糖酵解和三羧酸循环通路中全部蛋白质的绝对量。其后，随着质谱扫描速度和灵敏度的提升，

酵母蛋白质谱数据不断刷新,现发现 5 170 种高可信蛋白质,覆盖了酵母全部 ORF 的 77%。目前,随着蛋白质鉴定技术的发展,一些实验室可在 1h 内完成酵母中 4 000 种以上蛋白质的分析。

疟原虫是一类单细胞寄生性致病原生动物。蛋白质组学研究从恶性疟原虫的无性繁殖阶段、配子母细胞和配子期三个不同生理阶段中鉴定到了 1 289 种高可信的蛋白质;后来又针对恶性疟原虫的各生活周期进行了蛋白质组分析,共得到 2 400 种与生理周期相关的蛋白质,提示了潜在的基因表达调控机制。2017 年,研究者利用定量蛋白质组学技术鉴定得到了 2 737 种恶性疟原虫蛋白质,并从表面富含的 96 种蛋白质中发现 62 种分泌型蛋白质,而其中 40 种为输出蛋白质。此外还发现了几种可能的表面抗原,为疫苗的进一步开发提供了依据。致病性钩端螺旋体、线虫等病原体或模式生物的表达蛋白质组也已有系统研究。

表达蛋白质组研究领域中最重要的是对人体器官、组织和体液的研究。这部分研究的主要目的是为生理和临床研究提供参考的依据。肝是人体最大的实质性器官及腺体,不仅是多种物质代谢的中枢,还具备生物转化、分泌和排泄等功能,故在蛋白质组学领域中也是重要的研究对象。由中国科学家率先对成人正常肝组织进行了蛋白质组分析,鉴定了 6 788 种表达蛋白质,给出了这些蛋白质表达的相对动态范围,系统地分析了这些蛋白质在肝中的重要生理特征,并且构建了开放的肝蛋白质组数据库 Liverbase(http://liverbase.hupo.org.cn/)。

利用高通量 MudPIT 质谱技术研究精子蛋白质的表达谱,可从健康男性精液中鉴定出 4 675 种精子蛋白质。汇总了三十项组学研究结果后,发现已鉴定出 6 198 种不同的蛋白质,其中大约 30% 的蛋白质在睾丸中表达。这些蛋白质与精子发生相关的能量代谢、细胞周期、信号转导及细胞骨架构成有关,也有一系列参与 RNA 代谢和翻译调节的蛋白质。差异蛋白质组学研究揭示了可能有特异蛋白质有望成为治疗男性不育及男性避孕的药物靶点。

血浆中的蛋白质丰度呈现极大的不均一性,极少部分蛋白质,诸如清蛋白、免疫球蛋白和转铁蛋白等,占据了血浆总蛋白质量的 99%,而剩余的 1% 却包含了种类数以千计的蛋白质,这为血浆蛋白质组的研究带来了极大的挑战。国际合作计划——人类血浆蛋白质组计划,通过整合多个课题组的数据,初步完成了对血浆中高可信的 3 020 种蛋白质的鉴定,并在国际蛋白质组专业期刊发布了数据和参考标准。

二、亚细胞蛋白质组

全细胞蛋白质组学在样品的复杂性和确定蛋白质位置的准确性方面仍然存在局限性。真核细胞中存在多种类型的细胞器,而定位于这些细胞器的蛋白质与细胞器的功能发挥密不可分。因此,采用经典的细胞器分离技术和蛋白质组相结合,系统鉴定和定位这些蛋白质,对深入了解这些细胞器的功能有重要意义。

细胞器分离的主体技术是利用细胞器密度不同而采用的密度梯度超速离心,常用的密度梯度介质多是蔗糖、Ficoll 和 Percoll。不同细胞器也有其他更为合适的材料,如分离线粒体常用 Nycodenz(一种碘化介质)。分离过程可以是一次分离得到一种细胞器,或同一匀浆液中获得多个细胞器的策略均适合蛋白质组学的研究。目前科学家们仍在不断开发其他细胞器分离技术,以提高分离的纯度和样品量。

1. 质膜蛋白质组 质膜是细胞与外界相互交流的通道。分析质膜蛋白组成,可加深对质膜结构的认识,更重要的是获得重要的靶标/功能蛋白质。通过硅胶包被的方法从大鼠的肺上皮细胞中富集了质膜组分,共鉴定到 2 000 种蛋白质。将这批数据与大鼠的肺腺癌细胞系的质膜蛋白质数据相比,发现了 12 种蛋白质在肿瘤内皮细胞质膜上有富集特征,这对肺癌的治疗和机制研究有一定的提示作用。在洋地黄皂苷处理的小鼠海马组织中,质膜组分中共得到 1 685 种蛋白质。这些蛋白质中超过 60% 是离子通道和神经递质受体,同时发现了一些重要的离子通道和神经递质受体的异构体,为深入研究神经细胞质膜蛋白质的构成提供了数据基础。最近研究用 β 淀粉样蛋白处理小鼠小胶质细胞,可鉴定出 1 577 种蛋白质,并观察到 14 种质膜蛋白质丰度的变化,为探寻小胶质细胞炎性标志物提供了依据。

2. 线粒体蛋白质组 线粒体的功能主要是呼

吸链偶联氧化磷酸化，为细胞提供 ATP。线粒体中有独立 DNA 及基因表达，也有外来蛋白质的输入，其蛋白质组成因细胞类型和生理和病理状态不同而有表达谱的差异，线粒体蛋白质组研究可以为解释线粒体功能改变提供重要线索。人的心肌线粒体的蛋白质组研究共鉴定了 615 种蛋白质，覆盖了已知的氧化磷酸化复合体蛋白质的 90%。目前已有专门性的线粒体蛋白质数据库——MitoP2 供研究人员参考。近年将组学数据和基因表型数据相结合，从而系统性地对线粒体蛋白质，尤其是一些功能未知的蛋白质加以注释，并用以发掘重要的生理功能。典型研究的例证是从 14 种小鼠组织中鉴定到 1 098 种线粒体蛋白质，通过基因进化方法预测了 19 种未知蛋白质的功能，最后通过 RNAi 和酶活性分析等技术验证了一个与呼吸链重要功能相关联的新蛋白质 C8orf38，并揭示了该蛋白质与一种家族性线粒体遗传疾病的关系。

3. 内质网蛋白质组 内质网是蛋白质合成和折叠的场所，同时在高尔基复合体的协同下，参与并完成分泌蛋白质的加工分选过程。对内质网的蛋白质构成分析，可能发现一些重要的功能性蛋白质，以拓展对内膜细胞器功能的认识。研究人员曾经从小鼠肝中分离内质网，再以双向电泳联合质谱技术鉴定到 141 种蛋白质，其中两个新蛋白质 ERP19 和 ERP46 都包含硫氧还结构域，属于蛋白质二硫键异构酶，参与蛋白质的正确折叠。对高尔基复合体的蛋白质组研究中，研究人员已鉴定到了 421 种蛋白质，其中 41 种属功能未知的蛋白质。通过对内质网、高尔基复合体和转运小泡的蛋白质组成研究，发现了参与蛋白质分泌途径的 1 400 种相关蛋白质，其中有 345 种蛋白质从未报道，大大拓展了对分泌途径中参与分子的认识。

4. 细胞核蛋白质组 细胞核是遗传物质的储存场所，同时大量的基因转录调控和转录后调控也发生于此。细胞核蛋白质组学研究有利于提高对细胞核组成及其中调控机制的探究。例如，酵母核孔复合体的蛋白质组分析鉴定到了 174 种蛋白质，通过对其中 34 个功能未知的蛋白质分析，提出了核质穿梭过程中的亲和转运机制。在哺乳动物细胞的蛋白质组研究中同样鉴定到了核孔蛋白复合体的新成员。核仁是一个高度动态的结构，研究人员利用高精度质谱分析 HeLa 细胞的核仁，获得了 692 种蛋白质，覆盖了 90% 的以往报道的核仁蛋白质数据。研究还分析了在转录抑制和蛋白酶体抑制后核仁蛋白质的差异，指出随细胞生理条件的变化，核仁蛋白质的组成具有高度的动态性。

5. 外泌体蛋白质组 外泌体是细胞内出芽形成的多泡体释放的小囊泡，可由各种类型的细胞分泌，也可存在于各种体液中，包括血液、尿液、唾液、滑膜液、乳汁、脑脊液等。外泌体携带着大量的细胞特异的生物活性分子，如核酸、蛋白质、脂类等，通过激发信号转导机制等在免疫调节、肿瘤耐药、动脉粥样硬化等多种生理病理过程中发挥重要作用。应用定量质谱技术系统地比较唾液和血清外泌体中的蛋白质谱，分别从唾液和血清中鉴定出 319 和 994 个外泌体蛋白质。进一步比较了健康受试者和肺癌患者的唾液和血清的外泌体蛋白质组，发现肺癌患者的唾液和血清中同时具有 11 种潜在标志物，一旦得到验证，可能开发基于外泌体的测试指标以监测肺癌。

三、定量蛋白质组

定量蛋白质组学（quantitative proteomics）是对一个基因组表达的全部蛋白质进行精确定量和鉴定的科学。蛋白质组学研究和基因组学研究相比，最大的不同和难点之一是定量，而蛋白质表达量的差异是影响其生物学功能的重要因素。因此，从蛋白质的简单定性向精准定量方向发展是当前蛋白质组学的热点之一。目前，基于质谱的蛋白质组定量技术分为相对定量技术和绝对定量技术。相对定量蛋白质组学，也称比较蛋白质组学（comparative proteomics）是指对不同生理病理状态下，对细胞、组织或体液蛋白质表达量进行的相对比较分析，发现关键的调控分子或疾病相关蛋白质标志物。绝对定量蛋白质组是通过在定量过程中加入已知量的核素标记肽段作为内标，测定相应蛋白质的绝对量或浓度的方法。绝对定量更为精确，但相对定量却更为常用，因为每个目的蛋白质的绝对定量都需要昂贵的标记肽。

（一）相对定量技术有助于发现生理病理过程中的重要蛋白质

在相对定量方法中，双向荧光差异凝胶电泳（2-D fluorescence difference gel electrophoresis，

DIGE）、核素标记相对与绝对定量技术（isobaric tags for relative and absolute quantitation，iTRAQ）、同位素亲和标签技术（isotope-coded affinity tag，ICAT）及细胞培养中氨基酸稳定核素标记技术（stable isotope labeling by amino acids in cell culture，SILAC）是比较常用的方法。基于 DIGE 技术，人们首次发现参与线粒体脂肪酸 β 氧化的烯脂酰辅酶 A 水合酶（ECHS1）在非酒精性脂肪性肝病（NAFLD）病人的肝中表达下调，由此提示增加高脂饮食可导致肝细胞脂肪病变，研究为揭示 NAFLD 的分子机制、发现潜在的药物靶标提供了依据。利用 iTRAQ 技术对正常和肥胖小鼠的肝线粒体进行差异蛋白质组学定量研究，发现可逆的磷酸化修饰在肝线粒体中广泛存在，酮体生成的关键酶 3- 羟基 -3- 甲基辅酶 A 合成酶 2 的 456 位丝氨酸的磷酸化修饰可以明显提高其催化活性，并促进酮体生成，进而在肥胖症及 2 型糖尿病发生发展中发挥作用。

ICAT 是同位素标记的蛋白质相对定量方法，可以精确鉴定和定量复杂混合物中的蛋白质。通过 ICAT 技术进行生长周期中酿酒酵母的定量蛋白质组研究，ICAT 试剂与半胱氨酸（Cys）的巯基准确反应，因此结合 MS 检测可用于量化含巯基的氧化还原蛋白质，从而检测蛋白质中 Cys 的可逆氧还状态，反映细胞内氧还传感器和相关抗氧化应激机制。此外，通过 ICAT 和 MS 对早期乳腺癌囊液中的肿瘤特异性蛋白质进行量化分析，可为癌症诊断筛选合适的蛋白质标志物。

2002 年建立的 SILAC 技术，为全面系统地定性和定量分析哺乳动物细胞蛋白质组提供了有效的方案。Kindlin 是新发现的一类黏附蛋白，三个成员（Kindlin-1、Kindlin-2、Kindlin-3）中 Kindlin-3 只在造血系统表达，小鼠 Kindlin-3 基因失活会导致严重的贫血。为了探讨其可能的机制，Kruger M 等通过给小鼠提供含有 $^{13}C6$ 赖氨酸的饲料，分别对野生型、*Kindlin-3$^{+/-}$* 及 *Kindlin-3$^{-/-}$* 小鼠进行 SILAC 核素标记，其红细胞差异蛋白组学研究结果表明，*Kindlin-3$^{-/-}$* 小鼠红细胞膜中的锚蛋白 -1（ankyrin-1）、蛋白 4.1（protein 4.1）及成束蛋白（dematin）均明显降低，提示 Kindlin-3 缺乏可使红细胞膜骨架组装障碍，干扰红细胞生成，进而导致严重贫血。

研究者通过 LC/MS-MS 方法对五个胰腺细胞系（CAPAN-1，HPAC，HPNE，PANC1 和 PaSC）的 8 000 多种蛋白质进行相对定量分析，发现有 1 400 多种蛋白质在表达水平上具有显著差异。这些研究结果说明了细胞系中依赖性肽和蛋白质的差异，可以为靶向和非靶向药物研究提供依据。

（二）绝对定量技术可规模化测定样本蛋白质的绝对浓度

绝对定量蛋白质组是通过在定量过程中加入已知量的核素标记肽段作为内标，测定相应蛋白质的绝对量或浓度的方法。它对了解蛋白质在相互作用网络中的功能及临床疾病的诊断和治疗等方面起到关键性作用。

目前常用的蛋白质绝对定量技术是基于核素标记肽段与质谱多反应监测（multiple reaction monitoring，MRM）的方法进行的。核素标记肽段是用化学合成（如 ^{18}O 标记、AQUA 法等）或细胞培养的方法合成带有核素标记肽段（人工合成 QconCAT 蛋白法），与靶蛋白质酶切肽段具有相同的序列、液相色谱保留时间、质谱离子化效率及相同的二级碎裂离子，但质量数不同，能在质谱上获得不同的信号，得到二者峰强度的比值。进一步在质谱 MRM 模式下，通过核素标记肽段的绝对量计算出样本中靶肽段的量，最后根据肽段的化学计量值得到对应蛋白质的量。基于此技术，首次对钩端螺旋体及酿酒酵母蛋白质进行了规模化绝对定量研究，并用低温电子断层扫描术（cryo-electron tomography，cryo-ET）证实该定量结果在钩端螺旋体中的准确性。近期有研究者利用此技术对血浆中低丰度载脂蛋白进行检测，可以定量分析一些难以用抗体检测的蛋白质，为微量蛋白质定量提供了新的测定方法。由于 MRM 具有高选择性、高准确度、快速和灵敏的优点，已经成为复杂生物样本中目标肽段及目标蛋白质定量分析的主要方法，在生物学研究应用中掀起了新高潮。

四、修饰蛋白质组

细胞的许多生理功能及其调控是通过动态的蛋白质翻译后修饰来实现的，目前已知的蛋白质翻译后修饰多达 200 多种。常见的蛋白质修饰有磷酸化、糖基化、泛素化、甲基化、乙酰化、羧基化及羟基化等。修饰蛋白质组学就是用蛋白质组学的方法对蛋白质翻译后修饰进行规模化鉴定分析，包括：特殊类别翻译后修饰蛋白质的鉴定、修饰位点的鉴定及其表达变化的定量分析。这里简要介绍常见的蛋白质磷酸化、乙酰化及泛素化修饰的组学分析意义。

（一）磷酸化修饰组学分析有助于理解生理病理过程的调控

蛋白质磷酸化分析及其位点鉴定已成为目前蛋白质组学的研究焦点之一。2006 年，对 HeLa 细胞在表皮生长因子（epidermal growth factor，EGF）刺激后 5 个时间点的蛋白质磷酸化进行分析，检测到 2 244 种磷酸化蛋白质和 6 600 个磷酸化位点。其中 14% 的磷酸化位点在 EGF 刺激后有 2 倍以上的差异，揭示了 HeLa 细胞中的磷酸化蛋白质受 EGF 影响的动态过程，为探索癌症的发生发展提供了信息。2010 年，以小鼠 9 种组织为样本检测到 6 296 种磷酸化蛋白质的 36 000 个位点，成为最大的磷酸化蛋白质组数据集。

磷酸化蛋白质组的深入分析有助于深入了解机体 / 细胞的生理过程。天冬氨酸特异性的胱天蛋白酶（cysteine containing aspartate specific protease，caspase）是细胞凋亡的重要调节因子。为了探究蛋白质磷酸化在细胞凋亡中的作用，研究者通过 SILAC 联合固相金属亲和层析（immobilized metal affinity chromatography，IMAC）的方法，鉴定到 500 个以上凋亡特异的磷酸化位点，并证明它们在 caspase 切割的靶蛋白质中明显富集并且在其切割位点附近成簇分布。caspase 的切割又可以暴露出新的磷酸化位点，而在切割位点下游产生的磷酸化可以直接促进由 caspase 8 引起的底物水解作用。这项研究为全面理解细胞凋亡机制提供了数据支持。

磷酸化蛋白质组分析有助于发现新的疾病相关蛋白质和治疗靶点。例如，用抗酪氨酸磷酸化抗体及多肽免疫沉淀技术研究酪氨酸去磷酸化酶 PTPN12 的抑癌作用中，发现 PTPN12 表达受到抑制时，乳腺癌的促癌基因 *EGFR* 家族的酪氨酸磷酸化显著增强，从而产生促细胞癌变效应。在 60% 的临床三阴型乳腺癌病人标本病理切片中，PTPN12 蛋白表达低下。这些研究结果支持 PTPN12 可能是三阴型乳腺癌预防和治疗的新型药物靶点。

（二）乙酰化修饰组学分析有助于理解核内基因及核外代谢酶的调控

蛋白质的乙酰化修饰参与调控多种生物学过程，如 DNA- 蛋白质相互作用、蛋白质 - 蛋白质相互作用、基因转录、蛋白质稳定性、细胞迁移和分化等。早期认为乙酰化修饰主要发生在核内，即乙酰基通过中和赖氨酸残基的正电荷改变修饰位点的理化状态，进一步改变染色质或转录因子的活性，从而调节基因转录。2010 年，发表在 *Science* 同期的两项组学研究改变了这一传统理念。

第一项研究在肠道沙门菌（*S. enterica*）中检测到 191 种蛋白质的 235 个赖氨酸乙酰化位点，其中 50% 的乙酰化修饰蛋白质参与生物代谢调控。原核生物的一个重要特点是可以根据营养物来源变化迅速改变代谢方向和转换代谢的通路。当培养基中主要是葡萄糖时，代谢以糖酵解和柠檬酸循环通路为主。当营养物为柠檬酸时，乙醛酸途径被激活，同时糖酵解转向糖异生。这种转化主要涉及四条通路蛋白质，其中 90% 的酶有赖氨酸乙酰化修饰状态的改变。

第二项研究在人肝组织中鉴定到 1 047 种蛋白质的 1 300 个赖氨酸乙酰化修饰位点，几乎涉及糖酵解、糖异生、柠檬酸循环、尿素循环、脂质代谢等通路的所有酶，证明赖氨酸乙酰化修饰调控代谢通路是一个从原核生物到真核生物进化上高度保守的翻译后调控机制。

（三）泛素化修饰组学有助于蛋白质稳态的监测

泛素 - 蛋白酶体系统在调节蛋白质稳态中起关键作用。可以应用定量蛋白质组学方法来评估位点特异泛素化修饰的敏感性，作为蛋白质稳态失衡的标志。将泛素化修饰蛋白质组学与亚细胞分离相结合可以有效地分离不同蛋白质群体上的降解，并调节泛素化事件。最近开发的一种有效的 p97/vcp 蛋白稳态因子抑制剂，发现其对蛋白质稳态的明显损害，并引起泛素化修饰蛋白质组的独特改变。因此，泛素化修饰蛋白质组学研究可用于评估蛋白质稳态及失衡下相关病理过程。

一般泛素化修饰蛋白质在细胞内丰度极低，且易被蛋白酶体降解而难以鉴定。对 Hep3B 肝癌细胞内的泛素化蛋白质进行富集后 LC-MS/MS 检测，共鉴定到 1 900 个潜在的泛素化蛋白质和

158个泛素化位点,生物信息学分析发现,这些蛋白质主要聚类于信号转导通路、转移侵袭相关的胞间连接以及蛋白质泛素化信号通路等,提示肿瘤细胞内的泛素-蛋白酶体的失调可能与细胞癌变特征的出现密切相关。未来修饰蛋白质组学的研究必将揭示更多的蛋白质化学修饰在各种生理和病理条件下的作用。

五、相互作用蛋白质组

细胞内的绝大多数蛋白质是以复合体形式来发挥功能的,当两种蛋白质在复合物中发生物理相互作用或共定位时,就会产生蛋白质-蛋白质相互作用(PPI)。而且由于环境处于不断的变化之中,使得蛋白质之间的相互作用也变得十分复杂。这就需要从蛋白质之间的相互作用角度来认识生命体活动过程。如何测定和认识生理/病理状态下的PPI网络就自然而然地成为了蛋白质组研究的热点。

随着技术的进步,PPI测定的手段也在不断更新。目前,涉及以下几个主流的研究技术体系:酵母双杂交、标签融合蛋白、免疫共沉淀、荧光共振能量转移技术、表面等离子共振技术和原子力显微镜技术等。科研人员已经运用这些技术规模化地分析了包括酵母、果蝇和线虫等模式生物和人类的蛋白质相互作用网络,这些数据形成了巨大的资源(表9-3)。国外研究团队以酵母双杂交策略,从人的基因表达文库中构建了2 800对相互作用对,并且随机选取了部分相互作用对进行验证,验证准确率达到了78%。从这批数据中得到了300对新的相互作用关系,而且超过100对的相互作用与疾病相关蛋白质有密切关系。

此外,大量的蛋白质相互作用研究催生了公共数据平台的建立。MPIDB(the microbial protein interaction database)是一个比较全面的微生物蛋白质相互作用数据库,该数据库包含了目前已完成的微生物的相互作用数据,共涉及191个物种的22 530个实验数据(http://www.jcvi.org/mpidb/)。与之类似,哺乳动物的蛋白质相互作用也构建了相应的网络数据库——MIPS,该数据库包括了10个物种的超过900个蛋白质的相互作用(http://mips.gsf.de/proj/ppi/),这些相互作用来自370篇文献中的1 800多个证据。可靠性很高,被作为准金标准使用。PPI网络数据库是通过人工注释和电脑算法从文献中提取的PPI的数据库,在网络内,每个蛋白质被定义为节点,节点之间的连接由实验观察到的相互作用来定义。其为研究者提供了重要蛋白质的功能信息,即高度相互作用的蛋白质可能具有共同的功能特性,并且可能共同参与某一生化途径。

第三节 蛋白质组学在医学研究中的应用

蛋白质组学因其高通量、高灵敏度的特点,已被广泛深入生命科学和医药学的各个学科研究之中。运用蛋白质组学研究手段,通过对某一生理和疾病过程中所有蛋白质的表达量、翻译后修饰状态、亚细胞定位和相互作用网络等变化的比较,可用于探寻疾病的早期诊断和分级、预后和疗效预测等的蛋白质标志物及药物开发的靶标;同时,功能蛋白质组学将目标定位在蛋白质组的各个功能亚群体,深入研究生理和病理状态下蛋白质功能模式的变化,也有利于揭示一些重大疾病的发生发展规律。由此而产生了疾病蛋白质组学(disease proteomics)这一新兴研究领域,其主要以人类疾病的发病机制、早期诊断及治疗,对治病微生物的致病机制、耐药性及发现新的抗生素为主。目前在心血管疾病、神经系统疾病、肿瘤等人类重大疾病的诊治方面取得了一些有意义的进展。

一、蛋白质组学是研究疾病蛋白质标志物的重要手段

医学领域中的生物标志物(biomarker)是指可用于反映疾病易感性和进展状况以及治疗效果的可测量指标。通过蛋白质组学研究手段,比较

表9-3 重要物种的蛋白质相互作用研究及资源

物种	相互作用对	技术体系	发表年代
幽门螺杆菌	1 200	酵母双杂交	2001
果蝇	4 780	酵母双杂交	2003
线虫	4 027	酵母双杂交	2004
疟原虫	2 846	酵母双杂交	2005
人	5 632	酵母双杂交	2005
酵母	3 617	亲和纯化+质谱分析	2006

蛋白质在血液、细胞和组织中的表达水平及表达位置等的差异,可发现一些与疾病相关的特异蛋白质标志物,用于疾病的预防、早期诊断、药靶鉴定和药物疗效评价。2009 年,美国科学家 Chan DW 团队发现的 OVA1 及其标志物群成为第一个被 FDA 批准的源于蛋白质组研究的肿瘤生物标志物。这一重要事件表明蛋白质组学成为疾病标志物研究的一个重要手段。

以肿瘤标志物为例,根据美国国立癌症研究所(NCI)早期检测研究网(The Early Detection Research Network, EDRN, www.cancer.gov/edrn)发布的生物标志物研究指南,生物标志物的发现和确认大体可分为发现、确证和临床验证三个主要阶段,而疾病蛋白质组学主要在发现和确证阶段发挥作用,提供有效的候选分子用于后续的临床验证。在发现阶段,针对临床需求和目的,对不同来源、合理例数的疾病 - 对照组样本进行蛋白质组分析,发现可能与疾病相关的蛋白质的表达量和修饰等的变化,形成候选差异蛋白质列表,然后将这些候选分子在新的样本中进行进一步数据确证,判别能力最好的少数几种蛋白质可被用于后续的临床验证阶段,针对它们开发检测技术,在 1 000 例以上的人群中进行大规模的临床验证(包括病例 - 对照样本、回顾和前瞻性队列人群样本),综合评价其在目标人群中的总体筛查效率。下面具体介绍蛋白质组学在疾病标志物的发现和确证阶段的研究方法。

(一)疾病标志物发现阶段的蛋白质组学研究

1. 生物学材料来源 生物学材料不仅包括取自病人的不同组织样本,也包括来自疾病动物模型的各种样本。

(1)血清 / 血浆:血液样本采集方便,是蛋白质组学分析发现疾病标志物优先选取的材料。来自于病灶的相关蛋白质可通过分泌、脱落、渗入到血液中。但血清 / 血浆的成分复杂,蛋白质丰度范围广(可达 10^{12} 数量级),存在多种高丰度蛋白质(清蛋白、免疫球蛋白等几种高丰度蛋白质占了血清蛋白质总量的 80% 左右),使得血清的蛋白质组分析面临巨大的技术挑战。考虑到很多已知的疾病标志物,如癌胚抗原等,都在 ng/ml 的浓度级别,因此从血清中发现低丰度的疾病标志蛋白质的难度很大。

为了提高分析的灵敏度,人们开发了许多去除血清中高丰度蛋白质的方法和试剂。如使用亲和层析柱去除血清高丰度蛋白质,这种方法可大大富集中低丰度的血清蛋白质,但同时也会因吸附而造成目标蛋白质的损失。此外,还可采用多维预分离的方法,通过增加馏分来提高分析的灵敏度。如,通过蛋白质的二维液相分离和 SDS-PAGE 分离,在小鼠血浆中鉴定到了 4 747 种蛋白质。

(2)组织:组织样本因为更接近病灶、具有更高的疾病相关蛋白质的浓度,也成为发现标志物的常用样本。其优点是,组织中没有血清中那么明显的高丰度蛋白质问题,还可通过细胞亚群和亚细胞器组分分离等进一步提高分析的灵敏度。此外,来自组织的数据与疾病发生发展的生物学相关性更为密切,并可同时产出基因组和转录组的数据进行整合分析。但组织蛋白质不一定能分泌入血,或受到其他脏器的变化导致血液中该蛋白质浓度发生波动,则不利于作为诊断标志物。如果用于疾病诊断,组织中的候选蛋白质仍需在血清中进一步验证。如果该候选蛋白质用于疾病的预后或分级 / 分期判断,则可直接通过免疫组化方法在组织切片样本中检测。

(3)体液:尿液、脑脊液、胰液、乳腺导管分泌液、支气管液以及胸腹水、唾液等常见体液均可作为发现相关疾病标志物的分析材料。这些体液也会含有一定量的高丰度蛋白质,如脑脊液中的清蛋白、尿液中的尿调素。对早期帕金森病患者和对照受试者的脑脊液进行蛋白质组分析,发现神经微丝轻链蛋白、心脏脂肪酸结合蛋白等表达增加,可能与帕金森病性痴呆相关。此外,组织间隙液作为病灶细胞所处的液体微环境,也可被用于疾病标志物的发现。组织间隙液既具备了组织样本含有较高浓度疾病相关蛋白质的优势,又比组织蛋白质更易分泌到外周血,而且没有血清中高丰度蛋白质的干扰,是一种更为理想的可用于疾病标志物发现的材料,已被用于乳腺癌、肝癌等的标志物研究。在组织间隙液中发现的候选蛋白质可用于后续的血清学验证。

(4)动物疾病模型:动物模型可以模拟多种人类疾病的发生和发展过程,而且具有较好的个体一致性,可以克服临床样本获取困难、无法对疾病临床前期和整个过程进行连续监测的缺点。

但因动物模型并不能完全模拟实际的发病情况（如 HBx 转基因小鼠虽然也能自发肝癌，但与人体中由慢性 HBV 感染导致的肝癌发生病因和病程并不完全相同），而且动物与人之间存在物种差异，所以在动物模型中得到的结果还需在人体样本中进行进一步的验证，以获得具有真正临床指导价值的蛋白质标志。除此之外，还可以将人源肿瘤细胞接种到小鼠体内构建荷瘤小鼠模型，通过检测血液中的人源蛋白质来寻找可能的疾病标志物分子。

2. 分离、鉴定和定量技术　常用的定量蛋白质组分析技术，包括基于凝胶（2-DE、DIGE）和非基于凝胶的、标记的（iCAT、iTRAQ、SILAC）和非标记的定量方法，都可用于疾病标志物的发现，甚至基于全谱鉴定的结果也可以用于候选标志蛋白质的差异分析，以发现在疾病样本中特异表达的蛋白质。

（二）疾病标志物确证阶段的蛋白质组学研究方法

通过蛋白质组学方法初期可鉴定到非常多的差异蛋白质，而直接将这些候选蛋白质都做临床样本验证，会涉及检测方法、抗体灵敏度和特异性等问题，成本很高，故在大样本量验证之前，需要先缩小有效候选标志物的范围。这里就需要一种高通量且相对低成本的筛选方法，其中最具代表性的方法就是基于质谱的选择性反应检测（selected-reaction monitoring，SRM）技术。SRM 需要使用三重四极杆质谱仪，其扫描速度快，在一次分析中可同时对 30 种蛋白质进行定量，具有高通量的优点；仅对靶蛋白特有的肽段进行检测，排除其他离子干扰，具有高特异性的优点；且这种靶向技术可以不依赖于抗体，大大节约了检测成本和周期。SRM 技术不仅可被用于目标蛋白质的相对定量，如果在样本中加入已知浓度的内标肽，也可进行目标蛋白质的绝对定量，可实现在复杂生物样本中对几百种蛋白质的拷贝数测定。

正因为 SRM 具有上述多项优势，现已被广泛应用于候选标志物发现后的确证，被誉为质谱上的 ELISA（酶联免疫吸附测定）。如可对 80 余种肿瘤候选标志物蛋白质在 80 例血浆样本中进行 SRM 定量，蛋白质的平均检测下限可达到 68ng/ml，平均定量下限可达到 157ng/ml。可见 SRM 可用于复杂生物样品中标志物的高通量确证。

疾病早期和临床前期的蛋白质变化更适合用于早期诊断，因此，在疾病标志物发现阶段，蛋白质组学更加关注疾病早期或临床前期的变化，而不是疾病的中晚期。此外，标志物的组合也是进一步提高诊断灵敏度和特异性的方法。在疾病标志物确证阶段，已开始通过免疫亲和富集直接在血清中利用 SRM 对每毫升仅含纳克级浓度的低丰度蛋白质进行检测的尝试。

二、蛋白质组学推动疾病分子机制的研究

尽管蛋白质组学的研究对象为全部蛋白质，但对全部蛋白质同时进行研究是困难的，将研究对象具体定位于某一生理功能相关的所有蛋白质而出现了"功能蛋白质组学"。其主要是指蛋白质活化、蛋白质相互作用和活化途径分析等的蛋白质组学研究，注重于特定功能机制的蛋白质群体，从而更易于揭示人类重要生物学功能和复杂疾病发生发展的分子机制。

蛋白质组学的早期研究主要应用定性定量蛋白质的表达模式，发现人类疾病重要生物标志物及药物靶点。其从整体、动态、定量水平得到的蛋白质组数据可阐述环境、疾病、药物等对细胞代谢的影响，并能分析其主要作用机制、解释基因表达调节的主要方式。随着其理论和技术的不断完善和扩充，磷酸化、乙酰化、泛素化等翻译后修饰以及细胞定位、可变剪接分析、蛋白质间相互作用分析等也与定量分析相结合，更为全面地解析疾病发生发展过程中蛋白质的存在形式和表达的变化规律，成为蛋白质组学研究中的重要研究范围，为探究疾病分子机制提供了新的思维方式和研究策略。

癌症已成为了公认的最严峻的医学难题之一。肿瘤中表达的特定蛋白质及其修饰状态的变化是肿瘤发生的关键驱动因素。近年来，蛋白质组学在肿瘤中的研究中取得了一些有意义的结果。如对鼻咽癌、肺癌、膀胱癌、乳腺癌、肾癌、卵巢癌、肝癌、结直肠癌等多种肿瘤应用 MALDI-TOF-MS 蛋白质组学技术，可有效地测定癌症异质性，发现了肿瘤标本的差异蛋白质。其二，功能蛋白质组学技术的改进已能对福尔马林固定和石蜡包埋的生物组织进行快速、高灵敏度的蛋白质组和磷酸化蛋白质组学分析,使人们能有信心迎接处理肿瘤异质性和耐药克隆群体的巨大挑战。

氧化还原信号可以直接调控生物发生和降解途径,并通过激活关键转录因子间接调控。近年建立的氧还蛋白质组学(redox proteomics)技术通过对蛋白质氧还修饰的位点特异性识别和量化,有利于深入解析蛋白质氧化和人类疾病的联系。其为研究衰老、阿尔茨海默病、动脉粥样硬化等氧化炎症性疾病中氧化还原信号调控机制提供一个关键的工具。

蛋白质组学推动疾病机制研究的另一重要应用是新药物的研发。药物靶标的发现与确认是新药研发的起点和"源头"。很多药物本身就是蛋白质,而很多药物的靶分子也是蛋白质。对人的不同生长发育期、不同细胞及不同生理病理条件下的蛋白质组研究,可找到直接与特定病理状态相关的药物靶分子,为设计作用于特定靶分子的药物奠定基础。其次,蛋白质间相互作用是蛋白质体现生命活动功能的基本形式。药物也可以干预PPI而引起相应的生物学效应,因此,采用干扰互作靶点分子的机制,针对PPI设计抑制剂有可能而达到治疗疾病的目的。比如,PPI在人类免疫缺陷病毒(HIV)生命周期中的多个阶段发挥重要作用,故针对HIV与宿主细胞分子的相互作用,为研发靶向于新结合位点和具有新作用机制的HIV抑制剂提供了新思路。疾病蛋白质组学研究在药物研发中的意义也表现在阐明新抗生素作用机制上。最近几年,除了在原有抗生素基础上开发其衍生物,更重视寻找作用于细菌内的新药靶分子,以研发更多有效的抗菌化合物。

另外,随着蛋白质组学技术灵敏度和分析通量的提高,使得针对独立个体的高通量蛋白质组全谱测定成为可能,并有望达到接近全基因编码蛋白质的覆盖度。类似基因组测序技术在医学研究中的应用。因此,基于蛋白质组技术和数据的个体化诊断与精准医疗也会成为以后的发展趋势。

综上所述,蛋白质组学正以其快速发展的理论与技术服务于医学领域,其建立各种生理及疾病状态下的蛋白质组数据库、发现疾病相关蛋白质、分析疾病相关蛋白质的结构和功能并揭示其在生命活动及疾病发生机制中的作用,为寻找疾病诊治的特异靶标和开发重大疾病治疗的新药物提供关键的、直接的线索。相信不久的将来,蛋白质组学的研究成果将在探讨重大疾病机制、疾病诊治、预防医学和新药开发的医疗事业中发挥越来越重要的作用,达到造福人类的目的。

(喻 红)

参 考 文 献

[1] Wasinger VC, Cordwell SJ, Cerpa-Poljak A, et al. Progress with gene-product mapping of the mollicutes: Mycoplasma genitalium. Electrophoresis, 1995, 16(7): 1090-1094.

[2] Ahrens CH, Brunner E, Qeli E, et al. Generating and navigating proteome maps using mass spectrometry. Nat Rev Mol Cell Biol, 2010, 11(11): 789-801.

[3] Sun A, Jiang Y, Wang X, et al. Liver base: a comprehensive view of human liver biology. J Proteome Res, 2010, 9(1): 50-58.

[4] Ding C, Li Y, Guo F, et al. A cell-type-resolved liver proteome. Mol Cell Proteomics, 2016, 15(10): 3190-3202.

[5] Kim MS, Pinto SM, Getnet D, et al. A draft map of the human proteome. Nature, 2014, 509(7502): 575-581.

[6] Omenn GS. Data management and data integration in the HUPO plasma proteome project. Methods Mol Biol, 2011, 696: 247-257.

[7] Gilchrist A, Au CE, Hiding J, et al. Quantitative proteomics analysis of the secretory pathway. Cell, 2006, 127(6): 1265-1281.

[8] Walsh C. Posttranslational modification of proteins: Expanding nature's inventory. Englewood. Colo: Roberts and Co. Publishers, 2005.

[9] Gendron JM, Webb K, Yang B, et al. Using the ubiquitin-modified proteome to monitor distinct and spatially restricted protein homeostasis dysfunction. Mol Cell Proteomics, 2016, 15(8): 2576-2593.

[10] Aslam B, Basit M, Nisar MA, et al. Proteomics: technologies and their applications. J Chromatogr Sci, 2017, 55(2): 182-196.

第十章　蛋白质分子异常与疾病

蛋白质是生命体内最重要的生物大分子之一，是最主要的生命活动的载体，因而在生命活动中起着不可替代的作用。蛋白质分子种类繁多，功能多样。蛋白质分子的功能多样性不仅决定于其结构的多样性和复杂性，而且还与蛋白质分子的翻译合成、修饰、折叠、组装、定位、降解等过程以及蛋白质分子之间的相互识别和作用有关。在正常的生理活动中，蛋白质分子执行重要的功能；而蛋白质分子的异常，包括蛋白质结构异常、修饰异常、折叠异常以及表达水平异常等，与人类疾病的发生、发展密切相关。

第一节　蛋白质分子结构异常与疾病

蛋白质分子的一级结构决定高级结构，高级结构决定空间构象，高级结构和空间构象决定蛋白质分子的功能。虽然许多蛋白质分子的一级结构不是决定高级结构的唯一因素，但一级结构是高级结构和功能的基础。蛋白质分子结构异常可致其生物学功能发生变化，并与疾病密切相关。

一、蛋白质一级结构异常与分子病

蛋白质由基因编码，通过转录和翻译等过程合成。当编码蛋白质的基因，在一定条件下发生基因突变，如单碱基替换、密码子的缺失或插入、移码突变、终止密码子突变和基因融合等，导致蛋白质一级结构异常，引起蛋白质功能变化时，可能导致疾病，这就是所谓的分子病。血红蛋白（hemoglobin, Hb）结构异常引起异常血红蛋白病就是典型的例子。

（一）Hb 分子结构异常引起异常血红蛋白病

血红蛋白病（hemoglobinopathy）是由于 Hb 分子结构异常（异常 Hb），或珠蛋白肽链合成速率异常（珠蛋白生成障碍性贫血，又称地中海贫血）而引起的一组遗传性血液病。临床可表现为溶血性贫血、高铁血红蛋白血症或因 Hb 氧亲和力增高或减低而引起组织缺氧或代偿性红细胞增多所致的发绀。

1. **Hb 是一种由血红素和珠蛋白组成的结合蛋白**　通常成人血中 Hb 的 97% 为四聚体（HbA），亚基第 87 位组氨酸残基（即 F8）的咪唑基与血红素 Fe^{2+} 结合，在结合运输 O_2 中具有重要生理作用。亚基第 93 位半胱氨酸残基易被氧化生成混合二硫基化物以及其他硫醚类物质，可降低 Hb 稳定性。晶体结构分析表明，Hb 分子的外表结构必须完整，带有负电荷；亚基结合部位要固定，形成血红素腔的氨基酸顺序排列应完整，否则 Hb 就不能维持分子结构稳定性及完成运输 O_2 的生理功能，而且容易遭到破坏。

2. **珠蛋白分子结构改变和 Hb 功能异常导致异常血红蛋白病**　珠蛋白基因突变而致肽链的单个或多个氨基酸残基替代或缺如，导致珠蛋白分子结构改变和 Hb 功能异常，称为异常血红蛋白病。至 20 世纪 90 年代，结构分析已经发现了 600 余种异常 Hb 分子，95% 以上为 Hb 的一个亚基单个氨基酸突变，但只有不到三分之一的异常 Hb 伴有临床症状。世界卫生组织估计全球约有 1.5 亿人携带异常 Hb。异常血红蛋白病在我国以云南、贵州、广西、新疆等地发病率较高，已经发现了 67 种异常 Hb，其中 19 种为我国首见。

（二）Hb 分子内部氨基酸残基在异常血红蛋白病发生中起关键作用

结构异常 Hb 的产生是由编码 Hb 不同亚基的珠蛋白基因结构异常所致，主要包括由分子表面和分子内部氨基酸残基替代所产生的异常 Hb。Hb 分子表面氨基酸残基改变常常不引起明显的病理变化，无论是纯合子还是杂合子患者都无临床症状，50% 异常血红蛋白病患者为此类型，但是镰刀状红细胞贫血例外。而 Hb 分子内部的非极性氨基酸残基,在 Hb 分子内构成血红素与珠蛋白链之间、肽链螺旋段之间以及 Hb 单体之间的结合。当这些氨基酸残基被理化性质不同的氨基酸残基所替代时,Hb 分子的构型和稳定性受到影响,形成异常 Hb,如 HbM、不稳定 Hb(unstable Hb,UHb)和氧亲和力改变的 HbS。

1. **HbM 是高铁血红蛋白血症(methemoglobinemia)的病因** HbM 是肽链中与血红素 Fe^{3+} 连接的组氨酸被酪氨酸所替代的异常 Hb。最常见的是 Hb 分子中 E7 或 F8 的组氨酸为酪氨酸所替代,这使酪氨酸酚基上的负氧离子与血红素 Fe^{3+} 构成离子键,稳定了高铁血红蛋白结构,影响 Hb 正常的氧释放功能,造成组织供氧不足,出现发绀及红细胞增多。高铁血红素易于与珠蛋白链分离,使 Hb 分子结构不稳定而发生溶血,同时患者由于动脉血中脱氧 Hb(HbM)较多,常呈皮肤青紫,表现高铁血红蛋白血症。

2. **UHb 导致不稳定 Hb 症** 当 Hb 分子 α 或 β 肽链中与血红素紧密结合的氨基酸残基发生突变或替代时,肽链的构象受到影响或与血红素的结合力减弱,导致形成分子结构不稳定的异常 Hb(UHb)。这时,水分子容易进入 UHb 的口袋内,使 Fe^{2+} 血红素氧化成 Fe^{3+} 血红素;Hb 肽链第 93 位半胱氨酸残基的巯基被氧化,生成硫化 Hb,使珠蛋白链与血红素分离。而游离的珠蛋白四聚体在 37℃ 时不稳定,易解离为单体,在红细胞内聚集沉淀,形成变性珠蛋白小体(Heinz 小体),使细胞膜僵硬,通过微循环时往往导致膜部分丧失,最终变为球形红细胞,在脾脏阻留而被破坏,导致溶血性贫血,表现为不稳定 Hb 症。

3. **HbS 导致镰状细胞贫血** HbS 是珠蛋白肽链第 6 位谷氨酸残基被疏水性的缬氨酸残基替代所致的异常 Hb。由于分子表面的疏水或电荷改变,当在低氧状态下,脱氧 HbS 分子构象改变,溶解度降低,易直线聚合形成螺旋状细丝,进一步形成硬纤维使红细胞变形拉长如镰刀状。变形的红细胞膜僵硬,易在血窦等处破裂而发生溶血性贫血,即镰状细胞贫血。

二、蛋白质折叠异常与错折叠疾病

具有完整一级结构的新生多肽或者蛋白质,只有通过正确的折叠、组装,形成正确的高级结构或空间构象,并且发生正确的细胞内转运和定位后,才可能行使正常的生物学功能。因此,蛋白质折叠是最重要的生命活动过程之一。蛋白质高级结构异常,即折叠异常将导致人类疾病的发生和发展。

(一)蛋白质折叠错误导致错折叠疾病

细胞内蛋白质折叠是一个很复杂的过程。为确保蛋白质正确折叠并执行正常的功能,生物体通过细胞内分子伴侣帮助新生肽链折叠、多聚体组装形成正常的结构,避免蛋白质的异常积聚;通过蛋白水解酶降解并除去错误折叠的肽链。蛋白质折叠错误可导致错折叠疾病(misfolding disease)。

1. **错折叠疾病** 当蛋白质折叠过程发生异常时,如伸展的肽链或错误折叠蛋白有可能不被分子伴侣或蛋白水解酶所识别,或蛋白质折叠过程形成的中间体自身积聚的速度异常等,蛋白质则不能形成正确的构象而发生错误折叠。这种由蛋白质错误折叠并异常累积导致的疾病,称为错折叠疾病。已知的错折叠疾病主要分为三类:无法正常折叠类型、毒性积聚产物类型和错误折叠导致错误定位类型。其中错误折叠产生积聚则直接导致了一些疾病,特别是神经退行性疾病的发生。目前,这类疾病发生的原因仍不清楚,也没有有效的治疗手段。

2. **错折叠疾病具有两个显著的特征** ①蛋白质在错误折叠的过程中往往发生了构象上的转换,从天然的二级结构转变为以 β- 折叠为主的结构;②错折叠疾病的蛋白质往往从可溶性分子转变为不溶性的沉积物,表现为淀粉样纤维或淀粉样斑。由于上述两种特征,这类疾病又被称为构象病(conformational disease)或者淀粉样病(amyloid disease)。已经发现多种疾病,包括阿尔茨海默病、帕金森病(Parkinson's disease,PD)和克 - 雅病(Creutzfeldt-Jakob disease,CJD)等神经退行性疾病,特异性蛋白质的错误折叠和异常积聚是这些疾病发生的早期事件。

(二)AD 的分子病理特征之一是淀粉样蛋白 β- 错折叠

AD 又称 Alzheimer 痴呆,是慢性进行性脑变性所致的痴呆,其神经病理学特点为出现老年斑、神经原纤维缠结及颗粒空泡样变性。临床表现为认知能力改变、记忆丧失和行为变化。确切病因尚不清楚，但已经明确 AD 与神经退行性病变相关联，其初期特征为突触损伤，之后是神经元的损失伴随着星形胶质细胞和小胶质细胞的增殖以神经原纤维缠结。患者的痴呆严重程度与老年斑及神经原纤维缠结数目多寡有关。在老年斑块和在脑淀粉样血管病中发现有 β 淀粉样蛋白（amyloid β-protein，Aβ），而在神经原纤维缠结中发现不良轴突和过度磷酸化 τ 蛋白。已经有证据表明，这两种主要蛋白发生了错折叠和异常积聚。

1. 淀粉样蛋白 Aβ 是前体蛋白 APP 的蛋白酶解产物 APP 是跨膜蛋白，有 3 个常见亚型：APP695，APP751 和 APP770，其中 APP695 在神经元细胞中最常见。人类 APP 胞外 K687 和 L688、M671 和 D672 之间分别存在蛋白酶 α- 分泌酶、β- 分泌酶的酶解位点，跨细胞膜内的 G709 和 V710、V711 和 I712 以及 A713 和 T714 之间存在 3 个 γ- 分泌酶酶解位点。α- 分泌酶酶解产物为可溶性 Aα，称为非淀粉样蛋白；而 β- 分泌酶和 γ- 分泌酶酶解产物为可溶性 Aβ，称为与疾病相关的淀粉样蛋白。由于参与裂解的 γ- 分泌酶酶解位点不同，Aβ 由 38～43 个氨基酸残基组成，主要为 $Aβ_{1-40}$ 和 $Aβ_{1-42}$ 两种。

2. 淀粉样蛋白 Aβ 易于发生自折叠以及分子间积聚 单体 Aβ 是可溶性的，其自身的功能尚不清楚。Aβ 自身结构特点决定了 Aβ 易于发生自折叠以及分子间积聚。首先，单体 Aβ 发生分子内折叠。这是因为 Aβ 肽链中酸性的天冬氨酸 D23 和碱性的赖氨酸 K23 之间，由于静电相互作用而形成盐桥。盐桥的稳定作用使 G25～G29 形成了转角结构。其次，Aβ 的 N 末端是亲水性的，而 C 末端是疏水性的。这一特征结构驱动单体 Aβ 易于形成分子间积聚，从而使其自身分子与水溶液环境的相互作用最小化。Aβ 分子中氨基酸残基 L17～A21 区域因具有疏水性，主要起到自身识别的作用，并可能影响高级结构的形成。

在 $Aβ_{1-40}$ 纤维结构中，氨基酸 12—24 残基和 30—40 残基是两个 β- 链特征区域，这两个区域与它们的侧链相互作用，从而稳定了 $Aβ_{1-40}$ 纤维结构中交叉 β- 折叠的结构。虽然 $Aβ_{1-40}$ 是 γ- 分泌酶酶解的主要产物，但是 $Aβ_{1-42}$ 的 C 末端额外多出两个疏水性氨基酸残基，因此 $Aβ_{1-42}$ 比 $Aβ_{1-40}$ 更

趋向于积聚。在积聚过程中，Aβ 构象发生变化，由无规则卷曲结构修饰成 α- 螺旋或 β- 链样形式。这一构象变化过程具有严格的条件要求，溶液酸度、肽浓度、金属离子浓度等微小变化将决定积聚是有序的还是无序的。

3. Aβ 的积聚经历启动、对数生长期和平台期三个阶段 在启动阶段，新生的 Aβ 肽链呈可融性单体状态发生自身折叠，然后分子间交叉识别形成寡聚体，也称前体纤维积聚体；在对数生长期寡聚体迅速积聚成多聚体，最终形成纤维并进入热力学稳定的平台期。Aβ 的产生、积聚和清除是处于动态平衡状态。当这种平衡被打破时，Aβ 将可能发生异常积聚。持续积聚的 Aβ 形成了 Aβ 寡聚体、多聚体和纤维。

4. 可溶性的低分子量 Aβ 寡聚体与神经毒性直接相关 Aβ 纤维是斑块的主要成分。Aβ 的积聚形成多态构象形式，哪种构象直接与神经病理学相关尚待阐明。但是已有证据表明，可溶性的低分子量 Aβ 寡聚体（如二聚体，而非单体和多聚体及纤维）与神经毒性直接相关。可能的分子机制是：在 AD 的早期，Aβ 寡聚体的异常堆积并与神经元细胞膜相互作用，在细胞膜上形成具有通道活性的孔道样结构，引起突触损伤、谷氨酸受体改变、回路过度兴奋、线粒体和溶酶体失去功能，使与突触可塑性、神经元细胞和神经生长有关的信号通路改变等。这些改变的分子机制尚未完全阐明。

5. Aβ 寡聚体的异常堆积激活 Aβ/CDK5 神经毒通路 AD 神经退行性病变过程涉及许多信号蛋白分子，包括 Fyn 激酶、糖原合酶激酶 -3β（GSK3β）、细胞周期蛋白依赖性激酶 -5（CDK5）。CDK5 是脑组织中 CDK 的主要组分，高表达于神经元，在神经元发育和突触可塑性中发挥重要作用。CDK5 是具有有丝分裂后活性的 Ser/Thr 蛋白激酶，其底物包括细胞骨架蛋白（MAP1b、tau、NF、nestin、DCX、CRMP2）、突触蛋白（PSD95、synapsin、cadherin）和转录因子（MEF2）等。CDK5 能够被神经细胞特异表达的 p35 或 p39 激活，在神经元分化、发育和突触形成及可塑性中发挥重要作用。

CDK5/p35 信号通路的过度激活与 AD 等神经退行性疾病的病理过程密切相关。Aβ 寡聚体

的异常堆积可激活 Aβ/CDK5/p35 信号通路,激活的 CDK5 可能通过异常磷酸化其底物蛋白,在 AD 发展过程中发挥重要作用。

第二节 蛋白质修饰异常与疾病

蛋白质翻译后修饰在生命体中具有十分重要的作用,它不仅保证新生蛋白多肽能够正确完成折叠、转运、定位、形成正确的构象,还调节蛋白质的生物活性、稳定性和半衰期,参与生物体内几乎所有的生理和病理活动。如果甲基化、乙酰化、糖基化等修饰发生异常,蛋白质不仅自身的功能失调,而且影响其他相关蛋白的功能,进而与病理过程关系密切。

一、蛋白质甲基化修饰异常与疾病

蛋白质甲基化是蛋白质翻译后修饰的一种方式,通常发生在特定的氨基酸残基上,如赖氨酸、精氨酸、组氨酸、脯氨酸等,其中以精氨酸和赖氨酸残基上较为常见。组蛋白的甲基化程度和甲基化位点具有多样性和复杂性,因而组蛋白甲基化修饰是表观遗传调控的重要形式,目前发现其在转录调控、异染色质形成、基因印记和 X 染色体失活等方面都发挥重要作用。蛋白甲基化与去甲基化失去平衡或异常与糖代谢相关疾病、肿瘤发生等密切相关。

(一)赖氨酸甲基化修饰异常与肿瘤发生发展

蛋白赖氨酸甲基化是通过赖氨酸甲基转移酶(lysine methyltransferase, KMT)实现的。组蛋白赖氨酸甲基转移酶 KMT 有数十种,其催化的甲基化主要发生在组蛋白 H3 和 H4 上,目前研究比较多的甲基化位点是 H3K4、H3K9、H3K27、H3K36、H3K79 和 H4K20。组蛋白不同位点的赖氨酸甲基化可能具有不同的表观遗传调控功能,其中 H3K4、H3K36 和 H3K79 与转录激活相关,而 H3K9、H3K27 和 H4K20 被认为与转录抑制有关。在乳腺癌、前列腺癌、结肠癌、肺癌、黑色素瘤等多种人类癌组织中,H3K27 三甲基化水平上调,常常与病情进展和不良预后正相关。H3K27 甲基化抑制了 INK4A-ARF、E-cadherin 和 RARβ2 等多种抑癌基因活性。

除组蛋白外,在生理条件下,非组蛋白也可以被 KMT 甲基化。与人类癌症相关的 P53、RB、NF-κB 和 p65 均被甲基化。已知 P53 蛋白上至少有 4 个甲基化位点:K370、K372、K373 和 K382,P53 甲基化修饰削弱了 P53 的抑癌活性,可能导致肿瘤的发生和进展。

(二)精氨酸甲基转移酶与代谢性疾病

组蛋白精氨酸甲基转移酶(arginine methyltransferases, RMTs)PRMT4,也称为 CARM1(coactivator-associated arginine methyltransferase 1),特异性地催化 H3R17 甲基化,促进 NF-κB 的转录活性。

CARM1 在肝脏葡萄糖代谢中起重要作用。2 型糖尿病患者骨骼肌葡萄糖摄取功能受抑,肝糖异生增强,参与 cAMP 介导的糖异生限速酶如磷酸烯醇丙酮酸羧激酶(phosphoenolpyruvate carboxykinase, PEPCK)、葡糖 -6- 磷酸酶(glucose-6-phosphatase, G6P)的基因随之激活。CARM1 与 cAMP 应答元件结合因子(cAMP responsive element binding factor, CREB)相互作用,并向 PEPCK 和葡糖 -6- 磷酸酶基因启动子处移动,增强这些启动子活化,从而促进肝脏糖异生。胰岛素则能使 H3R17 快速脱甲基化,导致 PEPCK、葡糖 -6- 磷酸酶基因的转录复合物破坏,转录被抑制。

二、蛋白质乙酰化修饰异常与疾病

蛋白质乙酰化是蛋白质修饰的重要形式之一。80%~90% 的真核细胞蛋白质(包括组蛋白和非组蛋白)可被乙酰化修饰。除组蛋白外,发生乙酰化修饰的靶蛋白还包括转录因子、转录调节因子、信号转导中的信号分子、凋亡相关蛋白、三大代谢的酶、与染色质重构和 DNA 复制及 DNA 修复有关的蛋白、结构蛋白甚至蛋白乙酰化酶和去乙酰化酶本身。蛋白赖氨酸乙酰化(蛋白 K 乙酰化)在调节蛋白功能及各种生理和病理过程中发挥重要作用。

(一)蛋白乙酰化通过 TGF-β1 信号通路干预器官纤维化

肾、肺、肝等器官纤维化的发生有多种机制,细胞外基质(ECM)合成与降解失衡而偏向 ECM 过度累积是其重要原因。TGF-β1 信号转导通路通过上调细胞外基质与基质金属蛋白酶组织抑制因子(TIMP)表达、抑制 ECM 的降解、诱导上皮/

间质转换（epithelial-to-mesenchymal transition，EMT）是器官纤维化发生的重要机制。蛋白 K 乙酰化通过影响 TGF-β1 信号转导通路中关键分子 Smad3 和 p300 的作用，实现对肾、肺、肝等器官纤维化的干预。

1. 蛋白乙酰化调控肝纤维化 肝星状细胞（hepatic stellate cell，HSC）是肝纤维化时产生 ECM 的最主要细胞，其产生 ECM 可能与组蛋白 H4 过度乙酰化有关。加入蛋白 K 乙酰化抑制剂 TSA，可部分阻止静止的大鼠 HSC 向肌成纤维细胞转化，抑制 α-SMA 表达，降低 Ⅰ、Ⅲ 型胶原蛋白的产生。AMPK 竞争性抑制 TGF-β1 信号转导通路中 Smad3 与赖氨酸乙酰转移酶 p300 之间的相互作用，从而抑制 Smad3 的乙酰化并诱导 p300 的降解，由于 p300 同时是 Smad3 重要的辅转录因子，故 p300 的降解会导致 TGF-β1 信号转导通路最后阶段促转录功能的失效。因此，蛋白 K 乙酰化调控肝脏 TGF-β1 信号转导通路而影响肝纤维化的发生发展。

2. 蛋白乙酰化调控糖尿病肾病 肾小球硬化、肥厚是糖尿病肾病发病机制中的关键事件，而 TGF-β1 诱导肾小球系膜细胞（MC）纤溶酶原激活物抑制剂 -1（PAI-1）和 p21 的表达在其过程中发挥重要作用。高糖环境和 TGF-β1 信号通路激活使肾小球系膜细胞和肾小球细胞组蛋白发生 H3K9/14A 乙酰化，同时，p300/CBP 占居在 *PAI-1* 和 *p21* 基因启动子区域中 Smad 蛋白和 SP1 蛋白结合位点附近，与 Smad2/3 蛋白相互作用，使 Smad2/3 蛋白乙酰化增加，从而促进 *PAI-1* 和 *p21* 启动子转录活性提高，使 *PAI-1* 和 *p21* 的表达增加，导致肾小球功能障碍、肾小球硬化及糖尿病肾病发生。

（二）蛋白乙酰化与肿瘤发生发展密切相关

在许多恶性肿瘤中，最早发生的改变是染色质表观遗传修饰的变化。在这一变化过程中发生的蛋白质乙酰化最为重要，因为它是后续发生的其他变化的关键开关。乙酰化和去乙酰化的动态调节与恶性肿瘤紧密联系。蛋白乙酰化调节失控将导致具有致癌作用基因的异常表达。

1. P53 被蛋白乙酰化调控 在应急条件下，P53 乙酰化水平上升，同时伴随 P53 激活和稳定性增强。DNA 损伤诱导 P53 的 Ser33 和 Ser37 位发生磷酸化，磷酸化的 P53 对乙酰基转移酶 p300、PCAF 和 TIP60 的亲和性增加，从而促进了 P53 的 C- 末端乙酰化位点发生乙酰化。p300 催化 K373 和 K382 发生乙酰化，进一步激活 P53 依赖的细胞周期阻滞基因；PCAF 和 TIP60 催化的乙酰化位点分别是 K320 和 K120，这二者进一步激活 P53 依赖的细胞凋亡基因。

2. 雌激素受体乙酰化参与乳腺癌的发生和转移 雌激素受体 ERα 是在乳腺癌等疾病中发挥重要作用的核受体。在正常组织中，乙酰基转移酶 p300 使 ERα 的 K303 发生乙酰化，而 PCAF 则不能。K303 乙酰化抑制了 ERα 的转录活性。但是，在 34% 的非典型乳腺增生组织中，ERα 的乙酰化位点发生 K303R 突变。这种突变不仅使 ERα 与转录辅因子 TIF-2（transcription intermediary factor 2）的结合能力增强，而且抑制了 ERα 自身的乙酰化修饰，导致 ERα 对配体雌二醇的亲和力及转录活性显著增强。表达突变体的乳腺癌细胞，在 1pmol/L 的低浓度雌二醇条件下表现出生长优势，同时逃避了肿瘤转移相关蛋白 1（metastasis associated protein 1，MTA-1）和 BRCA1 对其的抑制作用。

三、蛋白质糖基化修饰异常与疾病

蛋白质糖基化是蛋白质翻译后修饰的重要方式（见第八章）。蛋白质糖基化参与受体活化、细胞生长、分化、信号传导、细胞识别、免疫应答等重要生理和病理过程。

（一）N- 聚糖分枝的合成异常与肿瘤转移

脊椎动物细胞 N- 聚糖链的合成主要发生在高尔基体中。由于细胞特异性、调控因子和不同的 N- 乙酰葡糖胺基转移酶（GlcNAc-T Ⅰ ～ Ⅵ 或 GnT Ⅰ ～ Ⅵ）参与，在同一蛋白质的 N- 糖基化部位可以生成不同的复合型 N- 聚糖分枝（N-glycan branching）（又称天线），从而产生微不均一性（micro-heterogeneity），与肿瘤转移等生理和病理过程相关，具有重要的生物学意义。

1. N- 聚糖分枝的合成受到精密调控 N- 聚糖分枝的合成以及变更不仅与甘露糖苷酶和 N- 乙酰葡糖胺基转移酶 GnT 的表达量、活性、N-GlcNAc 代谢供给以及细胞内调控因子等因素密切相关，而且受到 GnT 家族成员作用次序和作用强度的精密控制。例如，GnTⅠ、GnTⅡ、GnTⅣ和GnTⅤ依次参与复合型 N- 聚糖分枝核心的合成，但作用各不相同。GnTⅣ主要催化 β1，4 分枝三天线 N- 聚糖的合成，GnTⅤ主要催化 β1，6 分枝的四天线 N- 聚糖合成。GnTⅢ的催化产物是平分型 N- 聚糖。GnTⅢ常常起到终止信号的作用，因为平分型 N- 聚糖不是其他糖基转移酶的底物。GnTⅤ的催化产物被凝集素 L-PHA 特异性识别，而 GnTⅢ的催化产物被凝集素 E-PHA 特异性识别。

细胞内糖蛋白上 N- 聚糖的合成帮助蛋白质进行正确地折叠、降解、输送、转运、定位等，细胞表面 N- 聚糖主要参与细胞识别黏附、受体 - 配体结合以及信号转导等重要过程。复合型 N- 聚糖及其分枝的数量与肿瘤转移密切相关，如，在发生淋巴道转移的乳腺癌中 β1，6 分枝的寡糖水平增加并预示结果不良。复合型 N- 聚糖及其分枝合成与糖基转移酶作用前后次序有关。

2. **β1，6 分枝的四天线 N- 聚糖促进肿瘤转移** GnTⅤ催化 β1，6 分枝的四天线 N- 聚糖合成，一方面使黏附分子整合素（integrin）α3β1 和 α5β1 的 β1，6 分枝的四天线 N- 聚糖增多，抑制肌动蛋白聚合，从而增加癌细胞同质间的游离、促进癌细胞向基质侵袭等；另一方面，通过 β1，6 分枝的四天线 N- 聚糖进一步合成的聚乳糖胺，与细胞表面凝集素半乳凝素 -3（galectin-3）结合，使连接有 β1，6 分枝的四天线 N- 聚糖或聚乳糖胺的细胞生长因子（如 EGF、PDGF、IGF 等）受体内吞受到抑制，在细胞表面的保留时间（retention time）延长，有利于癌细胞的增殖，进而促进肿瘤转移。

3. **平分型 N- 聚糖衰减肿瘤转移** GnTⅢ催化平分型 N- 聚糖合成、拮抗四天线 N- 聚糖合成。GnTⅢ使靶蛋白（如上皮钙黏素 E-cadherin）在细胞表面 turn-over 延迟，导致促进癌细胞间的同质性黏附，从而衰减肿瘤细胞的转移；另一方面，平分型 N- 聚糖合成使细胞生长因子（如 EGF 等）受体与其配体亲和力显著减弱，受体介导的信号转导被抑制，从而细胞的增殖受到抑制。临床与基础的研究结果提示，GnTⅤ表达促进肿瘤转移，GnTⅢ表达抑制肿瘤转移。GnTⅢ不仅拮抗 GnTⅤ的作用，还可能是 N- 聚糖链分支结构合成的关键酶。

（二）核心岩藻糖化与肿瘤发生密切相关

蛋白质的岩藻糖基化（fucosylation）是由岩藻糖基转移酶（fucosyltransferase，FUT）以 GDP- 岩藻糖为供体底物，催化岩藻糖基主要以 α1，2、α1，3/1，4 和 α1，6 糖苷键与 N- 聚糖或 O- 聚糖等连接。人 FUT 家族至少包括 9 个成员，其中 FUT1、FUT2 催化 α1，2 岩藻糖基化，参与合成人的 H、A、B 血型抗原，决定 ABO 血型；FUT3～7 和 FUT9 催化 α1，3/1，4 岩藻糖基化，主要合成选择素家族的配体，包括 Lewis X、Lewis A、唾液酸化的 Lewis X 与 Lewis A，影响淋巴细胞归巢、白细胞趋化、炎症的发生、肿瘤转移等生理和病理性过程。

1. **核心岩藻糖基化参与了重要的生理病理过程** 核心岩藻糖基化即 N- 聚糖核心的 N- 乙酰葡糖胺（GlcNAc）通过 α1，6 糖苷键与岩藻糖相连。FUT8 是已知唯一的催化核心岩藻糖基化的岩藻糖基转移酶，阻抑 FUT8 表达会衰减转化生长因子受体（TGFR）、E- 钙黏蛋白、整合素等糖蛋白介导的信号转导、细胞黏附、肾小管上皮细胞间质转化等。

2. **核心岩藻糖基化与肝癌的发生发展密切关联** 只有在原发性肝癌患者的血清中能够检测到核心岩藻糖基化（α1，6）的甲胎蛋白（称为 AFP-L3）。2005 年，美国 FDA 将核心岩藻糖基化（α1，6）的甲胎蛋白 AFP-L3 作为原发性肝癌诊断标志物。在人肝癌和大肠癌组织中 α1，6 岩藻糖基化和 FUT8 表达水平异常升高，其可使肝内糖蛋白的合成与分泌增加。但是目前，核心岩藻糖基化 /FUT8 表达上调的原因不明，其上调的意义还有待研究。

（三）唾液酸修饰异常与肿瘤发生密切关联

唾液酸（sialic acid）是一类酸性九碳单糖，是所有神经氨酸或酮基 - 脱氧壬酮糖酸的 N- 或 O- 衍生物的总称。唾液酸作为复合糖的组成部分镶嵌于所有细胞表面以及大多数脊椎动物糖蛋白和糖脂分子的末端最外侧。唾液酸家族成员已经达到 50 多个，其分子结构多样，在生物体内存在广泛的分布。唾液酸介导或调控了炎症、病原感染、肿瘤发生发展等诸多病理过程，与人类疾病密切关联。

1. **肿瘤细胞表面 Sialyl Lewis X/A 表达增加** Sialyl Lewis X/A 是黏附分子选凝素的配体，它引导血液循环中的肿瘤细胞与激活的内皮细胞表面表达的 E- 选凝素、血小板表面的 P- 选凝素以及白细胞上的 L- 选凝素相互黏附，在肿瘤转移的起始阶段发挥作用。

2. 表观修饰使 Sialyl Lewis A 抗原表达增加 在正常肠上皮细胞中表达 $\alpha2,3$ 和 $\alpha2,6$ 双唾液酰基化的 Lewis A（disialyl Lewis A）。disialyl Lewis A 是表达于巨噬细胞的免疫抑制受体 siglec-7 和 siglec-9 的配体，其作用是保持消化器官黏膜免疫平衡。在结肠癌发生的早期，$\alpha2,6$ 唾液酰基转移酶（ST6GAL1）受到表观修饰的抑制，使 $\alpha2,6$ 唾液酰基化减少，$\alpha2,3$ 唾液酰基化的 sialyl Lewis A 积聚增加，免疫平衡被打破，炎症反应增加。血清 sialyl Lewis A 为血清肿瘤标志物，水平增高提示结肠癌预后不良。

3. N- 聚糖上的 $\alpha2,6$ 连接的唾液酸激活 $\beta1$ 整合素信号通路 肿瘤细胞表面黏附分子 $\beta1,6$ 分枝的 N- 聚糖表达增加，促进肿瘤细胞黏附和侵袭能力。由 ST6GAL1 合成的 $\alpha2,6$ 唾液酰基常位于 N- 聚糖的末端。在乳腺癌模型小鼠中，$St6gal1$ 基因敲除增强乳腺癌分化，整合素信号通路下游黏着斑激酶（focal adhesion kinase，FAK）的蛋白水平没有变化，但 FAK 的 Y397 磷酸化消失；而在 $St6gal1$ 基因敲除，增强乳腺癌细胞重新表达 $St6gal1$ 后，$\beta1$ 整合素信号通路又被激活。N- 聚糖上的 $\alpha2,6$ 连接的唾液酸通过增强 $\beta1$ 整合素信号通路，调制肿瘤细胞发生低分化。

第三节 蛋白质降解异常与疾病

蛋白质是生命存在的物质基础，需要通过蛋白质质量控制，即合成和降解在体内维持其水平的相对平衡与稳定。蛋白酶体途径和溶酶体途径是细胞内蛋白质降解的主要途径，当二者出现异常时，细胞蛋白质水平将发生异常并与人类疾病发生发展密切关联。

一、UPS 途径异常与疾病

蛋白质泛素化是蛋白质翻译后修饰的一种重要方式。泛素 - 蛋白酶体系统（UPS）是维持细胞内蛋白质稳态的重要途径，在蛋白质降解、信号分子复合物形成、蛋白质胞内投送（trafficking）以及酶分子激活与失活等重要生物学过程中发挥

作用，广泛参与细胞调节过程。泛素化 - 蛋白酶体途径异常导致细胞内重要功能蛋白质的降解失常，与疾病的发生和发展密切有关。

（一）泛素化 - 蛋白酶体异常导致重要功能蛋白质水平异常

泛素化系统失常使抑癌基因产物稳定性下降，而使癌基因产物不能正常降解清除，进而使细胞周期调控机制紊乱、分化受阻，导致肿瘤的发生。

1. 泛素化 - 蛋白酶体途径使恶性实体肿瘤中 $p27^{kip1}$ 常呈低表达 $p27^{kip1}$ 是细胞周期负调控因子。$p27^{kip1}$ 在静止细胞中高表达，它通过与 CyclinE-CDK2 和 CyclinD-CDK4 复合物紧密结合，抑制其活性，阻滞细胞进入 S 期。当细胞受到有丝分裂原刺激后，在泛素蛋白连接酶作用下，泛素结合酶与底物 p27 相互作用，导致 $p27^{kip1}$ 泛素化，$p27^{kip1}$ 通过泛素化 - 蛋白酶体途径快速降解，$p27^{kip1}$ 水平下降导致了对 CDK 或 cyclin-CDK 复合物活性抑制效应降低，而 CDK 的活化效应增强，使 CDK/cyclin 复合物介导细胞进入 S 期，完成细胞周期 G_1-S 期的主要转换，驱动细胞周期进程，使细胞过度增殖、分裂乃至形成肿瘤。

2. 泛素化 - 蛋白酶体途径使肿瘤 P53 蛋白表达水平降低 P53 蛋白是一种序列特异性的转录因子，调控细胞周期和细胞凋亡。P53 活性首先在翻译后修饰水平被调控，主要通过鼠双微体 2（murine double minute chromosome 2，MDM2）介导的泛素化降解。MDM2 是一个环指 E3 泛素连接酶，通过 N 末端 P53 连接区特异地与 P53 相互作用，催化 P53 的泛素化并被 26S 蛋白酶体降解。已经发现 MDM2 在多种肿瘤中表达明显升高，导致野生型 P53 在恶性肿瘤中表达降低。

（二）泛素化 - 蛋白酶体异常参与炎性反应 NF-κB 信号通路

核因子 NF-κB 信号在调节炎性反应等过程中发挥核心作用，而蛋白质泛素化调控 NF-κB 的活化过程、NF-κB 的抑制因子 IκB 的降解和 IκB 激酶 IKK 的活化。

正常生理条件下细胞内 NF-κB 的活性被 IκB 抑制。在病原体 / 促炎因子等刺激下，E3 酶上的环指模 TRAF6 首先被细胞膜上的 TNF 受体和 IL-1 受体及其配体激活，然后与 E2 酶上的复合物泛素变构酶 1A（ubiqitin emzyme 1A）共同作

用，发生 K63 泛素链修饰。K63 泛素链可被特定的激酶受体蛋白的锌指模体所识别。泛素化的 TRAF6 募集相关的蛋白，以 K63 链为骨架进行装配信号复合物，催化 IKK 的上游激酶——转化生长因子激活激酶 1（TGFβ-activated kinase，TAK1）磷酸化，进而激活 IKK，引起 IκBα 磷酸化和泛素化，IκB 的空间构象发生变化，从而被 ATP 依赖性 26S 的蛋白酶体所识别并降解。IκB 降解后，对 NF-κB 的抑制作用被解除，NF-κB 从胞质转移至胞核，激活抗凋亡基因如 *Bcl-2* 等，发挥其抗凋亡作用。

（三）泛素化与 SUMO 化协调控制蛋白质降解

SUMO（small ubiquitin-like modifier 1）属于泛素样蛋白质修饰物家族。类似于泛素化修饰，SUMO 能够调节蛋白在细胞内的定位和分布，调节 DNA 修复和调控转录等；但与泛素化不同，SUMO 化并不促使蛋白质降解，而是增加蛋白质的稳定性。泛素化与 SUMO 化的这种功能上的差异，决定了它们在疾病发生中的作用不同。

亨廷顿病（Huntington disease，HD），又名慢性进行性舞蹈病，是一种常染色体显性遗传的神经退行性疾病，表现症状包括人格改变、不自主运动和智力下降等。HD 是由于第 4 号染色体编码亨廷顿蛋白（huntingtin，HTT）的基因 *Huntingtin*（*HTT*）突变所致。HTT 又称 HD 或 IT15（interesting transcript 15），其分子量为 350kDa。*HTT* 基因含有一段 CAG（编码谷氨酰胺）三核苷酸重复序列，其重复次数通常在 26 次以下，一般不超过 35 次。当 *HTT* 突变时，会产生一个由 36 个以上谷氨酰胺组成的细长的多聚谷氨酰胺。这种突变 HTT（mHTT）因具有细胞毒性而导致 HD。

在靠近 HTT 的 N 末端，存在三个赖氨酸残基，即 K6、K9 和 K15，是泛素化和 SUMO 化竞争的共同位点。当 mHTT 的 S13 和 S16 被磷酸化时，K6、K9 和 K15 被 E3 连接酶催化发生泛素化，泛素化直接引导 mHTT 蛋白通过蛋白酶体途径降解，从而保护了细胞免受 mHTT 毒性。另一方面，当 mHTT 的 S13 和 S16 磷酸化缺失的时候，mHTT 的 K6、K9 和 K15 被 E3 连接酶 Rhes 催化发生 SUMO 化。SUMO 化稳定了 mHTT，遮蔽了 mHTT 的细胞质导向信号，而使 mHTT 转位进入细胞核，造成基因转录失调，产生细胞毒性。

二、溶酶体途径异常与疾病

细胞内蛋白降解不仅受蛋白酶体途径调控，而且受溶酶体途径调控。若溶酶体功能缺失，将导致错误折叠的蛋白质的累积，并与帕金森病等神经退行性疾病以及肿瘤等的发生有关。

（一）溶酶体途径与抗氧化防御

正常情况下，细胞的核因子 NRF2（nuclear factor erythroid 2-related）与蛋白 KEAP1（kelch-like ECH-associated protein 1）结合，处于无活性状态并被蛋白酶体介导而降解。氧化应激情况下，KEAP1 或者被修饰而与 NRF2 解离，或者与 p62 蛋白结合，此时 p62 随着氧化应激而表达增加并可被自噬 - 溶酶体途径去除。游离出来的 NRF2 进入细胞核内，作为转录因子激活并启动抗氧化防御基因的转录。同时，氧化应激激活的 NF-κB 途径也促进抗氧化防御基因的转录，此时的细胞得以生存。

在自噬 - 溶酶体途径缺陷的细胞中，p62 不再被降解并被组成性地堆积，p62 与 KEAP1 结合至积聚，NRF2 和 NF-κB 同时进入细胞核启动抗氧化防御基因的转录，促进细胞生存和肿瘤转化，这也成为激活 NRF2 的一条非经典途径。

（二）溶酶体途径介导的肿瘤抑制机制

在相同的应激条件下，基于有无自噬发生，相同的组织可有不同的命运。在自噬存在的组织中，细胞内受损的蛋白和亚细胞器可被自噬 - 溶酶体途径清除，使受损的细胞和组织恢复，肿瘤被抑制。

自噬 - 溶酶体途径缺陷的组织中，p62 和受损的蛋白以及受损的亚细胞器堆积，进而激活 NRF2 和 NF-κB 等信号通路，促进细胞生存并导致活性氧产生、慢性组织受损、炎症和基因组不稳定，形成启动肿瘤和促进肿瘤的环境。

第四节　蛋白质相互作用异常与疾病

细胞活性和功能由蛋白质执行。但蛋白质功能的执行与发挥需要依靠蛋白质 - 蛋白质相互作用以及蛋白质相互作用网络（protein-protein interaction network）来实现。蛋白质相互作用及其网络在生命过程各阶段及维持内环境稳态中发挥着重要的作用。因此，当蛋白质相互作用出现异常，如蛋白质相互作用缺失，或蛋白质发生不恰当的相互作用而形成复合物，细胞活性和功能的发挥将会受到影响，从而引发许多疾病，如神经退行性疾病、癌症等。抑制这些异常的蛋白质相互作用对临床治疗具有重要意义。

一、蛋白质相互作用异常与免疫疾病

蛋白质生命活动的大多数过程是由蛋白质相互作用所引发的。因此，蛋白质相互作用成为细胞内所有生命过程和整个相互作用体系的核心。蛋白质相互作用的形式可能有多种：蛋白质分子之间可能经过比较长时间相互作用而形成稳定的蛋白质复合物；也可能蛋白质分子之间只是瞬间的相互作用，其结果可以是其中一个蛋白质分子修饰了另一个蛋白质分子，也可能是一种蛋白质分子执行在细胞核与细胞质之间携带运输另一种蛋白质的功能。

例如，DNA 复制、RNA 剪接、转录和翻译机器就是由大量的、不同种的蛋白质 - 蛋白质相互作用而实现的最重要的分子过程。在这一过程中发挥重要作用的核糖体和剪接体复合物由 100～300 种不同的蛋白质组成，其总分子量达到兆道尔顿，这些蛋白质在结构上与 RNA 结合并调控 RNA。另一方面，参与细胞信号传导的蛋白质（也称为信号蛋白）也常常与其他几十种不同蛋白质组成分子量达兆道尔顿的蛋白复合物。这些位于特定信号通路上游和下游的信号蛋白质之间，经过有序和短暂的相互作用，将细胞外信号从细胞表面受体传送到细胞核，使信号通路发挥正常功能。信号蛋白和其他细胞成分之间的动态结合和解离等相互作用是调节蛋白质功能的一种方式，对于介导细胞反应至关重要。这些相互作用本身也受到翻译后蛋白质修饰或突变的调节。这些异常的蛋白质相互作用将导致细胞活动失控而致病。因此蛋白质相互作用也成为疾病治疗的潜在靶点。

程序性细胞死亡蛋白 1（programmed cell death protein 1，PD-1），也称 CD279，表达于激活的 T 细胞、B 细胞和巨噬细胞表面，其结构包括胞外免疫球蛋白超家族 IgV 结构域、跨膜区和胞内尾。因其胞内尾含有免疫受体酪氨酸抑制基序

（immunoreceptor tyrosine-based inhibitory motif，ITIM）和 1 个免疫受体酪氨酸转换基序（immunoreceptor tyrosine-based switch motif，ITSM）。PD-1 有两个配体 PD-L1 和 PD-L2，它们属于 B7 家族成员。LPS 和 GM-CSF 处理使巨噬细胞和树突状细胞上调表达 PD-L1，而 PD-L2 通过 T 细胞受体 TCR 和 B 细胞信号转导通路在 T 细胞和 B 细胞上表达上调。

当 PD-1 和 PD-L1 识别并相互作用时，PD-1/PD-L1 信号通路激活，这使 T 细胞增殖和 T 细胞炎症活性减少，PD-1 发挥 T 细胞负调控子的作用。PD-1 通过促进淋巴结中抗原特异性 T 细胞（antigen-specific T-cell）凋亡、减少调节 T 细胞（regulatory T cell）凋亡起到免疫关卡的作用，从而对抗自身免疫。然而，PD-L1 在黑色素瘤等多数肿瘤细胞表面表达。在肿瘤微环境中，肿瘤细胞表面的 PD-L1 识别并结合效应 T 细胞表面的 PD-1。PD-1/PD-L1 这种异常相互作用抑制了 T 细胞的抗肿瘤活性，使肿瘤细胞发生免疫逃逸。研究表明，肿瘤中 PD-L1 的表达与食管癌、胰腺癌和其他类型癌症的生存率降低有关。因此，利用单克隆抗体、小分子抑制或阻止 PD-1/PD-L1 成为肿瘤免疫治疗的新策略，并且已经在临床试验中取得了且切实进展。

二、蛋白质相互作用异常与神经退行性疾病

神经退行性变性是指神经元结构或功能的逐渐丧失，包括神经元的死亡过程。许多神经退行性疾病包括肌萎缩侧索硬化、帕金森病、阿尔茨海默病和亨廷顿病目前是不可治愈的，它们导致神经元细胞的进行性退化和死亡。许多神经退行性疾病共有的病理特征是正常可溶性的蛋白发生错误折叠并继续积聚成不溶性丝状聚集物。阿尔茨海默病和额颞叶退化的一个常见特征就是微管相关蛋白 τ 蛋白以神经原纤维缠结（NFT）的形式在大脑部累积。帕金森病和路易体痴呆（dementia with Lewy body，DLB）的标志是在路易体（Lewy body，LB）中累积存在聚集形式的突触核蛋白（α-synuclein，aSyn）。

aSyn 是由 *SCNA* 基因编码的由 140 个氨基酸残基组成的蛋白质，它与 β-synuclein、γ-synuclein

构成 synuclein 基因家族。聚集性 aSyn 是各种神经退行性疾病（如突触核病）中路易体的主要成分。有关 aSyn 蛋白在正常条件下的结构尚存争议，似乎 aSyn 未折叠单体与由 2~4 个亚基组成的折叠多聚体之间存在着结构平衡。

在病理条件下，突触核蛋白相互作用物组发生改变，导致其功能得失交加。首先，错误折叠的 aSyn 与分子伴侣蛋白 Hsp90、Hsp70、Hsp60 和 Hsp40 家族的相互作用增加，使蛋白质稳态得以部分维持。其次，aSyn 发生与疾病相关的突变、翻译后修饰改变，使 aSyn 与蛋白质的相互作用发生变化。例如，A53T 突变改变了 aSyn 蛋白的二级结构和构象灵活性，使 A53T 突变 aSyn 蛋白与神经纤维蛋白（neurofascin）的相互作用增强、aSyn 蛋白毒性增加。神经纤维蛋白是一种参与维持轴突完整性的黏附蛋白，过表达神经纤维蛋白可减弱相关轴突降解。其他一些与疾病相关的 aSyn 蛋白突变，包括 E46K、A30P 和 G51D，改变了 aSyn 蛋白与脂质和膜的相互作用，暴露了 A30P 和 G51D 突变 aSyn 蛋白的疏水区，从而不仅影响蛋白质积聚机制，而且影响突变蛋白之间的相互作用。A30P 和 A53T 突变 aSyn 蛋白的细胞核定位增加，从而与组蛋白发生相互作用，从而与细胞表现功能障碍与细胞毒性有关。另一方面，在病理条件下，aSyn 蛋白 S129 的磷酸化修饰介导 aSyn 蛋白发生广泛的泛素化，因此被蛋白酶体降解。进一步，aSyn 蛋白 S129 和 Y125 的异常过度磷酸化修饰，被证明可以减少与线粒体电子传递链复合物相关蛋白的相互作用，同时增加与细胞骨架组织、囊泡运输和丝氨酸磷酸化相关蛋白的相互作用。

（张嘉宁）

参 考 文 献

[1] De Strooper B, Vassar R, Golde T. The secretases: enzymes with therapeutic potential in Alzheimer disease. Nat Rev Neurol, 2010, 6(2): 99-107

[2] Berger SL. The complex language of chromatin regulation during transcription. Nature, 2007, 447(7143): 407-412

[3] Kruse JP, Gu W. SnapsShot: p53 posttranslational modification. Cell, 2008, 133(5): 930-930.e1.

[4] Janknecht R, Wells NJ, Hunter T. TGF-beta-stimulated cooperation of smad proteins with the coactivators CBP/p300. Genes Dev, 1998, 12(14): 2114-2119

[5] Sato Y, Nakata K, Kato Y, et al. Early recognition of hepatocellular carcinoma based on altered profiles of alpha-fetoprotein. N Engl J Med, 1993, 328(25): 1802-1806

[6] Steffan JS, Agrawal N, Pallos J, et al. SUMO modification of Huntingtin and Huntington's disease pathology. Science, 2004, 304(5667): 100-104

[7] Komatsu M, Kurokawa H, Waguri S, et al. The selective autophagy substrate p62 activates the stress responsive transcription gactor Nrf2 through inactivation of Keap1. Nat Cell Biol, 2010, 12(3): 213-223

[8] Yang J, Hu L. Immunomodulators targeting the PD-1/PD-L1 protein-protein interaction: From antibodies to small molecules. Med Res Rev, 2019, 39(1): 265-301

[9] Yan X, Uronen RL, Huttunen HJ. The interaction of a-synuclein and Tau: A molecular conspiracy in neurodegeneration? Semin Cell Dev Biol, 2020, 99: 55-64.

第三篇 基因表达调控

第十一章 真核基因表达的染色质水平调控

真核生物基因组结构复杂，其 DNA 在细胞核内与组蛋白、非组蛋白等多种蛋白质结合构成染色质，染色质结构在真核生物基因表达过程中发挥着重要作用。染色质呈疏松或紧密状态，是决定 RNA 聚合酶能否有效行使转录功能的关键。染色质结构对基因表达的影响可以遗传给子代细胞，称作表观遗传（epigenetic inheritance）。表观遗传是指在 DNA 序列不发生改变的情况下，基因的表达水平与功能发生改变，并产生可遗传的表型，其特征可概括为 DNA 序列不变，具有可遗传、可逆性。在分子角度也可定义为"在同一基因组上建立并将不同基因表达（转录）模式和基因沉默传递下去的染色质模板变化的总和"。基因表达的染色质水平调控主要涉及染色质结构以及与其变化相关的所有调控机制，包括染色质、核小体、组蛋白、常染色质和异染色质、基因组印记、组蛋白修饰与组蛋白密码、组蛋白变体、染色质重塑以及 DNA 甲基化等。近年来的研究主要集中在染色质结构对基因转录过程的调控，包括 DNA 甲基化、组蛋白修饰、以及染色质重塑调控基因转录等方面。本章主要介绍 DNA 甲基化、组蛋白修饰和染色质重塑等染色质变化对基因转录的调控。

第一节 DNA 甲基化与基因表达的调控

DNA 甲基化（DNA methylation）是一种常见的表观遗传修饰，是在 DNA 水平控制基因转录的一种重要机制。一般而言，DNA 的甲基化会抑制基因表达。DNA 的甲基化状态对于染色质结构维持、X 染色体失活、基因印记以及胚胎发育、正常细胞功能的维持，乃至疾病的发生都十分重要。

一、DNA 甲基化修饰的作用位点

DNA 甲基化是由 DNA 甲基转移酶（DNA methyl-transferase，DNMT）催化，以 S-腺苷甲硫氨酸（SAM）作为甲基供体而发生的反应。催化反应有 3 种类型，包括将腺嘌呤转变为 N-甲基腺嘌呤、将胞嘧啶转变为 N-甲基胞嘧啶以及将胞嘧啶转变为 C-甲基胞嘧啶。原核生物中这三种类型均存在，但是在高等生物中一般只存在第三种类型，即将胞嘧啶（C）转变为 5-甲基胞嘧啶（5mC）。

在脊椎动物中，CpG 二核苷酸是最主要的 DNA 甲基化位点，它在基因组中呈不均匀分布。在一些区域，CpG 常成簇存在，人们将这段富含 CpG 的 DNA 称为 CpG 岛（CpG island），通常长度在 1~2kb 左右。CpG 岛常位于转录调控区附近，在基因组中，约有 60% 以上基因的启动子含有 CpG 岛，它的甲基化与基因的转录调控密切相关。

DNA 甲基化模式有两种，分别由不同的 DNMT 催化完成。一是维持性甲基化（maintenance methylation），指在细胞分裂过程中，根据亲本链上特异的甲基化位点，在新生链相应位置上进行甲基化修饰；二是从头甲基化（ de $novo$ methylation），即催化未甲基化的 CpG 位点甲基化。

二、DNMT 的作用特点

在 DNA 甲基化修饰过程中，DNMT 以 SAM 为甲基供体，将甲基转移到胞嘧啶的第 5 位碳原子上（图 11-1）。在哺乳动物中，依据结构与功能不同可将 DNMT 分为三类：DNMT1、DNMT2 和 DNMT3。DNMT 家族 C-末端有高度保守的催化结构域，直接参与 DNA 的甲基转移反应；N-末端的调节结构域存在差异,能介导 DNMT 的细胞核定位并调节与其他蛋白的相互作用(图 11-2)。尽管结构相似,但各 DNMT 在功能和表达谱上的表现并不相同。

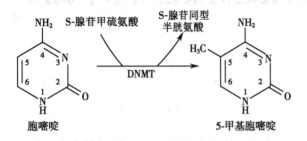

图 11-1 5mC 的形成

1. DNMT1　在哺乳动物各组织中高表达。在结构上,DNMT1 除 C- 末端的催化结构域外,N- 末端调节区域还含有多个功能结构域,包括 PCNA 作用结构域(PCNA-interacting domain,PCNA)、核定位信号、复制灶定位域(replication foci-targeting domain,RFT)、富含半胱氨酸域(cysteine-rich domain,CXXC)和溴邻同源结构域(bromo-adjacent homology domain,BAH)。CXXC 结构域可以结合含 CpG 二核苷酸的 DNA 序列;BAH 结构域介导蛋白质 - 蛋白质的相互作用。

DNMT1 优先与半甲基化的 DNA 结合。在 DNA 复制时,DNMT1 定位至复制叉,结合并甲基化新合成子链 DNA 上 CpG 位点的胞嘧啶,从而维持 DNA 复制前的 DNA 甲基化谱(图 11-3A)。因此,DNMT1 被称为维持 DNA 甲基转移酶(maintenance DNMT)。DNMT1 催化子链 DNA 甲基

化的能力与其结构密切相关。DNMT1 可能通过 PCNA 作用结构域和 RFT 结构域与复制中的 DNA 结合,通过 CXXC 结构域识别新生子链上含 CpG 二核苷酸的 DNA 序列,然后催化 CpG 位点的胞嘧啶发生甲基化反应。正因为 DNMT1 在 DNA 复制时对甲基化具有维持作用,所以 DNA 甲基化是可遗传的。

2. DNMT2　在人类和小鼠的很多组织中存在,分布广泛。DNMT2 结构较特殊,缺乏 N- 端的调节结构域,仅含 C- 端保守的催化模体。DNMT2 具有很弱 DNMT 活性,它的缺失并不影响胚胎干细胞整个基因组 DNA 甲基化水平,因此,DNMT2 可能与基因组 DNA 甲基化无关。近年来研究发现,DNMT2 可能催化 RNA 甲基化。

3. DNMT3　DNMT3 家族包括 DNMT3a、DNMT3b 和 DNMT3L。DNMT3a 和 DNMT3b 有相似的结构域,包括 N- 末端 PWWP 结构域和 ATRX 相关的富含半胱氨酸域;C- 末端含有催化功能的保守结构域。不仅如此,二者也具有相似的功能。与 DNMT1 不同,DNMT3a 和 DNMT3b 对半甲基化的 DNA 没有偏向性,它们可以甲基化天然或合成的裸露 DNA(图 11-3B),因此被称为从头 DNA 甲基转移酶(de novo DNMT)。DNMT3a 和 DNMT3b 的主要区别在于二者的表达谱不同。DNMT3a 的表达比较普遍;DNMT3b 除了在甲状腺、睾丸和骨髓中表达外,在其他组织中的表达水平较低。DNMT3L 缺乏 C- 末端的催化结构域,它单独不具有催化活性。但 DNMT3L 可与 DNMT3a 和 DNMT3b 结合,增强它们的甲基转移酶活性。

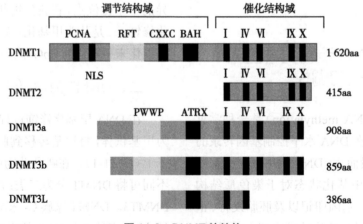

图 11-2 DNMT 的结构

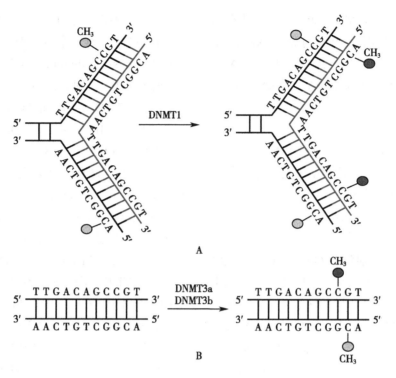

图 11-3　DNA 甲基化途径
A. DNA 维持性甲基化；B. DNA 从头甲基化。

三、DNMT 定位到染色质的途径

DNA 甲基化分为维持性甲基化和从头甲基化两类。其中，从头 DNA 甲基化是基因表达调控的重要因素，与细胞生长发育以及疾病的发生密切相关。在 DNA 甲基化生成过程中，DNMT3 首先需要与 DNA 或染色质结合，这也是 DNA 甲基化过程的关键环节。DNMT3 可通过三条途径定位至染色质上。第一条途径：DNMT3 通过 N- 末端调节区域的 PWWP 结构域结合 DNA（图 11-4A）。PWWP 的突变可废除 DNMT3 与染色质的结合并导致卫星 DNA 甲基化水平减少。PWWP 与 DNA 的结合不具有序列特异性，因此，DNMT3 可能通过该途径参与整个基因组 DNA 甲基化的生成。第二条途径：DNMT3 通过与转录因子或抑制复合体组分相结合靶向定位至染色质的特异位点（图 11-4B）。例如，DNMT3a 可与转录因子 c-Myc 相互作用。c-Myc 通过与特异的顺式作用元件结合，把 DNMT3 招募至靶基因 p21 启动子区域，导致该区域 DNA 甲基化水平升高，从而抑制 p21 的表达。第三条途径：DNMT3 通过 siRNA 靶向定位至特异 DNA 序列（图 11-4C）。DNMT3 可与

siRNA 结合蛋白 AGO2 结合，然后通过 siRNA 靶向定位至特异 DNA 序列，与基因启动子互补的 siRNA 可通过转录基因沉默（transcriptional gene

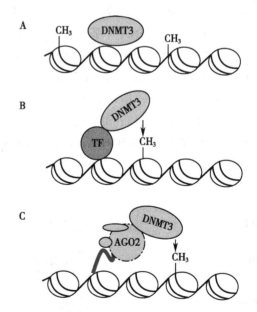

图 11-4　DNMT 在染色质上的定位
A. 途径一：DNMT3 通过 PWWP 结构域非特异结合 DNA；B. 途径二：DNMT3 通过与转录因子结合靶向定位至 DNA 的特异位点；C. 途径三：DNMT3 通过 siRNA 靶向定位至特异 DNA 序列。
TF：转录因子；AGO2：siRNA 结合蛋白。

silencing，TGS）途径抑制基因转录，同时伴有启动子从头 DNA 甲基化。siRNA 招募 DNMT3 至特异 DNA 区域的机制尚不清楚，但 siRNA 与 DNA 甲基化的关系得到越来越多的实验支持。

四、DNA 甲基化对基因转录的抑制作用

DNA 甲基化虽然没有改变核苷酸顺序及其组成，但可以在转录水平抑制基因的表达。其分子机制包括以下几种模型。

（一）DNA 甲基化抑制转录因子与顺式作用元件的结合

许多转录因子识别包含 CpG 的 GC 富集序列，当 CpG 被甲基化后，其中一些转录因子就不能结合 DNA，从而降低基因的转录效率。如转录因子 E2F、AP-2、Myc 和 YYI 便是一些受 DNA 甲基化干扰的转录因子，这些因子需要 CpG 提供结合位点。当相关基因的启动子区内发生 CpG 甲基化，即可阻碍这些转录因子与启动子的结合，降低基因转录。

（二）甲基化 CpG 结合蛋白介导 DNA 甲基化对基因表达的沉默

1. **甲基化 CpG 结合蛋白具有不同的结构特点和功能** 甲基化 CpG 结合蛋白（methyl-CpG-binding protein，MBP）是一类序列特异性的 DNA 结合蛋白，可结合于 DNA 甲基化位点。MBP 共分为三类：MBD（methyl-CpG-binding domain）蛋白，UHRF（ubiquitin-like domain，PHD and RING finger domain）蛋白和锌指（zinc finger）蛋白。

（1）MBD 蛋白：在哺乳类动物中有五种 MBD 蛋白，分别是 MeCP2、MBD1、MBD2、MBD3 和 MBD4，它们均含有一个保守的结合甲基化 DNA 的结构域 MBD（图 11-5）。此外，MeCP2、MBD1 和 MBD2 还含有一个转录抑制结构域（transcriptional repression domain，TRD），这三种 MBD 蛋白通过 MBD 识别并结合甲基化的 DNA 序列，然后通过 TRD 招募转录抑制因子至相应位点，从而抑制基因的表达。MBD3 和 MBD4 与这三种 MBD 蛋白不同，MBD3 不能直接结合甲基化 DNA，因为它含有一个突变的 MBD。MBD4 的 C- 末端含有一个 DNA 糖苷酶结构域，它优先识别甲基化 mCpG 突变生成的 TpG 或未甲基化的 CpG 突变生成的 UpG 位点，切除并修复这两个错配碱基。因此，MBD4 主要起 DNA 修复作用。

（2）UHRF 蛋白：UHRF 蛋白包括 UHRF1 和 UHRF2。UHRF 含有五个功能域：泛素样结构域（ubiquitin-like domain，UBL）、结合 H3K9me2/3 的 Tudor 域、结合组蛋白 H3 尾的 ADD 样结构域、结合半甲基化 DNA 的 SRA 结构域（SET-and RING-associated domain，SRA）和 RING 结构域（图 11-6A）。UHRF 蛋白的主要功能不是抑制基因转录，而是在 DNA 复制或损伤修复过程中维持 DNA 甲基化。UHRF 首先通过 SRA 结构域翻出并结合甲基化胞嘧啶，招募 DNMT1 至半甲化位点，然后 UHRF 从该位点脱落下来，DNMT1 开始催化甲基化反应（图 11-6B）。

（3）锌指蛋白：锌指蛋白因含有一个锌指结构域而得名，有三种锌指蛋白：Kaiso、ZBTB4 和 ZBTB38，它们通过锌指结构域结合甲基化 DNA，抑制基因转录。与其他 DNA 甲基化结合蛋白不同，Kaiso 优先结合两个连续 CpG 甲基化位点。

2. **MBP 介导 DNA 甲基化对基因转录的抑制** MBP 与甲基化 DNA 结合后可通过三种方

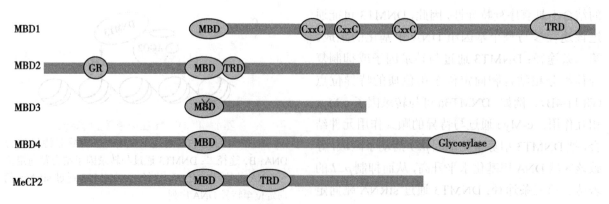

图 11-5 MBD 蛋白的结构

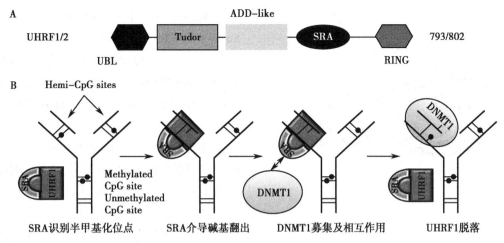

图 11-6　UHRF 蛋白的结构及对 DNA 甲基化的维持
A. UHRF 蛋白的结构；B. UHRF 对 DNA 甲基化的维持。

式抑制基因转录。第一种方式：在基因的启动子区域，MBP 与 DNA 结合阻碍了转录因子与其相应的顺式作用元件结合，从而抑制了基因的转录（图 11-7A）。第二种方式：在基因内，MBP 与甲基化 DNA 结合阻止转录过程中 RNA 聚合酶的延伸（图 11-7B）。第三种方式：MBP 通过招募共抑制复合体（co-repressor complex），改变染色质结构来调控基因表达（图 11-7C）。这些共抑制复合体常包含组蛋白去乙酰化酶和 / 或甲基转移酶以及染色质重塑蛋白等。事实上，MBP 就是这些复合体的组成成分，如 MeCP2 通过 TRD 与 mSin3A 共抑制复合体结合，在该复合体中包含组蛋白去乙酰化酶。当 MeCP2 与甲基化 DNA 结合，便将组蛋白去乙酰化酶招募到相应的 DNA 位点，导致组蛋白去乙酰化以及抑制性染色质的形成。此外，MeCP2 还可招募组蛋白甲基转移酶，促进 H3K9 甲基化的生成，从而抑制基因表达。不仅如此，组蛋白的修饰也可影响 DNA 的甲基化。如活化性组蛋白修饰 H3K4m3 阻碍 DNMT3a、DNMT3b 和 DNMT3L 与组蛋白 H3 尾的结合，从而抑制 DNA 甲基化。因此，DNA 甲基化与组蛋白修饰之间存在相互调节。

（三）DNMT 介导 DNA 甲基化对基因转录的抑制

　　除催化 DNA 甲基化外，DNMT 自身还参与抑制性染色质的形成，直接调节基因表达（图 11-8）。如 DNMT1 和 DNMT3a 可结合组蛋白甲基转移酶 SUV39H1，而 SUV39H1 可甲基化 H3K9 生成

抑制性组蛋白 H3K9m3，抑制基因转录。因此，DNMT 可通过与组蛋白修饰酶的结合改变染色质结构，以实现对基因转录的抑制。

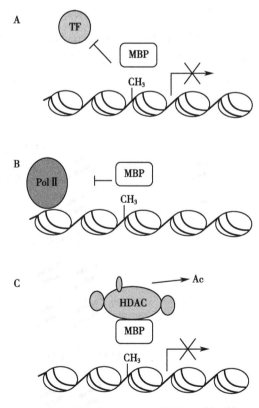

图 11-7　MBP 介导 DNA 甲基化抑制基因转录
A. MBP 与甲基化 DNA 结合阻碍了转录因子与其相应的顺式作用元件结合，抑制基因的转录；B. MBP 与甲基化 DNA 结合阻止转录过程中 RNA 聚合酶的延伸；C. MBP 通过招募 HDAC 等共抑制复合体，改变染色质结构来调控基因表达。

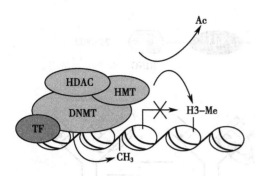

图 11-8 DNMT1 介导抑制性染色质的形成

五、DNA 去甲基化过程

DNA 甲基化是一种可逆的化学修饰。在哺乳动物的个体发育中,DNA 甲基化主要经历了两次大规模的重编程过程,一次发生在从受精至着床的早期胚胎发育时期,另一次发生在配子发生过程中。这两次重编程都涉及了基因组范围的主动去甲基化反应。相对于基因组范围的大规模主动去甲基化,在体细胞中会发生局部的、高度位点特异性的主动去甲基化。DNA 去甲基化与 DNA 甲基化过程相互平衡,维持了 DNA 甲基化谱的稳定。任何一方的失调都会导致 DNA 甲基化谱紊乱,进而引起多种神经退行性疾病、免疫系统疾病以及癌症。

DNA 去甲基化(DNA demethylation)是指 5mC 被胞嘧啶代替的过程。DNA 去甲基化有两种方式:一种是与复制相关的被动 DNA 去甲基化(passive DNA demethylation),另一种是主动 DNA 去甲基化(active DNA demethylation)。

(一)被动 DNA 去甲基化

被动 DNA 去甲基化发生在分裂细胞。在 DNA 复制过程中,DNMT1 是维持 DNA 甲基化谱的主要甲基转移酶,所以 DNMT1 被抑制或功能异常将导致新合成的子链 DNA 不能被甲基化,随着细胞的每次分裂,DNA 甲基化水平逐渐减少(图 11-9)。

(二)主动 DNA 去甲基化

主动 DNA 去甲基化过程主要有两种方式(图 11-10):① 5mC 在脱氨酶 AID/APOBEC(activation-induced cytidine deaminase/apolipo-protein B mRNA-editing enzyme complex)作用下脱氨基,将 5mC 转变成胸腺嘧啶(T),形成 G/T 错配,进而由识别 G/T 错配的糖苷酶如 TDG(thymine DNA glycosylase)启动碱基切除修复(base excision repair,BER),完成 DNA 的去甲基化。②加氧酶 Tet(ten-eleven translocation)催化 5mC 羟基化生成 5-羟甲基胞嘧啶(5hmC)。5hmC 可通过两条途径转变生成未修饰胞嘧啶,一条途

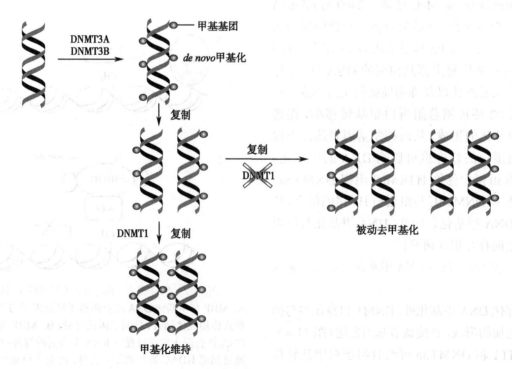

图 11-9 被动 DNA 去甲基化过程

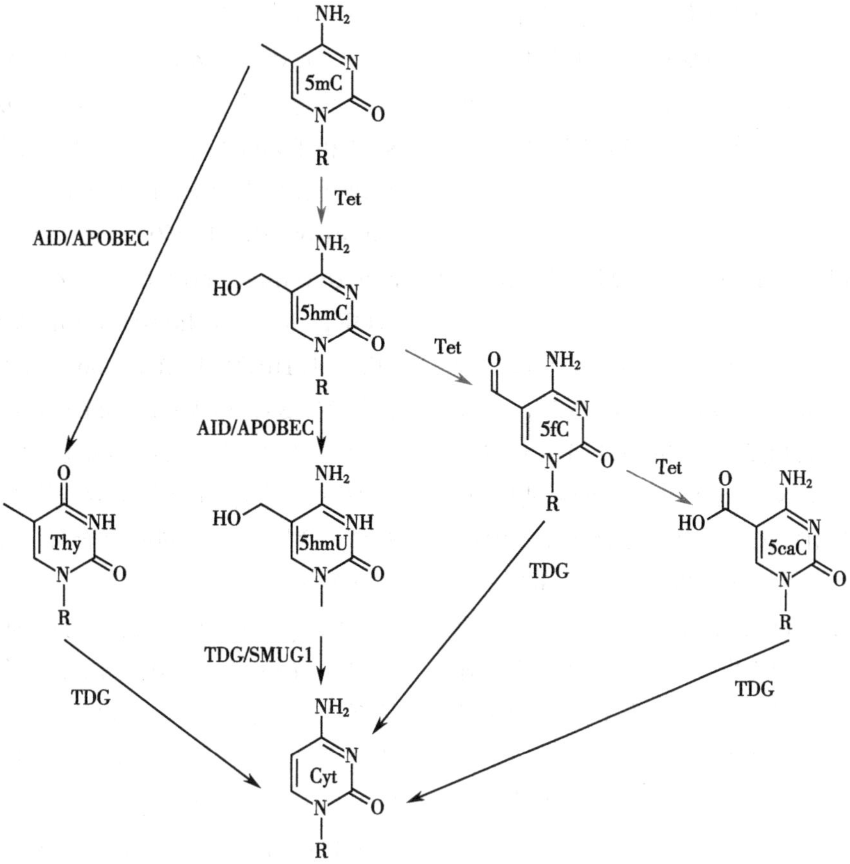

图 11-10 主动 DNA 去甲基化过程

径是 5hmC 经 Tet 进一步氧化,依次生成 5- 甲酰基胞嘧啶(5-formyl-cytosine)和 5- 羧基胞嘧啶(5-carboxy-cytosine),在糖苷酶(如 TDG)作用下,启动 BER 途径,完成 DNA 去甲基化;另一条途径是 5hmC 在 AID/APOBEC 催化下脱氨基生成 5- 羟甲基尿嘧啶,在糖苷酶(如 TDG/SMUG1)作用下,启动 BER 途径,完成 DNA 去甲基化。

第二节 组蛋白修饰与基因表达的调控

每个核心组蛋白都含有两个结构域:组蛋白的球形折叠区和氨基末端(N- 末端)结构域。组蛋白的球形折叠区与组蛋白之间相互作用以及与 DNA 缠绕有关;N- 末端结构域则像"尾巴"突出于球形折叠区之外,同其他调节蛋白和 DNA 发生相互作用。组蛋白修饰即指 N- 末端发生的各种共价修饰,包括乙酰化、甲基化、磷酸化、泛素化及 SUMO 化等,这些修饰可影响组蛋白与 DNA 双链的亲和性,从而改变染色质的疏松和凝集状态,同时影响与染色质结合的蛋白质因子的亲和性,以及识别特异 DNA 序列的转录因子与之结合的能力,从而间接地影响基因表达,导致表型改变。

一、组蛋白不同化学修饰对基因表达的调控

(一)组蛋白乙酰化对基因表达的调控

组蛋白乙酰化是最早被发现与基因转录调节相关的组蛋白修饰。一般认为,组蛋白乙酰化水平增加可促进基因转录,乙酰化水平不足通常引起基因沉默。组蛋白乙酰化修饰是通过组蛋白乙酰基转移酶(histone acetyltransferase,HAT)将乙酰辅酶 A 的乙酰基转移到组蛋白 N- 末端内赖氨酸(K)侧链的 ε- 氨基上实现的,其逆反应在组蛋白去乙酰化酶(histone deacetylase,HDAC)的催化作用下完成。HAT 和 HDAC 对于组蛋白乙酰化的调节起着重要作用,二者表达或功能的改变可引起基因表达异常,从而导致疾病的发生。

HAT 和 HDAC 对于组蛋白赖氨酸位点的选

择不具有特异性。一种酶可催化组蛋白的不同赖氨酸侧链乙酰化；同一赖氨酸侧链乙酰化也可由不同酶所催化。除组蛋白外，许多非组蛋白也是 HAT 和 HDAC 的靶分子，包括 P53、RB、E2F 和 MYB 等。

1. HAT 的种类、结构及功能　　HAT 分为三个主要家族，分别为 GNAT 家族、MYST 家族和 p300/CBP 家族。

（1）GNAT 家族：该家族成员包括 GCN5（general control nonderepressible 5，GCN5）、PCAF（p300/CBP-associated factor，PCAF）、ELP3、HAT1、HPA2 和 NUT1。GCN5 是 GNAT 家族的重要成员，位于分子量为 2MDa 的复合体 SAGA 中。SAGA 由组成复合体的主要亚单位 SPT、ADA、GCN5 以及乙酰基转移酶（acetyltransferase）的第一个字母缩写而成。SAGA 在酵母和人类中高度保守。哺乳动物 GCN5 蛋白 N- 端含有一个 PCAF 同源结构域，C- 端包含两个保守的功能区域：一个是乙酰基转移酶催化活性结构域；另一个是布罗莫结构域（bromodomain，Br）（图 11-11A）。GCN5 优先乙酰化组蛋白 H3 N- 末端 4 个赖氨酸残基（K9、K14、K18 和 K36）。此外，GCN5 还可通过布罗莫结构域结合乙酰化的赖氨酸，参与乙酰化依赖的染色质重塑。图 11-11B 显示人 GCN5 和 PCAF

参与组成的复合体。

（2）MYST 家族：MYST 最初的命名是根据其在酵母和人中的主要成员 MOZ/Morf、Ybf2、Sas2 和 TIP60 的第一个字母缩写而成。现在该家族包括五个人类 HAT：TIP60（Tat-interacting protein of 60kDa，TIP60）、MOZ（monocytic leukaemia zinc-finger protein，MOZ），也称作 MYST3，MORF（MOZ-related factor，MORF），也称作 MYST4，HBO1（HAT bound to ORC1，HBO1），也称作 MYST2 和 MOF（males absent on the first，MOF）。它们的主要特点是包含一个由结合乙酰辅酶 A 的模体和一个锌指结构组成的 MYST 结构域，参与组成不同的复合体，对组蛋白进行乙酰化修饰（图 11-12）。

（3）p300/CBP 家族：包括 p300/CBP（CREB-binding protein，CBP）、Taf1 和许多核受体转录辅活化子等。在结构上，它们存在一个非典型的 HAT 结构域（图 11-13），因此它们也被称为 HAT 中的孤儿类（orphan class）。功能上，它们不仅可乙酰化四种核心组蛋白，而且可乙酰化其他非组蛋白（包括转录因子），常常作为辅助因子调节基因表达。

2. HDAC 的种类、结构和功能　　HDAC 在基因表达调控中主要扮演转录共抑制因子（co-repres-

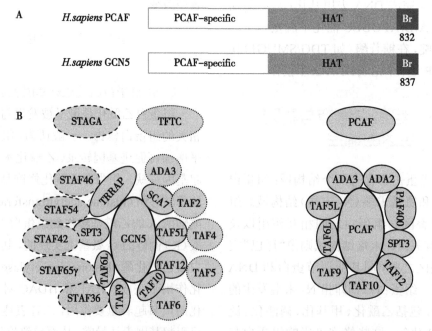

图 11-11　组蛋白乙酰基转移酶 GCN5 和 PCAF 的结构及参与组成的复合体
A. GCN5 和 PCAF 的结构；B. GCN5 和 PCAF 参与组成的复合体。

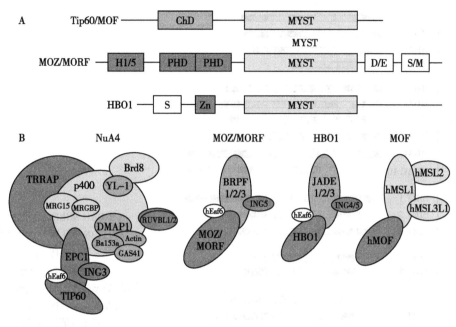

图 11-12　组蛋白乙酰基转移酶 MYST 家族的结构及参与组成的复合体

A. MYST 家族的结构；B. MYST 家族参与组成的复合体。

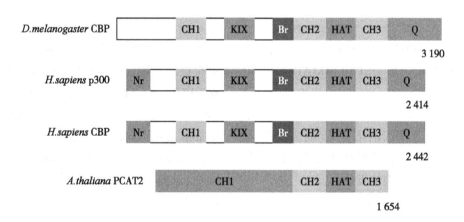

图 11-13　组蛋白乙酰基转移酶 p300/CBP 的结构

sors）的角色。在人体已经发现 18 种 HDAC。基于酵母种系发育中不同 HDAC 的结构同源性分析，真核生物 HDAC 被分为四类：① Ⅰ 类 HDAC 与酵母 Rpd3 具有同源性，包括 HDAC1、HDAC2、HDAC3、HDAC8。② Ⅱ 类 HDAC 与酵母 Hda1 具有同源性，包括 HDAC4、HDAC5、HDAC6、HDAC7、HDAC9 和 HDAC10。Ⅱ 类 HDAC 根据催化区域的不同又可分为两个亚类：Ⅱa 类具有一段催化区域，包括 HDAC4、HDAC5、HDAC7 和 HDAC9；Ⅱb 类具有两段催化区域，主要包括 HDAC6 和 HDAC10。③ Ⅲ 类 HDAC 是指与酵母沉默信息调节因子 2（silent information regulator

2，Sir2）相关的一类酶，即 sirtuin（SIRT），sirtuin 是 NAD^+ 依赖的组蛋白去乙酰化酶类。④ Ⅳ 类 HDAC 主要是 HDAC11。

HDAC 家族各成员主要定位于细胞核与细胞液中，另有少部分定位于胞质细胞器如线粒体中（主要是 Ⅲ 类 HDAC 中的 SIRT3、SIRT4 与 SIRT5）。图 11-14 显示各类 HDAC 所含的功能结构域。与 HAT 相似，HDAC 通过参与构成多蛋白质复合体与染色质 DNA 结合，如 HDAC1 和 HDAC2 组成 Sin3、Mi-2/NurD 和 CoREST 复合体的催化亚基。复合体将这些 HDAC 招募至特异的靶基因并抑制其转录。HDAC 的靶蛋白种类繁

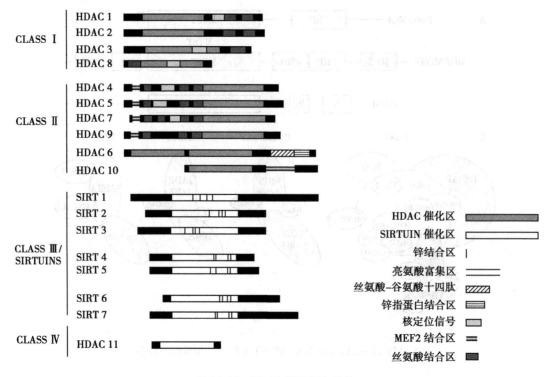

图 11-14 HDAC 的种类和结构

多,除组蛋白外,HDAC 还可作用于非组蛋白,如抑癌蛋白 P53、热激蛋白 HSP70、SMAD 蛋白家族等。

3. 组蛋白乙酰化与基因表达调控 一般认为,组蛋白乙酰化与基因活化有关,而去乙酰化与基因沉默相关。组蛋白乙酰化和去乙酰化可通过以下两种方式调节基因的表达。

(1)调节转录因子与 DNA 的结合 组蛋白乙酰化和去乙酰化改变核小体结构,从而影响转录因子与其相应顺式作用元件的结合。组蛋白与 DNA 分子紧密结合,阻止转录因子结合 DNA。组蛋白 N- 端赖氨酸残基的 ε- 氨基发生乙酰化后,氨基上的正电荷被消除,组蛋白容易从 DNA 上脱落,导致核小体的结构变得松散。这种松散的结构有利于转录因子接近并结合 DNA 序列中的调控元件,促进基因的转录。相反,组蛋白去乙酰化后,组蛋白正电荷恢复,与 DNA 的结合增强,导致核小体结构变得致密,转录因子与 DNA 结合受阻,从而抑制基因转录。

(2)乙酰化赖氨酸募集调控蛋白 组蛋白上乙酰化的赖氨酸具有一种特殊信号,招募转录调节因子或染色质重塑复合体至特异染色质区域,从而调节基因的表达。布罗莫结构域是至今发现的可识别乙酰化赖氨酸的重要结构域,许多蛋白都含有该结构域,如转录因子 BPTF(bromodomain and PHD domain transcription factor,BPTF)和 SWI/SNF 染色质重塑复合体蛋白 BRG1(Brahma-related gene 1,BRG1)等。因此,HAT 首先在特异区域染色质的组蛋白赖氨酸上"写下"乙酰化标记,该标记被布罗莫结构域识别,并招募效应蛋白至染色质相应位点,从而调节基因的转录。

(二)组蛋白甲基化对基因表达的调控

甲基化是组蛋白的另一种重要化学修饰。组蛋白的甲基化通常发生在组蛋白 N- 末端的赖氨酸(K)和精氨酸(R)残基上,最终体现为包括转录激活、抑制等在内的多种效应。与乙酰化修饰作用不同,依据甲基化位点不同,组蛋白甲基化可表现为基因转录活化和抑制两种特性。如组蛋白 H3 中 K4、K36 和 K79 的甲基化通常与基因的转录活化有关,而组蛋白 H3 中 K9、K27 和组蛋白 H4 中 K20 的甲基化通常作为沉默基因的标记。催化组蛋白精氨酸甲基化的酶统称为蛋白质精氨酸甲基转移酶(protein arginine methyltransferase,PRMT),催化精氨酸侧链的胍基发生对称或不对称的单甲基化、二甲基化。催化组蛋白赖氨酸甲基化的酶称为组蛋白赖氨酸甲基转移酶（K-methyltransferase，KMT），催化赖氨酸的 ε- 氨基发生单、双或三甲基化修饰。组蛋白甲基化可在去甲基化酶作用下脱掉甲基。甲基化酶和去甲基化酶共同维持组蛋白甲基化谱。目前已发现高达几十种组蛋白甲基化酶和去甲基化酶，这些酶常通过形成多蛋白复合体形式参与特异位点的甲基化反应。

1. 组蛋白甲基化酶的种类、结构及功能

（1）KMT　在结构上，除 KMT4（也称为 DOT1）外，KMT 均含有一个具有催化活性的 SET 结构域。SET 结构域是依据最早发现的含有这个结构域的 3 个蛋白的基因而命名，分别为 *Su*（*var*）*3-9*、*Enhancer of zeste*［*E*（*z*）］和 *Trithorax*（*trx*）。SET 的同源结构在进化上高度保守，约含 110 个氨基酸残基。哺乳动物 KMT 的 SET 结构域主要由核心 SET 结构域、pre-SET 和 post-SET 结构域组成。Pre-SET 结构域的主要作用是维持整个蛋白结构的稳定性；post-SET 结构域则提供一个芳香基团形成疏水通道，参与构成部分酶活性位点。此外，SET 结构域还含有一个称为 iSET 的插入结构，特异性识别底物和辅助因子。DOT1 与其他 KMT 不同，DOT1 没有 SET 结构域，它甲基化的对象不是 N- 端"尾巴"上的赖氨酸，而是 H3 组蛋白核心的 K79。

KMT 对组蛋白赖氨酸位点的选择具有偏向性，比如 SUV39H1 甲基化 H3K9 生成 H3K9m3；MLL1 甲基化 H3K4 生成 H3K4m2/3；PRC2 甲基化 H3K27 生成 H3K27m3。表 11-1 显示 6 种主要 KMT 所在复合体、甲基化位点及其功能。

表 11-1　KMT 的作用位点、参与组成的
复合体及生物学功能

甲基化酶	底物	复合体	生物学功能
KMT1	H3K9	KMT1A/B；KMT1C/D；KMT1E	异染色质形成和基因沉默
KMT2	H3K4	KMT2A/B；KMT2C/D；KMT2F/G	转录活化
KMT3	H3K36	KMT3A；KMT3B	转录活化
KMT4	H3K79	KMT4	转录活化
KMT5	H3K20	KMT5A；KMT5B/C	转录抑制
KMT6	H3K27	KMT6	基因沉默

（2）PRMT　哺乳动物 PRMT 分为两类，第一类包括 PRMT1、PRMT2、PRMT3、PRMT4、PRMT6 和 PRMT8，它们催化形成单甲基精氨酸和非对称的双甲基精氨酸；第二类包括 PRMT5 和 PRMT7，它们催化形成单甲基精氨酸和对称双甲基精氨酸。不同 PRMT 可双甲基化同一精氨酸残基，由于甲基化的对称性不同，可产生完全不同的结果。如 PRMT1 和 PRMT5 均可双甲基化组蛋白 H4 第三位精氨酸生成 H4R3m2。PRMT1 催化生成的 H4R3m2 具有不对称双甲基，是活性转录的标志；而 PRMT5 催化生成的 H4R3m2 具有对称的双甲基，是抑制性转录的标志。图 11-15 显示 PRMT 的甲基化位点及功能。

2. 组蛋白去甲基化酶的种类、结构及功能

（1）组蛋白赖氨酸去甲基化酶（K-demethylase，KDM）　根据催化反应活性中心的不同，KDM 分为两个家族：LSD1（lysine specific demethylase-1，LSD1）和含 JmjC 结构域的 KDM。

① LSD1：属于单胺氧化酶（monoamino oxidase）类。在 LSD1 结构中，有一个 N- 端的 SWIRM 结构域、一个 Tower 结构域和一个 C- 端的胺氧化酶结构域。LSD1 以 FAD（flavin adenine dinucleotide）作为辅因子，通过氨基氧化反应催化组蛋白去甲基。LSD1 是 H3K4m1/2 特异的去甲基化酶。但在不同复合体中，LSD1 可表现出不同的作用。比如在由 LSD1、CoREST、BHC80 以及 HDAC1/2 组成的复合体中，LSD1 识别并使 H3K4me1/2 去甲基化，从而抑制基因转录；当 LSD1 与雄激素受体以及 H3K9m3 去甲基化酶 JMJD2C 形成复合体时，LSD1 则识别并使 H3K9m1/2 去甲基化，从而促进基因转录。因此，LSD1 既可作为抑制子，也可作为活化子，这取决于它所结合的调节蛋白。LSD1 的底物作用位点见表 11-2。

② 含 JmjC 结构域的 KDM：属于氧合酶（oxygenase）类，含有一个共同催化结构域——JmjC 结构域。它们以二价铁离子和 α- 酮戊二酸作为辅助因子，通过氧化反应脱去组蛋白上的甲基。在人的细胞中，大约有 30 种蛋白含 JmjC 结构域，根据整体的序列比对大致可以分成 JHDM1、JHDM2、JHDM3、JARID1、PHF8、UTX/UTY 以及仅含 JmjC 结构域的蛋白质 7 个亚家族。各成员的底物作用位点见表 11-2。

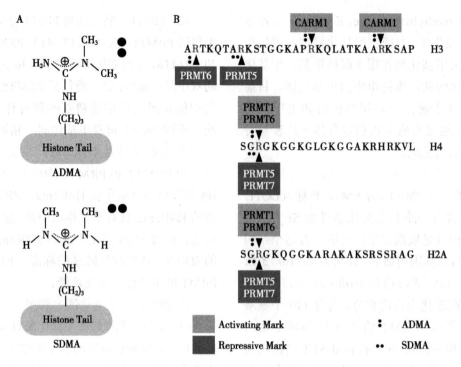

图 11-15　PRMT 在组蛋白上的作用位点及功能

A. PRMT 双甲基化作用方式；B. PRMT 在组蛋白上的作用位点及功能。

ADMA：不对称双甲基化（asymmetric demethylation）；SDMA：对称双甲基化（symmetric demethylation）。

表 11-2　组蛋白去甲基化酶的种类和底物作用位点

酶系	酶的分类	酵母	果蝇	人	底物作用位点
LSD	LSD1	无	有	有	H3K4me2, H3K4me1
	LSD2	无	无	有	未确定
JmjC	JHDM1	有	有	有	H3K36me2, H3K36me1
	JHDM2	无	有	有	H3K9me2, H3K9me1
	JHDM3/JMJD2	有	有	有	H3K9me3, H3K9me2, K36me3, K36me2
	JARID	有	有	有	H3K4me3, H3K4me2
	PHF8/PHF2	无	无	无	未确定
	UTX/UTY	无	有	有	未确定
	JmjC only	无	无	无	羟基化天冬酰胺和其他未确定位点
PADI	PADI4	无	无	有	H3R2, H3R8, H3R17, H3R26, H4R3

（2）组蛋白精氨酸去甲基化酶　对于组蛋白精氨酸去甲基化的研究远不如赖氨酸去甲基化深入，至今发现与组蛋白精氨酸去甲基化相关的酶有 PADI4（peptidylarginine deiminase）和 JMJD6 两种。PADI4 的底物作用位点见表 11-2。

3. 组蛋白甲基化的识别及功能"解读"　与乙酰化不同，组蛋白甲基化不改变组蛋白的电荷，故甲基化本身不直接影响核小体结构。组蛋白甲基化发挥作用是通过特异性识别甲基化组蛋白的效应蛋白实现的。能特异识别组蛋白甲基化的结构域有许多种，包括 Chromo、Tudor、MBT、PHD，以及 WD40 和 Ankyrin 重复序列等结构域。这些结构域不仅可识别组蛋白特异位点的甲基化，而且可以区分同一位点不同数量的甲基化，如克罗莫结构域优先识别组蛋白 H3K9 三甲基化，而对单甲基化 H3K9 的结合能力较低。效应蛋白通过这些结构域特异结合甲基化的组蛋白，将甲基化修饰的信号"解读"成相应的生物学功能。如异染色质蛋白 1（heterochromatin protein 1，HP1）通过其 N- 端的 chromodomain（CD）识别并结合 H3K9me3，导致相应修饰位点异染色质形成，从而抑制基因转录。在体内，HP1 通过 C- 末端 chromoshadow 结构域（CSD）形成二聚体结构。这种结构使 HP1 可利用一个 CD 结合 H3K9me3，另一个 CD 结合与异染色形成相关的甲基化组蛋白 H1.4K26，从而将不同位点组蛋白甲基化（H3K9m3 和 H1.4K26）信息整合在一起，加强异染色质的形成。因此，这些效应蛋白也被称为组蛋白阅读器（histone reader）。

在解读组蛋白甲基化过程中，效应蛋白的作用分为两类，一类是直接作用，即效应蛋白或效应蛋白所在复合体本身具有酶活性，与甲基化组蛋白结合后，直接产生生物学效应。如具有 ATPase 活性的染色质重塑蛋白 CHD1（含克罗莫结构域）与 H3K4m3 结合后，可直接导致染色质结构发生改变。另一类是间接作用，即效应蛋白本身不具有酶活性，而是作为组蛋白修饰与下游调节因子的连接分子。这类效应蛋白与甲基化组蛋白结合后，通过蛋白质 - 蛋白质的相互作用招募其他调节因子或染色质修饰酶。如 HP1 可通过 CD 结合 H3K9m3，并招募 SUV39h1 至相应染色质位点，催化附近的 H3K9 三甲基化生成 H3K9m3。附近的 H3K9m3 又沿着 HP1-SUV39h1 途径向远处传播，导致异染色质扩展（图 11-16）。

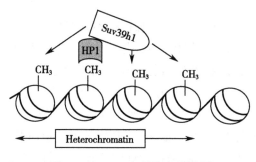

图 11-16 HP1 与异染色质扩展

组蛋白甲基化对基因表达的调控十分复杂，不同组蛋白位点的甲基化对基因转录的调控作用不同，即便对于同一甲基化组蛋白，因为结合的效应蛋白不同，也能产生不同的结果。如 H3K4me3 被染色质重塑复合体 NURF 中的 BPTF 识别后可以激活基因的转录，而被组蛋白去乙酰化酶复合体 Sin3/HDAC 中的 ING2 识别后能使基因转录迅速转入抑制状态。

（三）组蛋白磷酸化对基因表达的调控

组蛋白磷酸化是指对组蛋白 N- 端氨基酸残基的磷酸化修饰。四种核心组蛋白（H2A、H2B、H3 和 H4）均可进行磷酸化修饰。同其他蛋白质一样，组蛋白磷酸化也是在蛋白激酶作用下，将 ATP 的 γ 位磷酸基团转移至丝氨酸 / 苏氨酸或酪氨酸的羟基上。如组蛋白 H3 第 10 位丝氨酸可在 MSK1/2、PIM1 和 IKK-α（IκB kinase-α）等激酶催化下进行磷酸化修饰。组蛋白上有多个位点可发生磷酸化修饰，如组蛋白 H3 的第 10 位、第 28 位丝氨酸（H3S10、H3S28）和第 3 位、第 11 位苏氨酸（H3T3、H3T11）以及 H4 第 1 位丝氨酸（H4S1）。目前未发现组蛋白特异的蛋白激酶。

组蛋白磷酸化修饰是一个可逆过程。磷酸化组蛋白可在蛋白磷酸酶作用下水解脱掉磷酸根。

组蛋白磷酸化修饰可能通过两种方式调节基因表达：①磷酸基团携带的负电荷中和了组蛋白上的正电荷，造成组蛋白与 DNA 之间亲和力的下降，染色质结构松散，有利于转录因子与 DNA 的结合。②与乙酰化和甲基化修饰一样，磷酸化修饰作为一种标记，被效应蛋白识别、解读，从而改变染色质结构。如 14-3-3 蛋白可识别磷酸化组蛋白 H3S10，导致 HP1 与染色质解离以及基因活化。

（四）组蛋白泛素化对基因表达的调控

同其他蛋白质泛素化修饰过程一样，组蛋白泛素化修饰同样需要三类酶催化：泛素激活酶 E1、泛素结合酶 E2 和泛素 - 蛋白质连接酶 E3。这些酶的结构及功能见第六章。维持组蛋白泛素化的动态平衡主要由两个因素决定：一是细胞内可以利用的游离泛素，二是组蛋白泛素化或去泛素化酶的活性。组蛋白去泛素化需要去泛素化酶的作用。去泛素化酶实质是肽酶，它催化泛素第 76 位甘氨酸的肽键水解。目前发现至少有 90 种去泛素化酶，分为两个家族：泛素羧基端水解酶家族（ubiquitin C-terminal hydrolase，UCH）和泛素特异性加工蛋白酶家族（ubiquitin-specific processing protease，UBP）。

与其他蛋白泛素化不同的是，组蛋白泛素化

一般不引起组蛋白的降解。组蛋白泛素化修饰在基因转录调控中发挥重要作用。目前发现组蛋白 H2AK119 位点和 H2BK120 位点可发生泛素化修饰，而组蛋白 H3 和 H1 较少发生泛素化修饰。组蛋白泛素化因位点不同可以起不同作用。组蛋白 H2A 的泛素化能促进组蛋白 H1 与核小体的结合，导致基因沉默；组蛋白 H2B 泛素化可激活基因转录，并引起 H3K4 甲基化。关于泛素化修饰调控基因转录的机制还不清楚，可能是泛素化修饰影响了核小体的形成，或者是泛素化与其他组蛋白修饰一起形成一种所谓的"组蛋白密码"调节基因转录。

关于组蛋白密码假说（histone code hypothesis），是由于组蛋白能进行多种化学修饰并各具潜在的信息内容，因此引出了这一假说。首先，组蛋白修饰酶（乙酰化酶、甲基化酶、磷酸化酶等）在组蛋白上"写下"（writing）不同组合的修饰"密码"；然后，这些"密码"被相应的效应蛋白识别并"解读"（reading）为不同的染色质状态，从而调节基因的表达。组蛋白密码是一种动态的转录调控机制，它可被去修饰酶（去乙酰化酶、去甲基化酶、磷酸酶等）"擦掉"（erasing），恢复染色质的原有结构。

（五）组蛋白 SUMO 化对基因表达的调控

在酵母细胞，构成核小体的四种核心组蛋白 H2A，H2B，H3，H4，都可以被 SUMO 化修饰。在哺乳动物中，只有 H3 和 H4 可以被有效的 SUMO 化，而组蛋白 H2A 和 H2B 的 SUMO 化程度非常低。组蛋白 H4 的 SUMO 化修饰可以招募组蛋白去乙酰化酶 HDAC1 和异染色质蛋白 HP1 至 DNA，抑制基因转录，导致基因沉默。组蛋白 SUMO 化的作用通常是负性调节激活性组蛋白翻译后修饰（post-translational modification，PTM）的发生，其机制可能有两种：① SUMO 化直接封闭组蛋白上的赖氨酸位点，导致该位点不能进行其他修饰，如乙酰化和甲基化；②组蛋白 SUMO 化可被效应蛋白识别，通过招募染色质修饰酶，影响染色质结构及基因表达。

组蛋白 SUMO 化影响染色质的稳定性。端区组蛋白 SUMO 化程度较高，对维持端区染色质的致密性、调节端区长度和端区沉默起着重要的作用。

通常情况下，组蛋白 SUMO 化可维持染色质的致密性，抑制基因转录，导致基因沉默。近年来研究又发现，一些活跃表达的基因，如核糖体蛋白基因的启动子区 SUMO 化程度增加，说明组蛋白 SUMO 化也可能激活某些基因的表达。

二、组蛋白不同化学修饰之间的相互调节

组蛋白不同化学修饰之间存在相互调节作用，表现为同种组蛋白不同残基的一种修饰能加速或抑制另一修饰的发生。如组蛋白 H3S10 的磷酸化促进 H3K9 和 H3K14 的乙酰化，抑制 H3K9 的甲基化。H3K14 的乙酰化与 H3K4 的甲基化均可进一步抑制 H3K9 的甲基化，导致基因活化。同时，H3K4 的甲基化还可促进 H3K9 的乙酰化。相反，H3K9 的甲基化抑制了 H3S10 的磷酸化，并且抑制 H3K9、H3K14 的乙酰化，从而导致基因沉默。另一方面，组蛋白上相同氨基酸残基不同修饰之间也会发生协同或拮抗。组蛋白 H3K9 既可被乙酰化又可被甲基化，说明两者之间存在竞争性修饰。分析叶酸受体和珠蛋白基因间染色质区域发现，此区域 H3K9 几乎没有乙酰化，但 H3K9 甲基化水平很高。在此区域两侧，H3K9 的乙酰化水平达峰值而检测不到甲基化 H3K9。相反，H3K4 的乙酰化与甲基化间存在正相关，H3K4 的乙酰化和甲基化峰值和低谷在同一区域发生。

三、染色质共价修饰复合体的形成及其特点

染色质修饰酶单独往往不具有功能，它们须与多种调节蛋白结合组成多蛋白复合体才能参与反应。这种多蛋白复合体通常在组蛋白或 DNA 上共价结合某些化学基团，从而调节染色质结构，影响基因表达，这种复合体又叫做染色质共价修饰复合体。这些复合体中的调节蛋白对于酶活性的调节、底物特异性的选择以及与其他蛋白质的相互作用等方面起着重要作用。染色质修饰酶复合体具有两个重要特点。第一，其组成呈现高度的可变性。如 PRC2 复合体包含可变的催化亚单位 EZH1/2、EED1/2/3/4、PCL（PHF1/MTF2/PHF19）和固定的亚单位 SUZ12、RbAP46/48 和 JARID2。可变亚基的不同组合可产生几十种

PRC2 复合体，而每种 PRC2 复合体可表现出不同的作用。比如，EZH1 和 EZH2 结构高度相似并且与相同的核心亚单位结合，但两者组成的 PRC2 复合体却有不同的功能特点，PRC2-EZH2 具有更强的甲基转移酶活性，主要在增殖细胞和胚胎发育中起作用，而 PRC2-EZH1 能够压缩多聚核小体，主要在非增殖细胞中发挥功能。第二，功能相关的修饰酶位于同一复合体中，以保证两种相互冲突的修饰方式不会同时出现。如在 MLL 复合体中含有组蛋白乙酰基转移酶 CBP 和 H3K27m2/m3 去甲基化酶 UTX。MLL 复合体可使组蛋白 H3K4 三甲基化（H3K4m3），活化基因转录；CBP 使组蛋白乙酰化，也与基因的活化相关；而 UTX 去除抑制性组蛋白修饰 H3K27m2/m3 的甲基，可协助 H3K4m3 和组蛋白乙酰化对基因的活化作用。

四、组蛋白修饰酶在染色质上的定位及其活性调节

组蛋白修饰酶一般不具备识别特异染色质区域的功能域，它们定位到染色质上主要通过以下几种途径：①通过转录因子介导定位到特异染色质区域。如组蛋白乙酰基转移酶 p300/CBP 可与多种转录因子结合调节基因的表达。当转录因子与其特异的 DNA 元件结合后，招募 p300/CBP 到特异染色质区域，使组蛋白乙酰化，从而导致染色质结构改变（图 11-17A）。②通过 DNA 甲基化介导定位到特异染色质区域。正如前面所述，DNA 甲基化结合蛋白 MeCP 与甲基化 DNA 结合后可招募组蛋白去乙酰化酶和 H3K9 甲基转移酶到 DNA 甲基化区域（图 11-17B）。③通过不同组蛋白修饰的介导定位到特异染色质区域。如 H3K4m3 可被抑癌蛋白 ING 识别并招募 HAT 或 HDAC（图 11-17C）。

组蛋白化学修饰受多种因素影响，其中修饰酶是影响组蛋白修饰的重要因素。一方面，修饰酶通过与不同调节蛋白结合形成不同的复合体调节组蛋白修饰；另一方面，修饰酶可通过活性改变调节组蛋白修饰。机体调节组蛋白修饰酶活性主要有两种方式：①调节组蛋白修饰酶蛋白的表达。如当用细菌裂解物或炎症细胞因子处理巨噬细胞时，NF-κB 的转录活性升高。NF-κB 可显著

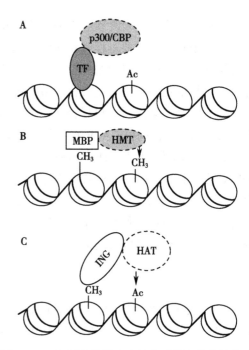

图 11-17　组蛋白修饰酶在染色质特异位点的定位
A. 通过转录因子介导定位到特异染色质区域；B. 通过 DNA 甲基化介导定位到特异染色质区域；C. 通过不同组蛋白修饰的介导定位到特异染色质区域。

诱导组蛋白去甲基化酶 JMJD3 的表达。JMJD3 是抑制性染色质标志 H3K27me3 特异的去甲基化酶。因此，NF-κB 信号通路可通过 JMJD3 诱导活性染色质的形成，从而诱导靶基因的表达。②化学修饰组蛋白修饰酶，从而改变其活性。如 PKA 可以磷酸化组蛋白去甲基化酶 PHF2。PHF2 是抑制性染色质标志 H3K9me2 的去甲基化酶。在未磷酸化时 PHF2 处于失活状态，一旦被 PKA 磷酸化，PHF2 活性增加。活化的 PHF2 结合并去甲基化 ARID5B（一个 DNA 结合蛋白）。去甲基化的 ARID5B 可引导 PHF2/ARID5B 复合体至磷酸烯醇式丙酮酸羧激酶和葡糖-6-磷酸酶（两个与糖异生相关的酶）基因启动子区，去除抑制性 H3K9me2 标志，活化两个基因的表达，促进糖异生。

第三节　染色质重塑与基因表达调控

染色质重塑（chromatin remodeling）是指染色质结构的动态修饰过程，使紧密凝聚的 DNA 结构松弛，能够被转录因子或转录辅助因子等多种调节因子所接近，调节基因表达。染色质重塑是

基因表达的先决条件，是调节重要生理功能和维持细胞内环境稳定的重要过程。重塑的染色质表现为对核酸酶高度敏感以及组蛋白结构和位置改变等特点。目前已知有两类复合体调节染色质重塑，即 ATP 依赖的染色质重塑复合体和染色质共价修饰复合体。前者利用 ATP 水解的能量以一种非共价方式调节染色质结构，而后者主要通过为 DNA 或组蛋白添加或去掉共价修饰物来调节染色质结构。前两节中介绍的 DNA 和组蛋白修饰即为第二类复合体的作用。本节主要介绍 ATP 依赖的染色质重塑与基因表达调控的关系。

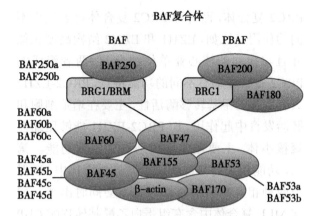

图 11-18 哺乳动物 SWI/SNF 复合体的组成

一、染色质重塑复合体的种类与功能

依据催化亚基结构域的不同，ATP 依赖的染色质重塑复合体通常分为 SWI/SNF、ISWI、CHD 和 INO80 四大家族。尽管每个家族都具有独特的亚基组成，但同时又具有一些共同特性：①对核小体有高亲和力；②具有识别组蛋白共价修饰的结构域；③具有依赖于 DNA 的 ATPase 结构域，该结构域能破坏组蛋白与 DNA 的接触，是染色质重塑过程中的必需元件；④具有可以调控 ATPase 结构域的蛋白质；⑤具有可与其他染色质蛋白或转录因子相互作用的结构域或蛋白质。

1. SWI/SNF 复合体 SWI/SNF 是由 8～14 个蛋白质亚基组成的约 1.14MDa 的多亚基复合体，在哺乳动物中也称作 BAF/PBAF 复合体，是进化中非常保守的一类复合体。有能够分别与 DNA 和组蛋白结合的结构域，协助 SWI/SNF 与核小体结合，促进核小体组蛋白与 DNA 解离，使染色质结构松弛，从而促进转录因子与 DNA 的结合。现在发现，在某些管家基因的启动子区，SWI/SNF 复合体的含量明显增多，说明 SWI/SNF 复合体可能促进基因的转录。另外，SWI/SNF 参与 DNA 双链损伤修复和核苷酸切除修复过程，因此在 P53 介导的 DNA 损伤应答过程中起着重要的作用。图 11-18 显示哺乳动物 SWI/SNF 复合体（也称作 BAF/PBAF 复合体）的亚基组成。

2. ISWI 复合体 ISWI 复合体家族都是以 ATPase ISWI 作为催化核心。在结构上，除 N- 端包含保守结构域 DEXD ATPase 和解旋酶结构域（存在于所有 ATP 依赖的染色质重塑复合体）外，ISWI 家族成员还包含特异的 HSS 功能域（HAND-

SANT-SLIDEdomain），通过这些功能域，ISWI 复合体和核小体、DNA 相互作用，使染色质发生重塑。每种生物体含有多种类型的 ISWI 复合体，如 CHRAC，WICH，NoRC，NURF/CERF 等。ISWI 复合体促进核小体的折叠压缩和 DNA 复制后染色质的组装，从而维持染色质的致密结构。图 11-19 显示哺乳动物 ISWI 复合体的亚基组成。

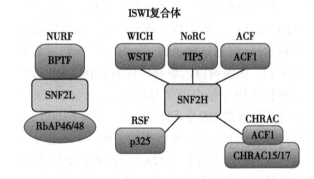

图 11-19 哺乳动物 ISWI 复合体的组成

3. CHD 复合体 CHD 复合体家族分为三类亚家族。第一类亚家族包括酵母的 CHD1 复合体以及高等真核生物的 CHD1 和 CHD2 复合体。CHD1 和 CHD2 复合体的 N- 末端包含两个克罗莫结构域，可识别 H3K4m3，因此与活性染色质结构形成相关；C- 末端区域包含一个 DNA 结合结构域，此结构域偏好于结合富含 AT 的 DNA 模序。第二类亚家族包括 CHD3 和 CHD4 复合体，其结构分别包含两个 PHD 和克罗莫结构域，但没有 DNA 结合结构域。第三类亚家族包括 CHD5-CHD9 复合体。CHD 复合体主要起到转录抑制作用，并且参与维持胚胎干细胞的多能性。图 11-20 显示哺乳动物 CHD 复合体的亚基组成。

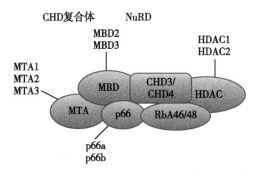

图 11-20　哺乳动物 CHD 复合体的组成

4. INO80 复合体　INO80 复合体高度保守，包括 INO80, SWR1/SRCAP 和 TIP60/P400 三种形式的复合体，由多个亚基组成。INO80 复合体除了具有转录调控功能，还参与 DNA 损伤反应，通过其调控 DSB 位点附近 DNA 修复蛋白的可接近性以及核小体的重塑能力来参与多种 DNA 修复途径，且此过程不依赖于转录。SWR1/SRCAP 复合体的主要功能是在核小体内形成 H2A.Z-H2B 二聚体去置换 H2A-H2B，由此在染色质内形成结构和功能特异的区域。H2A.Z 组蛋白变体参与转录激活、基因沉默和染色体稳定等过程。TIP60/P400 复合体可检测 DNA 损伤位点，通过乙酰化组蛋白 H4 或 H2A，使损伤位点附近染色质结构松弛，以利于 DNA 修复酶的靠近并促进 DNA 修复。因此，TIP60/P400 复合体在 DNA 损伤修复过程中发挥重要作用。图 11-21 显示哺乳动物 INO80 复合体的亚基组成。

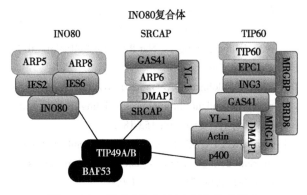

图 11-21　哺乳动物 INO80 复合体的组成

二、染色质重塑复合体对核小体位置和结构的调节

染色质重塑的机制尚不清楚。目前，学界已提出若干种相关模型。①滑动模型：即 SWI/SNF

以 ATP 水解释放的能量对核小体进行重塑，结果组蛋白多聚体滑行到同一 DNA 分子的另一位点（称为顺式滑行），或滑行到不同 DNA 分子的某一位点（称为反式滑行）。顺式滑行或反式滑行可能取决于 SWI/SNF 相对于核小体的比率。SWI/SNF 能在较低的比率（1:200）下高效地进行顺式滑行，而反式滑行则需要高出前者 10 倍以上的比率才能进行。经过重塑复合体的作用，组蛋白八聚体与 DNA 发生相对移动，改变了核小体的位置，有利于转录因子与相应顺式作用元件的结合。②组蛋白异构体交换模型：含有组蛋白异构体 H2A.Z 的核小体在转录激活中较含有 H2A 的核小体易于发生解离，表明前者较不稳定，更容易被取代。INO80 家族中的 SWR1 复合体的催化亚基 SWR1 能水解 ATP，使 H2A/H2B 与 H2A.Z/H2B 二聚体发生交换。③重获环模型：该模型认为 SWI/SNF 能直接与核小体 DNA 的大部分相结合，这种相互作用有助于将核小体 DNA 从组蛋白八聚体表面剥离，并于核小体表面形成 DNA 环，使得转录激活子或抑制子与裸露的 DNA 相结合，但该过程中整个核小体没有发生平移性的位置改变。

三、染色质重塑复合体定位到特异染色质区域的主要途径

染色质重塑复合体不包含识别特异染色质区域的功能域，它定位到染色质上主要有以下几种途径：①重塑复合体通过转录因子的介导定位到特定染色质位点。转录因子首先与其特异的 DNA 调节序列结合，通过蛋白质 - 蛋白质相互作用将染色质重塑复合体招募到相应的染色质位点（图 11-22A）。②重塑复合体通过修饰组蛋白的介导定位到特定染色质位点。如 SWI/SNF 复合体中的 ATPase 亚单位 BRG1 或 Brm 包含一个可识别组蛋白乙酰化的布罗莫结构域。组蛋白的乙酰化可招募 SWI/SNF 复合体至染色质的特定区域，引起染色质重塑和基因的活化（图 11-22B）。③重塑复合体通过 RNA 聚合酶Ⅱ的作用连接到特定染色质位点（图 11-22C）。

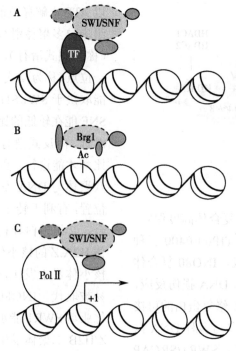

图 11-22 染色质重塑复合体在染色质特异位点的定位
A. 重塑复合体通过转录因子的介导定位到特定染色质位点；B. 重塑复合体通过修饰组蛋白的介导定位到特定染色质位点；C. 重塑复合体通过 RNA 聚合酶 Ⅱ 的作用连接到特定染色质位点。

（张晓伟）

参 考 文 献

[1] Yamashita K，Hosoda K，Nishizawa N，et al. Epigenetic biomarkers of promoter DNA methylation in the new era of cancer treatment. Cancer Sci，2018，109（12）：3695-3706.

[2] Ricketts MD，Han J，Szurgot MR，et al. Molecular basis for chromatin assembly and modification by multiprotein complexes. Protein Sci，2019，28（2）：329-343.

[3] Chrun ES，Modolo F，Daniel FI. Histone modifications：A review about the presence of this epigenetic phenomenon in carcinogenesis. Pathol Res Pract，2017，213（11）：1329-1339.

[4] Barneda-Zahonero B，Parra M. Histone deacetylases and cancer. Mol Oncol，2012，6：579-589.

[5] Jin Z，Liu Y. DNA methylation in human diseases. Genes Dis，2018，5（1）：1-8.

[6] Klose RJ，Zhang Y. Regulation of histone methylation by demethylimination and demethylation. Nat Rev Mol Cell Biol，2007，8：307-318.

[7] Clapier CR，Iwasa J，Cairns BR，et al. Mechanisms of action and regulation of ATP-dependent chromatin-remodelling complexes. Nat Rev Mol Cell Biol，2017，18（7）：407-422.

[8] Zhou CY，Johnson SL，Gamarra NI，et al. Mechanisms of atp-dependent chromatin remodeling motors. Annu Rev Biophys，2016，45：153-181.

[9] Hargreaves DC，Crabtree GR. ATP-dependent chromatin remodeling：genetics，genomics and mechanisms. Cell Res，2011，21（3）：396-420.

[10] Yang J，Tian B，Brasier AR. Targeting chromatin remodeling in inflammation and fibrosis. Adv Protein Chem Struct Biol，2017，107：1-36.

第十二章　真核基因表达的转录调控

一种真核生物的全部有核细胞都携带相同遗传信息的基因组，但各类细胞基因转录的程序和状况却明显有别。不同种类细胞中特定基因的转录及其调控，对于维持机体的生长、发育和分化具有重要作用。基因转录或其调控异常与多种疾病的发生和发展密切相关。真核基因转录的基本环节包括染色质结构重塑（见第十一章）、转录、转录后加工以及 mRNA 的转运和细胞质定位等，各个环节均受到严密调控。本章重点讨论转录起始、转录过程以及转录后的调控。真核生物有三类 RNA 聚合酶（即 RNA 聚合酶 I、II、III），分别催化合成不同种类的 RNA。本章主要介绍 RNA 聚合酶 II 介导的蛋白质编码基因转录的调控。

第一节　真核基因转录起始的调控

染色质核小体是基因转录的屏障，它能阻止转录调节蛋白质直接与靶启动子相互作用。因此，染色质结构重塑是基因激活和转录的前提（见第十一章）。在染色质重塑的基础上，基础转录装置（basal transcription apparatus）逐步形成。转录因子（transcription factor，TF）通过与基础转录装置相互作用而在转录起始过程中发挥重要作用，诸多因素都是通过调节 TF 的活性而调控转录的。TF 又称反式作用因子，包括①通用转录因子（general transcription factor）或基本转录因子（basal transcription factor）：指 RNA 聚合酶介导基因转录时所必需的一类辅助蛋白质，帮助聚合酶与启动子结合并起始转录，这些因子是所有基因转录所必需的。②序列特异性 TF：指特异性识别共有序列（consensus sequence）的 TF，包括转录激活因子（transcription activator）和转录抑制因子（transcription repressor）。与通用 TF 相比，序列特异性 TF 种类繁多，但丰度相对较低。③辅助 TF：

指自身不与 DNA 结合，而是通过蛋白质相互作用连接 TF 和基础转录装置的蛋白质，包括共激活因子（coactivator）和共抑制因子（corepressor）；④调节染色质结构改变的 TF。此外，非编码 RNA 也参与转录起始的调控（见第十四章）。

一、基础转录装置决定转录起始点

由通用 TF 和 RNA 聚合酶相互作用而形成的复合物，可专一性地识别被转录基因的启动子，决定基因的转录起始点（transcription start site，TSS）并启动基因转录（RNA 合成），因这种复合物的转录速率低而被称为基础转录装置。转录起始需要多种 TF 以一定的先后顺序组装成复合物，然后，RNA 聚合酶再加入到该复合物中，从而启动转录。

（一）TFIID 结合于 TATA 盒是转录起始的第一步

RNA 聚合酶 II 识别和结合启动子的能力很弱，不能独自启动基因的转录，需要与多种通用 TF（包括 TFIIA、B、D、E、F、H 等）形成一个转录前起始复合物（pre-initiation complex，PIC），即基础转录装置，才能结合于靶基因的启动子，而 TFIID 结合于启动子的 TATA 盒是转录起始的第一步。TFIID 由 TATA 结合蛋白质（TATA-binding protein，TBP）及多个 TBP 相关因子（TBP associated factor，TAF）组成，是基因转录调控中的主要成分。TBP 只支持基础转录，不支持诱导所致的增强转录；而 TFIID 中的 TAF（在人类细胞中至少有 12 种）对诱导引起的增强转录是必要的。因此，又将 TAF 称为共激活因子。

在转录起始时，首先由 TFIID 的核心成分 TBP 与基因启动子核心序列 TATA 盒（通常位于 TSS 上游约 25~30bp 处）结合，形成 TBP-TATA 复合物。TBP 与 TATA 盒结合后，可改变该处

DNA 双链构象并初步解螺旋，以便于其他 TF 及 RNA 聚合酶Ⅱ的结合，而且能使位于 TATA 盒两侧的调控区与 TSS 相互靠近，以利于激活转录（文末彩图 12-1）。此外，一些转录调节因子能以 TFⅡD 为靶分子，通过影响 PIC 的形成或稳定性，实现在转录水平对基因表达的调节。

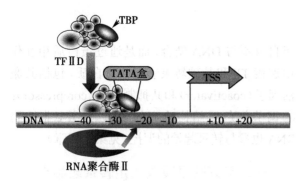

图 12-1 TFⅡD 与 TATA 盒的相互作用促进 RNA 聚合酶Ⅱ的结合

（二）PIC 的装配

TBP-TATA 复合物形成后，进一步指导 RNA 聚合酶Ⅱ和其他 TFⅡ与启动子进行有序装配，从而形成一个稳定的 PIC。首先，TFⅡB 在 TATA 盒下游与 TBP 结合，同时 TFⅡB 还能与 DNA 结合。TFⅡA 虽不必需，但它能稳定已与 DNA 结合的 TFⅡB-TBP 复合物，并且能在 TBP 与结合能力较弱的启动子（不具有特征序列）结合时发挥重要作用。然后，由 RNA 聚合酶Ⅱ和 TFⅡF 组成的复合物与 TFⅡB-TBP 复合物结合，TFⅡF 通过和 RNA 聚合酶Ⅱ形成复合物而与 TFⅡB 相互作用，从而降低 RNA 聚合酶Ⅱ与 DNA 上非特异序列的结合，以此协助 RNA 聚合酶Ⅱ靶向结合启动子。聚合酶的结合使得 DNA 上被保护的模板链位点延伸至 +15 位置，非模板链延伸至 +20 位置，从而使整个复合物变长。最后，TFⅡE 和 TFⅡH 再结合上来，形成闭合复合物，完成 PIC 的装配（文末彩图 12-2）。

（三）TFⅡH 辅助 RNA 聚合酶Ⅱ起始转录

PIC 装配完成后，RNA 聚合酶Ⅱ并不能立即启动转录，而是需要 TFⅡH 的解旋酶活性将 TSS 附近的 DNA 双螺旋打开，使闭合复合物形成开放复合物，才能启动转录。另一方面，TFⅡH 的激酶活性可使 RNA 聚合酶Ⅱ大亚基的羧基末端结构域（carboxyl-terminal domain，CTD）磷酸化，

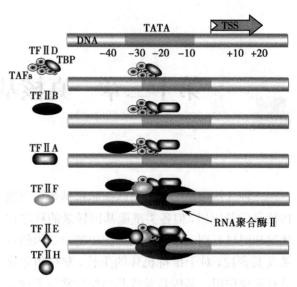

图 12-2 PIC 在启动子上的装配

导致开放复合物的构象发生改变，从而启动转录（文末彩图 12-3）。有关 TFⅡH 的组成及功能见本章第二节。作为基础转录装置，PIC 能准确地从 TATA 盒启动转录，因而决定了 TSS 的位置。如果 TFⅡH 的 cyclin H 亚基事先被 CDK8 磷酸化，则会使 TFⅡH 丧失激酶活性，从而导致 RNA 聚合酶Ⅱ的 CTD 磷酸化受抑，最终使转录起始受到抑制。

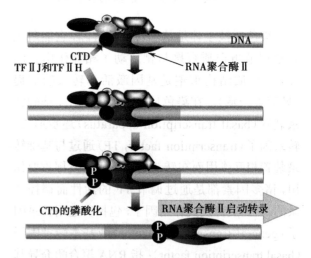

图 12-3 TFⅡH 通过磷酸化 CTD 而促进 RNA 聚合酶Ⅱ起始转录

二、顺式作用元件参与调控转录起始

真核基因转录受 TSS 附近的转录调控区控制。在转录调控区内，含有能与特异 TF 结合并影响相应基因转录的顺式作用元件（*cis*-acting element），

主要包括起正性调控作用的启动子和增强子以及起负性调控作用的沉默子（silencer）和绝缘子（insulator）。这些顺式作用元件只有与相应蛋白质结合后，方可发挥调节基因转录的功能。

（一）启动子元件的组成可变且其活性受邻近序列影响

启动子是基因 5'- 调控区中被 RNA 聚合酶识别、结合并启动转录的一段特异 DNA 序列。真核生物有三类 RNA 聚合酶，因此有三类不同的启动子，其中以 Ⅱ 型启动子最为复杂。

1. **启动子元件的组成是可变的** 一般而言，启动子包括 TSS 及其上游约 100～200bp 的序列，含有若干具有独立转录调控功能的 DNA 序列元件，每个元件长约 7～30bp。启动子包括至少一个 TSS 和一个以上的功能元件，这些功能元件可分为核心启动子元件（core promoter element）和上游启动子元件（upstream promoter element）。核心启动子元件是指保证 RNA 聚合酶 Ⅱ 起始转录所必需的、最小的 DNA 序列，最典型的就是 TATA 盒（共有序列为 TATAAAA），其通常位于 TSS 上游 −30～−25bp 处，是 TFⅡD 的识别结合位点，控制着基因转录起始的准确性与频率。上游启动子元件包括 CAAT 盒（GGCCAATCT）、GC 盒（GGGCGG）、八联体元件（ATTTGCAT）以及距 TSS 更远的上游元件。CAAT 盒和 GC 盒通常位于 TSS 上游 −110～−30bp 区域，这些元件能通过与相应的蛋白质因子结合调节转录起始的频率，从而影响转录效率。

启动子元件的组成是可变的。虽然为了保证一定的转录起始效率，基因必须具备一个或几个上游元件，但没有哪一种元件是所有启动子都必不可少的。因此，不同基因启动子元件的组成是可变的，其位置也各不相同，且它们的序列、距离和方向都不完全相同，这使得不同基因的表达调控也各不相同。如 SV40 早期基因的启动子由 TATA 盒和 GC 盒组成，组蛋白 H2B 基因的启动子由 TATA 盒、CAAT 盒和八联体元件组成，胸苷激酶基因的启动子由 TATA 盒、GC 盒、八联体元件和 CAAT 盒组成（文末彩图 12-4）。

2. **有些启动子不含 TATA 盒** 典型的启动子由 TATA 盒及上游的 CAAT 盒和 / 或 GC 盒组成，其通常有一个 TSS 和较高的转录活性。然而，有

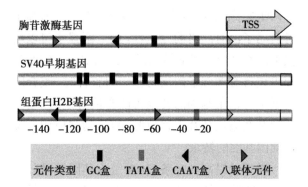

图 12-4　不同基因启动子元件的组成是可变的

些启动子并不含 TATA 盒，这种启动子主要有两类：①富含 GC 的启动子。最初发现于管家基因，一般含有数个分离的 TSS，对基础转录活化具有重要作用；②既无 TATA 盒又无 GC 富含区的启动子。这类启动子有一个或多个 TSS，其转录活性大多很低或根本没有转录活性，主要在胚胎发育、组织分化或再生过程中发挥作用。

3. **邻近序列可影响启动子活性的发挥** 一个特定的共有序列通常会被一种相应的激活因子所识别。然而，有时一个特定启动子序列能被多种激活因子所识别，此时该启动子使用哪个激活因子可能由启动子邻近序列上已经结合的其他因子来决定，也就是说启动子的邻近序列对启动子活性的发挥也是很重要的。

启动子的邻近序列在调控基因的组织特异性表达中有重要作用，若突变这些序列，将降低或丧失基因的组织特异性高表达。如清蛋白基因的 −64/−55bp 处为其在肝细胞特异表达的必要转录调控序列，即肝细胞核因子 1（hepatocyte nuclear factor 1，HNF1）的结合位点。若诱变此序列，将使 HNF1 的活性降至原来的 2%，从而使清蛋白基因的表达急剧下降，丧失其在肝脏高表达的组织特异性。

（二）增强子可提高启动子活性

增强子是指真核基因转录调控区中能够增强启动子转录活性的一段 DNA 序列。同启动子一样，增强子也是由若干短序列功能元件组成。增强子中的功能元件是特异 TF 结合 DNA 的核心序列，长约 8～12bp，以单拷贝或多拷贝串联形式存在。

1. **增强子含有能协助转录起始的双向元件** 增强子发挥作用需要有启动子存在，没有启动子

时，增强子的功能活性无法表现。然而，增强子对启动子没有严格的专一性，同一增强子可以增强不同类型启动子的转录活性。例如宿主细胞基因组被含有增强子的病毒基因组整合时，整合区附近某些宿主基因的转录可能会被增强；当增强子随某些染色体片段移位时，也能增强所到新位置周围基因的转录。

增强子提高同一条 DNA 链上基因转录效率时，不需要固定位置，既可位于基因启动子的上游，也可位于启动子下游，有的还可位于基因的内含子中。同时，增强子可以远距离起作用（数百至数千 bp），甚至在某些情况下可以调控 30kb 以外的基因。另外，启动子具有方向性，增强子却没有方向性，增强子发挥作用与其序列的正反方向无关，增强子的序列颠倒后仍能起作用。

2. 增强子是转录激活因子识别和结合的位点 增强子通过与特定的转录激活因子结合后发挥增强转录的作用。基因的转录效率与增强子上转录激活因子结合的数量相一致，在增强子位点上转录激活因子结合得越多，基因的表达水平越高。增强子常具有组织或细胞特异性，其活性的表现由这些细胞或组织中特异性转录激活因子来决定。

增强子及其激活因子与相关启动子发生相互作用时，若增强子和启动子位于 DNA 片段的两端，则不能有效地促进转录；但当通过蛋白质相互作用将含有靶启动子的 DNA 和含有增强子的 DNA 连接起来后，增强子和启动子则相互靠近，此时增强子便可促进转录。

（三）沉默子可负性调控转录起始

沉默子是位于基因调控区中的、能抑制或阻遏该基因转录的 DNA 序列。作为基因表达的负性调控元件，沉默子一方面能促进局部 DNA 的染色质形成致密结构，从而阻止转录激活因子与 DNA 结合；另一方面能够同反式作用因子结合，阻断增强子及反式激活因子的作用，从而抑制基因的转录活性。

有的沉默子与增强子相似，由多个功能组件构成，不同的组件和特异蛋白质因子结合后协同产生复杂的阻遏模式。同时，沉默子的作用也不受序列方向的影响，亦可远距离发挥作用。此外，基因转录调控区中的某些顺式作用元件既能发挥增强子的作用，又能发挥沉默子样作用，这取决于细胞内所存在的 DNA 结合蛋白质的性质。

（四）绝缘子可阻断增强子和异染色质的作用

绝缘子是一类顺式作用元件，是染色质上相邻转录活性区的边界序列，它将染色质隔离成不同的转录区域，使其一侧基因的表达免受邻近区域调控元件的影响。绝缘子作为一种转录调控元件，当其位于增强子和启动子之间时，可以阻断增强子对启动子的调控作用。这也许可以解释为什么增强子会受约束而只作用于特定启动子。一般而言，多数增强子可调控其附近的任何启动子，而绝缘子则可限制增强子对启动子不加选择的作用，从而使增强子只作用于特定启动子。另一方面，异染色质区域可发生扩展和传播，使更多的基因被抑制；在异染色质延伸过程中，绝缘子可以充当异染色质传播的屏障，当绝缘子位于活性基因和异染色质之间时，可使启动子保持活性，保护活性基因免受邻近异染色质沉默效应的影响。有的绝缘子可同时具有阻断增强子和屏障异染色质的作用，而有的绝缘子则只具有其中一种功能。绝缘子的上述作用提高了基因转录调控的时空准确性。

三、转录激活因子促进基因转录

基础转录装置（即 PIC）仅支持低速率转录，而高速率转录尚需更多转录激活因子与上游激活元件结合，并与 PIC 相互作用，从而形成调节性转录装置。

（一）转录激活因子具有 DNA 结合结构域和转录激活结构域

转录激活因子通过增加基础转录装置与启动子结合的效率而起作用，从而提高了转录频率，它们对于启动子充分发挥作用是必须的。因此转录激活因子需要两种能力：①识别位于增强子、启动子或其他调控元件上的特异靶序列，而这些序列能增强特定靶基因的转录；②与 DNA 结合后，激活因子通过与基础转录装置的其他组分结合来行使转录激活功能。

典型的转录激活因子含有 DNA 结合结构域（DNA-binding domain，DBD）和转录激活结构域（transcription-activating domain，TAD）、蛋白质 - 蛋白质结合域以及核定位信号等功能区域。

DBD 多具有特定的蛋白质模体，如锌指结构、螺旋 - 转角 - 螺旋结构、两性的螺旋 - 环 - 螺旋结构、亮氨酸拉链结构等。DBD 的主要作用是结合 DNA，并将 TAD 带到基础转录装置的邻近区域。TAD 通过与基础转录装置相互作用而激活转录。常见的 TAD 有富含谷氨酰胺结构域、富含脯氨酸结构域、酸性 α- 螺旋结构域等。此外，核定位信号一般是转录因子中富含精氨酸和赖氨酸残基的区段。

（二）转录激活因子通过与通用 TF 相互作用而发挥转录调控功能

通用 TF 参与基础转录装置的装配，而转录激活因子则是通过其 TAD 与通用 TF 之间的相互作用来发挥功能，或是通过蛋白质亚基间的非共价结合作用连接共激活因子后才可与 DNA 结合行使相应功能。例如，含有酸性 α- 螺旋结构域的转录激活因子，可通过与 TFⅡD 相互作用，协助 PIC 的组装，从而促进转录。

绝大多数转录激活因子结合 DNA 前需通过蛋白质 - 蛋白质相互作用形成二聚体或多聚体。二聚体是转录激活因子结合 DNA 时最常见的形式。由同种分子形成的二聚体称为同源二聚体，由异种分子形成的二聚体称为异源二聚体。二聚体 / 多聚体的形成是 TF 上的二聚化 / 寡聚化位点相互作用的结果。二聚化 / 寡聚化位点的氨基酸序列很保守，大多与 DNA 结合区相连并形成一定的空间构象。

（三）转录激活因子通过结合特异的顺式作用元件而激活转录

转录激活因子发挥作用的基本前提有两个：

①本身被激活，激活方式包括化学修饰（如磷酸化等）、阻遏蛋白释放等；②与特异的顺式作用元件结合，针对特定刺激信号，转录激活因子所结合的顺式作用元件又常被称为应答元件（response element，RE），如热应答元件（heat shock response element，HSE）、糖皮质激素应答元件（glucocorticoid response element，GRE）等。

一种转录激活因子可调控多个基因的转录。例如，真核生物有一组热激基因（约 20 个），它们具有一个保守的共有序列 HSE，该序列可被同一个热激转录因子（heat shock transcription factor，HSTF）所识别。当温度升高时，HSTF 便结合于这组热激基因的 HSE，从而开启多个热激基因的转录。另一方面，一个基因也可受到多种转录激活因子的调控。例如，在人金属硫蛋白（metallothionein，MT）基因的调控区内，有多个不同的顺式作用元件，各元件能独立发挥作用，也能几乎不受限制地随意组合，一种激活模式中必需元件的缺失并不影响其他激活模式。也就是说，*MT* 基因的转录可受多个转录激活因子的调控，这些激活因子能独立地增加基础转录装置的起始效率（文末彩图 12-5）。

（四）多种核受体可作为转录激活因子

核受体（nuclear receptor，NR）是一类广泛分布的 TF，定位于胞质和 / 或胞核，通过与相应配体或辅调节因子相互作用，最终结合于 DNA 的顺式作用元件，从而调控基因的表达。NR 在机体的生长发育、新陈代谢、细胞分化、免疫应答、炎症、肿瘤等多种生理和病理过程中均发挥着重要的调控作用。

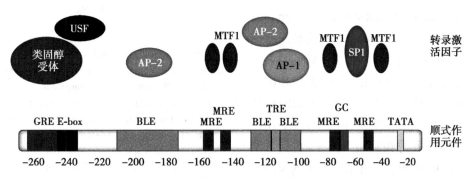

图 12-5　人 *MT* 基因可受多种转录激活因子调控
上部是与各元件结合的转录激活因子，下部是人 *MT* 基因调控区中的多个顺式作用元件。
BLE：基础水平元件；MRE：金属应答元件；TRE：TPA 应答元件；USF：上游刺激因子；
AP1/2：激活蛋白 1/2；MTF1：metal transcription factor 1；SP1：specificity protein 1。

1. **NR 具有相似的结构**　典型 NR 的基本结构从 N- 端到 C- 端依次为 A/B、C、D、E 和 F 五个结构域。① A/B 结构域：该结构域为调节结构域，其序列在不同 NR 之间高度可变，其长度从 50～500 个氨基酸残基不等，包含激活功能域 1（activation function 1，AF-1）。AF-1 是一个配体非依赖性转录激活功能域，该区特定位置的酪氨酸和丝 / 苏氨酸残基可受不同信号转导途径中相关激酶的作用而被磷酸化，从而影响 NR 与配体的亲和力及其功能活性。AF-1 的转录激活功能较弱，一般通过与位于 E 结构域中的 AF-2 结构域协同作用而对靶基因的表达进行调节。② C 结构域：是高度保守的区域，包含两个锌指结构，该区能识别靶基因的特异序列，介导 NR 与靶基因结合，又称 DBD。③ D 结构域：为铰链区，可能与 NR 的细胞内转运和亚细胞定位有关。核定位信号位于 C 和 D 结构域之间。④ E 结构域：是最大的结构域，在序列上中度保守，但在空间结构上高度保守，包含 NR 二聚体化区、配体结合域（ligand binding domain，LBD）和配体依赖性转录激活功能域（又称 AF-2 功能域）。该结构域除了与配体结合外，还可结合共激活因子 / 共抑制因子。⑤ F 结构域：位于 C- 末端，该结构域的序列在不同 NR 之间是可变的。

2. **NR 具有不同的类型**　根据配体的有无及其理化特点，可将 NR 分为三类（表 12-1）：① 甾体激素 NR；② 非甾体激素 NR；③ 孤儿 NR（orphan nuclear receptor），即配体尚未被阐明的 NR。由于前两类 NR 的配体均为内分泌激素，故又称内分泌 NR。随着研究的深入，一些孤儿 NR 的配体及作用被陆续发现，因此把这部分孤儿 NR 称为被领养的孤儿 NR（adopted orphan nuclear receptor）。

3. **NR 调控基因转录的过程**　作为转录激活因子，NR 介导的转录调控是一个多步骤的复杂过程（文末彩图 12-6），通常包括：① NR 与相应配体结合后，其构象发生改变，充分暴露 DBD，然后结合于靶基因的顺式作用元件（如增强子），或是结合于其他 TF；② 募集辅调节因子，进而重塑染色质；③ 调节 RNA 聚合酶Ⅱ结合于靶基因的启动子，继而启动转录。

然而，如果 NR 结合的是拮抗性（或抑制性）配体或募集的是共抑制因子，那么 NR 则会抑制靶

表 12-1　NR 的分类及其天然配体

类别	成员	天然配体
甾体激素 NR	糖皮质激素受体	糖皮质激素
	盐皮质激素受体	盐皮质激素
	雄激素受体	雄激素
	雌激素受体	雌激素
	孕激素受体	孕激素
非甾体激素 NR	甲状腺激素受体	甲状腺激素
	维甲酸受体	全反式维甲酸
	维生素 D_3 受体	维生素 D_3
孤儿 NR 被领养的孤儿 NR	PPARα	脂肪酸
	PPARγ	15- 脱氧前列腺素 J2
	PPARβ/δ	多不饱和脂肪酸及其衍生物
	FXR	胆汁酸
	LXRs	氧化甾醇
	PXR	孕烷
	RXRs	9- 顺式维甲酸
	CAR	雄甾烷
	RORs	胆固醇 / 硬脂酸
	HNF4	脂肪酸
	ERR	乙烯雌酚
	SXR	利福平
	SF-1	磷脂
未被领养的孤儿 NR（配体不明或不需要）	COUP-TFs	
	GCNF	
	NOR1	
	NURR1	
	NURR77	
	PNR	
	TR2/4	
	REV-ERBs	
	TLX	

PPAR: peroxisome proliferator-activated receptor; FXR: farnesoid X receptor; LXR: liver X receptor; PXR: pregnane X receptor; RXR: retinoid X receptor; CAR: constitutive androstane receptor; ROR: retinoic acid receptor-related orphan receptor; ERR: estrogen receptor-related receptor; SXR: steroid and xenobiotic receptor; SF-1: steroidogenic factor-1; COUP-TFs: chicken ovalbumin upstream promoter transcription factors; GCNF: germ cell nuclear factor; NOR1: neuron-derived orphan receptor 1; NURR: nuclear receptor related 1 protein; PNR: photoreceptor-specific nuclear receptor; TR2/4: testicular receptor 2/4; TLX: tailless-like protein.

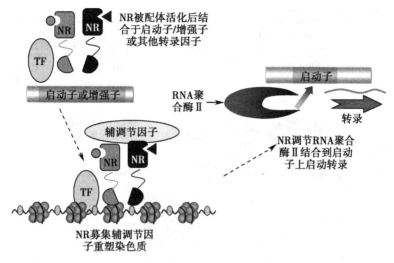

图 12-6　NR 介导的转录调控过程

基因的转录。某些孤儿 NR 不需要配体即可发挥作用，这类 NR 可能是一类组成性转录激活因子，或存在非配体依赖性激活途径（如受体磷酸化等）。

4. NR 结合 DNA 的模式　在调节基因转录时，NR 结合 DNA 的模式主要有三类：①以同源二聚体形式结合；②以异源二聚体（主要与 RXRα 形成异源二聚体）的形式结合；③以单体形式结合。

NR 所结合的应答元件一般位于靶基因的 5′-端，其核心模体通常由特异的 6bp 序列构成，又称半位点（half site），如主要由甾体激素 NR 识别的共有半位点 AGAACA 以及由非甾体激素 NR 识别的共有半位点 AGGTCA。一个应答元件上可有一个或两个 6bp 半位点，两个半位点可直接相连或间隔 1～n 个 bp。两个 6bp 半位点排列方式的不同组合，可形成反向直接重复序列（reverse direct repeat，RDR）、直接重复序列（direct repeat，DR）、反向重复序列（inverted repeat，IR）和外翻重复序列（everted repeat，ER）。以单个 6bp 半位点为核心模体的应答元件与 NR 单体结合，以两个 6bp 半位点为核心模体的应答元件与 NR 二聚体结合。

（五）转录激活因子可通过共激活因子而起作用

同时具有 DBD 和 TAD 的激活因子可直接起作用，没有 TAD 的激活因子则可通过结合一种含有 TAD 的蛋白质（即共激活因子）而起作用。共激活因子的作用机制基本相同，即通过蛋白质间的非共价结合而发挥作用。共激活因子的特异性由能结合 DNA 的转录激活因子来执行，而不是直接与 DNA 结合，特定激活因子可能需要特异的共激活因子。如前所述，NR 可作为转录激活因子。目前，已发现了大量 NR 的辅调节因子，其中研究最多的是类固醇受体辅激活物（steroid receptor coactivator，SRC）家族的成员（文末彩图 12-7）。SRC 家族成员能与几种 NR 的 N- 端 AF-1 结构域相互作用，从而调节 NR 的转录激活功能，这种相互作用与共激活因子的富含谷氨酰胺区有关。共激活因子与 AF-1 和 AF-2 结构域的结合具有协同效应。

四、转录抑制因子抑制基因转录

相对于转录激活因子来讲，对转录抑制因子的研究起步较晚。第一个被鉴定的转录抑制因子是果蝇 *Kr* 基因的表达产物。随着研究的不断深入，转录抑制因子的重要性越来越受到重视。转录抑制因子抑制转录的机制主要有以下三种。

（一）通过改变染色质结构来发挥抑制作用
详见第十一章。

（二）通过干扰基础转录装置而发挥抑制作用
作用于基础转录装置的转录抑制作用常导致整个转录的彻底终止，许多转录抑制因子就是通过与基础转录装置结合而发挥抑制作用的，其主要作用方式有如下三类。

1. 修饰 RNA 聚合酶Ⅱ的 CTD　转录抑制因子可在转录起始过程中对 RNA 聚合酶Ⅱ大亚基的 CTD 进行糖基化和去磷酸化修饰，在延长过程

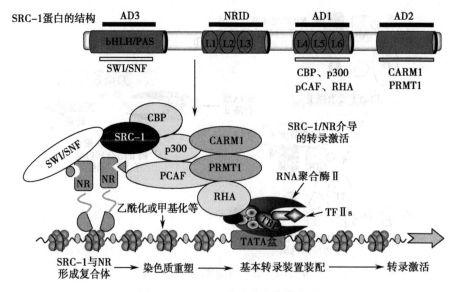

图 12-7 SRC-1 的结构及作用模式

中对 CTD 进行去糖基化和磷酸化修饰。通过这种时效和程度上的调整,便可达到抑制转录的目的。例如,SRB10 是一种细胞周期蛋白依赖性激酶(CDK),可通过磷酸化 CTD 而抑制一系列与分化、减数分裂、糖代谢等相关基因的转录。

2. 抑制 TBP 与 DNA 的结合 有些转录抑制因子可通过与 TBP 相互作用而阻止 TBP 与 TATA 盒结合,从而抑制基础转录装置的装配。然而这种抑制作用可能是基因特异性的,因为 RNA 聚合酶 II 转录的某些基因并不含有 TATA 盒或是不需要 TBP 的作用。

3. 抑制通用 TF 之间的相互作用 如甲状腺激素受体(TR)被配体激活后可作为转录激活因子与 TFIIB 结合,但在没有配体存在时,TR 可以直接与 TBP 结合,从而干扰 TBP-TFIIA 或 TBP-TFIIA-TFIIB 复合物的形成;MDM2(murine double mimute 2)可通过结合 TFIIE 和 TBP 而直接干扰转录。

(三)通过抑制转录激活因子的功能而发挥抑制作用

某些转录抑制因子可通过调节转录激活因子的活性及定位来抑制转录,其主要作用方式有如下四种。

1. 阻止转录激活因子入核 转录激活因子必须入核才能发挥调控基因转录的作用。某些转录抑制因子可在胞质中与转录激活因子结合,并掩盖后者的穿膜结构域,从而阻止其入核。例

如,转录激活因子 NF-κB 的核定位信号可被其抑制蛋白 IκB 覆盖,从而阻碍 NF-κB 的核转位,进而使 NF-κB 靶基因的转录受到抑制。

2. 与转录激活因子竞争 DNA 结合位点 某些转录抑制因子与转录激活因子有相同或重叠的 DNA 结合区域,从而与转录激活因子竞争结合 DNA 位点。例如,AP-1 通常是一个转录激活因子,但是它却能抑制视黄酸诱导的骨钙素基因的转录,这是由于它与视黄酸受体的 DNA 结合位点存在着交叠,因而可通过阻碍视黄酸受体与相应 DNA 位点的结合来发挥转录抑制作用。这种机制非常灵敏,因其取决于两种变量,一是转录激活/抑制因子与 DNA 结合的亲和力,其次是转录激活/抑制因子的浓度。只要稍微改变转录激活/抑制因子的浓度,细胞就能显著改变其发展路径。

3. 封闭转录激活因子的 TAD 即使转录激活因子已经结合于 DNA 元件(如增强子),某些转录抑制因子也可与转录激活因子结合并封闭其 TAD,从而阻止其发挥功能,这种抑制作用通常被称为屏蔽效应(masking)。例如,转录激活因子 GAL4 的 TAD 可通过与 RNA 聚合酶 II 的 SRB4 亚基结合来启动转录,而转录抑制因子 GAL80 可以直接和 GAL4 结合,从而部分覆盖 GAL4 的 TAD,致使 GAL4 的激活作用消失。

4. 促进转录激活因子的降解 某些转录抑制因子可通过对转录激活因子进行特殊修饰而调

节后者的稳定性，从而促进后者的降解。例如，MDM2 蛋白可促使转录激活因子 P53 泛素化，引发 P53 核输出，从而加速其降解，进而抑制 P53 的促转录功能。

五、转录因子的活性受信号转导途径的调控

转录因子的活性不是一成不变的，其活性的变化受信号转导途径的调控。信号转导途径调控转录因子活性的方式主要有三种：①受体直接调控转录因子活性：例如，转化生长因子 β 的 I 型受体活化后，可募集胞质中无活性的转录因子 SMAD2/SMAD3，通过磷酸化作用使二者激活；随后，磷酸化的 SMAD2/SMAD3 因构象改变而从受体上解离下来，形成同源或异源二聚体，进而与 SMAD4 形成三聚体；最后，三聚体进入胞核并结合于 DNA 的顺式作用元件，参与调节基因转录。②信息分子直接调控转录因子活性：例如，受体本身就是转录因子的某些 NR，在与信息分子结合前无活性；当信息分子与相应 NR 结合后，使 NR 构象发生改变，从而与抑制蛋白解离，充分暴露出 DBD（即形成有活性的 NR），然后结合于靶基因的顺式作用元件，调节靶基因转录。③胞内信号转导蛋白调控转录因子活性：例如，cAMP- 蛋白质激酶 A（PKA）途径中的信号转导蛋白 PKA，在被 cAMP 变构激活后，其催化亚基可进入胞核，通过磷酸化作用而使无活性的转录因子 CREB（cAMP response element binding protein）活化，活化的 CREB 通过与靶基因的顺式作用元件结合而调节基因转录。

第二节　真核基因转录过程的调控

PIC 启动转录后，转录便进入了延长期。RNA 聚合酶 II 大亚基 CTD 的磷酸化促进该酶向前移动和转录延长，同时，CTD 还可协调 RNA 的转录后加工。转录终止则由 polyA 信号决定。

一、TFIIE 和 TFIIH 促使 RNA 聚合酶 II 向前移动

TFIIE 是由 α 和 β 两个亚基组成的 α2β2 四聚体。人 TFIIEα 呈强酸性（pI 4.5），可与 TBP、

TFIIEβ 及 TFIIH 紧密结合，而与 RNA 聚合酶 II、TFIIFα 及 TFIIFβ 松散结合。TFIIEβ 呈强碱性（pI 9.5），可与 RNA 聚合酶 II、TFIIB、TFIIEα、TFIIFβ 及 TFIIH 的部分亚基紧密结合。TFIIE 具有 ATPase 活性和解旋酶活性，结合于 PIC 后，可募集 TFIIH，并增强 TFIIH 的 ATPase 活性和 CTD 激酶活性，密切参与调节转录起始与延长。TFIIH 具有多种酶活性。人 TFIIH 由 10 个亚基组成（表 12-2），其中核心组分含有 6 个亚基（XPB、p62、p52、p44、p34 和 p8），CAK（CDK-activating kinase）组分包括 3 个亚基（CDK7、cyclin H 和 MAT1），XPD 亚基负责连接以上两个组分。

表 12-2　TFIIH 的组成及功能

TFIIH 组分	人类	酵母	功能
核心组分	XPB	SSL2	3′→5′ ATP 依赖的解旋酶活性
	p62	TFB1	构架功能以及与 TF 和核苷酸切除修复因子相互作用
	p52	TFB2	调节 XBP 的 ATPase 活性
	p44	SSL1	在酵母中发挥 E3 泛素连接酶活性
	p34	TFB4	构架功能以及与 p44 紧密相互作用
	p8	TFB5	调节 XBP 的 ATPase 活性
CAK 组分	CDK7	KIN28	激酶活性
	cyclin H	CCL1	调节 CDK7 激酶活性
	MAT1	TFB3	在酵母中稳定 CAK 和调节 Cullin 的 neddy-lation（一种类泛素化修饰）
XPD 亚基	XPD	RAD3	5′→3′ ATP 依赖的解旋酶活性，作为连接 CAK 和核心组分的桥梁

CCL1: cyclin C like 1; MAT1: menage a trois 1; SSL: suppressor of stem-loop protein; XPB/D: xeroderma pigmentosum B/D

TFIIH 的解旋酶活性能使 TSS 附近的 DNA 双螺旋解开，使闭合的转录复合物成为开放的复合物，启动转录。当合成 10～15nt 后，RNA 聚合酶 II 与启动子和通用 TF 脱离，称之为启动子解脱（promoter escape）。TFIIE、TFIIF 及 TFIIH 在调节启动子解脱和早期延伸中发挥重要作用。延

长早期的转录产物（小于9nt）极不稳定，容易降解。TFⅡF结合到启动子上，可阻止启动子解脱；而TFⅡH中XPB亚基的DNA解旋酶活性可以干扰TFⅡF与启动子的相互作用，从而促进启动子解脱，进入延长早期。此时，很容易发生转录阻滞现象，TFⅡE和TFⅡH可通过其解旋酶活性来抑制延长早期的转录阻滞。从第1个到第8个磷酸二酯键的形成是转录起始到转录延长的过渡期，这一过程中许多转录起始因子脱离PIC，取而代之的是延长因子结合于RNA聚合酶Ⅱ，形成延长复合物。TFⅡE在转录延长到+10前脱离PIC，TFⅡH则在延长到+30～+68时脱离PIC。

二、RNA聚合酶Ⅱ中CTD的磷酸化促进转录延长

CTD的磷酸化在转录起始和延长过程中发挥重要作用。CTD的磷酸化是RNA聚合酶Ⅱ从启动子和TF上释放所必需的，然后才能进入转录的延伸。

（一）CTD是所有真核细胞RNA聚合酶Ⅱ共有的重复序列

真核细胞RNA聚合酶Ⅱ大亚基的CTD是一段共有的含7个氨基酸残基（YSPTSPS）的重复序列。所有真核细胞的RNA聚合酶Ⅱ都具有CTD，只是重复序列的重复程度不同，而RNA聚合酶Ⅰ和Ⅲ则没有CTD。真核生物之间CTD序列呈高度保守，在酵母中重复25～26次，果蝇中重复42次，哺乳动物重复52次，这种重复对细胞的生存和许多生理功能必不可少。

（二）催化CTD磷酸化的激酶有多种

CTD的磷酸化可由多种激酶催化，主要包括：① CDK（主要是CDK7和CDK9）。在转录起始期，CDK7使CTD的Ser5和Ser7磷酸化；而在转录延伸期，则需要激酶复合物P-TEFb（positive transcription elongation factor b）使CTD磷酸化。P-TEFb由CDK9和cyclin T组成，CDK9能使CTD的Ser2和Thr4磷酸化。除CDK9外，在一些基因的转录延长期也发现CDK12可使Ser2磷酸化。② PLK3（polo-like kinase 3）能使CTD的Thr4磷酸化；③酪氨酸激酶ABL1和ABL2可使CTD上的酪氨酸残基磷酸化。

（三）CTD磷酸化的动态变化密切调控着RNA聚合酶Ⅱ的转录进程

当PIC在启动子上形成后，在CDK7的作用下，CTD的Ser5和Ser7发生磷酸化，导致RNA聚合酶Ⅱ的构象发生改变，进而从启动子上脱离，沿模板进行转录。进入转录延长期后，RTR1（regulator of transcription 1）（可能间接结合其他磷酸酶）和SSU72（在脯氨酰异构酶PIN1的辅助下）使p-Ser5和p-Ser7去磷酸化，而CDK9则使Ser2/Thr4磷酸化（CDK12也可使Ser2磷酸化），直到进入转录终止期，再由FCP1（TFⅡF-associated CTD phosphatase 1）使p-Ser2/p-Thr4去磷酸化，最终使CTD回到非磷酸化状态，RNA聚合酶Ⅱ进入新的转录循环周期（图12-8）。因此，CTD磷酸化的动态变化可密切调控RNA聚合酶Ⅱ的转录循环周期。

三、CTD的进一步磷酸化可约束一些不成功的转录起始

在某些基因的启动子上，当RNA聚合酶Ⅱ开始转录时，会进行得不顺利，RNA聚合酶Ⅱ在前进

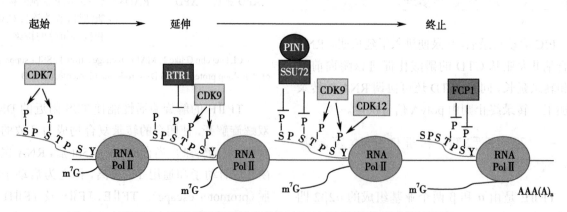

图12-8 CTD磷酸化的动态变化对RNA聚合酶Ⅱ转录进程的调控

了一小段距离后便终止转录,已转录出的小段 RNA 会被迅速降解,这种现象称为流产起始(abortive initiation)。这些不成功的转录起始若要继续下去并进入到转录延伸,就需要 CTD 的进一步磷酸化。

在 CDK7 使 CTD 的 Ser5 和 Ser7 磷酸化的基础上,P-TEFb 激酶复合物中的 CDK9 可作用于 CTD 的 Ser2,使 CTD 进一步磷酸化,从而使转录得以继续。另外,P-TEFb 还可调节延伸因子 DSIF(DRB sensitivity-inducing factor)和 NELF(negative elongation factor)的活性。当转录起始后,DSIF 和 NELF 结合于 RNA 聚合酶Ⅱ,阻止转录的延伸。为了克服这种阻力,P-TEFb 使这两个因子磷酸化,从而使其从 RNA 聚合酶Ⅱ复合物上脱离,使转录得以延伸。在昆虫和人类中,大约有三分之一基因的 RNA 聚合酶Ⅱ在 TSS 下游会发生流产型转录起始,这种转录暂停的现象被认为是机体在进化过程中或适应更多外界刺激时,为了获得更快速或更多协同转录调节的一个机制。

四、CTD 参与调节 RNA 的转录后加工

CTD 上的每个磷酸化位点均可作为一些蛋白质的识别或锚定位点(表 12-3),从而使得这些蛋白质能与 RNA 聚合酶Ⅱ结合在一起,进而在 RNA 的转录加工过程中发挥调节功能(图 12-9)。磷酸化 CTD 的作用包括:①当 mRNA 的 5′- 端刚被合成时,就被加帽酶(capping enzyme)修饰,使 mRNA 免遭核酸酶的攻击。加帽酶的鸟苷酸转移酶结构域与 Ser5 磷酸化的 CTD 结合,可促进 5′- 帽结构的形成。②在前体 mRNA 的剪接过程中,Ser2 磷酸化同时 p-Ser5 去磷酸化的 CTD 可募集许多剪接因子,包括识别 5′- 剪接位点的 PRP40(pre-mRNA-processing protein 40)、识别 3′- 剪接位点的 U2AF(U2 associated factor)和识别剪接分支点下游序列的 PSF(polypyrimidine tract-binding protein-associated splicing factor)等,这些剪接因子都直接与磷酸化的 CTD 结合,加速剪接过程。③在 3′- 端加尾过程中,CTD 可结合多种 3′- 端加工因子,促进 3′- 端加尾修饰。Ser2 磷酸化的 CTD 可募集 3′- 端加工因子(如 PCF11、CStF50、CPSF160 等),随着 Ser2 磷酸化达到顶峰,CTD 所募集的多种 3′- 端加工因子也达顶峰。因此,

Ser2 磷酸化的 CTD 在前体 mRNA 3′- 端加 polyA 尾的修饰中发挥着重要作用。

表 12-3　RNA 转录加工过程中与 CTD 结合的蛋白质因子

蛋白质(因子)	与磷酸化 CTD (p-CTD)的结合位点
SET1(组蛋白甲基化酶)	p-Ser5
SET1A/1(组蛋白甲基化酶)	p-Ser5
MLL1/2(组蛋白甲基化酶)	p-Ser5
SET2(组蛋白甲基化酶)	p-Ser2/5
HYPB(组蛋白甲基化酶)	p-Ser2/5
RPD3S(组蛋白去乙酰化酶)	p-CTD
SPT6(组蛋白伴侣和转录延长因子)	p-Ser2
鸟苷酸转移酶(加帽)	p-Ser5
PPR40(U1 核内小分子核糖核蛋白)	p-CTD
PSF/p54(多功能蛋白质复合物)	CTD, p-CTD
U2AF65(U2 核内小分子核糖核蛋白)	p-CTD
CStF50	CTD, p-CTD
YHH1(CPSF)	p-CTD
SSU72(酵母 CPSF)	p-Ser5
ESS1/PIN1	p-Ser5
PCF11(CFⅡ)	p-Ser2
RTT103(终止因子)	p-Ser2
SEN1(终止因子)	p-Ser2
NRD1(终止因子)	p-Ser5

MLL: mixed lineage leukemia; HYPB: Huntington interacting protein B; CStF: cleavage stimulatory factor.

五、polyA 信号决定转录终止

目前,关于 polyA 调节 RNA 聚合酶Ⅱ转录终止反应的模型有两种。①变构模型(allosteric model):在 polyA 位点的 RNA 切割可导致在 RNA 聚合酶Ⅱ复合物和局部染色质结构上发生某些构象改变,从而使 RNA 聚合酶Ⅱ暂停转录,从模板 DNA 上释放出来。②"鱼雷"模型(torpedo model):polyA 位点下游转录的 RNA 被特异的外切核酸酶(称为"鱼雷")攻击,降解 RNA,其速度快于合成的速度,直到追上 RNA 聚合酶Ⅱ,然后与 RNA 聚合酶Ⅱ CTD 上结合的蛋白质相互作用,促使 RNA 聚合酶Ⅱ从 DNA 模板上释放,从而引发转录终止。变构模型和"鱼雷"模型并不相互排斥,反映 mRNA 3′- 端的加工对于转录终止

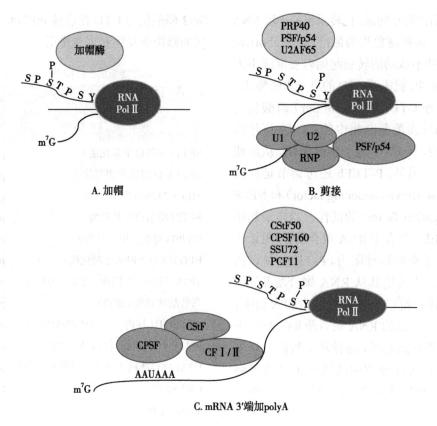

A. 加帽

B. 剪接

C. mRNA 3′端加polyA

图 12-9 CTD 磷酸化对 mRNA 转录后加工的调节

十分关键, mRNA polyA 的形成传递了对 RNA 聚合酶Ⅱ转录终止的信号。

第三节 真核基因转录后的调控

真核生物转录出来的大分子前体 mRNA, 只有经正确加工后才能转变为成熟 mRNA, 并最终定位于细胞质。多种因素参与调控了 mRNA 的加工修饰、转运和细胞质定位以及稳定性等, 异常的 mRNA 将被监督系统发现并降解。

一、mRNA 5′- 端加帽和脱帽的调控

mRNA 5′- 端的帽结构具有多种重要功能, 主要包括: ①调控 mRNA 的细胞核输出; ②阻止 mRNA 被外切核酸酶降解; ③促进翻译; ④促进除去 5′- 近端的内含子。5′- 端帽结构的添加和去除受到相应酶和其他多种蛋白质的调控。

(一) mRNA 5′- 端加帽的调控

加帽酶的鸟苷酸转移酶结构域与 Ser5 磷酸化的 CTD 结合后, 可促进 mRNA 的 5′- 端帽结构的形成。在体外, 转录延长因子 SPT5 (suppressor

of Ty 5 homolog) 也能促进加帽的发生。总体来说, 从单细胞生物到人类, mRNA 5′- 端的加帽在功能和进化上都是保守的。

在胞核中, 已加帽的 mRNA 与帽结合复合物 (cap binding complex, CBC) 结合, 从而促进 mRNA 的核输出。到达胞质后, 真核细胞翻译起始因子 4E (eukaryotic translation initiation factor 4E, eIF4E) 取代 CBC, 形成 eIF4E-5′- 帽 -RNA 复合物, 该复合物与核糖体亚基相互作用, 从而促进翻译装置的起始和再循环。

(二) mRNA 5′- 端脱帽的调控

mRNA 的脱帽是作为翻译模板的 mRNA 功能完成后或加工异常的 mRNA 进入降解途径的必经过程, 该过程受脱帽酶和其他多种蛋白质的调控。

1. 脱帽酶在脱帽过程中发挥了关键作用 脱帽的基本过程包括: ① polyA 的降解或失活, 当 polyA 缩短至 10~15 个残基时, 便可起始脱帽。② mRNA 进入 P 小体 (processing body), 脱腺苷酸的 mRNA 退出翻译并结合于特异的信使核糖核蛋白 (messenger ribonucleoprotein, mRNP) 复

合物，随后 mRNA-mRNP 复合物在胞质中转变形成被隔离的 P 小体。另外，若翻译起始时发生错误，也可导致 mRNA 不能与核糖体结合，而是被引导进入 P 小体。③脱帽，在 P 小体中，mRNA-mRNP 复合物可募集脱帽相关的酶并开始脱帽。完成脱帽后，mRNP 解聚。

脱帽全酶由脱帽蛋白质 1（decapping protein 1，DCP1）和 DCP2 组成，其中 DCP2 为催化亚基，DCP1 主要起提高 DCP2 功能的作用。带帽 mRNA 经脱帽形成 5′- 单磷酸 mRNA，而 5′- 单磷酸 mRNA 的形成具有重要意义，因为这种结构的形成可激活具有 5′→3′ 外切核酸酶活性的 XRN1（exoribonuclease 1），从而使 mRNA 降解。

2. **其他多种蛋白质也参与调控脱帽过程** 除脱帽酶外，大多数 mRNA 的高效脱帽还需要其他多种蛋白质的参与，包括脱帽必需和非必需蛋白质。① mRNA 脱帽所必需的蛋白质：主要有两类，一类是 mRNA 特异结合蛋白质 PUF（pumilio/fem-3-binding factor），能与 mRNA 结合并控制脱帽速率；另一类是在由无义介导的 mRNA 衰变（nonsense-mediated mRNA decay，NMD）所诱导的快速脱帽中所必需的 UPF1（up-frameshift protein 1）、UPF2 和 UPF3 蛋白。②参与脱帽但并不是必需的蛋白质：主要包括 LSM（Sm like protein）1～7 形成的复合物、PAT1P/MRT1P 和 DHH1P，三者可通过相互作用而促进脱帽。同时，DHH1P 还可通过与 DCP1 相互作用而促进脱帽。另外，EDC1P（enhancer of decapping protein 1）、EDC2P 和 EDC3P 等蛋白质也能促进脱帽。

除上述促进脱帽的蛋白质外，也有一些蛋白质可抑制脱帽过程，如 polyA 结合蛋白 I（polyA binding protein I，PABP I）可显著抑制脱帽的发生。此外，翻译起始复合物的成员也能抑制脱帽，其中最显著的是 eIF4E，其在体内和体外都能高效抑制脱帽。

二、剪接过程的调控

去除内含子是前体 mRNA 转变为成熟 mRNA 的必经过程，该过程受到多种因素的调控。

（一）剪接和剪切均可去除前体 mRNA 中的内含子

去除内含子的方式包括剪接（splicing）和剪切（cleavage）。剪切是指剪除内含子后，不进行相邻外显子的连接反应，而是在上游外显子的 3′- 端直接进行 polyA 化。剪接是指剪切后将相邻外显子连接起来，然后进行 polyA 化。剪接是由剪接体（spliceosome）完成的。剪接体是一种大分子的核酸 - 蛋白质复合物，其由核小核糖核蛋白颗粒（small nuclear ribonucleoprotein particle，snRNP）和非 snRNP 剪接因子组成。

（二）选择性剪接产生不同的成熟 mRNA 分子

剪接模式主要有两类。①组成型剪接：经剪接后，mRNA 前体只生成一种成熟 mRNA；②选择性剪接：一个 mRNA 前体通过不同的剪接或（和）剪切方式，可产生不同的 mRNA 剪接异构体，这类剪接方式也叫可变剪接（alternative splicing）。选择性剪接在人类细胞中普遍存在，其可使一个基因在同一细胞中产生多种蛋白质；或在不同细胞中有不同的剪接方式，表现出组织特异性；也可在不同发育时期或不同生理条件下，采取不同的剪接方式，表达不同的蛋白质。以下重点讨论调控选择性剪接的因素。

（三）选择性剪接由调控元件和调控因子调控

选择性剪接的调控机制与剪接位点的选择及相关剪接因子密切相关。真核生物的选择性剪接如图 12-10 所示，其剪接位点的选择受到许多顺式作用元件和反式作用因子的调控。根据顺式作用元件的所在位置以及对剪接的作用，将其分为外显子剪接增强子或沉默子（exonic splicing enhancer or silencer，ESE 或 ESS）和内含子剪接增强子或沉默子（intronic splicing enhancer or silencer，ISE 或 ISS）。反式作用因子可通过识别剪接增强子或剪接沉默子而对不同的剪接位点进行选择，可分为基本剪接因子和特异性剪接因子。基本剪接因子间的协同或拮抗作用以及相对浓度的改变可以影响剪接位点的选择；特异性剪接因子可以调控特异的剪接过程。

1. **调控元件可调节选择性剪接** ESE 多位于被调节的剪接位点附近，有助于吸引剪接因子结合到剪接位点上。ESE 位置的变更可使剪接活性发生很大改变，甚至可转变为负调控元件。最常见的 ESE 是一类富含嘌呤核苷酸的序列，如果蝇 dsx 基因第四外显子中的 ESE，可通过加强较弱的 3′- 剪接位点的作用而促进上游内含子的剪切。

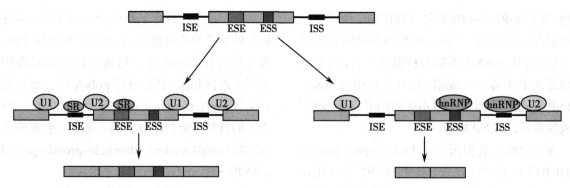

图 12-10 前体 mRNA 的选择性剪接

U1 和 U2 首先识别 5'- 剪接位点，然后募集 U4/U6/U5，形成有催化活性的剪接体。若 SR（serine/arginine）蛋白与 ESE 或 ISE 结合，则可提高剪接效率（左侧）；若 hnRNP（heterogeneous nuclear ribonucleoprotein）与 ESS 或 ISS 结合，则可抑制选择性剪接（右侧）。

2. **调控因子可调控选择性剪接** 目前，已知的剪接调控因子主要有 SR 蛋白家族、hnRNP 家族、TIA-1（T cell intracellular antigen-1）、多聚嘧啶结合蛋白质（PTB）、SF2/ASF（splicing factor 2/alternative splicing factor）等。不同的剪接调控因子通过不同的机制影响剪接：① SR 蛋白可与富含嘌呤的剪接增强子结合，从而促进 U1 和 U2 snRNP 与剪接位点的结合，并募集 U4/U6/U5 snRNP 三聚体到剪接体上，最终实现对选择性剪接的促进作用。② hnRNP 蛋白通常识别剪接沉默子，抑制剪接位点的选择和利用，从而抑制选择性剪接的发生。如 hnRNP A1 可结合 mRNA 前体，使 U1 snRNP 只能结合远端较强的 5'- 剪接位点，而不能结合近端较弱的 5'- 剪接位点。③ PTB 也是一种剪接负调控因子，能与 U2AF 竞争结合多聚嘧啶区域，其对 5'- 及 3'- 剪接位点均起负调控作用，并可通过包裹外显子使其不被剪接体识别和结合，从而使该外显子不被剪接。④ SF2/ASF 是一种可变剪接因子，其水平的增加可促进 U2AF65 与 3'- 剪接位点保守区结合，而 hnRNP A1 水平的增加则可抑制这种结合，也就是说，剪接因子的相对浓度是影响选择性剪接发生的重要原因之一。

除上述常见的剪接调节因子外，还有一些特异性剪接因子只在特定组织或特定的发育阶段起作用，如果蝇的 SXL（sex-lethal）蛋白（类似 hnRNP 蛋白）。SXL 与 tra 基因 mRNA 前体中的多聚嘧啶区结合后，可阻遏 U2AF 与多聚嘧啶区的结合，迫使 U2AF 选择下游较弱的 3'- 剪接位点，从而导致 tra 只在雌性个体中表达，最终决定了果蝇的性别分化。

此外，RNA 聚合酶 II 大亚基的 CTD 也密切参与了前体 RNA 的剪接调控过程（见本章第二节）。

三、mRNA 3'- 端加尾的调控

polyA 尾是在转录后加到 mRNA 上的，加尾过程受位于终止密码 3'- 端的 polyA 信号以及多种蛋白质因子的调控。

（一）polyA 信号的组成

polyA 信号包括断裂点（cleavage site）、AAUAAA 序列、polyA 位点的下游序列（downstream element，DSE）以及辅助序列（auxiliary sequences）（图 12-11）。断裂点是存在于前体 mRNA 上的多聚腺苷酸化的起始点。容易发生断裂的碱基顺序通常是 A > U > C > G，因此大多数基因的断裂位点是 A，断裂位点前一个碱基通常是 C，CA 断裂位点通常被称为 polyA 位点。AAUAAA 六核苷酸序列存在于大多数具有 polyA 的 mRNA 上，位于断裂点的上游 10～30nt，是高度保守的特异性 polyA 信号，与 RNA 的断裂和 polyA 的加入密切相关。DSE 序列位于断裂点的下游 20～40nt，是保守性差的 polyA 信号，有富含 U（U-rich）和富含 GU（GU-rich）两种类型，二者可同时存在或单独存在于 polyA 信号中。辅助序列是一些可以增强或减弱 3'- 端加尾修饰的序列，最常见的是位于 AAUAAA 序列上游的增强序列（upstream of the AAUAAA element，USE）。USE 通常富含 U，但在不同物种间，USE 没有保守的特定序列。

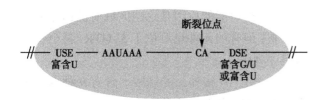

图 12-11　polyA 信号的组成

（二）促进 polyA 尾形成的因素

polyA 是前体 mRNA 在核内由 polyA 聚合酶（polyA polymerase，PAP）催化生成的，在该过程中，多种蛋白质因子和某些序列元件发挥了正性调控作用。

1. 蛋白质因子　促进 polyA 尾形成的蛋白质主要包括：

（1）CPSF：其可通过与前体 mRNA 中的加 polyA 信号序列 AAUAAA 结合，形成不稳定的复合物。CPSF 由 CPSF-160、CPSF-100、CPSF-70 和 CPSF-30 等多个亚基组成，其中 CPSF-160 亚基直接结合 AAUAAA 序列和 CStF。

（2）CStF、CF I、CF II 等因子：这些因子与 CPSF- 前体 RNA 复合物结合后，便可形成稳定的多蛋白质 -RNA 复合物。CStF 由 77kDa、64kDa 和 50kDa 的 3 个亚基组成，CStF-77 作为桥梁连接 CStF-64 和 CStF-50，并直接与 CPSF-160 结合，可稳定 CPSF-CStF-RNA 复合物。CStF-64 通过结合断裂点下游富含 U 和富含 G/U 的 DSE 序列，也可起到稳定 CPSF-CStF-RNA 复合物的作用。

（3）PAP：其加入稳定的多蛋白质 -RNA 复合物后，前体 mRNA 便经核酸酶作用而在断裂点断裂，随后在 PAP 的催化下，在断裂产生的游离 3'-OH 端逐一加上 AMP。在加入大约前 12 个 AMP 时，速度较慢，随后快速加入 AMP，完成多聚腺苷酸化。

（4）PABP II：其可与慢速期加入的多聚腺苷酸结合，通过调节 CPSF 和 PAP 之间的相互作用而加速 PAP 的反应速度，使 AMP 快速加入。当 polyA 足够长时，PABP II 又可使 PAP 停止作用，从而控制 polyA 尾的长度。

（5）U2AF6（U2AF 的大亚基）：其可结合于最后一个内含子的 3'- 端剪接位点的多聚嘧啶区，通过在 polyA 位点募集异源二聚体断裂因子 CFIm（cleavage factor Im）59/25 而促进断裂和多聚腺苷酸化，从而促进 polyA 尾的生成。

（6）RNA 聚合酶 II：其大亚基的 CTD 可促进 3'- 端加尾修饰（见本章第二节）。

2. 某些序列元件　例如前体 mRNA 断裂位点附近的 USE 和 DSE 通常可提高断裂效率，从而促进 polyA 尾的生成。USE 可作为结合位点来募集辅助或必需的加工因子；DSE 可通过结合调节因子而促进断裂尾部的形成。

（三）抑制 polyA 尾形成的因素

除了上述促进 polyA 尾形成的蛋白质因子和序列元件外，还有一些蛋白质因子可负性调节 polyA 尾的生成。

1. 多聚腺苷酸化因子　多聚腺苷酸化装置的组装依赖于 CPSF 和 CStF 与 polyA 信号序列的结合，而多聚腺苷酸化因子（polyadenylation factors）可通过识别和结合 polyA 信号序列而竞争抑制 CPSF-CStF-RNA 复合物的形成。大多数情况下，多聚腺苷酸化因子通过直接结合于 DSE 来阻止 CStF 与 DSE 的结合，进而使断裂反应受阻，从而抑制 polyA 尾的形成。

2. 多聚嘧啶结合蛋白质 PTB　PTB 可通过直接竞争 CStF 的 DSE 结合位点而抑制 mRNA 3'- 端 polyA 尾的形成。此外，如果 PTB 与 USE 结合，则可促进 3'- 端的加工，因为 PTB 可增加另一个结合于 DSE 区的 3'- 端加工因子 hnRNP H 与 RNA 的结合活性，然后由 hnRNP H 募集 CStF 或 PAP 促进 3'- 端加工反应。也就是说，PTB 对 polyA 的生成具有双向调节作用。

3. U1A 等剪接因子　U1A 通常结合于 polyA 裂解位点下游的两个富含 G/U 的区域之间，从而抑制 CStF64 与富含 G/U 区和 polyA 位点断裂区的结合，导致多聚腺苷酸化的位点发生改变。同时，U1A 具有 PAP 调节蛋白质结构域，能抑制 PAP 的活性。有的剪接因子可结合于 AAUAAA 的上游，从而封闭加 polyA 尾的位点。此外，U1 snRNP 的 U170K 亚基和富含丝 / 精氨酸的蛋白质 U2AF65 及 SRp75，都有和 U1A 类似的 PAP 调节蛋白质结构域，也能抑制 PAP 的活性，进而抑制 polyA 尾的形成。

4. 引起靶蛋白质转位的 CSR1 和 IRBIT 蛋白　CSR1（cellular stress response 1）可通过与 CPSF73 相互作用，诱导 CPSF73 从胞核转位至胞质，从而抑制 polyA 化的发生。IRBIT（IP3Rbinding protein released with inositol 1, 4, 5-triphosphate）可与 PAP 及 CPSF 的 hFIP1（human factor 1 interacting with PAP）亚基结合，从而抑制 polyA 化，并导致 hFIP1 转位到胞质。

四、mRNA 转运及细胞质定位的调控

mRNA 在细胞核内完成转录和加工后，经核孔运输到胞质，进而在正确的时间定位到正确的地点，随后翻译被激活。mRNA 的转运和细胞质定位受到多种序列元件和蛋白质因子的调控，若转运或定位环节发生错误，翻译将被抑制。

（一）mRNA 转运及定位的机制

目前已知的 mRNA 转运及定位机制主要有以下四种：

（1）沿细胞骨架进行的 mRNA 主动转运：又称主动运输，是 mRNA 定位的最普遍机制，需要细胞骨架系统和蛋白质马达分子的参与；

（2）定位保护（localized protection）机制：起初在细胞中呈弥散分布的 mRNA，通过只在特定亚细胞区域中才受保护、而在其他位置则被广泛降解的机制来达到定位；

（3）mRNA 通过被动扩散到达特定的亚细胞区域中，随即被捕获而锚定在该位点，该机制也称扩散及定点锚定（diffusion and local anchoring）机制；

（4）mRNA 由核向特定靶位的转运，也叫定点合成（localized synthesis）机制，该机制主要发生于多核细胞中，特定的 mRNA 仅在特定区域的核中转录，并定位于附近的胞质。

需要强调的是，上述 mRNA 的四种转运及定位机制之间并不相互排斥，很多 mRNA 的转运和定位是上述多种机制协同作用的结果，或是多种机制在 mRNA 多步转运和定位中依次起作用。

（二）mRNA 转运及定位的调控

mRNA 在核输出及胞质运输过程中，均以核糖核蛋白（ribonucleoprotein，RNP）复合物的形式进行。在到达目标区域后，其锚定也需相关的蛋白质因子参与。因此，在 mRNA 的转运及定位过程中，mRNA 分子中的某些序列元件及与之结合的蛋白质因子必不可少。调节 mRNA 定位的序列元件可为相应蛋白质因子提供识别和结合位点。大多数 mRNA 定位相关的序列元件位于 3′-UTR，一个可能的原因是这些区域对翻译无太大的干扰；但有的元件也可位于 5′-UTR，甚至位于编码序列中。

1. mRNA 核输出的调控　含有 9 种以上蛋白质的外显子连接复合物（exon junction complex，EJC）对 mRNA 的核输出具有重要作用。EJC 通过识别剪接复合物而结合于前体 RNA，经剪接后，EJC 仍然保留在外显子-外显子连接处。EJC 是含有一组 RNA 输出因子（RNA export factor，REF）家族的蛋白质。REF 蛋白和转运蛋白质（称为 TAP 或 MEX）结合，形成复合物；而 TAP/MEX 可直接与核孔相互作用，从而将 mRNA 携带出核。可见，REF 和 TAP/MEX 是 mRNA 出核的关键蛋白质。当 mRNA 到达胞质后，TAP/MEX 便与 REF 解离，从复合物中释放出来。

2. mRNA 胞质定位的调控　调节 mRNA 定位的蛋白质因子可识别并结合 mRNA 分子中的定位元件，进而使 mRNA 与马达蛋白质结合（或通过其他蛋白质间接结合到马达蛋白质上），从而介导 mRNA 的运输与胞质定位。mRNA 的定位信号序列也叫"邮政编码"（zip code）。因此，与之结合的蛋白质因子也被称为邮政编码结合蛋白质（zip code binding protein，ZBP）。通过定位信号序列与 ZBP 的相互作用，使得 mRNA 在胞质完成准确定位。根据结合 mRNA 的结构域的不同，可将 ZBP 分为三类：①核不均一 RNP 样蛋白质（hnRNP-like protein），具有 mRNA 识别结构域；② ZBP-1 样蛋白质（ZBP-1-like protein），具有 mRNA 识别结构域和 KH（K-homology）结构域；③双链 mRNA 结合蛋白质，具有双链 RNA 结合结构域。

五、mRNA 稳定性的调控

mRNA 的稳定性（即 mRNA 的半衰期）可显著影响基因表达。mRNA 半衰期的微弱变化可在短时间内使 mRNA 的丰度发生上千倍的改变。因此，调节 mRNA 的稳定性是调节基因表达的主要机制之一。参与调控 mRNA 稳定性的主要因素包括 mRNA 自身的某些序列、mRNA 特异性结合蛋白质、翻译产物及其他因素。

（一）mRNA 自身的某些序列

参与调控 mRNA 稳定性的自身序列主要包括：

（1）5′-端帽结构：其可保护 mRNA 5′-端免受磷酸酶和核酸酶的水解，并提高 mRNA 的翻译活性。

（2）5′-UTR：其序列过长或过短、GC 含量过高或存在复杂的二级结构等因素时，都可导致 mRNA 稳定性的改变，也会阻碍 mRNA 与核糖体的结合，从而降低翻译效率。

（3）编码区：有些基因 mRNA 的编码区序列突变后，其半衰期可比正常转录本增加 2 倍以上。

（4）polyA 尾：其能抑制 3′→5′ 外切核酸酶对 mRNA 的降解，从而增加 mRNA 的稳定性。去除 polyA，可使 mRNA 的半衰期大幅下降。通常在 polyA 尾剩下不足 10 个 A 时，mRNA 便开始降解，因为少于 10 个 A 的序列长度无法与结合蛋白质稳定结合。

（5）3′-UTR：由 3′-UTR 中的稳定子序列（即 IR 序列）形成的茎环结构具有促进 mRNA 稳定的作用；其中的不稳定子序列，即 AU 富含元件（AU rich element，ARE）可降低 mRNA 的稳定性，加速 mRNA 降解。ARE 在哺乳动物 mRNA 的 3′-UTR 中普遍存在，其核心序列通常是 AUUUA。ARE 启动 mRNA 降解的机制是：先激活某一特异内切核酸酶切割转录本，使之脱去 polyA 尾，从而增加对外切核酸酶的敏感性，进而发生降解过程。

（二）mRNA 的特异性结合蛋白质

影响 mRNA 稳定性的 mRNA 特异性结合蛋白质主要包括：

（1）CBP：主要有两种，一种存在于胞质中，即 eIF4E；另一种是存在于胞核内的蛋白质复合物，即帽结合蛋白质复合物（CBC）。两种 CBP 以不同的方式识别和结合帽结构，从而调控 mRNA 的稳定性。

（2）编码区结合蛋白质：一些能与 mRNA 编码区结合的蛋白质也能调控 mRNA 的稳定性，如 p70 蛋白与 c-MYC mRNA 的编码区结合后，可防止 mRNA 降解；而竞争性 RNA 与 p70 蛋白结合后，则会促进 c-MYC mRNA 编码区暴露，导致 mRNA 被核酸酶降解。

（3）3′-UTR 结合蛋白质：这类蛋白质可增加 mRNA 的稳定性。

（4）PABP：在哺乳类动物细胞，PABP 与 polyA 结合形成复合物后，可保护 mRNA 不被迅速降解。然而在酵母细胞中，PAPB-polyA 复合物却可启动 polyA 的降解，因在酵母中 PABP 具有激活 polyA-RNase 复合物的活性。

（三）翻译产物

有些 mRNA 的稳定性受自身翻译产物的调控。如在 S 期，组蛋白 mRNA 的合成达到高峰，所翻译出的大量组蛋白与新合成的 DNA 组装成核小体。随着基因组 DNA 复制的减缓和终止，组蛋白基因的转录和翻译也减慢和停止，且已合成的组蛋白 mRNA 在基因组 DNA 合成结束后，余下的组蛋白 mRNA 被迅速降解，推测可能是由于组蛋白与组蛋白 mRNA 3′-端结合后，改变了组蛋白 mRNA 的稳定性所致。

（四）其他因素

除上述调控因素外，许多其他因素（如激素、病毒、核酸酶、离子、非编码 RNA 等）也能影响 mRNA 的稳定性。如雌激素可提高两栖动物卵黄蛋白原 mRNA 的稳定性，生长激素有助于催乳素 mRNA 的稳定；单纯疱疹病毒通过加速降解宿主细胞的 mRNA 来获得足够的核糖体与病毒 RNA 偶联，合成病毒所需要的蛋白质；参与 polyA 降解的 RNase（与其他真核 RNase 不同，需要蛋白质 -RNA 复合物作为底物）可通过降解 polyA 而降低 mRNA 的稳定性；细胞内外铁离子水平的变化可影响转铁蛋白受体 mRNA 的稳定性；某些长链非编码 RNA 可通过与相应 mRNA 结合而影响 mRNA 的稳定性等。

六、NMD 系统可降解异常的 mRNA

真核生物 mRNA 的质量受到严密监控，异常的 mRNA 将被监督系统发现并降解，这种降解是基因转录后调控的重要内容，旨在保证只有完全正确的 mRNA 才能被翻译成蛋白质。异常 mRNA 的降解途径主要有 NMD、无终止降解、无停滞降解、核糖体延伸介导的降解等。此处着重介绍 NMD。

（一）产生提前终止密码子的机制

NMD 是真核细胞中广泛存在的一种保守性 mRNA 质量监控系统，其一方面可快速、选择性地降解含有提前终止密码子（premature termination codon，PTC）的异常 mRNA，避免生成可能损害细胞的截短蛋白质；另一方面可降解约三分之一的自然生成的选择性剪接 mRNA。NMD 在基因的转录后调控中发挥着重要而广泛的作用，是调节基因表达的机制之一。

所有受 NMD 调控的 mRNA 都有 PTC，因此 PTC 是 NMD 的一种信号。产生 PTC 的机制有多种，主要包括：① DNA 突变，例如碱基置换可使正常的编码密码子变成终止密码子，或者框移突变产生终止密码子；② mRNA 前体加工时发生异常，这种异常加工可能产生 PTC。此外，一些生理性转录本（如非编码转录本和含有上游可读框的转录本）也可能含有 PTC。

（二）NMD 可发生于胞核和胞质

哺乳动物细胞中的 NMD 通常降解由剪接产生的两个外显子连接（exon-exon junction, EJ）处上游 50～55nt 处终止翻译的 mRNA。经剪接后的 mRNA 通常与 CBP80 和 CBP20、polyA 结合蛋白质 PABPN1（polyA binding protein, nuclear 1）及 EJC 结合，形成复合物，其中 EJC 包含了 NMD 因子 UPF3（UPF3a）、UPF3X（UPF3b）、UPF2 和 UPF1。UPF3 和 UPF3X 主要定位于胞核，但也可进入胞质并募集主要定位于胞质的 UPF2。上述复合物组成了翻译起始复合物的前体 mRNP，这些复合物大部分在核内进行 NMD，小部分在胞

质进行 NMD，这意味着 mRNA 的降解主要发生在新合成的 mRNA 进入胞质之前。一旦 mRNA 加工完成，eIF4E 替换 5'- 帽端的 CBP80-CBP20，PABPC（polyA binding protein, cytoplasmic）替换 polyA 尾部的 PABPN1，然后 EJC 从 mRNA 中脱离，此时 mRNA 可耐受 NMD。因此，NMD 只作用于新合成的 mRNA，而对处于稳定状态的 mRNA 不起作用。

有关 NMD 的可能机制有两种（图 12-12）：

（1）细胞核 NMD：如果 EJ 处上游的无义编码区（non-sense codon, NC）的长度大于 50～55nt，则由 EJC 中的 UPF3 进入胞质并募集胞质中的 UPF2，随后二者返回胞核，在核内引发两种形式的 NMD，一是脱帽后按 5'→3' 方向降解，二是去除 polyA 后按 3'→5' 方向降解。

（2）细胞质 NMD：部分携带 mRNA 的 mRNP 也可进入胞质并与 UPF1 和 UPF2 结合。此时如果 EJ 处上游 NC 的长度大于 50～55nt，则可在胞质发生 NMD；如果 EJ 处上游无 NC 或 NC 长度小于 50～55nt，则不会发生 NMD，但这种含 PTC 的 mRNA 不能与核糖体结合，故不会产生翻译产物。

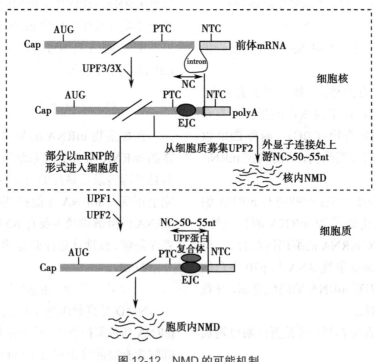

图 12-12 NMD 的可能机制
NTC: normal termination codon.

（何凤田）

参 考 文 献

[1] Gottesfeld JM. Milestones in transcription and chromatin published in the Journal of Biological Chemistry. J Biol Chem, 2019, 294(5): 1652-1660.

[2] Kramm K, Engel C, Grohmann D. Transcription initiation factor TBP: old friend new questions. Biochem Soc Trans, 2019, 47(1): 411-423.

[3] Ehara H, Sekine SI. Architecture of the RNA polymerase II elongation complex: new insights into Spt4/5 and Elf1. Transcription, 2018, 9(5): 286-291.

[4] Meng H, Bartholomew B. Emerging roles of transcriptional enhancers in chromatin looping and promoter-proximal pausing of RNA polymerase II. J Biol Chem, 2018, 293(36): 13786-13794.

[5] Yurko NM, Manley JL. The RNA polymerase II CTD "orphan" residues: Emerging insights into the functions of Tyr-1, Thr-4, and Ser-7. Transcription, 2018, 9(1): 30-40.

[6] Lazar MA. Maturing of the nuclear receptor family. J Clin Invest, 2017, 127(4): 1123-1125.

[7] Ben-Yishay R, Shav-Tal Y. The dynamic lifecycle of mRNA in the nucleus. Curr Opin Cell Biol, 2019, 58: 69-75.

[8] Mugridge JS, Coller J, Gross JD. Structural and molecular mechanisms for the control of eukaryotic 5'-3' mRNA decay. Nat Struct Mol Biol, 2018, 25(12): 1077-1085.

[9] Nicholson AL, Pasquinelli AE. Tales of Detailed Poly (A) Tails. Trends Cell Biol, 2019, 29(3): 191-200.

[10] Tian B, Manley JL. Alternative polyadenylation of mRNA precursors. Nat Rev Mol Cell Biol, 2017, 18(1): 18-30.

[11] Stewart M. Polyadenylation and nuclear export of mRNAs. J Biol Chem, 2019, 294(9): 2977-2987.

[12] Guzikowski AR, Chen YS, Zid BM. Stress-induced mRNP granules: Form and function of processing bodies and stress granules. Wiley Interdiscip Rev RNA, 2019, 10(3): e1524.

[13] Towler BP, Newbury SF. Regulation of cytoplasmic RNA stability: Lessons from Drosophila. Wiley Interdiscip Rev RNA, 2018, 9(6): e1499.

[14] Hug N, Longman D, Cáceres JF. Mechanism and regulation of the nonsense-mediated decay pathway. Nucleic Acids Res, 2016, 44(4): 1483-1495.

[15] Lejeune F. Nonsense-mediated mRNA decay at the crossroads of many cellular pathways. BMB Rep, 2017, 50(4): 175-185.

第十三章　真核基因表达的翻译调控

蛋白质的生物合成也称为翻译。它是以 mRNA 为模板，将蕴藏在 mRNA 中的遗传信息解读出来转变为氨基酸序列，合成多肽链的过程。根据进程的发展，蛋白质翻译主要可以分为以下三个步骤：翻译的起始、延伸和终止。参与这一过程的成分除了作为模板的 mRNA、转运氨基酸的 tRNA 和提供合成场所的核糖体外，还需要许多关键的酶和蛋白质因子。因此，蛋白质翻译的各个过程都受到这些重要成分的调控。

第一节　真核基因翻译起始的调控

蛋白质合成的起始是将 80S 核糖体、mRNA 和起始甲硫氨酰-tRNA（initiator methionyl-transfer RNA，$tRNA_i^{Met}$）结合在一起的过程。在 mRNA 可读框的起始位点，$tRNA_i^{Met}$ 通过碱基互补配对的方式结合相应的起始密码子。几乎所有翻译的起始密码子都是 AUG。而后结合 60S 大亚基形成 80S 核糖体复合物。此时，$tRNA_i^{Met}$ 位于核糖体的 P 位点，空置的 A 位点已准备好新的氨酰-tRNA（aminoacyl-tRNA）进入，从而进入蛋白质合成的延伸阶段。

真核生物已经进化出一条复杂的翻译起始途径，且需要对翻译过程进行严密的控制，翻译过程一旦失衡将会造成严重的后果，大量证据表明许多疾病是由翻译异常导致的。真核生物翻译起始至少有 12 种特定的蛋白质参与，每种蛋白质在起始过程中都起着重要的作用，它们被称为真核起始因子（eukaryotic initiation factor），其中几种因子由多个亚基组成。真核起始因子能把 $tRNA_i^{Met}$ 和核糖体亚基引导到 mRNA 的 AUG 密码子。

一、43S 起始前复合物的形成

$tRNA_i^{Met}$ 先与 eIF2·GTP 结合形成 eIF2·GTP· $tRNA_i^{Met}$ 复合物，即翻译起始三元复合物（translation initiation ternary complex，tiTC）。tiTC 形成后，在 eIF5、eIF1、eIF1A 和 eIF3 帮助下，tiTC 与 40S 核糖体亚基结合，形成一个更大的 43S 起始前复合物（43S preinitiation complex，43S PIC）。

（一）eIF2 活化与 tiTC 的形成

真核起始因子 eIF2 是 $tRNA_i^{Met}$ 的主要载体，也是调控翻译起始过程的关键开关。它是一种可结合 GDP/GTP 的 G 蛋白质，但仅在结合 GDP 时才可稳定存在。而 $tRNA_i^{Met}$ 对 eIF2·GTP 的亲和力是对 eIF2·GDP 的 20～50 倍，前两者结合形成 eIF2·GTP·$tRNA_i^{Met}$ 复合物，即 tiTC。这通常被认为是翻译起始的第一步。

eIF5 是一种可以稳定 GDP 与 eIF2 结合的 GDP 解离抑制因子，其抑制活性需要 eIF5 的羧基末端结构域（carboxy-terminal domain，CTD）和中央连接区域的进化保守片段，而不需要氨基末端结构域（amino-terminal domain，NTD；NTD 对 eIF5 执行 GTP 酶活化蛋白功能至关重要）。CTD、连接区域与 eIF2 的 γ 和 β 亚基相互作用，限制 eIF2 自发释放 GDP。此外，eIF5 还对 eIF2·GDP 有高度亲和力，一旦翻译起始过程结束，释放相关作用因子（包括 eIF2·GDP、eIF5B·GDP、eIF1、eIF3、eIF5、eIF4A、eIF4B 和 eIF4G 等），eIF5 立即与 eIF2·GDP 形成 eIF2·GDP/eIF5 复合物。因此在酵母细胞中，尽管 eIF2·GDP 是 eIF2 的稳定形式，却几乎没有游离的 eIF2·GDP。

翻译起始前，eIF2·GDP 向 eIF2·GTP 的转化需要依赖鸟苷酸交换因子（GEF）eIF2B。eIF2B 是一个大分子的多功能蛋白质，由五个基因编码（亚基 α、β、γ、δ、ε），其 α、β 和 δ 亚基形成一个三元调节亚单位，ε 与 γ 亚基形成二元催化亚单位。前者可以使 eIF2B 能够被磷酸化的 eIF2 α 亚基（eIF2α）所抑制，而后者则执行对 eIF2 的激活功能，并从 eIF2·GDP/eIF5 复合物中替换 eIF5。

与其他 G 蛋白质一样，eIF2 也由 α、β 和 γ 三个不同亚基组成，其 γ 亚基含有 GDP/GTP 结合区域，β 亚基可与 eIF2B 及 eIF5 相互作用，而 eIF2 的 α 亚基则含有磷酸化位点。前面提到的 eIF2α 磷酸化，在多种应激条件下，是蛋白质合成下调的机制，比如病毒性感染、内质网应激、氨基酸剥夺或血红素缺乏都可以激活 eIF2α 的激酶从而导致其磷酸化。当 eIF2α 没有被磷酸化时，eIF2B 能取代 eIF2·GDP/eIF5 复合物中的 eIF5，并同时发生微小的构象改变，使 eIF2γ 与 eIF2B 的催化亚单位接近并发生相互作用，催化非活性形式的 eIF2·GDP 进行鸟苷酸交换，转变为有活性的 eIF2·GTP［图 13-1（a）］。而当 eIF2α 被磷酸化时，eIF2B 的这种变构被阻止，从而使鸟苷酸交换被抑制，不能形成 eIF2·GTP。这种磷酸化能稳定 eIF2·GDP/eIF5 复合物并抑制 eIF2B 的周转［图 13-1（b）］。

在核苷酸交换后，eIF2·GTP 与 tRNA$_i^{Met}$ 结合形成 tiTC［图 13-1（c）］。但是，eIF2B 除了能促进 tiTC 的形成以外，也可以结合和破坏 tiTC。因此，游离的 tiTC 可能不会在细胞中长期存在。另外，tiTC/eIF5 复合物是 eIF2 的一种可被募集到 PIC 的稳定形式，故当 eIF5 与 tiTC 结合时，eIF2B 破坏 tiTC 稳定性的能力受损。因此，eIF2B 可以取代 eIF2·GDP/eIF5 复合物中的 eIF5 从而完成

核苷酸交换，但却不能替换 tiTC/eIF5 复合物中的 eIF5。由此推断，eIF5 与 tiTC 结合可能会阻止 eIF2B 对翻译起始后续步骤的拮抗作用。

（二）eIF1、eIF1A 和 eIF3 促进 tiTC 结合于核糖体 40S 亚基

tiTC 形成之后，eIF1、eIF1A 和 eIF3 参与了将 tiTC 募集到核糖体 40S 亚基的过程。它们协同诱导核糖体发生构象改变，使 40S 亚基的头部旋转，并从其颈部打开缝隙，促进 tiTC 与 40S 亚基的结合，在 eIF5 协同作用下进而形成一个更大的 43S PIC。

eIF1 是一种小分子蛋白质，它结合于核糖体 40S 亚基中靠近 P 位点和 mRNA 通道的部位。eIF1A 与 eIF1 相邻，它结合在 40S 亚基的 A 位点，同时与 40S 亚基的头部和身体相连接。eIF1 和 eIF1A 协同结合于 18S rRNA 螺旋 44（helix 44）以上的 40S 亚基，eIF1A 位于核糖体解码中心（文末彩图 13-2）。解码中心监控 A 位点 tRNA 反密码子 -mRNA 密码子在延伸过程中的配对。eIF1 和 eIF1A 在起始途径的许多步骤中都起着关键作用，其中任何一个因子的突变都会影响 tiTC 的募集、扫描和 AUG 识别的准确性。此外，eIF1A 对核糖体 60S 亚基的结合也很重要。

eIF3 是一个多亚基复合物，目前发现的亚基共有 13 个，包括 8 个核心亚基（a、c、e、f、h、l、k 和 m）和 5 个外围亚基（b、d、g、i 和 j），不同的物

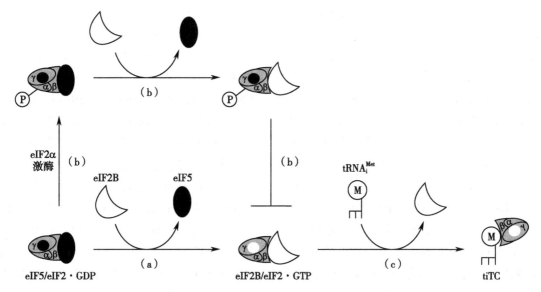

图 13-1　eIF2 的活性调节及 tiTC 的形成
（a）eIF2 的活化过程；（b）eIF2 的抑制过程；（c）tiTC 的形成。

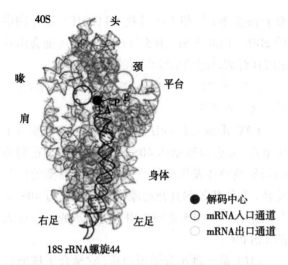

图 13-2 核糖体 40S 亚基结构图

解码中心位于核糖体 40S 亚基的 18S rRNA 螺旋 44 的基部，mRNA 在解码中心被氨酰-tRNA"读取"

种所含的亚基数量差异很大。其中 eIF3j 似乎与其他 eIF3 亚基作用不同且关系并不密切，故被视为 eIF3 的相关因子。当 eIF3j 作为 eIF3 的一部分时，它增强了 43S PIC 各组分之间许多相互作用的亲和力。

酵母的 eIF3 较小，被认为是最小的 eIF3 分子，它只有 a、b、c、g、i 和 j 六个亚基。在酵母中，eIF3ac 二聚体通过 eIF3a-CTD/3b 相互作用与 eIF3bgij 亚复合物连接，形成 eIF3a-CTD/bgij 复合物。eIF3c 与 eIF1 和 eIF5 结合，这些亚基进一步与 tiTC 结合。对酵母 eIF3 突变体的分析表明，eIF3b、eIF3i 或 eIF3g 的突变将破坏 tiTC 与 PIC 结合的稳定性，而任一上述三种亚基或 eIF3a 的突变都将影响 mRNA 的募集。

哺乳动物 eIF3 复合物是最大的起始因子，由 13 个亚单元（从 a 到 m 标注）组成，其分子量超过 600kDa。与酵母相比，哺乳动物 eIF3 的复杂性更高且控制翻译的调节方式更加多样。哺乳动物的 7 个额外 eIF3 亚基（d、e、f、h、k、l 和 m）与保守的 eIF3a 和 c 亚基结构相互作用，亚基 a、c、e、f、h、k、l 和 m 形成一个大的八聚体，八聚体结构在 40S 亚基的 mRNA 出口通道附近结合于 eIF3d，形成一个五瓣结构。同时，八聚体结构通过 eIF3a-CTD 与 eIF3bgij 亚复合物连接，形成 eIF3a-CTD/bgij 复合物作为外围亚基，该复合物又被称为 eIF3 的"酵母样核心"（yeast-like core）。eIF3a-CTD/bgij 复合物位于 mRNA 入口通道。在

mRNA 入口通道处，eIF3a-CTD 与 eIF1 和 eIF2 结合，a、b、g 和 j 亚基则结合核糖体 18S rRNA 及核糖体蛋白。

通过对 eIF3 的结构研究显示，大型 eIF3 复合物结合和包裹在 40S 亚基的"身体"表面，其特殊的结构及结合部位决定它可以监控 mRNA 入口通道（A 位点）、mRNA 出口通道（E 位点）以及与其内部亚基结合的相邻起始因子的活动。结构研究得到了许多 eIF3 相互作用功能分析的支持，这些功能分析表明，eIF 之间与核糖体之间皆存在着大量的相互作用，构成了一个相互作用网络。其中，eIF3 是介导这一相互作用网络的中心点，它的一个或多个亚基可以与 eIF1、eIF1A、eIF2、eIF4B、eIF4G、eIF5 以及核糖体 40S 亚基相互作用，对起始的后续步骤也做出了重要贡献。

eIF3 对于将 tiTC 带入 40S 亚基以及稳定 mRNA 的相互作用至关重要。此外，由于人类 eIF3c、d 和 e 亚基可以交联到 eIF4G（在下文中介绍，为 eIF4F 的组分之一）的一个区域，因此 eIF4G/eIF3 的相互作用有助于 43S PIC 与 7-甲基鸟苷帽（m^7G 帽）结合蛋白质复合物 eIF4F 结合。而与哺乳动物不同，酵母 eIF3 缺乏 d 和 e，提示可能由 c 亚基来发挥该作用。此外，eIF3 在翻译过程中发挥的广泛作用还包括终止后核糖体的再循环和再起始。

（三）多因子复合物是 43S PIC 形成的另一路径

至少有两条路径可以形成 43S PIC。一条为上文所述方式，即 eIF1、eIF1A 和 eIF3 与 40S 亚基结合，募集 eIF5 和 tiTC 结合，进而形成 43S PIC [图 13-3（a）]。另一条则是 eIF3 和 eIF1 可以在与 40S 亚基结合之前与 tiTC 和 eIF5 形成独立的多因子复合物（multifactor complex，MFC）[图 13-3（b）]。MFC 最初在酵母中发现，现在也已经从植物和哺乳动物细胞中发现。

因为各个组分之间存在多种相互作用，MFC 可能有助于协同将这些翻译因子募集到 40S 亚基。在酵母中，eIF5-CTD 能单独与 eIF3c-NTD、eIF1 和 eIF2β 发生相互作用。因此，除了 eIF2/eIF3a-CTD 的直接相互作用，eIF5 可以帮助建立 tiTC 和 eIF3c 两者的连接。在人 MFC 中，eIF3/eIF5 相互作用可能弱于酵母。在植物中，这些

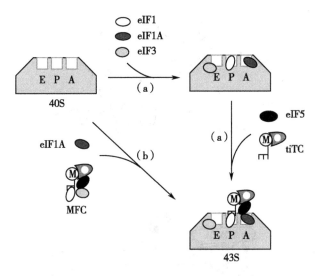

图 13-3　43S PIC 的形成路径
(a)eIF1、eIF1A 和 eIF3 先结合介导的 PIC 形成；(b)MFC 先形成介导的 PIC 形成。

MFC 组分之间的亲和性通过磷酸化作用而增强，但磷酸化是否同样影响人类 MFC 相互作用的亲和性尚未得到验证。

二、mRNA 的募集、扫描和起始密码子的识别

形成 43S PIC 后，下一步就是 mRNA 的募集，在多重真核起始因子作用下 mRNA 的 5′ 端与 43S PIC 结合，形成 48S 起始前复合物（48S preinitiation complex，48S PIC）。该复合物从 m⁷G 帽沿 mRNA 向 3′ 方向移动，扫描 AUG 起始密码子。AUG 识别后，48S PIC 构象发生改变重排，为连接核糖体 60S 亚基做好准备。

（一）mRNA 的募集和活化

eIF4A、eIF4B、eIF4E 和 eIF4G 都是 mRNA 募集过程所需要的真核起始因子。eIF4F（帽结合蛋白质复合物）是由 eIF4E、eIF4G 和 eIF4A 组成的一个复合物，在细胞内不能稳定存在。eIF4G 是一个大的支架蛋白质，它可以将 eIF4E、eIF4A 和 mRNA 等连接在一起，也可以通过 eIF3 将 eIF4F/mRNA/PABP 复合物连接到 43S PIC 上（PABP 为 polyA 结合蛋白质）。目前，它们在翻译起始途径中的作用顺序仍不能完全确定。

eIF4E 是真核生物 mRNA m⁷G 帽的主要识别因子，可特异识别并结合 m⁷G 帽，这种结合不受 mRNA 5′- 端二级结构的影响。eIF4E 还能与 eIF4E

结合蛋白质（4E-BP）结合，而 4E-BP 与 eIF4G 存在共同模体 YX4Lφ（X 和 φ 分别表示任何氨基酸和疏水残基），故 eIF4E 与 4E-BP 的结合会限制 eIF4E 与 eIF4G 之间的相互作用。4E-BP 与 eIF4E 的结合是通过磷酸化来调节的，磷酸化会改变 4E-BP 的结构，从而使其不再与 eIF4E 结合。此时，eIF4E 可以与 eIF4G 相互作用，eIF4G 又反过来增强了 eIF4E 对 m⁷G 帽的亲和力，从而彼此促进以推进翻译起始。

mRNA 从细胞核到细胞质后，尚需通过两个步骤进行活化。第一步是通过 eIF4F 的亚单位 eIF4E 序贯识别（sequential recognition）m⁷G 帽，然后以 ATP 非依赖的方式结合于 mRNA 的 5′ 端。这种识别确保了结合的 RNA 是 mRNA，即具有 m⁷G 帽。同时，PABP 结合到 3′ 端 polyA 尾（poly A tail）上。第二步是单链 RNA 的生成，即从 mRNA 的 5′ 末端起消除次级结构和 / 或蛋白质。RNA 二级结构和蛋白质的消除依赖于 ATP，且该消除作用可被 eIF4B 大大增强。生成的单链 RNA 可以装在 43S PIC 上［图 13-4(a)］。

活化过程的核心是 eIF4F 的亚单位 eIF4A，它打开了 mRNA 的二级结构，以促进在 m⁷G 帽或接近 m⁷G 帽的位置募集 43S PIC，形成一个 mRNA•43S 复合物。eIF4A 是最具特征的 RNA 解旋酶之一，也是 DEAD-box RNA 解旋酶的原始组分之一。eIF4A 是已知的唯一结合 ATP 的传统起始因子，在 mRNA 激活和 mRNA 扫描过程中都发挥重要作用。eIF4A 可用于减少或消除 mRNA 中的二级结构，并可以像 DEAD-box RNA 解旋酶 NPH-Ⅱ一样从 RNA 中分离蛋白质。这两个作用对于将单链 RNA 装载到 43S PIC 上的 mRNA 通道中都非常重要。

另外，mRNA 3′ 端的 polyA 尾可以加速翻译的起始。含有 polyA 的 mRNA，其激活翻译的速度显著快于没有 polyA 的 mRNA。polyA 对翻译激活的影响是由 PABP 介导的。eIF4E、PABP 和 mRNA 结合于 eIF4G 大亚基上，形成一个"闭环"的 mRNA- 结合蛋白质复合物。辅助因子 eIF4B 与 eIF4A 的结合及 eIF4F 的形成均增强了 eIF4A 的活性。目前尚不清楚的是，在起始途径中 eIF4A 的 ATP 依赖性解旋酶作用必须通过复合物 eIF4F，还是存在单独使用的步骤。

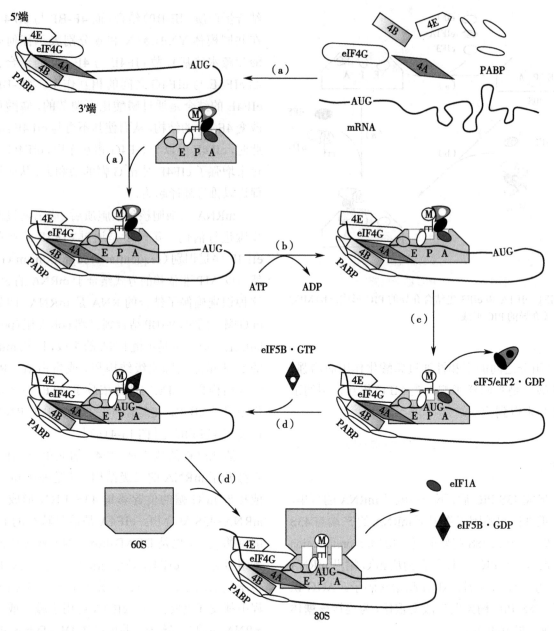

图 13-4 mRNA 的活化、扫描和起始密码子的识别

（a）mRNA 的活化过程；（b）mRNA 的扫描过程；（c）起始密码子的识别过程；（d）60S 亚基的连接过程。

eIF3 是 43S PIC 募集 mRNA 的一个重要因子，它既是 43S PIC 形成的重要组分，也是使 mRNA 稳定结合于入口和出口通道的重要组分。研究显示，在 eIF3d 和 eIF3l 中也有与 m7G 帽相互作用的结构域，能够将"结合 eIF4E"的 m7G 帽转变为"结合 eIF3"的 m7G 帽。eIF3 的这种作用与 48S PIC 形成时 eIF4E 含量的显著减少是一致的。在适当情况下，4E-BP 可以通过调控 eIF4E 的释放来完成这种转变。需要注意的是，酵母 eIF3 缺乏同源的 d 亚基和 l 亚基，因此需要进一步研究这

些 m7G 帽相互作用蛋白质对于一般蛋白质合成起始的重要性。

eIF3 的 j 亚基与 40S 解码中心结合，并与位于解码中心的 eIF1A 相互作用。但除非 tiTC 存在，否则 eIF3j 的结合会损害 40S 复合物对 mRNA 的募集。mRNA 活化后，eIF3 与活化的 mRNA 上的 eIF4G 区域进一步相互作用，促进了 mRNA·43S 中间复合物的形成和稳定。同时 eIF4F 与结合于 mRNA 3′ 末端 polyA 尾的 PABP 相互作用，带着 mRNA 结合到 40S 亚基上。因此，起始因子、

tRNA$_i^{Met}$、40S 核糖体之间通过多重相互作用的网络，共同促进 mRNA 的募集，从而形成 48S PIC。

（二）mRNA 的扫描

扫描是 48 PIC 从 m^{7}G 帽沿 mRNA 向 3′ 方向移动，在合适的位点寻找 AUG 起始密码子，以使 mRNA 密码子 - 起始 tRNA 反密码子发生稳定的相互作用。这个过程需要消耗 ATP［图 13-4（b）］。但是，扫描也许是起始过程中人们了解最少的一个环节。这一定程度上是由于 mRNA 结合和扫描的要求相似，即都需要 eIF4A、eIF4B、eIF4F 和 ATP，因此很难保证获得的 48S PIC 中 mRNA 维持在与 40S 亚基结合的初始位置。Kozak 早在 1978 年就确立了扫描对 ATP 的要求。eIF4A 消耗 ATP，并且在体外，无论是单独使用 eIF4A 还是在 eIF4F 内，eIF4A 都足以在起始密码子上形成 48S PIC。之前提及，mRNA 在活化之前具有二级结构，会因为链内互补形成双链或者茎环结构，需要依赖 eIF4A 的解旋酶活性打开。那么 eIF4A 的 RNA 解旋酶活性是如何驱动扫描过程的？研究显示，酵母 eIF4F 悬垂在 RNA 双链底物 5′ 端的机会是 3′ 端的 22 倍，这可使 mRNA 以 5′ 至 3′ 的方向运动。然而，哺乳动物 eIF4F 并没有表现出同样的偏好。

mRNA 翻译通常需要从 5′ 非翻译区（5′-untranslated region，5′-UTR）和 ORF 暂时去除其丰富的二级结构和一些 RNA 结合蛋白质。在翻译终止时，40S 和 60S 亚基释放后需再次参与下一轮的翻译起始。因此，从动力学上讲，重复利用核糖体来翻译相同的 mRNA，可能得益于所谓的"闭环模型"，该模型中 PABP 和 eIF4G 相互作用，使 mRNA 成为环路（图 13-5）。因此，在翻译终止时，核糖体亚基很可能在 mRNA 的 5′ 端附近释放，这可以更有效地促进新一轮翻译起始的开始。在对数生长期的细胞中，这一点可能尤为重要，因为在对数生长期中，游离的 40S 亚基是有限的。这种"闭环模型"可能对某些 mRNA 的翻译更为重要。至少在酵母中，某些 mRNA 形成闭环的可能性比其他 mRNA 明显更大一些。计算分析也支持这样的观点，即闭环可以提高翻译速度，特别是在较短的 mRNA 上。

mRNA 5′-UTR，跨在 m^{7}G 帽和主要 ORF 起始密码子之间，在长度、序列和结构上各不相同。通常情况下，最接近 m^{7}G 帽的 AUG 密码子启动蛋白质的合成，但也有例外。一些 mRNA 的 5′-UTR 具有丰富的二级结构，长度较长，因此需要额外的"解旋酶力量"，这种力量可通过增加 eIF4A 或 eIF4B 浓度或其他 RNA 解旋酶（如哺乳动物 DHX29 和酵母 DED1）的方式获得。目前还不清楚这些解旋酶是完全独立发挥作用，还是作为起始因子的协同因子或亚基发挥作用，例如酵

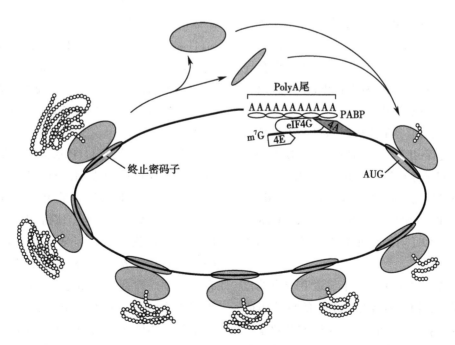

图 13-5　mRNA"闭环模型"

母 DED1 可能作为 eIF4F 亚基之一发挥作用。目前认为，这样的解旋酶经常参与许多起始过程，且对于具有复杂结构 5'-UTR 的 mRNA 的最佳起始至关重要。

（三）起始密码子 AUG 的识别

1. AUG 的识别导致 48S PIC 构象改变　在 mRNA 5' 端与 40S 亚基完成结合时，40S 亚基上的 $tRNA_i^{Met}$ 尚未与 AUG 起始密码子正确配对。通常，如果 mRNA 上具有 Kozak 序列，即 GCCPuCCAUGG（Pu=A 或 G），则遇到的第一个 AUG 为起始密码子。该序列中，−3 位的嘌呤核苷酸和 +4 位的鸟苷酸是最重要的（以上位次都相对于 AUG 的 A，指定 A 为 +1 位）。相反，若 AUG 前后序列与此序列差异较大，则被绕过，这一过程称为漏扫描（leaky scanning）。漏扫描可被特定的 mRNA 用来调节表达水平。另外，漏扫描可改变最终蛋白质产物的 NTD 信号序列。例如，单个 mRNA 编码一个具有细胞质靶向和线粒体靶向两种形式的酶，则用不同的起始密码子来产生异构体。同样，上游 ORF 的漏扫描可以调节核糖体向下游 ORF 的流动。值得注意的是，具有长前导序列的 mRNA 可以像具有非常短的前导序列的 mRNA 一样被有效地翻译。

eIF1、eIF1A、eIF2 和 eIF5 都参与了 AUG 的严格识别 [图 13-4（c）]。$tRNA_i^{Met}$ 反密码子识别 AUG 后，这种相互作用信号会传递给复合物中的相关因子，驱动 48S PIC 的构象改变，将其从"开放"构象切换到"关闭"构象，此时扫描停止。转化为"关闭"构象后，组件间相互作用的改变会导致 48S PIC 释放 eIF1、eIF2·GDP 和 eIF5，进而使复合物能够募集 60S 亚基。

eIF1 的存在可能会阻止接近 m^7G 帽处的翻译起始，因为在没有 eIF1 参与的情况下，紧挨着 m^7G 帽的 AUG 密码子才可以被直接有效利用。一个例外是短 5'-UTR 翻译启动子（translation initiator of short 5'-UTR, TISU）序列 SAASAUGGCGGC（S=G 或 C），它似乎对靠近 m^7G 帽的翻译起始要宽松很多。

从空间位置上看，eIF1 位于靠近 P 位点的位置。在"开放"的扫描构象中，eIF1 的位置阻碍了 $tRNA_i^{Met}$-AUG 的完全配对。eIF2 的 β 亚基在 eIF1 和 eIF1A 之间，并使它们与结合于 40S 亚基头部的 $tRNA_i^{Met}$ 连接。eIF1、eIF2β 和 $tRNA_i^{Met}$ 反密码子茎之间的彼此连接有助于稳定此"开放"扫描构象。AUG 识别后，扫描停止，"开放"构象转变为中间封闭构象之后会发生一系列重排，成为"关闭"构象。重排包括 40S 亚基的运动，及其所结合因子的相对位置变化。此时，$tRNA_i^{Met}$ 重新定位，并与 mRNA 建立密码子 - 反密码子配对。eIF1A 的氨基末端尾能稳定密码子 - 反密码子配对。eIF2α 能通过其 54 位精氨酸结合 -3 位的核苷酸（AUG 中 A 为 +1）。相反，eIF2β 从 tRNA 受体茎和 eIF1A 中回缩。在"关闭"构象中，eIF1 部分移位，使 $tRNA_i^{Met}$ 和 AUG 密码子之间发生碱基互补配对。

eIF5 在 48S PIC 重排过程中移动并介导开放 - 关闭构象转换。eIF1A 和 eIF5 相互作用有助于在开放扫描 PIC 中保留 eIF1，而 eIF5-eIF3c 相互作用则参与协调 48S PIC 重排。另外，RPS5/uS7 等 40S 核糖体蛋白质与 mRNA、$tRNA_i^{Met}$ 和 AUG 识别相关的翻译因子也有相互作用。RPS5/uS7 位于 40S 的 mRNA 出口通道，连接 tiTC 和 −3/−4 位前后的核苷酸序列，而 RPS5/uS7 的突变则与翻译起始因子或 $tRNA_i^{Met}$ 本身的突变类似，会影响 AUG 的识别。

2. eIF2·GTP 水解和因子释放　在 AUG 识别之后，eIF1 重新定位，刺激 eIF2 构象改变，触发 eIF2 结合的 GTP 水解为 GDP 与磷酸基团（Pi），这一水解过程需要 eIF5 的参与。如前文提及，eIF5-CTD 参与扫描过程，而激活 eIF2 GTP 酶活性的是 eIF5-NTD（其中的 15 位精氨酸）。eIF1A 羧基末端尾部在 AUG 识别时向 eIF5-NTD 移动，这一运动伴随着 eIF1 从 48S PIC 解离和 Pi 从 eIF2 释放。

人们认为，虽然 GTP 水解可能发生在扫描过程中，但 Pi 释放形成 eIF2·GDP 只发生在 AUG 识别阶段。GTP 水解释放 Pi 后，eIF2·GDP 对 $tRNA_i^{Met}$ 的亲和力较低，使得 eIF2·GDP 从 48S PIC 中被释放。而如前文所述，eIF5 可以抑制 GDP 的过早释放，所以 eIF5 与 eIF2 一起离开。但在参与下一轮翻译起始之前，eIF2 必须被 eIF2B 再次激活，形成 eIF2·GTP 复合物。eIF3 和 eIF4 因子解离的确切时间和机制尚不清楚。不过，对酵母晚期 48S PIC 的结构分析表明，eIF3 酵母样核心亚基的大移动发生在 eIF2·GDP 释放之前。而 eIF1A 则仍然与核糖体结合，以帮助后续 60S 亚基的连接。

三、80S 复合物的形成

核糖体 40S 和 60S 亚基在自然情况下彼此结合在一起，形成一个没有活性的 80S 核糖体。尤其在 Mg²⁺ 浓度升高的情况下，80S 核糖体可形成 120S 的二聚体。而在 Mg²⁺ 浓度低时，80S 核糖体又可解离为 60S 与 40S 的大小亚基。

60S 亚基连接之前，需要如上文所述从 48S PIC 的 40S 亚基上释放 eIF2·GDP/eIF5 等因子。这些因子的释放为募集 eIF5B·GTP 打开了 40S 亚基表面，而仍然与 40S 亚基相结合的 eIF1A 辅助完成了此募集过程。eIF5B 的特性之一是其核糖体亚基依赖性的 GTP 酶活性，但这种活性不依赖于任何其他起始因子或 $tRNA_i^{Met}$。eIF5B 水解自身所带的 GTP，来帮助 60S 亚基结合到 40S 亚基和 mRNA 所组成的复合物上，最终形成 80S 复合物（图 13-4d）。通过晶体学技术和核磁共振技术，可动态显示 eIF5B 和 eIF1A 之间的相互作用。在这些研究中，观察到 eIF1A 羧基末端尾与 eIF5B 的第 Ⅳ 结构域发生相互作用，共同稳定 $tRNA_i^{Met}$-AUG 在 P 位点的相互作用，并募集了 60S 亚基。但是该过程中，eIF5B 是否参与驱动 eIF2·GDP/eIF5 的释放或 eIF3 的释放仍不确定。

此时，eIF1A 等其余 eIFs 从 80S 复合物上释放。由于 eIF5B·GDP 与核糖体直接的亲和力弱，因此 GTP 水解之后 eIF5B 也从核糖体上脱落。至此，mRNA 上的 80S 核糖体形成，$tRNA_i^{Met}$-AUG 位于核糖体 P 位点并且有一个空余的 A 位点，准备开始翻译的延伸。

四、其他翻译起始途径

对于处于对数生长阶段的细胞，几乎所有的翻译起始都是按如上所述的方式进行。然而，确实存在一小部分 mRNA 通过不同的途径起始翻译。这些 mRNA 的表达特点要么是细胞类型特异的，要么是在应激条件下表达的。因此，这些机制对整体表达的影响通常比较有限。

其中，研究的比较多的翻译起始替代途径（alternative initiation route）包括：①内部核糖体进入位点（internal ribosome entry site，IRES）促使的起始。IRES 是一段核酸序列，它的存在能够使蛋白质翻译起始不依赖于 5′ 末端的 m⁷G 帽结构，无须从头开始扫描 AUG 起始密码子，而是招募 43S PIC 到起始密码子上直接从 mRNA 中间起始翻译。②对 *GCN4*、*ATF4* 和其他具多个上游可读框（upstream open reading frame，uORF）的 mRNA 的调控性再起始（regulated-reinitiation）。uORF 是一类短小的 ORF，位于 mRNA 的 5′ 端，可以调控下游主要可读框（main open reading frame，mORF）的翻译。③ TISU 的短 5′-UTR 序列可在没有扫描的情况下，促进靠近 5′ 端的 AUG 密码子的有效起始。④ 5′-UTR 的 N6- 甲基腺苷（N6-methyladenosine，m6A）修饰。m6A 是指腺苷碱基的第六位氮发生甲基化修饰，可以促进帽非依赖性的翻译。前两种途径在后续第四节中进行有具体讲述。

另有比较奇特的方式：引导 $tRNA_i^{Met}$ 结合的起始因子不是 eIF2，而是其他蛋白质，比如 eIF2A、eIF2D、eIF5B 和 MCT-1/DENR。其中最常见的是 eIF2A，这是一种 65kDa 的单一多肽，在启动主要组织相容性复合物（major histocompatibility complex，MHC）Ⅰ 类多肽的翻译、整合应激反应、肿瘤进展和病毒复制等方面发挥着重要作用。

同样，$tRNA_i^{Met}$ 并不总是参与起始。例如，细胞利用亮氨酰 -tRNA 以依赖于 eIF2A 的方式在 CUG 密码子上起始翻译。利用这种替代方式启动蛋白质合成，通常要通过激活 eIF2 激酶，来磷酸化 eIF2α 的 51 位丝氨酸，从而降低 tiTC 的浓度（图 13-1）。还有一种替代方式的是重复相关的非 ATG（repeat associated non-ATG，RAN）翻译。这种翻译多发生在亨廷顿病等微卫星重复疾病中，且在所有三个阅读框中都可起始翻译，其起始的能力或与 eIF2D 和 eEF1A 相关。但是这些替代方式所介导的确切起始机制仍有待进一步阐明。

第二节　真核基因翻译延伸的调控

一旦起始 tRNA 进入到核糖体 P 位点，多肽链的合成就可以开始。多肽链的合成主要包括以下步骤：首先，在核糖体 A 位点密码子的指导下，新的氨酰 -tRNA 进入 A 位点；其次，进入 A 位点

的氨酰 -tRNA 与 P 位点上肽酰 -tRNA（peptidyl-tRNA）的肽链形成肽键；最后，在 A 位点形成新的肽酰 -tRNA，并从 A 位点转移到 P 位点，原来 P 位点的脱酰 -tRNA 进入 E 位点，A 位点则空出来为下一个氨酰 -tRNA 的进入做好准备。这个过程称为蛋白质翻译延伸，由真核延伸因子（eukaryotic elongation factor）协助完成。

一、eEF1A 和 eEF1B 介导的氨酰 -tRNA 进入 A 位点

彻底完成一个氨酰 -tRNA 进入 A 位点可分为两个步骤：①真核延伸因子 eEF1A 介导的氨酰 -tRNA 进入 A 位点；② eEF1B 协助将失活的 eEF1A·GDP 快速转变成有活性的 eEF1A·GTP，为下一轮氨酰 -tRNA 的进入做好准备。

（一）eEF1A 介导的氨酰 -tRNA 进入

氨酰 -tRNA 不能单独直接与核糖体结合，需要延伸因子 eEF1A 的辅助。eEF1A 是一种 GTP 水解酶，和 GTP 结合后可再与氨酰 -tRNA 结合，形成延伸过程中的三元复合物，称之为翻译延伸三元复合物（translation elongation ternary complex，teTC）。当 teTC 中的 tRNA 与核糖体 A 位点通过密码子 - 反密码子正确配对后，eEF1A 水解与其结合的 GTP，eIF1A 和 GDP 以二元复合物形式（eEF1A·GDP）被释放出来，而氨酰 -tRNA 则被留在 A 位点 [图 13-6（a）]。

（二）eEF1B 介导 eEF1A·GDP 快速转变成 eEF1A·GTP

eEF1A·GDP 是失活状态，不能直接结合后续的氨酰 -tRNA 分子。eEF1A 需要重新结合 GTP，但是 GDP 也不能快速的从中自发解离出来。因此，实际情况中还需要鸟苷酸交换因子 eEF1B 的帮助。eEF1B 通常由 2～3 个亚基组成，根据物种有所不同。在酵母中，eEF1B 是由催化亚基 α 和 γ 亚基形成一个二聚体复合物；哺乳动物中，α、β 和 γ 形成三聚体复合物；在植物中，α、γ 和 δ 形成三聚体复合物。eEF1B 可以结合到失活的 eEF1A·GDP 将其快速转变成有活性的 eEF1A·GTP，用于结合下一个氨酰 -tRNA 分子。在酵母中，通过过表达 eIF1A 或突变 eEF1A 降低其对鸟苷酸亲和性，可以显著减少对 eEF1Bα 的依赖性。

人类的 eEF1A 是由 *EEF1A1* 和 *EEF1A2* 两个基因编码，*EEF1A2* 的突变与一种新型智力残疾和癫痫综合征相关，而且 *eEF1A2* 在多种癌症中过表达。在哺乳动物和酵母中，赖氨酸的甲基化是 eEF1A 最常见的一种翻译后修饰，其甲基化的缺失也会导致翻译过程发生改变。

二、eEF2 介导的肽酰 -tRNA 转位

当氨酰 -tRNA 成功进入核糖体 A 位点后，会快速地与 P 位点上的肽酰 -tRNA 形成一个肽键。与此同时，多肽链从 P 位点的肽酰 -tRNA 转移到 A 位点的氨酰 -tRNA 上，形成一个新的肽酰 -tRNA，而 P 位点上则因为肽链转移剩下脱酰 -tRNA（deacyl-tRNA）。如果肽链延伸想要开始新的一个循环，则 A 位点必须要先空出来，因此 A 位点的肽酰 -tRNA 必须要进入 P 位点，原来 P 位点的脱酰 -tRNA 则要进入 E 位点，这个过程称为转位。

（一）eEF2 介导肽酰 -tRNA 转位的过程

转位的完成需要延伸因子 eEF2 的参与。eEF2 的分子结构与 teTC 相似，其结构域Ⅳ类似于 tRNA 的反密码子环，可通过该结构域结合于 A 位点。实际情况中，与 eEF1A 一样，eEF2 也需要结合 GTP 才能发挥作用，以 eEF2-GTP 复合物的形式结合到核糖体 A 位点。结合以后，GTP 发生水解，刺激 A 位点的肽酰 -tRNA 向 P 位点转位。转位完成后，以 eEF2-GDP 的形式被释放出来。此时，核糖体已可以重新接收下一个氨基酸的进入 [图 13-6（d）]。

（二）化学修饰对 eEF2 功能的调控作用

1. 白喉酰胺（diphthamide）修饰对 eEF2 功能的调控作用 eEF2 结构域Ⅳ的顶端部位存在一个保守的组氨酸残基，其发生翻译后修饰的残基称之为白喉酰胺 [图 13-6（c）]，这种修饰方式在真核生物和古细菌保守存在，但是并不存在于细菌的延伸因子中。白喉酰胺修饰对 eEF2 功能的行使有着重要的作用。白喉杆菌产生的白喉毒素、假单胞杆菌产生的外毒素 A 和霍乱弧菌产生的胆毒素可以使白喉酰胺残基发生 ADP 核糖基化，而使 eEF2 失活，抑制蛋白质合成从而损害细胞生长。

目前白喉酰胺修饰在 eEF2 功能中的确切作用机制仍不清楚。白喉酰胺生物合成酶 Dph1、

Dph2、Dph3 或者 Dph4 缺失的转基因小鼠中，白喉酰胺修饰不能进行，会导致小鼠出现严重的发育缺陷或者胚胎致死现象。但是，在酵母中，其天然缺失合成白喉酰胺步骤中所需的第一种酶。因此，酵母的 eEF2 结构域Ⅳ的顶端部位的组氨酸残基是未经修饰的，而酵母是正常生长、成活的。此外，在无法合成白喉酰胺的哺乳动物细胞 CHO 和 MCF7 细胞中，也发现缺失白喉酰胺修饰但并不影响其生长、成活，其清楚的表型是对白喉毒素不敏感以及 NF-κB 和肿瘤坏死因子途径的改变。表明白喉酰胺虽然在蛋白质翻译中有着重要的作用，但可能不是蛋白质合成的基本机制所必需的。

相反，越来越多研究表明白喉酰胺可能对蛋白质翻译的保真度起重要作用，可以增强 eEF2 的功能促进核糖体的精确转位。体外合成肽实验中，不管 eEF2 是否发生白喉酰胺修饰，对于经典翻译延伸的起始过程作用是没有差异的。但在板球麻痹病毒中，为了保证 IRES 介导的翻译起始所必需的转位的高保真度，需要白喉酰胺修饰。IRES 的假结（pseudoknot）Ⅰ以类似 tRNA 结合 mRNA 密码子的方式结合在 A 位点。为了保证翻译正常进行，假结必须转位到 P 位点。eEF2 介导假结转位时，eEF2 的结构域Ⅳ被插入到 A 位点，并以类似于密码子 - 反密码子相互作用的杂交构象来稳定假结。此外，白喉酰胺残基可以直接和假结的类似于密码子 - 反密码子的螺旋结构相互作用，破坏核糖体再编码中心螺旋 44 上的 1 753 位丙氨酸和 1 754 位丙氨酸与假结之间的相互作用，从而促进假结转位。在真核生物中，白喉酰胺和密码子 - 反密码子螺旋之间相互作用的缺失会导致在缺乏白喉酰胺修饰的细胞中观察到更多的核糖体移码。

2. 磷酸化修饰对 eEF2 功能的调控作用　除了白喉酰胺修饰，磷酸化修饰也可以影响 eEF2 的功能。在后生动物中，Ca^{2+} 依赖性激酶 eEF2K 会磷酸化 eEF2 的第 56 位苏氨酸，破坏 eEF2 结合核糖体的过程从而抑制翻译。在哺乳动物中，eEF2 活性受到 mTORC1 和 AMPK 的调控。

三、eIF5A 对翻译延伸的调控作用

除了上述两种真核延伸因子 eEF1A 和 eEF2，还有一种延伸因子也参与调控蛋白质的翻译延伸过程。原核生物中是延伸因子 P（EF-P），而在真核生物中与之同源的就是参与翻译起始的真核起始因子 eIF5A。

（一）eIF5A 的作用

eIF5A 最初被发现可能也是一种延伸因子是因为其在第一个肽键形成模型试验中刺激了甲硫氨酰 - 嘌呤霉素的产生。因此，eIF5A 被认为可能是第一个肽键形成的关键起始因子。但是，后来的研究逐渐否定了这种想法，认为 eIF5A 不是第一个肽键形成中的关键因子。嘌呤霉素作为氨酰 -tRNA 分子 3′ 末端的类似物，能够与核糖体 A 位点结合并掺入到延伸的肽链中。但是嘌呤霉素同 A 位点结合后，不会继续参与随后的任何反应，从而导致肽链合成的提前终止，并释放出 C 末端含有嘌呤霉素的不成熟多肽。也就是说，嘌呤霉素不能定位于肽酰转移酶中心（peptidyl transferase center，PTC）。因此，eIF5A 刺激嘌呤霉素的产生可能只是因为其增强了嘌呤霉素的反应活性。此外，在不表达 eIF5A 的重构酵母的体外翻译试验中，仍可以有效合成二肽 Met-Phe 和 Met-Pro，或以此二肽起始的相关多肽，而增加 eIF5A 只会对肽的产量产生适度刺激。因此，eIF5A 可能并不是形成第一个肽键的必需因子。

核糖体在进行蛋白质合成时，通常是 3～5 个或几十个甚至更多聚集并与 mRNA 结合在一起形成念珠状结构，称为多聚核糖体。在活细胞中，核糖体的大小亚基、单核糖体和多聚核糖体是处于一种不断解聚与聚合的动态平衡中。执行功能时为多聚核糖体，功能完成后解聚成大、小亚基。在酵母中敲除 eIF5A 后，多聚核糖体仍然存在，表明蛋白质翻译可以起始。类似于延伸抑制剂放线菌素处理，敲除 eIF5A 同样也表现出对翻译延伸的抑制作用。因此，eIF5A 的减少只是模拟了放线菌素处理，导致翻译延伸受损，表明 eIF5A 的限速作用是在翻译延伸过程中，而不是翻译起始或第一肽键的形成过程。

（二）连续脯氨酸残基是 eIF5A 的主要作用对象

在翻译延伸过程中，eIF5A 的主要作用是刺激含有连续脯氨酸残基的蛋白质的合成。在 eIF5A 结构域Ⅰ，环顶端一个保守的 Lys 残基发生一种特

殊的翻译后修饰形成羟丁赖氨酸，即通过将 N- 丁胺基团从亚精胺转移到 Lys 残基的 ε- 氨基上形成脱氧羟丁赖氨酸，羟基化后形成羟丁赖氨酸。而这种修饰正是刺激多聚脯氨酸的合成所需要的。eIF5A 结合在核糖体的 E 位点，其羟丁赖氨酸残基与 P 位点的肽酰 -tRNA 的受体臂相互作用，够能协助定位 P 位点 tRNA 的受体臂以便与核糖体 PTC 的 A 位点底物更好地相互作用［图 13-6（b）］。尽管这种作用可能有助于所有肽键的合成，但是像多聚脯氨酸这样通常在 PTC 具有不良定位的残基，可能对 eIF5A 有更高的要求。

在酵母细胞中，eIF5A 失活会导致含有多聚脯氨酸残基的报告基因的翻译受损，而 eIF5A 突变会导致含有多聚脯氨酸模体的天然酵母蛋白质的表达过程受损。虽然在合成多聚脯氨酸时，大部分 eIF5A 发挥作用依赖于其羟丁赖氨酸侧链，即 eIF5A 作为运载体将羟丁赖氨酸运送至核糖体，并定位 P 位点 tRNA 的受体臂促进肽链形成，但没有羟丁赖氨酸修饰的 eIF5A 也可以一定程度上刺激翻译延伸进行。当然，eIF5A 的作用对象不只是局限于多聚脯氨酸模体，也可以促进非多聚脯氨酸肽链的合成。比如在缺失 eIF5A 的细胞中，核糖体谱分析显示大部分 mRNA 的翻译延伸都有障碍，且核糖体在翻译延伸期间有停滞现象。因此，eIF5A 在全基因组范围内对翻译延伸具有促进作用。

四、延伸过程中的再编码事件

一般来说，蛋白质翻译都遵循以下规则：①不同物种中密码子具有通用性，即相同的密码子都编码相同的信息；②阅读框是恒定不变的。但从 20 世纪 70 年代中期开始，研究发现一些 mRNA 序列中特定信号能够暂时打破原本的解码规则，称之为翻译再编码。其中，常见的再编码事件是 mRNA 元件所指导的，包括核糖体再编码密码子、核糖体进入改变的阅读框架，即程序性核糖体移码（programmed ribosomal frameshifting，PRF）、跳过很长的 mRNA 序列，即核糖体分流（ribosome shunting）等。

（一）再编码是由"动力学陷阱"驱动的

从生物物理层面讲，翻译再编码事件是由 mRNA 上的顺式作用元件驱动的。这些顺式作用元件可以改变翻译延伸过程中的核糖体持续动力学，这些元件称为"动力学陷阱"（kinetics trap）。

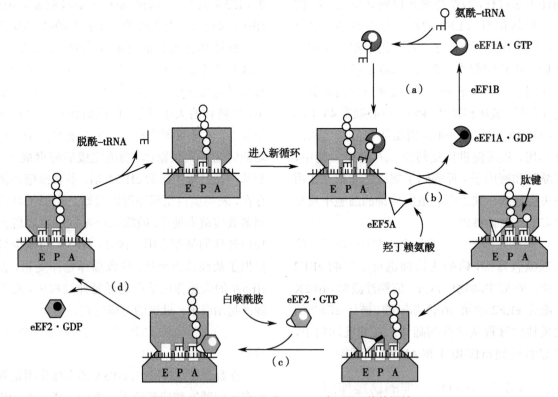

图 13-6　eEF1A、eEF2 和 eIF5A 对翻译延伸的调控
（a）eEF1A 介导氨酰 -tRNA 进入 A 位点；（b）eIF5A 促进肽键形成；（c）和（d）eEF2 介导的肽酰 -tRNA 转位。

这些"动力学陷阱"改变了翻译延伸过程中正常"正向反应"（即常规解码）和"副反应"（即再编码事件）之间的动力学分配比率。"动力学陷阱"一个典型的功能是可以引导核糖体暂时停滞在mRNA上的特定位置，而这个停滞作用可以促进再编码事件的发生。"动力学陷阱"可以是一些简单顺式作用元件——"平铺"序列（仅由初级结构组成而不形成更高级的结构）；也可以是具有复杂拓扑结构特征的mRNA元件，包括完全由mRNA组成的顺式元件、由与特定mRNA序列相互作用的蛋白质和/或其他RNA组成的反式元件，或两者的组合。

（二）由"平铺"的顺式作用元件指导的再编码

由"平铺"的顺式作用元件指导的再编码事件一般还需要特定的条件。比如一些正常翻译因子水平低是引导核糖体暂时停滞在mRNA上特定位置的重要前提。例如，酵母*Ty1*逆转录转座子受到简单的七聚体序列CUUAGGC的影响，发生+1位PRF，其"动力学陷阱"由本来的（即0位）A位点AGG密码子提供，由极低丰度的Arg-tRNA^{CCU}解码。核糖体停滞在AGG密码子处使P位点的肽酰-tRNA从0位CUU进入到+1位UUA（图13-7）。

该机制首次被发现是因为基因组中缺失该tRNA时+1位PRF的效率接近100%，而该tRNA的高拷贝表达则可导致+1位PRF降低至2%。此外，P位点对tRNA亲和力减弱的突变型酵母中，表现为Ty1介导的+1位PRF增加，而这些效应可被能增加核糖体对肽酰-tRNA亲和力的司帕索霉素所拮抗。同样适用于这种tRNA滑动机制的还有酵母转座子*Ty2*和*Ty4*的+1位PRF，以及酵母*ABP140*和*EST3*的mRNA。有趣的是，转座子*Ty3*的GCGAGUU滑动序列功能完全不同，

因为0位P位点的tRNA不能与+1位密码子碱基配对。

在原生动物和线粒体中，终止密码子也可以作为"动力学陷阱"驱动再编码，而动力学陷阱由释放因子的丰度驱动。

（三）顺式作用元件拓扑性结构指导的再编码

mRNA顺式结构元件也是已知的翻译再编码信号，常见的结构元件包括mRNA茎环结构（stem-loop）和假结。在PRF中，这两种结构元件指导核糖体在特殊的滑动序列处停滞，使已经在核糖体内的tRNA重新配对，导致核糖体进入不同的阅读框。因此，这个移位过程需要从原始阅读框中取消已经配对的tRNA，这是一个需要消耗能量的过程。而这些能量可能是由前面已经提到的延伸因子eEF1A和eEF2水解自身结合的GTP所提供。以-1位PRF的动力学模型为例，这个过程可能发生在三种情况下：①核糖体转位到滑动位点；②在tRNA进入到核糖体期间，核糖体停滞在滑动位点；③在转位过程中滑出结合位点。这三种情况在多个不同系统中使用分子遗传学、结构生物学和生化分析都得到了支持证据。因此，-1位PRF被视为由至少三种不同的动力学途径产生的结果。

mRNA假结刺激的再编码的机制仍不明确。之前认为是在氨酰-tRNA进入位点过程中，假结区被"拉入"核糖体一个碱基的距离。这种作用的结果是将整个mRNA拉向5′端方向。后来人们利用9Å-1位PRF模型揭示了其可能的机制。在氨酰-tRNA进入后，导致A位点与下游假结连接处紧张，为了缓解这个张力，A位点和P位点tRNA解除配对并向mRNA 5′端方向移动，最终导致mRNA滑入-1位阅读框，这个模型也可以称为"张力模型"。利用纯化的大肠杆菌核糖体和

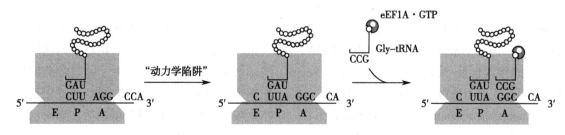

图 13-7　翻译延伸中程序性核糖体移码

在酵母中，*Ty1*逆转录转座子遇到"动力学陷阱"，发生+1位PRF，P位点肽酰-tRNA向mRNA的3′方向移动一个碱基。

延伸因子进行结构和动力学分析表明，mRNA 中下游的假结会破坏大亚基头部的闭合运动，延迟转位酶的解离和脱酰 -tRNA 的释放。通过核糖体滑动释放的张力加速转位的完成，为核糖体继续翻译提供了一条能量较低的途径。

那么 mRNA 拓扑性结构在指导核糖体再编码事件中是发挥积极的作用还是消极的作用呢？大量研究表明，mRNA 动态结构重组有助于"推动"核糖体滑动。DNA 螺旋结构大沟和小沟内的碱基三联体的共同作用可抑制假结打开，而且螺旋结构小沟内的腺苷酸序列也起到防止假结打开的作用。这些结构特征都有助于核糖体在滑动序列停滞，并刺激 −1 位 PRF 发生。不过也有研究表明 mRNA 顺式结构元件在再编码中也起着消极的作用。在冠状病毒中存在顺式作用 mRNA 结构元件，可以减弱 −1 位 PRF 活性，其由位于滑动序列 5′ 端的茎环结构组成，当这些结构接近移码信号时，延伸的核糖体首先打开这些茎环结构。一旦核糖体通过滑动序列，茎环会重新形成。这种茎环结构可以防止由 −1 位核糖体移码信号引起的核糖体向后滑动。

（四）由反式作用因子指导的再编码

翻译再编码也受到反式作用因子的调节，可以分为三大类：小分子，蛋白质和核酸。

1. **小分子** 鸟氨酸脱羧酶抗酶（ornithine decarboxylase antizyme, OAZ）调控多胺小分子的合成途径。鸟氨酸脱羧酶是催化多胺合成第一步的酶。OAZ 可导致鸟氨酸脱羧酶的泛素不依赖性降解，进而下调多胺的合成。在编码 OAZ 时，多胺小分子可以刺激其 mRNA 发生 +1 位 PRF。当多胺水平低时，OAZ mRNA 上的 +1 位 PRF 水平较低，因而 OAZ 表达水平下调，多胺水平增加。这些多胺反过来促进了 +1 位 PRF 和 OAZ 的表达，对多胺合成产生负反馈作用。

2. **反式作用蛋白质** 硒代半胱氨酸（selenocysteine, Sec）是一种特殊的氨基酸，被称为第 21 种氨基酸。编码它的密码子是终止密码子 UGA。因此，Sec 的掺入也是一种翻译再编码事件。Sec 再编码需要反式作用蛋白质辅助。SECIS（selenocysteine insertion sequence）顺式元件结合蛋白质 SBP2 与特异性延伸因子 eEFsec 的特定结构域相互作用，以增强 Sec-tRNA$^{(Ser)Sec}$ 向 SECIS 元件的募集，从而增强对延伸核糖体的募集。另一个蛋白质 SECp43 使位于 Sec-tRNA$^{(Ser)Sec}$ 摆动（wobble）位置的核糖 2 位羟基甲基化，从而增强硒蛋白表达。

在猪繁殖与呼吸障碍综合征中，在没有任何明显的下游 RNA 结构元件的情况下，机体通过反式作用蛋白质复合物结合 mRNA 的序列 CCCANCUCC，诱导核糖体停滞在 −1/−2 位移码的滑动序列处，从而刺激 −1/−2 位 PRF 发生。该蛋白质复合物是由病毒编码的 nsp1β 复制酶亚基和细胞内 poly C 结合蛋白质组成。脑心肌炎病毒蛋白质 2A 以类似的机制指导 −1 位 PRF，以便在其复制周期的晚期减少非结构基因产物的产生并上调结构基因的表达。这种机制可以为许多小 RNA 病毒（例如丙型肝炎病毒、脊髓灰质炎病毒和鼻病毒）的抗病毒治疗提供新靶点。

3. **反式作用核酸** 在体外，人工合成的小核酸分子与典型滑动序列的 3′ 端杂交，可以反式激活核糖体移码。在细胞中，microRNA 与人 CCR5 mRNA 中的假结相互作用可以刺激 −1 位 PRF 发生。这种相互作用使得下游的假结更难以被解开，从而增加了核糖体在滑动序列处被分配到 −1 位的概率。因此，−1 位 PRF 信号和 microRNA 之间的碱基配对相互作用为 −1 位移码的序列特异性调控提供了可能，这也是控制 CCR5 基因产物表达的一种方法。另外 microRNA 也会影响人类其他一些滑动序列的移码，表明这可能是一种广泛用于调节高等真核生物中基因表达的方式。

（五）翻译再编码的结局

1. **抗病毒治疗的靶标** 相比真核生物，病毒中的再编码可能更为常见。所有具有正义链 RNA［即（+）ssRNA］基因组的病毒，以及许多具有双链 RNA 基因组的病毒都面临着一个共同的问题：它们的正义链必须既作为 mRNA 又作为基因组复制的模板。因此，必须在不改变传递给下一代遗传信息的前提下实现蛋白质编码信息的最大化。而翻译再编码正是解决这个问题的一种方法。最简单的解决方案是除了通过经典的翻译过程产生多肽链，还通过 PRF 或翻译终止抑制机制产生羧基末端延长的融合蛋白质。病毒已经进化到可以优化再编码速率，从而优化病毒蛋白质的比例，改变再编码效率会影响病毒传播等特性。

因此，再编码可能是抗病毒的一个重要靶标。但也要注意到大约 10% 的染色体编码基因具有潜在的 −1 位 PRF 信号，而 −1 位 PRF 的全面失调会带来严重的后果。因此，药物开发必须是针对特定的再编码元件量身定制，而不是针对所有再编码进行广泛定位。

2. **降低 mRNA 稳定性**　对染色体转录 mRNA 的 −1 位 PRF 信号分析显示：所有预测的移码事件中，超过 99% 会将翻译延伸核糖体引导到提前终止密码子。这些再编码指导元件可能通过无义介导的 mRNA 衰变途径来限制基因表达。此外，再编码过程中，−1 位 PRF 诱导元件引起核糖体停滞，这个有可能可以激活 No-Go mRNA 衰变途径。在酵母中，−1 位 PRF 所致的 NMD 可以控制端粒的维持、细胞周期等细胞途径。在人类中，−1 位 PRF 所致的 NMD 同样可以控制人体细胞中许多基因的表达，其整体失调可能与多种人类疾病有关。

第三节　真核基因翻译终止的调控

当终止密码子进入到核糖体的 A 位点时，诱发 mRNA 翻译的终止。翻译终止过程由终止密码子识别和 P 位点肽酰 -tRNA 酯键水解组成，从而释放新生多肽。真核生物中，翻译终止由真核释放因子（eukaryotic release factor）eRF1 和 eRF3 调控，二者形成 eRF1/eRF3·GTP 三元复合物。其中，eRF1 负责识别 mRNA 上的三种终止密码子，介导新生多肽从 P 位点的 tRNA 上释放。eRF3 是 GTP 酶，促进多肽的释放。多肽释放后，核糖体复合物分解，核糖体再循环，其步骤包括 ATP 结合盒蛋白 E1（ATP-binding cassette protein E1，ABCE1）介导 80S 核糖体分解释放 60S 亚基，以及 eIF1 等起始因子、eIF2D 或者 MCT-1/DENR 介导的脱酰 -tRNA 和 mRNA 从 40S 亚基释放。核糖体和 mRNA 在重新装配后参与新一轮翻译过程，核糖体再循环使得翻译高效进行。

一、eRF1 和 eRF3 介导的翻译终止

真核生物的翻译终止由 eRF1 和 eRF3 介导。eRF1 具有四个结构域：① NTD，负责识别 A 位点的终止密码；② 含有 GGQ 模体的中间结构域，

介导新生多肽从核糖体 P 位点的肽酰 -tRNA 上释放；③ CTD，是 eRF3 和 ABCE1 的结合位点；④ 影响终止密码子特异性的微结构域。eRF3 有两种异构体，即 eRF3a 和 eRF3b，分别由不同的基因编码，具有不同的 NTD，两者都可以与 eRF1 结合，都是终止因子。其中，eRF3a 广泛表达，而 eRF3b 主要在脑组织中表达。eRF3 也具有四个结构域：一个是不保守的 NTD，该结构域不是 eRF3 介导终止所必需的，但却是结合 PABP 以及 NMD 调节因子 UPF3b 所必需的；另外三个结构域包括一个典型的 GTP 结合结构域和两个 β 桶（β-barrel）结构域（分别编为 2 和 3）。此外，与所有 GTP 酶一样，eRF3 的 GTP 结合结构域含有两个开关（switch）元件，即"开关 I"和"开关 II"，这两个元件是 GTP 结合和水解必不可少的。

（一）eRF1/eRF3·GTP 三元复合物的形成

eRF1 和 eRF3 在核糖体内外存在广泛的相互作用。游离 eRF3 的"开关 I"和"开关 II"是无次序的，eRF1 作为 GTP 解离抑制剂可以增强 GTP 与 eRF3 的结合。因此在 eRF1 存在的情况下，eRF3 的"开关 I / 开关 II"与 GTP 的 γ- 磷酸结合，使三者形成稳定的 eRF1/eRF3·GTP 三元复合物。

当终止密码子进入到 80S 复合物核糖体的 A 位点时，为所谓翻译终止前复合物（pre-termination complex，pre-TC），eRF1/eRF3·GTP 与 Pre-TC 结合［图 13-8（a）］。此时，eRF1 的四个结构域具有不同的分工。eRF1 的中间结构域插入在 eRF3 的 β 桶结构域 2 和 GTP 结合结构域之间，并与 GTP 结合结构域的"开关 II"连接，而其 GGQ 模体被固定在靠近"开关 I"的位置。同时，eRF1 的 NTD 延伸到 40S 亚基的解码中心，CTD 与 60S 亚基的茎基相互作用，微结构域则与 40S 亚基的喙部相互作用。与其他翻译过程中的 GTP 酶一样，eRF3 会与 GTP 酶结合中心（GTPase-associated center，GAC）结合。GAC 位于 60S 亚基的 sarcin-ricin 环（sarcin-ricin loop，SRL）、40S 亚基中 18S rRNA 的螺旋 5 以及螺旋 14 三者之间。但在 GTP 水解前，中间结构域的构象尚不具备肽释放活性，因为此时起催化作用的 GGQ 模体与位于 60S 亚基 PTC 的 P 位点肽酰 -tRNA 酯键之间的间隔大于 80Å，存在空间位阻。

（二）终止密码子的识别

标准遗传密码有三个终止密码子，即 UAA、UAG 和 UGA。当 +4 或 +5 位是嘌呤残基时，终止密码子的终止效率会被增强。但在纤毛虫原生生物、绿藻和双滴虫等一些生物中，这三个终止密码子某一个或两个可以被重新分配为有义密码子。例如，UAG 为有义密码子，UAA 和 UGA 为终止密码子。甚至在个别生物中，三个终止密码子全部为有义密码子，只有当其位于 mRNA 的 3′ 端附近时，这些密码子发挥终止作用，即终止密码子的终止过程具有一定的位置依赖性。终止密码子的这种重分配在一定程度上依赖于 eRF1 的序列变化。突变分析和对"变异密码"生物的 eRF1 序列鉴定发现，在 eRF1-NTD 中有影响终止密码子的高度保守模体，这些模体包括 GTS31-33、E55、TASNIKS58-64 和 YxCxxxxF125-130（人源 eRF1 的序列编号）。

eRF1 与终止密码子的多重相互作用会影响终止密码子的识别。eRF1 结合到 80S 复合物核糖体的过程中，NTD 会延伸到核糖体 A 位点，形成一个口袋结构，将终止密码子和 +4 位核苷酸容纳在一个致密构象（compact conformation）中（图 13-8a）。这种致密结构以及 eRF1 与终止密码子的相互作用在整个终止过程中一直保持，直到 eRF1 解离。而稳定致密结构需要 +1 位尿苷，它是终止密码子识别的决定因素。此外，+2、+4 和 +5 位核苷酸分别与 18S rRNA 的 A1825、G626 和 C1698 产生堆积作用（stacking interaction），也会影响终止密码子的识别。+1 位尿苷可以与 TASNIKS 模体的 N61 和 K63 产生稳定的相互作用，但是在这个位置胞苷不能与其发生相互作用，嘌呤核苷由于空间位阻也不能与其结合。eRF1 的 YxCxxxF 模体和 E55 模体只能与 +2 和 +3 位嘌呤核苷相互作用，这为识别终止密码子区别有义密码子提供了基础。GTS 模体的 T32 可以与 UAG 的 +3 位核苷酸形成氢键，但是不能与 UGA 或 UGG 密码子形成氢键。UGG 不能作为终止密码子被 eRF1 识别，正是与 GTS 模体的这种特异性、以及 +2 和 +3 位置上 G 残基的相互排斥有主要关系。因此，eRF1 对终止密码子的识别，特别是 UGA，可能是通过多个步骤进行的，包括 A 位点处 RNA 结构的致密化、eRF1 的 TASNIKS 模体和 GTS 模体构像变化，以及其他 eRF3 引起的局部变化。

（三）eRF3 介导的 GTP 水解机制

整个翻译过程都需要翻译相关 GTP 酶家族

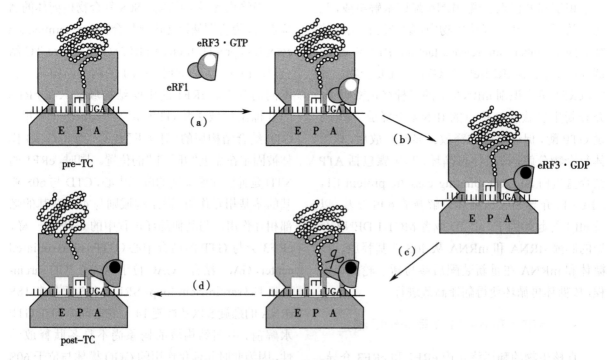

图 13-8 翻译终止过程

（a）终止密码子进入到核糖体的 A 位点，eRF1/eRF3·GTP 与 pre-TC 结合并识别终止密码子；（b）eRF3 介导 GTP 水解，eRF1 构象进行重排；（c）eRF1 转变为扩展构象；（d）肽酰 -tRNA 酯键裂解，新生多肽释放。

的参与，该家族包括 eEF1A、eRF3 及其平行同源蛋白质（paralogous protein）Hbs1 等，它们各自能将氨酰 -tRNA、eRF1 及其平行同源蛋白质 Pelota 运送到 A 位点。

对真核延伸因子 eEF1A 来说，其先与 GTP 结合，激活后进一步与氨酰 -tRNA 结合形成 teTC。该复合物结合到核糖体后，同工氨酰 -tRNA 上的密码子和核糖体 A 位密码子之间即发生互补配对，导致核糖体 40S 亚基的结构域闭合。同时，eEF1A 的 GTP 酶结构域发生位移，并与 SRL 结合活化，导致 GTP 水解，释放氨酰 -tRNA 留在 PTC 中。由于上述过程中，eEF1A 的 GTP 酶活性位点与 40S 亚基解码中心的距离大于 70Å，因此结构域位移是其活化和水解 GTP 的必要步骤。

与 eEF1A 相同的是，eRF3 与 40S 亚基肩部具有相似的相互作用，而且 SRL 也是 eRF3 的 GTP 酶活化所必需的。eRF3 的"开关 I"会与 SRL 的 G4600 相互作用。因此，如果 SRL 发生碱基置换或者 pre-TC 中靠近 SRL 的 eRF3 发生置换，将会造成翻译终止缺陷。但是与 eEF1A 相比，eRF3 的 GTP 酶活性的激活机制又略有不同——其活化还需要 eRF1 的中间结构域和 CTD、以及核糖体亚基的共同参与。eRF1 可以在没有 NTD 和 A 位点终止密码子的情况下激活 eRF3 的 GTP 酶活性，不过 eRF1 对终止密码子的识别可以加速 eRF3 水解 GTP。但是，eRF1 或其平行同源蛋白质 Pelota 与核糖体 A 位点的结合不足以导致 40S 亚基的结构域闭合，进而使 eRF3 结构域发生相对位移。事实上，在 eRF1/eRF3·GTP 结合形成 pre-TC 后，除了 eRF1 中间结构域中保守的 R192 与 40S 亚基的螺旋 14 的相互作用外，还需要 eRF3 的 β 桶结构域 2 和 40S 亚基的螺旋 5 之间的相互作用，这两种作用同时诱导了 eRF1 的中间结构域从 eRF3 的"开关 I/ 开关 II"解离，从而消除"开关 I/ 开关 II"与 SRL 之间的空间位阻，进而发生相互作用，使得 eRF3 的 GTP 酶活性激活 [图 13-8（b）]。

（四）eRF3 水解 GTP 后的 eRF1 构象重排和肽释放机制

在 eRF3 水解 GTP 之后，eRF1 会转变为一种扩展构象（extended conformation），使位于中间结构域顶端的 GGQ 模体能够进入 PTC[图 13-8

（c）]。具体来说，在 eRF1 的扩展构象中，中间结构域的 GGQ 模体被定位在 PTC 的 P 位点肽酰 -tRNA 的 CCA 端，Q135 定位在肽酰 -tRNA 的酯键附近。这种构象变化，导致肽酰 -tRNA 酯键暴露于水的亲核性攻击下，促进裂解，释放出新生多肽 [图 13-8（d）]。此时的复合物为翻译终止后复合物（post-termination complex，post-TC）。

构象转变过程中，中间结构域相对 NTD 发生了 140° 的旋转，同时 CTD 也会发生旋转，但 NTD 仍旧与核糖体 A 位点的终止密码子"绑定"在一起。eRF1 中间结构域和 CTD 重新定向的动力源自 eRF3 与中间结构域 α- 螺旋 8 和 CTD α- 螺旋 9 之间的强制性扭结（enforced kink）的松解，使得它们形成一个连续的 α- 螺旋。eRF1 的 CTD 和 60S 亚基上核糖体蛋白质 uL11 构象的改变，破坏了 eRF1 微结构域与 40S 亚基头部的相互作用，导致 60S 亚基中 uL11 和 L7/L12 柄建立新的相互作用，这可能有利于稳定 CTD 的绑定。而 eRF3-GMPPNP 之所以会抑制 eRF1 介导的肽释放，主要是由于它可以"锁住"eRF1 使其不能从致密构象转变为扩展构象。

如上文所述，虽然 eRF1 对肽释放的诱导过程不依赖于 eRF3，但是 eRF3 的参与可以显著提高这种活性，这意味着 eRF3 水解 GTP 的过程伴随着 eRF1 所介导的终止密码子识别和肽酰 -tRNA 水解。eRF3 对 eRF1 的调控主要体现以下几个方面：① eRF3 可以间接促进 post-TC 分解后的 eRF1 释放，推动 eRF1 再循环，但更为重要的是 eRF3 可以直接促进 eRF1 被招募至 pre-TC。② eRF3 可以稳定 pre-TC 的生成、促进肽酰 -tRNA 的水解。eRF1 以 eRF1/eRF3·GTP 的形式与 pre-TC 结合，并引起 pre-TC 的构象变化，具体表现为核糖体向 3′ 端前移两个核苷酸。多项研究已经表明 eRF3 水解 GTP 可以增强这种移位，从而诱导翻译终止复合物的构像进一步变化，使 eRF1 中间结构域中的 GGQ 模体进入 PTC，并且引起肽酰 -tRNA 水解。③ eRF3 可通过动力学校对来提高 eRF1 的保真度，其主要机制是在终止密码子识别和肽酰 tRNA 水解之间引入一个不可逆的 GTP 水解步骤。eRF1 结合 pre-TC 并识别终止密码子后，可以诱导 eRF3 水解 GTP。但是对于不同终止密码子，GTP 水解情况存在差异：在 UAA 和 UAG 密码子上 GTP 水解速度较快，而在 UGA 密码子上 GTP 水解速度较慢。此外，GTP 水解后，pre-TC 中的 eRF1 在 UAA/UAG 密码子（状态 a）和 UGA 密码子（状态 b）上的最终位置和构象可能有所不同。虽然这两种状态都能促进有效的多肽释放，但是在 UGA 密码子上观察到多肽的基数水平较高，在 UAA/UAG 密码子上的肽释放可能更有效。这两个构象中状态 a 可能是使 eRF1 容易识别 UAA 和 UAG 密码子所必需的，状态 b 则使 eRF1 既能识别 UGA，同时还能区分 UGG（色氨酸）密码子。

二、核糖体再循环

eRF3 在 GTP 水解后应该与核糖体复合物分离，但是 eRF1 在肽释放后仍然与 post-TC 结合。肽释放之后，post-TC 中核糖体的再循环由高度保守的 ABCE1 启动。ABCE1 可以通过其 NBD2 结构域直接与 eRF1 相互作用。

（一）ABCE1 的结构及其与 eRF1 的相互作用

ABCE1 介导的 post-TC 的再循环依赖于核糖体 A 位点中的 eRF1。因此，eRF1 参与蛋白质合成的两个连续阶段：终止和再循环。但是，ABCE1 在 eRF1 和 40S 亚基上的结合位点也可以与 eRF3 相互作用，所以 ABCE1 能与 post-TC 的结合需要 eRF3 预先与 post-TC 分离。

ABCE1 具有两个核苷酸结合结构域（nucleotide-binding domain, NBD），即 NBD1 和 NBD2，其中 NBD1 中含有 HLH 模体。此外，ABCE1 还含有一个由两个 $[4Fe\text{-}4S]^{2+}$ 簇组成的独特氨基端 FeS 结构域，该结构域通过铰链悬臂（hinged cantilever arm）连接到 NBD 核心。ABCE1 的结合位点位于 40S 和 60S 两个核糖体亚基之间，其通过 NBD2 与 60S 亚基上的核糖体蛋白质 rpL9 结合，通过 HLH 模体和铰链元件与 40S 亚基螺旋 5-15 和螺旋 8-14 上的位点相互作用，构成翻译相关 GTP 酶的结合位点。ABCE1 的活性随着核苷酸的结合状态发生周期性构象变化，ABCE1-NBD 与游离核苷酸或 ADP 结合时呈"开放"状态，与 ATP 结合之后会转变为"关闭"状态。ABCE1 在 80S 核糖体上处于"半关闭"状态，必须经过结构域闭合，才具有 ATP 酶活性和介导再循环的功能[图 13-9（a）]。

（二）ABCE1 介导的核糖体分解的机制

ABCE1 的双核苷酸结合结构域结合 ATP（呈"关闭"状态）、水解 ATP 和释放 ADP（呈"开放"状态）这一循环过程中的能量改变，会导致 ABCE1 的构象变化[图 13-9（b）]。在 NBD1 和 NBD2 之间形成复合 ATP 结合位点期间，NBD2 相对于 FeS-NBD1 发生 40° 旋转。NBD2 的重定向，导致与 FeS 结构域的空间碰撞，造成 FeS 结

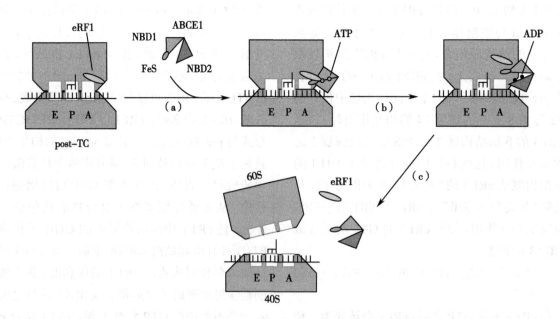

图 13-9 ABCE1 介导的核糖体分解

（a）ABCE1 通过其 NBD1/2 和 FeS 等结构域与 post-TC 结合，并与 ATP 结合成为"关闭"状态；（b）ABCE1 介导 ATP 水解，构象发生变化；（c）60S 亚基从 post-TC 解离。

构的重新定位，这反过来，又会影响 ABCE1 与核糖体的相互作用。体外已观察到，在不包含 eRF1 的酵母 40S 亚基和 ABCE1·AMP-PNP 组成的复合物中，FeS 结构域会发生移位。由于 eRF1-CTD 与 FeS 结构域的密切连接，因此 FeS 结构域的重新定位会导致 eRF1 构象的进一步改变。但是，关于 ABCE1、eRF1 和核糖体的构象变化、以及 ATP 结合到 ABCE1 双核苷酸结合域进行水解的循环机制，其完整结构框架仍有待确定。这些构象改变可能会破坏亚基间连接的稳定性，导致 80S 核糖体分解成游离的 60S 亚基以及结合 tRNA 和 mRNA 的 40S 亚基 [图 13-9（c）]。

ABCE1 介导的核糖体分解，需要水解 ATP，才能拆分 eRF1 结合的 post-TC 和 Pelota 结合的停滞核糖体复合物。而空置的 80S 核糖体分解依赖于 ATP 的结合，但不依赖于 ATP 水解，ATP 水解是 40S 亚基释放 ABCE1 所必需的。虽然 40S 亚基与 ABCE1 有紧密的结合，但是其对 ABCE1 的 ATP 酶活化作用很弱，而包含 eRF1 的核糖体可以显著地激活 ABCE1 的 ATP 酶活性。另外，ABCE1 会与起始因子一同出现在 43S PIC 中，且在核糖体 40S 亚基界面上 ABCE1 的空间位置接近于 eIF3，因此认为 ABCE1 可能在翻译起始过程中具有一定功能，但是 ABCE1 的具体作用还尚待进一步研究。

（三）翻译终止后核糖体复合物的 mRNA 和脱酰 -tRNA 释放

核糖体分解之后，脱酰 -tRNA 和 mRNA 仍与 40S 亚基结合，这两者的释放主要由 eIF1、eIF1A、eIF3 以及 eIF3j 介导。在 40S 亚基的交界面上，eIF1 结合于 P 位点 tRNA 和 40S 亚基平台之间，eIF1A 结合在 A 位点，eIF1A 的氨基末端和羧基末端延伸进入 P 位点。eIF1 会排斥 P 位点上的非起始 tRNA（此处即为脱酰 -tRNA），破坏其结合的稳定性，而 eIF1A 特别是 eIF3 可以增强这种破坏作用。当 eIF3 存在时，P 位点 tRNA 的释放会导致 mRNA 发生部分解离，而 eIF3 不存在时，P 位点 tRNA 的释放会导致 mRNA 发生完全解离。而 eIF3j 则可以促进 mRNA 的释放 [图 13-10（a）]。

此外，eIF2D 以及 MCT-1/DENR 也可以介导脱酰 -tRNA 和 mRNA 从 40S 亚基上释放，不过 MCT-1/DENR 的介导效果比较弱。MCT-1 和 DENR 分别与 eIF2D 的氨基端和羧基端是同源的——MCT-1 和 eIF2D 氨基末端都含有 DUF1947 和 PUA 结构域，DENR 和 eIF2D 羧基末端都包含 SWIB/MDM2 和 SUI1/eIF1 结构域。eIF2D 还含有一个中心翼螺旋结构域（central winged-helix domain，WHD）。在 40S 亚基的界面上，MCT1 和 eIF2D-WHD 的结合位点可能与 eIF3ac 或者 eIF3b 的结合位点相似。DENR 和 eIF2D 的 SUI1/eIF1 结构

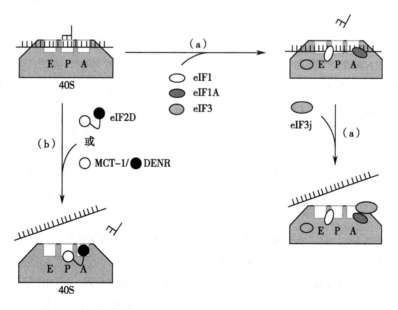

图 13-10　核糖体再循环过程中的 mRNA 和脱酰 -tRNA 释放
（a）eIF1、eIF1A、eIF3 以及 eIF3j 介导的 mRNA 和脱酰 -tRNA 释放；（b）eIF2D
或 MCT-1/DENR 介导的 mRNA 和脱酰 -tRNA 释放。

域会与 P 位点脱酰 -tRNA 的反密码子环发生冲突使其解离[图 13-10（b）]。

（四）停滞延伸复合物的核糖体再循环

在停滞的核糖体延伸复合物的再循环过程中，ABCE1 需要被 eRF3 和 eRF1 各自的平行同源蛋白质 Hbs1 和 Pelota（在酵母中称为 DOM34）识别，启动再循环。这两者形成复合物的结构与 eRF1-eRF3 复合物的结构有很多类似之处。Pelota 和 Hbs1 不参与翻译终止，而是在真核生物的 mRNA 监控机制（包括 no-go mRNA 衰变和 non-stop mRNA 衰变）中发挥关键作用。延伸停滞的 mRNA 衰变（no-go mRNA 衰变）针对具有稳定二级结构的 mRNA，无终止密码子的 mRNA 衰变（non-stop mRNA 衰变）针对缺少终止密码子的 mRNA，介导 mRNA 降解，控制 mRNA 质量，调节基因表达。在此过程中，Pelota 和 Hbs1 均参与了停滞延伸复合物的解离，但不会水解肽酰 -tRNA。

第四节　mRNA 结构对真核基因翻译的调控

蛋白质翻译的实质是解码 mRNA 中所蕴藏的遗传信息。这些信息只在 mRNA 部分序列中，这部分序列称为编码区（coding sequence，CDS）。真核生物中，CDS 区就是指 mRNA 中起始密码子到终止密码子之间的区域。因为，真核生物的 CDS 区几乎都只包含一个 ORF，也被称为单顺反子（monocistron）。mRNA 中 CDS 区或者 ORF 的上、下游，也就是 mRNA 的 5′ 端和 3′ 端，还各自存在一段非翻译区序列，称为 5′-UTR 和 3′ 非翻译区（3′-untranslated region，3′-UTR）。mRNA 的这三个区域（即 ORF、5′-UTR 和 3′-UTR）的一些特殊的结构以及性质对蛋白质翻译的效率以及对 mRNA 本身的稳定性都有着重要的调控作用。

一、5′-UTR 对翻译的调控作用

5′-UTR 位于 CDS 的上游，是核糖体识别结合并启动翻译的区域。5′-UTR 的长度、二级结构以及最前端的 m^7G 帽结构等都可以影响蛋白质的翻译。

（一）5′-UTR 对翻译起始的影响

1. m^7G 帽　真核生物内所有 mRNA 的 5′-端都具有一个帽结构，即 m^7G 帽。本章第一节中已经详细讲述了 m^7G 帽结构与帽结合蛋白质复合物 eIF4F（由 eIF4A、eIF4G 和 eIF4E 组成）之间的关系，以及其在翻译起始中的重要作用。那么，对于蛋白质翻译，m^7G 帽子结构究竟是必不可少的，还是只具有促进翻译的作用？

正常情况下，翻译起始都是发生在第一个 AUG 密码子。研究显示，在没有 5′- 端 m^7G 帽结构或缺少帽结构相关的起始因子的情况下，翻译起始仍然只从第一个 AUG 密码子开始。表明并不是由于 m^7G 帽 /eIF4E 的相互作用才导致核糖体在 mRNA 5′- 端进入，因此 m^7G 帽结构的作用只是促进翻译。而且真核核糖体无法结合环状 mRNA，也表明核糖体需要从 mRNA 的 5′- 端进入翻译起始。另外，体内试验表明，当 mRNA 缺失 5′ 端帽结构时，翻译效率下降超过 10 倍，但是并没有完全阻断，所以 m^7G 帽结构对于 mRNA 结合核糖体并不是必需的。

2. 二级结构　将 mRNA 的 5′-UTR 缩短到足够短时会降低翻译效率；而适当增加 5′-UTR 的长度可以提高翻译效率，因为可以招募更多的 43S PIC。但是当一个较长的前导序列包含二级结构时，核糖体扫描就会受到阻碍。哺乳动物 5′-UTR 序列的 GC 富集区含有大量的二级结构，如果碱基配对形成的二级结构非常靠近 mRNA 的 5′ 末端位置时，对核糖体进入就会表现出最强的抑制作用。不过，一旦核糖体与 mRNA 成功结合后，负责扫描的 40S 亚基 / 起始因子复合物就可以破坏部分碱基对，从而保证翻译继续进行。总之，一个包含大量二级结构的 5′-UTR 会大大降低翻译效率，但并不能完全抑制扫描。

实际情况中，如果一些重要调控蛋白质需要增加表达量，那么可以通过选择性剪接或激活下游转录启动子改变 5′-UTR 的结构，从而提高蛋白质的翻译效率。换句话说，哺乳动物中通过截短长且富含 GC 的 5′-UTR，可以减轻其二级结构对蛋白质翻译的阻遏，从而增加蛋白质的表达量。

3. RNA 和蛋白质相互作用　5′-UTR 中一些特殊的 mRNA 顺式作用元件与相应蛋白质（反式因子）相互作用也可以调节蛋白质的翻译。铁蛋白（ferritin）是非造血组织中主要的铁结合蛋白质，主要贮存细胞内多余的铁离子，防止有害

的氧自由基和氮自由基破坏 DNA。铁蛋白的翻译过程是受铁反应蛋白（iron-responsive protein，IRP）调控的，它结合在 mRNA 5′ 末端一个铁反应元件（iron-responsive element，IRE）上时会抑制铁蛋白翻译。抑制机制很简单：IRP 与 IRE 结合可以阻止 40S 核糖体亚基进入，从而导致翻译不能正常进行。除了控制铁蛋白的翻译外，IRE-IRP 机制还可以调控其他一些参与铁元素吸收和利用的基因的表达。比如对于运铁蛋白（transferrin）的翻译，IRP 的结合序列 IRE 位于 mRNA 的 5′ 末端附近，翻译水平受到调控。而对于运铁蛋白受体（transferrin receptor），IRE 则位于 mRNA 的 3′-UTR，调控的是 mRNA 的稳定性。

（二）5′-UTR 对 mRNA 稳定性的影响

蛋白质翻译的信息来源于 mRNA。因此，较好的 mRNA 稳定性可以保证蛋白质正常翻译。除了在翻译起始中起重要作用，mRNA 5′ 端的 m7G 帽结构还可以保护转录本免受 5′→3′ 外切核酸酶的损伤，对维持 mRNA 的稳定性至关重要。因此，脱去帽结构在许多 mRNA 的降解过程中是一个重要的步骤。脱帽蛋白质 DCP2 是已知的可去除 mRNA 5′ 端 m7G 帽结构的蛋白质之一。DCP2 靶向 mRNA 是一个相当复杂的过程。在体内，DCP2 需要其他的辅助因子才能有效地接近 mRNA 底物，并获得具有最佳酶活性的构象。脱帽辅助因子主要包括脱帽蛋白质 DCP1、Lsm1-7 RNA 结合复合物、RNA 结合蛋白质 PATL1、ATP 依赖的 RNA 解旋酶 DDX6、核糖核蛋白 LSM14 和一组 EDC 蛋白质。DCP2/DCP1 复合物与 mRNA 帽结构相互作用并催化帽结构的水解，但通常亲和力较弱。Lsm1-7 复合物可以与脱腺苷酸化的转录本结合，并与 PATL1 相互作用，促进 DCP2/DCP1 募集到 mRNA 上。EDC1、EDC2、EDC3 以及 LSM14 蛋白质可作为骨架，用于组装并激活脱帽蛋白质 DCP1/2。RNA 解旋酶 DDX6 是一种进化保守的因子，与其他一些脱帽相关的激活因子相互作用，可改变转录本的结构，使其更容易募集脱帽复合物。此外，在 mRNA 脱帽过程中，除了上述这些脱帽复合物相关的因子与 RNA 直接相互作用外，还有多个 RNA 结合蛋白质以及 RNA 末端修饰蛋白质也在识别 mRNA 的 5′ 端帽结构中发挥着关键作用。

（三）IRES 起始翻译

一般蛋白质翻译起始需要真核起始因子（eIF4A、eIF4G、eIF4E 等）识别 mRNA 5′ 末端的 m7G 帽结构和 3′ 末端的 polyA 尾，激活 mRNA，结合 43S PIC 后，开始扫描 AUG 起始密码子。但是，细胞在压力或应激状态下，一些真核起始因子不能活化，mRNA 活化水平下调，从而导致大多数 mRNA 的翻译减少。所以在某些特殊状态下，细胞为了保证一些关键蛋白质的表达，还存在一些替代翻译途径，IRES 是其中之一。

如之前所述，IRES 序列使翻译起始不依赖于 5′ 端 m7G 帽，无须从头扫描，而是直接招募 43S PIC 到 mRNA 中间的起始密码子起始翻译。真核生物中 IRES 较少，在病毒 mRNA 中很常见。IRES 首次被发现是在小 RNA 病毒中，此类病毒中翻译起始不需要 eIF4E 识别 m7G 帽，但需要其他所有的起始因子来招募 40S 亚基结合 mRNA。丙型肝炎病毒（HCV）的 IRES 完全不需要 eIF4F，可以直接与 40S 亚基结合使翻译顺利进行。在 eIF3 和 eIF2/eIF5 或 eIF5B 的作用下，起始 tRNA 与 IRES 起始密码子配对，并产生 48S PIC 用于结合核糖体 60S 大亚基。

HCV 的 IRES 由结构域 I、II、III 和 IV 构成，其中结构域 II 可与核糖体相互作用并改变其构象。冷冻电镜分析显示，HCV 的 IRES 可结合到核糖体 40S 亚基的背面，在 eIF3 与小亚基之间。IRES 结构域 II 与 40S 亚基的 E 位点附近相互作用，使小亚基头部旋转，打开 mRNA 进入通道，这与 eIF1 和 eIF1A 的诱发机制类似。板球麻痹病毒中，在 P 位点结合氨酰 -tRNA 并改变核糖体构象的过程中，IRES 可以发挥类似于真核起始因子的功能。因此，其翻译起始过程并不需要所有的起始因子甚至不需要 tRNAi^Met。IRES 通过不同的假结来连接 40S 和 60S 亚基并将 GCU 三联体密码子放置在 A 位点占据解码中心，在假结转位后，即解码 GCU 三联体密码子并将丙氨酰 -tRNA 移位到 P 位点，然后开始翻译。在真核细胞中，当依赖帽结构的翻译受损时，mRNA 中有一些 IRES 在有丝分裂或凋亡过程等特殊时期是有活性的，以保证关键的调控因子在这种特殊状态下可以有效地表达。然而，其具体分子机制尚需进一步了解。

二、ORF 对翻译的调控

ORF 是指起始密码子与终止密码子之间的序列,也是蛋白质翻译延伸过程中核糖体所经过的区域。一个 ORF 的存在并不一定意味着该区域总是被翻译,除了受到翻译因子、5′-UTR、3′-UTR 等影响外,ORF 本身的密码子最适性(codon optimality)也可以调控蛋白质翻译。此外,位于 5′ 端的 uORF 也可以调控下游 mORF 的翻译,从而调控真核基因的表达。

(一)密码子最适性对 mRNA 稳定性和翻译延伸的影响

生物体内有 64 个三联体密码子,其中 61 个密码子编码 20 个氨基酸,而其余 3 个是翻译终止信号。20 个氨基酸中有 18 个氨基酸是由多个同义密码子编码,即两个或两个以上的不同密码子编码同一氨基酸,这称为密码子的简并性(codon degeneracy)。由于核酸的同义突变不会改变编码的氨基酸,所以最初认为同义突变对蛋白质的表达没有影响。然而,分析不同生物基因中同义密码子的分布规律发现,编码同一氨基酸的不同密码子并非平均使用,即具有密码子偏倚性(codon usage bias)。某一物种或某一基因在翻译过程中似乎更倾向于利用特定的一种或几种密码子,这种现象称为密码子最适性。

1. 对 mRNA 稳定性的影响 对全基因组 RNA 衰变分析显示,稳定性较高的 mRNA 通常富含最适密码子(optimal codon),即利用最频繁的密码子。而稳定性较差的 mRNA 主要含有非最适密码子,即不常用的密码子。研究也证实了 mRNA 中最适密码子含量低,mRNA 不稳定,最适密码子含量高,则较稳定(图 13-11)。因此,最适密码子在 mRNA 中的含量也是影响 mRNA 稳定性的一个关键因素。其可能的机制之一是通过调控 mRNA 的 5′-UTR 脱帽和 3′-UTR 的脱腺苷酸化速率,影响 mRNA 的降解速率,从而影响 mRNA 稳定性。

2. 对翻译延伸的影响 人们认为不同的密码子翻译的速度也不同。通过放射性标记氨基酸研究发现,密码子的识别可影响翻译延伸速率。同义密码子中,密码子 - 反密码子配对强度适中时最有利于翻译进行;配对作用较弱时,氨酰 -tRNA 进入 A 位点需要较长时间,影响翻译的速度;而配对作用太强时,氨酰 -tRNA 离开 A 位点进入 P 位点的时间也需要延长,也不利于翻译的进行。因此,核糖体在最适密码子含量高的转录本中通过 ORF 的速度最快(图 13-11)。同时,翻译延伸的速率也会影响到 mRNA 的衰变快慢,但具体的机制尚不清楚。

(二)uORF 调控翻译

核糖体从 mRNA 的 5′ 端方向滑动扫描,会优先翻译最接近 5′ 端的 uORF。而下游的 mORF 主要会面临两种结局:一是核糖体有可能在 uORF 翻译的延伸或终止阶段停滞,不能重新起始翻译,使下游的 mORF 得不到翻译;二是核糖体能够继续重新起始下游的 mORF 翻译,但是受

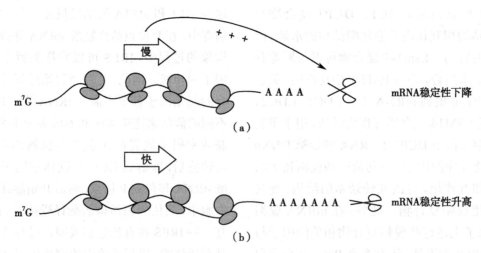

图 13-11 密码子最适性不同的两种 mRNA 模型。

(a)低密码子最适性 mRNA 模型:核糖体扫描速率低,mRNA 稳定性降低,促进 mRNA 降解;

(b)高密码子最适性 mRNA 模型:核糖体通过 ORF 的速率更快,mRNA 稳定性高。

uORF 影响,mORF 的表达显著降低。

酵母转录激活因子 GCN4 mRNA 的 mORF 上游依次存在 4 个 uORF(即 uORF1、uORF2、uORF3 和 uORF4)。在 uORF1 翻译完成之后,核糖体 40S 亚基结合 tiTC,能再次扫描并重新起始翻译下游的 uORF(即 uORF2、uORF3 和 uORF4)。然而,当这些所有的 uORF 翻译终止后,扫描却不能再重新开始,翻译将终结。因此,4 个 uORF 的存在会阻断 GCN4 mORF 的翻译。而 eIF2 参与了 uORF 调控的翻译再起始,解除 4 个 uORF 对 mORF 的抑制作用,激活 GCN4 的翻译。其具体机制为,在受到外界应激时,eIF2α 亚基的 51 位丝氨酸磷酸化,使 eIF2-GDP 转变为自身的竞争性抑制剂,抑制 tiTC 的形成,导致部分核糖体 40S 亚基绕过 uORF2、uORF3 和 uORF4 后再重新与 tiTC 结合,激活了 GCN4 的翻译。

在哺乳动物细胞中,存在着四种 eIF2α 激酶,可通过不同的应激反应激活,包括 PKR(感染病毒双链 RNA 时)、PERK(内质网的未折叠蛋白质响应)、KHRI(血红素缺失)和 GCN2(氨基酸水平较低时)。通过与上面 GCN4 相同的再起始机制,磷酸化的 eIF2α 可上调转录因子 ATF4 的翻译水平,从而导致应激反应基因的转录激活。

GCN4 的 uORF1 比较特殊,能使终止后核糖体 40S 亚基大量地重新起始下游的翻译,这依赖于 uORF 5′ 和 3′ 端的增强子序列。其 5′ 端增强子序列能与 eIF3α 的氨基末端结构域相互作用,促进终止后核糖体 40S 亚基再起始 mRNA 的翻译。在猫杯状病毒中,多顺反子 mRNA 中一段长的 uORF 翻译后,eIF3 可以结合 uORF 的 3′ 端,从而刺激翻译再起始。在植物中,eIF3 也用于再起始翻译。

三、3′-UTR 对翻译的调控作用

真核生物中,许多蛋白质的翻译都是受到 3′-UTR 中的序列以及末端的 polyA 尾的调控。比如,近些年非常热门的 microRNA,其主要的靶向区域就是 3′-UTR,进而调控 mRNA 稳定性(本书第十四章有专门介绍)。polyA 尾长度的变化常常也影响翻译活性的变化,如 polyA 长度的增加通常与翻译量的增加相关,而 polyA 长度的减少与翻译抑制相关。此外,m6A 修饰也经常出现在 3′-UTR 附近,对 mRNA 稳定性有显著的调控作用。

(一)polyA 对 mRNA 稳定性的影响

真核生物 mRNA 的 3′ 末端都有一条 polyA 尾,其长度因 mRNA 种类不同而变化,一般为 40~200 个腺苷酸。polyA 尾是 mRNA 由细胞核进入细胞质所必需的结构,它大大提高了 mRNA 在细胞质中的稳定性。mRNA 进入细胞质初,其 polyA 尾一般比较长,随着 mRNA 在细胞质内停留的时间延长,在 3′ 外切核酸酶的作用下,polyA 被降解,逐渐变短消失,称为脱腺苷酸化(deadenylation)。脱腺苷酸化使 mRNA 稳定性下降,进入降解过程。真核生物脱腺苷酸化过程中涉及的关键酶和因子见表 13-1。

脱腺苷酸化是核外降解 mRNA 途径的第一步,通常被认为是限速步骤。脱腺苷酸化酶由多种 RNA 结合蛋白质和复合物(包括翻译起始因子转运体 4E-T)招募到靶 mRNA 上。在真核生物中,有两种酶复合物负责了大部分的细胞质脱腺苷酸化。第一种是 PAN2/3 复合物。PAN2/3 复合物负责 polyA 尾的初始加工。其中 PAN2 是催化亚基,负责 polyA 尾的初始修剪,而 PAN3 主要负责招募 PAN2 聚集到 polyA 尾。随后,大

表 13-1 真核生物脱腺苷酸化过程中涉及的关键酶和因子

蛋白质名称	全称	功能
PAN2	polyA 核酸酶脱腺苷酸化亚基 2	PAN2/3 复合物的酶活性亚基,负责 polyA 初始加工
PAN3	polyA 核酸酶脱腺苷酸化亚基 3	PAN2/3 复合物的辅因子和调节亚基,负责 polyA 初始加工
CNOT6/CCR4	CCR4-NOT 复合物亚基 6	3′→5′ 外切核酸酶,是 CCR4-NOT 复合物的主要催化活性成分,负责大部分的 mRNA 脱腺苷酸化
CNOT1/NOT1	CCR4-NOT 复合物亚基 1	CCR4-NOT 脱腺苷酸化复合物的支架元件
CNOT7/CAF1/POP2	CCR4-NOT 复合物亚基 7	CCR4-NOT 复合物的脱腺苷酸化酶
PARN	polyA 核糖核酸酶	3′→5′ 外切核酸酶,与 5′ 端帽相互作用,降解 polyA 尾

部分的脱腺苷酸化是由 CCR4-NOT 复合物完成的,其由多种蛋白质组成,其中 CNOT1、CNOT6 和 CNOT7 是三种起主要作用的关键蛋白质。CNOT1 是 CCR4-NOT 复合物的结构骨架,而 CNOT6 和 CNOT7 是具有催化活性的脱腺苷酸化酶。除了 PAN2/3 和 CCR4-NOT 外,真核细胞还含有一些其他的脱腺苷酸化酶,它们可以影响 polyA 尾的长度,并在小分子 RNA 的生物合成中发挥作用。例如 PARN 具有脱腺苷酸化酶活性,可以结合底物 mRNA 的 5′ 端帽,增强自身的酶活性和持续作用能力,从而使 polyA 尾脱腺苷酸化,导致 mRNA 降解。*PARN* 的突变与多种人类疾病有关,例如骨质疏松症、骨髓衰竭和髓鞘形成减少。此外,*ANGEL1*、*ANGEL2* 以及昼夜节律相关的夜蛋白基因 *Nocturnin* 是 *CCR4* 的远端同源基因,其相应蛋白质可以针对特定的 mRNA 并缩短其 polyA 尾。

(二)m6A 修饰对 mRNA 稳定性的影响

m6A 是真核生物 mRNA 中最丰富的修饰方式,可影响 mRNA 的稳定性、翻译效率、可变剪接和定位等。此外,lncRNA 以及 microRNA 等非编码 RNA 也存在 m6A 位点。通过 m6A-RNA 免疫沉淀和深度测序相结合的方法,在哺乳动物 mRNA 中发现了数万个 m6A 位点。虽然 m6A 也偶尔出现在编码区和 5′-UTR,但它通常出现在长外显子、终止密码子附近和 3′-UTR 中。

哺乳动物 m6A 修饰系统至少有三个关键组件:甲基转移酶(METTL3 和 METTL14 等)、去甲基化酶(FTO 等)和识别并结合 m6A 的效应蛋白(effector protein;如 YTHDF1-3)。通过对 m6A 效应蛋白质的研究发现,m6A 修饰与 mRNA 更新之间存在联系。例如,YTH 结构域家族(YTHDF)蛋白质与 m6A-RNA 结合,可以调控 mRNA 的稳定性。其中,YTHDF2 可以结合没有翻译活性的含 m6A 的 mRNA,并将靶 mRNA 招募到 P 小体中进行降解或沉默翻译[图 13-12(a)]。P 小体中富含脱帽蛋白质、外切核酸酶等降解因子和翻译抑制因子。但也有研究发现 YTHDF2 可以结合正常稳定的 mRNA 的 3′-UTR 并直接快速降解 mRNA。而 YTHDF1 也可以选择性地结合 m6A 修饰的 mRNA,但与 YTHDF2 相反的是,YTHDF1 可促进核糖体结合于 m6A 修饰的 mRNA,促进靶 mRNA 的翻译。这种效应在细胞应激反应中特别容易观察到,当细胞处于应激状

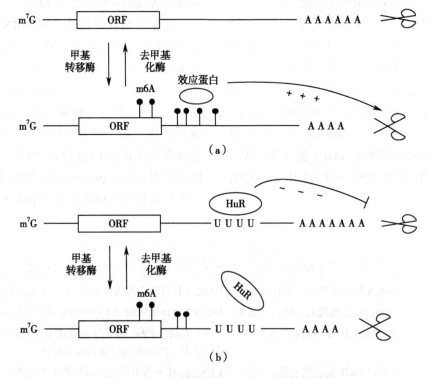

图 13-12 m6A 修饰影响 mRNA 稳定性的模型

(a)当 mRNA 发生 m6A 修饰时,效应蛋白质与 m6A 位点结合,促进靶 mRNA 的降解;(b)HuR 与 3′-UTR 的尿嘧啶富集区结合,稳定靶 mRNA。当这种结合被邻近的 m6A 修饰破坏时,mRNA 不再稳定。

态时，YTHDF1 被作为应激颗粒（stress granule），将停滞的翻译起始复合物稳定在应激颗粒中。一旦应激缓解，与 YTHDF1 结合的停滞 mRNA 就能迅速恢复翻译。因此在应激反应中，m6A 修饰的 mRNA 通常比没有修饰的转录本具有优势。另外，YTHDF1 和 YTHDF2 存在大量共同的 mRNA 靶点，说明 YTHDF1 和 YTHDF2 对一些 mRNA 的调控可能存在一个动态平衡。

除了通过 m6A 效应蛋白质调控 mRNA 稳定性以外，影响 RNA 结构是 m6A 调控 mRNA 稳定性的另一条途径。m6A 位点附近的 RNA 结构比没有甲基化修饰的区域通常更易于形成单链结构。而可逆的 m6A 修饰作为改变 RNA 结构的开关，能打开或关闭某些特定的 RNA 结构模

体。这种由 m6A 驱动的 RNA 结构改变可能影响整个转录组中 RNA 与蛋白质、RNA 与 RNA 甚至 RNA 与 DNA 间的相互作用。例如，RNA 茎环结构中的尿嘧啶碱基束通常与 m6A 修饰的共有序列（consensus sequence）RRACH（R = A/G，H = A/C/U）发生碱基配对。RRACH 序列上的 m6A 修饰会使 mRNA 茎环失去稳定性，尿嘧啶碱基束变成单链与异质核糖核蛋白 C（hnRNPC）结合。另外，当 mRNA 发生 m6A 修饰时，在 m6A 附近 RNA 结合蛋白质 HuR 与其靶 mRNA 结合位点的相互作用受损，而 HuR 可以稳定含有 AU 富含元件的 mRNA［图 13-12（b）］。

（祝建洪）

参 考 文 献

[1] Costello JL, Kershaw CJ, Castelli LM, et al. Dynamic changes in eIF4F-mRNA interactions revealed by global analyses of environmental stress responses. Genome Biol, 2017, 18（1）: 201.

[2] Dinman JD. Mechanisms and implications of programmed translational frameshifting. Wiley Interdiscip Rev RNA, 2012, 3（5）: 661-673.

[3] Dominissini D, Moshitch-Moshkovitz S, Schwartz S, et al. Topology of the human and mouse m6A RNA methylomes revealed by m6A-seq. Nature, 2012, 485（7397）: 201-206.

[4] Fan-Minogue H, Du M, Pisarev AV, et al. Distinct eRF3 requirements suggest alternate eRF1 conformations mediate peptide release during eukaryotic translation termination. Mol Cell, 2008, 30（5）: 599-609.

[5] Gutierrez E, Shin BS, Woolstenhulme CJ, et al. EIF5A promotes translation of polyproline motifs. Mol Cell, 2013, 51（1）: 35-45.

[6] Harger JW, Meskauskas A, Dinman JD. An "integrated model" of programmed ribosomal frameshifting. Trends Biochem Sci, 2002, 27（9）: 448-454.

[7] Jackson RJ, Hellen CU, Pestova TV. Termination and post-termination events in eukaryotic translation. Adv Protein Chem Struct Biol, 2012, 86: 45-93.

[8] Jennings MD, Kershaw CJ, Adomavicius T, et al. Fail-safe control of translation initiation by dissociation of eIF2alpha phosphorylated ternary complexes. Elife, 2017, 6: e24542.

[9] Ling J, O'Donoghue P, Soll D. Genetic code flexibility in microorganisms: novel mechanisms and impact on physiology. Nat Rev Microbiol, 2015, 13（11）: 707-721.

[10] Presnyak V, Alhusaini N, Chen YH, et al. Codon optimality is a major determinant of mRNA stability. Cell, 2015, 160（6）: 1111-1124.

[11] Schaffrath R, Abdel-Fattah W, Klassen R, et al. The diphthamide modification pathway from Saccharomyces cerevisiae--revisited. Mol Microbiol, 2014, 94（6）: 1213-1226.

[12] Valasek LS, Zeman J, Wagner S, et al. Embraced by eIF3: structural and functional insights into the roles of eIF3 across the translation cycle. Nucleic Acids Res, 2017, 45（19）: 10948-10968.

第十四章 非编码RNA与基因表达调控

蛋白质编码基因的表达在多个层次受到调控，从染色质的结构重塑、转录产生mRNA、蛋白质合成直到蛋白质的修饰加工及靶向运输，都可受到各种因素的调控。在基因表达的各层次调控机制研究中，了解较多的是各种蛋白质分子的调控作用，如修饰染色质结构的各种酶、调控转录的各种转录因子、调节翻译过程的各种激活/阻遏蛋白等。然而，除了多种蛋白质分子参与各个层次的调控作用，许多RNA分子也可在不同层次调控蛋白质编码基因的表达。在真核基因组中，只有很小一部分DNA序列编码蛋白质，能够转录产生mRNA；而基因组的大部分序列都能够转录出RNA分子，但这些RNA不能指导蛋白质的合成，属于基因组中的"暗物质"，被统称为非编码RNA（non-coding RNA，ncRNA）。目前认为，ncRNA在生物表型多样性方面发挥重要作用。作为同样包含约20 000个左右编码蛋白质基因的物种，果蝇、线虫和人类却分别体现出的不同生命层次，其原因可能与ncRNA的调控作用有密切联系。在ncRNA中，有一小部分是组成性表达，称为管家ncRNA（house-keeping ncRNA）或基础ncRNA（infrastructural ncRNA），这些RNA分子直接或间接参与蛋白质编码基因的表达，是蛋白质生物合成所必需的因素。大部分ncRNA则是在一定条件下诱导表达，其功能是调节蛋白质编码基因的表达，因而也称为调节性ncRNA（regulatory ncRNA）。本章主要介绍这些调节性ncRNA的产生及其在蛋白质编码基因表达调控中的作用。

第一节 非编码RNA与蛋白质编码基因表达的关系

ncRNA的种类众多，虽然没有统一的命名规则，但许多ncRNA已经依据其位置、功能和特征

命名。管家ncRNA包括tRNA、rRNA、snRNA、snoRNA、SL RNA和SRP RNA等。调节性ncRNA依据分子大小可分为长非编码RNA（lncRNA）和短链ncRNA，此外内源性环状RNA（circular RNA，circRNA）也被认为属于调节性ncRNA。调节性短链ncRNA（分子小于50nt）主要有三类：miRNA、siRNA和piRNA；调节性lncRNA则没有进一步的分类。目前lncRNA主要是指分子大于200nt的调节性ncRNA。最近越发引人关注的circRNA从分子大小而言也可归属于一类特异的lncRNA。ncRNA的重要性在中心法则的不断演变过程中已得到充分证明（图14-1）。

一、组成性表达的非编码RNA参与蛋白质编码基因的表达

蛋白质编码基因的表达过程中，并不仅仅需要mRNA，还需要其他一些RNA参与，才能完成mRNA和蛋白质生物合成过程。这些RNA都是蛋白质编码基因表达所需要的基本条件，所以，这些RNA在真核细胞中都是组成性表达。

（一）参与蛋白质合成的非编码RNA

组成性表达的ncRNA中，有一类是直接参与蛋白质编码基因的表达，主要是参与蛋白质合成的过程，如rRNA、tRNA、胞质小RNA。这些RNA都是蛋白质生物合成的基本条件。

1. rRNA rRNA是核糖体的组成成分。rRNA与核糖体蛋白结合，组成核糖体。rRNA分子中有许多特殊的核苷酸序列，分别介导rRNA与mRNA的结合、rRNA与核糖体蛋白的结合、rRNA与tRNA的相互识别和相互作用。因此，rRNA是直接参与蛋白质生物合成的重要RNA。

2. tRNA tRNA作为氨基酸的载体参与蛋白质的生物合成，在多肽链生物合成的肽链延长阶段发挥运输氨基酸的作用，它们携带特定的氨基

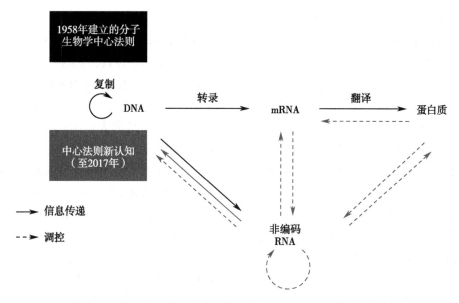

图 14-1　分子生物学中心法则演变显示非编码 RNA 的重要作用

酸并结合到核糖体的氨基酰位（A 位），参与肽链合成。

3. 胞质小 RNA　胞质小 RNA（small cytoplasmic RNA，scRNA）存在于胞质中，参与形成蛋白质内质网定位合成的信号识别颗粒（signal recognition particle，SRP）。SRP 是一种 RNA- 蛋白质复合物，SRP RNA 是其重要成分，参与细胞中分泌性蛋白质的转运。

（二）参与 RNA 加工的非编码 RNA

另一类组成性表达的 ncRNA 主要参与 RNA 的加工修饰，间接参与蛋白质编码基因的表达，这些 RNA 包括核小 RNA、核仁小 RNA、催化性小 RNA 等。

1. 核小 RNA　核小 RNA（small nuclear RNA，snRNA）位于细胞核内。snRNA 主要包括五种：U1、U2、U4、U5 和 U6，其功能是与蛋白质因子结合形成核小核糖核蛋白颗粒（small nuclear ribonucleoprotein particle，snRNP）。存在于 snRNP 中的蛋白质叫做通用蛋白，也称做 Sm 蛋白。snRNP 的功能是参与真核细胞 hnRNA 的加工剪接，将 hnRNA 加工成为成熟的 mRNA。SL RNA 可被认为是 snRNA 的一种，通过反式剪接参与 pre-RNA 的加工修饰。

2. 核仁小 RNA　核仁小 RNA（small nucleolar RNA，snoRNA）定位于核仁，是核仁小核糖核蛋白体（snoRNP）的重要组分。snoRNA 指导 snoRNP 复合物与靶位点结合，催化 RNA 修饰。snoRNA 主要参与 rRNA 的加工和修饰，如 rRNA 中核糖 C-2′ 的甲基化修饰。此外，snoRNA 也参与 tRNA 和 snRNA 的修饰，其功能具有多样性。

3. 催化性小 RNA　催化性小 RNA 亦被称为核酶（ribozyme），是细胞内具有催化功能的一类小分子 RNA，具有催化特定 RNA 降解的活性，在 RNA 的剪接修饰中发挥作用。

二、调节性非编码 RNA 调控蛋白质编码基因的表达

调节性 ncRNA 主要是调节蛋白质编码基因的表达水平。依据来源或分子大小和功能特点，调节性 ncRNA 目前主要包括七类：lncRNA、增强子 RNA、启动子相关的 ncRNA、miRNA、siRNA、piRNA 和 circRNA。

（一）长链非编码 RNA

长链非编码 RNA（lncRNA）是长度大于 200nt 的 ncRNA 的总称。lncRNA 在几乎所有生物物种中均有发现，越是高等生物，其产生的 lncRNA 相对于经典线性 mRNA 的比例越高，表明其在高等真核生物表达调控复杂机制中的重要作用。与其他 ncRNA 相比，lncRNA 的种类最多，功能更为复杂，几乎影响细胞生命活动的各个层次。lncRNA 5′ 末端具有 mRNA 样结构，但 3′ 末端则不一定有 polyA 尾巴。随着研究的深入，编码与非编码 RNA 的界限变得越发模糊不清。除了结构上的相似性，目前已发现一些 lncRNA 在某些

情况下也可以编码产生有生物学功能的短肽，如肌肉组织特异性的 lncRNA DWORF 能编码出由34 个氨基酸组成的功能性肽段。

1. **lncRNA 的分子大小差异巨大** lncRNA 的长度一般都大于 200nt。但由于调节性短链 ncRNA 的长度都小于 50nt，有些长度在 100～200nt 之间的调节性 ncRNA 也称为 lncRNA，如 lncRNA BC1 的长度为 152nt。不同 lncRNA 的长度差异非常大，较小的 lncRNA 长度在 200nt 左右，较大的 lncRNA 长度则可达到数 kb（kilobases），甚至几十 kb。如 lncRNA Airn 的长度为 108kb，Kcnq1ot1 的长度为 91kb。

2. **lncRNA 主要分布在胞核和胞质中** lncRNA 在细胞中的定位并不局限于细胞核内。有些 lncRNA 定位于细胞核内，主要参与蛋白质编码基因表达的转录调控和 mRNA 的转录后加工及运输调控；而另有许多 lncRNA 定位于胞质中，主要参与翻译过程的调控以及影响蛋白质的靶向运输。线粒体中也发现有 lncRNA。值得注意的是，环境改变或感染会导致 lncRNA 的细胞定位发生改变。

3. **lncRNA 的分类及命名规则** lncRNA 种类繁多，没有统一的分类及命名规则。常常是根据其长度大小、生物起源、功能、定位或者与某一基因相关而进行分类及命名。如 HULC（highly up-regulated in liver cancer）是在肝癌细胞中发现的一种 lncRNA，XIST（X inactive specific transcript）是能够使 X- 染色体失活的 lncRNA，BACE1-AS 是从 β 淀粉样裂解酶 1（BACE1）基因反义转录产生的 lncRNA。

4. **lncRNA 的稳定性、特异性及丰度** 不同 lncRNA 在细胞中的稳定性差异较大，总体上其半衰期较 mRNA 稍短。lncRNA 的表达呈现出时间 / 空间、组织 / 细胞的表达特异性。广泛表达的 lncRNA 并不多，其中包括 TUG1 及 MALAT1 等。lncRNA 的丰度与其表达分布有一定的关联性，特异性表达的 lncRNA 丰度低，而广泛表达的 lncRNA 则丰度较高。

5. **lncRNA 可与不同的分子相互作用** ncRNA 的重要功能就是和其他分子结合，进而组装成复杂的复合体，调控细胞功能。lncRNA 的分子较长，链内可形成许多特殊的结构，或存在特殊的一致性序列，因而可与不同的分子相互作用、

相互结合。真核细胞内存在大量的 RNA 结合蛋白（RNA binding protein，RBP）。许多 RBP 参与蛋白质编码基因的表达调控，而其功能又受到特定 lncRNA 的调控。lncRNA 与其他分子之间的相互作用是其发挥生物学功能的基础。不同的 lncRNA 调控基因表达的机制不同，与之相互作用的分子也不相同。大致可分为以下几类。

（1）lncRNA 结合靶 mRNA：当 lncRNA 分子含有某种 mRNA 分子的互补序列时，lncRNA 可通过反义互补区域与靶 mRNA 结合。

（2）lncRNA 结合小分子 RNA：如果 lncRNA 分子含有某些小分子 RNA 的互补序列，则 lncRNA 可通过互补序列结合小分子 RNA，包括 miRNA，这样可以起到吸收小分子 RNA 的作用。

（3）lncRNA 通过特殊的一致性序列与 RBP 结合：有些蛋白质是单链 RBP，可识别 RNA 分子中的特定序列而与之结合。如脂肪肉瘤转运蛋白质（translocated in liposarcoma，TLS），识别并结合 RNA 分子中的 GGUG 一致性序列，含有此序列的 RNA 分子可结合 TLS 蛋白并调节其功能。

（4）lncRNA 通过链内的特殊结构与 RBP 相互作用或结合：lncRNA 在链内形成一些特殊的结构，如具有特定碱基对序列的链内双链结构、茎环结构，或其他具有特定空间构象的链内结构等，可被特定的蛋白质分子识别和结合。这种结合是影响蛋白质功能或者定位的重要因素，也可干预或抑制特定蛋白质的功能。此外，lncRNA 可通过与不同蛋白质相互作用而发挥支架作用，将不能结合 DNA 的蛋白与 DNA 结合蛋白衔接在一起，在特定的 DNA 区域形成更大的复合物。

（5）lncRNA 与 DNA 结合：lncRNA 可与基因组 DNA 结合，有两种推测的结合机制：一是 lncRNA 分子中的部分序列与双链 DNA 分子结合，形成局部三链结构；二是 lncRNA 分子的 5′-端或 3′- 端与局部解链的 DNA 结合，形成 RNA-DNA 杂交双链。lncRNA 与 DNA 的结合，可改变一段特定区域 DNA 的构象，也可通过进一步与 RNA 结合蛋白相互作用，将特定的蛋白质募集到特定的 DNA 位点。

（6）lncRNA 与端粒酶 / 端粒及着丝粒的关系：端粒酶是一种核糖核蛋白复合体（ribonucleo-protein complex，RNP），而其 RNA 组分 TERC（telomerase RNA component）通常长度大于 200nt，不具备编码特性，被认为很可能就是一种 lncRNA。TERC 可以作为端粒重复序列合成的模板以及组装相关因子的蛋白结合支架发挥作用。此外，lncRNA BC032469 以 miRNA 海绵机制吸附 miR-1207-5p，抑制其靶向结合与降解 hTERT 的能力，从而上调端粒酶表达并促进胃癌发生，也从另一个角度展示了 lncRNA 与端粒酶/端粒的相关性。

染色体端粒自身也可以转录出 lncRNA，称为 TERRA（telomeric repeat-containing RNA）。TERRA 与上述端粒酶 RNA TERC 是两种不同的 lncRNA。其在真核生物中广泛存在，高度保守，参与端粒长度的调控，在应激应答、DNA 损伤反应以及肿瘤发生等过程中均有一定的作用。

着丝粒中心体周围异染色质有大量重复/卫星序列，能转录产生 lncRNA。敲低该卫星序列转录体会导致染色体分离及有丝分裂缺陷，表明 lncRNA 与着丝粒功能间也有密切联系。

（二）增强子 RNA 和启动子相关的非编码 RNA

从蛋白质编码基因的增强子序列转录产生的 RNA 称为增强子 RNA（enhancer RNA，eRNA），其分子大小为 0.1～9kb，是没有 polyA 尾的转录产物。而从蛋白质编码基因的启动子序列转录产生的 RNA 称为启动子相关的非编码 RNA（promoter-associated ncRNA，pncRNA）。有的 pncRNA 分子小于 200nt，也有的 pncRNA 分子大于 200nt。有些 pncRNA 没有 polyA 尾，有的 pncRNA 有 polyA 尾而没有 5′-帽子结构。

这些 RNA 来源于特定的 DNA 序列，因此没有归类于 lncRNA 或其他小 RNA，而是依据其来源称为 eRNA 和 pncRNA。然而，由于 ncRNA 的分类尚不规范，有些从增强子序列转录产生的长链 RNA 也被称为 lncRNA。如 lncRNA Evf-2，是从 *Dlx-5* 和 *Dlx-6* 基因远端的增强子元件转录产生，并没有被称为 eRNA，而是称为 lncRNA。从 *DHFR* 基因启动子区转录产生的 RNA，被称为 pncRNA 或 lncRNA。因此，在 lncRNA 中，有一部分是 eRNA 和 pncRNA。

eRNA 和 pncRNA 可直接与 DNA 结合，并与转录相关的蛋白质分子相互作用，调节蛋白质编码基因的转录。

（三）微 RNA

微 RNA（miRNA）是长度在 22nt 左右（19～25nt）的内源性 ncRNA，是调控蛋白质生物合成的一类重要的 ncRNA。

1. miRNA 的命名与 miRNA 家族 miRNA 的命名采用“miR + 数字序号（+ 字母序号）”的方式，如 miR-21、miR-203a 等。种子区的序列相同而其他部分序列不同的 miRNA 通常归为一个 miRNA 家族，家族成员以字母顺序表示，如 miR-29 家族包括 miR-29a、miR-29b、miR-29c。

在上述命名规则之外，也有一些 miRNA 是依据其他规则命名的：①在确定上述命名规则之前命名的 miRNA 仍保留原来的命名，如 let-7；②从不同染色体转录，加工后产生相同成熟序列的 miRNA，则在后面加上数字序号予以区分，如 miR-199a-1、miR-199a-2；③如果一个 miRNA 前体的两个臂都可产生成熟的 miRNA，则在次要产物（产量少）后面加上“*”号，如 miR-56 和 miR-56*；④如果一个 miRNA 前体的两个臂都可产生成熟的 miRNA，其产量相近，则分别以 5p 和 3p 表示，如 miR-142-5p（由 5′-端的臂产生）和 miR-142-3p（由 3′-端的臂产生）。

2. miRNA 与靶 mRNA 的结合具有相对特异性 miRNA 通过部分互补序列与靶 mRNA 分子结合。miRNA 5′-端的 7 个核苷酸（第 2—8 位）称为 miRNA 的种子区（seed region），是识别靶 mRNA 的关键序列。miRNA 的全长序列与靶 RNA 并不是完全互补（图 14-2）。因此，一个 miRNA 分子可与几个不同的靶 mRNA 分子结合，对基因表达的调控不是绝对特异性的，而是具有相对特异性。

```
              miR-21
     3' AGUUGUAGUCAGACUAUUCGAU 5'
             |  | ||||||||||||
5'------AGUGGAAUAUUCUAAUAAGCUA------ 3'
            PDCD4 mRNA

              miR-21
     3' AGUUGUAGUCAGACUAUUCGAU 5'
          ||  |  || ||||||||||
5'------GUAAAGUUGGUUGGAUAAGCUA------ 3'
            maspin mRNA

              miR-21
     3' AGUUGUAGUCAGAC-UAUUCGAU 5'
        ||||    |  |||  |||||||
5'------UCAAAUAAACACUGUGUAAGCU ------ 3'
             TPM1 mRNA
```

图 14-2 miR-21 与几种靶 mRNA 分子的互补结合

另一方面，同一个家族的 miRNA 可作用于许多相同的靶 mRNA 分子，这是 miRNA 调控基因表达时表现出的另一形式的相对特异性。

3. miRNA 通过形成特定的复合体而发挥调节功能 miRNA 是以部分序列互补的方式与靶 mRNA 结合，但这种结合本身并不影响蛋白质的生物合成。miRNA 是通过与特定的蛋白质组成特定的复合体而发挥对蛋白质合成的调节作用，这种复合体称为 miRNA 诱导的沉默复合体（miRNA-induced silencing complex，miRISC）。AGO（argonaute）蛋白是 miRISC 的核心成分，可与 miRNA 直接结合。哺乳动物细胞可产生四种 AGO 蛋白（AGO1~AGO4）。miRNA 主要与 AGO1 蛋白结合，少数 miRNA 可与 AGO2 蛋白结合。由 AGO1 蛋白形成的 miRISC 主要抑制 mRNA 的翻译，而由 AGO2 蛋白形成的 miRISC 则可剪切靶 mRNA，导致基因表达沉默。

除 AGO 蛋白外，GW182（glycine-tryptophan protein of 182kDa）蛋白是 miRISC 的另一重要组分。miRNA 的作用是引导 miRISC 与靶 mRNA 结合，而这些蛋白则以不同方式调节靶 mRNA 的翻译。没有 miRNA，AGO 和 GW182 不能调节翻译过程。

（四）内源性干扰小 RNA

干扰小 RNA（small interfering RNA，siRNA）是具有特定长度（21~25bp）和特定序列的小片段 RNA。外源性 siRNA 是生物宿主对外源侵入的基因所表达的双链 RNA 进行切割而产生，内源性 siRNA 则是细胞内产生的 siRNA。siRNA 主要是与 AGO2 结合而形成复合体，称为 RNA 诱导的沉默复合体（RNA-induced silencing complex，RISC），通过降解靶 mRNA 而导致基因表达的沉默。在 RISC 中，通常还含有多种核酸酶（包括内切核酸酶、外切核酸酶、解旋酶等）。与 miRNA 不同，siRNA 与靶序列完全互补，因此在抑制基因表达时具有更高的特异性。

（五）piRNA

piRNA 是一类长度为 24~33nt（绝大多数在 29~30nt）的小 RNA。其 5'- 末端倾向于具有尿嘧啶组分，而 3'- 端核苷酸糖基常具有 2'-O- 甲基化结构。这类小 RNA 与 AGO 家族中的 Piwi 亚家族成员结合，而不与 AGO 蛋白结合，因而称为 Piwi

相互作用 RNA（Piwi-interacting RNA，piRNA）。piRNA 主要存在于哺乳动物的生殖细胞和干细胞中，与 Piwi 蛋白结合形成 piRNA 诱导的沉默复合体（piRNA-induced silencing complex，piRISC）而沉默基因表达。真核基因组中有大量转座子的存在，高度保守，是引发基因突变的重要原因，而 piRISC 则能够有效控制转座子，从而在保持生殖系细胞基因组稳定的过程中发挥重要作用。

（六）环状 RNA

目前研究的热点环状 RNA（circular RNA，circRNA）是一类由线性前体 RNA（pre-mRNA）经反向剪接（back splicing）后，由 3' 末端和 5' 末端共价结合形成的环状单链 ncRNA 分子。首先由 Sanger 等在使用电子显微镜观察病毒 RNA 时发现，之后在人类、小鼠、真菌和其他生物体中也陆续发现 circRNA 的普遍存在。circRNA 具有结构稳定、序列保守及细胞/组织表达特异性等基本特征。circRNA 原来被认为表达水平较低，现在发现基因组转录产物中 circRNA 实际所占比例相当大，据报道人类 5.8%~23% 的具转录活性的基因都可产生 circRNA。

1. circRNA 分类 根据基因组来源和序列组成 circRNA 分为外显子 circRNA（exonic circRNA，ecRNA）、内含子 circRNA（circular intronic RNA，ciRNA）和外显子 - 内含子 circRNA（exon-intron circRNA，EIciRNA）等三类。circRNA 的来源及特性决定了其种类丰富并且超过了相关线性 mRNA。如 *PTK2* 基因可以产生多达 47 种不同的 circRNA。同时一个基因位点产生的 circRNA 会产生多种亚型。

2. circRNA 命名规则 circRNA 没有系统的命名规则，一般根据 circRNA 的亲本基因或与其结合的 miRNA 来命名，如 circSEP3 是来源于拟南芥 *SEP3* 基因 6 号外显子的 circRNA。ci-ankrd52 是 *Ankrd52* 基因转录过程中形成的一种特异性结合 RNA 聚合酶Ⅱ的 circRNA。另外，cANRIL 来源于 *ANRIL* 基因外显子。但这种命名方法往往出现同一个 circRNA 有多个名字。建立一套完善、公认的 circRNA 命名系统是当前亟须解决的问题之一。

3. circRNA 的细胞定位 绝大多数 circRNA 位于细胞质中，只有小部分在细胞核中。其功能与细胞定位有一定的联系,如分布于细胞核中的ciRNA以及EIciRNA可能与转录调控有关,而细胞质中的ecRNA则参与蛋白质翻译。

4. circRNA通过多种作用机制调节基因表达 circRNA过去被认为是RNA的异常剪接产物而未受重视。近年来随着高通量RNA测序技术快速发展和生物信息学方法的大量数据分析,circRNA得到广泛研究,并且发现它们具有作为miRNA海绵、调节基因转录、调节RBP和蛋白质翻译等多方面的作用。许多研究已经证实了circRNA在肿瘤细胞中发挥着重要作用,此外还广泛参与糖尿病、神经系统疾病和动脉粥样硬化等疾病的发生、发展过程。表明其具有在以上疾病治疗时作为新型生物标志物和治疗靶标的重大潜能。

5. circRNA的表达具备细胞/组织/发育阶段特异性以及保守性 circRNA在哺乳动物脑中表达较高,特别是在突触神经元分化过程中circRNA动态上调。通过circRNA在不同组织中表达的特异性,可以判断circRNA在组织生长发育过程中是否起到调控作用,并可作为特定组织疾病的诊断标志物。许多circRNA在不同物种中是高度保守的,可以同时在人、小鼠和果蝇中检测到。

第二节 调节性非编码RNA的表达

参与蛋白质编码基因表达的ncRNA都是组成性表达,其表达量在细胞内相对较稳定。而调节性ncRNA则是依据基因表达调控的需要、根据内外环境的变化而产生。因此,不同的调节性ncRNA在细胞内表达的时空特点不同,表达量差别也很大。这些ncRNA的表达水平变化成为影响基因表达的重要因素。而从功能效应上看,不同的ncRNA产生生物学效应时所需要的表达量也有很大的差别,有些ncRNA(如miRNA)的分子数量较大,而有些ncRNA(特别是某些pncRNA)仅需要产生几个分子,就足以调控蛋白质编码基因的表达。

ncRNA的产生也属于基因表达的范畴,其表达调控机制也是基因表达研究的重要内容。目前对ncRNA的转录及调控机制了解较少,本节主要介绍ncRNA表达的方式,并介绍lncRNA和miRNA表达调控的一些相关机制。

一、eRNA和pncRNA从相应的DNA序列转录

蛋白质编码基因的启动子是指导RNA聚合酶起始转录的DNA序列,增强子是能够结合特异性转录激活因子而促进基因转录的DNA序列,它们都属于顺式作用元件。在蛋白质编码基因表达的过程中,这些序列本身并不被转录。然而,有许多启动子序列和增强子序列在特定的情况下也可由RNA聚合酶转录产生ncRNA。

(一)蛋白质编码基因内的次要启动子可启动ncRNA的转录

在蛋白质编码基因内,都有一个主要启动子(major promoter)。RNA聚合酶Ⅱ结合到主要启动子,转录产生的是mRNA。在一些蛋白质编码基因内,还存在次要启动子(minor promoter)。次要启动子可位于蛋白质编码基因内的不同位点,其控制的转录方向与主要启动子控制的转录方向可能相同,也可能相反。RNA聚合酶Ⅱ结合到次要启动子,转录产生的RNA不能编码蛋白质,是ncRNA。

(二)从增强子序列转录产生eRNA

当蛋白质编码基因的增强子区存在次要启动子时,RNA聚合酶Ⅱ可从该启动子起始转录,从增强子序列转录产生没有polyA尾的转录产物,即eRNA。增强子序列是ncRNA的一个重要来源,大约有25%的增强子序列含有启动子,可结合RNA聚合酶Ⅱ。增强子序列的转录与组蛋白的甲基化状态有关,通常是在H3被甲基化后形成H3K4me1的区域,增强子序列可以被活跃地转录。

(三)从启动子序列转录产生pncRNA

当次要启动子位于主要启动子的上游时,如果RNA聚合酶Ⅱ从次要启动子起始转录,可从主要启动子的上游序列转录产生pncRNA。如DHFR(二氢叶酸还原酶基因)和CCND1(cyclin D1的编码基因)都可以产生pncRNA。pncRNA(如cyclin D1-pncRNA)可能具有polyA尾,但没有5′-帽子结构。

二、lncRNA可从不同的DNA序列转录

目前已知的lncRNA中,有少数lncRNA是由RNA聚合酶Ⅲ转录产生,大部分lncRNA是

由 RNA 聚合酶Ⅱ转录产生。许多 lncRNA 在转录后没有进一步加工，但也有不少 lncRNA 在转录之后有类似 mRNA 的加工过程，在转录后通过剪接形成较短的 lncRNA，还可在 5′- 端加上帽子结构，在 3′- 端聚腺苷酸化，形成 polyA 尾。这些 lncRNA 甚至可以与核糖体结合，但并不能翻译出有功能的蛋白质。

（一）lncRNA 的编码序列在基因组中广泛存在

与 eRNA 和 pncRNA 不同，lncRNA 可从不同的 DNA 序列转录产生，包括蛋白质编码基因、假基因以及蛋白质编码基因之间的基因组 DNA 序列。

1. 从蛋白质编码基因反向转录产生 lncRNA 当次要启动子位于蛋白质编码基因内部，而启动转录的方向与主要启动子方向相反时，其转录产生的 RNA 是蛋白质编码基因的反义 RNA，称为天然反义转录物（natural antisense transcript，NAT）。依据次要启动子所处的位置不同，NAT 可与相应蛋白质编码基因产生的 mRNA 部分互补，或者有较长的序列互补。NAT 是在天然情况下生物体内生成的反义 RNA，它们可以作为独立的 lncRNA 发挥作用，也可通过碱基配对与 mRNA 结合，形成双链 RNA。

2. 由假基因转录生成 lncRNA 假基因是具有与蛋白质编码基因相似或几乎相同的结构但不能表达产生蛋白质的基因。每一个假基因在基因组中都有一个对应的亲本蛋白质编码基因。基因组中的大部分假基因都是不能转录的，有的是因为启动子区发生突变，有的则是因为位于基因组的沉默区域。然而，有许多假基因是可以转录的，如抑癌基因 *PTEN*、肾上腺类固醇羟化酶基因 *P450c21A*、*GAPDH* 基因、*Oct4* 基因的相应假基因，都可以转录。由于假基因的结构基因中存在突变，转录产生的 RNA 并不能进一步翻译产生功能蛋白，所以这些 RNA 都是 ncRNA。

有些假基因也可通过其基因内部的次要启动子进行反向转录，产生反义 RNA。如 *Oct4* 和 *nNOS* 等基因相关的假基因都可以转录产生反义 RNA，这些反义 RNA 能够与亲本基因转录产生的 mRNA 结合形成双链 RNA 分子。

3. 从蛋白质编码基因间序列转录产生 lncRNA 虽然 lncRNA 可以从蛋白质编码基因的 DNA 序列转录产生，但大部分 lncRNA 是从蛋白质编码基因之间的基因组 DNA 序列转录产生。蛋白质编码基因在基因组中所占的比例非常低，但基因组 DNA 的大部分序列都是可以转录的，甚至有研究推测 90% 的基因组 DNA 序列都是可转录的。因此，大部分 lncRNA 可能具有自身的基因。不过，目前了解甚少。

编码 RNA 也是基因的功能。因此，在蛋白质编码基因之间存在的编码 lncRNA 的 DNA 序列，也被称为相应的基因。例如，编码 HULC lncRNA 的 DNA 序列，被称为 *Hulc* 基因，这个基因并不编码任何蛋白质。

（二）lncRNA 的表达也受到调控

lncRNA 的表达水平与细胞的生命活动相适应。因此，其表达水平也是受到严格调控的。

1. lncRNA 可在转录水平受到调控 在目前已经鉴定出的 lncRNA 中，大部分 lncRNA 的转录调控机制都还不清楚。尽管如此，已发现许多 lncRNA 基因的启动子同样也受蛋白质编码基因的转录因子的调节，如转录因子 Oct3/4、Nanog、CREB、SP1、c-Myc、Sox2、NF-κB 和 P53 等。但也有一些 lncRNA 的转录受其他因素影响，如离子辐射或 DNA 损伤可诱导 cyclin D1-pncRNA 的表达。

在 *Hulc* 基因的近侧启动子区（proximal promoter region），有一个转录因子 CREB 的结合位点，位于 *Hulc* 基因的 $-67 \sim -53$nt 之间。该位点能够结合磷酸化的 CREB，调控 HULC lncRNA 的转录。CREB 结合位点是 *Hulc* 基因转录起始所必需的，因此，HULC lncRNA 的转录可受磷酸化 CREB 的激酶 PKA 途径的调控。虽然 HULC lncRNA 的表达可能涉及 PKA 途径的激活，但显然还需要其他调控因素，因为 HULC 只在肝癌细胞中表达，而在正常肝细胞中并不表达。

2. lncRNA 的稳定性受不同因素影响 稳定性是影响 lncRNA 表达水平的重要因素之一。对于不同的 lncRNA，影响其稳定性的因素不同。在一些 lncRNA 的 3′- 末端可形成三螺旋结构（triple helix），从而可以保护 lncRNA 的末端免受 3′→5′ 外切核酸酶的破坏，使转录产物更稳定。有些 lncRNA 的稳定性则与特定的 RBP 有关，并受 miRNA 的调控，如 RBP 蛋白 HuR 和 AGO2 可结合 lncRNA lincRNA-21，并可与 miRNA let-7b 结合。HuR、AGO2 以及 let-7b 都可促进 lincRNA-21 的降解。因此，HuR 和 RISC 调控 lincRNA-21 的稳定性。

3′-末端结构及 miRNA 只能解释部分 lncRNA 的稳定性调控，大部分 lncRNA 降解的机制目前仍不清楚，但也存在一些规律。一般来说，由蛋白质编码基因间的 DNA 序列转录产生的 lncRNA 和反义 lncRNA 比蛋白质编码基因内转录产生的 lncRNA 要稳定一些，经过剪接加工的 lncRNA 比未剪接的 lncRNA 要稳定一些，胞质 lncRNA 比核内 lncRNA 稳定一些。

三、大部分 miRNA 是由特定的基因编码

真核生物细胞内的 miRNA 主要有两种来源。大部分 miRNA 都是由自身基因所表达的，由 RNA 聚合酶转录，经过加工产生 miRNA；一小部分 miRNA 不是由特定的基因编码，其序列储存于其他 RNA 分子中，在相应的 RNA 转录后，可经一定的加工方式产生 miRNA。因为多数 miRNA 的产生过程实际上也是一种基因表达的过程，因而有多种基因表达调控因素可以调控 miRNA 的表达。

（一）miRNA 可通过特定基因转录及加工而产生

miRNA 并不是从相应的基因直接转录生成。转录产物的长度远远大于成熟 miRNA 的长度，因而需要特定的加工过程才能产生成熟的 miRNA。

1. RNA 聚合酶 Ⅱ 可转录独立的 miRNA 基因　许多 miRNA 都具有自身的独立基因，通过 RNA 聚合酶 Ⅱ 转录产生特异性的转录产物，这是 miRNA 产生的经典途径。在 RNA 聚合酶 Ⅱ 的催化作用下，转录产生 miRNA 的初级前体（primary precursor）称为 pri-miRNA。经转录后加工，pri-miRNA 在 5′-端加上帽子结构，3′-端加上 polyA 尾。pri-miRNA 的长度通常有几千个碱基，可形成分子内茎环结构，在"茎"的结构中含有成熟 miRNA 的序列，而形成"茎"的 RNA 片段不完全互补（图 14-3）。

2. pri-miRNA 在核内进行第一步加工　pri-miRNA 的第一步加工是在细胞核内进行，由 RNase Ⅲ家族的 Drosha 催化。Drosha 与双链 RNA 结合蛋白结合形成复合物。在哺乳动物中，Drosha 与双链 RNA 结合蛋白 DGCR8 结合形成 Drosha-DGCR8 复合物，将 pri-miRNA 加工成一个约 70nt 的前体，称为 pre-miRNA，具有发夹结构（图 14-3）。

3. pre-miRNA 在胞质内进行第二步加工　pre-miRNA 通过输出蛋白 5（exportin 5）的作用被转运到胞质中。在胞质中由 RNase Ⅲ家族的另一个成员 Dicer 进一步加工。Dicer 与双链 RNA 结合蛋白 TRBP 结合形成复合物。在 TRBP 的协助下，Dicer 将 pre-miRNA 进一步裂解，切除

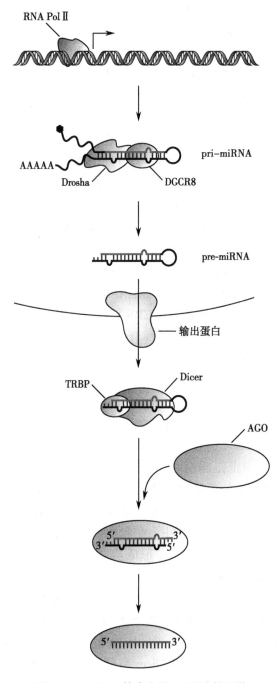

图 14-3　miRNA 的产生及 miRISC 的组装

双链末端的环结构,产生一个约 20bp 的 miRNA/miRNA* 双链分子。

4. 加工后的 miRNA 参与组成 miRISC 在加工之后,如果所产生的短双链 RNA 分子两条链不完全互补,可被 AGO1 蛋白结合,参与组成 miRISC;如果所产生的短双链 RNA 分子的两条链几乎完全互补,则与 AGO2 蛋白结合,参与组成 miRISC。双链 RNA 分子的一条链(称为过路者,以 miRNA* 表示)被释放并降解,而另一条链(称为引导链,以 miRNA 表示)则保留在 miRISC 复合物内(图 14-3)。一般来说,所保留的链是 miRNA/miRNA* 双链中 5'- 端配对结合不太稳定的那条链。但 miRNA* 并不总是加工过程中的副产品,有时也可以被加载到 miRISC 中,作为 miRNA 发挥作用。

(二)miRNA 也可从其他基因产生

虽然大部分 miRNA 都是从特定的 miRNA 基因产生,但这并不是产生 miRNA 的唯一方式。除了由特定的基因编码产生 miRNA 外,pre-miRNA 的序列也可存在于蛋白质编码基因的内含子序列中,或者存在于其他非编码 RNA 中。

1. miRNA 可从内含子产生 有些蛋白质编码基因的内含子序列中含有 miRNA 的前体。转录产生的 RNA 可以形成含有 pre-miRNA 序列的茎环结构,Drosha-DGCR8 复合物即可从茎环结构的底部将 RNA 切断,释放出约 70nt 长的 pre-miRNA。有些 miRNA 的序列是存在于非常短的内含子(mirtrons)序列中,在这种情况下,miRNA 是从蛋白编码基因的内含子序列经过转录后加工而产生,也就是通过内含子的剪接机制产生 pre-miRNA,不需要 Drosha-DGCR8 复合物的作用。

由蛋白质编码基因内含子序列产生的 pre-miRNA 的后续加工过程与从 miRNA 基因产生的 pre-miRNA 一样,通过输出蛋白 5(exportin 5)的作用转运到胞质中。在胞质中,由 Dicer-TRBP 复合物进一步加工,形成约 20bp 的 miRNA/miRNA* 双链结构。

2. miRNA 可从 lncRNA 产生 lncRNA 的功能之一可能是作为长度小于 200nt 的小 RNA 的前体。有些 miRNA 可以从 lncRNA 加工产生,通常是由 Drosha 酶和 Dicer 酶剪切 lncRNA 链产生 miRNA。如 lncRNA H19 的第一个外显子序列中含有 miR-675,Drosha 复合物可以剪切 H19 而产生 miR-675。RNA 结合蛋白 HuR 可与 H19 相互作用,抑制 Drosha 复合物介导的加工,从而抑制 miR-675 的产生。

(三)miRNA 的产生受到多种因素调控

miRNA 在不同组织、细胞中表达差异很大,在不同生理和病理条件下的表达变化也非常大。与其他基因的表达一样,miRNA 的表达也是受到调控的。

1. miRNA 的产生可在转录水平受到调控 miRNA 基因的转录调控与蛋白质编码基因的转录调控机制相似。转录调控是 miRNA 组织特异性和发育特异性表达的主要调控环节。

(1)转录调控蛋白可调控 miRNA 的表达:miRNA 基因的启动子区与蛋白质编码基因的启动子区非常相似。在 miRNA 基因的启动子区也存在 CpG 岛、TATA 盒序列、转录起始元件。因此,miRNA 基因的转录也受到转录因子、增强子、沉默子的调控。

Myc 是促进细胞增殖的转录因子,结合到不同的 miRNA 基因的启动子区可产生不同的作用。Myc 可抑制许多 miRNA 基因的启动子从而抑制 miRNA 的表达,主要包括具有抑制增殖、抑瘤、促凋亡活性的 miRNA,包括 miR-15a、miR-34 家族、miR-26、miR-29、miR-23 等。另一方面,Myc 又可以促进促癌 miRNA 的表达,在淋巴瘤中,Myc 可激活 miR-17-92 的转录,在神经母细胞瘤中,Myc 促进 miR-9 的表达。

(2)许多 miRNA 的表达也受表观遗传学调控:与蛋白质编码基因相似,miRNA 基因的表达也受染色体修饰的调控,在转录激活时也涉及组蛋白修饰。如 REST(RE1 silencing transcription factor)可将组蛋白去乙酰化酶和甲基化 CpG 结合蛋白 MeCP2 募集到 miR-124 基因的启动子,抑制 miR-124 的表达。而 miR-148a、miR-34b/c、miR-9 和 let-7 等基因的转录都受到其启动子的甲基化状态控制,其甲基化状态是由 DNA 甲基转移酶 DNMT1 和 DNMT3b 调控的。

2. 许多 miRNA 的表达在转录后加工环节受到调控 miRNA 的加工过程中需要 Drosha 和 Dicer 等 RNA 酶以及双链结合蛋白 DGCR8 和 TRBP。这些蛋白质的表达水平及活性都可受到调节，从而影响 miRNA 在细胞内的积累。细胞内许多蛋白质可影响 Drosha 对 pri-miRNA 的加工。这些蛋白质中，有些是激活蛋白，有些则是阻遏蛋白，通过蛋白质 - 蛋白质或蛋白质 -RNA 之间的相互作用，促进或抑制 Drosha 对特定的一个或一组 pri-miRNA 的加工，调控 miRNA 的产生。

（1）激活蛋白可促进一个或一组 miRNA 的产生：不同的调控蛋白结合 Drosha，可影响不同 pri-miRNA 的剪切加工。这些调控蛋白可能识别 pri-miRNA 的构象，因而所影响的 pri-miRNA 不同。如 P53 可结合 Drosha/DGCR8 复合物，影响 pri-miRNA 的加工，促进 miR-192、miR-194、miR-215、miR-605、miR-37 家族、miR-107、miR-200 等 miRNA 的产生；ARS2（arsenite-resistance protein 2）可促进 Drosha 对 pri-miR-21、pri-miR-155、pri-let-7 的剪切加工；沉默因子 SF2/ASF 促进 Drosha 对 pri-miR-7 的剪切加工；hnRNPA1 可结合 pri-miR-18a 的茎环结构中的环，从而促进 Drosha 介导的剪切加工。

（2）激活蛋白也可产生较广泛的促进作用：有些调控蛋白的影响范围相对较大。如沉默调节蛋白 KSRP 可结合含有 GGG 三联体模体的 pri-miRNA，增强 Drosha 的加工效率，因而影响的 miRNA 相对较多。p68 解旋酶和 p72 解旋酶可与 Drosha 结合，成为 Drosha 复合物的组分，促进约三分之一小鼠 miRNA 的加工。

（3）阻遏蛋白可抑制 Drosha 对 pri-miRNA 的加工：阻遏蛋白可通过与特定的 pri-miRNA 相互作用或者与 Drosha 相互作用，干扰 Drosha 对 pri-miRNA 的加工，抑制 miRNA 的产生。不同阻遏蛋白的影响范围也有较大的不同。如 LIN-28 阻遏蛋白主要抑制 let-7 家族成员的 pri-miRNA 加工，而核因子 NF90-NF45 异二聚体则可较广泛地结合 pri-miRNA。NF90-NF45 以序列非依赖性的方式与 pri-miRNA 的茎结构相互作用，从而阻止 DGCR8 与 pri-miRNA 结合，抑制 miRNA 加工。雌激素受体 α（ERα）可与 p68 解旋酶和 p72 解旋酶及 Drosha 相互作用，影响 Drosha 复合物的形成，从而抑制多种 pri-miRNA 的加工。

3. miRNA 的稳定性具有较大的差异　miRNA 的稳定性是影响其表达量的重要因素之一。不同 miRNA 分子的稳定性不同，即使是同一家族的 miRNA，稳定性也可能不同。如 miR-29a 和 miR-29b 是以多顺反子形式转录产生，即转录生成一条 pri-miRNA，然后加工产生 miR-29a 和 miR-29b。两种 miRNA 的产生速率相同，但稳定性不同。在 HeLa 细胞中，miR-29b 的半衰期约为 4h，而 miR-29a 的半衰期则大于 12h，因而两种 miRNA 的表达量是不同的。

（1）miRNA 可被酶降解：降解 miRNA 的酶称为 miRNA 酶（miRNase），包括 $3' \rightarrow 5'$ 和 $5' \rightarrow 3'$ 外切核酸酶。虽然 miRNase 都是外切核酸酶，但并不是非特异性地降解 RNA，并不能降解所有的 miRNA。miRNase 可识别 miRNA 的序列，降解 miRNA 可以是绝对特异性的，也可以是相对特异性的，即一种 miRNase 可以降解一种或一组 miRNA。这些酶的活性调节是影响 miRNA 数量的重要因素。

（2）靶 mRNA 可影响 miRNA 的稳定性：在动物中，miRNA 与靶 mRNA 之间的碱基配对主要是部分互补，当 miRNA 与靶序列高度互补时，可导致 mRNA 降解。反过来，靶 mRNA 也可以调节 miRNA 的稳定性，高度互补的靶序列可诱导 miRNA 降解。

四、内源性 siRNA 是从不同的双链 RNA 加工产生

与 miRNA 不同，真核细胞内没有特定的基因编码内源性 siRNA。细胞内的各种 RNA 分子可通过分子内或分子间的互补序列结合，形成双链 RNA 分子或局部的 RNA 双链，这些来源不同的双链 RNA 结构为内源性 siRNA 的产生奠定了分子基础。当双链中存在可被 Dicer 酶识别的序列时，就可被 Dicer 酶识别、加工，产生内源性 siRNA。

（一）siRNA 前体分子是不同来源的双链 RNA 分子

miRNA 的前体分子都具有特定的茎环结构，因而都称为 pri-miRNA。与 miRNA 不同，在细胞内不存在 pri-siRNA。siRNA 的前体分子并不具有特定的结构特征，但一般包括以下两个基本特征：①双链 RNA 分子；②在含有 siRNA 序列的区域，两条 RNA 链完全互补。

内源性 siRNA 的前体分子主要有以下几个

来源（图14-4）：

1. lncRNA 形成分子内双链　由蛋白质编码基因之间的基因组 DNA 序列转录产生的 lncRNA 链的功能之一可能是作为长度小于 200nt 的小 RNA 的前体。当 lncRNA 分子内存在互补片段时，可形成分子内的双链区域，siRNA 的序列存在于完全互补的双链片段中。

2. 从蛋白质编码基因的会聚区产生双链 RNA　蛋白质编码基因或者 lncRNA 的基因转录时，并不是在特定的位点终止转录。当两个距离较近而转录方向相反的基因转录时，其转录过程可能持续到两个基因的会聚区。在这种情况下，在转录重叠区域所产生的 RNA 片段互补，所产生的 RNA 分子可在局部结合，形成双链。

3. 从蛋白质编码基因双向转录产生双链 RNA　一些蛋白质编码基因中，除了主要的启动子外，还可存在另一个次要启动子。如果次要启动子的转录方向与主要启动子的转录方向相反，可转录产生天然反义转录物（NAT）。NAT 与 mRNA 互补结合，可产生双链 RNA 分子。

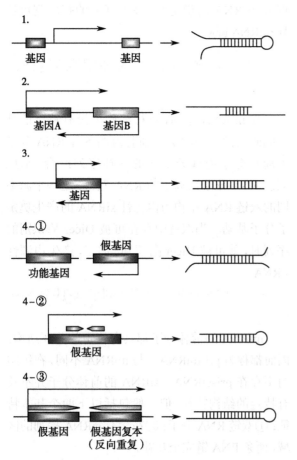

图 14-4　细胞内双链 RNA 分子的不同来源

4. 假基因转录产物产生双链 RNA 分子　由假基因转录产生的 RNA，可能通过不同方式形成双链 RNA 分子：①假基因反向转录产生反义 RNA，与相应的功能基因（founder gene）的转录产物（mRNA）互补或部分互补，因而可以结合形成双链 RNA 分子；②某些假基因的内部存在反向重复序列，转录后，也可以形成分子内茎环结构，而"茎"的结构中可能存在 siRNA 的序列；③有些假基因的结构基因部分可以反向重复的形式存在，转录后，RNA 分子可形成分子内双链。

（二）双链 RNA 由 Dicer 加工并参与组成 RISC

各种来源的 RNA 形成分子内或分子间双链后，不会自发产生 siRNA，需要进一步加工才能产生 siRNA。而能否产生 siRNA，取决于双链分子中是否有 Dicer 识别和切割的序列。

1. Dicer 将双链 RNA 分子加工成双链 siRNA 分子　siRNA 前体分子的加工不需要 Drosha，而是直接由 Dicer 加工。Dicer 将双链 RNA 进行剪切处理，除去大部分 RNA 序列，产生一个约 21bp 的双链小 RNA 分子，即 siRNA。siRNA 的两条链完全互补，在两端都有 3′- 突出末端（突出两个核苷酸）。

2. 加工后的 siRNA 加载到 RISC　siRNA 分子的两条链完全互补，因而与 AGO2 蛋白结合，参与组成 RISC。与 miRNA 一样，siRNA 双链分子的一条链为过路者，从 RISC 释放并降解，另一条链为引导链，保留在 RISC 复合物内，其功能是将 RISC 引导至靶 mRNA 分子。

五、piRNA 的表达

piRNA 主要在动物细胞中表达，在植物中基本未发现其存在。piRNA 主要来源于基因组 piRNA 簇（转录自基因组位点的长单链 RNA 前体，其中包含众多转座子序列）以及假基因的 mRNA。lncRNA 有时也作为表达 piRNA 的前体。piRNA 具体产生机制很复杂，在不同物种如果蝇、线虫及鼠中有较大差异，但均与 RNA 聚合酶Ⅱ介导的转录有关。

作为短链非编码 RNA，piRNA 来源及产生方式与 siRNA 和 miRNA 不同，但都能与 AGO 蛋白家族的 Piwi 亚家族作用发挥功效，且其与靶 RNA 分子均通过碱基互补的方式进行配对和结合。

通过与 Piwi 蛋白的相互作用，piRNA 在动物的配子形成、胚胎发育、性别决定及干细胞维持等方面均有重要作用。尤其是通过诱导产生抑制性表观遗传标记如 H3K9me3 以及 DNA 甲基化等调控转座子表达。同时，piRNA 还通过靶向结合作用，介导动物生殖细胞转座子 RNA 的降解。piRNA 还具备去除 mRNA polyA 尾的作用从而影响其稳定性。piRNA 在转录后水平调节还影响除转座子外的其他 mRNA 及病毒 RNA。piRNA 在父源性基因印记中可能也有一定作用。由于其抑制外援 DNA 的侵入作用，piRNA 甚至被认为是基因组中具备类似免疫系统功能的小 RNA。

piRNA 在生殖系细胞以外的作用也值得深入探讨。目前已发现果蝇的唾液腺、以及不同发育阶段的小鼠海马和海兔神经系统和其他体细胞中均有 piRNA 的表达及作用，提示其可能存在更为广泛的作用范围。

六、circRNA 的表达

大多数 circRNA 由蛋白质编码基因的外显子组成，少数由内含子或内含子片段直接环化形成。表达 mRNA 和 lncRNA 的基因同时也广泛表达 circRNA。基因组同一位点既可转录出线性 mRNA 又可产生 circRNA。因此，产生的 circRNA 种类丰富。对多种生物的基因组研究显示超过 10 万种 circRNA 普遍存在于病毒、线虫、果蝇、斑马鱼和人类的细胞内。在人类成纤维细胞中，circRNA 的含量甚至是线性 RNA 的 10 倍。反向剪接是产生 circRNA 的基础和特有方式。反向剪接属于可变剪接（也叫选择性剪接）的一种类型，是指从同一 mRNA 前体中通过不同的剪接方式（选择不同的剪接位点组合）产生不同的剪接异构体的过程，最终产物会表现出不同或者是相互拮抗的功能和结构特性及表型。circRNA 根据来源可分为 ecRNA、ciRNA 及 ElciRNA 等三类。

（一）circRNA 的表达

1. ecRNA 由特殊的前体 mRNA 可变剪接产生　通常认为 ecRNA 的形成包括 2 种模型：外显子套索驱动环化模型及内含子配对驱动环化模型。前者主要是 pre-RNA 在转录过程中由于 RNA 发生部分折叠，拉近非相邻外显子，从而导致外显子跳跃（exon skipping），被跨越的区域由剪接供体（splice donor）与剪接受体（splice acceptor）结合形成了 circRNA 中间体，并进一步通过套索剪接形成由外显子构成的 circRNA 分子；而后者主要是通过外显子侧翼的内含子区域的反向互补序列（intronic complementary sequence，ICS）配对，使与相关内含子接壤的外显子相互靠近，随后切除内含子形成 circRNA。含 ICS 的侧翼内含子及其接壤外显子越多越容易发生环化。现在还提出第三种 ecRNA 的形成模型，即 RBP 驱动的环化作用。通过 RBP 与侧翼内含子中的特定靶点结合从而诱导外显子的剪接供体及受体结合，进而促进 circRNA 的形成。值得注意的是，并非所有的外显子都能形成 circRNA。

2. ciRNA 的产生　ciRNA 的产生来源于 RNA 聚合酶Ⅱ转录产物中的套索内含子。ciRNA 依赖于 RNA 模体 5′ 剪接区域长度为 7nt 的富含 GU 序列及靠近分枝点的 11nt 的富含 C 序列，逃逸出经典剪接的脱枝化过程而形成。这类 ciRNA 存在于细胞核，通过顺式作用结合到亲本基因上促进 RNA 聚合酶Ⅱ转录从而影响基因表达。

3. ElciRNA 的产生　ElciRNA 可能是剪接过程中的中间体，也有可能是一类独立存在的 circRNA 分子，通过直接反向剪接产生，也主要存在于细胞核中，与 U1 snRNP 相互作用并促进亲本基因的转录。

总体而言，circRNA 选择性环化机制非常复杂，其生成及分布见文末彩图 14-5。

（二）circRNA 的表达受到各种因素的调控

1. circRNA 的表达是反向剪接与 RNA 聚合酶Ⅱ转录共同作用的结果　RNA 聚合酶Ⅱ催化的转录延伸速率对生成 circRNA 的反向剪接有重要影响。该反向剪接事件既可能发生在转录进行过程中，也可能发生在转录完成后。有些丰度较高的 circRNA 在转录进程中即可检测到。更多证据表明大部分 circRNA 均在 pre-RNA 产生后再通过剪接修饰产生。线性 mRNA 转录体 polyA 尾的突变对 circRNA 的形成也造成一定的影响。

2. 剪接体在反向剪接中的调控作用　细胞如何调控来自于相同的基因位点转录产物前体产生不同的线性及环状 RNA 引人关注。与经典的线性剪接相比较，剪接体的核心组分如 SF3b 及 SF3a 复合体的缺失，可能是倾向于产生 circRNA

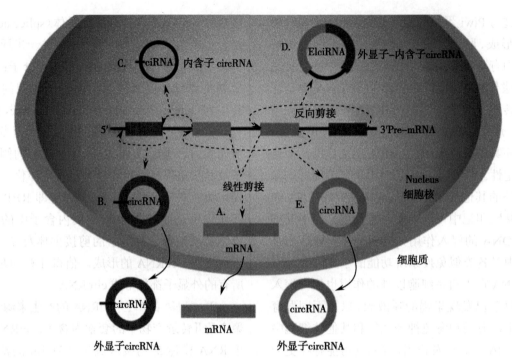

图 14-5 circRNA 生成及分布示意图

的重要原因。通过化学或基因手段造成剪接体核心因子和调节组分的缺失或活性改变可能是调控产生经典线性 RNA 及环状 RNA 的重要手段。

3. 诸多顺式作用元件、反式作用因子调控表达 除剪接位点（splicing site）外，circRNA 的形成无需特殊的外显子模体。但外显子侧翼内含子序列的 ICS 对环化有重要的影响。例如，采用 CRISPR/Cas9 技术突变 circGCN1L1 的外显子侧翼 ICS 序列，导致人类细胞几乎无 circGCN1L1 产生。人类串联重复序列 Alu 在外显子环化过程中也起到类似 ICS 的作用。内含子 ICS 不同配对方式是同一亲本基因产生大量不同可变剪接产物的重要基础。

不同组织细胞中具有相同顺式作用元件的基因会产生不同的 circRNA 表达产物，表明反式作用因子在此过程中也发挥了重要作用。RBP 的功能就充分反映了反式作用的重要性。

4. circRNA 的稳定性及转换率决定其在细胞内的水平 circRNA 的共价闭环结构使得它们对核糖核酸酶 R（RNase R）的抗性比 mRNA 高，所以 circRNA 比线性 mRNA 具有更稳定的性质。据报道，大多数物种的 circRNA 的平均半衰期超过 48h，而 mRNA 的平均半衰期约 10h。目前主要运用 RNase R 处理 RNA 样品来鉴定、识别和富集 circRNA，并成为判定 RNA 是否成环的一个重要手段。此外，circRNA 的降解机制目前仍不清楚。miR-671 可通过与 circRNA CDR1as 结合，然后介导 AGO2 参与其裂解过程。

第三节 非编码 RNA 调控 mRNA 合成

蛋白质编码基因的表达可以在许多环节进行调控。本节主要介绍 ncRNA 在转录水平调控中的作用。对转录过程的调控主要涉及染色质的区域结构重塑、组蛋白和 DNA 的修饰、转录因子和 RNA 聚合酶功能的增强或抑制等。这些调控作用除了有许多蛋白质因子（包括酶）参与之外，也有 ncRNA 参与，而调控机制主要涉及 ncRNA 与 DNA 及蛋白质的相互作用。

一、非编码 RNA 参与调控染色质结构

染色质的结构是影响蛋白质编码基因转录的关键因素之一。染色质的结构变化包括区域结构重塑、组蛋白修饰、DNA 修饰等，这些变化可决定基因表达的开放和关闭。这些结构变化的调控涉及许多蛋白质（包括酶）的作用，而 ncRNA 特别是 lncRNA 也具有非常重要的作用。

（一）eRNA与染色质高级结构的构建

eRNA及增强子衍生的lncRNA通过影响增强子及启动子的环化进而影响染色体环化，调控相关靶基因的表达。如LUNAR1作为一种T细胞特异性的急性淋巴细胞白血病（T-ALL）lncRNA，转录自*IGF1R*增强子位点，通过顺式作用调控染色体环化，激活IGF1R，维持IGF1信号持续在T-ALL细胞中表达从而促进肿瘤发生。

（二）lncRNA促进形成致密的染色质结构

lncRNA可通过与DNA相互作用或与染色质蛋白相互作用而结合到染色质上，并进一步募集调控染色质结构的蛋白质，改变染色质结构和活性。许多lncRNA都能够与染色质重塑复合体直接结合，包括XIST、HOTAIR、Airn、Kcnq1ot1、lincRNA-p21，这些lncRNA能够将复合体募集到特定的染色质区域，导致区域内的蛋白质编码基因沉默。

染色质重塑复合体（chromatin remodeling complex）是调节染色质结构的蛋白复合体。这些复合体结合到染色质上，可使染色质结构发生改变，从而形成基因沉默区。然而，染色质重塑复合体并不能直接与染色质结合，而是通过lncRNA与染色质结合。lncRNA结合到染色质上，并募集染色质重塑复合体，后者使染色质结构发生改变，通过形成致密的染色质结构而形成基因沉默区（图14-6）。

lncRNA和染色质重塑复合体可以使染色质上局部区域内的基因沉默，也可能使整条染色体

失活，如X染色体失活。X染色体失活是雌性哺乳动物基因组剂量补偿机制的一种。通常雌性动物的一条性染色体（X染色体）因DNA甲基化而失活，在此过程中的重要调控分子是lncRNA XIST。XIST是由*XIST*基因转录产生的长17kb的ncRNA，它结合到X染色体中的一条，将PRC2（polycomb repressive complex 2）募集到该X染色体并形成失活复合体，从而使该X染色体失活。

（三）lncRNA通过募集染色质重塑复合体调控组蛋白修饰

除了结构重塑，染色质重塑复合体也对染色质进行表观遗传学修饰，包括DNA甲基化和组蛋白甲基化、乙酰化、类泛素化等。lncRNA募集的染色质重塑复合体中的一些酶，实际上就是修饰组蛋白的酶，因而能够通过修饰组蛋白而调控基因表达。

1. lncRNA介导组蛋白修饰酶与染色质的结合　染色质重塑复合体中具有酶活性的蛋白质并没有DNA结合域，而具有RNA结合域，通过与lncRNA结合而被募集到染色质上。在一些基因位点，如果没有相应的lncRNA，靶基因就不会被沉默。因此，在这些基因的表达调控中，lncRNA是控制染色质重塑复合体结合到特定靶位点所必需的因素。

可以与lncRNA结合的复合体包括G9a、PRC1、PRC2、赖氨酸特异性去甲基化酶1（LSD1）与CoREST形成的复合体LSD1/CoREST等。G9a是组蛋白甲基转移酶，催化H3K9二甲基化和三甲基

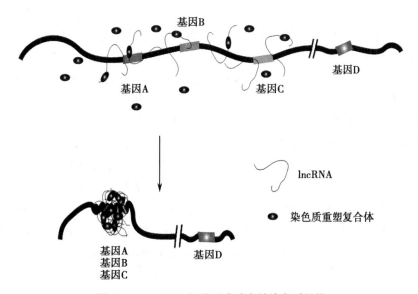

图14-6　lncRNA促进形成致密的染色质结构

化（H3K9me2、H3K9me3）。PRC1 可使组蛋白 H2A 的第 119 位赖氨酸单泛素化（H2AK119ub），PRC2 则使组蛋白 H3 的第 27 位赖氨酸二甲基化和三甲基化（H3K27me2、H3K27me3）。LSD1/CoREST 复合体可使组蛋白 H3 的第 4 位赖氨酸去甲基化（使 H3K4me 和 H3K4me2 去甲基化）。lncRNA 与这些染色质重塑复合体结合，将其募集到特定的染色质位点，促进组蛋白修饰。在 X 染色体上，XIST 通过其分子中的重复 A 区域（repeat A region，RepA）与 PRC2 复合物中的 EZH2 和 SUZ12 组分相互作用，将 PRC2 募集到一条 X 染色体，修饰产生大量的 H3K27me3，导致 X 染色体失活。

2. lncRNA 可结合不同的染色质重塑复合体 lncRNA 分子较大，分子中形成的蛋白质结合位点不止一个。因此，有的 lncRNA 可以与两种以上的染色质重塑复合物结合。在哺乳动物中，lncRNA HOTAIR 可同时结合 PRC2 和 LSD1/CoREST/REST。HOTAIR 的 5'- 端结合 PRC2，3'-端结合 LSD1/CoREST/REST 复合体，将两种复合体同时募集到染色质的 *HOXD* 位点，使该位点的 H3K27 甲基化、H3K4 去甲基化，从而使位于该位点的基因沉默。lncRNA Kcnq1ot1 则可结合 G9a 和 PRC2，将两种复合体同时募集到 *KCNQ1* 位点，使该位点发生 H3K9 甲基化和 H3K27 甲基化，进而影响相邻基因的表达。值得关注的是，lncRNA Kcnq1ot1 在父源染色体上表达，而在母源染色体上通过 CpG 甲基化产生抑制。表明 lncRNA 在基因印记中同样发挥重要作用。

3. 一种染色质重塑复合体可被不同 lncRNA 募集到不同位点 染色质重塑复合体可与多种 lncRNA 结合，lncRNA 则决定染色质重塑复合体与染色质结合的具体位点。例如，G9a 与 lncRNA Airn 结合，可特异性结合到 *Igf2r* 印记位点；而如果与 Kcnq1ot1 结合，则抑制 *KCNQ1* 位点的基因表达。与之相似，PRC2 与 HOTAIR 结合，可靶向抑制 *HOXD* 位点的基因表达；而与 Kcnq1ot1 结合，则会靶向抑制 *KCNQ1* 位点的基因表达；若与 RepA/XIST 结合，则修饰 X 染色体的组蛋白。因此，一种染色质重塑复合体可以被不同的 lncRNA 募集到不同的染色质位点，调控不同基因的表达。

（四）miRNA 可间接影响组蛋白修饰

表观遗传调控蛋白的基因中，有一些可受到 miRNA 的调控，包括 DNA 甲基化酶（DNMT）基因、组蛋白去乙酰化酶（HDAC）基因、PRC 蛋白的基因等。如 miR-1、miR-140、miR-29b 直接靶向 *HDAC4* 基因，抑制 *HDAC4* 的表达；miR-449a 则结合 *HDAC1* mRNA 的 3'-UTR，抑制 *HDAC1* 的表达。PRC 复合体中的一些蛋白的表达也受 miRNA 的调控，如 PRC2 中的催化单位 EZH2 可催化 H3K27 三甲基化（H3K27me3），抑制多个抑癌基因的表达。miR-101 直接靶向 *EZH2* mRNA，抑制 *EZH2* 的表达。这一类 miRNA 影响表观遗传调控蛋白的表达，间接影响基因表达的表观遗传调控，因而也被称为 epi-miRNA。

（五）非编码 RNA 调控 DNA 甲基化

DNA 的甲基化状态是控制基因转录活性的重要因素。ncRNA 可以通过不同的机制影响 DNA 的甲基化水平，从而影响蛋白质编码基因的表达。

1. lncRNA 可促进 DNA 甲基化 DNA 的甲基化是由 DNMT 所催化。组蛋白的甲基化状态可调控募集 DNMT 的作用，因此，lncRNA 可通过调控组蛋白修饰而调控 DNA 的甲基化状态。如 G9a 是组蛋白甲基转移酶，催化 H3K9 二甲基化和三甲基化（H3K9me2、H3K9me3）。甲基化的 H3K9 可与 HP1 蛋白结合，后者募集 DNMT，将 DNA 甲基化。因此，当 lncRNA 将 G9a 募集到特定的染色质区域后，不仅使该区域的组蛋白发生甲基化，亦导致该区域的 DNA 发生甲基化。

2. miRNA 直接或间接抑制 *DNMT* 基因的表达 细胞内 *DNMT* 的表达水平可影响 DNA 甲基化的效率。特异性靶向 *DNMT* 基因的 miRNA 可通过直接抑制 *DNMT* 的表达而影响 DNA 甲基化。*DNMT3a* 和 *DNMT3b* 基因都是 miR-29 家族（miR-29a、miR-29b、miR-29c）的靶基因。因此，miR-29 家族的成员可通过调控 *DNMT3a* 和 *DNMT3b* 的表达而影响 DNA 甲基化。

另一方面，miRNA 也可通过调控转录因子的表达而间接调控 *DNMT* 的表达。转录因子 SP1 是 *DNMT1* 基因的转录激活因子，而 SP1 的基因是 miR-29b 的靶基因，因此，miR-29 也可间接抑制 *DNMT1* 的表达。此外，*DNMT1* 基因还是 miR-148a、miR-152、miR-301 的靶基因，因而可受到多种 miRNA 的调控。

3. miRNA 可间接促进 *DNMT* 基因的表达

miRNA 并不只是抑制 *DNMT* 的表达。当 miRNA 的靶基因是 *DNMT* 基因转录抑制因子时，miRNA 则可以间接促进 *DNMT* 的表达。如 RBL-2 是 *DNMT3a* 和 *DNMT3b* 基因转录的抑制因子，而 *RBL-2* 基因是 miR-290 的靶基因。因此，miR-290 可通过下调 *RBL-2* 表达而促进 *DNMT3* 基因的表达。

二、非编码 RNA 调控转录因子的作用

转录因子和转录调控蛋白的激活和功能调控是基因表达的重要调控方式。一些 ncRNA 能够与转录调控蛋白相互作用，调控其功能活性，从而影响基因的转录。ncRNA 可作为转录的共激活因子或共阻遏因子而发挥作用。

（一）eRNA 可促进转录调控蛋白结合顺式作用元件

eRNA 转录产生后，可通过不同的作用方式激活基因转录。其中一种作用是促进转录激活因子与增强子序列结合。如由 *DLX-5* 和 *DLX-6* 基因远端的增强子元件转录产生的 Evf-2 是同源盒转录因子 DLX-2 的辅助因子，其 5'- 端与 DLX-2 结合，促进 DLX-2 与 *DLX-5* 和 *DLX-6* 基因的增强子结合，激活 *DLX-5* 和 *DLX-6* 基因的表达。只有在 Evf-2 存在时，DLX-2 才具有激活转录的作用。这类 eRNA 在转录调节中可作为关键蛋白的共激活因子。

（二）lncRNA 可通过不同方式抑制转录因子的功能

lncRNA 可通过与蛋白质的相互作用而调控转录因子的功能。lncRNA 可能直接与转录因子相互作用，也可以通过结合和激活其他调控蛋白而对转录因子产生调控作用。

1. lncRNA/pncRNA 可阻止转录因子与 DNA 的结合　lncRNA 可形成分子内双链，如果双链序列与转录调控蛋白的识别位点（顺式作用元件）一致，lncRNA 可以结合相应的转录调控蛋白，阻止调控蛋白与调控元件结合，从而抑制靶基因的转录。如 lncRNA GAS5 可结合糖皮质激素受体，使之不能结合到相应的调控元件。

从蛋白质编码基因的次要启动子起始转录的 lncRNA 可以直接与基础转录因子相互作用，抑制其结合主要启动子。如从二氢叶酸还原酶（DHFR）基因的次要启动子起始转录产生的 DHFR pncRNA，一方面可通过形成三链结构结合到 *DHFR* 基因的转录调控区，另一方面又可直接与基础转录因子 TFⅡB 结合，从而阻止 TFⅡB 与 *DHFR* 基因的主要启动子结合，抑制前起始复合物（pre-initiation complex, PIC）的形成，从而抑制 *DHFR* 基因的转录。

2. lncRNA/pncRNA 可调控转录调节蛋白的活性　lncRNA 可同时与 DNA 和蛋白质结合的特性使得某些 lncRNA 可将调控蛋白募集到特定的基因启动子区，进而调控转录因子或转录激活因子的活性。一些 pncRNA 常以这种形式发挥调控作用。例如，从 *CCND1* 基因（cyclin D1 的编码基因）的启动子区转录的 cyclin D1-pncRNA，能够通过调节 TLS 蛋白而调控 *CCND1* 基因的表达。

（1）CBP/p300 是 CREB 共激活复合物的主要成分。CBP/p300 的作用主要在于它们的组蛋白乙酰化酶（HAT）活性。TLS 的 N- 端可与 CBP 相互作用，通过抑制 CBP/p300 的 HAT 活性而产生转录抑制效应。

（2）TLS 的功能受到自我抑制，其自身的 C- 端与 N- 端结合，抑制 N- 端的活性，使 TLS 处于无活性状态。另一方面，TLS 可结合单链 RNA，主要是识别和结合 GGUG 一致性序列。含有此序列的非编码 RNA 可与 TLS 的 C- 端结合，使其 N- 端游离，从而使 TLS 活化，通过结合 CBP 而对基因转录产生抑制作用。

（3）TLS 与 CBP/p300 的结合是由 ncRNA 决定的，只有当一个基因可产生 TLS 所识别的 pncRNA 时，TLS 才能对其产生调控作用。在 *CCND1* 基因的调控区，CBP/p300 与 PCAF 及结合在 CRE 位点的 CREB 形成复合物，通过其 HAT 活性激活转录。TLS 对 *CCND1* 基因转录的调控是由 cyclin D1-pncRNA 所控制。当 DNA 损伤（如受到离子辐射）时，可诱导 *CCND1* 基因的启动子相关 ncRNA 的转录，cyclin D1-pncRNA 结合在 *CCND1* 基因的 5'- 端调控区，并与 TLS 结合，从而将 TLS 募集到 *CCND1* 基因启动子位点（图 14-7），同时又将 TLS 活化。TLS 作用于 CBP/p300-CREB 复合物，通过抑制 CBP/p300 的 HAT 活性而对 *CCND1* 基因产生转录抑制作用。

3. lncRNA 调控转录因子的亚细胞定位　细胞内的一些转录因子是以无活性的形式储存在胞

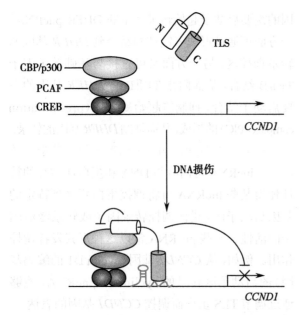

图 14-7 cyclin D1-pncRNA 调节 TLS 的功能及对 CBP/p300 的调控

质中,当其激活后,进入胞核内而激活靶基因的表达。lncRNA 可通过阻止转录因子运输抑制其靶基因的表达。

转录因子 NFAT 是以磷酸化的无活性形式储存在胞质中。钙调磷酸酶(calcineurin)是一种钙调节的磷酸酶。当细胞受到刺激时,钙调磷酸酶活化,将 NFAT 去磷酸化,去磷酸化的 NFAT 由胞质转入胞核内,激活其靶基因的转录。lncRNA NRON(non-coding repressor of NFAT)是调控 NFAT 转运的因子。NRON 与输入蛋白相互作用,能够阻止去磷酸化的 NFAT 进入核内,从而抑制相关基因的表达。

(三)circRNA 调控转录因子的作用

FoxO 基因家族表达产物作为一类转录因子,广泛参与细胞的增殖、凋亡、自噬等多方面的作用。作为其同基因位点的竞争性环状产物,circFoxO3 也间接影响了其转录因子活性。首先,circFoxO3 具有小鼠 MDM2 和 P53 的结合位点,能够促进 MDM2 介导的 P53 泛素化,使其随后被蛋白酶体降解,进而影响 P53 的转录调控因子作用。同时,MDM2 还介导的 FoxO3 的泛素化,鉴于其已被 circFoxo3 结合,反而维持了 FoxO3 蛋白水平。加之 circFoxo3 还能结合部分靶向作用于 *FoxO3* 线性 mRNA 的 miRNA,以上两方面作用协同,间接促进其转录因子活性。

三、非编码 RNA 影响 RNA 聚合酶 II 的转录功能

lncRNA 能够直接与蛋白质相互作用,这种特性使得某些 lncRNA 可能直接与 RNA 聚合酶相互作用,对转录产生影响。这种影响没有特异性,因而可能对细胞内的基因表达产生较广泛的影响。而有些 lncRNA 的转录过程可对蛋白编码基因的转录产生干扰,这种干扰只影响特定蛋白编码基因的转录。

(一)lncRNA 抑制 RNA 聚合酶 II 的功能

人类基因组中存在许多短散布核元件序列(如 *Alu* 序列)。这些元件可以在一些因素(如热刺激)的诱导下由 RNA 聚合酶 III 转录产生 lncRNA。而这类 lncRNA 可形成类似蛋白质转录因子的结构,能够与 RNA 聚合酶 II 结合,抑制转录前活性复合体的形成,阻止转录的起始。这种功能性重复结构域在其他一些 lncRNA 也存在,可能在生物中具有一定的普遍性。

(二)lncRNA 的转录可对蛋白质编码基因产生转录干扰作用

天然反义转录物(NAT)是从蛋白质编码基因反向转录而产生。如果蛋白质编码基因和 NAT 的转录同时被启动,相向移动的两个 RNA 聚合酶发生碰撞,可导致转录终止,因此,NAT 的转录可对蛋白质编码基因产生转录干扰。RNA 聚合酶碰撞的概率与转录重叠区的长度和方式有关,重叠区越长碰撞概率越大。如果重叠区很短,转录干扰则会导致基因转录起始的抑制。在这种情况下,当一个 RNA 聚合酶分子开始转录 NAT 时,可覆盖与之相对的蛋白质编码基因的启动子,或改变蛋白质编码基因启动子区的拓扑结构,从而影响转录起始复合物的装配。反之,如果 RNA 聚合酶从蛋白质编码基因的启动子起始转录,也可影响 NAT 的转录。如果两条链同时开始转录,往往会导致双方转录终止。

四、lncRNA 影响 mRNA 的转录后加工和运输

mRNA 的转录后加工和运输涉及许多蛋白质的作用。lncRNA 能够直接与蛋白质相互作用,也可通过互补序列与 mRNA 结合。因此,不同的

lncRNA可能通过不同的机制影响蛋白质的功能，从而对mRNA的转录后加工和运输产生影响。

（一）lncRNA调控mRNA的转录后剪接

蛋白质编码基因转录产物的剪接是基因表达的一个重要环节，剪接方式的改变可导致产生不同的mRNA。lncRNA可通过影响剪接位点而改变剪接模式，产生不同的剪接结果。

1. lncRNA可封闭剪接位点而影响mRNA前体的剪接　由内含子序列反向转录产生的NAT，可与hnRNA的内含子序列互补结合，封闭剪接位点，造成选择性剪接。例如，*ZEB2*基因转录的天然反义转录物可与*ZEB2* mRNA的5'-端非编码区结合，阻止剪接体的结合，使*ZEB2* mRNA形成相当长的5'-UTR，其中保留了一个内部核糖体进入位点（internal ribosomal entry site，IRES）。

2. lncRNA可通过影响剪接调控因子而影响mRNA前体的剪接　SR蛋白是mRNA选择剪接的一个调节因子，可调节一组mRNA前体的选择性剪接。SR蛋白识别和结合pre-mRNA的剪接位点，促进剪接。SR的调节作用与其数量、分布及磷酸化状态有关。当SR蛋白数量多且处于非磷酸化状态时，可识别和结合所有的剪接位点；而当SR蛋白少且处于磷酸化状态时，含有弱剪接位点（weak slice site）的外显子就不会被识别，从而在剪接过程中被除去。lncRNA MALAT1可与SR蛋白结合并促进其磷酸化，因此，当MALAT1高表达时，可改变SR蛋白的分布，从而改变hnRNA的选择性剪接结果。

（二）lncRNA调控mRNA运输

mRNA从细胞核向细胞质转运是基因表达的一个可控环节。一些lncRNA能够调控mRNA的核质转运。lncRNA调控mRNA的核质转运的可能机制之一是天然反义转录物（NAT）与mRNA形成双链RNA分子，抑制mRNA的核质转运，导致mRNA在核内滞留。

五、circRNA参与转录水平调控

除少数circRNA在转录过程中扮演角色之外，大多数circRNA在转录前和转录后发挥调控作用。

（一）circRNA通过竞争影响mRNA生成

除个别研究外，大部分证据皆表明circRNA的产生会影响到其线性同源mRNA的表达。大部分circRNA是由蛋白编码基因位于中部的外显子产生，对其原始亲本转录体的线性剪接会产生必然的影响，进而调控基因表达。一般而言，环化外显子越多，产生的线性mRNA则越少，二者间有一定的竞争性关系存在。

（二）细胞核内circRNA能调控基因转录及可变剪接

研究显示circRNA可以顺式或反式作用调控亲本基因的转录。大部分circRNA位于细胞质中，但人类细胞的ciRNA及EIciRNA一般存在于细胞核内，参与对转录的调控。如circEIF3J和circPAIP2等EIciRNA主要定位于核内，与U1 snRNP和RNA聚合酶Ⅱ相互作用，增强其亲本基因*EIF3J*和*PAIP2*的转录；而敲低circEIF3J和circPAIP2会降低其亲本基因的转录水平。此外，来源于拟南芥*SEP3*基因6号外显子的circRNA（circSEP3）通过识别同源DNA位点结合于其线性同源体，形成RNA-DNA杂合体，使转录停顿，然后通过不同的可变剪接模式产生一系列*SEP3*的mRNA外显子跳跃产物（剪接异构体）。

（三）circRNA通过对miRNA的海绵吸附作用影响mRNA的功能

circRNA最典型的一个作用机制是充当miRNA海绵调控基因表达。在人和小鼠脑中发现天然环状RNA小脑变性相关蛋白1反义转录物（antisense to the cerebellar degeneration-related protein 1 transcript，CDR1as）可作为miR-7a/b海绵发挥作用。CDR1as包含74个miR-7结合位点，对miR-7起负调控作用。当CDR1as过表达时，能大量结合miR-7而导致miR-7靶基因的表达水平上升；而当抑制CDR1as表达时，miR-7靶基因的表达水平会降低。在斑马鱼胚胎中过表达CDR1as会导致中脑容量变小，与敲除miR-7后的表型一致，也证明了CDR1as对miR-7的海绵吸附作用。此外*SRY*基因的环状转录物具有与CDR1as类似的特征及功能，拥有16个miR-138结合位点，可与miR-138相互作用来调控miR-138靶基因的表达。上述两种circRNA是最具代表性的环状miRNA海绵，目前已有多种具有miRNA海绵作用的circRNA被相继报道。

（四）circRNA衍生出假基因

circRNA分子能被逆转录并整合到基因组中，

形成 circRNA 衍生的假基因。其具体机制目前尚不清楚。从小鼠基因组中 circRFWD2 相应的环化位点分析中发现多个高度相似的 circRFWD2 衍生假基因序列。一些小鼠来源细胞系中，circSATB1 衍生的假基因包含与 CCCTC 结合因子（CCCTC binding factor，CTCF）重叠序列，但在其亲本来源 *SATB1* 基因则无此 CTCF 重叠序列，也进一步证实其假基因属性。

第四节 非编码 RNA 调控蛋白质合成

翻译水平的调控也是蛋白质编码基因表达的一个关键调控环节。ncRNA 亦参与翻译过程的调控，有些 RNA（如反义 RNA）可通过直接结合 mRNA 而抑制翻译过程，但大部分 ncRNA 主要与蛋白质结合，介导或调节蛋白质因子在翻译过程中的作用。

一、miRISC 结合靶 mRNA 而抑制翻译

miRNA 的主要功能是调控翻译，而且以负调控作用为主。但 miRNA 并不是通过与 mRNA 的简单互补结合而抑制翻译，而是通过与蛋白质结合形成复合物，即 miRNA 诱导的沉默复合物（miRISC），通过复合物中的蛋白成分对翻译过程产生抑制作用。

（一）miRNA 引导 miRISC 结合靶 mRNA

miRNA（引导链）通过部分互补序列将 miRISC 引导到靶 mRNA 分子，使 miRISC 能够与靶 mRNA 分子结合，miRISC 主要与靶 mRNA 的 3′-UTR 结合。高效靶向 mRNA 需要 miRNA 种子区的 7 个核苷酸与靶 mRNA 的序列连续配对（种子区与 mRNA 的靶序列完全互补）。miRNA 的种子区以外的序列则不一定与靶 mRNA 的序列互补结合。

（二）miRISC 抑制 mRNA 翻译

miRISC 可直接抑制 mRNA 的翻译，也可通过 P 小体阻止翻译。

1. miRISC 直接抑制翻译 miRISC 可抑制翻译起始因子 eIF-4E 的活性，从而抑制翻译的起始。miRISC 也可与核糖体相互作用，使肽链合成反应停止（图 14-8）。

2. miRISC 将 mRNA 引入 P 小体 miRISC 结合靶 mRNA 后，可聚集于胞质中的 P 小体内

（图 14-8）。在 P 小体中，mRNA 的翻译被完全抑制。P 小体中含有抑制翻译的蛋白质，促进 mRNA 脱腺苷酸化、mRNA 脱帽以及 mRNA 降解的蛋白质。因此，P 小体可抑制翻译或将靶 mRNA 降解。但 P 小体也可以暂时储存 mRNA。在一定的条件下，储存于 P 小体的 mRNA 可被释放，重新进入翻译的过程。

P 小体是一种动态变化的结构，蛋白质和 mRNA 可以进入或脱离 P 小体。P 小体的大小及数量与细胞内的翻译活性有关。在 P 小体内存在大量的 AGO 蛋白、GW182 蛋白、miRNA 和受抑制的 mRNA。GW182 蛋白是介导 miRISC 和 mRNA 参与组成 P 小体的关键蛋白，沉默 GW182 表达可导致 P 小体的消失。

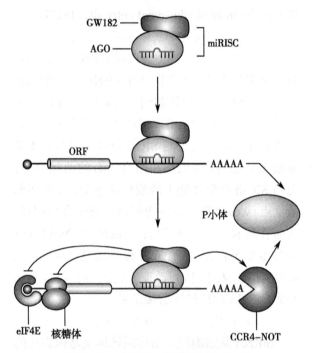

图 14-8 miRISC 对翻译的抑制作用

二、lncRNA 干扰 mRNA 的翻译

能够抑制翻译的非编码 RNA 并不仅限于 miRNA，某些 lncRNA 也可以通过特定的机制对翻译过程产生抑制作用，包括抑制翻译所需的蛋白质因子和募集翻译的阻遏蛋白。

（一）lncRNA 抑制翻译相关蛋白与 mRNA 的结合

在翻译前起始复合物的组装过程中，翻译起始因子 eIF-4E 结合 mRNA 的 5′-帽子结构，然后介导 mRNA 与 40S 小亚基、起始因子 / 起始

tRNA 复合物的结合，形成翻译起始复合物。这一组装过程还需要与 polyA 结合的 PABP（polyA binding protein）的共激活作用。

eIF-4E 是识别和结合 5′- 帽子结构的翻译起始因子，也是翻译调控的重要靶点。eIF-4E 的功能可通过磷酸化和去磷酸化进行调控。另一方面，lncRNA 也可以通过直接结合 eIF-4E 而抑制其功能。lncRNA BC1 的 3′- 端的茎环结构可直接与 eIF-4E 结合，而 BC1 序列中富含 A 的区域则可以与 PABP 结合，从而抑制 eIF-4E 和 PABP 与 mRNA 结合，抑制翻译起始复合物的组装。

（二）lncRNA 结合 mRNA 并募集阻遏蛋白

RNA 结合蛋白中，有一些是翻译的阻遏蛋白，这些蛋白可结合双链 RNA。当某些 mRNA 能够形成链内的局部双链时，这些阻遏蛋白可结合 mRNA 而抑制翻译。而一些 lncRNA 可通过互补序列与靶 mRNA 结合，形成双链结构，从而可被特定的翻译阻遏蛋白识别与结合。例如，在 *CTNNB1* mRNA（编码 β-catenin）和 *JUNB* mRNA（编码 JUNB）的编码区和非翻译区内，有几处序列与 lncRNA-p21 互补，lncRNA-p21 可与之结合形成局部双链。翻译阻遏蛋白 Rck 和 Fmrp 可识别 lncRNA-p21 与 mRNA 之间形成的双链结构并与之结合。因此，lncRNA-p21 可通过募集 Rck 和 Fmrp 而抑制 *CTNNB1* mRNA 和 *JUNB* mRNA 的翻译。

三、非编码 RNA 促进 mRNA 降解而抑制翻译

mRNA 的稳定性是影响蛋白质翻译水平的一个重要因素。真核细胞中许多蛋白质的表达水平与其 mRNA 的稳定性密切相关。一些 lncRNA 可通过影响 RBP 与 mRNA 的结合而影响 mRNA 的稳定性。而 miRNA 和 siRNA 则可通过引导 RISC 与靶 mRNA 的结合而促进其降解。因此，非编码 RNA 可通过影响 mRNA 的稳定性而调控蛋白编码基因的表达。

（一）lncRNA 促进 mRNA 降解

lncRNA 可通过影响特定蛋白质与 mRNA 的结合而改变 mRNA 的稳定性，从而在翻译水平影响蛋白质编码基因的表达。

1. lncRNA 募集特定蛋白因子而促进 mRNA 降解 Alu 元件是人类基因组 DNA 中最常见的重复序列。在一些 mRNA 的 3′-UTR 中存在 Alu 元件，而一些 lncRNA 中也含有 Alu 元件。mRNA 3′-UTR 中的 Alu 元件与 lncRNA 中的 Alu 元件通过不完全碱基配对的方式结合，可产生 Staufen 1 蛋白结合位点。因此，这些 lncRNA 称为 1/2-sbsRNA（1/2-Staufen 1-binding site lncRNA）。Staufen 1 是一种结合双链 RNA 并促进其降解的蛋白。1/2-sbsRNA 与靶 mRNA 结合产生 Staufen 1 蛋白结合位点，从而可以募集 Staufen 1 蛋白，促进靶 mRNA 的降解。

2. lncRNA 竞争结合 RNA 稳定蛋白而促进 mRNA 降解 细胞内的许多 RNA 通过结合特定的蛋白质而保持其稳定性。RNA 结合蛋白 TDP-43 是 *CDK6* mRNA 的稳定蛋白。DNA 损伤可诱导 lncRNA gadd7 表达，lncRNA gadd7 竞争结合 TDP-43，使 TDP-43 不能结合 *CDK6* mRNA，从而加速 *CDK6* mRNA 的降解，降低 CDK6 的水平，导致细胞周期停滞。

（二）短链非编码 RNA 促进 mRNA 降解

miRNA 和 siRNA 都可以影响 mRNA 的稳定性，其作用主要是通过引导相应的复合体与靶 mRNA 结合，促进 mRNA 降解。

1. miRNA 促进脱腺苷酸化作用而促进 mRNA 降解 miRISC 结合 mRNA，可促进 CCR4-NOT 复合物催化的脱腺苷酸化作用（图 14-8）。mRNA 的脱腺苷酸化是由 GW182 介导。GW182 的 N- 端部分与 AGO 蛋白结合，而其 C- 端部分则与 PABP 相互作用，募集脱腺苷酶 CCR4-NOT 或 CAF1，去除 polyA 尾，从而促进 mRNA 降解。

2. 接近完全互补的 miRNA 促进 AGO2 蛋白剪切 mRNA 虽然 miRNA 主要以不完全互补的方式与靶 mRNA 结合，并通过各种机制抑制蛋白质合成，如果 miRNA 与 mRNA 的靶序列接近或几乎完全互补，miRISC 中的 AGO2 则可以发挥内切核酸酶的作用，将 mRNA 切断，导致 mRNA 降解。由于 AGO2 剪切 RNA 时需要 miRNA 与靶 mRNA 接近完全互补。因此，以这种方式抑制基因表达的 miRNA 具有较高的特异性。

3. siRNA 促进 mRNA 降解 当 mRNA 分子存在与 siRNA 完全互补的序列时，siRNA 可将 RISC 引导至相应的靶 mRNA 分子，RISC 与

靶 mRNA 分子结合，AGO2 将靶 mRNA 分子裂解，导致 mRNA 降解。siRNA 介导的抑制作用具有较高的特异性，而且抑制作用很强，可导致基因表达的沉默。因此，在研究基因功能时，以 siRNA 沉默基因表达是重要的研究策略之一。

四、lncRNA 结合 mRNA 而促进翻译

lncRNA 对翻译的影响并不单纯只是抑制作用，有些 lncRNA 对翻译具有促进作用，可通过影响核糖体与 mRNA 的相互作用或阻止 miRNA 的抑制作用而促进翻译。

（一）lncRNA 可促进 mRNA 与核糖体的相互作用

当 lncRNA 与 mRNA 的部分序列互补时，可与 mRNA 结合。这种结合并不总是抑制 mRNA 的翻译。有些 lncRNA 与 mRNA 的 5'- 端结合时，也可促进 mRNA 与核糖体的相互作用，从而促进翻译。lncRNA AS-UCHL1 是以泛素羧端水解酶 L1（UCHL1）基因反向转录而产生的，由于转录区部分重叠，AS-UCHL1 与 UCHL1 mRNA 在 5'- 端互补，两个 RNA 分子可在 5'- 端互补结合（图 14-9）。而 AS-UCHL1 的 3'- 序列中有一个 SINEB2 元件。SINEB2 元件可促进核糖体与 UCHL1 mRNA 的结合，促进翻译起始，而且更容易形成多聚核糖体，从而促进翻译效率。除了 AS-UCHL1，其他具有相同结构特点的 lncRNA（如 AS-UXT）也可以促进相应靶 mRNA 的翻译活性（图 14-9）。

虽然 AS-UCHL1 的转录有可能产生转录干扰而影响 UCHL1 基因的转录，但实际上，AS-UCHL1 的短暂表达对 UCHL1 mRNA 水平的影响不大，而可以大幅度增强 UCHL1 蛋白的合成。

（二）lncRNA 结合 mRNA 而防止 miRNA 的抑制作用

lncRNA 与 mRNA 的互补结合也可能封闭 miRNA 的识别位点，从而防止 miRNA 对翻译的抑制作用。从 β 淀粉样裂解酶 1（BACE1）的基因可反义转录出 lncRNA BACE1-AS。BACE1-AS 与 BACE1 mRNA 互补结合，可防止 RNA 酶降解 BACE1 mRNA，增强该 mRNA 的稳定性，促进翻译。此外，在 BACE1 mRNA 中有 miR-485-5p 的识别位点，BACE1-AS 与含有 miR-485-5p 识别位点的区域完全互补，能够防止 miR-485-5p 引导 miRISC 结合 BACE1 mRNA，从而防止 miRNA 介导的翻译抑制效应，促进 BACE1 mRNA 的翻译。

五、miRNA 前体可竞争结合阻遏蛋白而促进翻译起始

虽然绝大部分 miRNA 的作用都是对翻译产生负调控作用，有少数 miRNA 却可以通过独特的机制促进翻译。其中一种机制是 pre-miRNA 通过结合翻译阻遏蛋白而解除阻遏蛋白对相应 mRNA 翻译的抑制作用。

C/EBPα 是骨髓细胞分化的一个调节蛋白。G-CSF 诱导骨髓细胞向中性粒细胞分化时，细胞内表达产生 C/EBPα。C/EBPα 是中性粒细胞成熟所必需的分化调节因子。而其他的细胞因子（如 IL-3）诱导骨髓细胞表达 hnRNP E2 蛋白，可抑制 CEBPA mRNA 的翻译，抑制细胞分化。hnRNP E2 是 RNA 结合蛋白，识别并结合富含 C 的双链结构。CEBPA mRNA 的 5'-UTR 有一个富含 C 的茎环结构，是阻遏蛋白 hnRNP E2 识别和结合的部位。因此，当 hnRNP E2 被诱导表达时，CEBPA mNRA 的翻译就被抑制（图 14-10）。

pre-miR-328 分子中也有富含 C 的元件，其结构与 CEBPA mRNA 相似（图 14-10），因而可以竞争结合 hnRNP E2。pre-miR-328 与 hnRNP E2 的结合是通过富含 C 的区段，而与其种子区的序列无关。pre-miR-328 与 hnRNP E2 结合的能力比 CEBPA mRNA 结合 hnRNP E2 的能力更强，因而可以通过竞争结合作用而阻止 hnRNP E2 结合 CEBPA mRNA，从而促进 CEBPA 的表达。因此，pre-miR-328 可以促进 G-CSF 诱导的细胞分化。

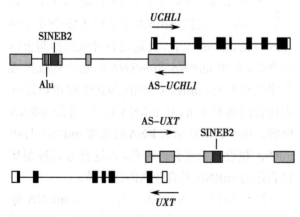

图 14-9 UCHL1 和 UXT 基因及与之部分重叠的 AS 基因的转录

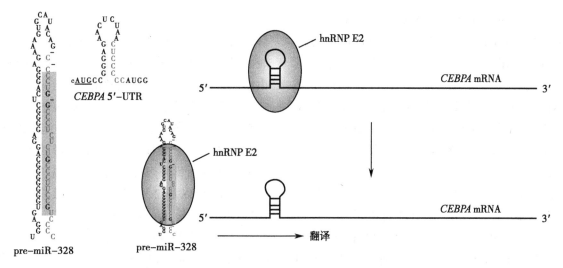

图 14-10　pre-miR-328 对 *CEBPA* mRNA 翻译的调控

六、lncRNA 吸收 miRNA 而促进翻译

miRNA 是通过识别靶 mRNA 的部分互补性序列而引导 miRISC 与靶 mRNA 结合，抑制 mRNA 的翻译。在一些 lncRNA 中，也存在与 miRNA 互补的序列，因此，这些 lncRNA 能够竞争性结合 miRNA，与 miRISC 结合，使 miRISC 不能抑制相应的靶 mRNA。除了发挥内源性"海绵"效应吸收 miRNA 外，lncRNA 与 miRNA 的结合也可加速 miRNA 的降解。

有些 lncRNA 具有多个 miRNA 识别位点，可以结合多个 miRISC。有的 lncRNA 含有多种 miRNA 的识别位点，因而可促进多种 mRNA 的翻译。HULC 是在肝癌细胞中表达的一种 lncRNA。在 HULC 分子中，有许多 miRNA 的识别位点，通过结合相应的 miRNA，HULC 可消除 miRNA 对靶基因的翻译抑制效应。除了吸收多种 miRNA，HULC 还可促进其中一些 miRNA（如 miR-372 和 miR-613）的降解。

有些 lncRNA 识别的 miRNA 较少，调控的靶基因也较少。如 lncRNA linc-MD1 主要结合 miR-133 和 miR-135，相应地促进 *MAML1* mRNA 和 *MEF2C* mRNA 的翻译。

有些假基因转录产生的 lncRNA 也可以结合 miRNA，从而使亲本基因的翻译水平增高。如假基因 *PTENP1* 的亲本基因是抑癌基因 *PTEN*，由 *PTENP1* 转录产生的 lncRNA 中的一段序列与 *PTEN* mRNA 的 3'-UTR 序列高度同源，因而可以结合许多靶向 *PTEN* mRNA 的 miRNA（如 miR-17、miR-21、miR-214、miR-19、miR-46），促进 *PTEN* mRNA 的翻译。高表达 lncRNA PTENP1，可解除 miRNA 对 *PTEN* 表达的抑制作用。

七、circRNA 对翻译的调控作用

circRNA 可通过各种不同的机制直接或间接调控翻译。

（一）circRNA 通过影响 mRNA 的产生最终调控翻译

如前所述，与 mRNA 具有相同基因位点来源的 circRNA 通过反向剪接与经典线性剪接形成竞争关系，从而抑制线性 mRNA 的产生，最终对以该线性 mRNA 作为模板指导的翻译产生抑制作用。另一方面，circRNA 通过对 miRNA 的海绵吸附作用，大量结合 miRNA 而导致受这些 miRNA 抑制的靶基因的 mRNA 水平上升，促进其编码蛋白的翻译。

（二）circRNA 通过对蛋白的结合影响 mRNA 翻译

circRNA 也有蛋白吸附的功能。如 CDR1as 和 SRY circRNA 可与 miRNA 效应因子 AGO 相结合，从而被降解。ci-ankrd52、circEIF3J 和 circPAIP2 可与 RNA 聚合酶复合体相互作用而调节转录和翻译。circMbl 由多功能蛋白 MBL（muscleblind）的第 2 外显子通过与亲本 pre-mRNA 线性剪接的竞争而形成。在 circMbl 中已经证实了存在 MBL 蛋白的特异性结合区域，且该区域在物种之间

是高度保守的。MBL 通过桥接两个侧翼内含子来诱导环化，MBL 表达水平的调节也可能会直接影响 circMbl 生物合成，两者间存在一个反馈调节的循环。当 MBL 表达过高时，可通过促进 circMbl 产生而降低其自身 mRNA 的水平。生成的环状 RNA 分子 circMbl 又与过量 MBL 蛋白结合并诱导其降解，最终都对 MBL 蛋白的翻译起到负调控作用。

circRNA 还通过与蛋白相互作用参与多种生理过程的调控。如 circ-FoxO3 可以通过与抗衰老及抗压蛋白相关因子 ID-1、FAK 和 HIF1α 等相互作用使其滞留在细胞质中，从而阻碍其发挥相应功能。还可以形成 circ-FoxO3/p21/CDK2 三元复合物，抑制 CDK2 的功能并且阻断细胞周期进程。circRNA 分子还能够特异性结合反式激活调控蛋白（transactivating regulatory protein，Tat）抑制 *HIV-1* 基因的表达。

（三）circRNA 直接进行编码产生多肽

由于 circRNA 缺乏 5′ 帽和 3′ poly A 尾结构，通常被认为不能进行翻译。但大多数 circRNA 由编码基因产生且含有完整的外显子构成，并主要存在于细胞质中，表明其具备被装载到核糖体中翻译成多肽的潜能。人骨肉瘤细胞 U2OS 中的 circRNA 具有翻译功能，但其翻译效率相对较低。而在水稻黄斑病毒类病毒中发现的 circRNA 拥有一个 IRES 和 2~3 个 ORF，可被直接翻译成 16kD 的基础蛋白。circRNA 在无细胞大肠杆菌翻译系统和人类细胞中可通过滚环扩增（rolling circle amplification，RCA）机制产生丰富的蛋白产物。circRNA 还可以通过腺苷 N6 的甲基化（m6A）来驱动蛋白质翻译。鉴于 circRNA 可编码产生多肽，将其定义为 ncRNA 还有一定的局限性。

circRNA 调控基因表达作用总结见文末彩图 14-11。

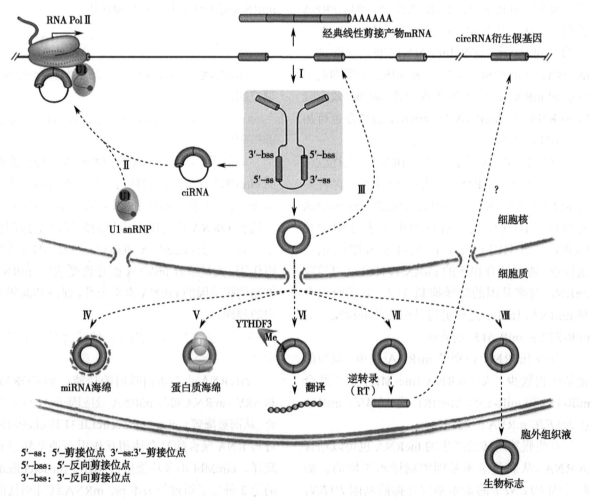

图 14-11　circRNA 调控基因表达作用示意图

（刘　载）

参 考 文 献

[1] Wang J, Liu X, Wu H, et al. CREB up-regulates long non-coding RNA, HULC expression through interaction with microRNA-372 in liver cancer. Nucleic Acids Res, 2010, 38(16): 5366-5383.

[2] Saxena A, Carninci P. Long non-coding RNA modifies chromatin: epigenetic silencing by long non-coding RNAs. Bioessays, 2011, 33(11): 830-839.

[3] Oyoshi T, Kurokawa R. Structure of noncoding RNA is a determinant of function of RNA binding proteins in transcriptional regulation. Cell Biosci, 2012, 2(1): 1.

[4] Guttman M, Rinn JL. Modular regulatory principles of large non-coding RNAs. Nature, 2012, 482(7385): 339-346.

[5] Ghildiyal M, Zamore PD. Small silencing RNAs: an expanding universe. Nat Rev Genet, 2009, 10(2): 94-108.

[6] Inui M, Martello G, Piccolo S. MicroRNA control of signal transduction. Nat Rev Mol Cell Biol, 2010, 11(4): 252-263.

[7] Djuranovic S, Nahvi A, Green R. A parsimonious model for gene regulation by miRNAs. Science, 2011, 331(6017): 550-553.

[8] Pink RC, Wicks K, Caley DP, et al. Pseudogenes: pseudo-functional or key regulators in health and disease? RNA, 2011, 17(5): 792-798.

[9] Faghihi MA, Wahlestedt C. Regulatory roles of natural antisense transcripts. Nat Rev Mol Cell Biol, 2009, 10(9): 637-643.

[10] Kaikkonen MU, Lam MT, Glass CK. Non-coding rnas as regulators of gene expression and epigenetics. Cardiovasc res, 2011, 90(3): 430-440.

[11] Li X, Yang L, Chen LL. The biogenesis, functions and challenges of circrnas. Molecular cell, 2018, 71(3): 428-442.

[12] Cai HC, Li YM, Niringiyumukiza JD, et al. Circular RNA involvement in aging: An emerging player with great potential. Mechanisms of Ageing and Development, 2019, 178: 16-24.

[13] Watanabe T, Lin F. Post transcriptional regulation of gene expression by piwi proteins and pirnas. Molecular cell, 2014, 56(1): 18-27.

第四篇 基本生命活动的分子调控

第十五章 细胞增殖的分子调控

细胞增殖（cell proliferation）是通过细胞分裂增加细胞数量的复杂过程，是细胞生命活动的重要特征之一。单细胞生物通过细胞增殖增加生物个体数量，多细胞生物由一个单细胞（受精卵）分裂发育而来。细胞增殖是其发育的基础，也是成年个体中补充衰老死亡的细胞，进行组织再生和修复等生理病理过程的重要事件。细胞增殖在体内受多种因素的影响，并受到十分严格、精细的调控。细胞增殖的异常是许多疾病发生发展的重要因素。本章将重点阐述真核细胞增殖调控的基本环节、重要分子及其机制，并举例介绍细胞增殖异常与疾病的关系。

第一节 细胞周期相关蛋白与细胞增殖调控

真核细胞主要以有丝分裂的方式进行增殖。进入增殖的细胞，通过一系列循序发生的事件，最终实现细胞分裂、产生两个子代细胞，这一过程被称为细胞周期（cell cycle）。真核细胞的细胞周期分为间期（interphase）和分裂期即 M 期（mitotic phase）。间期依次包括 G_1 期，S 期和 G_2 期。细胞大部分时间处于此期，整个间期是一个连续的过程，包括合成新的核糖体、膜、线粒体、内质网和大多数细胞的蛋白质。染色体在 S 期被复制，而且仅复制一次。在 M 期，复制形成的姊妹染色体分离、其他细胞内容物平均分配，细胞分裂形成一对子代细胞。

细胞是否能顺利完成增殖过程与细胞是否能顺利地从细胞周期的上一阶段进入下一阶段密切相关。而这些过程受到极为精准的调控。真核细胞能够使细胞周期事件正确的开启和结束，依赖于细胞内一个复杂的调控系统，即细胞周期调控系统。

一、细胞周期检查点是细胞增殖调控的关键位点

细胞增殖过程中两个最重要的事件是细胞内成分的复制和细胞的分裂。细胞必须确保 DNA 在没有损伤、或损伤得到修复的情况下被复制；一个细胞周期中染色体只能被复制一次，复制的染色体要在正确的时间分离、并被分配到两个子代细胞中。如果 DNA 损伤得不到修复，细胞继续分裂就会造成损伤的积累，导致细胞死亡或产生肿瘤。若细胞分裂中期复制的染色体的端粒附着异常，可导致子代细胞染色体缺失或形成多余的染色体，如第 21 对染色体的三倍体，即唐氏综合征。为避免这些事件的发生，细胞被称为细胞周期检查点（cell cycle checkpoint）又称为关卡的检查机制所监控。细胞周期检测查点是细胞增殖调控的关键位点。

（一）细胞周期调控涉及四个检测点

细胞周期检查点可依细胞周期的顺序循环分为：G_1-S 期检测点，S 期检测点，G_2 期检测点和 M 期检测点。

1. **G_1-S 期检测点决定细胞是否增殖** 细胞在该检测点对各类生长因子、促有丝分裂原以及 DNA 损伤等复杂的细胞内外信号进行整合和传递，根据检测结果决定细胞是否进行分裂、发生凋亡或进入 G_0 期。细胞一旦通过 G_1 检测进入 S 期，就意味着一个新的细胞周期的开始，必须完成这一周期。G_1 期到 S 期的这一检测点称为 G_1 限制点（R 点），跨过 R 点的细胞将不再依赖于细胞外促有丝分裂原，细胞周期可以正常进行。

2. **S 期检测点可阻止 DNA 受损的细胞进行 DNA 合成** 细胞在 S 期进行 DNA 的复制。S 期检测点的主要功能是检测 DNA 是否发生损伤，

损伤的 DNA 分子是否得到修复,从而避免异常的 DNA 得以复制传代。

3. **G₂ 期检测点阻止受损细胞进入有丝分裂** 是控制细胞进入 M 期的检测点,可防止细胞携带着受损的 DNA 和未完成复制的 DNA 进入有丝分裂。

4. **M 期检测点阻止受损细胞进行分裂** M 期检测点又叫纺锤体组装检测点。监控姐妹染色体是否已稳定地附着在纺锤体上,若未通过检测,细胞被阻止继续进行分裂。

(二)细胞周期检查点由多种调控蛋白质控制

细胞周期检查点由细胞周期调控系统控制,这一调控系统包括细胞周期蛋白和细胞周期蛋白依赖激酶。细胞周期蛋白具有调节活性,细胞周期蛋白依赖性激酶具有催化活性,但其激酶活性只有结合了细胞周期蛋白方能显现(图 15-1)。周期调控系统控制还包括一类负调控因子细胞周期蛋白依赖性激酶抑制因子(CDK inhibitor,CKI),与 cyclin 和 CDK 共同执行对细胞周期的调控(将在本节第二部分介绍)。

1. **细胞周期蛋白在细胞周期中呈周期性出现** 细胞周期不同阶段产生的周期蛋白主要包括四类:G₁-S 期周期蛋白,S 期周期蛋白,M 期周期蛋白和 G₁ 期周期蛋白。此外,还有一些近年来发现的周期蛋白,如 cyclin C、cyclin T 等(表 15-1)。

(1)G₁-S 期周期蛋白 cyclin E 在 G₁ 期后期升高,S 期的初期下降。cyclin E 作为 CDK2、CDK3 的调节亚基与其组成复合体,使细胞通过 G₁-S 期检测点的检测,启动细胞周期的早期事件。

(2)S 期周期蛋白 cyclin A 随着 cyclin E 的升高而出现,在 S 期、G₂ 期和 M 期初期都有较高水平的表达,与 CDK1 和 CDK2 组成复合体,启动 DNA 的复制。

(3)M 期周期蛋白 cyclin B 从 S 期后期开始出现,在 G₂ 期后期水平升高,到 M 期中期达到高峰,晚期下降。cyclin B 有 B1、B2、B3 三种亚型,作为 CDK1 的调节亚基,对细胞的有丝分裂进行调节,CDK1 又称为有丝分裂促进因子(mitosis promoting factor,MPF)。

(4)G₁ 期周期蛋白 cyclin D 是细胞周期蛋白中不以固定模式出现的蛋白质。它的出现取决于是否存在促有丝分裂原。cyclin D 作为 CDK4 和 CDK6 的调节亚基与其组成复合体,促进细胞通过 R 点,进入一个新的细胞周期。

2. **细胞周期蛋白依赖性激酶的活性在细胞周期中震荡变化** CDK 属于丝氨酸/苏氨酸蛋白质激酶家族,可以催化来自 ATP 的磷酸基团与底物的丝氨酸/苏氨酸残基共价结合。CDK 单独存在时不表现激酶活性,只有与其调节亚基 cyclin 结合时才表现出激酶活性。因此,与之结合的细胞周期蛋白决定了 cyclin-CDK 复合体作为激酶的特异性。目前发现的 CDK 在动物中至少有 9 种。各种 CDK 分子均含有一段相似的激酶结构域,这一区域有一段保守序列,即 PSTAIRE,与周期蛋白的结合有关。CDK 是细胞周期调控系统的核心。与周期蛋白不同,CDK 的表达水平比较恒定,但由于其调节亚基 cyclin 的表达水平变化巨大,CDK 的激酶活性在细胞周期中呈现明显的

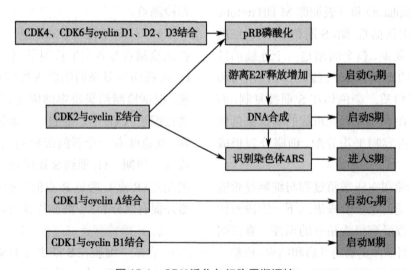

图 15-1 CDK 活化与细胞周期调控

震荡变化。表 15-1 为目前已知的哺乳类动物细胞 CDK 和与其结合的 cyclin。

3. 细胞周期蛋白的适时降解确保细胞周期循环的不可逆性　如前所述，细胞周期蛋白的表达具有明显的时间特异性，及时清除这些发挥了作用的蛋白质是保证细胞周期循环不可逆单向转换的重要保证。泛素（ubiquitin）- 蛋白酶体系统在细胞周期蛋白降解的过程中发挥了重要作用。

细胞周期蛋白合成后，可被高度保守的、由 76 个氨基酸残基组成的泛素蛋白质修饰。共价结合一串泛素的过程称为多泛素化，其结果是使结合了泛素的蛋白质被真核细胞内的蛋白酶体（proteasomes）迅速降解。两个泛素 - 蛋白质连接酶介导了这一过程。

SCF（由 Skp1、Cullin 和 F-box 三种蛋白质的首字母组成）通过降解 G_1-S 期周期蛋白 cycin E 控制 G_1-S 期的转换。后期促进复合体（anaphase promoting complex or cyclosome，APC/C）可以通过 CDC20（APC^{CDC20}）或 Cdh1 介导（APC^{Cdh1}），作用于 M 期 cyclin。APC/C 将泛素转移到位于 cyclin 破坏作用框（destruction box）C- 端的赖氨酸残基。进一步泛素化形成多泛素链，后者可被蛋白酶体识别降解。相反，缺乏破坏作用框的突变型 cyclin 不能被迅速的降解。

有丝分裂期后期 cyclin B 的降解受 APC/C 活性调节。完成了有丝分裂的爪蟾卵中分离出的 APC/C 具有催化 cyclin B 多泛素化的活性；而从停滞在分裂中期的爪蟾卵分离的 APC/C 的催化活性较低。APC/C 可以被 M 期的 CDK 磷酸化激活，活化的 APC/C 使 cyclin B 泛素化修饰并被降解。因为 cyclin B 是 CDK1 的调节亚基，其降解使 CDK1 失活。APC/C 在 G_1 期的活性一直很高，以确保 S 期和 M 期周期蛋白被彻底清除，保证有丝分裂的完成。但是 APC/C 在 G_1 晚期失活，允许 cyclin B 和 CDK1 水平同时升高，使细胞准备进入下一个有丝分裂周期。

二、细胞周期调控蛋白质控制细胞增殖的进行或终止

细胞增殖是通过细胞周期进行的，细胞周期的有序进行依赖于正常的细胞周期调控系统，其核心就是细胞周期蛋白 cyclin 和 CDK。cyclin-CDK 复合体起动细胞周期的每一个特定事件，推动着细胞周期的运转。

（一）细胞周期调控蛋白质启动并维持细胞周期正常运转

细胞增殖是发育的基础，也是组织再生和修复等生理病理过程的重要事件。因此，细胞周期的启动和运转速率取决于机体内在的发育程序和各种蛋白质分子等提供的外界信号。cyclin-CDK 复合体是执行这些"命令"的主要分子。

1. 细胞周期蛋白 D 促使细胞周期通过 R 点　如前所述，在 G_1 期细胞存在一个限制点——R 点。细胞周期一旦通过 R 点，便不可逆性的进入一个新的细胞周期。促使细胞周期通过 R 点的关键分子是 cyclin D。促有丝分裂原等外界信号促进 cyclin D 的基因表达，并通过抑制 GSK3 激酶的

表 15-1　哺乳动物细胞 cyclin-CDK 复合体

CDK	同种异名蛋白	结合的 cyclin	作用时相，功能	主要抑制剂
CDK1	CDC2，CDC28	cyclin B1，cyclin B2，cyclin B3	有丝分裂期	A-674563
		cyclin A	G_2-M	
CDK2		cyclin A	S 期	Dinaciclib
		cyclin E	G_1-S	
CDK3		cyclin D/E	G_1-S	AT7519
CDK4/6	PSK-J3	cyclin D1，cyclin D2，cyclin D3	G_1	R547/PD 0332991
CDK5	P35		神经元中多种功能	Dinaciclib
CDK7	CAK	cyclin H，MAT1	转录 / 修复，活化 CDK	PHA-793887
CDK8	K35	cyclin C	转录调节	
CDK9		cyclin K，cyclin T	转录调节	SNS-032

活性,抑制了 cyclin D 由细胞核向胞质的转运,减少其降解,使 cyclin D 累积,cyclin D-CDK4/6 复合体活性增加。进一步使 RB 蛋白质磷酸化,解除其对转录激活因子 E2F 家族成员的抑制,启动 G_1-S 期基因的表达。

2. 细胞周期蛋白 E 促使 E2F 完全活化 当细胞通过 G_1-S 期转折时,许多编码参与 DNA 和脱氧核苷酸合成的蛋白质的基因被诱导表达。E2F 家族的转录因子对这些基因及 CDK2 和 cyclin A 和 cyclin E 的转录是必需的。而且,E2F 能够刺激编码自身基因的转录。但是 cyclin D-CDK4/6 复合体使 RB 磷酸化,只是释放部分 E2F 而使其活化。活化的 E2F 刺激自身和 CDK2、cycling E 的基因表达。cyclin E-CDK2 复合体进一步磷酸化 RB 蛋白质,释放更多的 E2F 活性,形成了 E2F 活化的正反馈回路。作为转录激活因子的 E2F 不仅调节 G_1-S 和 S 期相关基因的表达,对其他细胞周期的相关基因表达也有调控作用,如参与有丝分裂的 *cdc25* 便是 E2F1 的靶基因。

3. RB 蛋白质是 cyclin D-CDK4/6 和 cyclin E-CDK2 复合体的作用底物 *RB* 基因突变最初在视网膜母细胞瘤中发现。随后,在几乎所有肿瘤细胞中均发现有 *RB* 的失活,或是 *RB* 两个等位基因突变,或是 *RB* 的磷酸化异常。RB 蛋白质是一个 105~110kDa 的核磷酸蛋白质,具有多个丝氨酸和苏氨酸残基可被磷酸化。RB 的磷酸化状态对 E2F 的活性状态很重要,低磷酸化状态的 RB 能与 E2F 结合,抑制 E2F 的转录激活作用。磷酸化的 RB 释放 E2F,使其活化。

在 G_1 中期 cyclin D-CDK4/6 复合体首先使 RB 磷酸化,使 E2F 部分活化。在 S 期,G_2 和 M 期,cyclin-CDK2/CDK1 复合体都使 RB 蛋白质保持磷酸化状态。当细胞结束有丝分裂进入 G_1 早期或 G_0 期时,cyclin-CDK 复合体活性下降,蛋白质磷酸酶 1(protein phosphatase 1, PP1)使 RB 蛋白质去磷酸化,结果低磷酸化的 RB 蛋白质又可以在下一周期 G_1 早期抑制 E2F,见图 15-2。

4. 细胞周期蛋白 B 对 M 期有丝分裂进行调节 增殖细胞在 M 期经历了最为复杂的分子事件,发生了最为明显的形态变化。cyclin B-CDK1 复合体的活性是 M 期有丝分裂最主要的调节因素。

(1)cyclin B-CDK1 的活化决定有丝分裂的开始:cyclin B-CDK1 激活涉及一系列正反馈效应,其主要的触发因素是 G_2 期周期蛋白 cyclin A。cyclin A 表达水平在 S 期开始升高,在 G_2 期维持较高水平,cyclin A-CDK1 复合体可以是一系列 G_2 期蛋白质磷酸化,启动 cyclin B-CDK1 的正反馈,使细胞通过 G_2-M 期检测点,进入有丝分裂。

(2)cyclin B-CDK1 的失活为完成有丝分裂所必须:在 M 期中期,姐妹染色体形成后的分离受到抑制。此时,APC^{cdc20} 介导的蛋白酶体降解使 CDK1 和其他抑制蛋白质失活。同时,细胞内磷酸酶使 CDK1 靶蛋白质去磷酸化,促进有丝分裂后期事件的完成。

(3)胞质分裂受到其他因素调节:胞质分裂是细胞分裂的最后阶段,也是一个精确调节的过程。许多分子参与了这一过程的调节,如小 G 蛋白 Rho、Aurora 激酶等。

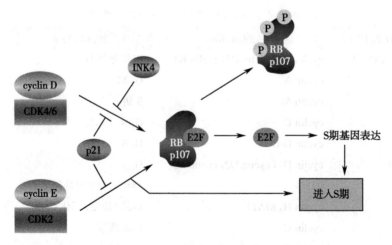

图 15-2 细胞进入 S 期的调控

（二）细胞周期受到抑制分子的调控

除 cyclin 和 CDK 外，在细胞中还存在一些对细胞周期具有抑制作用的分子，主要是 CKI，此外还有 14-3-3 和 P53 等。

1. **CKI 是 CDK 的抑制蛋白质**　CKI 可通过竞争性抑制 cyclin 或 cyclin-CDK 复合物，对细胞生长起负调控作用。目前发现的 CKI 分为 INK4（inhibitor of CDK 4）和 KIP（kinase inhibition protein）两大家族（表 15-2）。INK4 主要包括 $p16^{ink4a}$、$p15^{ink4b}$、$p18^{ink4c}$、$p19^{ink4d}$，特异性抑制 cyclin D1-CDK4、cyclin D1-CDK6 复合物。KIP 主要包括 $p21^{cip1}$（cyclin inhibition protein 1）、$p27^{kip1}$（kinase inhibition protein 1）、$p57^{kip2}$ 等，主要抑制 G_1-S 和 S 期 CDK 的激酶活性（图 15-3）。

2. **14-3-3σ 具有 CKI 的作用**　14-3-3σ 是 14-3-3 家族成员之一，被认为是新的 CKI，对 G_1-S 和 G_2-M 期转换等几个关键的细胞周期节点均发挥重要作用，并抑制 CDK 活性而阻断细胞周期进展。此外，p53 可诱导其表达，参与 DNA 损伤后的 G_2 期细胞周期关卡调控，调控机制十分复杂。当 G_2 期停滞时，14-3-3σ 使 cyclin B1-CDK2 复合体隐蔽于胞浆。而改变细胞周期调节因子的亚细胞定位是调节细胞周期的另一机制。

3. **P53 在细胞周期调控中具有十分重要的作用**　野生型 P53 蛋白质在 G_1 期检查 DNA 损伤

点，监视基因组的完整性。如有损伤，P53 蛋白质阻止 DNA 复制，以提供足够的时间使损伤 DNA 修复；如果修复失败，P53 蛋白质则引发细胞凋亡。*p53*、*p16* 等基因均属肿瘤抑制基因，详见第四章。

表 15-2　细胞周期蛋白依赖性激酶抑制因子及功能

CDK 抑制因子	结合的 CDK	功能
INK4 家族		
$p15^{ink4b}$	CDK4/6	受 TGF-β 诱导，抑制 CDK4/6 活性，G_1 期阻滞
$p16^{ink4a}$	CDK4/6	竞争性结合、抑制 CDK4/6，G_1 期阻滞
$p18^{ink4c}$	CDK4/6	抑制 cyclin D-CDK6 活性，G_1 期阻滞
$p19^{ink4d}$	CDK4/6	抑制 cyclin D-CDK4 活性，G_1 期阻滞
KIP/CIP 家族		
$p21^{cip1}$	多种 CDK	受 P53 调节，抑制多种 cyclin-CDK 活性，抑制 G_1-S 期转换及 DNA 复制，参与 DNA 损伤修复、细胞分化、衰老
$p27^{kip1}$	CDK2/4 等	抑制 G_1 期 cyclin-CDK 活性，抑制 G_1-S 期转换
$p57^{kip2}$	CDK2/3/4 等	抑制 cyclin E-CDK2 和 cyclin A-CDK2 活性，调节细胞增殖、分化和衰老

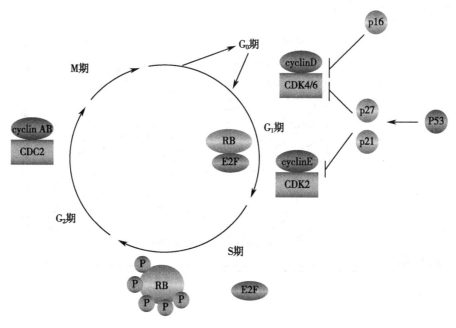

图 15-3　P53、p21、p27 对 G_1 期的调控

第二节 细胞增殖的调控机制

细胞增殖过程中,细胞周期能够严格按照 $G_1 \rightarrow S \rightarrow G_2 \rightarrow M$ 的顺序运转与相关调控基因的有序表达密切有关。细胞外信号是细胞增殖调控的基础,多条信号转导途径参与细胞增殖的调控,如图 15-4。

一、生长因子可刺激细胞增殖

具有刺激细胞生长活性的细胞因子被称为生长因子,其化学本质大多为多肽。EGF、神经生长因子(nerve growth factor,NGF)、血小板源性生长因子(platelet derived growth factor,PDGF)和转化生长因子(transforming growth factor,TGF)等细胞因子对处于静止期的细胞进入 S 期具有调节作用。生长因子的信号途径主要有 Ras 途径、cAMP 途径和磷脂酰肌醇途径等。如激活 c-Myc,c-Myc 作为转录因子促进 cyclin D、SCF、E2F 等 G_1-S 有关的蛋白质表达,促进细胞进入 G_1 期,启动细胞增殖。

(一)多种生长因子协同促进细胞从 G_0 期进入细胞周期

细胞在多种因素的影响下可进入 G_0 期。一般情况下,终末分化、衰老的细胞不再重新进入细胞周期进程而增殖,但大多数 G_0 期细胞一旦得到信号指使,可以重新返回 G_1 期,经细胞周期而增殖。用培养的成纤维细胞进行的研究表明,细胞从 G_0 期返回 G_1 期需经三个阶段,各阶段均需多种生长因子的参与及协同作用。第一、二阶段分别为获取资格和进入,PDGF 在这两个阶段均发挥刺激作用,而第二阶段还需 EGF 和胰岛素的参与。第三阶段为进展,需要胰岛素样生长因子 1(insulin like growth factor 1,IGF1)。这些生长

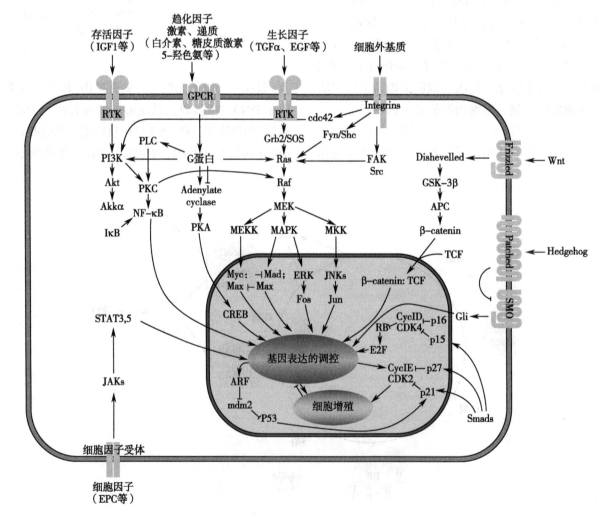

图 15-4　信号转导途径对细胞增殖的调控

因子通过信号转导途径活化 CDK-cyclin 复合物，从而使细胞从 G_0 期进入 G_1 期。

（二）生长因子通过激活细胞内信号转导途径调控细胞增殖

细胞在 G_1 期受生长因子（EGF、IGF 等）刺激并与胞外基质相互作用，分别通过胞膜受体及整合素导致 Ras-Raf-MAPKK-MAPK/ERK 等多条信号转导途径的活化。其中，MAPK 能促进 cyclin D1 的表达。cyclin Dl 表达增强可使细胞 G_1 期缩短，迅速进入 S 期。同时，MAPK 信号转导途径的激活可促进 p21/p27 的表达，而 p21/p27 可抑制多种 cyclin-CDK 活性，阻止 G_1-S 期转换而抑制细胞增殖。另外，G_1 中期在核内累积的 cyclin D-CDK4/6 虽受 p21/p27 的抑制，但仍能使少量 RB 磷酸化，释放出 E2F-DPI（diphenylene iodonium）。E2F-DPI 促进 cyclin E 和 CDK2 的表达。由于 cyclin D 和 CDK4/6 能结合较多 p21/p27，使 cyclin E-CDK2 不受 p21/p27 抑制，完全活化并使 RB 磷酸化，使 G_1 期细胞通过 G_1-S 期检测点而促进细胞周期的进程。由此可见，细胞因子通过激活信号转导途径调控细胞增殖的机制十分复杂，存在网络调控系统，一旦失调将出现细胞周期的紊乱，这是一些疾病发生的分子基础。

二、多条信号转导途径参与细胞增殖的调控

当胞外信号作用于细胞表面受体，通过受体的构象变化将信号传入胞内，启动了胞浆中的信号转导途径，通过多种途径将信号传递到细胞核内，促进或抑制特定靶基因的表达，从而达到对细胞增殖的调控。这一过程十分复杂，且各条信号转导途径间存在相互联系，如图 15-4 所示。以下简要介绍几条信号转导途径对细胞周期的调控。

（一）MAPK 信号转导途径在细胞增殖调控中起着十分重要的作用

丝裂原活化蛋白激酶（mitogen-activated protein kinase，MAPK）由 MAPKKK（MAPK kinase kinase），MAPKK（MAPK kinase）和 MAPK 三大类组成，形成一个依次激活的酶级联反应体系。主要有 ERK、JNK/SAPK 和 p38/MAPK 三个亚家族，在细胞增殖、分化和凋亡等过程中均起着十分重要的作用。这些作用与其调控细胞周期和细胞增殖相关蛋白质的表达密切相关。

1. **ERK/MAPK 的激活可促进细胞增殖** 生长因子、细胞因子等细胞外信号分子与细胞膜上的催化型受体结合后，受体发生自身磷酸化，继之磷酸化 Grb2（一种衔接蛋白质）和 SOS（son of sevenless，一种鸟苷酸释放因子）并使其活化，进而激活 Ras 蛋白质。活性 Ras 蛋白质进一步活化 Raf 蛋白质。Raf 通过其丝氨酸/苏氨酸蛋白质激酶的活性激活 MEK1 和 MEK2。活化的 MEK 进而使 ERK1 和 ERK2 磷酸化。磷酸化 MAPK 作用于底物使其磷酸化，继而进入细胞核，通过三元复合物因子、血清反应因子辅助蛋白质、SAP-1A、ETS1、c-Myc 等磷酸化并改变一些基因的表达而影响细胞的增殖、分化等。c-Myc 定位于核内，与某些癌基因协调转化细胞，促进细胞从 G_0 期进入 G_1 期，最终进入 S 期。因此，ERK 途径可以链接 G_0/G_1 即早反应（immediate early response）的有丝分裂信号。

2. **JNK/MAPK 信号途径可正向调控 c-Fos 启动子** JNK 结合在 c-Jun 的 NH_2 末端并磷酸化 c-Jun 的 Ser-63 和 Ser-73 位点。激活的 c-Jun 可促进包括 ATF-2、Elk-1、p53、DPC4、SAP-1a、NFAT4 和 c-Fos 等基因的表达。c-Fos 编码的细胞核磷酸蛋白质具有结合 DNA 的能力，可作为细胞核内的"第三信使"，使 G_0 期细胞启动而进入细胞周期，促进细胞增殖。

近年研究发现 c-Jun 激活域结合蛋白质-1（c-Jun activation domain-binding protein-1，Jab1）以单体或以 CSN5（fifth component of the constitutive photomorphogenic-9 signalosome）的组分参与细胞增殖等调控。其机制可能是 Jab1/CSN5 通过与 p27 相互作用，诱导 p27 从细胞核转移至胞浆并降解、增加 AP-1 的活性、同时促进 P53、cyclin E 和 Smad 4、Smad 7 的降解而增加细胞增殖，见图 15-5。

3. **p38-MAPK 信号途径的激活可将细胞停滞在 G_1 期** 紫外线、热休克、高渗、脂多糖、蛋白质抑制剂、促炎细胞因子（如 IL-1 和 TNF-α）和特定的有丝分裂原等激活 p38-MAPK。p38-MAPK 可阻滞细胞通过 G_1/S 检验点，继而抑制细胞增殖。p38-MAPK 的这种抑制作用可能与下调 cyclin D1 的表达有关。但 p38-MAPK 对细胞增殖的影响

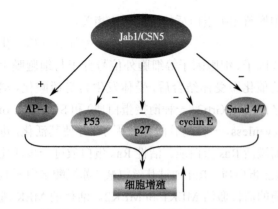

图 15-5 Jab1/CNS5 对细胞增殖的影响

十分复杂，对不同细胞的增殖效应不完全相同。如 FGF-2 诱导的 Swiss 3T3 细胞增殖，在粒细胞集落刺激因子促进造血细胞增殖过程中，以及红细胞依赖的细胞株 FDEPO 的生长都需要 p38-MAPK 的参与。p38-MAPK 作用于不同的细胞引起的增殖作用可能不同。如 p38-MAPK 的活化能激活胰腺星形细胞的增殖，但 p38-MAPK 的活化对施旺细胞的增殖无影响。

（二）TGF-β/Smad 信号转导途径可抑制细胞增殖

1. TGF-β/Smad 信号转导途径的构成十分复杂　TGF-β 家族成员通过受体的 Ser/Thr 蛋白质激酶转导信息。目前发现 TGF-β 受体有六种，即 I～VI 型受体（TβR-I～VI）。其中 TβR-II 胞浆近膜区的 Ser213 以不依赖配体方式被受体自身的激酶磷酸化；TβR-II 近膜区的 Ser165 被 TβR-II 以依赖配体的方式磷酸化，它能调节对 TGF-β 的应答强度。TβR-III 又称为 b-glycan，为细胞中含量最为丰富的 TGF-β 受体，能够结合并促进 TGF-β 与 TβR-II 的结合。

Smad 家族是最早被证实的 TβR-I 激酶的底物。Smad 可分成三大类：受体调节的 Smad（receptor-regulated-Smad，R-Smad）、共同的偶配体 Smad（common-partner-Smad，Co-Smad）和抑制性 Smad（inhibitory-Smad，I-Smad）。R-Smad 包括 Smad1、Smad2、Smad3、Smad5 和 Smad8；Co-Smad 包括 Smad4 和 Smad4β；I-Smad 包括 Smad6 和 Smad7。不同的 Smad 亚家族可组成不同的 Smad 复合物，定位于不同的基因。

2. TGF-β/Smad 信号转导途径可调控基因的表达　TGF-β/Smad 信号转导途径首先是 Smad2

和 Smad3 募集于 TGF-β 受体复合物，此过程受到与膜结合的含 FYVE 结构域的被称为激活 TGF-β 途径的 Smad 锚定蛋白（Smad anchor for activation，SARA）的控制。SARA 将锚定的 Smad2 和 Smad3 递呈给活化的 TβR-I，TβR-I 的 Ser/Thr 蛋白质激酶磷酸化 Smad2 和 Smad3，并使 Smad2、Smad3、SARA 和 TGF-β 受体复合物脱离。

当配体与受体结合后，以单体形式存在的 R-Smad 通过 MH$_2$ 结构域与受体相互作用，TβR-I 使 R-Smad 磷酸化，磷酸化的 R-Smad 相互间形成同源或异源寡聚体，进而与 Co-Smad 形成 R-Smad 三聚体。活化的三聚体转位进入细胞核。

在胞核内，R-Smad-Co-Smad 参与对靶基因的转录调节。由于 R-Smads 的磷酸化消除了 MH$_1$ 和 MH$_2$ 的自我抑制作用，R-Smads-Co-Smad 能与靶基因的 Smad 结合元件（SEBs）-5'AGAC3' 结合，激活基因的转录。Smad 信号转导途径受到 I-Smad 的负性调节。Smad 还能与其他转录因子一起调节基因的转录。信号被不同的 TGF-β 受体接受，继而通过不同的 Smad 传递信息，激活或阻抑基因的表达。

3. TGF-β/Smad 信号转导途径可诱导 CKI 的表达使细胞停滞在 G$_1$ 期　细胞顺利通过 G$_1$ 期检测点是完成一次正常分裂的前提条件。CDK2 或 CDK4 与 cyclin D 复合物的形成是 G$_1$ 期向 S 期转变的关键所在，可以磷酸化一系列靶蛋白质如 RB 蛋白质，磷酸化的 RB 蛋白质与转录因子 E2F 解离，释放的 E2F 可促进细胞周期的进程。TGF-β 信号通过 Smad 传递至核内，降低 G$_1$ 期细胞 cyclin 和 CDK 的活性与表达，同时可诱导 CKI 的表达使细胞停滞在 G$_1$ 期，TGF-β 在多数细胞中能下调 c-Myc 的表达，使得 c-Myc 促进细胞从 G$_1$ 到 S 期进程的作用降低而抑制细胞增殖。

（三）NF-κB 信号转导途径的激活促进细胞增殖

1. NF-κB 属 DNA 结合蛋白质　NF-κB 是由 p50 和 p65 形成 p50-p50 和 p60-p60 同源二聚体或 p50-p60 异源二聚体。在体内，发挥生理功能的 NF-κB 主要是 p50-p60 异源二聚体。p50 来源于分子量为 105kDa 的前体蛋白质，经蛋白酶水解其羧基末端产生 p50 分子，而且 p50 的 DNA 结合结构域和二聚化结构域与病毒癌蛋白质 v-Rel

高度同源。

NF-κB 属 DNA 结合蛋白质,具有结合某些基因启动子 κB 序列并启动靶基因转录的功能。当细胞受刺激后,在 NF-κB 信号转导途径上游激酶级联作用下激活了以无活性二聚体形式存在于胞浆的 NF-κB,并易位到细胞核内,促进靶基因表达,参与细胞周期、细胞增殖和细胞分化等调节。

2. NF-κB 通过增加 cyclin D1 表达而促进细胞从 G_1 期进入 S 期　人 cyclin D1 启动子有 D1-κB1 和 D1-κB2 两个结合位点。NF-κB 与其结合后可启动 cyclin D1 的转录。cyclin D1 是 DNA 的合成和细胞通过 G_1-S 期检测点的正向调控因素,可与 CDK4、CDK6 形成复合物,在 G_1 期中期使 RB 蛋白质磷酸化,释放出转录因子 E2F,此时细胞从 G_1 期进入 S 期;NF-κB 还通过抑制 P53 的活性和功能,降低 p21 抑制多种 cyclin-CDK 活性,抑制 G_1-S 期转换的能力,从而促进了细胞的增殖。

3. NF-κB 下调 GADD45 恢复 CDC2/cyclin B 的活性促进细胞通过 G_2-M 期检测点　细胞通过 G_2-M 期检测点依赖于 CDK1/cyclin B 的激活和对 DNA 损伤诱导家族 45(growth arrest and DNA damage 45,GADD45)的抑制,其中 GADD45 通过抑制 CDC2/cyclin B 的活性将细胞阻滞在 G_2-M 期。NF-κB 可下调 GADD45 的表达,低水平 GADD45 失去抑制 CDC2/cyclin B 活性的能力,恢复活性的 CDC2/cyclin 使得细胞顺利通过 G_2-M 期监测点而促进细胞的增殖。

（四）PKC 信号转导途径参与 G_1-S、G_2-M 转换的调控

蛋白激酶 C(PKC)至少有十三种亚型,参与细胞周期的调控而影响细胞增殖。激活不同亚型的 PKC、作用于不同类型细胞或作用于细胞周期的不同时间,对细胞周期进程的影响均可产生不同的效应。PKC 对细胞周期的影响十分复杂,以下仅做简要介绍。

1. PKC 时间依赖性调控 G_1 期进程　PKC 可双向调控一些细胞 G_1 期 CDK 和 cyclin 的表达和 DNA 合成,从而影响哺乳动物细胞循环进程。在 G_1 早期,生长因子引起的 PKC 激活,通过激活 cdc2、CDK2 或 CDK4,促进 cdc2、cyclin A、cyclin D1 和 cyclin E 的表达和 DNA 的合成促进内皮细胞的 G_1 进程。而在 G_1 晚期,激活的 PKC 则可抑制上述除 cyclin D 外的 mRNA 转录、CDK 活性和 DNA 的合成,产生与 G_1 早期完全相反的调控结果。由此可见 PKC 抑制 G_1 晚期进程可导致细胞 G_1-S 的转换被阻断。同时,PKC 通过间接磷酸化 RB 蛋白质,参与 G_1-S 转换的调节,从而影响细胞增殖。

2. PKC 亚类参与抑制细胞周期的进程　NIH3T3 细胞过表达 PKCη 可诱导括 p21^{WAF1} 和 p27^{kip1} 等 CKI 的表达,降低 cyclin E 相关激酶的活性,并抑制 RB 的磷酸化,导致细胞进入 S 期的速度下降。用 RNAi 技术沉默慢性粒细胞白血病细胞系 K562 细胞 PKCα,可引起 cyclin D3 表达的上调,相反,PKCα 的激活可降低 cyclin D3 的表达而引起 S 期的延长,细胞被聚集在 S 期。

3. PKC 可调控 G_2-M 的转换　在 G_2-M 期,PKC 的激活增加 p21^{WAF1}、p27^{kip1} 等 CKI 的表达,并下调 cdc25 磷酸酶的表达,从而使得细胞 G_2-M 的转换被阻断。PKCβII 和 δ 参与 G_2-M 的转换,其机制可能是激活的 PKCβII 磷酸化 lamin B1 参与 G_2-M 转换的调控;而 PKCδ 过表达可阻滞 G_2-M 转换,从而影响细胞增殖。

（五）激活 Akt/PKB 信号转导途径可促进细胞增殖

1. PIP$_3$ 可激活 Akt/PKB 信号转导途径　Akt 是 Ser/Thr 蛋白质激酶,至少包括 Aktl(PKBα)、Akt2(PKBβ)和 Akt3(PKBγ)三种亚型,分别由三个不同基因编码。其羧基末端的激酶结构域与 PKC 和 PKA 非常相似,氨基末端有 PH 结构域。Ser124 和 Thr450 是基本的磷酸化位点而 Thr308 和 Ser473 是与活化相关的磷酸化位点。

PI3K 产生的 PIP$_3$ 与 Akt 和磷酸肌醇依赖性激酶 1(phosphoinositide- dependent kinase 1,PDK1)的 PH 结构域结合后,消除 PH 结构域对激酶的抑制作用。Akt/PKB 转位于细胞膜,使其与 PDK1 位于同一处,PDK1 能催化 Akt/PKB 的 Thr308 和 Ser473 磷酸化,使 Akt/PKB 完全活化。

活化的 Akt/PKB 可磷酸化含有 RXRXXS/T(X 为任意氨基酸)序列的 GSK-3β、Bad、procaspase-9 和 CREB 等靶蛋白质。活化的 Akt/PKB 还可通过诱导 c-Myc 和 BCL-2 调节基因转录,并调节翻译和翻译后加工而参与细胞周期调控和抑制凋亡等。

2. Akt/PKB 信号转导途径通过激活 CDK 促进细胞增殖　PI3K 能激活 CDK4/2,使细胞进入 S 期并诱导 DNA 的合成。细胞受损时,激活的 ChK1 磷酸化 CDC25 的 Ser216 位点,磷酸化 CDC25 与 14-3-3 蛋白质结合而失去其作为 CKI 的生物学活性。PI3K/Akt 可直接激活 CDK1,使细胞顺利通过 G_2-M 期关卡。

p21^{Cipl} 通过抑制多种 cyclin-CDK 活性,抑制 G_1-S 期转换及 DNA 复制。但 p21^{Cipl} 被 Akt 磷酸化后,便从细胞核转位到胞浆中并解除对 CDK 的抑制,促进细胞周期的进程。Akt 也能直接磷酸化 p27^{Kipl} 的 Thr157 位残基,使之转位到胞浆中与其他蛋白质结合,阻止其抑制 CDK 的作用而促进细胞周期的进程。Akt 磷酸化转录因子 AFX,使之转位到细胞质中,降低 p27^{Kipl} 的转录水平,从而促进细胞增殖,见图 15-6。

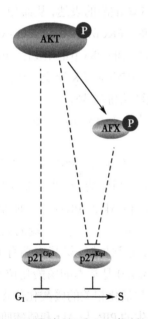

图 15-6　Akt 通过 p21 和 p27 抑制细胞增殖

三、肿瘤相关基因调控细胞增殖

原癌基因是维持机体正常生命活动所必须的基因,一般认为其表达产物具有促进细胞增殖作用。当原癌基因的结构或调控区发生变异,基因产物增多或活性增强时,可使细胞过度增殖,甚至形成肿瘤。有关原癌基因和抑癌基因的性质、作用及其对细胞周期的调控机制的介绍详见第四章。

抑癌基因也称为抗癌基因,其表达产物具有抑制细胞增殖的作用,但在基因缺失、表达产物活性被抑制后可减弱甚至消除其抑癌作用。*p53*、*p16*、*RB* 基因与 G_1-S 检测点有关。*p53* 基因的表达产物 P53 蛋白质可促进 p21 蛋白质的表达,从而抑制 G_1 期至 S 期的转换,阻碍细胞进入 DNA 合成期,抑制细胞增殖。离子辐射、药物刺激等引起细胞 DNA 损伤,野生型 P53 蛋白质可使细胞在 G_1 期进行损伤 DNA 的修复,若 DNA 修复失败,细胞进入凋亡。

p16 和 RB 蛋白质对细胞周期的调节作用见本章第一节,不再赘述。

癌变的重要原因之一是细胞周期的失控。癌基因的表达产物可促进细胞增殖,而抑癌基因的表达产物可明显抑制细胞增殖。当 *p53*、*p16* 等基因出现突变或缺失时,可间接或直接导致其调控细胞周期的能力丧失,细胞增殖失控导致癌变。如突变型 *p53* 丧失调控细胞周期的功能,并且部分突变型 *p53* 具有促细胞增殖、转化致癌的潜能。

四、细胞内外环境的改变参与调控细胞增殖

环境因素的微小变化就可刺激细胞,通过细胞膜或胞内受体将信号在细胞内进行传递,引起信号蛋白质的磷酸化、核转位并影响基因的转录等过程,改变细胞周期的进程而导致细胞增殖的变化。由此可见,细胞增殖是某些信号作用于细胞受体后产生的一种以细胞周期改变为主的综合性细胞行为,这些信号是调控细胞增殖的基础,而细胞内信号传递过程是决定细胞能否增殖的关键。不同细胞的增殖源于不同信号的刺激,不同的信号引起的细胞增殖行为不同。生物细胞所接受的信号多种多样,按信号的性质可分为物理信号、化学信号和生物学信号等几大类。以下简要介绍一些常见的影响细胞增殖的信号。

（一）一氧化氮参与调控细胞增殖

一氧化氮(nitric oxide,NO)具有多向介质、第二信使、免疫防御和神经递质等多种作用。除血管内皮细胞外,脑神经及特殊分化的上皮细胞均能合成 NO,被细菌毒素或细胞因子激活后的巨噬细胞、平滑肌细胞(smooth muscle cell,SMC)也能产生大量 NO。近年发现 NO 能调节血管 SMC 的增殖、迁移和血管基质的形成,其机制可

能是 NO 通过延长 SMC G_2-M 期时间，阻滞细胞向 G_0/G_1 期过渡而抑制肺动脉 SMC 的增殖。

（二）硫化氢可抑制血管平滑肌细胞的增殖

胱硫醚裂解酶在哺乳动物体内催化生成硫化氢（H_2S），在肝脏和血管平滑肌等细胞均发现胱硫醚裂解酶。除毒性作用外，H_2S 还具有重要的生理功能。H_2S 可影响细胞增殖，但机制一直不是十分清楚。通过对 H_2S 抑制血管平滑肌细胞的表观遗传学调控机制的研究，发现 H_2S 可通过抑制增殖的血管平滑肌细胞中 ATP 依赖的染色质重塑复合物 SWI/SNF 亚基 BRG1 的功能，达到对基因局部性染色质结构重塑的调控作用，即 H_2S 通过 BRG1 依赖的表观遗传学机制调控血管平滑肌细胞增殖。

（三）钙离子是细胞内的重要信号分子

钙离子（Ca^{2+}）是细胞内最普遍而重要的信号转导分子，参与调控细胞的 DNA 合成、基因转录，DNA 修复以及有丝分裂等生理病理过程，与细胞增殖、基因突变以及肿瘤细胞的发生发展密切相关。当增殖的小鼠和人成纤维细胞生长在低 Ca^{2+} 培养液时，细胞停止生长和分裂，并聚集于 G_1 期，而 Ca^{2+} 浓度过高时可明显抑制体外培养细胞的增殖。一些研究表明，Ca^{2+} 是胞外信号通过 IP_3 途径影响细胞增殖所必须的信号分子，不直接影响细胞增殖。

（四）细胞内外 pH 与细胞增殖相关

细胞内的 pH 值是一个非常重要的生理参数，与细胞的一些生物学行为密切相关，对研究细胞病理也有着积极意义。通常情况下，细胞外偏酸性，而细胞内则轻微碱化。肿瘤细胞因局部缺氧等原因，其无氧酵解增加，乳酸产生多，通过细胞膜上的转运体系，使得细胞外酸性增加，胞内碱性增加，从而促进细胞的增殖。正常细胞外 pH 值在 7.0～7.5 之间，而肿瘤细胞外 pH 为 6.5～7.5。细胞 pH 主要受 Na^+/H^+ 交换蛋白 1（Na^+-H^+ exchanger-1，NHE-1）和阴离子交换蛋白 -2（anion exchanger-2，AE2）调节，二者是存在于几乎所有脊椎动物细胞膜的离子交换蛋白。NHE-1 的功能是通过 Na^+/H^+ 交换将细胞内过多的 H^+ 排出，而 AE2 的功能是通过 Cl^-/HCO_3^- 交换将细胞内过多的 HCO_3^- 离子排出（图 15-7）。二者相互协调，共同发挥作用，维持细胞 pH 的稳定。有研究表

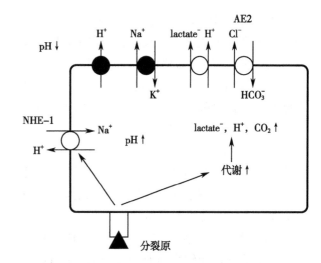

图 15-7　细胞内 pH 对细胞代谢的影响

明在 pH 为 6.0 的酸性环境培养肿瘤细胞，细胞的活力在 12h 内明显抑制，细胞停滞在 S 和 G_2-M，表明细胞内酸性增加，细胞增殖明显受抑制。

第三节　细胞增殖异常与疾病

细胞周期调控异常主要表现为两个方面：一是细胞周期的驱动力失控（cyclin、CDK 和 CDI 表达异常）；二是监控（检查）机制受损。细胞周期调节失控可引起细胞增殖异常，无论细胞增殖能力的降低或异常增加均可导致疾病的发生。

一、细胞增殖能力降低可导致机体出现多种病理变化

从受精卵开始，人的一生伴随着细胞增殖。当细胞增殖能力降低可导致机体出现多种病理变化。若胚胎期的细胞增殖和分化能力降低，则可影响组织器官的发育；当组织受损时，需要细胞增殖替代受损的细胞进行损伤修复。如随着年龄的增长，细胞增殖和分化能力逐渐降低，衰老的细胞得不到及时更换，机体开始衰老。

（一）细胞增殖能力降低可导致组织修复能力减弱

由受精卵发育形成的新生命一旦降生，就已建立起一个具有维护、修缮功能的机制。该机制在一定范围内可对机体进行自身维护，对损伤部分进行自主修复，对丢失的部分结构进行重新构建，以维系机体特定的形态结构和功能，生命才可得到维持。

胚胎发育时组织器官通过干细胞的持续增殖和细胞更新的方式获得生长是普遍现象，即使成体后，大多数生物仍需要保留细胞增殖能力。不但许多短寿细胞如此，即使完全分化的某些长寿细胞（例如肝细胞）也保留了细胞的增殖能力。正常情况下，肝细胞寿命较长，细胞分裂缓慢，无明显细胞增殖。当应对手术、损伤或毒害时，肝细胞可表现出很强的增殖能力，迅速分裂替代受损的细胞。而高度分化的神经组织、肌肉组织细胞无增殖能力，当受到损伤时，可通过后备细胞（未分化的间充质细胞）的分裂增殖来完成修复。

多数成熟的组织含有具有分裂能力的 G_0 期细胞。当受到刺激后，这些 G_0 期细胞进入 G_1 期，开始分裂增殖，参与损伤修复。

受损组织修复的完好程度，不但取决于受损伤组织细胞本身的增殖能力，同时也受许多因素的调控。就单个细胞而言，细胞的增殖受到非常精密的调控，细胞周期出现的一系列变化是相应基因活化与表达的结果。机体是由多细胞组成的极其复杂的统一体，当部分组织损伤或细胞死亡时，会引起细胞增殖予以修复，修复完后成增殖便停止。这种现象说明正常机体存在的刺激与抑制细胞增殖两方面的机制处于动态平衡。目前已知调控细胞增殖进而影响组织再生的重要因素包括以下三方面：

1. **细胞与细胞之间的作用** 细胞在生长过程中，如果细胞相互接触，则生长停止，这种现象称为生长的接触抑制。

2. **细胞外基质对细胞增殖的调控作用** 细胞外基质（如胶原蛋白，蛋白多糖，粘连蛋白等）是把细胞连接在一起的连接物和支持物，同时还控制细胞生长、分化。正常细胞如果脱离了基质则很快停滞于 G_1 期或转入 G_0 期，所以细胞外基质在组织再生修复中发挥重要作用。

3. **生长因子及生长抑素的作用** 能刺激细胞增殖的多肽被称为生长因子，能抑制细胞增殖作用的则被称为生长抑素。当细胞受到损伤因素的刺激后，可合成和分泌多种生长因子，刺激同类细胞或同一胚层发育来的细胞发生增殖和分化，从而促进再生与修复过程。生长抑素具有明显的组织特异性，似乎任何组织都可产生一种抑素抑制细胞的增殖。

而上述调节因素发挥作用的核心是多因子之间的协同与拮抗作用。各种因子与其特异性受体结合后，激活相应的细胞内信号转导系统（如 MAPK 途径、PI3K 途径、PLC/PKC 途径、FAK/Src 途径等），形成互相调控、级联放大的复杂网络调控，最终调节 cyclin 和 CDK 的活性，从而产生复杂的生物学效应，调控细胞增殖，继而影响组织的再生修复过程。当在内外环境因素的影响下，受损组织中可再生的细胞不能进入细胞周期，导致的细胞增殖能力降低可导致组织修复能力减弱。

（二）细胞增殖的负调控机制异常可导致衰老

在衰老的过程中，从宏观到微观产生了一系列的变化，而组织与器官的衰老终归与细胞的衰老密切相关。不同体细胞的衰老与增殖状况有所不同。骨髓干细胞、精原细胞等根据其发育程度的不同，处于分裂间期的细胞可继续分裂增殖，不易衰老。若无刺激因素，成纤维细胞、肝细胞、红细胞等高度分化的细胞将不再分裂，但半衰期不同。细胞的衰老首先表现为细胞增殖的抑制、继之细胞数量减少，以及形态上脂褐素堆积和某些细胞器的改变等。

细胞衰老与正常细胞体外培养时，表现为有限生长特性。经一定时间倍增培养后，细胞失去对促分裂因子刺激的反应，不可逆的失去增殖能力并停止分裂的过程称为细胞衰老（cellular senescence）。

细胞衰老是细胞周期调控下多基因参与的复杂的病理生理过程。当培养细胞达到寿命末期时，由于端粒长度不可避免地缩短，衰老自然而然地发生。细胞衰老最显著的特征是细胞在较长时间内仍维持代谢活性，但失去了对有丝分裂原的反应能力和合成 DNA 的能力，不能进入 S 期，丧失细胞分裂、增殖的能力，终身处于 G_1 期，为不可逆的细胞增殖阻断。衰老细胞中的很多 cyclin、CDK、CKI 均发生量与活性的变化，这些变化与衰老细胞失去分裂、增殖能力有关。很多学者正对这一工作进行深入的研究，获得一些有意义的研究成果。如大部分 RB 分子在分裂增殖的细胞中为磷酸化状态；衰老细胞中的 RB 蛋白质主要处于低磷酸化状态，是衰老细胞阻滞于 G_1 期、失去分裂增殖的能力的原因之一。

二、细胞异常增殖可导致细胞增生性疾病

机体细胞增殖与细胞凋亡处于动态平衡之中，当细胞增殖能力降低可使机体呈现于病理状态。同样，若细胞增殖能力超过正常需要，也可出现多种疾病。如血管平滑肌细胞过度增殖是动脉粥样硬化发生发展的基础；当细胞增殖能力增强而无限增殖是肿瘤发生发展的重要原因之一。

（一）血管平滑肌细胞增殖可导致动脉粥样硬化

虽说动脉粥样硬化的发病机制十分复杂，尚未定论，但公认血管平滑肌细胞的异常增殖与动脉粥样硬化（atherosclerosis，AS）发生发展有着十分密切的关系，参与动脉粥样硬化发生发展的各个阶段。

对动脉脂质条纹细胞成分分析发现在斑块发生的早期即可出现血管平滑肌细胞的迁移和增殖，说明血管平滑肌细胞的增殖参与了动脉粥样硬化早期的病理改变过程。增殖的血管平滑肌细胞可迁移至内膜，吞噬从血液中进入内膜的脂质形成泡沫细胞，并释放大量细胞因子，进一步促进血管平滑肌细胞的大量增殖和迁移。随着病变进展，大量增殖的平滑肌细胞以及周围的结缔组织构成弥漫性内膜增厚，随着胶原、弹力纤维和糖蛋白的沉积，最终形成纤维斑块的纤维帽。

氧化型低密度脂蛋白（oxidized low-density lipoprotein，oxLDL）能直接诱导血管平滑肌增殖。在动脉粥样硬化的致病因素中，oxLDL被认为是一种重要的分子，可通过增加CDK2、CDK4、cyclin B和cyclin D等细胞周期正调控因子的表达，促进血管平滑肌细胞的增殖。前炎性细胞因子IL-1可通过下调p21和p27的表达，间接增强CDK的活性，并增强PDGF-BB对细胞内CDK2活性的诱导作用，促进血管平滑肌细胞的增殖，促进AS的发生发展。

（二）消化道常出现非典型性增生

非典型性增生（dysplasia）主要指上皮细胞异乎常态的增生。消化道与外界相通，每日饮食进入，在多种化学因素和机械刺激下，影响细胞周期的进程易出现分裂增殖变化，如口腔和食管可出现黏膜白斑病，胃黏膜腺体可发生肠上皮化生等。这些发生于黏膜或皮肤表面被覆上皮或腺体上皮的非典型增生表现为增生的细胞大小不一、形态多样、核大而浓染、核浆比例增大和核分裂增多等，与肿瘤的发生有一定的关系。

食管黏膜上皮从正常至非典型增生继而进展为肿瘤的过程中，调控机制十分复杂，但细胞周期均出现明显变化，如 cyclin E、CDK2 基因的转录和蛋白质表达水平皆呈明显的上升趋势。cyclin E mRNA 增高于非典型增生的早期，而 CDK2 mRNA 出现较为明显增加则在非典型增生的晚期，且两基因表达呈显著的正相关关系。表达水平增高的 cyclin E 可结合并其激活 CDK2，使细胞快速通过 G_1-S 期检测点的检测，启动细胞周期而促使细胞增殖明显而形成非典型增生。

（三）细胞增殖能力增强与肿瘤的发生发展密切相关

当细胞在多种因素的影响下，获得了自主生长增殖信号，使得细胞增殖能力增强而无限增殖是肿瘤发生发展的重要原因之一。细胞的增殖能力异常增加与细胞周期调节失控密切相关。目前相关研究较多，总体而言，体现在促进细胞周期的因素增加，而抑制细胞周期的因素降低。如 p19[ARF] 能降低肿瘤抑制子 P53 降解而激活 P53 途径。因此，p19[ARF] 的缺失或活性降低可导致 P53 途径的失活，细胞增殖能力增强。鼠缺失 p16[Ink4a]/p19[ARF] 导致其更容易发生肿瘤。

肿瘤的发生发展不但与细胞增殖能力增强有关，还与其分化、凋亡异常密切相关，详见第十六章和第十七章。

（朱华庆）

参 考 文 献

[1] Trebak M, Kinet JP. Calcium signalling in T cells. Nat Rev Immunol, 2019, 19（3）：154-169.

[2] Sack MN. Mitochondrial fidelity and metabolic agility control immune cell fate and function. J Clin Invest,

2018，128（9）：3651-3661.

[3] Zong WX，Rabinowitz JD，White E. Mitochondria and Cancer. Mol Cell，2016，61（5）：667-676.

[4] Asghar U，Witkiewicz AK，Turner NC，et al. The history and future of targeting cyclin-dependent kinases in cancer therapy. Nat Rev Drug Discov，2015，14（2）：130-146.

[5] 周春燕，冯作化. 医学分子生物学. 2版. 北京：人民卫生出版社，2014.

[6] Yang HW，Chung M，Kudo T，et al. Competing memories of mitogen and p53 signalling control cell-cycle entry. Nature，2017，549（7672）：404-408.

[7] Repetto MV，Winters MJ，Bush A，et al. CDK and MAPK Synergistically Regulate Signaling Dynamics via a Shared Multi-site Phosphorylation Region on the Scaffold Protein Ste5. Mol Cell，2018，69（6）：938-952.

[8] Yang HW，Chung M，Kudo T，et al. Competing memories of mitogen and p53 signalling control cell-cycle entry. Nature，2017，549（7672）：404-408.

第十六章　细胞分化的分子调控

哺乳类动物生命个体源于一个具有发育全能性（totipotency）的受精卵（zygote）。如何从单细胞受精卵发育成为复杂的细胞生物体，进而能够执行相应的生命功能，是生命科学研究的关键问题之一。细胞分化（cell differentiation）是指特定细胞获得特有的形态结构、生理功能和生化特征的过程。这一过程的完成涉及复杂的调控机制，其核心是特异性基因在特定时间、特定空间的选择性表达，即循序地开启或关闭，从而产生分化细胞所需要的蛋白质。在过去的几十年里，生物学家已经发现了许多参与这一高度调控过程的基因。阐明这些基因作用的分子机制，是目前生物学研究中最活跃的领域之一。研究细胞分化的调控机制不仅能使我们了解生命是如何由一个单细胞发育成为复杂的生命体，更将有利于改善人类的健康。

这一章将重点介绍基因表达调控对细胞分化的决定性作用、胚胎干细胞发育全能性以及分化细胞转分化的分子机制，还将举例介绍细胞分化异常与某些疾病的关系，最后介绍几个常用于研究细胞分化的模型体系。

第一节　细胞分化与个体发育

在胚胎发育过程中，一个受精卵经历多次的细胞分裂使得细胞数目增加，同时，细胞发生分化，各种不同类型细胞逐渐出现。人的受精卵同样如此，通过限制、定向与分化等各种事件，最后产生构成人体各种组织、器官的200多种形态各异、功能不同的细胞。因此，细胞分化是个体发育的基础。如果考虑到这些不同类型的细胞均来源于同一个受精卵，则一些问题随之而来。例如，这些细胞的差异是何时开始出现的，又是怎样出现的？在胚胎发育过程中，哪些细胞具有这样的分化能力，这种能力是否可以持续不变？已经分化的细胞是否可以一直保持其形态结构以及功能特性等。

一、细胞分化首先经历了细胞谱系的特化和决定

在整个生命进程中，胚胎期细胞分化最为明显。从受精卵开始的发育过程中，通过细胞分裂而产生的子代细胞会逐渐显示出特定的形态结构、生理功能和生化特征，但是在这些特征出现之前，需要经历一个被称作决定（determination）的阶段。在这一阶段，细胞虽然还没有显示出特定的形态特征，但是内部已经发生了向这一方向分化的特定变化。

（一）内细胞团和滋养层细胞的特化取决于细胞在胚胎中的空间位置

在胚胎发育早期，受精卵分裂产生的子细胞发生特化，产生不同谱系的祖细胞（progenitor cell）。有些生物的受精卵及早期胚胎细胞的胞质中含有决定谱系（lineage）的决定子（determinant）。决定子的存在及不均匀地分配到子细胞中，就产生了不同谱系的祖细胞。哺乳类动物第一次细胞谱系特化发生于囊胚（blastocyst，又称胚泡）期。囊胚含有两种形态不同的细胞：外层的滋养层细胞（trophectoderm）和内细胞团（inner cell mass）细胞。内细胞团逐步形成胎儿本身和一些胚外组织；而滋养层主要产生胎盘组织。决定内细胞团和滋养层细胞特化（specification）的主要因素是细胞在胚胎中的空间位置。形态上的差异首先出现于8细胞胚胎的分裂球。此时每一个分裂球有部分细胞表面朝外，其他细胞表面面对邻近细胞或细胞间隙。细胞表面的形态及细胞器、细胞骨架的分布是沿着分裂球由外向内轴极性化。以后细胞分裂产生的分裂球有的保留了极性，有的失

去了极性。位于外部的细胞保持极性的特征,产生胚外滋养层,而位于内部的细胞则失去极性而形成内细胞团。尽管有表型差异,有极性和无极性分裂球能在两种组织谱系中互相转换,并且转换的同时发生极性与无极性的转换。所以,早期胚胎细胞的特化更多的是受细胞在胚胎空间位置的影响,而不是受分子或结构因素的影响。这一特性为早期胚胎发育提供了足够的灵活性。

建立内细胞团和滋养层的分子机制尚不十分清楚。但是 POU(POU 取 Pit、Oct、Unc 的第一个字母)蛋白家族成员八聚体连接蛋白(octamer-binding protein, Oct-3,也称为 Oct-4、Oct-3/4、NF-A3)对于早期胚胎细胞特化有调节作用。Oct-3 在所有分裂球表达,但在囊胚期滋养层的表达减少,而在内细胞团继续表达,其蛋白浓度在原始内胚层(primitive endoderm)达高峰。内细胞团的形成需要适当水平的 Oct-3,Oct-3 突变的囊胚只有滋养层细胞形成;如果 Oct-3 表达水平超出正常水平,内细胞团细胞则分化为中胚层和内胚层细胞。将单个内细胞团或上胚层的细胞植入受体胚胎时,此细胞可产生嵌合体中的每一种细胞类型。内细胞团细胞经体外培养而筛选得到的胚胎干细胞(embryonic stem cell, ES cell)保持了发育的全能性。

(二)谱系特化可能发生于原肠胚形成的过程

在原肠胚形成(gastrulation)开始前,来自内细胞团的上胚层能发育成所有组织谱系。人们推断谱系特化(lineage specification)及细胞发育潜能限制可能发生于原肠胚形成的过程。原肠胚形成使多能的上胚层转化为三胚层(即外胚层、中胚层和内胚层)。原肠胚形成结束时,三胚层形成。原肠胚形成时形态发生的运动导致了不同胚层的相应位置及胚胎的极性,从而器官形成开始。

体内各种组织的祖细胞都是由一组胚胎早期的多能细胞而来。祖细胞都经过谱系分化(lineage differentiation)的中间阶段。在这一阶段,细胞分化为各种不同组织类型的能力逐渐受到限制。细胞表现减弱的发育潜能时,就表现为向某一特定发育方向的定型(commitment),最后细胞完全失去了分化的可塑性并获得某一特异的方向。尽管处于这一阶段的细胞还没有出现可以识别的细胞表型,但是这一特定方向已经完全决定了。

这些决定了命运的细胞将继续发育到终末分化(terminal differentiation)。其整个过程开始于特化,通过逐渐的定型到关键性的决定,代表了谱系分化发生的先后次序。

1981 年,英国科学家 Evans M 首次成功地在体外建立了小鼠胚胎干细胞培养体系,证实了这些来自于内细胞团的胚胎干细胞可以分化为三个胚层的不同细胞。小鼠胚胎干细胞的建立为科学家们提供了一个非常好的研究胚胎发育过程的模型。1998 年,人的胚胎干细胞体外培养获得成功。然而,从胚胎干细胞向不同组织细胞"定向分化"的条件至今还不清楚,胚胎干细胞分化的调控机制一直是干细胞研究领域的重要课题之一。

二、细胞分化的能力在胚胎发育过程中逐渐受到限制

细胞分化通常是一个渐进的过程,不仅发生在胚胎时期,而且贯穿于生命的全过程。对于哺乳动物来说,桑葚胚(morula)及其之前的细胞与其受精卵相同,具有分化的全能性,即在一定条件下可以分化发育成为一个完整的个体。到卵裂阶段,内细胞团和滋养层细胞形成,随后内胚层、中胚层和外胚层形成,细胞的分化能力受到限制,此时的细胞具有多能性(pluripotency)。细胞的多能性可定义为细胞分化为体内大多数细胞类型的能力。有的科学家认为,即便是来源于内细胞团的胚胎干细胞,也已经在某种程度上具有了一定的定向。细胞的增殖与分化有着十分密切的关系。细胞分化通常是在细胞增殖的基础之上进行的,处于未分化状态的细胞可以有很强的增殖能力,一旦分化为成熟细胞通常就失去了增殖能力。干细胞也是如此。在长期体外培养中,如何保持胚胎干细胞处于未分化的状态并进行不断地自我增殖是一个关键的问题。

对大多数细胞而言,当其在分化过程中通过某一或某些关键时刻或阶段时,这个细胞的发育选择就被限定,成为具有单能性(unipotency)的细胞,也就是细胞的定向。已经被定向的细胞最终转变为成熟细胞仍需要经历一定的发育阶段。但是,通常情况下它不能从一种细胞发育轨道跳跃至另一细胞发育轨道,例如已被定向决定了的骨骼肌细胞一般不会转化为神经细胞。

细胞经过定向转化为结构与功能上特异的细胞的过程称为分化（differentiation），在这个过程中，细胞获得了特有的形态结构、生理功能和生化特征。已经分化的细胞在正常的生理条件下具有稳定的形态结构和功能，但在某些特殊条件下可以重新回到未分化状态，这一过程称为去分化（dedifferentiation）。分化细胞的完全去分化可以使其重新获得全能性。这种去分化在自然条件下很难获得，但在实验室条件下可能实现。诱导多能干细胞（induced pluripotent stem cell，iPS cell）的成功建立就是一个很好地例子。近几年，人们提出横向分化或转分化（transdifferentiation）的概念，即已经被定向或已经分化了的细胞在特定的条件下可以转变为另一类功能、形态完全不同的细胞。已经分化的细胞重新进入未分化状态或转分化成为另一种类型细胞的能力被称为细胞的可塑性（cell plasticity）。

三、终末分化细胞的细胞核仍具有全能性

哺乳类卵母细胞受精之后发生连续的卵裂，细胞逐渐分化。细胞的全能性逐渐丢失，转化为多能性细胞、单能性细胞，直至成熟的终末分化细胞。终末分化细胞并不具备全能性，但是终末分化细胞的细胞核仍具有全能性，称之为全能性细胞核（totipotent nucleus）。将处于发育不同阶段的单个细胞核转移至去核的未受精卵母细胞的动物克隆实验证明，终末分化细胞的细胞核保留了形成正常个体的全部基因组信息，具有发育成一个正常个体的能力。

（一）大量的动物实验证实了细胞核的全能性

早在20世纪60年代，英国剑桥大学的Gurdon JB就证明非洲爪蟾（Xenopus laevis）蝌蚪的小肠上皮细胞的细胞核在移植入去核的卵母细胞后，能指导卵细胞发育为蝌蚪，并进而发育成为性成熟的成体青蛙。80年代初，美国的两位科学家McGrath J和Solter D进行了哺乳类动物早期胚胎体细胞核转移（nuclear transfer）工作，证明8细胞胚胎的分裂球与去核的2细胞胚胎融合可发育到囊胚形成，把此囊胚转移到子宫中可发育到足月。1986年，加拿大学者Willadsen SM证明羊的8细胞和16细胞阶段分裂球细胞核移植到去核

卵母细胞后均可发育到足月。此后，经核转移产生的牛、兔、猪都有报道。1997年，Campbell KH等以成年羊乳腺细胞核为供体成功地得到了克隆羊，这就是多利（Dolly）羊。这些研究证实分化细胞的细胞核具有全能性。

（二）细胞质对细胞核全能性具有重要作用

多利羊的诞生具有革命性意义。在过去的概念中，细胞核的分化至少在成年发育开始后是单向性的，不可改变的，人们认为这是维持分化状态稳定和抑制自发性去分化的可能机制，而去分化常见于肿瘤发生。Gurdon JB等也发现细胞核移植重演胚胎发生的能力伴随着胚胎的发育而逐渐降低。以瓜蟾小肠上皮细胞核为供体的卵细胞最终可以发育成为蝌蚪比例只有1.5%，而以早期胚胎细胞核为供体的话，将有36%的卵细胞最终可以发育成为蝌蚪。多利羊的诞生提示维持分化状态的另一种机制即细胞核与细胞质之间的相互作用。在这种相互作用下，细胞质"指示"细胞核保持其基因表达的当前模式。由此可见，大多数类型的成年细胞核可以是全能的，若将它们置于不同的胞质环境，它们会重演胚胎发生或极大地改变其分化状态。

这一概念的重要含义是每一个细胞都含有能诱导表达适合于其分化状态基因的胞质因子。例如，卵母细胞的胞质应该诱导适合于胚胎基因的表达，而肌细胞胞质能诱导肌特异性基因的表达。中国胚胎学家童第周先生等在20世纪60年代利用鱼细胞核移植的实验观察，也证实了卵质在性状发生中的作用。将鲤鱼胚胎的细胞核移植到鲫鱼的去核卵细胞后可以获得核质杂种鱼，它们的性状有的类似于细胞核供体鱼鲤鱼（如有口须），有的类似于细胞质受体鱼鲫鱼（如脊椎骨数目），还有的是介于二者之间的中间型（如侧线鳞片的数目）。在此基础上，童第周先生提出，生物生长、发育和遗传是细胞核和细胞质间相互作用的结果。这便是所谓的核质关系（nucleo-cytoplasmic relation）理论。

细胞核与细胞质相互作用所决定的稳定性核分化具有重要的临床意义。相关人员可以根据需要产生用于移植的细胞，如果用于治疗的细胞的遗传物质与病人一样，就可以克服移植排斥的问题。原则上，这样的细胞可以由以下三种途径

产生:①将病人的体细胞核转移到去核的卵母细胞,产生的胚胎可用于产生胚胎干细胞株,这些胚胎干细胞株可在体外特定的培养环境下分化为病人所需要的细胞,这些细胞再用于病人的治疗,这就是治疗性克隆(therapeutic cloning)或核转移的基本过程;②体细胞核可以直接转移到分化细胞的胞质,如肌细胞或胰腺的β细胞,从而改变供体细胞核;③通过转染含有细胞分化必需因子的表达载体而改变体细胞。很明显,发现引起细胞特异性分化的胞质因子将成为控制细胞定向分化的重要里程碑。

第二节 特异性基因的差异表达与细胞分化

细胞分化的过程实质上是细胞特化的过程。伴随这一过程的是特异性基因的差异表达,使得每一种分化细胞或每一种细胞在分化的不同阶段含有特异性的蛋白质。决定细胞形态和功能的差异性基因表达同样受到转录和转录后水平以及翻译和翻译后水平的调控。DNA水平变化如DNA甲基化以及组蛋白的化学修饰等也会影响基因的表达。此外,细胞外信号可以通过信息传递影响基因的表达而影响细胞分化。阐明在细胞分化过程中特异性基因差异表达的调控机制,一直是生物学及生物医学的热点研究领域之一。

一、特异性基因的时空表达决定细胞的分化状态及功能

细胞的分化具有时空性,即同一受精卵的子代细胞在不同的分化阶段具有不同的形态结构和生理生化特性,这是时间特异性(temporal specificity);处于不同空间位置的子细胞获得不同的形态和功能,这是空间特异性(spatial specificity)。伴随着细胞分裂,细胞数目不断增加,细胞的分化也趋于复杂,细胞之间的差异变得越来越大,由此构成具有不同功能的各种组织和器官。这些分化时空性的出现,根本原因在于特异性基因表达的时空特异性。

(一)红细胞分化过程中珠蛋白的表达具有时空特异性

红细胞分化的主要特征是血红蛋白的形成。血红蛋白由4个各含一个血红素辅基的珠蛋白(globin)亚基组成。人的α与β珠蛋白的编码基因是两个基因家族,分别位于第16、11号染色体,按照在染色体上的排列顺序在发育过程中顺序表达(图16-1)。α珠蛋白的基因家族分别编码ξ、α_2、α_1、θ;β珠蛋白的基因家族分别编码ε、G_γ、A_γ、δ和β。在胚胎期,ε珠蛋白在卵黄囊短暂性表达,与ξ或α珠蛋白结合;随后是胎儿型γ珠蛋白在肝脏表达,与α珠蛋白结合;β和δ珠蛋白基因在成人骨髓红细胞的前体细胞中表达,与α珠蛋白结合。这两个基因家族成员的顺序表达产物,与血红素辅基共同构成了不同时期具有不同生理特征的血红蛋白。

(二)上游远端调控序列对珠蛋白基因的特异性表达进行调控

珠蛋白基因以基因簇的形式存在于不同的染色体,在发育过程中的特异性表达调控机制非常复杂。顺式作用元件、反式作用因子、非编码RNA以及染色质结构等多种因素均发挥了重要的作用。

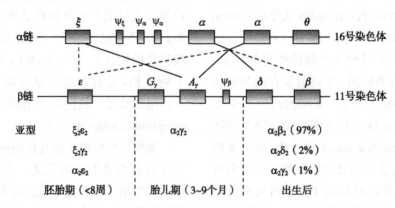

图16-1 人珠蛋白基因在发育不同阶段的顺序表达

α链的ξ基因最先表达,随后被α基因取代;β链的ε和γ基因最先表达,随后被β基因取代

β珠蛋白基因的表达受到其启动子、增强子等DNA顺式作用元件的调节。然而，仅有这些调控序列还不足以支持β珠蛋白基因的正常表达。利用DNA酶Ⅰ（DNase Ⅰ）超敏感部位（hypersensitive site, HS）分析实验发现，在β珠蛋白基因簇的上游和下游均存在DNA酶Ⅰ超敏感部位。这是一段特异暴露出的约200bp的DNA序列的染色质区域，甲基化程度较低，对DNase Ⅰ高度敏感，在对染色质DNA进行DNase Ⅰ处理时，首先受到DNase Ⅰ的剪切。如图16-2所示，在ε珠蛋白基因上游约20kb处，存在5个DNase Ⅰ超敏感位点，这一区域称为基因座控制区（locus control region, LCR）；在β珠蛋白基因下游30kb处，有1个DNase Ⅰ超敏感位点。同样的调控序列也存在于α珠蛋白基因上游。现在已知，LCR对β珠蛋白基因簇中每一个基因的正常表达都不可或缺，同时每一个基因还受到其自身启动子、增强子的调控。而且有些基因的阶段性表达还受到其在染色体上的排列位置的影响，改变它们在染色体上的排列顺序，可以丧失其发育阶段性的特征。

LCR最主要的功能是发挥组织特异性的强增强子活性，其作用机制非常复杂。LCR拥有与启动子相似的转录因子结合位点，而且数量很多。因此，LCR可以通过其结合的转录因子等与基因簇中激活的基因启动子形成相互作用的环状结构，促进基因的表达。LCR在组蛋白修饰中也发挥重要作用，可促进组蛋白H3和H4的乙酰化、H3K4的甲基化，使染色质结构松散，有利于基因的转录激活。在胚胎发育过程中，LCR通过与不同的启动子结合，指导β珠蛋白基因座的顺序表达。目前，除了β珠蛋白基因座外，还发现人生长激素基因座、组织相容性抗原Ⅱ基因座和TH2细胞中的细胞因子基因座也受到LCR的调控。但是它们的调控机制可能并不完全相同，有待于深入研究。

位于3'-端的DNase Ⅰ超敏感位点的作用尚不清楚，可能通过与LCR相互作用对基因表达进行调节。

（三）组织特异性基因表达是影响细胞分化空间特异性的重要因素

组织特异性的基因表达产物或为细胞分化空间特异性所必需，或赋予细胞特有的形态和功能。

1. 组织特异性基因表达为细胞分化空间特异性所必需　在发育过程中，同一受精卵的子细胞因处于不同空间位置而获得不同的形态和功能。这种空间位置对细胞分化及个体发育的影响至少包括以下三个方面。

（1）某些基因在染色体上的排列位置影响它们的顺序表达，如珠蛋白基因簇。改变它们在染色体上的排列顺序，将会影响它们的选择性表达。这可能是由于：①每个基因所处的染色质环境不同，处于开放染色质环境中的基因表达活跃。但是，在ε-γ-γ-β的顺序表达过程中，染色质环境是如何转变的尚不清楚。②每个基因的上下游具有特异性的调控序列，能够被特异性的转录因子或蛋白质识别并结合，改变基因位置，可能会失去这种特异性序列的调控。在发育过程中，上述机制可能共同发挥作用。例如，成人型β珠蛋白基因的特异性表达依赖于γ珠蛋白基因上游一段富含嘧啶的序列，这一序列可被一种特殊的染色质重塑复合体——多嘧啶（polypyrimidine, PYR）复合体识别并结合。这种结合与DNA的序列、长度密切相关，表明PYR复合体不仅识别DNA的序列，而且还识别染色质的结构。

（2）特异性基因表达产物的位置影响细胞的分化。典型的例子是果蝇母体效应基因 *bicoid* 的表达产物BICOID蛋白对分化的影响。BICOID蛋白在果蝇胚胎中的分布不同，在胚胎前端高浓度的BICOID启动头部发育的特异性基因表达，而低浓度的BICOID则与胸节发育的特异性基因表达有关。

（3）细胞所处的空间位置影响细胞分化。如

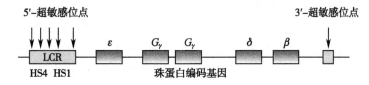

图16-2　位于人β珠蛋白基因两端的基因座控制区
5'-端超敏感位点组成的LCR为β珠蛋白基因簇中所有基因所必需

内细胞团和滋养层细胞的特化就取决于细胞在胚胎中的空间位置。空间位置对细胞分化的影响可能是源于细胞信号分子的作用。sonic hedgehog 信号分子对果蝇翅芽形成的影响就是一个经典的例子。将表达 sonic hedgehog 信号分子的翅芽后部细胞团移植到翅芽的前部,果蝇就会产生额外的翅芽。

2. 组织特异性基因表达产物赋予细胞特有的形态和功能 人体内存在 200 多种不同类型的细胞,它们的形态各异,功能不同。究其根源,主要是组织特异性基因表达的结果。例如,红细胞中有构成血红蛋白组分的珠蛋白表达,肌细胞中有肌动蛋白和肌球蛋白表达,胰岛的 β 细胞中有胰岛素基因的表达等。多种因素决定了这些基因的特异性表达,其中最主要的是特异性转录因子的调控作用。

以决定胰腺发育和胰岛功能的关键调节基因——胰腺 - 十二指肠同源盒基因 1(pancreas duodenum homeobox 1,PDX1)为例:PDX1 的表达主要分布于胰岛内的 β 细胞和 δ 细胞,其表达产物 PDX1 蛋白是胰岛素基因的关键转录激活因子,同时还参与一系列胰岛特异的分化标志基因,尤其是与葡萄糖感应和血糖调控相关的重要基因的转录激活。在胚胎发育过程中,内胚层中表达 PDX1 的区域将分化为胰腺,PDX1 敲除的小鼠因缺乏胰腺而在胚胎期死亡。在人类,PDX1 基因突变导致 MODY 4(maturity onset diabetes of the young)型糖尿病的发生。将 PDX1 基因注入小鼠尾静脉后发现,在肝脏异位表达的 PDX1 可诱导部分肝细胞分化成具有 β 细胞表型的细胞并分泌胰岛素。

此类组织特异性的转录因子还有很多,如 RUNX2(runt-related transcription factor 2)是成骨细胞特异性转录因子,通过调节骨钙蛋白(osteocalcin)、骨桥蛋白(osteopontin)等下游基因影响成骨细胞的分化和骨骼形成。Runx2 基因敲除的纯合子小鼠的成骨细胞和骨组织完全缺乏;而利用转基因技术导入 Runx2 的间充质细胞或成肌细胞则可被诱导分化为成骨细胞样细胞,并可在体内成骨。

组织特异性转录因子对特定基因的调控主要取决于在特定基因的调控区含有其特异性的识别、结合序列或位点。将此序列突变,组织特异性转录因子对该基因的调控就会丧失。相反,如果在某个组织特异性表达的基因调控区后连接上一个外源基因,这一基因也会在该组织特异性表达。正是这些特性,提示人们可以利用基因修饰的策略获得组织特异性细胞,进行某些疾病的替代治疗。

(四)细胞分化过程中的基因转录调控需要主导基因和组合调控

哺乳动物的个体发育是由一个受精卵起始,经过细胞的分裂、谱系的特化和决定,最终分化成为具有不同形态、功能的组织细胞。这一过程通常有主导基因的决定性作用以及多种因素的组合调控。

1. 特定谱系细胞的分化需要关键基因的主导 在个体发育过程中,一个特定谱系细胞的分化往往需要分化主导基因(master gene)的启动。这个基因的启动能够通过激活或关闭某些特定的基因,诱导细胞向特定的方向分化。这种以一个主导基因引发多个下游基因表达的模式是在发育过程中常见的转录调节方式。例如,生肌决定蛋白(myoblast determination protein 或 myogenic differentiation protein,MyoD)是骨骼肌组织特异基因的转录因子,具有碱性螺旋 - 环 - 螺旋结构域,可结合到靶基因的调控区,启动下游生肌蛋白基因如生肌调节因子 4(myogenic regulatory factor 4,MRF4)和肌细胞生成蛋白(myogenin)等的表达,促进成肌细胞的分化;同时,MyoD 蛋白还能与自身基因的上游调控区结合,发挥正反馈作用使其保持转录活性。MyoD1 被转录,则该细胞注定成为成肌细胞,并按成肌细胞的分化程序进行分化。转染了 MyoD1 的成纤维细胞或脂肪细胞也可被诱导分化成为稳定的成肌细胞。因此,MyoD 被认为是肌细胞分化的主导基因。

2. 特异性基因的时空表达受到组合调控的影响 主导基因在细胞分化过程中的作用无疑至关重要,但不容忽视的是基因表达调控受到多种因素影响。对基因转录的组合调控既是指单一调节蛋白可以参与对多个基因的调控,如 MyoD 对一系列与生肌相关的基因进行调控,这种调节蛋白通常具有组织特异性;又是指多个基因表达的调节蛋白共同对某一特定基因或分化过程的某一环节进行调控，这些调节蛋白可能发挥直接或间接作用，其组织特异性通常较弱，如干扰素相关发育调节蛋白1（interferon-related developmental regulator 1，IFRD1）可以通过三个途径对肌细胞增强因子2C（myocyte enhancer factor 2C，MEF2C）进行调节，促进肌细胞的分化。首先，IFRD1作为MyoD的共活化因子促进 *MyoD* 转录；其次，通过抑制NF-κB的活性以保证 *MyoD* 的mRNA不被降解，增强MyoD的作用；最后，通过抑制组蛋白去乙酰化酶4（histone deacetylase 4，HDAC4），解除HDAC4对MEF2C的抑制作用。同时，IFRD1还与感觉和运动神经元的分化相关，*IFRD1* 基因突变与遗传性感觉和运动神经病变以及共济失调的发生密切相关。通过这种方式，较少的调节蛋白以不同的组合，形成广泛有效的调控网络，以满足不同类型细胞分化的需要。

此外，与其他基因的表达调控一样，特异性基因的时空表达还受到染色质成分的共价修饰和非编码RNA等因素的调节。

二、细胞外信号可通过信息传递影响细胞的分化

在细胞分化过程中，细胞所处的环境变化以及空间位置都有可能通过细胞信号分子的作用影响特异性基因的时空表达，进而影响细胞分化。其中Wnt、Notch、sonic hedgehog、BMP等信号途径发挥了非常重要的作用。这些信号途径之间又互相调节，形成一个非常精细、协调的调控网络。

（一）细胞信号传递具有高度的时效性和网络化特点

细胞外信号通过细胞膜受体将信息传递到胞内，再通过胞内信息传递激活信号转导途径甚至形成信号转导网络，调节细胞生物学效应，包括基因表达、能量代谢以及细胞形态等变化。信号分子即配体（ligand）的数量和分布可在短时间内发生极大的变化，它们与受体（receptor）的识别结合具有高度的特异性、敏感性、饱和性和可逆性等特点。信号分子及其受体的种类不同，均有各自的特点，本章不进行赘述。

细胞信号传递具有时效性和网络化特点，这些特点也体现在细胞分化和发育过程中。所谓时效性具有双重含义，一方面是指某些信号分子数

量和活性的快速变化，它们与受体结合具有短暂性和可逆性，而有些信号分子的作用方式以及发挥作用则相对持久；另一方面是指某些信号途径可能仅在细胞分化的特定阶段发挥作用，即便是同一信号途径在细胞分化不同阶段所发挥的作用也会有所不同。细胞信号传递的网络化有以下几层含义：①细胞外信号可通过不同受体将信息传递到胞内，经不同信号转导通路汇集到某一点，共同调节某一生物学效应；②同一信号分子可以激活不同信号通路，发挥不同的生物学效应；③不同信号通路之间或同一信号通路的不同节点之间，信息传递会有交叉，发挥协同激活或抑制的作用；④信号传递过程中会有信息的反馈，对信息传递进行自我调节；⑤体内的细胞信号传递是一个复杂的处于动态平衡的网络，任何一个环节出现问题，都有可能对机体产生极大的影响。

（二）同一信号在发育不同阶段或同一阶段的不同分化途径具有不同作用

多种细胞信号转导途径涉及个体发育或细胞分化的不同阶段，即便是同一阶段也会有不同的细胞信号途径被激活。然而，同一条信号途径在发育或分化的不同阶段被激活可能会产生截然相反的作用。如在细胞分化早期激活Wnt信号途径可促进胚胎干细胞向心肌细胞的分化；在分化后期激活Wnt信号途径则抑制胚胎干细胞向心肌细胞的分化。在神经干细胞的分化过程中，胚胎发育早期的Wnt信号抑制胚胎干细胞向神经干细胞的分化，但是却能促进后续的神经干细胞向感觉神经元的进一步分化。

此外，许多信号分子可以诱导不同组织细胞的定向分化，如骨形态发生蛋白（bone morphogenetic protein，BMP）可以诱导胚胎干细胞向中胚层、内胚层和滋养层细胞分化，在成骨细胞、心肌细胞和造血干细胞等分化过程中发挥重要的促进作用，而在神经细胞分化过程中发挥抑制作用。

（三）相邻细胞之间传递的细胞信号调节细胞分化

Notch信号是相邻细胞之间进行信息传递进而调控细胞分化的重要通路。Notch信号途径由Notch受体、Notch配体即DSL/Jagged蛋白（该蛋白在果蝇中为Delta和Serrate，线虫中为Lag-2，取首字母即DSL；在哺乳动物中为Jagged）和DNA结

合蛋白 CBF1/CSL（在哺乳动物中为 CBF1，在果蝇中为 suppressor of hairless，在线虫中为 Lag-1，取首写字母即 CSL）组成。Notch 及其配体均为单次跨膜蛋白，且常常表达于相邻的同一群细胞表面。

来自相同细胞群的 Notch 信号可以产生旁抑制效应（lateral inhibition），即当一群具有同样"命运"的细胞（equipotent cell）中有一个细胞发生了分化并表达一个特定分化信号时，这种信号抑制其周围的细胞再发生同样的分化。如在果蝇发育过程中，神经外胚层会出现两种细胞类型，一种是停留在胚胎表面，最终分化成为腹侧表皮（ventral skin）。另一种将迁移入胚胎内分化成为神经元。而决定这些细胞命运的就是 Notch/Delta 信号。细胞表面表达 Delta 配体的细胞将分化成为神经元，其相邻细胞表达较高水平的 Notch 受体，当 Delta 配体与 Notch 受体结合后，激活的 Notch 信号通路会促进一系列抑制神经元分化的基因表达，使得这些细胞向表皮细胞的方向分化。这种信号传递依赖于细胞-细胞的直接接触。同样的调节方式也见于果蝇肌细胞的分化、脊椎动物的免疫系统和小肠等组织的发育。

Notch 信号途径具有反馈调节，其配体 Delta 的表达水平升高会引起 Notch 的表达增高。同时，Delta 的表达水平也受 Notch 表达的影响。Notch 还是目前发现的唯一的一个可以通过糖基化调节活性的受体，糖基转移酶 Fringe 可以通过对 Notch 胞外段的糖基化修饰，影响 Notch 受体与其配体的结合，进而对 Notch 信号途径进行调节。此外，由于 Notch 及其配体在活化过程中均涉及蛋白酶的水解，因此这些环节也会影响 Notch 信号的活性。

（四）信号分子的浓度梯度影响细胞分化

在胚胎发育过程中，胚胎特异区域的细胞产生一类物质，可扩散至胚胎组织，形成浓度梯度，指导细胞的分化方向。这类物质被称为形态发生素（morphogen）。细胞根据所处环境的形态发生素的浓度阈值决定分化方向。在神经管发育的过程中，Hedgehog 信号就是以此方式发挥作用。Hedgehog（Hh）是一类共价结合胆固醇的分泌性糖蛋白，在脊椎动物中至少有三个同源编码基因，即 *Shh*（sonic hedgehog）、*Ihh*（Indian hedgehog）和 *Dhh*（desert hedgehog）。

在胚胎发育早期背腹轴神经管形成及分化过程中，神经底板（neural floor plate）细胞分泌 Shh，并从腹侧向背侧扩散形成浓度梯度，越靠近神经底板的细胞接受的 Shh 信号浓度越强，而远离神经底板的细胞接受的 Shh 信号浓度最低。Shh 的浓度梯度通过一些重要的转录因子决定中间神经元和运动神经元的分化。

（五）不同信号通路之间相互作用形成调控网络

不同信号转导通路之间可相互影响和调节，这一点在细胞分化过程中尤为突出。如 Wnt 信号通路和 Notch 信号通路可以通过多种机制相互作用。在转录水平，β-catenin 促进 Notch 配体蛋白 DSL 表达，激活 Notch 信号途径；Notch 信号途径的效应分子 CSL DNA 结合蛋白又可以促进 Wnt 信号的表达。在信号传递中，Wnt 信号分子可以通过 Frizzled 活化胞质内的 Dishevelled 蛋白，进而抑制 Notch 活性。Notch 信号也可以通过抑制 β-catenin 的核转位从而抑制 Wnt 信号通路。在对靶基因的效应方面，β-catenin 可以与 NICD 形成复合体，共同对 Notch 的靶基因进行调控。Notch 信号可以通过改变组蛋白修饰状态，共同对 Wnt 的靶基因进行调控。这些相互作用使两条信号途径作为一个调节整体，使得细胞分化更加精确。

Wnt 信号通路与 Hh 信号通路之间也存在着类似的相互作用。这两条信号通路拥有一个共同的中间信号分子 GSK3，并有 G-蛋白偶联受体的参与。在上皮细胞，Wnt 信号通路中 β-catenin 的激活可以使 Hh 信号通路的 Shh 表达上调；而 β达 catenin 的抑制可以使 Shh 的表达下调。同样，Hh 对 Wnt 分子的表达也具有正调控作用。当然，在 Wnt 和 Hh 信号通路之间也存在着负调控机制。正是这些信号通路之间的精细调节才使得细胞分化有序地进行。

第三节 胚胎干细胞的分化全能性

胚胎干细胞是一种高度未分化细胞，在一定的条件下，可以分化成为外胚层（ectoderm）、中胚层（mesoderm）及内胚层（endoderm）的细胞组织。

从理论上讲，它具有"全能性"，但是更确切地讲，应当是具有多能性。只有在特定条件下，胚胎干细胞方能显示出其全能性。

一、胚胎干细胞可被诱导向三个胚层细胞分化

在体外诱导胚胎干细胞定向分化的方法很多，主要包括外源性生物分子或化合物诱导、转基因诱导、与其他细胞共培养诱导三种方式。

（一）在培养基中添加外源性物质诱导胚胎干细胞定向分化

在体外诱导胚胎干细胞分化时，通常在培养基中添加外源性细胞因子、生长因子或其他化合物。添加物的种类、浓度、组合以及添加时间不同，产生的诱导效果不同，如 BMP 家族，在胚胎发育过程中对中胚层形成、神经系统发生、体节和骨骼发育等多个基本发育过程产生影响，在体外诱导胚胎干细胞分化中发挥重要作用。BMP2可以促进胚胎干细胞向软骨细胞分化，但是其作用依赖于添加到培养基中的时间窗口，过早或过晚加入 BMP2 均不产生作用；BMP4 则可促进胚胎干细胞向造血系统分化。又如视黄酸（retinoic acid，RA），体内维生素 A 的代谢中间产物，可以在体外用来诱导胚胎干细胞向神经细胞或心肌细胞分化，但是其浓度和作用时间有所不同。在培养基中添加化合物诱导分化也是常用的方法，如二甲基亚砜（dimethyl sulfoxide，DMSO）就常被用来诱导干细胞向心肌细胞的分化。这些外源性物质通过细胞信号转导途径或改变染色质修饰状态，调节某一特定方向的分化相关基因，促进其定向分化。

（二）利用转基因的方式诱导干细胞分化

利用转基因的方法诱导胚胎干细胞分化比添加外源性物质更为直接，也具有更高的效率。常用来导入细胞的基因包括一些已知的促进细胞分化的基因，如上述细胞因子和生长因子的编码基因等，以及一些特异性的转录因子，能够促进分化特异性基因的表达。例如，成纤维细胞生长因子 2（fibroblast growth factor 2，FGF2）可以诱导胚胎干细胞向神经系统分化。携带 *FGF2* 编码基因的胚胎干细胞经诱导产生的神经细胞数量是外源性添加 FGF2 生长因子诱导产生细胞数量的

3 倍。又如，*Runx2* 基因编码成骨细胞特异性转录因子，调节成骨细胞的分化。将其导入干细胞后，成骨相关的一些基因表达增加，细胞的成骨分化增强。

值得提出的是，无论是特异性的转录因子还是分化相关的特异基因，它们的表达常具有较强的时空特异性。利用转基因的方式将其转入干细胞需要考虑对其表达的调控，否则持续性的表达可能会带来不可预料的后果。因此，需要建立一个适宜的、可调控的表达系统。此外，还应考虑载体本身的特点，以及基因导入方法的选择，尽可能做到既达到较高效率的基因导入，又尽量避免对细胞的损伤，还要考虑导入基因表达的调控。

（三）利用与其他细胞共培养的方式诱导干细胞分化

细胞分化常常受到其周围细胞的影响，可能是它们之间的直接接触、缝隙连接的建立，或是共培养细胞分泌产生的细胞因子等作用于分化细胞，影响分化过程。例如，施万细胞与胚胎神经干细胞共培养可诱导神经干细胞分化；软骨细胞与骨髓间充质干细胞共培养可诱导后者的软骨分化等。此外，还可利用支架材料进行三维共培养，如在凝胶支架上共培养脐带血细胞和来源于皮肤的角质细胞可诱导脐带血细胞分化为上皮细胞。但是，共培养诱导分化对培养条件要求极高，而且两种细胞的比例也会影响诱导分化的效率。

上述三种方法虽然都能诱导胚胎干细胞的定向分化，但它们各有利弊。添加外源性物质诱导产生的特定细胞数量少，且需要进行细胞筛选。转基因诱导方法虽然可以提高诱导分化的效率，得到纯度较高的分化细胞，但是目的基因转染效率低，而且转染基因容易发生突变并影响被转染细胞基因组的稳定性。细胞共培养方法由于难以优化适合的共同培养条件，目前尚未得到广泛应用。此外，还有分化细胞的筛选、扩增以及保存等问题需要解决。但是相信随着对干细胞定向诱导分化机制研究的深入，将会建立更符合生物体内微环境的诱导系统，安全有效地定向诱导干细胞的分化。

胚胎干细胞向三个胚层不同组织细胞分化的能力可以通过畸胎瘤（teratoma）形成实验加以证实。畸胎瘤是在胚胎发育过程中形成的一种瘤性

组织，往往含有外、中、内三个胚层的多种组织成分，甚至是一些不完整的器官。将胚胎干细胞注入免疫缺陷小鼠体内，可形成含有毛发、腺体、软骨、牙齿等不同组织细胞的畸胎瘤，由此证实胚胎干细胞具有向三个胚层组织细胞分化的能力。

早期胚胎干细胞在理论上具有发育成一个完整个体的全能性，但需要在特定的条件下方能实现。通用的方法是利用显微注射将胚胎干细胞转移到受体的囊胚腔内，建立嵌合体小鼠。目前，常用的方法是四倍体囊胚注射。人或动物都是二倍体，在胚胎发育到 2 细胞阶段时，用电融合的方法使两个细胞融合为一个细胞，获得四倍体胚胎，四倍体胚胎不能正常发育，但可以形成胎盘、卵黄囊、脐带等胚体以外的组织结构，并支持全能干细胞发育成为一个完整的动物个体。

二、维持胚胎干细胞全能性的机制非常复杂

胚胎干细胞具有发育全能性的特点使其成为体外研究哺乳类动物发育的模型、基因剔除小鼠的建立和再生医学中细胞疗法的细胞来源。而这些目的的成功实现，都需要在长期体外培养中保持胚胎干细胞处于未分化的状态，并进行不断地自我更新。因此，阐明这些过程的分子调控是细胞和发育生物学的关键科学问题。

（一）细胞外信号通过 LIF 使胚胎干细胞保持全能性

胚胎干细胞能够无限扩增，进行自我更新。但是，含有细胞生存必需的代谢物和营养物质的培养液并不能维持胚胎干细胞处于未分化状态。最初，人们认为胚胎干细胞与饲养层细胞（feeder cell）共培养是维持胚胎干细胞未分化状态所必需的，后来发现条件培养液可以代替饲养层细胞，提示饲养层细胞可能分泌某种因子，维持胚胎干细胞处于未分化状态。这一推测后来得到了证实：白血病抑制因子（leukemia inhibitory factor, LIF）能在缺乏饲养层细胞时，使胚胎干细胞保持自我更新。LIF 由饲养层细胞产生，胚胎干细胞的存在可刺激其表达。缺乏 LIF 基因的饲养层细胞不能有效地支持胚胎干细胞增殖。撤除 LIF 饲养层细胞，胚胎干细胞继续增殖，但开始分化，并且干细胞只能存活几天。LIF 是属于白细胞介

素 -6（interleukin-6, IL-6）家族的细胞因子。最初由于其具有诱导未分化型白血病（M1）细胞分化的能力而被发现，后来发现 LIF 能够抑制小鼠胚胎干细胞分化。因此，LIF 可以介导完全相反的细胞过程：抑制胚胎干细胞分化，诱导 M1 细胞分化。

LIF 及其受体（LIF receptor, LIFR）在不同的组织、细胞中均有分布，且具有广泛的生物学功能。LIFR 由两部分组成：LIF 特异性受体亚单位（LIFRβ）和共同信号转换因子 gp130。gp130 下游有两个主要的细胞内信号转导通路：Jak-STAT 通路和 Shp2-ERK 通路。LIF 结合于 LIFRβ 和 gp130，激活 Jak-STAT 通路，诱导特异性基因表达，支持胚胎干细胞自我更新。

Shp2 信号通路虽然并非胚胎干细胞自我更新所必需，但可以作为 LIF 的修饰因子（modifier）。Shp2 突变的胚胎干细胞表现为对 LIF 的依赖程度比野生型胚胎干细胞低，在胚胎干细胞培养液中加入 ERK 激酶抑制剂 PD98059 引起相似的现象。

（二）LIF 并不是维持胚胎干细胞全能性的唯一细胞外因子

虽然 LIF 通过 gp130 激活 STAT3 足以支持胚胎干细胞维持其干性（即全能性），但亦有证据表明其他一些重要的细胞因子也参与了细胞全能性的维持。敲除 Lif 基因的小鼠胚胎干细胞，经诱导分化为内脏内胚层样细胞（parietal endoderm-like cell）之后，仍具有维持胚胎干细胞处于未分化状态的活性。推测这些细胞产生一种活性物质，发挥类似于 LIF 的活性，这种物质被命名为胚胎干细胞更新因子（ES renewal factor, ESRF）。ESRF 并不激活 STAT3 信号通路，提示存在另外一种维持干细胞更新的细胞内信号通路。

（三）细胞内转录因子参与维持干细胞的全能性

除了外部信号对维持胚胎干细胞发育的全能性或多能性具有重要作用外，细胞内部的一些决定因子的作用也不容忽视。但在目前，只有转录因子 Oct-3 在维持细胞干性中的作用得到了肯定。

Oct-3 最初是在胚胎瘤细胞中发现的，其表达严格局限于小鼠的全能或多能细胞中，如卵母细胞、早期分裂期胚胎、囊胚的内细胞团、卵圆柱

期胚胎的原始外胚层（primitive ectoderm，PEC）及原始生殖细胞（primordial germ cell，PGC），提示它在保持细胞发育多能性中发挥作用。Oct-3的表达水平决定了胚胎干细胞三种不同的命运。在胚胎干细胞内，Oct-3的水平只有维持在特定水平，才保持它能处于不断自我更新状态；当Oct-3水平是正常的2倍时，胚胎干细胞分化为原始内胚层和中胚层细胞；当Oct-3水平减少到正常的50%时，胚胎干细胞则去分化为滋养层细胞。因此，Oct-3的表达必须受到严格的调控。

Niwa H等曾提出Oct-3和STAT3协同作用的模型。根据这一模型，胚胎干细胞自我更新需要Oct-3及LIF激活STAT3。Oct-3直接或间接地抑制决定滋养层的基因，如Cdx-2，从而阻断向滋养层的分化，使胚胎干细胞保持发育多能性的能力。Oct-3也通过与其他共同作用因子相互作用激活干细胞中的一些靶基因。其中一部分共同作用因子受STAT3调节，过多表达Oct-3占有了这样的共同作用因子，使保持胚胎干细胞自我更新必需的靶基因如*Zfp-42/Rex-1*表达减少。因此引起胚胎干细胞向原始内胚层和中胚层分化。与之相反，Oct-3与另一些共同作用因子之间无抑制现象，即过多地表达Oct-3不会抑制*Fgf-4*的表达。在这一模型中，Sox-2代表不介导抑制现象的共同作用因子，而X代表介导抑制现象的共同作用因子。由此可见，寻找与Oct-3相互的蛋白质对揭示胚胎干细胞如何保持发育多能性的分子机制十分必要。

此外，转录因子Nanog和Sox-2也被证明参与细胞干性的维持。Oct-3、Sox-2和Nanog在下游靶基因启动子区域的结合位点存在着高度重叠，且三个分子之间既相互促进，又存在着反馈调节，形成一个复杂的调节网络，共同维持干细胞的未分化状态。

第四节　已分化细胞的转分化

细胞的终末分化状态往往被认为是固定的。然而，分化的细胞转变为另一种分化细胞的现象确实存在。这种转分化多见于慢性组织损伤和再生，常涉及两个环节：首先是细胞去分化，成熟细胞回到相对原始的状态；然后通过活化内在的分化程序再进行分化。例如，在晶状体修复再生过程中，色素上皮细胞首先去分化，并进行增殖形成晶状体泡，然后再分化为成熟的晶状体细胞。又如，利用胰腺特异性转录因子PDX1诱导肝细胞分化为胰岛素分泌细胞时，成熟的肝细胞首先去分化并出现胎儿干细胞的基因表型，然后再分化成为胰岛素分泌细胞。但是，也有分化细胞不经去分化而直接转分化成为另外一种组织细胞的情况，在这一过程中，细胞可能在抑制已经分化的程序同时启动另一个新途径的分化程序，这种情况常见于研究体系中。无论是哪种情况，已经被定向或已经分化了的细胞在特定的条件下转变为另一类功能、形态完全不同的细胞的现象被称为转分化（transdifferentiation）。

转分化属于组织转化的一种。组织转化（metaplasia）包括更广泛的细胞类型转化，也包括一种组织的干细胞转化为另一种组织的干细胞，比如胃的干细胞转化为肠的干细胞。

目前对转分化的分子和细胞机制了解甚少。细胞的特定状态是由一些转录因子的共同作用决定的。理论上，通过改变转录因子的组合，任何一种细胞都可以被转变为另外一种细胞。一组基因被关闭、一组新基因被启动是转分化过程中不可避免的。

一、已经分化的细胞可以发生转分化

关于转分化的研究大多在体外培养的细胞中进行。以下介绍几种转分化的实例。

（一）胰腺细胞可以向肝细胞转分化

哺乳类动物细胞一个研究很好的转分化实例是胰腺细胞向肝细胞的转分化。在大鼠胰腺诱导出现的异位肝细胞能够表达一系列肝脏合成的蛋白，如清蛋白，并且具有功能，但是难以用整体动物试验去确定肝细胞祖先细胞的类型或确定这种转化的分子基础。

Shen CN等人应用胰腺细胞系AR42J-B13和小鼠胚胎胰腺培养体系研究胰腺向肝细胞转化的分子基础，证明：①经地塞米松（dexamethasone，Dex）处理，外分泌细胞直接转分化成肝细胞；②细胞分裂不是转分化的先决条件；③肝脏富有的转录因子C/EBPβ是诱导胰腺细胞向肝细胞转化所必需，其表达上调是细胞对Dex处理的早期

反应之一。当把 C/EBPβ 导入 AR42J-B13 细胞，它能促使这一胰腺细胞系转化为肝细胞。在正常胚胎发育过程中，肝脏和胰腺来自前肠内胚层的相邻区域，转分化可能反映了这种紧密的发育关系。

（二）成肌细胞可以向脂肪细胞转化

脂肪细胞和成肌细胞都来自胚胎的中胚层。转录因子 C/EBPα 和 PPARγ 在成肌细胞表达时，抑制肌特异性转录因子 MyoD、成肌蛋白、Mrf4 和 Myf5 等表达，但只有在细胞受到组合激素的刺激（包括 Dex、一种合成的白三烯和胰岛素）时方能被诱导转分化为脂肪细胞。需要说明的是，激素诱导时虽然 C/EBPα 和 PPARγ 能使肌表型消失，但诱导脂肪程序还需要其他因子。

（三）造血干细胞可以向肝细胞转化

骨髓含有间充质干细胞（mesenchymal stem cell）和造血干细胞（hematopoietic stem cell）。移植的骨髓细胞可转分化成为不同的组织细胞，包括成肌细胞、神经细胞、胶质细胞和肝细胞。以肝细胞转化为例，用 Y 染色体作为细胞来源的标记，将细胞注入受过致死量放射线照射的宿主后，注入的细胞在宿主体内能产生肝细胞。根据细胞表面标记蛋白，可以将造血干细胞分为六个亚群：C-kit$^+$、C-kit$^-$、Lin$^+$、Lin$^-$、Sca1$^+$、Sca1$^-$。除了 C-kit$^-$ 和 Lin$^+$ 细胞外，其他 4 组都能在受体动物中产生肝细胞。这清楚地表明了从造血干细胞到肝细胞的组织转化。

（四）阐明转分化的分子机制具有重要意义

目前已经发现转分化和组织分化的一些具体例子，但相关分子机制尚有待阐明。深入阐明转分化的分子机制具有两方面的重要意义：①组织转化提供的生物测定为阐明每一组织发育的分子机制提供了一条捷径。从这里获得的知识将补充应用转基因、基因剔除及胚胎操作等对胚胎发育直接研究所获得的知识。②了解组织转化的分子基础对疾病治疗新方法的设计具有实际意义。比如将一些肝细胞转分化为胰腺细胞将代表治疗 1 型糖尿病的新方法；反之，将一些胰腺细胞转分化为肝细胞可成为治疗肝衰竭的新方法。骨髓移植能重建疾病组织，为组织修复提供了几乎无限的可能性。然而，要实现这些愿望，必须首先从根本上阐明这些现象的分子和细胞机制。

二、已经分化的细胞可以重新获得分化的全能性

终末分化细胞并不具备全能性，但是终末分化细胞的细胞核仍具有全能性。正是这一特点使得分化细胞重新获得全能性成为可能。体细胞重编程（somatic reprogramming）指的是分化的体细胞在特定的条件下被逆转后恢复到全能性状态，或者形成胚胎干细胞系，进一步发育成一个新个体的过程。诱导体细胞重编程的方法有许多，如核移植、细胞融合、化学诱导以及分子调控诱导等。

核移植是最早用于细胞重编程的技术，可分为胚胎细胞核移植（包括胚胎干细胞）和体细胞核移植，其受体细胞主要有去核的卵母细胞、受精卵和 2 细胞胚胎，其中卵母细胞应用最为广泛。如今，通过胚胎细胞核移植，已经成功地产生了小鼠、兔、山羊、绵羊、猪、牛和猴子等动物，"多利"羊则是第一例通过体细胞核移植获得的动物。随后，猪、牛等动物的体细胞核移植也取得成功。但是，核移植技术要求难度高，成功率低，在实施过程中难以控制。

2006 年，日本学者 Yamanaka S 用 4 个转录因子（Oct-4、Klf-4、Sox-2 和 c-Myc）诱导小鼠的成纤维细胞转变为多能干细胞。2007 年，他用同样的方法诱导人表皮细胞使之具有胚胎干细胞特征，这些细胞可转变为心肌细胞和神经细胞等，称之为诱导多能干细胞（induced pluripotent stem cell，iPS cell）。

2013 年，中国学者邓宏魁教授课题组率先用小分子化合物得到化学诱导的多能性干细胞，并将其命名为"化学诱导的多潜能干细胞（CiPS 细胞），一时间震动了整个干细胞领域。2015 年该课题组又发现化学重编程过程中的一个类似于胚外内胚层细胞的中间态（an extraembryonic endo-derm（XEN）-like state），并据此大幅提升了化学诱导的多潜能干细胞的诱导效率。在此基础上，2017 年，邓宏魁进一步将"XEN 类似状态"的研究从体细胞"重编程"扩展到了"转分化"。此外，该研究进一步把化学诱导的"XEN 类似细胞"状态建立为一个稳定、可扩增、多功能体外细胞工具系，该工具系不仅可支持 iPS 细胞的诱导，还能

"转分化"为成熟的、具有功能的神经细胞（外胚层）和肝脏细胞（内胚层）。这种利用小分子化合物的技术提供了更加简单和安全有效的方式来重新赋予成体细胞"多潜能性"，开辟了一条新的途径实现体细胞重编程，为未来细胞治疗及人造器官提供了理想的细胞来源，给未来应用再生医学治疗重大疾病带来了新的可能。

三、细胞重编程为再生医学提供了新的机遇

组织再生是生物界普遍存在的现象。不同种属动物的再生潜能差异很大，同一种属动物的不同组织再生能力也同样具有相当大的差异。例如，人的上皮组织、骨组织和肝组织等具有较强的再生能力；而神经组织、心肌组织等则一直被认为是不能再生或再生能力很弱的组织。人们期待着利用干细胞强大的自我更新能力和多向分化潜能进行组织再生，实现对机体组织损伤的修复，使再生医学（regenerative medicine）研究进入新的阶段。

干细胞在再生医学领域的应用面临三个挑战：获取足够、适宜的干细胞；定向诱导分化为所需要的细胞；安全有效地应用于临床。细胞重编程获得的 iPS 细胞无疑为再生医学提供了一个潜力巨大的细胞来源。因此，iPS 细胞的基础和应用研究成为近年来人们关注的热点，其诱导机制、诱导效率和安全性等问题尤为重要。

再生医学又是一门新兴的多学科交叉学科，涉及医学与生命科学、材料科学、力学、数学、计算机科学和工程学等不同学科。利用这些学科的原理与方法，研发不同的用于修复、改善或替代人体组织器官的产品，并应用于临床治疗某些因疾病、创伤所造成的组织器官缺损或功能障碍，具有极大的发展前景。

第五节 细胞分化模型

无论是胚胎干细胞还是成体干细胞，亦或是 iPS 细胞，由于它们具有强大的自我更新和多向分化能力，使得它们成为体外研究胚胎发育，疾病发生、发展与治疗和药物开发的重要模型。

一、胚胎干细胞是研究细胞分化全能性的良好模型

在哺乳类动物的发育过程中，由于胚胎很小，着床后又在子宫内发育，很难在体内对这些细胞的发育全能性进行研究。在胚胎发育早期获得的胚胎干细胞，具有在体外特定的培养条件下保持发育全能性的特点。这一独特的优势，使胚胎干细胞可作为体外研究哺乳类动物发育的模型。

胚胎干细胞可分化为胚胎三个胚层中任何一个胚层不同种类的细胞。将胚胎干细胞进行标记后注入早期胚胎的囊胚腔，即可通过组织化学染色了解这些细胞的分化特点，进一步研究胚胎发育过程中的细胞分化及组织和器官形成的规律和时间，以及发育过程和影响因素等。还可以利用胚胎干细胞建立转基因或基因敲除细胞系，研究这些基因的表达特性以及对发育过程的影响。利用胚胎干细胞建立人类遗传性疾病相关基因的嵌合体动物模型，可为研究遗传性疾病的发生、发展以及治疗提供新的平台。

对决定和维持胚胎干细胞全能性的分子机制研究（见本章第三节），有助于阐明胚胎发育过程中的一些基本问题，尤其是发育异常的调控机制。

二、骨骼肌前体细胞可以用来研究细胞增殖与分化的转换

哺乳类动物的骨骼肌（除头部外）都起源于体节（somite）。体节是位于神经管和脊索旁暂时存在的致密化轴旁中胚层细胞。骨骼肌细胞的生成经历三个阶段：第一阶段是成肌祖细胞决定成为成肌细胞（myoblast），这个阶段受到 PAX1 和 PAX7 同源结构域蛋白和 MyoD 家族蛋白的调节，使得成肌细胞获得定向记忆，但是尚未分化。第二阶段是成肌细胞增殖和迁移，如将要形成肢体肌组织的成肌细胞从生肌节（myotome）迁移至发育中的肢芽（limb bud）。第三阶段，细胞停止分裂，相互融合形成合胞体（syncytium）。合胞体含有多个细胞核但共有一个胞质，可分化为成熟的肌细胞，这种多核的骨骼肌细胞称为肌管（myotube）。与第三阶段相伴的是肌特异性基因的表达。

骨骼肌发育具有如下明显的特点。

1. 三阶段的发育模式循序而进，并伴有阶段

特异性的基因表达 成肌细胞可持续增殖并保持分化能力，一旦分化开始，细胞便迅速停止分裂，发生融合形成成熟的肌细胞。增殖与分化的迅速转换受到复杂的调控。其中 FGF 和 HGF 信号分子对维持成肌细胞的增殖能力和未分化状态至关重要。在体外培养系统中，撤掉培养基中的 FGF 或 HGF 蛋白，细胞将停止增殖而进行分化。由此可见，已决定的但尚未分化的成肌细胞能够对胚胎发育中调节细胞增殖（细胞数目）和细胞迁移（肌肉的精确定位）的细胞外信号做出反应。相反，分化的肌肉细胞即肌管，对这样的信号却无反应。这种特性保证了决定状态至分化状态转折调节的细胞分化具有精确的时间、空间控制，是确保复杂的多细胞生物正常形态发生所必需的。

2. 肌细胞中含有的收缩蛋白亚型决定了肌细胞的特性 收缩蛋白主要由肌球蛋白（myosin）和肌动蛋白（actin）组成，并分别有不同的亚型。在肌细胞发育成熟过程的不同阶段，会有不同亚型的收缩蛋白合成，以适应不同年龄机体对肌细胞功能的要求。肌纤维所含的蛋白亚型不同，它们的功能特征也不同。值得注意的是，出生后的运动训练可以改变肌纤维所含的蛋白亚型的组合，表明不同亚型蛋白编码基因的表达可受到运动刺激的影响。

3. 成体骨骼肌内存在卫星细胞和多能干细胞，这些细胞参与损伤后的肌组织再生 卫星细胞（satellite cell）是位于基底膜（basal lamina）和肌管膜之间的小单核细胞。在健康的成体骨骼肌，这些细胞处于有丝分裂的静止期。虽然已定型于成肌方向，但并未表达终末分化的标志。在伸展、运动、损伤和电刺激等情况下，卫星细胞表达 MyoD 或 Myf5 增加，重新进入细胞周期。激活的卫星细胞进行多次增殖，形成祖细胞池，最后与现存的或新形成的肌管融合。卫星细胞对出生后的生长起重要作用。成年骨骼肌中分离得到的多能干细胞也表现出相当高的成肌潜能并参与损伤后的肌肉再生。

胚胎的肌发育与成年肌再生表现出极大的相似性（图 16-3）。*Pax-3* 和 *Pax-7* 在胚胎的成肌祖细胞中表达。而在成年期，*Pax-7* 在另一组成肌祖细胞即卫星细胞中表达。这些发现提示 Pax-3 和 Pax-7 是这些过程的关键调节因子。虽然对胚胎和成人成肌祖细胞诱导和分化的刺激可能不同（Wnt、Shh 和 Noggin 诱导胚胎成肌祖细胞，而组织损伤等诱导成人成肌祖细胞），但 MyoD 和 Myf5 是这些信号的共同下游目标，提示成肌祖细胞的这两条通路集中于一个共同的调节环路。此外，其他负性调节胚胎成肌祖细胞形成的信号如 Msx-1，在一些生物体再生的肢体逆转分化过程中发挥作用。

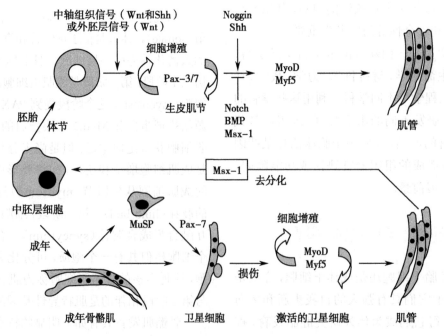

图 16-3　胚胎和成人成肌祖细胞的共同调节因子

三、表皮干细胞是研究细胞微环境的良好模型

人的表皮终生处于不断更新的状态,因此要求表皮组织中含有能够进行自我更新的细胞,产生的子代细胞能形成分化成熟的表皮细胞,同时又保留一部分具有自我更新能力的未分化细胞,即表皮干细胞(epidermal stem cell)。表皮干细胞存在于表皮组织的基底层,在成年期还能维持很强的自我更新能力,产生子代细胞进行终末分化,从而取代外层细胞,进行组织结构的更新。表皮干细胞通过不对称分裂进入分化程序后,经历一个短暂的增殖期,产生短暂扩增细胞(transient amplifying cell),又称过渡放大细胞,再由短暂扩增细胞分裂产生有丝分裂后分化细胞(postmitotic differentiating cell,PMD cell)。上述三种细胞共同构成表皮基底层,其中 60% 的细胞可通过持续分裂使表皮再生,大多数为短暂扩增细胞。短暂扩增细胞的增殖比干细胞快,而且容易退出细胞周期转入终末分化,因此对创面愈合至关重要。

表皮干细胞具有一定的分化潜能。既可连续分裂,也可较长时间处于静止状态。通过两种方式进行分裂,即对称分裂和不对称分裂,后者是指细胞分裂后产生的子细胞其中一个保持干细胞的特征,另一个则不可逆地分化成为功能专一的分化细胞。同时,表皮干细胞的分化调节非常复杂,除了大量的细胞信号和转录因子参与的调控外,细胞与基底层的接触是一个重要的影响因素。基底层与细胞外基质构成了表皮干细胞增殖分化的微环境。由于表皮干细胞集中位于毛囊处,因此毛囊这样一个特殊的器官就成为研究干细胞与微环境之间相互作用的一个良好模型。

表皮干细胞的标志物主要是整合素和角蛋白(keratin)。整合素包括 α 和 β 两种亚基,与干细胞对基底膜各种成分的黏附密切相关,而且调控终末分化的启动。在正常的表皮内,整合素的表达局限于基底层。在不同部位皮肤,整合素阳性细胞的分布区域有所不同。角蛋白在表皮干细胞的鉴定中具有重要意义。皮肤中表达角蛋白 19 的细胞定位于毛囊隆突部,它不仅具有干细胞的特性,而且高表达 α 和 β 整合素,故认为角蛋白 19 可以作为表皮干细胞的一个表面标志。

四、造血干细胞是成功应用于临床治疗的典范

造血干细胞(hemopoietic stem cell,HSC)是指骨髓中具有自我更新能力并能分化为各种血细胞前体细胞,最终生成各种血细胞成分的一群细胞。它们在造血组织中所占比例很小,但却能维持机体的终身造血功能,可以最终分化成为红细胞、白细胞和血小板,也可以分化成为其他细胞。造血干细胞具有高度的自我更新或自我复制能力。造血干细胞的增殖是不对称分裂。

早在 1906 年就有人提出造血干细胞的概念,但直到 20 世纪 60 年代才真正证实了造血干细胞的存在。

自 1959 年 Mathé G 首次尝试着用骨髓移植治疗放射辐射病人后,Thomas ED 在 20 世纪 50 年代至 70 年代的工作证实了骨髓干细胞移植可以重建骨髓的造血功能,他也因此于 1990 年与 Murray JE 分享了诺贝尔生理学或医学奖。目前,造血干细胞已经成功应用于临床治疗各种恶性血液病、部分恶性肿瘤和部分遗传性疾病。造血干细胞移植是现代生命科学的重大突破,因为有了造血干细胞移植技术,挽救了数以万计的病人。

(赵 颖)

参 考 文 献

[1] Gurdon JB. The cloning of a frog. Development, 2013, 140(12): 2446-2448.

[2] Wilmut I, Schnieke AE, McWhir J, et al. Viable offspring derived from fetal and adult mammalian cells. Nature, 1997, 385(6619): 810-813.

[3] Niwa H, Ogawa K, Shimosato D, et al. A parallel circuit of LIF signalling pathways maintains pluripotency of mouse ES cells. Nature, 2009, 460(7251): 118-122.

[4] Shen CN, Slack JM, Tosh D. Molecular basis of transd-ifferentiation of pancreas to liver. Nat Cell Biol, 2000, 2(12): 879-887.

[5] Xu J, Du Y, Deng H. Direct lineage reprogramming: strategies, mechanisms, and applications. Cell Stem Cell, 2015, 16(2): 119-134.

[6] Li X, Liu D, Ma Y, et al. Direct Reprogramming of Fibroblasts via a Chemically Induced XEN-like State.

Cell Stem Cell, 2017, 21(2): 264-273 e267.

[7] Ying QL, Nichols J, Evans EP, et al. Changing potency by spontaneous fusion. Nature, 2002, 416(6880): 545-548.

[8] Takahashi K, Tanabe K, Ohnuki M, et al. Induction of pluripotent stem cells from adult human fibroblasts by defined factors. Cell, 2007, 131(5): 861-872.

第十七章　程序性细胞死亡的分子调控

在多细胞生物体中，细胞的增殖与死亡始终处于动态平衡，以满足生长发育的需要，维持机体细胞总数的基本稳定。如果这种平衡被破坏，就会发生疾病。细胞的死亡方式大体可以分为两类：细胞坏死（necrosis）和细胞程序性死亡（programmed cell death，PCD）。传统意义上，细胞坏死是一种病理性的细胞死亡过程，由细胞或组织外部因素引起，例如感染、毒素或创伤，对生物体几乎总是有害的并且可能是致命的。而细胞程序性死亡是主动、有序的细胞死亡，是细胞对各种生理、病理性信号产生的应答反应。20世纪末以来，大量研究表明程序性细胞死亡除了经典的细胞凋亡（apoptosis）途径，还包括自噬（autophagy）依赖的细胞死亡、细胞焦亡（pyroptosis）、铁死亡（ferroptosis）等。坏死性凋亡（necroptosis）也是近年来新发现的一种可调控的细胞坏死。本章将重点介绍细胞凋亡、细胞自噬、细胞焦亡相关的分子及其调控机制，同时介绍细胞凋亡、细胞自噬、细胞焦亡异常与疾病的关系。铁死亡是一种铁依赖的程序性细胞死亡，其特征在于脂质过氧化物的积累，主要由谷胱甘肽过氧化物酶体功能障碍引起，并且在遗传和生物化学上不同于凋亡、自噬、焦亡等其他形式的程序性细胞死亡，不作为本章重点介绍内容。

第一节　细胞凋亡的分子调控

细胞凋亡不是简单的细胞死亡，而是在一定的生理或病理条件下，为维持内环境稳定，由内在基因控制的细胞自主的有序死亡。因此，细胞凋亡具有重要的生理意义，而不是简单的细胞或组织受损或破坏。

一、细胞凋亡及其生理意义

（一）细胞凋亡是在一定的生理或病理条件下细胞有序的主动死亡

细胞凋亡是一种细胞程序性死亡。细胞程序性死亡是细胞在某些特定因素刺激下，启动遗传基因编码的一系列主动性、自我毁灭过程。在凋亡过程中，涉及多个基因的表达和多种蛋白因子的有序作用，并在形态和分子水平发生一些具有特征性的变化。

1. 凋亡细胞具有特征性的形态变化　生理或病理状态下的细胞凋亡常表现为在正常细胞群体中单个细胞的死亡。细胞往往以胞质空泡化开始，后者与胞膜融合，导致膜发泡。空泡自细胞内排出，水分丧失、细胞容积减少、细胞密度增加，细胞固缩成圆形或椭圆形，细胞体积明显变小。随后，线粒体等细胞器也发生超浓缩，并向核周"崩溃"形成一个或多个块状结构。同时，细胞核解体，细胞膜下陷，包裹着核碎片和细胞器形成凋亡小体（apoptotic body），这些凋亡小体最后被周围细胞吞噬，不引起炎症反应。

细胞膜磷脂酰丝氨酸外翻是凋亡细胞特征性的变化之一。正常细胞的膜脂分布呈现不对称性，即磷脂酰胆碱、鞘磷脂大多分布在膜外层，而磷脂酰丝氨酸和磷脂酰乙醇胺则多分布在膜内层。在凋亡细胞的膜上，磷脂酰丝氨酸常常由细胞膜内层转向膜外层。这种变化成为细胞凋亡的可检测标志之一。

2. 凋亡细胞在分子水平发生一系列变化　凋亡细胞在DNA、RNA和蛋白质等分子水平发生一些相应的变化。此外，ATP和钙离子水平以及某些酶活性也伴随着凋亡的发生而产生变化。

（1）细胞染色质DNA的非随机性降解是细胞凋亡的显著特征：细胞凋亡过程中，内切核酸酶活化,基因组 DNA 常常首先被降解为 200～300kb 的片段,然后,DNA 进一步降解产生寡核小体片段,其大小相当于核小体(160～200bp)的倍数。基因组 DNA 的降解产物在电泳图谱上呈现连续的阶梯状条带(DNA ladder)。坏死细胞则不出现这种形式的 DNA 降解。

(2)细胞凋亡的发生需要 ATP 的参与:细胞内 ATP 水平是决定细胞死亡形式的重要因素。如在 ATP 存在时,钙亲和剂 staurosporine 诱导细胞凋亡;反之,在 ATP 耗竭的情况下,凋亡诱导剂 staurosporine 和 Fas 配体诱导 T 细胞由凋亡转向坏死。

(3)胞质蛋白质交联使凋亡小体稳定:凋亡细胞的 mRNA 和蛋白质合成减少,编码组织谷氨酰胺酶的基因被诱导表达,该酶催化形成稳定广泛的胞质蛋白质交联,在胞膜下形成壳状结构,使凋亡小体稳定,防止生物活性物质释放至细胞外,因而不会引起炎症反应。

(二)细胞凋亡对多细胞生物具有重要的生理意义

凋亡是细胞的一种生理性、主动性的"自杀行为",同细胞增殖和分化一样具有重要的生理意义。正常生理情况下的成人体内,每天会增加数亿个细胞,为保持动态平衡,也会有相应数目的细胞发生凋亡。而在发育、衰老或疾病过程中,细胞的凋亡数目还会增加。因此,细胞凋亡是多细胞生物生命活动过程中的重要内容。

1. 细胞凋亡发生在不同组织的发育过程中 神经系统和免疫系统在发育过程中都会有过剩细胞产生,这些细胞产生后,由于未能建立有功能的突触连接或特异性抗原,最后会走向凋亡。

2. 细胞凋亡是伤口愈合的一个重要组成部分 伤口愈合涉及去除炎症细胞和肉芽组织向瘢痕组织的演变。在伤口愈合过程中,细胞凋亡的失调会导致某些病理改变,如过度的瘢痕愈合或纤维化。

3. 免疫细胞可引起细胞凋亡 在执行防御、自稳及免疫监视功能时,免疫细胞可释放某些分子导致免疫细胞本身或靶细胞的凋亡。例如,细胞毒性 T 淋巴细胞(cytotoxic T lymphocyte,CTL)可分泌颗粒酶(granzyme),引起靶细胞凋亡。在中央淋巴器官(骨髓和胸腺)或外周组织的细胞

成熟期间,也需要细胞凋亡来消除激活的或具有自身攻击性的免疫细胞。

4. 清除衰老和损伤细胞 随着个体年龄的增长,一些细胞开始以更快的速度老化,并通过细胞凋亡被淘汰。氧化应激通过累积的自由基可损伤线粒体 DNA 而导致细胞凋亡。另外,细胞凋亡对成年人的组织重塑也是非常重要的。女性卵泡排卵后的闭锁、断奶后乳腺复旧就是两个典型的例子。

5. 激素和生长因子异常可导致凋亡 生理水平的激素和生长因子也是细胞正常生长不可缺少的因素,一旦缺乏,细胞会发生凋亡;相反,某些激素或生长因子过多也可导致细胞凋亡。例如,强烈应激会引起大量的糖皮质激素分泌,后者能够诱导淋巴细胞凋亡,从而致使淋巴细胞数量减少。

很明显,凋亡需要严格的调控,因为凋亡过量或不足均会导致病理改变,包括发育缺陷、自身免疫性疾病、神经退行性疾病及癌症等。

二、细胞凋亡相关的酶和分子

20 世纪 70 年代,Brennerr S 和 Sulston JE 等发现一些基因的突变参与了秀丽隐杆线虫(C. elegans)在成虫形成过程中的"程序性死亡"事件。1978 年,Horvitz R 等用遗传突变的方法找到了线虫调控细胞凋亡的关键基因 ced-3、ced-4 和 ced-9 等。同时,人们发现 Bcl-2 与 p53 等基因在高等动物细胞内与凋亡密切相关。Brenner S、Sulston JE 和 Horvitz R 三位科学家由于在"程序性细胞死亡"研究中所做出的重大贡献而荣获 2002 年诺贝尔生理学或医学奖。

细胞凋亡的形成与其独特的酶学作用密不可分。如同细胞代谢一样,细胞凋亡也是在多种酶的催化下完成的,需要多种酶及分子的参与。与凋亡有关的酶和分子可分为促进凋亡和抑制凋亡两类。

(一)多种酶类和分子参与了凋亡的执行和诱导

胱天蛋白酶(caspase)、内切核酸酶、APAF-1、Fas/Apo-1、P53、c-Myc 和 AIF 等是执行和诱导细胞凋亡的主要酶和分子。

**1. 胱天蛋白酶家族在细胞凋亡过程中起关

键作用 胱天蛋白酶即 caspase 家族，相当于线虫中的 CED-3，这些蛋白酶是引起细胞凋亡的关键酶，在细胞凋亡过程中必不可少。细胞凋亡的过程实际上是 caspase 不可逆有限水解底物的级联放大反应过程。这些蛋白酶均具有以下特点：①酶活性依赖于半胱氨酸残基的亲核性；②总是在天冬氨酸之后切断底物，所以命名为 caspase（cysteine aspartate specific protease）；③都是由两个大亚基和两个小亚基组成的异四聚体，caspase 前体包含大、小亚基，且由同一基因编码，被切割后产生两个活性亚基。

（1）caspase 家族成员的分子结构：caspase 与白细胞介素 -1β 转化酶（interleukin-1β converting enzyme，ICE）有同源性，也与线虫主要死亡基因产物 CED-3 高度同源，因而被称为 ICE/CED3 蛋白酶家族，是一种涉及细胞凋亡的蛋白酶。caspase 是此类系列蛋白酶的总称。

caspase 家族蛋白酶一般是以未活化的酶原形式存在的。酶原的氨基端是一段被称为"原结构域"（pro-domain）的序列。酶原活化时要将原结构域切除，其余部分剪切成一大一小两个亚基，分别称为 P20 和 P10，活性酶就是由这两种亚基以（P20/P10）$_2$ 的形式组成的（图 17-1）。

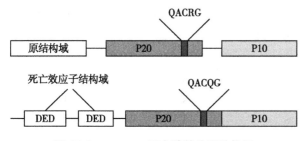

图 17-1 caspase 蛋白酶的分子结构图

图中上图为 caspase-1/2/3/4/5/6/7/9/11 的结构示意图；下图为 caspase-8 和 caspase-10 的结构示意图。

（2）caspase 家族的成员组成：caspase 蛋白是一个大家族，目前已知有 14 个成员，分别命名为 caspase-1～caspase-14。在人类细胞中已发现 11 个 caspase，分为两个亚族（subgroup）：ICE 亚族和 CED-3 亚族，前者参与炎症反应，后者参与细胞凋亡。CED-3 亚族又分为两类：一类为执行者（executioner 或 effector），如 caspase-3、caspase-6、caspase-7，可直接降解胞内的结构蛋白质和功能蛋白质，引起凋亡，但不能通过自催化（auto-

catalytic）或自剪接的方式激活；另一类为启动者（initiator），如 caspase-8、caspase-9，当接受到信号后，通过自剪接而激活，然后引起 caspase 级联反应，如 caspase-8 可依次激活 caspase-3、caspase-6、caspase-7（图 17-2）。

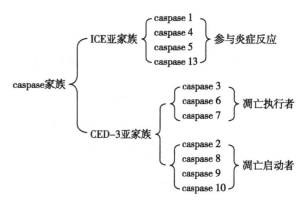

图 17-2 caspase 家族的成员组成

（3）caspase 的功能：caspase 的命名实际上就体现了它的功能，即半胱氨酸 - 天冬氨酸特异性蛋白酶（cysteinyl aspartate specific proteinase）。"c"表示这类蛋白酶的催化中心的关键氨基酸是半胱氨酸，即以半胱氨酸作为裂解底物的亲核基团；"aspase"是指特异切割具有天冬氨酸残基羧基端肽键的能力。所有 caspase 成员都保守性地含有与底物作用的氨基酸残基，如在 ICE 中，催化中心的氨基酸是 Cys285。在活性 Cys 周围的氨基酸序列也很保守，一般都有 Gln-Ala-Cys-Arg-Gly（QACRG）五肽序列，在 caspase-8、caspase-10 中为 QACQG，在 caspase-9 中是 QACGG，这三个成员都有一个氨基酸残基的变异，但这种变异不影响蛋白酶的剪切活性和特异性。

caspase 的功能主要为：①灭活细胞凋亡的抑制性蛋白质，如 Bcl-2；②水解细胞的蛋白质结构，导致细胞解体，形成凋亡小体；③在 caspase 级联反应（caspase cascade）中激活相关活性蛋白酶，导致细胞损伤。

（4）caspase 的作用方式：一般情况下，caspase 家族蛋白酶是以无活性的酶原形式存在的，发挥功能时需要激活（图 17-3）。caspase 酶原至少可以通过三种方式激活：①自活化（autoactivation），caspase 酶原具有很低的蛋白质水解活性，在某些条件下有自活化的潜力。能够进行自活化的 caspase 又称为起始 caspase，包括 caspase-8、 caspase-10 和 caspase-9。②转活化（transactivation），caspase 一旦被激活，起始 caspase 除了使自身活化外，还能活化其他的 caspase 酶原，即效应 caspase。③非 caspase 蛋白酶活化（activation by non-caspase proteinase），直接被其他非 caspase 蛋白酶所活化。

活化后的 caspase 即可切割底物蛋白质分子。但不同的 caspase 所切割的底物或识别序列不同。表 17-1 给出了不同种类 caspase 的底物。

2. 内切核酸酶类对核 DNA 进行阶梯式降解 在细胞凋亡过程中参与切割 DNA 的酶（DNase）均为内切核酸酶，包括 DNaseⅠ、DNaseⅡ、DUC18、NUC-1 DNase、NUC-40 和 NUC-58 等。这些酶可被钙、镁离子激活，但被锌离子、乙二胺四乙酸（EDTA）、焦碳酸二乙酯（diethylpyrocarbonate，DEPC）、N-溴代丁二酰亚胺（N-bromosuccinimide，NBS）和金黄三羧酸（aurintricarboxylic acid，ATA）等抑制。

细胞质和细胞核内均含有内切核酸酶，但以核内的 DNase 特异程度最高。正常情况下这些酶的半衰期很短，且以无活性的形式存在，但在 Ca^{2+} 浓度升高时被激活。内源性内切核酸酶的激活与细胞内信号转导机制密切相关。

当细胞启动凋亡时，核内的内切核酸酶活

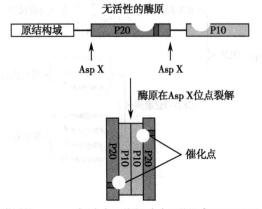

无活性的酶原

Asp X   Asp X

酶原在 Asp X 位点裂解

催化点

激活的 caspase，由 2 个大亚基和 2 个小亚基组成活性四聚体

图 17-3 caspase 蛋白酶的活化

表 17-1 caspase 家族成员表

名称	曾用名	原结构域	接头分子	识别序列
凋亡起始分子				
caspase-2	ICH-1, Nedd-2	L, CARD	RAIDD	DXXD
caspase-8	FLIC, ACHα1, Mch5	L, DED	FADD	(L/V/D) EXD
caspase-9	Mch, ICE-LAP-6	L, CARD	APAF-1	(I/V/L) EXD
caspase-10	Mch4, FLICE2	L, DED	FADD	N
凋亡效应分子				
caspase-3	CPP32, Yama, apopain	S	N	DEXD, IETD
caspase-6	Mch2	S	N	(V/T/I) EXD
caspase-7	Mch3, ICE, LAP3, CMH-1	S	N	DEXD
细胞因子前体				
caspase-1	ICE	L, CARD	CARDIAK	(W/Y/F) EHD
caspase-4	ICH-2, TX, ICE-rel-Ⅱ	L, CARD	N	(W/L/F) EHD
caspase-5	TY, ICE-rel-Ⅲ	L	N	(W/L/F) EHD
Mcaspase-11	ICH-3	L	N	N
Mcaspase-12		L	N	N
caspase-13	ERICE	L	N	N
Mcaspase-14	MICE	S	N	N
无脊椎动物 caspase				
CED-3		L, CARD	N	DEXD
DCP-1		S	N	N

L: 长; S: 短; M: 鼠; X: 任意氨基酸; N: 未明; DCP-1: 果蝇 caspase-1。

化。活化了的内切核酸酶在核小体连接区（nucle-osome linker region）切断 DNA 链，形成 160～200bp 或其倍数的寡核苷酸片段，在琼脂糖凝胶电泳时呈"阶梯状"。由于 DNA 裂解片段的量和细胞凋亡数呈正相关，这种现象可作为判断有无凋亡发生的客观指标之一。线粒体 DNA 并不裂解，核染色质 DNA 裂解是核的特异性表现。虽然在细胞坏死的晚期也可测到核染色质 DNA 降解，但在电泳图上为连续图谱（随机降解）。这也是细胞坏死与凋亡的区别之一。

3. 凋亡蛋白酶激活因子 -1 具有激活 caspase-3 的作用　凋亡蛋白酶激活因子 -1（apoptotic protease activating factor-1，APAF-1）与线虫的 CED-4 蛋白同源，在线粒体介导的凋亡途径中发挥重要作用。

APAF-1 蛋白由 1 194 个氨基酸残基组成，分子量 130kDa，编码基因 *APAF-1* 在染色体定位于 12q23。APAF-1 含有三个不同的结构域：① CARD（caspase recruitment domain）区，能召集 caspase-9；② CED-4 同源结构域，能结合 ATP/dATP；③ C- 端结构域，含有色氨酸 / 天冬氨酸重复序列，当细胞色素 C 结合到这一区域后，能引起 APAF-1 多聚化而激活。

APAF-1 具有激活 caspase-3 的作用，而这一过程又需要细胞色素 C（cytochrome C，Cyt C/APAF-2）和 caspase-9（APAF-3）参与。APAF-1-细胞色素 C 复合物与 ATP/dATP 结合后，APAF-1 就可以通过其 CARD 区召集 caspase-9，形成凋亡体（apoptosome），激活 caspase-3，启动 caspase 级联反应。

4. Fas 与 FasL 介导了重要的细胞死亡途径　1989 年，Yonehara S 等发现一株单克隆抗体，可以识别一种表达于髓样细胞、T 淋巴细胞和成纤维细胞表面的未知分子，该分子可诱导多种人细胞系发生凋亡，这种新的膜分子被称为 Fas。同年，Trauth BC 等也发现了一株可以诱导活化或恶性变淋巴细胞凋亡的单克隆抗体，他们将这株抗体所识别的蛋白质称为凋亡蛋白 -1（Apo-1）。实际上这是同一种蛋白质。

（1）Fas 的分子结构：Fas 蛋白为 45kDa 的跨膜受体，属于肿瘤坏死因子受体（TNFR）家族。其编码基因位于人第 10 号染色体上。Fas（又称 Apo-1 或 CD95）的分子结构可分为 3 个区，即具有 3 个富含半胱氨酸的胞外区、跨膜区和具有死亡结构域（death domain，DD）的胞内区（约 80 个氨基酸）。Fas 的配体（FasL）属于肿瘤坏死因子家族。FasL 主要在活化的淋巴细胞表面表达，也可在 T 细胞激活过程中被诱导表达。

Fas 是已知的 5 种死亡受体之一。这些受体包括：TNFR-1（又称 CD120a 或 p55）、Fas（CD95 或 Apo-1）、DR3（死亡受体 3，又称 Apo-3、WSL-1、TRAMP 或 LARD）、DR4 和 DR5（Apo-2、TRAIL-R2、TRICK2 或 KILLER）。前三种受体相应的配体分别为 TNF、FasL（CD95L）、Apo-3L（DR3L），后两种均为 Apo-2L（TRAIL）。

（2）FasL/Fas 的功能：Fas 与其配体 FasL 的相互作用，是引发细胞凋亡的主要途径之一，称之为死亡受体途径。

（3）FasL/FaL 的作用方式：Fas/FasL 诱导的细胞凋亡是多分子参与的有序反应过程：① FasL 与 Fas 结合后，诱导 Fas 形成能传导信号的活性形式三聚体；② Fas 形成活性三聚体后，Fas 的胞内区 DD 结构域可与接头蛋白（Fas associated death domain protein，FADD）偶联，然后再通过 FADD 的死亡效应结构域（death effector domain，DED）与 pro-caspase-8 偶联（图 17-4）；③ 传递信号使相关的蛋白激酶活化，随后发生多种底物的酪氨酸残基磷酸化，活化的蛋白质使信号逐级传递，胞内 Ca^{2+} 浓度升高；④ 激活 caspase 级联反应，水解 DNA，最终导致细胞内 DNA 断裂和细胞凋亡。

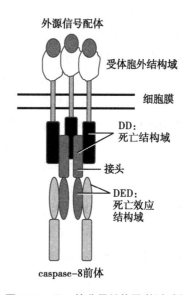

外源信号配体

受体胞外结构域

细胞膜

DD：
死亡结构域

接头

DED：
死亡效应
结构域

caspase-8前体

图 17-4　Fas 的分子结构及激活过程

5. P53 诱导凋亡,清除损伤的细胞 P53 蛋白为 393 个氨基酸残基的蛋白质,分为 N- 端区、C- 端区和中心区,分子量为 53kDa。人类 p53 基因定位于 17p13.1,是一种多功能基因,由 11 个外显子构成,转录物为 2.5kb 的 mRNA。

P53 蛋白能在 G_1 期监视 DNA 的完整性,阻滞细胞周期。如细胞 DNA 有损伤,则抑制细胞增殖,直到 DNA 修复完成;如受损 DNA 不能修复,则诱导细胞进入凋亡程序(见第二章)。P53 作为一种转录因子,是 Bax 的正调节因子,Bcl-2 的负调节因子。当细胞受到射线照射后,P53 可迅速上调 Bax 的表达,从而促进细胞凋亡。

6. 凋亡诱导因子启动不依赖于 caspase 的凋亡 凋亡诱导因子(apoptosis-inducing factor,AIF)是一类存在于线粒体内膜、外膜间隙的保守的黄素蛋白质。当细胞受到凋亡的刺激时,线粒体膜通透性改变,AIF 从线粒体转位到核内,与线粒体蛋白质内切核酸酶 G(endonuclease G,Endo G)一起引起细胞染色体的凝聚和 DNA 大的片段化(平均 50kb)。AIF 引起的细胞凋亡不依赖于 caspase 的活性。

(1)AIF 的分子结构:AIF 是一类古老的、进化上保守的黄素蛋白质。除具有氧化还原酶的活性外,还能诱导细胞凋亡。人的 AIF 基因位于 Xq25-26,转录产物 mRNA 的长度为 2.4kb,成熟的 AIF 分子量为 57kDa。

(2)AIF 的同源蛋白:线粒体相关的死亡诱导蛋白质(AIF-homologous mitochondrion-associated inducer of death,AMID)和 P53 应答基因 3 编码的蛋白 PRG3 与 AIF 都有高度的同源性。

(3)AIF 的功能和作用方式:在正常的细胞中,AIF 行使氧化还原酶的功能,维持细胞的正常生理活动。然而,当线粒体通透性转换孔(mitochondrial permeability transition pore,MPTP)受到胞外刺激的信号开放后,AIF、APAF-1 和 Cyt C 等从线粒体释放出来。APAF-1 和 Cyt C 能激活 caspase,引起细胞凋亡,而 AIF 能引起不依赖 caspase 的染色体固缩和 DNA 片段化(约 50kb)。胞质中的 AIF 能使线粒体释放更多的 AIF,形成一个自身放大的反馈调节,加速细胞凋亡。

7. c-Myc 蛋白与 Max 结合参与了细胞凋亡 c-Myc 是分子量为 62kDa 的蛋白质,编码基因 c-Myc 定位于人第 8 号染色体上。c-Myc 位于细胞核内,具有转录因子活性,一方面能激活控制细胞增殖的基因,另一方面也能激活促进细胞凋亡的基因表达,故具有促进细胞增殖和凋亡的双重效应。c-Myc 与 Bcl-2 之间存在相互作用。Bcl-2 能抑制 c-Myc 所致的细胞凋亡,但不影响其促有丝分裂作用,即当生长因子存在、Bcl-2 表达时,c-Myc 促进细胞增殖,反之则导致细胞凋亡。

c-Myc 蛋白的作用机制与另一种转录因子 Max 形成异源二聚体有关。此复合物可与特定的 DNA 序列(CACGTG)相结合,发挥调节基因表达的作用。已知这两种转录因子可形成 Myc-Max 和 Max-Max 两种不同的二聚体,但它们都能与同一 DNA 序列(CACGTG)相结合,产生不同的调节效应。此外,Myc 与 Max 的结合受到 Mad/Mnt 蛋白的竞争性抑制,Mad/Mnt 与 Max 形成复合物,Myc 的功能被抑制,细胞增殖分化;在 Mad/Mnt 不足时,更多地形成 Myc-Max 复合物,从而诱导细胞凋亡(图 17-5)。

(二)一些蛋白酶和分子可以抑制细胞凋亡

细胞的增殖和凋亡总是处于动态平衡中,使细胞的总数基本稳定。有促进凋亡的蛋白质因子,就一定会有抑制凋亡的蛋白质因子,如 Bcl-2、CED-9、IAP、存活蛋白(survivin)等可以抑制细胞凋亡的发生。

1. Bcl-2 家族具有抑制细胞凋亡和促细胞凋亡的双重作用 Bcl-2 蛋白可抑制细胞凋亡,参与细胞增殖与凋亡动态平衡的调控,其编码基因 Bcl-2 是迄今研究得最深入、最广泛的凋亡调控基因之一。

(1)Bcl-2 蛋白家族的分子结构:Bcl-2 基因位于人第 18 号染色体上,Bcl-2 家族与线虫(C.elegans)的 ced-9 基因同源。Bcl-2 蛋白是一种跨膜蛋白质,含有 239 个氨基酸,分子量约 26kDa,其羧基端附近具有 19 个疏水氨基酸跨膜区域。Bcl-2 家族成员含有 1～4 个保守的 Bcl-2 同源结构域(BH1～BH4),多数成员的同源性集中在 BH1 和 BH2 区域(图 17-6)。

(2)Bcl-2 蛋白家族的成员:根据功能和结构可将 Bcl-2 蛋白家族分为两类,一类是抗凋亡的(anti-apoptotic),如 Bcl-2、Bcl-xl、Bcl-w、Mcl-1;

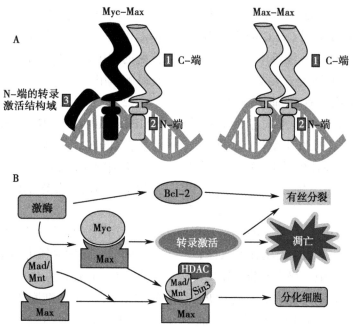

图 17-5 c-Myc 蛋白的作用机制
A: Myc-Max 和 Max-Max 复合物；B: Myc 的调节作用。

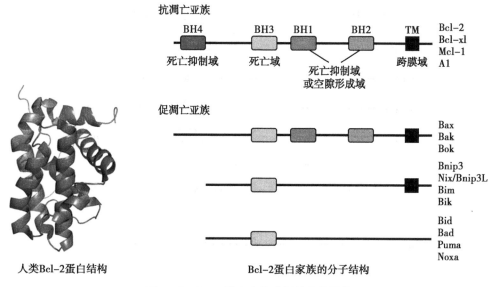

人类Bcl-2蛋白结构

Bcl-2蛋白家族的分子结构

图 17-6 Bcl-2 蛋白家族成员的分子结构

一类是促凋亡的（pro-apoptotic），如 Bax、Bak、Bad、Bid、Bim。

（3）Bcl-2 蛋白家族的功能：Bcl-2 家族抗凋亡蛋白具有下列作用：①抑制线粒体通透性转换孔开放，减少 Cyt C 和凋亡诱导因子（AIF）的释放；②结合和灭活 APAF-1，阻断其对 caspase-9 的活化；③特异地结合 Cyt C，阻止其诱导细胞凋亡。Bcl-2 家族促凋亡蛋白的作用主要是在各种不同机制作用下，转位到线粒体外膜，参与线粒

体外膜孔洞形成，使包括 Cyt C 在内的线粒体内容物释放，激活 caspase，促进凋亡。同时，也可以通过 BH3 结构域与 Bcl-2 等抗凋亡蛋白质相互作用，使后者失活。

（4）Bcl-2 蛋白家族的作用方式：Bcl-2 在线粒体外膜的过量表达可抑制线粒体膜渗透性转换（mitochondrial membrane permeability transition，MPT）的发生。Bcl-2 抑制 MPT 的作用可阻止一些小分子，如 Ca^{2+} 从基质中释放以及 AIF 从内

膜、外膜间释放到胞质，但 Bcl-2 不能阻碍 AIF 的生成。Bcl-2 还可以通过抑制 Cyt C 的释放而阻止凋亡的发生。另外，Bcl-2 在线粒体外膜上形成的阳离子选择性通道可允许质子从线粒体膜间隙逃逸至胞质，避免膜间隙过酸，从而抑制凋亡。

Bax 在正常情况下以单体形式存在于胞质中，在受到凋亡刺激时构象发生变化，导致 Bax 寡聚体形成并整合到线粒体外膜上，随后即发生 Cyt C 自线粒体释放，促进细胞凋亡。

2. 细胞凋亡抑制因子超家族可抑制细胞凋亡 细胞凋亡抑制因子（inhibitor of apoptosis, IAP）超家族的成员较多，如 c-IAP1、c-IAP2、XIAP、NIAP 和 survivin 等，新的成员仍在不断被发现。

（1）IAP 家族成员的分子结构：人类 IAP 家族成员的编码基因分别定位于不同染色体上。IAP 家族成员有一个共同的特征，即含有一个或多个 70 个氨基酸的重复序列（baculovirus IAP repeat, BIR），类似于锌指结构。XIAP、ILP2、c-IAP1、c-IAP2 和 MUAP 还含有环指状结构域（RING）（图 17-7）。

BIR 功能域及其间的连接区域介导对 caspase 的抑制作用，而环指状结构域则具有泛素化蛋白连接酶的作用，介导 caspase-3 和 caspase-7 的泛素化降解作用。

（2）IAP 的家族成员：IAP 家族蛋白主要包括 NAIP、c-IAP1、c-IAP2、XIAP、survivin、bruce 和生存蛋白（livin，又名 ML-IAP）。IAP 家族蛋白主要定位于细胞质，部分 IAP 蛋白如 livin 和 survivin 定位于细胞核。人类 IAP 基因家族的基本特征见表 17-2。

（3）IAP 的功能和作用方式：在 Fas/caspase-8 介导的死亡受体途径中，IAP 蛋白通过 BIR 结构域直接与 caspase 的 IBM 结合，抑制 caspase3/7/9 的催化活性，阻断细胞凋亡进程。在线粒体途径中，IAP 通过三种方式抑制凋亡：①直接与 pro-caspase-9 结合，干扰加工过程；② IAP 的 CARD 区与 APAF-1 竞争性结合，阻断 caspase 活化；③直接抑制活化的 caspase。

在凋亡过程中，c-IAP1 蛋白可被裂解生成 N-

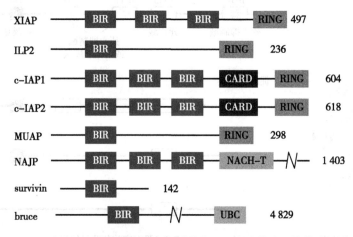

图 17-7 人类细胞凋亡抑制因子 IAP 家族的分子结构

表 17-2 人类 IAP 基因家族的基本特征

分类	基因	氨基酸数	BIR 结构域	CARD 区	指环结构域	细胞定位
NAIP	*BIRC1*	1 403	3	—	—	胞质
c-IAP1	*BIRC2*	618	3	1	1	胞质
c-IAP2	*BIRC3*	604	3	1	1	胞质
XIAP	*BIRC4*	497	3	—	1	胞质
survivin	*BIRC5*	142	1	—	—	胞质、胞核
bruce	*BRUCE*	4 829	1	—	—	胞质
livin	*BIRC7*	1	—	—	1	胞质、胞核
ILP2	*BIRC8*	236	1	—	1	胞质

注："—"表示该蛋白不含此结构域。

端和 C- 端两个片段，C- 端片段包含 CARD 和指环结构域，具有促凋亡的作用。c-IAP1 可调控含有指环结构的 c-IAP1、c-IAP2、XIAP 和 livin 等 IAP 家族蛋白，使之经泛素 - 蛋白酶体降解，而不影响缺乏指环结构的 NAIP 和 survivin 表达。

（三）一些细胞因子也参与了细胞凋亡

细胞因子（cytokine）是由各种免疫细胞和其他系统细胞合成和分泌的小分子多肽类因子，它们调节机体的免疫功能，参与免疫细胞的增殖、分化和功能行使。细胞因子除存在于免疫系统外，在机体的各个系统也广泛存在，发挥极为重要的生理调节作用，某些情况下可产生病理作用。细胞因子主要包括白细胞介素（interleukin，IL）、干扰素（interferon，IFN）、集落刺激因子（colony stimulating factor，CSF）、肿瘤坏死因子（tumor necrosis factor，TNF）、趋化因子（chemokine）、转化生长因子 β（transforming growth factor β，TGF-β）等。不同的细胞因子对不同的细胞有不同的作用，可表现为诱导细胞凋亡或抑制细胞凋亡。

1. **白细胞介素可诱导细胞凋亡**　IL-1 在体外可抑制某些肿瘤细胞株，如黑色素瘤细胞株、乳腺癌细胞株、神经胶质瘤细胞株、脑膜瘤细胞株等的生长及诱导细胞的凋亡。IL-1β 在体外能够诱导人气管平滑肌细胞凋亡。IL-1 对肿瘤细胞的生长抑制及诱导凋亡机制包括：诱导一些其他的细胞因子（如 TNF、IL-6）；产生氧自由基；降低蛋白质的合成；产生一氧化氮（NO）等。IL-18 具有诱导卵巢癌细胞凋亡的作用，其机制是上调了卵巢癌细胞的 Fas 水平，下调了 FasL 的水平。但是，IL-4 可以抑制氢化可的松诱导的慢性淋巴细胞白血病细胞的凋亡，亦可抑制该细胞自发凋亡的发生。IL-6 可以抑制化疗药诱导的肿瘤细胞凋亡的发生。

2. **肿瘤坏死因子可诱导肿瘤细胞凋亡**　TNF 在体外可诱导许多不同来源的肿瘤细胞株的凋亡。TNF-α 诱导的白血病 K562 细胞凋亡与血管内皮细胞产生 NO 有关。在 TNF-α 诱导的肾肿瘤细胞 SK-RC-42 凋亡过程中，TNF-α 激活 Ca^{2+}/Mg^{2+} 依赖性内切核酸酶而引起细胞凋亡。另外 PKC 的激活通过上调细胞内源性 TNF-α 的表达还能够抵抗外源性 TNF-α 引起的肾肿瘤细胞凋亡。TNF-α 既能诱导 P53 依赖型肿瘤细胞的凋

亡，也能诱导 P53 缺陷型肿瘤细胞的凋亡，说明 TNF-α 诱导的肿瘤细胞凋亡不依赖于 P53 的存在。NK 细胞分泌的 TNF-α 能够诱导 NK 细胞自身发生凋亡，从而减少 NK 细胞分泌 IFN-γ。可见，TNF-α 可通过诱导免疫细胞自身凋亡而调节免疫细胞正常功能的发挥。

3. **γ 干扰素可诱导细胞凋亡**　IFN-γ 在体外可以直接诱导宫颈癌 HeLa 细胞凋亡。单独使用 TNF-α 并不能诱导小鼠单克隆肿瘤细胞株的凋亡，但如果与 IFN-γ 合用，可以明显增加 TNF-α 的细胞毒作用，并表现出剂量依赖关系。IFN-γ 可以抑制体外培养的 B 淋巴细胞白血病细胞的凋亡。

4. **转化生长因子 -β1 可诱导细胞凋亡**　$TGF-β_1$ 是一种生长因子，可诱导正常细胞向癌细胞转化。近年来发现，$TGF-β_1$ 可诱导某些急性髓细胞性白血病细胞的凋亡。如在其他生长因子存在的情况下，$TGF-β_1$ 可诱导 OCL-AMLI 细胞凋亡；在 GM-CSF 存在的情况下，$TGF-β_1$ 能够诱导 USCD/AML1 细胞凋亡，其他生长因子均无此作用。但是，无论有无其他细胞因子的存在，AML-193 细胞的生长均不能被 $TGF-β_1$ 所抑制。这说明细胞对 $TGF-β_1$ 诱导凋亡的反应与细胞种类及有无其他细胞因子的作用有关。$TGF-β_1$ 在体外还可以诱导胃肉瘤细胞 HSC-39、HSC-43 的凋亡。

三、细胞凋亡的信号途径和调控

细胞凋亡是在细胞接受到死亡信号后所发生的死亡事件。根据是否有 caspase 的参与，可分为 caspase 依赖和 caspase 非依赖凋亡途径。

（一）依赖 caspase 的细胞凋亡是凋亡的主要途径

依赖 caspase 的细胞凋亡包括三种方式：①死亡受体介导的细胞凋亡（外源途径）；②线粒体介导的细胞凋亡（内源途径）；③内质网介导的细胞凋亡（内源途径）。

1. **外源信号分子可通过死亡受体介导细胞凋亡**　胞外的死亡信号可通过死亡受体转入胞内，引发细胞凋亡。由死亡受体介导的细胞凋亡又称为外源途径（extrinsic pathway）。死亡受体为一类跨膜蛋白质，其分子结构由三个区域构成，即胞外配体结合区、跨膜区和具有死亡结构域（death

domain，DD）的胞内区。死亡结构域在从细胞表面向细胞内传递死亡信号中起着至关重要的作用。死亡受体及其配体包括 Fas/FasL、TNFR-1/TNF-α、DR3/Apo-3L、DR4/Apo-2L 和 DR5/Apo-2L，研究最为充分的是 Fas/FasL 和 TNFR-1/TNF-α。

（1）配体与受体结合启动细胞凋亡程序：Fas/FasL 和 TNFR-1/TNF-α 是外源性信号引起细胞凋亡的典型分子模型。在这些模型中，配体与受体结合，并募集胞质内接头蛋白与受体胞内死亡结构域结合。Fas 相关的接头蛋白是 FADD；TNFR-1 的接头蛋白是 TRADD（TNFR-associated death domain），TNFR-1 还可以进一步募集 FADD。FADD 可以与 caspase-8（或 caspase-10）前体蛋白结合，形成死亡诱导信号复合物（death-inducing signaling complex，DISC），使 caspase-8（或 caspase-10）酶原激活。一旦 caspase-8 被激活，细胞凋亡的执行阶段即被触发。

（2）激活的 caspase-8 进一步激活其他 caspase，形成级联放大效应：活化的 caspase-8 随后激活 caspase-3、caspase-6、caspase-7，再进一步激活下游的效应分子（酶类），降解 CAD 抑制蛋白（ICAD/DFF-45）、释放出 caspase 依赖的 DNase，引起 DNA 降解、细胞凋亡。图 17-8 以 Fas/FasL 为例总结了死亡受体介导的细胞凋亡过程。

（3）死亡受体介导的细胞凋亡受细胞因子的调控：在正常细胞中，由于核酸酶和抑制物结合在一起，核酸酶处于无活性状态，而不出现 DNA 断裂。如果抑制物被破坏，核酸酶即可激活，引起 DNA 片段化（fragmentation）。激活的 caspase 可以裂解这种抑制物而激活核酸酶，因而把这种酶称为 caspase 激活的脱氧核糖核酸酶（caspase-activated deoxyribonulease，CAD），而把它的抑制物称为 ICAD。在正常情况下 CAD-ICAD 是以一种无活性的复合物形式存在。ICAD 一旦被 caspase 水解，即赋予了 CAD 活性，DNA 片段化即产生。但是，CAD 只在 ICAD 存在时才能合成，说明 CAD-ICAD 以一种共转录方式产生。

死亡受体介导的细胞凋亡可以被一种称为 c-FLIP（FLICE-inhibitory protein）的蛋白质抑制，FLIP 的 DED 能与 FADD 和 caspase-8 结合，抑制 caspase-8 结合到 DISC 上，从而阻断 Fas 介导的凋亡信号的转导。此外，FLIP 还能阻断 TNFR-1/TNF-α、DR4/TRAIL 等其他细胞表面死亡受体介导的凋亡信号的转导。

2. 线粒体在介导细胞凋亡中发挥了重要作用 由线粒体介导的细胞凋亡又称为内源途径（intrinsic pathway）。启动细胞凋亡的内源途径涉及多种非受体介导的胞内信号刺激，这种刺激直接作用于胞内靶点，引发线粒体途径介导的凋亡。

（1）线粒体内膜变化可启动线粒体凋亡途径：多种物理、化学及生物学因素可刺激线粒体外膜通透性增加，从而触发细胞凋亡过程。产生细胞内信号启动内源途径的刺激既可能是正效应也可能是负效应。正效应的刺激包括（但不限于）辐射、毒素、缺氧、过热、病毒感染和自由基等；负效应的信号则是某些生长因子、激素和细胞因子

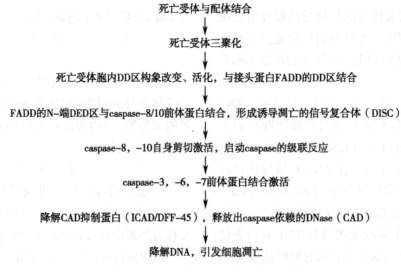

图 17-8 Fas 受体介导的细胞凋亡过程

的缺失,从而引发细胞凋亡。

所有这些刺激均可引起线粒体内膜的变化,导致线粒体通透性转换孔(MPTP)开放,线粒体跨膜电位消失。通常情况下被隔离的两大类促凋亡蛋白质从膜间隙释放到细胞质。第一类包括 Cyt C、Smac/DIABLO、丝氨酸蛋白酶 HtrA2/Omi。第二类包括促凋亡蛋白 AIF、内切核酸酶 G 和 CAD。这些蛋白质激活了 caspase 依赖性的线粒体途径。

(2)Cyt C 和内切核酸酶 G 等多种因子参与了凋亡过程:Cyt C 被释放到胞质后,结合并激活 APAF-1 和 caspase-9 前体,形成凋亡体。caspase-9 前体以这种方式聚集并导致 caspase-9 的激活。而 Smac/DIABLO 蛋白和 HtrA2/Omi 则通过抑制 IAP 的活性,促进细胞凋亡。

当细胞即将死亡时,第二类促凋亡蛋白 AIF、内切核酸酶 G 和 CAD 从线粒体中释放。与第一类促凋亡蛋白质比较,这是一个后续事件。AIF 易位到细胞核,引起 DNA 降解,外周的核染色质浓缩。这种核固缩的早期形式成为"第一阶段"的结尾。

内切核酸酶 G 也被转运到细胞核,使核染色质水解产生寡核小体 DNA 片段。AIF 和内切核酸酶 G 均以不依赖 caspase 方式发挥作用。随后 CAD 从线粒体释放并转位到细胞核内,经 caspase-3 切割后,导致寡核小体 DNA 片段化更明显,染色质进一步浓缩。这种更明显的染色质凝集成为"第二阶段"的结尾。

(3)线粒体凋亡途径受到 Bcl-2 家族蛋白的

调节:线粒体凋亡事件的控制和调节是通过 Bcl-2 家族蛋白进行的,其作用机制主要是通过改变线粒体膜通透性,调控细胞色素 C 从线粒体的释放。

1)Bid 被 caspase-8 切割产生 tBid,tBid 与 Bax/Bak 相互作用,导致线粒体损伤,诱导细胞凋亡。caspase-8 由细胞膜表面死亡受体介导激活。因此,caspase-8 对 Bid 的作用是死亡受体(外源的)途径和线粒体(内源的)途径之间的相互沟通。

2)Bad 在正常情况下被 14-3-3 蛋白固定在细胞质中,当其丝氨酸去磷酸化后,它即移位至线粒体释放 Cyt C。Bad 也可以与 Bcl-xl 或 Bcl-2 组成异源二聚体,中和它们的保护作用,并促进细胞死亡。

3)Puma 和 Noxa 是 Bcl-2 家族的两个成员,也参与促凋亡。Puma 在 P53 介导的细胞凋亡中发挥着重要作用。在体外实验中,Puma 的过度表达伴随着 Bax 表达增加、Bax 的构象变化、易位到线粒体、Cyt C 释放、降低线粒体膜电位。Noxa 也是 P53 诱导细胞凋亡的一个候选调节蛋白质。这种蛋白质可定位于线粒体并与抗凋亡的 Bcl-2 家族成员相互作用,导致 caspase-9 的活化。由于 Puma 和 Noxa 都是由 P53 诱导的,它们可能介导了由 DNA 损伤或癌基因激活引起的细胞凋亡。

由线粒体介导的细胞凋亡信号调控过程见图 17-9。表 17-3 列出了主要的内源途径的蛋白质、常见的缩写形式和其他使用名称。

3. 内质网应激反应失调引起细胞凋亡 多种因素如未折叠蛋白质聚集、氧化应激、氨基酸缺乏以及紫外线照射等都可引起内质网应激反

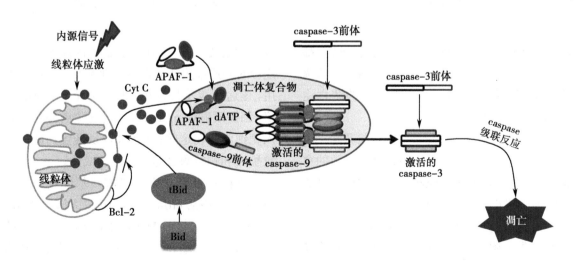

图 17-9 线粒体介导的细胞凋亡过程

表 17-3 内源途径凋亡相关蛋白质的名称、缩略词及其他名称

缩略词	蛋白质名字	其他名称
Smac/DIAB LO	第二个线粒体衍生的胱天蛋白酶/低等电点的 IAP 直接结合蛋白	无
HtrA2/Omi	高温要求的蛋白酶	Omi 应激调节内切蛋白酶,丝氨酸蛋白酶 HtrA2/Omi
IAP	凋亡抑制蛋白	XIAP,API3,ILP,HILP,HIAP2,c-IAP1, API1,MIHB,NFR2-TRAF 信号复合物
APAF-1	凋亡蛋白酶激活因子	APAF1
caspase-9	胱天蛋白酶 9	ICE-LAP6,Mch6,APAF-3
AIF	细胞凋亡诱导因子	程序性细胞死亡蛋白 8,线粒体
CAD	胱天蛋白酶活化的 DNA 酶	CPAN/DFF40
Bcl-2	B 细胞淋巴瘤蛋白 2	凋亡调控因子 Bcl-2
Bcl-x	Bcl-2 类蛋白 1	Bcl-2 调控蛋白
Bcl-xl	Bcl-2 相关蛋白质,长亚型	Bcl-2L 蛋白,Bcl-x 蛋白的长亚型
Bcl-xs	Bcl-2 相关蛋白质,短亚型	无
Bcl-w	Bcl-2 类蛋白 2	凋亡调控因子 Bcl-w
Bag	Bcl-2 相关永生基因	Bag 家族分子伴侣调控因子
Bcl-10	B 细胞淋巴瘤蛋白 10	mE10,CARMEN,CLAP,CIPER
Bax	Bcl-2 相关 X 蛋白	凋亡调控因子 Bax
Bak	Bcl-2 拮抗因子 1	Bcl-2L7,细胞死亡抑制因子 1
Bid	BH3 相互作用域死亡激动因子	p22 Bid
Bad	Bcl-2 死亡拮抗因子	Bcl-2 结合蛋白,Bcl2L8,Bcl-2 结合组分 6, BBC6,Bcl-xl/Bcl-2 相关死亡促进因子
Bim	Bcl-2 结合蛋白 BIM	Bcl-2 类蛋白 11
Bik	Bcl-2 结合杀伤蛋白质	NBK,BP4,Bip1,细胞凋亡诱导 NBK
Blk	Bik 类杀伤蛋白质	B 淋巴样酪氨酸激酶,p55-BLK,MGC10442
Puma	Bcl-2 结合组分 3	JFY1,Puma/JFY1,P53 上调细胞凋亡调节剂
Noxa	佛波醇 -12- 肉豆蔻酸酯 -13- 乙酸酯诱导的蛋白质 1	PMA 诱导的蛋白质 1,APR
14-3-3	酪氨酸 3- 单加氧酶/色氨酸 5- 单加氧酶活化蛋白	14-3-3 η/θ/h/β/e/p/i
Aven	细胞死亡调节因子 Aven	无
Myc	癌基因 Myc	c-Myc,Myc 原癌基因蛋白质

应,这种应激反应失调或刺激因素过于强烈,都可引起内质网介导的细胞凋亡。内质网介导的凋亡途径不同于线粒体或死亡受体介导的凋亡途径,详见第十八章。

4. **穿孔素/颗粒酶介导了部分细胞凋亡** 由细胞毒性 T 淋巴细胞(CTL)和 NK 细胞释放的穿孔素/颗粒酶(perforin/granzyme-A 或 B)也可诱导一些细胞凋亡。T 细胞介导的细胞毒作用是一种变异的Ⅳ型超敏反应,敏化的 $CD8^+$ T 细胞杀死抗原携带细胞。这些 CTL 能够通过外源途径杀死靶细胞,FasL/Fas 相互作用是 CTL 诱导细胞

凋亡的主要方式。然而,它们也能通过一种新的途径对肿瘤细胞和病毒感染细胞发挥其细胞毒作用,该途径涉及跨膜孔隙形成分子 perforin 的分泌,细胞质颗粒 granules 通过孔隙向外释放并进入靶细胞。在这些颗粒中,丝氨酸蛋白酶——颗粒酶 A 和颗粒酶 B 是最重要的成分。

颗粒酶 B 可在天冬氨酸残基位点切割蛋白质,因此能激活 pro-caspase-10 和切割类 ICAD 因子(caspase 活化的 DNA 酶抑制剂)。颗粒酶 B 能利用线粒体途径,通过特异性裂解 Bid 和诱导 Cyt C 释放,从而放大死亡信号。颗粒酶 B 还能

直接激活 caspase-3。这种方式绕过了上游信号转导途径，直接诱导了细胞凋亡的执行阶段，说明线粒体途径和 caspase-3 的直接活化对颗粒酶 B 诱导的细胞凋亡至关重要。此外，无论是死亡受体还是 caspase 都没有参与 T 细胞受体诱导的活化 Th2 细胞凋亡，因为它们的配体对细胞凋亡无影响。另一方面，Fas 和 Fas 配体的相互作用、带死亡结构域的接头蛋白和 caspase 都参与了细胞毒 1 型辅助细胞的凋亡和调节，而颗粒酶 B 没有发挥作用。

颗粒酶 A 也参与了细胞毒性 T 细胞诱导的细胞凋亡。颗粒酶 A 诱导的细胞凋亡是通过单链 DNA 损伤进行的 caspase 非依赖途径。一旦进入细胞，颗粒酶 A 就通过 DNA 酶 NM23-H1 将 DNA 切开一个切口。这种 DNA 酶通过诱导肿瘤细胞凋亡，在免疫监视预防癌症方面具有重要作用。核小体组装蛋白 SET 通常会抑制 NM23-H1 基因。颗粒酶 A 可裂解 SET 复合物从而解除对 NM23-H1 的抑制，导致凋亡细胞的 DNA 降解。除了抑制 NM23-H1 外，SET 复合物在染色质结构和 DNA 修复方面还有重要的作用。组成这种复合物的蛋白质（SET、Ape1、pp32、和 HMG2）似乎共同保护染色质和 DNA 的结构。因此，由颗粒酶 A 引起该复合物的失活，通过阻断 DNA 维护和染色质结构完整性，很有可能也对细胞凋亡产生作用。

5. **三大凋亡途径间有着密切的相互联系**　无论是外源的死亡受体途径还是内源的线粒体或内质网凋亡途径，在凋亡的发生、发展过程中存在着密切的联系。

（1）线粒体途径和内质网途径：内质网 Ca^{2+} 释放导致的线粒体内 Ca^{2+} 浓度的改变是促进 Cyt C 释放的重要信号。促凋亡蛋白 Bak 和 Bax 可快速清除内质网中的 Ca^{2+}，使线粒体对 Ca^{2+} 的内流和 Cyt C 的释放敏感，从而调节细胞凋亡。钙蛋白酶（calpain）与 caspase-3 之间关系密切，两者不仅有共同的底物，而且在细胞凋亡的途径上也相互作用。caspase-3 可在 caspase 级联反应的下游激活 calpain，还能抑制钙蛋白酶抑制蛋白（calpastatin），使 calpain 能持续活化。

（2）内质网途径和死亡受体途径：死亡受体 Fas 与其配体结合后，通过接头蛋白 FADD 激活

caspase-8，caspase-8 可特异剪切内质网膜上的 BAP31，诱导内质网 Ca^{2+} 的释放，影响线粒体，促进线粒体 Cyt C 的释放，诱导产生凋亡。而未剪切的 BAP31 则与内质网的 A4 蛋白结合，抑制 Fas 诱导的 Cyt C 释放和细胞凋亡。

（3）线粒体途径和死亡受体途径：某些情况下经死亡受体途径激活的 caspase-8 主要作用于 Bid 而不是 caspase-3，因为 Bid 对 caspase-8 的亲和力比 caspase-3 更强。caspase-8 可切割处于胞质的 Bid，使之成为具有活性的 tBid。tBid 有很强的促凋亡活性，可以诱发促凋亡家族成员 Bax 和 Bak 寡聚，使线粒体蛋白质释放，引起凋亡。Bax 和 Bak 可调节 Cyt C 和 Smac/DIAB-LO（second mito-chondrial-derived activator of caspase/direct IAP-binding protein with low pI）的释放，参与 Apo-2L 诱导的线粒体分裂和凋亡；Bcl-2 和 Bcl-xL 则抑制 Cyt C 和 Smac 的释放来抑制 Fas 介导的细胞凋亡。caspase-3 与内源性 XIAP（X-linked inhibi-tor of apoptosis proteins）结合后，不能发生自身剪切而生成有活性的 caspase-3。但是 Smac 独自就能使 XIAP 失活，从而促进 caspase-3 活化。因此可能存在一条死亡受体诱导、Smac 依赖的凋亡复合物途径。由此可见线粒体途径与死亡受体途径是密切联系的。

三条凋亡途径最后都有 caspase 的激活，这说明 caspase 是诸多调控途径的关键。但许多情况下，虽然没有 caspase 的参与，凋亡仍然可以发生。这说明 caspase 非依赖的途径也参与了细胞凋亡。

6. **caspase-3、caspase-6、caspase-7 最终将凋亡细胞清除**　外源和内源的凋亡途径最后都归结到执行途径（execution pathway），该阶段被认为是最终的凋亡途径。caspase 的激活开启了细胞凋亡阶段，激活细胞内的内切核酸酶和蛋白酶，前者降解核酸，后者降解细胞核与细胞骨架蛋白。caspase-3、caspase-6 和 caspase-7 作为细胞凋亡的执行者，裂解各种蛋白质，包括细胞角蛋白、PARP、质膜的细胞骨架蛋白 α- 胞衬蛋白、核内蛋白 NuMA 和其他的底物，最终导致凋亡细胞的形态和生化上的变化。

caspase-3 被认为是最重要的胱天蛋白酶，可以被任何胱天蛋白酶启动者（caspase-8、caspase-9

或 caspase-10)激活。caspase-3 可特异性地激活内切核酸酶 CAD。在增殖细胞中，CAD 与它的抑制因子(ICAD)结合。在凋亡细胞中，激活的 caspase-3 切割 ICAD，释放 CAD，然后 CAD 降解细胞核内的染色体 DNA，导致染色质浓缩。caspase-3 还可诱导细胞骨架重组，将细胞解体为凋亡小体。凝溶胶蛋白、肌动蛋白结合蛋白等都已被确定为 caspase-3 的关键底物。

凝溶胶蛋白通常会作为一个细胞核肌动蛋白聚合的核心，同时还结合磷脂酰肌醇二磷酸，把肌动蛋白组织和信号转导连接起来。caspase-3 会切开凝溶胶蛋白，反过来，凝溶胶蛋白的酶切片段又以非钙依赖的方式切开肌动蛋白纤维。这就破坏了细胞骨架，并导致细胞内运输、细胞分裂和信号转导受阻。

巨噬细胞吞噬凋亡细胞是凋亡的最后一个阶段。凋亡细胞表面上磷脂的不对称性和磷脂酰丝氨酸的外翻，以及它们的片段化是此阶段的标志。尽管在细胞凋亡过程中磷脂酰丝氨酸易位到细胞膜外侧的机制还不是很清楚，但是已证明与氨基磷脂移位酶活性和各种磷脂的非特异性触发器的丧失有关。在发生氧化应激的红细胞中，Fas、caspase-8 和 caspase-3 都参与了磷脂酰丝氨酸外翻的调控。但是在原发性 T 淋巴细胞凋亡中，磷脂酰丝氨酸外露却是 caspase 非依赖性的。凋亡细胞的外膜上磷脂酰丝氨酸的出现会有利于吞噬细胞的识别，允许对其进行早期吞噬和处理。这种早期和有效吞噬的过程没有释放细胞成分，也就基本上不会诱发炎症反应。

表 17-4 列出了在细胞凋亡执行途径中的主要蛋白质、常用缩写和蛋白质的其他名称。

(二)细胞凋亡还能以不依赖 caspase 的方式发生

在一些细胞凋亡过程中，caspase 的抑制不能阻断细胞凋亡的发生，凋亡过程中 caspase 并未激活，表明细胞凋亡还能以不依赖于 caspase 的方式发生。不依赖 caspase 的细胞凋亡(caspase-independent apoptosis)涉及 Bax 诱导的细胞死亡，也涉及其他蛋白酶，如钙蛋白酶、蛋白酶体及丝氨酸蛋白酶诱导的细胞死亡。

1. 类凋亡 类凋亡(paraptosis)的典型特征是由线粒体和内质网肿胀造成的胞质空泡化，但

表 17-4 执行途径中的蛋白酶缩略词和其他名称

缩略词	蛋白质名字	其他名称
caspase-3	胱天蛋白酶 3	CPP32, Yama, Apopain, SCA-1, LICE
caspase-6	胱天蛋白酶 6	Mch-2
caspase-7	胱天蛋白酶 7	Mch-3, ICE-LAP-3, CMH-1
caspase-10	胱天蛋白酶 10	Mch4, FLICE-2
PARP	多腺苷二磷酸核糖聚合酶	ADP 核糖基转移酶, ADPRT1, PPOL
α fodrin	胞衬蛋白 α 链	alpha-Ⅱ血影蛋白, fodrin α 链
NuMA	核有丝分裂蛋白	SP-H 抗原
CAD	胱天蛋白酶活化的 DNA 酶	CPAN/ DFF-40/DNA 碎片因子亚基 β
ICAD	CAD 抑制因子	DNA 碎片因子亚基 α, DFF-45

无凋亡的形态学表现，也不激活 caspase。类凋亡是由丝裂原活化蛋白激酶所介导，可被 TNF 受体超家族成员(toxicity and JNK inducer, TAJ)/(TNFRSF expressed on the mouse embryo, TROY)和胰岛素样生长因子 1 受体(insulin-like growth factor 1 receptor, IGF1R)所触发。另外，介导细胞凋亡的死亡受体同样介导类凋亡的发生。

2. 有丝分裂灾变 有丝分裂灾变(mitotic catastrophe)最初由 Russell P 和 Nurse P 发现。在细胞分裂过程中，如果 G2 期检查点缺失，在 DNA 完全复制或 DNA 损伤修复之前，细胞就可以过早地进入有丝分裂。这种紊乱的有丝分裂将引起细胞有丝分裂灾变，从而导致细胞死亡。任何一个 G2 期检查点基因，包括编码 ATR、ChK1、P53、WAF1、14-3-3σ 的基因被抑制或失活，都将使有丝分裂突变形成持续的 DNA 损害，并最终造成细胞死亡。

3. 凋亡样程序性死亡 凋亡样程序性死亡(apoptotic programmed death)与经典凋亡最大的区别是：凋亡样程序性死亡的细胞核内染色质凝集程度低，在电镜下呈不均匀的絮状结构，而未形成染色质块。另外，凋亡样程序性死亡的细胞 DNA 片段较大，约为 50kb。凋亡诱导因子和内切核酸酶 G 可能与凋亡样程序性死亡的途径有关。

4. 坏死样程序性死亡 坏死样程序性死亡

(necrotic programmed death)是近些年来研究发现的一种特殊的程序性死亡。Moubarak RS 等用 DNA 烷化剂诱导小鼠胚胎成纤维细胞,细胞核内的 DNA 被烷基化修饰,进而激活 PARP-1,最终活化胞质内的钙蛋白酶原(pro-calpain)。活化的钙蛋白酶可经过两条途径使细胞死亡:第一,激活细胞质中 Bcl-2 家族的 Bax,使 Bax 结合到线粒体外膜上,形成多聚体孔道,导致线粒体膜电势丧失;第二,促使凋亡诱导因子(AIF)从线粒体内膜转移到膜间隙中,并被切割为 tAIF,tAIF 经 Bax 形成的孔道进入胞质,最终进入到细胞核内,使染色质凝集和 DNA 断裂,最后表现为坏死的形态学特征。

四、细胞凋亡调控异常与疾病

人体内的细胞在生命活动中会逐渐衰老或受到损伤。这些细胞通常要通过凋亡加以清除。但是,凋亡过度或不足均会导致疾病。细胞凋亡调控异常可导致多种疾病的发生,一般可分为两大类:①细胞凋亡不足,如肿瘤、自身免疫性疾病和某些病毒感染等;②细胞凋亡过度,如心血管疾病、神经退行性疾病、移植排斥等。另外,有些疾病是凋亡不足和凋亡过度并存,如动脉粥样硬化。

(一)细胞凋亡不足是引起肿瘤的重要原因之一

细胞增殖和分化异常是肿瘤发病的原因之一,而凋亡受抑、细胞死亡不足是肿瘤发病的另一重要原因。许多人类恶性肿瘤细胞的凋亡能力显著下降。在 85% 的滤泡状淋巴瘤和 20% 的弥散性 B 细胞淋巴瘤中,存在染色体 t(14;18)易位,导致 Bcl-2 基因受到免疫球蛋白(Ig)基因增强子控制,Bcl-2 基因高表达。由于 Bcl-2 能抑制细胞凋亡,所以细胞凋亡速率减缓,引起淋巴瘤发生。在临床上,多种肿瘤组织中 Bcl-2 基因的表达显著高于周围正常组织,如乳腺癌、肝癌、膀胱癌、肺癌、胶质瘤等。

p53 基因是目前最受关注的抑癌基因,当 p53 基因突变或缺失时,细胞凋亡减弱,机体肿瘤的发生率明显增加。临床上大约 60% 的肿瘤中有 p53 基因的突变。例如,在非小细胞肺癌中 p53 基因突变率为 50% 以上,小细胞肺癌甚至高达 80%。p53 突变导致其 DNA 结合核心区域肽链残基序列改变,在肿瘤发生过程中,p53 就丧失了保护基因组完整性的功能,诱导细胞凋亡不足,从而导致肿瘤的发生。

HBV 感染者发生肝细胞癌的概率是未感染者的 200 倍。这与慢性肝损伤使肝细胞不断再生以及 HBV 产生的 HBx 蛋白有关,HBx 是 caspase-3 的强效抑制剂,与肝癌发生密切相关。

慢性髓细胞性白血病和某些急性淋巴细胞白血病存在特异的染色体 t(9;22)易位,形成所谓的费城染色体。该易位导致 BCR-ABL 融合基因的表达和产生 p210 BCR-ABL 融合蛋白质。这种融合蛋白质能降低细胞凋亡速率,导致 CML 髓系祖细胞的数量大量增加。

细胞凋亡抑制除参与肿瘤的发病过程外,也与癌细胞的转移有关。

(二)细胞凋亡过度是心血管疾病发生的重要原因

细胞凋亡过度同样也会导致疾病。因为细胞群体数目减少,组织或器官就会萎缩、病变,导致器官功能丧失。

心血管细胞增殖、分化、发育和成熟过程中,内皮细胞、平滑肌细胞和心肌细胞总是伴随着细胞凋亡。一些因素会影响心血管细胞的凋亡,如物理、化学、生物因素等。这些因素导致的细胞凋亡过度,在心血管疾病的发生中占有重要地位。

心肌缺血或缺血再灌注损伤造成的心肌细胞损伤不但有坏死,也有凋亡。目前认为,心肌缺血或缺血再灌注损伤引起细胞凋亡的机制为:①活性氧产生增多:因为应用能够清除活性氧的超氧化物歧化酶(superoxide dismutase,SOD)可显著减少缺血-再灌注引起的心肌细胞凋亡;②死亡受体 Fas 表达显著上调:Fas 可能通过与 FasL 反应而导致心肌细胞凋亡;③ p53 基因的转录增加。

心肌细胞凋亡造成心肌细胞数量减少可能是心力衰竭发生、发展的原因之一。氧化应激、压力或容量负荷过重、神经-内分泌失调、细胞因子(如 TNF)、缺血、缺氧等都可诱导心肌细胞凋亡。心力衰竭病人心肌标本中,心肌凋亡指数(apoptotic index,发生凋亡的细胞核数 /100 个细胞核)高达 35.5%,而对照组仅为 0.2%～0.4%。在一些心力衰竭患者的血中有高水平的 TNF-α,还有 TNF-α

的受体 TNFR-1。衰竭的心脏过度表达 TNF-α 及其他细胞因子可加重心力衰竭。阻断诱导心肌细胞凋亡的信号或阻断凋亡信号转导途径将有助于阻遏凋亡,防止心肌细胞数量的减少,以维持或改善心功能状态。

(三)根据病情合理调控细胞凋亡可以治疗疾病

细胞凋亡参与了许多疾病的发病及病理过程,因而对细胞凋亡的调控为开发新型防治药物提示了新的思路。目前人们正针对凋亡发生的各个环节,探索各种防治方法。

1. **合理利用凋亡诱导因素** 凋亡诱导因素是凋亡的始动环节,这类因素可直接用于治疗一些因细胞凋亡不足而引起的疾病。例如,使用低剂量照射、外源性 TNF 或促凋亡药物治疗肿瘤;高热或高温、某些生长因子或激素的撤除、雄激素受体阻断剂或雄激素的阻断剂等也可诱导细胞凋亡。

2. **干预凋亡信号转导** Fas/FasL 信号系统是重要的凋亡信号转导系统之一,理论上,凡能调节和抑制 Fas 和 FasL 的因素均能用于凋亡有关疾病的治疗。如可利用阿霉素刺激肿瘤表达 Fas/FasL,从而导致肿瘤细胞凋亡。可通过活化 caspase 系统或活化死亡受体启动 caspase 系统,促进肿瘤细胞凋亡。

3. **调节凋亡相关基因** 运用分子生物学手段,人为地控制凋亡相关基因的表达以控制凋亡过程,可达到防治疾病的目的。如利用载体(如腺病毒,逆转录病毒或脂质体)系统将抑癌基因(如 p53 基因)导入肿瘤细胞内,可以诱导肿瘤细胞凋亡。下调凋亡相关基因表达可治疗相应凋亡基因表达过度的疾病。如利用反义寡核苷酸序列或小干扰 RNA 特异地抑制 Bcl-2 表达,能抑制 Bcl-2 高表达的 B 淋巴细胞癌的生长。

4. **控制凋亡相关的酶** 在凋亡执行期,内切核酸酶和 caspase 在凋亡小体形成方面起着关键性作用,抑制它们的活性,细胞凋亡过程必然受阻;反之,凋亡则加速。内切核酸酶的激活需要 Ca^{2+} 和 Mg^{2+},降低细胞内、外的 Ca^{2+} 浓度,细胞凋亡过程即受到阻遏或延迟;相反,利用 Ca^{2+} 载体(A23187)提升细胞内 Ca^{2+} 水平则加速细胞凋亡的发生。Zn^{2+} 对内切核酸酶的活性有抑制作用,使用含锌药物可望用于治疗某些与细胞凋亡过度有关的疾病,如阿尔茨海默病、AIDS 等。

5. **防止线粒体跨膜电位的下降** 线粒体功能失调在细胞凋亡的发病中起着关键作用。因此,维持线粒体跨膜电位、阻止线粒体通透性转换孔(MPTP)开放,可防止细胞凋亡的发生。如免疫抑制剂环孢素 A(cyclosporin A)具有阻抑线粒体跨膜电位下降的作用;将表达 Bcl-2 基因的质粒显微注入细胞中,可阻止线粒体膜电位的下降和 MPTP 的开放,抑制线粒体释放促凋亡蛋白细胞色素 C 等,从而防止细胞凋亡。

第二节 细胞自噬型死亡的分子调控

细胞自噬指细胞内的物质,包括部分细胞质、衰老或损伤的细胞器、错误折叠有聚集倾向的蛋白质等被运输到溶酶体降解的过程。自噬(autophagy)这一术语来源于古希腊语,意思是"自己吃自己",auto- 为"自己"的意思,-phagy 为"吃"的意思。细胞自噬作为溶酶体依赖的胞内物质降解途径,在进化过程中高度保守。

一、细胞自噬的分类

(一)细胞自噬是一种溶酶体依赖的胞内物质降解途径

伴随着溶酶体的发现,细胞自噬于 20 世纪 60 年代被人们发现。比利时生物学家 Christian DD 发现了溶酶体中存在包裹着部分细胞质和细胞器的囊泡结构,并于 1963 年首先使用"自噬"来描述这一现象。在细胞自噬途径中,细胞内物质最终在溶酶体中降解,自噬反应对溶酶体的严格依赖性将其与其他胞内分解代谢途径,例如蛋白酶体降解途径区分开来。

自噬是一个在真核生物中高度保守的过程。生理状态下,自噬在大多数细胞中通常保持在基础水平,作为质量控制系统,消除错误折叠并聚集的蛋白质和损伤细胞器,维持胞内物质能量平衡。当响应细胞应激时,例如营养匮乏、生长因子缺乏、能量消耗时,自噬的水平随之提高。通过细胞组分的降解和再循环,自噬提供了持续的物质和能量来源以应对细胞面临的应激状态。总体来说,不论在基础还是在诱导状态,细胞自噬对细胞都具有一定保护性，在一定程度上维持并恢复细胞的稳定平衡状态。在癌症的发展过程中，自噬对肿瘤细胞的保护对人体而言反而是有害的。在某些特殊的情况下，自噬也有促进细胞死亡的作用，具体在本节第三部分进行介绍。细胞自噬的异常与多种疾病，例如感染、癌症、神经退行性疾病、心血管疾病的发生发展和衰老的过程密切相关。

（二）细胞自噬可依据降解过程或底物的不同分为多种类别

自噬途径中，自噬底物最终都在溶酶体内降解，广义上的细胞自噬根据底物运输到溶酶体过程的不同分为以下三种。

1. 巨自噬（macroautophagy）　巨自噬即通常意义上所指的自噬。细胞内过多或异常的细胞器和部分细胞质被双层膜结构包裹形成自噬小体（autophagosome），随后自噬小体与溶酶体融合形成自噬溶酶体（autolysosome），降解包裹的内容物。

2. 微自噬（microautophagy）　微自噬指溶酶体直接通过溶酶体膜的突出、内陷来吞噬包裹少量细胞质，导致其中的蛋白质发生降解，例如长寿蛋白（long-lived protein）的降解等。

3. 分子伴侣介导的自噬（chaperone-mediated autophagy，CMA）　分子伴侣介导的自噬具有高度选择性，并且一般只能降解一些特定蛋白质而不能降解细胞器。这些能够被降解的蛋白质都含有特定的五肽 KFERQ 或类似的氨基酸序列，被分子伴侣蛋白 HSC70 识别，形成底物蛋白——分子伴侣复合物结构。随后复合物通过溶酶体膜蛋白受体 LAMP2A 直接转运至溶酶体中降解，底物进入溶酶体的过程不涉及囊泡运输和膜的重组。

尽管自噬最初被认为是对细胞内物质大量和非选择性的降解，自噬在很多情况下也具有选择性（selective autophagy）。根据降解底物的不同，自噬可以特异性地降解胞内有聚集倾向的蛋白质（aggrephagy），其中就包括众多导致神经退行性疾病的蛋白质；降解脂质，如脂类自噬（lipophagy）；降解受损或过量的细胞器，如线粒体自噬（mitophagy）、核糖体自噬（ribophagy）、内质网自噬（reticulophagy/ER-phagy）、过氧化物酶体自噬（pexophagy）；降解入侵病原体（xenophagy）等。在多种类型的选择性自噬中，泛素化（ubiquitination）发挥重要作用。底物首先被泛素化，然后被自噬受体蛋白（autophagy receptor）识别，从而选择性介导底物的自噬降解。

二、细胞自噬的分子基础和调控

20 世纪 90 年代，日本细胞分子生物学家大隅良典在酵母中克隆了第一个自噬基因 *apg1*（现在称为 *atg1*），标志着细胞自噬分子水平机制研究的开始，大隅良典也因对自噬机制的研究获得 2016 年诺贝尔生理学或医学奖。

（一）高度保守的自噬基因参与了细胞自噬途径的各发展阶段

自噬发生的过程包括 4 个阶段：自噬的诱导激活、自噬小体的成核、自噬小体的扩展延伸、自噬小体与溶酶体融合以及内容物的降解循环（图 17-10），涉及一系列自噬相关基因（autophagy-related genes，Atg）。

1. **自噬的诱导激活**　自噬的诱导激活主要由丝氨酸、苏氨酸激酶 ATG1/ULK1 复合物完成（图 17-11）。在酵母中，ATG1 复合物包括 ATG1，ATG13 和 ATG17-ATG31-ATG29 调节亚基。哺乳动物中 ATG1 复合物又称之为 ULK 复合物，主要由 ULK1/2（哺乳动物中 ATG1 的同源物）、mATG13、ATG101 和 FIP200 组成。ATG1/ULK1 复合物是自噬小体形成过程中的一个重要的调控因子，响应多种信号传导途径，以应对营养缺乏、能量匮乏等内外环境变化。当营养充足时，哺乳动物雷帕霉素靶蛋白复合物 1（mammalian target of rapamycin complex 1，mTORC1）通过磷酸化 Atg1/ULK1，抑制自噬的起始。在营养缺乏或 mTORC1 的抑制剂雷帕霉素（rapamycin）处理的条件下，mTORC1 从 ATG1/ULK1 复合物上分离，ATG1/ULK1 激酶活性增加，招募并磷酸化下游 ATG 蛋白，诱导自噬的发生。

2. **自噬小体的成核**　激活的 ATG1/ULK1 磷酸化 VPS34 复合物 I（VPS34 complex I），VPS34 复合物 I 由 ATG6/Beclin1、VPS15 和磷脂酰肌醇 3- 激酶（phosphatidylinositol 3-kinase，PI3K）VPS34 组成（图 17-12）。VPS34 产生磷脂酰肌醇 3 磷酸（phosphatidylinositol-3-phosphate，PI3P），募集包括 WIPI 在内的下游 ATG 蛋白，在自噬小

体前体膜结构（isolation membrane 或 phagophore）的成核过程中发挥重要作用。PI3P 的产生和自噬小体的成核主要发生在内质网的特定结构中，称为奥米伽体（omegasome）。

3. 自噬小体的扩展延伸 自噬小体的扩展延伸需要 ATG12-ATG5 和 ATG8/LC3-PE 两个类泛素耦合系统（Ub-like conjugation system）的参与，这两个耦合系统在真核生物中也是高度保守的

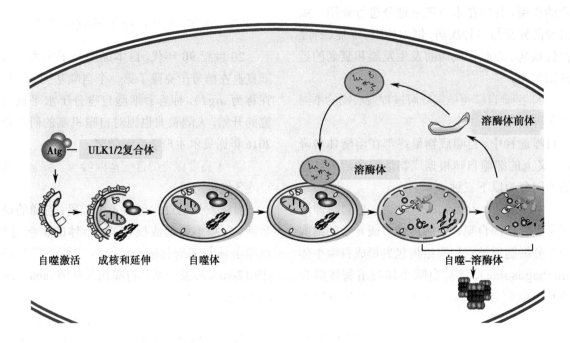

图 17-10 自噬发生的过程

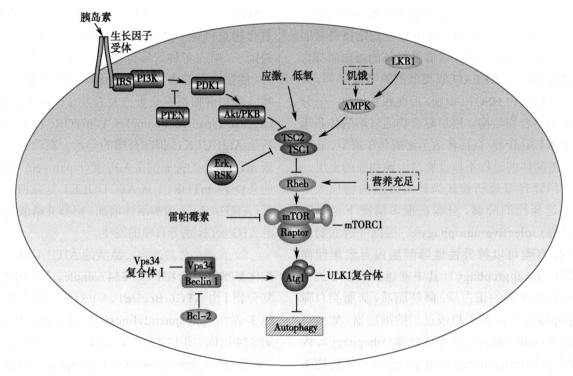

图 17-11 自噬的诱导及调节

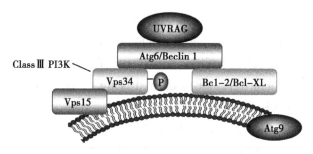

图 17-12 自噬小体成核中 VPS34 复合物 I 的形成

（图 17-13）。ATG12-ATG5 类泛素耦合系统中，类 E1 连接酶 ATG7 和类 E2 连接酶 ATG10 将 ATG12 共价连接到 ATG5 上，并与 ATG16L1 形成前自噬小体结构（pre-autophagosomal structures，PAS）。ATG8/LC3-PE 类泛素耦合系统中，ATG8/LC3 首先被蛋白酶 ATG4 剪切，磷脂酰乙醇胺（phosphatidylethanolamine，PE）在类 E1 连接酶 ATG7 和类 E2 连接酶 ATG3 的作用下，共价连接到剪切过的 ATG8/LC3 上。这个过程导致 LC3 由水溶形式 LC3-Ⅰ 转变为脂溶形式 LC3-Ⅱ。LC3-Ⅱ-PE 与自噬小体膜紧密相连，被用作检测细胞自噬活性的标记物。作为唯一的跨膜蛋白，ATG9 所在膜结构也可能为自噬小体的形成提供了膜来源。

4. 自噬小体与溶酶体融合及内容物的降解循环 自噬小体通过与溶酶体（酵母中的液泡）融合形成自噬 - 溶酶体。参与融合过程的小 G 蛋白 RAB7、SNARE 蛋白 SYNTAXIN17、HOPS 复合物等也在胞吞途径中发挥作用。在自噬溶酶体内，自噬小体内层膜以及包裹的内容物被降解。溶酶体通透酶释放出降解产物到细胞质中以供生

物合成和代谢，这些降解产物包括氨基酸、脂类、核苷酸和碳水化合物等。

（二）信号传导途径对自噬的调控主要在翻译后水平进行

自噬受到复杂和特异性的信号事件和细胞应激反应所调控。一方面，自噬的一个重要特征是高度动态化，能够在几分钟内感知细胞内的压力并快速响应。另一方面，自噬机制在所有哺乳动物细胞中组成性发挥作用，表明应激刺激对自噬的调节主要发生在翻译后水平。在这种情况下，一系列信号转导激酶成为自噬蛋白活性调控的关键因子，磷酸化和泛素化的协调级联 ULK1 复合物和 VPS34 复合物 I，成为自噬活性调控的主要开关。

1. 通过信号传导激酶的调控

（1）mTORC1/ULK1 和生长因子调节激酶：诱导自噬的经典外部刺激是营养缺乏。在营养充足情况下，细胞内的氨基酸和生长因子激活 mTORC1，促进合成代谢过程，抑制包括自噬在内的分解代谢过程。mTORC1 通过介导 ULK1 特定位点的磷酸化，抑制 ULK1 复合物进一步激活下游自噬蛋白的能力，从而抑制自噬小体的形成。在营养缺乏情况下，无活性的 mTORC1 从 ULK1 释放，使 ULK1 磷酸化下游自噬蛋白靶标。mTORC1 的活性受到许多信号的调控，其主要调控因子是结节性硬化症蛋白（tuberous sclerosis complex，TSC）。TSC1 与 TSC2 形成的复合物具有 GTP 酶激活蛋白（GTPase-activating protein，GAP）活性，它能够促使 GTP 结合蛋白 Rheb（Ras homolog）

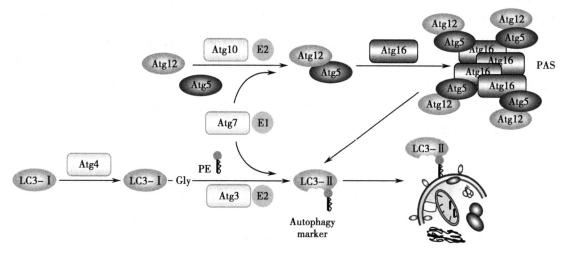

图 17-13 自噬小体的扩展延伸

由激活态转变为失活态,从而抑制 mTORC1 的活性。此外,mTORC1 能够被 PI3K-PKB 信号途径激活,其机制是活化的 PKB 能够磷酸化 TSC2 从而阻止其形成 TSC 复合物,进一步导致 mTORC1 的激活。相反,PTEN 可通过抑制 PI3K-PKB 信号途径来诱导自噬发生(图 17-11)。除了激活 mTORC1,生长因子还通过 AKT 介导的对 Beclin1 特定位点的磷酸化来抑制 Beclin1 的活性。Beclin1 特定位点的磷酸化增加了 Beclin1 与其负调节因子 Bcl-2 和 RUBICON 的结合,降低了它与 VPS34 的结合,抑制了自噬的发生。

(2)AMP 激酶(AMP-activated protein kinase,AMPK):能量限制,无论是过度的能量消耗还是能量储存的短缺,都是另一种相关的自噬刺激。高 AMP/ATP 比率激活 AMPK 途径,刺激分解代谢过程,为 ATP 合成提供原料。一方面,AMPK 通过介导 ULK1 和 Beclin1 特定位点的磷酸化激活自噬;通过磷酸化 VPS34 复合物 I 的支架蛋白促进其与 Beclin1、VPS15 和 ATG14 的结合,促进 VPS34 复合物 I 的形成。另一方面,AMPK 通过磷酸化 TSC2,间接抑制 mTOR1 活性,激活自噬。

(3)应激激酶:在非应激条件下,当 Beclin1 与 Bcl-2 家族特异性成员相互作用时,Beclin1 的自噬小体形成活性受到抑制。自噬诱导需要 Beclin1 与这些蛋白质的解离。Jun 氨基端激酶(Jun amino-terminal kinase,JNK)作为 MAPK 的家族成员,通过磷酸化 Bcl-2,使 Bcl-2 从 Beclin1 上解离,提高 Beclin1 的自噬小体形成活性。其他刺激,例如 IRE1/TRAF2/ASK1 介导的内质网应激,也可以通过 JNK 来增强自噬活性。此外,死亡相关蛋白激酶(DAPK)作为参与氧化应激和内质网应激的激酶,可以通过从 Beclin1 释放 Bcl-2 来激活自噬。

2. 通过 E3 泛素连接酶和去泛素化酶的调控 除了蛋白质的磷酸化,ULK1 和 VPS34 的泛素化也可以调控自噬起始。泛素化作为翻译后修饰的一种,由 E3 泛素连接酶和去泛素化酶共同介导,通过调节蛋白质的活性(非降解泛素化)或导致蛋白质降解(降解泛素化)来调控自噬。这些不同的效果取决于多泛素化的类型,如 Lys63 连接链改变蛋白质相互作用特性,Lys48 连接链则通常导致蛋白酶体降解。

(1)非降解泛素化(non-degradative ubiquitina-tion):非降解泛素化与磷酸化在先天免疫应答的调节中是导致转录因子 NF-κB 活化的关键共价修饰。肿瘤坏死因子受体相关因子(tumor necrosis factor receptor-associated factor 6,TRAF6)是 NF-κB 信号途径的核心 E3 泛素连接酶,通过介导 ULK1 的 Lys63 连接多聚泛素化参与自噬激活。TRAF6 的非降解性泛素化刺激 ULK1 自身结合,这是保证其激酶活性的先决条件。TRAF6 同样还导致了 Lys63 连接 Beclin1 泛素化,通过阻断 Beclin1 与 Bcl-2 的结合同时促进 Beclin1 的多聚化来增强自噬。

(2)降解泛素化(degradative ubiquitination):在自噬诱导阶段,另一个层面的调控是通过泛素-蛋白酶体系统调节 VPS34 复合物 I 的蛋白质水平。各种类型的降解泛素化负调节 Beclin1 的稳定性。降解泛素化被各种去泛素化酶抵消,例如 USP10 和 USP13。ATG14 的水平也受泛素依赖性降解的控制,负责该调节的 E3 泛素连接酶是 CULLIN-3 复合物。在血清饥饿时,蛋白激酶 GSK3β 增强了 ATG14 的稳定性;相反,当 GSK3β 受到抑制时,ATG14 稳定性降低。

需要注意的是,尽管自噬活性的调控主要在翻译后水平进行,它也受到转录水平的调节。mTORC1 除了调节 ULK1 复合物外,还通过转录因子 TFEB 将溶酶体营养感应机制与自噬基因的转录调节联系起来。在生理状态,活化状态的 mTORC1 磷酸化 TFEB,促进其与 14-3-3 蛋白的结合,TFEB 也由此留在细胞质中。在营养缺乏状态,mTORC1 失活,TFEB 不再被磷酸化并易位至细胞核。在细胞核中,TFEB 诱导一系列与溶酶体和自噬相关基因的表达,例如溶酶体水解酶,液泡型 H^+-ATP 酶和 ATG 蛋白等。目前已有超过 20 种转录因子与应激状态下自噬的转录调控有关,转录因子 MITF、P53、FOXO3 都已被证明可以反式激活 ATG 基因。

三、细胞自噬调控异常与疾病

溶酶体依赖的自噬降解途径在细胞正常生理功能的维持中起着至关重要的作用,例如适应代谢压力、清除危险成分(包括蛋白质聚集体、受损的细胞器、细胞内病原体)。一般来说,细胞自噬这些功能的正常运行可以预防包括神经退行性疾病在内的多种疾病。在某些情况下，自噬可以在癌症发展中促进肿瘤细胞的存活。

（一）细胞自噬可导致程序性细胞死亡

自噬最初被鉴定为细胞存活机制，表现在移除损伤的细胞器，降解毒性蛋白质聚集体，提供能量和基础细胞组分更新。阻断自噬，通常会促进细胞在应激状态下的死亡。然而，在特定发育或病理生理学背景下，自噬也可导致或促进细胞程序性死亡。

广义上说，自噬在细胞死亡中的作用可定义为：①自噬相关细胞死亡（autophagy-associated cell death），其中自噬与细胞凋亡或细胞死亡途径的诱导同时发生，而自噬仅伴随细胞死亡过程并且在其中没有主导作用；②自噬介导的细胞死亡（autophagy-mediated cell death），其中自噬诱导引发细胞凋亡；③自噬依赖性细胞死亡（autophagy-dependent cell death，ADCD），一种独立于细胞凋亡、坏死的独特细胞死亡机制（图17-14）。国际细胞死亡命名委员会将自噬依赖性细胞死亡定义为"一种受控制的细胞死亡形式，其发生依赖于自噬机制（或其组成部分），不涉及其他死亡途径"。自噬依赖性细胞死亡严格遵循以下标准：通过遗传或化学方法抑制自噬可防止细胞死亡。而由于部分自噬基因具有非自噬依赖功能（autophagy-independent function），因此当鉴定是否为自噬依赖性细胞死亡时，至少检测两种自噬基因的功能缺失对细胞死亡的影响。

遵循这些严格的标准，自噬依赖性细胞死亡已经在低等模式生物和哺乳动物细胞中得到验证，在特定发育、生理、病理情况下的细胞程序性死亡中发挥重要作用。在动物的发育过程中，自噬依赖性细胞死亡的经典模型是幼虫——蛹变态发育期间幼虫中肠（midgut）的降解，一系列关键的自噬基因都参与中肠的程序性死亡，导致中肠的移除（图17-15）。尽管在中肠的降解过程中，caspase的水平会提高，抑制caspase并不会阻碍中肠细胞的降解。另一种自噬依赖性细胞死亡称为"autosis"，指的是细胞在饥饿处理或用BECN1衍生肽（Tat-Beclin1）处理后发生的程序性死亡。小鼠神经元细胞暴露在脑缺氧环境中也会引起autosis。autosis的发生与凋亡和坏死无关，依赖Na^+/K^+-ATP酶，导致内质网的消失和细胞核周围的局部肿胀（图17-16）。遗传学阻断核心自噬基因*Atg13*或*Atg14*可以抑制autosis，但利用溶酶体抑制剂巴伐洛霉素A（bafilomycin A）阻断自噬小体和溶酶体的融合却并不会影响autosis，说明只有早期的自噬途径对于autosis的发生是必需的。

然而，自噬依赖性细胞死亡目前并没有一个统一的途径，表现在参与其中的自噬基因在不同动物、不同细胞环境下都有一定的特异性。自噬

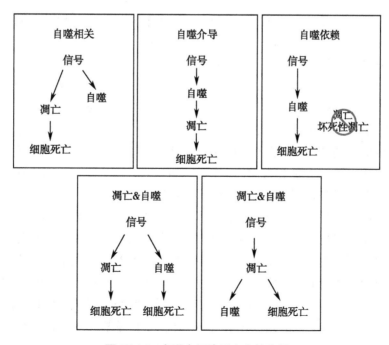

图17-14 自噬在细胞死亡中的作用

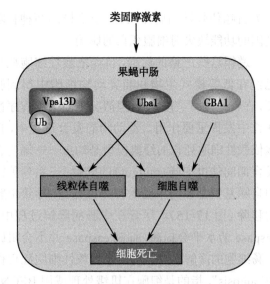

图 17-15 自噬依赖性细胞死亡介导的果蝇中肠移除

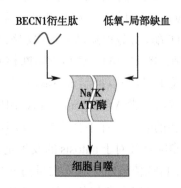

图 17-16 autosis 示意图

依赖性细胞死亡产生的原因可以从两方面进行分析：①持续过度的自噬消耗细胞内细胞器和细胞质。在哺乳动物细胞中，超微结构和功能分析表明大多数细胞器，包括线粒体和内质网，在自噬依赖性细胞死亡早期发生过程中表现正常。与饥饿诱导的自噬细胞相比，自噬囊泡的数量和大小在自噬依赖的死亡细胞中增加。在死亡发生的晚期阶段，自噬囊泡结构占据了大量胞内空间，线粒体、内质网和高尔基体等细胞器大量被降解。对应地，当自噬的抑制反馈机制被破坏时，细胞死亡也会增强。②过度的线粒体自噬。通过选择性自噬特异性靶向线粒体，称为线粒体自噬。当它过量时，也可能导致细胞死亡，这是由于线粒体耗尽的细胞不能产生能量。线粒体自噬是一种质量控制过程，表现在去除受损的去极化线粒体，从而限制活性氧（ROS）的产生和凋亡因子的

释放并阻断细胞死亡。但是，尽管受调控的线粒体自噬对细胞有益，其过度激活却是致命的。

（二）细胞自噬水平的高低与肿瘤的关系不可一概而论

自噬在癌症中的作用与肿瘤所处环境和肿瘤发展阶段密切相关，具有高度的背景依赖性。通常认为，在癌症的发生阶段，自噬作为细胞的保护机制会阻止癌症的发展。然而，一旦癌症建立，增加的自噬水平常常促进肿瘤细胞的存活和生长；同时自噬依赖性细胞死亡的发生会促进肿瘤细胞的死亡。在癌前病变中，使用自噬增强剂可能会阻止癌症的发展；相反，在晚期癌症中，增强和抑制自噬都被提出作为治疗策略，这导致癌症中靶向自噬的治疗存在一定争议。

自噬发生四个阶段的每个步骤都是治疗癌症潜在的药物靶点，目前在临床上涉及较多的是溶酶体的抑制剂氯喹（chloroquine，CQ）和羟氯喹（hydroxychloroquine，HCQ）。同时，自噬调控蛋白 VPS34、ULK1 和 ATG4 的抑制剂也可以促进肿瘤细胞死亡，运用于临床前的小鼠模型。在另外两种类型的细胞自噬中，分子伴侣介导的自噬已被发现与癌症有关。微自噬与神经退行性疾病的发展有关，目前没有证据表明参与癌症的发生。

在多种肿瘤类型中，自噬可以作为存活机制，保护肿瘤细胞免于进入细胞凋亡途径；同时自噬也可以促进肿瘤细胞进入细胞凋亡。CD95 配体（CD95L，也称为 FASLG）和肿瘤坏死因子相关的细胞凋亡诱导配体（TRAIL，也称为 TNFSF10），它们都作为死亡受体激动剂发挥作用促进细胞凋亡，同一个肿瘤细胞群的不同细胞在响应这些类似的死亡刺激时，自噬究竟是促进还是抑制细胞凋亡，取决于细胞所处的不同环境。这些相反作用的潜在机制与自噬对不同促凋亡（pro-apoptosis）或抗凋亡（anti-apoptosis）调节因子的降解有关。

自噬依赖性细胞死亡（ADAC）同样发生在多种癌细胞系中。在人卵巢上皮细胞中，过表达癌基因 HRAS，诱导自噬，导致不依赖 caspase 的细胞死亡；细胞死亡是由 NOXA 水平升高引起的，导致 Beclin1 与 MCL-1 解离并激活自噬；敲除核心自噬基因或过表达 Beclin1 抑制因子都会减弱 HRAS 诱导的细胞死亡。在正常成纤维细

胞系中，表达癌基因 *HRAS* 或 *KRAS* 同样诱导了不依赖 caspase 的细胞死亡，并伴随着自噬小体的积累和 *Atg5* 基因的上调；而当使用化学抑制剂抑制自噬活性时，所有这些细胞学效应都随之减弱。对于这些癌细胞，自噬促进了细胞死亡，而非促进细胞存活。

总体而言，发生自噬的肿瘤细胞的最终结局具有高度的背景依赖性，寄希望于"一刀切"，简单地通过促进或抑制自噬的干预手法来治疗癌症是不可取的。更好地理解自噬影响肿瘤细胞行为的分子机制，对于自噬调控在癌症治疗中的运用具有重要的意义（图 17-17）。

（三）细胞自噬基因的突变可导致神经退行性疾病

神经退行性疾病（neurodegenerative disease，ND）是指神经元结构或功能的渐进式丧失，伴随着神经元的死亡，在临床上一般表现为运动功能障碍和记忆与认知功能障碍。许多神经退行性疾病，例如肌萎缩侧索硬化（ALS）、帕金森病、阿尔茨海默病和亨廷顿病（HD），都是神经退行性病变的结果。随着研究的深入，尽管众多神经退行性疾病是由基因突变引起的，且其中大多数位于完全不相关的基因中，但它们的许多相似之处还是将这些疾病在亚细胞水平上相互联系起来。大多数神经退行性疾病都与特定致病蛋白质的"错误折叠"有关，如帕金森病中的 α- 突触核蛋白（α-synuclein），阿尔茨海默病中的 τ 蛋白和 β 淀粉样蛋白等。致病蛋白质则往往出现错误折叠，形成聚集倾向的寡聚体和不可溶性多聚体，产生神经毒性并最终导致疾病的发生。

在哺乳动物神经系统，自噬在去除聚集倾向的蛋白质中起着关键作用。一般来说，自噬活性可以抵抗与蛋白质内聚集倾向蛋白质积累相关的神经变性，起到保护的作用。除了防止神经变性外，自噬还调节神经发生，最近的研究已经发现自噬在维持新生神经干细胞（neural stem cells，NSCs）库中发挥重要作用。在小鼠神经系统特异性敲除核心自噬基因 *Atg5* 和 *Atg7*，会导致蛋白质聚集体的产生。敲除核心自噬基因 *FIP200* 和 *Wipi4* 也会导致小鼠存活率降低，以及在大脑广泛区域出现早发性、进行性的神经退行性病变。

目前支持自噬的功能失调作为神经退行性疾病致病因素的有力证据来自帕金森病中的线粒体自噬的研究。遗传学分析表明，早发性帕金森病与 PINK1 激酶和 E3 泛素连接酶 Parkin 基因中的突变有关。PINK1 和 Parkin 共同促进线粒体自噬。PIKN1 定位在受损的线粒体外膜上，招募并激活 Parkin，最终导致受损的线粒体被包裹进自噬小体。

从治疗的角度看，自噬可能是针对某些神经退行性疾病的有效靶向机制。在许多情况下，自噬增强了引起疾病的主要毒性蛋白质的去除，如突变的 τ 蛋白或者亨廷顿蛋白，因此可从根源上靶向这些疾病。此外，自噬还可以通过降低神经细胞对死亡损伤的易感性而具有额外的保护作用。然而，自噬影响的途径较多，包括炎症和免疫过程，这些过程都与神经退行性疾病密切相关，因此自噬在神经退行性疾病中的作用和功能还有待进一步的深入研究。

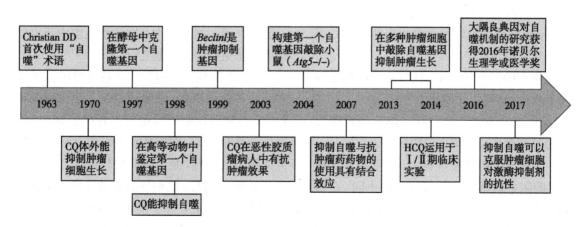

图 17-17 自噬靶向性在癌症治疗中的重大发现时间轴

第三节　细胞焦亡的分子调控

细胞焦亡（pyroptosis）是近年来新发现的一种伴随着炎症反应的细胞程序性死亡方式。它由胱天蛋白酶 caspase-1 或 caspase-4/5/11 活化介导，伴有大量促炎因子的释放，并可诱发级联放大的炎症反应。它是以细胞肿胀裂解、细胞膜溶解及胞质内容物释放到细胞外为主要特征的细胞炎性死亡。

一、程序性死亡与细胞焦亡

细胞程序性死亡（PCD），是细胞在某些特定的刺激下，启动遗传基因编码的一系列主动性、自我毁灭过程，是功能性概念。20 世纪末以来，人们一直将凋亡等同于细胞程序性死亡，但是近年来大量的研究表明，凋亡只是细胞程序性死亡中的一种，程序性死亡还包括自噬、坏死性凋亡、胀亡以及焦亡。宿主可通过程序性死亡方式清除感染的细胞以抵抗病原微生物。

（一）细胞焦亡是一种炎性细胞程序性死亡

早在 1992 年，Zychlinsky A 等研究发现，福氏志贺菌可诱导感染的宿主巨噬细胞发生程序性死亡，但最初被认为是细胞的凋亡。进一步深入研究发现，这是一种依赖炎性 caspase-1 的细胞死亡，是一种新的程序性细胞死亡方式。2001 年，Cooson B T 等发现巨噬细胞在被沙门菌感染后，也可激活 caspase-1，进而诱导细胞死亡，并可趋化附近的巨噬细胞，放大炎症反应。他们首次使用细胞焦亡来形容这种在巨噬细胞中发现的 caspase-1 依赖的细胞死亡形式。目前细胞焦亡现象已在多种胞内外病原感染髓性细胞系如单核巨噬细胞、树突状细胞以及血管内皮细胞和心肌细胞的研究中得到证实。

细胞焦亡的形态学特征、发生及调控机制等均不同于凋亡、坏死等其他死亡方式。

1. 细胞焦亡的形态学特征　细胞焦亡在形态学上同时具有坏死和凋亡的特征。

（1）细胞质膜的完整性丧失，细胞内容物释放：与细胞凋亡时细胞膜保持完整性不同，在细胞焦亡发生时，在细胞质膜上可形成许多膜孔，导致细胞膜失去调控物质进出的能力，发生细胞内外离子的转运，进而使细胞出现渗透性肿胀而破裂，细胞内容物（如炎性因子、乳酸脱氢酶等）大量释放，其中的炎症介质可吸附其他免疫细胞到炎症部位，放大炎症反应。

（2）细胞出现核浓缩及 DNA 断裂：与细胞凋亡相似，在细胞焦亡发生时，细胞的染色体 DNA 也会发生断裂。可观察到核浓缩和染色体 DNA 断裂及 TUNEL 染色阳性、Annexin V 染色阳性现象，但是并不会出现细胞凋亡时呈现的以 160～200bp 为单位的 DNA 梯形条带。

2. 细胞焦亡的分子生物学特征　细胞焦亡是一种细胞的炎性坏死，由炎性 caspase 介导。存在于小鼠体内的炎性 caspase 包括 caspase-1 和 caspase-11，存在于人体内的炎性 caspase 包括 caspase-1、caspase-4 和 caspase-5。

细胞焦亡最突出的特点是由微生物感染和内源性的损伤相关信号诱导，依赖炎症小体和炎性 caspase（caspase-1 或 caspase-4/5/11）的激活，同时伴有大量促炎症因子如 IL-1β 和 IL-18 前体的裂解和释放及炎症反应。它对于宿主的先天性免疫防御与炎性反应的调控起着至关重要的作用。

（二）细胞焦亡对多细胞生物具有重要的生理意义

细胞虽然可通过免疫防御屏障抵抗内源性和外源性伤害刺激，但细胞死亡仍是宿主应答反应的一个关键部分。研究发现，细胞焦亡可通过程序性细胞死亡方式清除感染的细胞以抵抗病原微生物及内源性伤害刺激，并在感染性疾病、神经系统疾病、动脉粥样硬化及免疫缺陷类疾病的发生发展中起到了极其重要的作用。

1. 细胞焦亡在控制多种细菌感染方面发挥着重要作用　细胞焦亡是宿主抵抗胞内病原体感染的天然免疫防御机制之一。

（1）天然免疫是以抗原非特异性的方式识别和清除各种病原体：细胞凋亡是为了维持内环境稳定，由基因控制的细胞自主有序的死亡，是一种生理性自杀，而细胞焦亡则发生在一些感染病毒或细菌的细胞，是一种病理性的死亡。当细菌入侵机体组织时，他们能释放化学信号，这些信号被称为病原相关分子模式（pathogen-associated molecule pattern，PAMP），PAMP 通过识别吞噬细胞膜上被称为模式识别受体（pattern recognition receptor，PRR）的天然免疫受体把吞噬细胞吸引过来，并被吞噬细胞吞噬。专一化的吞噬细胞如血液中的单核细胞、中性粒细胞和组织中的巨噬细胞可执行吞噬功能，摄入颗粒性抗原，包括完整的细菌，最终通过位于胞浆内的 PRR 识别相应的 PAMP 启动细胞焦亡，导致吞噬细胞死亡。

（2）细胞焦亡在一定条件下可发挥对机体的保护作用：细胞焦亡的发生主要依赖于位于胞浆内的 PRR 对吞噬病原微生物上的某些保守组分 PAMP 的识别，触发炎症小体的组装及 pro-caspase-1 的激活，进而诱导吞噬细胞质膜膜孔的形成，触发释放大量炎症因子和炎性胞内物，对邻近细胞产生促炎信号，快速启动机体天然免疫。细胞焦亡可防止病原体的复制及暴露病原体，并对其有杀伤作用，有利于机体清除病原微生物防御伤害。因此，细胞焦亡能清除感染细胞而抵御细胞内感染。

位于胞浆内的 PRR 同样可以感知由损伤的组织细胞释放的内源性损伤相关分子模式（damage-associated molecular pattern，DAMP）（如尿酸单钠、二氧化硅和活性氧产生等），通过启动天然免疫系统和细胞焦亡对损伤组织进行修复。

2. 细胞焦亡与疾病的发生密切相关　当细胞受到外源性和内源性信号刺激发生焦亡时，可释放大量如 IL-1β 和 IL-18 等炎症因子，招募中性粒细胞和淋巴细胞，这些细胞的浸润引起周围细胞的炎症反应，进而加重组织的损伤。因此，适当的炎症反应对机体是有利的，而过度和不适当的炎症反应将引发疾病。大量研究表明，细胞焦亡不但在感染性疾病中扮演重要角色，而且与自发炎症性疾病、自身免疫性疾病、神经系统相关疾病及动脉粥样硬化等疾病的发生密切相关。

二、细胞焦亡的关键效应分子

细胞焦亡是一种通过炎性 caspase-1 和 caspase-4/5/11 诱发的细胞裂解死亡方式，在蛋白质炎症小体的激活下，这些酶可对病原体及内源性危险信号作出反应。通常将 caspase-1 介导的细胞焦亡途径称为经典细胞焦亡激活途径，而将 caspase-4/5/11 介导的细胞焦亡途径称为非经典细胞焦亡激活途径。

（一）gasdermin D 是介导细胞焦亡的关键效应分子

2015 年，对于介导非经典细胞焦亡的关键分子的研究有了新进展。两个独立的研究分别通过利用全基因组 CRISRP-CAS9 技术和乙烷基亚硝基脲诱变筛选技术确定了 gasdermin D 酶可作为 caspase-11 激活细胞焦亡的关键性底物。进一步的研究发现，gasdermin D 也是 caspase-1 的关键作用底物。

1. gasdermin D 的分布和结构　gasdermin D 在不同组织和细胞中广泛表达，尤其在免疫细胞和胃肠道上皮细胞高表达。人类 gasdermin D 约含有 484 个氨基酸，分两个结构域，N- 端结构域（N-domain，NT，242 个氨基酸）和 C- 末端结构域（C-domain，CT，199 个氨基酸），二者由一长环连接（43 个氨基酸）。研究发现，NT 具有形成膜孔的功能，故又被称为成孔结构域（pore formation domain，PFD）；而 CT 具有自抑制作用，因此被称为自抑制结构域（repressor domain，RD）。研究表明，gasdermin D 的 N- 端结构域能诱导哺乳动物细胞焦亡并杀死细菌。当 caspase-1 或 caspase-11 被激活时，可有效切割 gasdermin D 连接环位点，释放 PFD 嵌入细胞膜形成膜孔，最终诱导细胞焦亡。

2. gasdermin 蛋白的打孔功能　gasdermin D 作为 caspase-1 裂解酶的底物是如何触发细胞焦亡呢？近年来的研究阐明 gasdermin D 的打孔活性是细胞焦亡的效应机制。

gasdermins 作为经典细胞焦亡激活途径和非经典细胞焦亡激活途径的共同效应分子，通过对经典细胞焦亡激活途径中 caspase-1 和非经典焦亡激活途径的 caspase-4/5/11 在特定位点裂解，释放具有打孔活性的 NT，在细胞膜内侧聚集并形成非选择性的孔道，导致细胞内外的离子梯度消失、水分子入侵，最终导致细胞肿胀，内容物释放而发生焦亡。

gasdermin D 蛋白与含有磷酸化的极性头部的脂质体具有较高的亲和力，如磷脂分子磷脂酰肌醇磷酸（phosphatidylinositol phosphate，PIP_1）和磷脂酰肌醇二磷酸 PIP_2，而与 PIP_3 和磷脂酰丝氨酸（phosphatidylserine，PS）的亲和力较弱。gasdermin D 蛋白不能与含有不带电荷的极性头部的磷脂分子（磷脂酰肌醇）或带正电荷的极性头部的磷脂分子（磷脂酰胆碱或磷脂酰乙醇胺）结合。因此，gasdermin D 对带负电荷的极性头部的磷脂分子的亲和力高。由于 PIP 类磷脂分子和 PS 位于细胞质膜的内侧，因此，gasdermin 只能在胞质侧形成膜孔。膜孔大约由 16 个 PFD 形成多聚体，孔直径大约在 10～15nm。

（二）其他 gasdermin 蛋白也可以引起细胞焦亡

gasdermin D 酶属于 gasdermin 家族，与 gasdermin 有约 45% 的序列同源性，gasdermin N- 端结构域是最保守的区域。该家族在人类有 gasdermin A、gasdermin B、gasdermin C、gasdermin D、gasdermin E（又称为 DFNA5）和 DFNB59 等成员。他们大多数都可以参与膜孔的形成。他们具有类似的 PFD 和 CT 结构，但是中间的连接环有所不同。研究表明，gasdermin A 主要表达于皮肤、舌头、食管和胃等上皮细胞中。gasdermin A3 及 DFNA5 显性突变和 DFNA5 常染色体隐性突变可在小鼠中引起脱发和角化过度，在人类中导致非综合征型耳聋。gasdermin A 的 N- 端结构域能在含磷酸肌醇和心磷脂膜上聚集并形成膜孔，域间切割 gasdermin A，驱动细胞发生焦亡。gasdermin B 可在淋巴细胞、食管、肺、肾等组织表达，与几种免疫性疾病密切相关。鉴于不同的 gasdermins 具有类似的膜孔形成的功能，细胞焦亡也被称为 gasdermin 介导的程序性坏死。

三、细胞焦亡途径的激活调控

细胞焦亡过程受到复杂而精确的调控。炎症小体的激活在细胞焦亡过程中扮演重要角色，是调控细胞焦亡的主要环节。

（一）炎症小体的组成与激活

当细胞受到外界微生物感染或机体细胞释放的 DAMP 刺激时，胞内模式 PRR 可识别 PAMP 或 DAMP，并趋化 pro-caspase-1 等组装成炎性小体，进而激活 caspase-1，最终诱导细胞焦亡。

模式识别受体的配体与胞内 PRR 的类型　炎性小体是由内源性和外源性的信号刺激激活的。PAMP 或 DAMP 与胞内 PRR 的识别在激活炎症小体和启动细胞焦亡过程中发挥重要作用。

（1）模式识别受体的配体：前已述及，模式识别受体的配体分为病原相关分子模式（PAMP，如病毒病原体、细菌毒素、寄生虫）和损伤相关分子模式（DAMP，如 ATP、活性氧）两大类。

典型的 PAMP 为微生物的 DNA、细菌分泌系统和微生物细胞壁的组分等。迄今已经证实，福氏志贺菌、沙门菌、绿脓杆菌、嗜肺军团菌等均可诱导巨噬细胞产生 caspase-1 依赖的细胞焦亡。如福氏志贺菌侵入人类宿主结肠黏膜，感染固有层的吞噬细胞，可导致广泛的巨噬细胞死亡和脓肿形成。

诱导细胞产生细胞焦亡的刺激源不仅局限于病原体，一些非生物性的刺激源如 ATP、尿酸结晶等称为 DAMP 的危险因素也可触发 pro-caspase-1 的激活而导致细胞焦亡。而诱导细胞焦亡的内源性刺激源还可以是阿尔茨海默病老年斑的主要成分淀粉样蛋白，代谢综合征患者血中的高葡萄糖、高脂等。

（2）细胞模式识别受体及与配体的识别：当多种病原微生物及其毒素进入细胞后，位于胞浆中的 PRR 可作为感受器感受这些危险信号，启动炎症小体的组装。

1）与细胞焦亡相关的主要胞内识别受体　核苷酸结合寡聚化结构域样受体（nucleotide-binding oligomerization domain-like receptors，NLRs）家族是具有识别入侵病原体和激活先天免疫反应等重要功能的主要胞内模式识别受体。他们也被称为 NOD 样受体（NOD like receptor，NLR）。人体 NLR 家族有 23 个成员，包括 NLRP1、NLRP3、NLRC4、NLRC5、NOD1、NOD2 和 NLRP4/NAIP 等，他们在炎症反应发生和维持中起重要作用。其中参与细胞焦亡的 NLRs 主要有 NLRP1、NLRP3、NLRC4。此外，干扰素诱导下产生的黑色素瘤缺乏因子 2（absent in melanoma 2，AIM2）和热蛋白 pyrin 等非 NLRs 家族成员也可参与细胞焦亡。

2）NLRs 家族成员的结构　NLRs 家族成员具有共同的结构特征，其共同分子骨架是由中心的核苷酸结合寡聚化区域（nucleotide binding oligomerization domain，NACHT）和羧基端含有的一个富含亮氨酸的重复序列（leucine-rich repeat，LRR）结构域组成。而根据其 N- 端结构不同，又可将他们分为许多亚家族。最主要的两个亚家族是 NLRP 和 NLRC。NLRP 家族蛋白的氨基端含有热蛋白相互作用结构域（pyrin domain，PYD），而 NLRC 家族蛋白氨基端含有一个或多个 CARD 结构域（图 17-18）。NLRP 亚家族含 14 个家族成员，是目前研究较为清楚的亚家族。

3）炎症小体的组成与激活 炎症小体通常由胞内 PRR，如 NLRs 或 AIM2 等接头蛋白和 caspase-1 前体组装而成。NLRs 氨基端含有 PYD 的结构域，接头蛋白为凋亡相关斑点样蛋白（apoptosis-associated speck-like protein containing CARD，ASC），ASC 含有 PYD 和 CARD 的结构域，而 caspase-1 含有 CARD 结构域。接头蛋白 ASC 通过 PYD-PYD 和 CARD-CARD 相互作用，作为双重接头分子将 NLRs 与 caspase-1 桥连起来，组装成炎症小体（图 17-19），将二聚体形式的 pro-caspase-1 裂解为 p10、p20 亚单位，形成具有催化活性的 caspase-1，进而作用于 IL-1β 和 IL-18 前体，释放炎症因子，同时切割 gasdermin D，形成膜孔，介导细胞焦亡发生。

（3）多种炎症小体介导细胞焦亡：研究发现，NLRs 通过识别多种微生物、应激信号以及损伤信号，可诱导炎性小体的组装并直接激活 caspase-1，随后诱发促炎因子的分泌，最终导致细胞焦亡。

不同的 NLRs 识别的范围有所不同。NLRP1 主要识别微生物细胞壁成分酰二肽；NLRP3 可以应答多种胞内外菌及毒素如病毒双链 RNA、细菌毒素，还包括明矾、二氧化硅以及内源性损伤信号（如活性氧、ATP）等不同类型的刺激；AIM2 主要应答细菌或病毒感染的细胞溶质 DNA 刺激；而 NLRC4 可识别多种胞内外菌包括细菌蛋白（如鞭毛蛋白）或细菌Ⅲ型分泌系统的内部成分。NLRs 通过识别同源配体的方式或与 ASC 结合，形成一个大分子复合物，趋化 caspase-1 前体形成炎症小体，并激活 caspase-1，成熟的 caspase-1 可参与 IL-1β 和 IL-18 的加工，诱导细胞焦亡（文末彩图 17-20）。

（二）经典细胞焦亡激活途径

焦亡细胞的细胞膜破裂以及染色质 DNA 降解均依赖于炎性 caspase 的激活。依据激活的炎性 caspase 不同，目前细胞焦亡的激活途径分为两条，称为经典细胞焦亡激活途径和非经典细胞焦亡激活途径。

经典细胞焦亡激活途径是指依赖 caspase-1 激活的细胞焦亡激活途径。pro-caspase-1 可以与模式识别受体（NLRP1、NLRP3、NLRC4、AIM2 与 pyrin 等）通过接头蛋白 ASC 间接连接，从而形成炎症小体，也称依赖 caspase-1 的炎症小体。进而激活 caspase-1，裂解 gasdermin 蛋白形成具有活性的 N- 端，进而在细胞膜上形成孔道，最终触发细胞焦亡。研究人员还发现，NLRP1 和 NLRC4 可以不依赖 ASC 而与 caspase-1 直接连接发挥效应。

（三）非经典细胞焦亡激活途径

研究发现，细胞在受到细菌脂多糖（LPS）刺激后，人 caspase-4、caspase-5 或鼠 caspase-11 可以不需要形成炎症小体，与 LPS 直接结合并启动细胞焦亡进程。通过裂解 gasdermin 蛋白导致细胞膜穿孔、细胞溶解死亡并出现炎症反应。细胞这种依赖于 caspase-4/5/11 的死亡方式称为非经典细胞焦亡激活途径（文末彩图 17-21）。此外，有研究表明，caspase-11 诱导焦亡发生的同时，促进 NLRP3 炎症小体的装配，促进 caspase-1 前体的活化，促进 IL-1β 和 IL-18 的加工成熟。人 caspase-4、caspase-5 可发挥与 caspase-11 类似的功能。

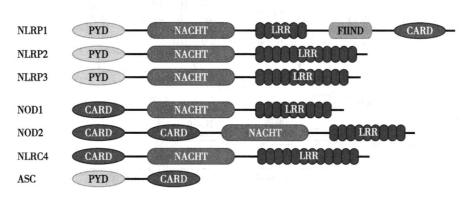

图 17-18 NLRs 家族几个家族成员的结构示意图

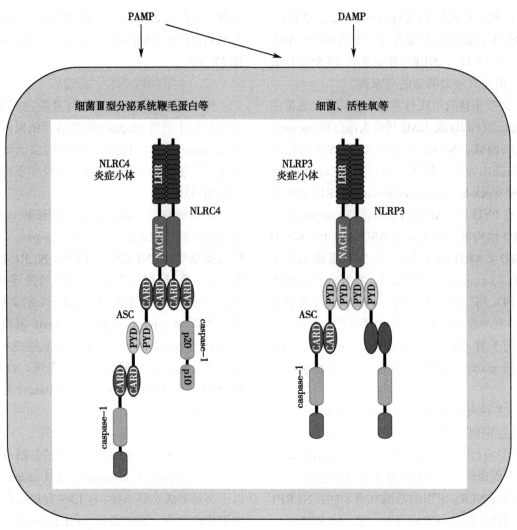

图 17-19 NLRP3 和 NLRC4 和 / 或 ASC 与 pro-caspase-1 相互识别模式图

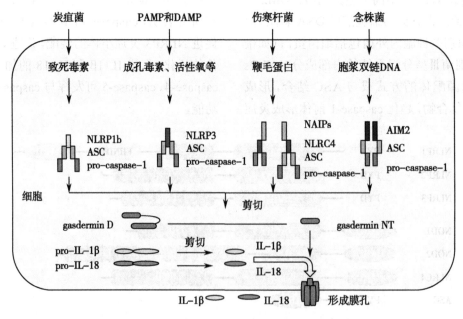

图 17-20 各种炎症小体诱导细胞焦亡模式图

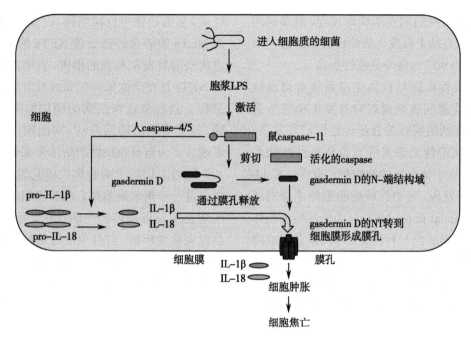

图 17-21 非经典细胞焦亡激活途径

四、细胞焦亡调控异常与疾病

细胞焦亡最主要的特点是内源性或外源性刺激作用于炎症小体，进而激活炎性 caspase-1 或 caspase-4/5/11，通过细胞结构变化和炎性因子的释放，最终导致细胞死亡和炎症反应。作为一种炎性的程序性细胞死亡形式，细胞焦亡广泛地参与感染性疾病、自发炎症性疾病、自身免疫性疾病及其他细胞焦亡相关性疾病的发生发展。

（一）细胞焦亡与细菌感染

细胞焦亡最早是在细菌感染的巨噬细胞中发现的促炎程序性细胞死亡方式，细胞焦亡与感染性疾病密切相关。沙门菌、李斯特杆菌、志贺菌、军团菌等细菌感染的疾病中均有细胞焦亡的发生。细胞焦亡是宿主清除病原微生物的有效免疫机制，介导宿主保护作用。

Katagiri N 等通过对嗜肺军团菌感染的巨噬细胞的研究，发现嗜肺军团菌鞭毛蛋白通过特定的细胞信号调控抑制细胞凋亡，并通过神经元凋亡抑制蛋白质激活 caspase-1，诱导细胞焦亡，从而抑制嗜肺军团菌在细胞内的生长。caspase-4 是人体 LPS 的细胞内免疫受体。有研究表明，人体内依赖 caspase-4 的非经典焦亡途径是引起一系列内毒素反应的重要途径。细胞焦亡虽有利于机体清除病原微生物并防御伤害，但所募集的大量炎症细胞将引起炎症扩大反应，可能造成内毒素性休克等更严重的症状。过度的炎性反应可造成组织和细胞的损伤，引起重症脓毒症，脓毒性休克及多器官功能不全等，而大量的免疫细胞死亡又使脓毒症患者的免疫功能发生障碍。

（二）细胞焦亡与自发炎症性疾病

自发炎症性疾病最初是指肿瘤坏死因子受体相关周期性综合征，后来演变为一类由于基因突变导致固有免疫失调而引起全身性炎性反应的各种疾病的总称。研究发现 Schnitzler 综合征、冷吡啉相关周期热综合征、家族性地中海热等自发性炎症性疾病的发病机制与 caspase-1 介导的细胞焦亡有关。研究表明非感染物质引起的炎症小体异常激活与无菌感染密切相关，如外源的硅或石棉被肺巨噬细胞吞噬后可激活 NLRP3 炎症小体，可分别导致矽肺和石棉沉着病。痛风也是一种自身炎症性疾病，其核心发病机制是尿酸盐沉积激活单核巨噬细胞系统及中性粒细胞引起的炎症反应。Amaral 等发现在小鼠关节腔注射尿酸盐结晶后，白细胞三烯 B4 迅速表达，从而诱发 caspase-1 介导的 IL-1β 的成熟和释放，导致中性粒细胞浸润并引起相应症状，而在 caspase-1/NLRP3/ASC/IL-1β 基因沉默的小鼠中这些症状明显减轻，表明尿酸盐结晶诱导巨噬细胞发生细胞焦亡是痛风重要的发病机制。由此可见，细胞焦亡是自发炎症性疾病的重要病理过程,对细胞焦亡研究的深入有助于自发炎症性疾病的防治。

(三)细胞焦亡与自身免疫性疾病

自身免疫性疾病是机体免疫系统对自身抗原的免疫耐受遭到破坏而对自身发生免疫应答并出现相应症状的临床综合征。近年研究发现,白癜风和类风湿性关节炎等自身免疫性疾病均与 NLRP3 炎症小体介导的细胞焦亡有关。Kahlenberg JM 等发现,对中性粒细胞胞外杀菌网络(neutrophil cellular traps,NETs)(为中性粒细胞坏死或者凋亡后形成的一种特殊结构)存在清除障碍的系统性红斑狼疮患者疾病活动期体内 NETs 形成增多,激活巨噬细胞中的 NLRP3 炎症小体,促进 caspase-1 的活化,进而促进 IL-1β 的成熟和释放,从而趋化中性粒细胞,促使 NETs 的形成。而 NETs 的清除障碍导致 NETs 的大量积聚,促进疾病的复发和器官的损害,表明细胞焦亡参与对 NETs 存在清除障碍的系统性红斑狼疮的发病过程。自身免疫性疾病的确切发病机制尚不明确,缺乏有效的防治方法,而细胞焦亡的研究进展或许可为自身免疫性的防治带来新思路。

随着人们对于细胞焦亡研究的不断深入,必将会进一步揭示细胞焦亡的作用机制及其在相关疾病发生发展和转归中的作用,为感染性疾病、自发炎症性疾病、自身免疫性疾病及其他细胞焦亡相关性疾病的诊断和治疗、新型药物及疫苗的开发提供新的方向及有效靶点。

(史岸冰)

参 考 文 献

[1] Elmore, S. Apoptosis: a review of programmed cell death. Toxicol Pathol, 2007, 35(4): 495-516.

[2] Pećina-Slaus N. Wnt signal transduction pathway and apoptosis: a review. Cancer Cell Int, 2010, 10: 22.

[3] Lai E, Teodoro T, Volchuk A. Endoplasmic reticulum stress: signaling the unfolded protein response. Physiology(Bethesda), 2007, 22: 193-201.

[4] Schwartzman RA, Cidlowski JA. Apoptosis: the biochemistry and molecular biology of programmed cell death. Endocr Rev, 1993, 14(2): 133-151.

[5] Levine B, Kroemer G. Biological functions of autophagy genes: a disease perspective. Cell, 2019.176(1-2): 11-42.

[6] Antonioli M, Di Rienzo M, Piacentini M, et al. Emerging mechanisms in initiating and terminating autophagy. Trends Biochem Sci, 2017, 42(1): 28-41.

[7] Doherty J, Baehrecke EH. Life, death and autophagy. Nat Cell Biol, 2018, 20(10): 1110-1117.

[8] Denton D, Kumar S. Autophagy-dependent cell death. Cell Death Differ, 2019, 26(4): 605-616.

[9] Levy JMM, Towers CG, Thorburn A. Targeting autophagy in cancer. Nat Rev Cancer, 2017, 17(9): 528-542.

[10] Antonioli M, Di Rienzo M, Piacentini M, et al. Emerging mechanisms in initiating and terminating autophagy. Trends Biochem Sci, 2017, 42(1): 28-41.

[11] Qu Y, Misaghi S, Izrael-Tomasevic A, et al. Phosphorylation of NLRC4 is critical for inflammasome activation. Nature, 2012, 490(7421): 539-542.

[12] Place DE, Kanneganti TD. Recent advances in inflammasome biology. Curr Opin Immunol, 2018, 50: 32-38.

[13] Kovacs SB, Miao EA. Gasdermins: effectors of pyroptosis. Trends Cell Biol, 2017. 27(9): 673-684.

[14] Strowig T, Henao-Mejia J, Elinav E, et al. Inflammasomes in health and disease. Nature, 2012, 481(7381): 278-286.

第十八章　应激的分子调控

应激（stress）是机体或细胞在各种自然环境及社会心理因素刺激下所出现的适应性反应。在20世纪30年代，加拿大病理生理学家Selye H用组织提取物注射小鼠，观察到肾上腺皮质增大、免疫器官萎缩和胃、十二指肠溃疡等症状。他意识到这可能是机体对许多"有害"物质做出的共同的反应，将其称为一般适应综合征（general adaptation syndrome，GAS），后来改称为应激。

应激属于正常的生理反应，是生命的最基本特征之一。应激的含义非常广泛，既可以指外界环境因素诱导的全身应激反应，也可以指内外环境变化直接作用于细胞引发的细胞应激反应。全身性应激是机体进化形成的适应性保护机制，其主要意义是抗损伤，有助于机体抵抗各种突发的有害事件。应激对健康具有双重作用，适当的应激可提高机体的适应能力，但过强的应激使得适应机制失效时会导致机体功能障碍。细胞在感受机体内外环境刺激后，也可以做出应激反应。应激对细胞的影响同样具有两面性：一方面可以保护细胞免受外界刺激的伤害，另一方面，过于强烈或持续的细胞应激反应又会对细胞造成损伤，引起细胞代谢等行为紊乱，并可能导致细胞死亡。

第一节　应激原与应激反应

能够引起机体或细胞产生应激反应的刺激因素称为应激原（stressor）。应激原可诱发全身反应（全身应激），也可直接诱导细胞发生应激反应（细胞应激）。在大多数情况下，全身应激刺激最终都会作用于特定类型的细胞，并引起细胞的行为和功能改变，因此细胞应激反应是机体全身性应激的基础。同时，在内环境刺激因素作用下，细胞应激可以不依赖于全身性应激而单独发生。

一、多种因素可作为应激原诱发应激反应

应激原多种多样，诱导的应激反应类型和后果也各不相同。概括起来，能够诱导机体或细胞发生应激反应的应激原大致包括以下几类：物理因素、化学物质、生物营养物质、微生物因素和心理因素等。有些刺激，如外科手术，既可以通过物理损伤又可以通过患者的情绪变化诱发应激反应。不同种类和强度的应激原诱导的应激反应类型不同。每一种应激原，必须达到一定强度才能够诱发应激反应。通常高强度的应激原引发急性应激反应，而长时间中低强度应激原能够诱导慢性应激反应。另外，应激反应有着显著的个体差异。

（一）物理因素诱导机体损伤、耐受和细胞变异

在机械物理学上，stress一词译为"压力"，因此机械撞击、捆绑等可以诱发机体应激反应。许多异常的自然环境因素，如温度、湿度、光照、雷电、气压等，都能够诱发机体和细胞的应激反应。以温度改变为例，极端的高温或低温导致细胞功能失调和机体损伤，温度变化的慢性刺激则通过细胞代谢和物质合成变化诱导机体耐受和细胞保护。人为因素造成的电离辐射等也可以诱发应激反应，它通过使细胞内的水分子辐解产生活性氧和自由基，或者通过直接损伤DNA分子，引起应激反应。

（二）化学物质诱导多样化的应激反应

许多化学因素，如活性氧、致癌剂、蛋白质和RNA合成抑制剂以及重金属等都可以诱发机体的应激反应。外界环境或机体内环境产生的活性氧类（reactive oxygen species，ROS）诱导复杂的氧化应激反应，导致生物大分子损伤，启动细胞修复机制或诱导细胞凋亡。各类致癌剂均能够诱

导 DNA 损伤、突变或降低细胞基因组的稳定性，从而引发应激反应，启动 DNA 修复或细胞凋亡程序。生物大分子合成的抑制剂通过阻断蛋白质和 RNA 的合成，抑制细胞的生长、增殖，启动细胞应激反应，诱导自噬或细胞凋亡。重金属通常能够抑制细胞中重要代谢酶的活性，导致细胞代谢和生命活动障碍，诱发细胞自我保护反应或细胞死亡。

（三）生物分子诱导代谢改变和适应

人体在饥饿或营养过剩时，蛋白质、糖和脂类等主要生物大分子，以及中间代谢物浓度异常，进而通过产生 ROS 等机制，启动细胞应激反应，使营养物质和能量代谢发生改变，并影响细胞的生长、增殖和凋亡等行为。在机体内环境中，低氧能够诱导细胞发生一系列基因表达改变，从而引起细胞代谢和增殖、凋亡等行为变化。

（四）病原体感染诱导细胞行为和身体机能改变

细菌、病毒等病原体感染细胞后，会启动机体免疫应激反应，导致炎性细胞因子大量合成，免疫细胞发生活化或者功能改变，清除病原体、维持慢性炎症状态或者诱导免疫耐受。

（五）心理因素诱导系统性身心变化

除了以上能够直接诱导机体生理改变的因素之外，社会环境和心理因素在应激中的作用也不容忽视。一些急性刺激，如战争、灾害等，都可能诱发机体应激反应，甚至导致创伤后应激障碍（post-traumatic stress disorder，PTSD）。在现实生活中，长期紧张、抑郁等情绪则诱导慢性应激反应，引起神经内分泌和组织细胞功能失调，严重的可能诱发多种疾病。

二、全身性应激是高度有序的反应过程

如前所述，各种生理和心理因素都可以诱导全身性应激反应。在这一过程中，人体通过神经系统或通过直接与外界接触的细胞感知应激原，转化成为神经传递或分子浓度变化的信号，作用于特定类型的组织细胞，导致形态、行为和功能改变，这些改变通过整合，建立起机体对新环境的适应或综合反应机制。

（一）机体通过多种途径感知应激原

诱导全身性反应的体内外环境因素可以通过多种途径被机体感知并做出反应。物理因素可以直接作用于人体皮肤或感官的神经和其他细胞，并传递到中枢神经系统进行信号加工处理；化学物质可能通过皮肤或者呼吸道等被感知，而营养物质的缺乏则被体内各种代谢活跃的组织细胞共同感受，并通过自身基因表达改变、代谢转变等，将信号传递到神经 - 内分泌系统；病原体侵入人体后被特定靶细胞感知，通过细胞因子等的合成、分泌变化，作用于邻近组织细胞，甚至神经内分泌系统；心理因素可以通过人体感官或者直接被中枢神经系统感知，并导致神经传递和内分泌变化。

（二）激素等媒介分子将反应传递到组织细胞

机体在感受应激原后，需要将信号传递给组织细胞，神经系统和血液循环是两个传递应激信号的全身性网络，而激素、神经递质和其他生物分子则是传递应激信号的主要媒介分子。这些分子通过自身浓度的改变，将应激的信号传递给特定细胞，引起细胞应激反应或功能变化。在应激原消除后，由于发生改变的激素等分子很快恢复到正常水平，全身性应激通常能够很快平静和恢复自稳。但是，慢性应激则有可能对机体造成不良影响，甚至引发疾病。

1. 神经 - 内分泌系统通过激素和神经递质传递应激信号　神经 - 内分泌系统是全身性应激刺激传递到组织细胞的重要桥梁。它通过神经递质进行神经信号传递，并促进内分泌器官分泌激素，使更多的细胞接收信号，通过细胞内信号转导调整细胞的代谢及其他功能。

（1）应激引起下丘脑 - 垂体 - 肾上腺皮质系统反应：物理因素（如高温等）、饥饿和情绪变化均可以引起下丘脑 - 垂体 - 肾上腺皮质轴激素释放的变化。如饥饿时，下丘脑分泌的黄体生成素释放激素和垂体分泌的黄体生成素均显著增加；高温和情绪变化等多种应激原引起促肾上腺皮质激素释放因子和肾上腺皮质激素释放激素分泌，进而使血浆糖皮质激素浓度升高。

（2）应激引起交感 - 肾上腺髓质系统反应：心理刺激等可引起交感 - 肾上腺髓质反应，分泌儿茶酚胺。儿茶酚胺除作为神经递质引起中枢效应（主要是兴奋、警觉及紧张、焦虑等情绪反应）外，还可作用于其他组织细胞，介导外周效应，包括

一系列代谢和心血管变化,如心功能增强、血液重分布、血糖升高等。

(3)应激引起其他激素分泌的改变:在应激时分泌增加的激素还有生长激素、抗利尿激素、β-内啡肽、醛固酮等,分泌减少的激素有促甲状腺素释放激素和促甲状腺素等。这些激素分泌的变化均引起相应靶细胞的功能和代谢改变。

2. 其他蛋白质因子和小分子代谢物也能传递应激信号 许多全身性应激通过内环境(如血液、组织液)中蛋白质因子和代谢物的浓度变化将信号传递给组织细胞。物理刺激等应激因素可以引起细胞分泌的蛋白质因子的水平发生改变,这些因子通常在组织器官局部发挥作用,少数可以通过血液运输作用于远端组织细胞;还有一些应激因素可能引发全身性代谢改变,使血液中关键分子(血糖、氧等)、主要营养物质的中间代谢物,以及代表能量或氧化还原状态的小分子物质(ATP、NADH、谷胱甘肽等)的浓度改变,进而作用于全身组织细胞,引发细胞水平的应激反应。

(三)细胞发生代谢、行为和功能变化

全身性应激的效应最终要由组织细胞来实现。细胞通过自身表达的激素受体或蛋白质因子的受体接受应激信号,并进行细胞内信号传递;同时,部分小分子物质可以直接进入细胞,发挥调节作用。这些信号通常引发细胞信号分子的

活性或基因表达的改变,如诱导代谢酶、细胞增殖和凋亡调控分子等的表达,导致细胞代谢的改变,以及细胞增殖、分化、凋亡、迁移和分泌等行为和功能的变化。

以肾上腺素引起心脏功能改变的细胞应激反应为例,肾上腺素可作用于心肌细胞表面的 β_1 肾上腺素受体,活化与该受体偶联的 G 蛋白,进而通过激活腺苷酸环化酶,产生第二信使环腺苷酸(cAMP),cAMP 进一步活化蛋白激酶 A(PKA)。PKA 可以磷酸化 Ca^{2+} 通道,增强 Ca^{2+} 内流和内质网 Ca^{2+} 释放,使心肌细胞收缩力增强。在舒张期,PKA 可以磷酸化膜磷蛋白和肌钙蛋白等,增强 Ca^{2+}-ATPase 的活性,提高肌浆网对 Ca^{2+} 的摄取,降低肌钙蛋白对 Ca^{2+} 的亲和力,加速心肌舒张。如果 β_1 受体长期持续活化,可通过 PKA 相关的钙调蛋白依赖性激酶 Ⅱ(CaMK Ⅱ)引起心肌肥大和心肌细胞的凋亡,导致心力衰竭(图 18-1)。相反,肾上腺素作用于 β_2 受体后,激活抑制性 G 蛋白,抑制上述作用,并通过 PI3K 等信号途径促进细胞存活,抑制其凋亡,起到心肌保护作用。

(四)细胞功能整合以建立对新环境的适应机制

在全身性应激中,各组织细胞接受应激信号做出反应,形成特异的代谢、行为等变化;在此基础上,所有组织细胞的上述变化相互协调,整

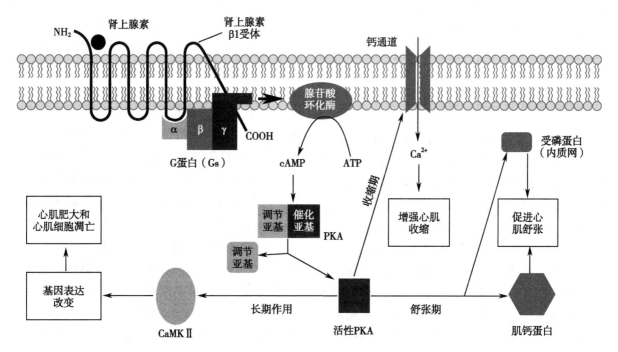

图 18-1 肾上腺素通过 β_1 受体调控心肌细胞功能

合后形成对环境的适应机制。例如,在寒冷条件下,外周交感神经和交感-肾上腺髓质在感知温度变化后,通过肾上腺素、糖皮质激素等媒介分子将应激信号传递到各组织细胞:作用于心肌细胞使心率加快以增加血供;作用于各类组织细胞使糖代谢等主要营养物质代谢发生改变,以增加能量供应;作用于皮肤血管使之收缩以减少散热;作用于免疫、生殖等系统并抑制其功能,使有限的能量优先用于对抗低温和保证个体生存。

三、应激原可以直接诱发细胞水平的应激反应

许多应激原可以直接作用于细胞,诱发细胞水平的应激反应:物理或化学刺激可以直接作用于体表细胞,引起细胞应激反应;一些化学物质(如细胞毒性物质)进入体内后,被运输到组织细胞,引起生物分子结构损伤或功能改变,导致应激反应。机体自身生命活动导致的特定物质缺陷或累积,也可以引起局部组织细胞发生应激反应。细胞应激反应的过程通常包括:①细胞感受应激原信号;②启动应激反应相关信号转导途径;③改变细胞内各种效应蛋白质的活性,尤其是一些转录因子的活性;④活化的转录因子促进应激反应相关基因快速表达,合成多种具有保护作用的应激反应蛋白质;⑤应激相关的蛋白质分子保护细胞免受损伤或修复已有的损伤,抵抗应激原的刺激,使细胞继续生存;若无法修复应激原造成的损伤,则激活凋亡途径诱导细胞凋亡。

四、应激原可通过细胞器诱发应激反应

细胞器是执行细胞特定功能的结构区域。在特定状况下,细胞器能够感受内环境的改变,并通过自身功能改变和信号传递,引发细胞应激反应。例如,一些物理化学因素作用于细胞核,引起 DNA 损伤,并触发一系列细胞应激反应;线粒体是产生 ROS 的主要细胞器,在营养物质缺乏或过剩等条件下,线粒体产生的 ROS 大量增加,诱发氧化应激反应;多种生理病理因素,如细胞内蛋白质合成过快或修饰折叠障碍、钙代谢紊乱、氧化应激等,均能够诱发内质网或线粒体应激反应,进而引起细胞的行为和功能变化。

五、细胞应激与全身应激存在密切联系

细胞水平的应激反应与全身应激是密切联系在一起的。应激原诱发的细胞应激可能仅局限于体内少数细胞,细胞通过应激做出适应性反应,进而回归稳态。如果应激原或环境刺激非常强烈,细胞可能发生过度应激,并出现细胞水平的衰老或死亡。这些信息将被传递到周围细胞,诱发组织水平的应激反应,甚至发生全身性反应,使机体能够适应环境变化,如果这些反应仍然无法使机体回到稳态,则将导致疾病的发生。

第二节 应激反应的非特异性分子事件

在全身性应激中,机体会产生大量与应激反应相关的分子,使体内多种细胞发生相应的功能和代谢改变,并对应激原刺激产生保护性反应。在这一过程中,机体会产生一些具有普遍保护作用的分子。

一、急性期蛋白是应激中产生的非特异性防御蛋白质

机体在感染、组织损伤等应激条件下,可以发生两个时相的反应:一是急性反应时相,或称急性期反应(acute phase response);二是迟缓相或免疫时相,其重要特征为免疫球蛋白的大量生成。两个时相共同构成了机体对外界刺激的保护性系统。

急性期反应是指在感染、炎症、外伤、手术和免疫性疾病时,机体在短时间内(数小时至数天)产生的以防御为主的非特异性应激反应。在急性期反应中,血浆中有多种蛋白质浓度迅速变化,这些蛋白质统称为急性期蛋白(acute phase protein, APP)。一般而言,在急性期反应中,任何蛋白质在血浆中的浓度高于或低于正常浓度的 25%,都可被定义为 APP。大部分急性期蛋白在急性期反应时血浆浓度增加,但也有少数蛋白质在急性期反应时减少,称为负急性期反应蛋白。急性期蛋白的种类很多,分布广泛,表 18-1 列出了几种重要急性期蛋白及其功能特点。

表18-1 几种重要的急性期蛋白

成分	分子量（kDa）	正常值（mg/ml）	功能
血清淀粉样A蛋白	160	<10	清除胆固醇
C反应蛋白	105~140	<0.5	激活补体
补体成分C3	180	80~120	趋化作用，肥大细胞脱颗粒
结合珠蛋白	100	40~80	抑制组织蛋白酶B、组织蛋白酶H、组织蛋白酶L
纤维蛋白原	340	200~450	促血液凝固
α_1-抗胰蛋白酶	540	200~400	抑制丝氨酸蛋白酶
α_1-抗糜蛋白酶1	68	30~60	抑制组织蛋白酶G
α_1-酸性糖蛋白	40	55~140	促进成纤维细胞生长
降钙素原	130	<0.000 1	调节钙、磷代谢
铜蓝蛋白	151	15~60	减少自由基产生

（一）急性期蛋白由局部免疫反应诱导产生

在急性期反应过程中，机体局部的免疫组织细胞被激活，产生细胞因子。这些细胞因子除参与免疫反应外，还可引起肝细胞代谢和基因表达的改变，因此，肝脏是合成APP的主要器官。IL-1β、IL-6和肿瘤坏死因子α（TNF-α）是诱导急性期蛋白合成的主要分子。IL-1β和IL-6同时也作用于垂体-肾上腺通路，诱导肾上腺皮质激素的增加，肾上腺皮质激素可以抑制上述细胞因子的表达，从而形成一种负反馈调节机制。另一方面，糖皮质激素可以协同IL-1β等细胞因子的作用，促进肝细胞合成APP。

（二）急性期蛋白参与全身性应激反应

急性期蛋白的大量产生是一种迅速有效的机体应激防御机制。急性期蛋白对机体的保护性作用主要表现在以下几个方面：

1. **抑制蛋白酶的活性** 创伤、感染时体内蛋白酶增多，容易造成组织的过度损伤。APP中包括许多蛋白酶抑制因子，如α_1-抗胰蛋白酶、C1酯酶抑制因子、α2-抗纤溶酶等，可以减少蛋白酶对组织的过度损伤。

2. **清除异物和坏死组织** 某些APP能够迅速地非特异性地清除异物和坏死组织，如C反应蛋白可与细菌细胞壁结合，发挥抗体样调理作用，并通过经典途径激活补体系统，促进吞噬细胞的功能；一些转运蛋白可以转运、清除有毒物质；补体成分有助于中性粒细胞、巨噬细胞和血浆蛋白在损伤部位的聚集，从而清除局部的病原微生物等损伤因素及死亡细胞的碎片，使组织得以修复。

3. **抗感染** C反应蛋白、补体成分的增多可加强机体的抗感染能力。同时，纤维蛋白原形成的纤维蛋白在炎症区组织间隙有利于阻止病原体及其毒性产物的扩散。

4. **抗损伤** 凝血蛋白类的增加可增强机体的抗出血能力，促进伤口愈合；血清淀粉样A蛋白可促使损伤细胞修复；血浆铜蓝蛋白可活化超氧化物歧化酶（SOD），有利于清除自由基和减少组织损伤。

（三）急性期蛋白是临床疾病诊断和预后的重要指标

许多APP的表达变化与疾病的发生、发展和康复密切相关，可以作为独立的临床诊断和预后判断的指标分子，主要包括：

1. **C反应蛋白** C反应蛋白（C-reactive protein，CRP）是最早鉴定的APP，是1930年Tillett WS在研究肺炎球菌感染时发现的。它是天然免疫系统的重要组成部分，由5个亚单位构成，能够通过磷酸胆碱残基与肺炎链球菌的C多糖结合。在组织炎症或损伤时，巨噬细胞释放细胞因子，诱导肝细胞合成C反应蛋白，导致其血浆浓度迅速升高，可以达到正常水平的20倍；在疾病恢复期，其浓度逐步下降，直至回归到正常水平。C反应蛋白的浓度变化不受年龄、机体免疫状况或临床常规用药的影响，因此可以作为感染性疾病诊断、恢复程度判断和疗效评价的敏感指标。

2. **α_1-酸性糖蛋白** α_1-酸性糖蛋白（α_1-acid glycoprotein）早期称为乳清类黏蛋白，含糖量高达45%，主要由肝脏的巨噬细胞和粒细胞产生。正常人血清中α_1-酸性糖蛋白浓度很低，在感染、炎症和肿瘤等病理状态下，其血浆浓度显著上升，成为这些疾病诊断的重要指标。

3. **降钙素原** 降钙素原（procalcitonin，PCT）是无活性的降钙素前体蛋白，主要由肝脏等器官的实质细胞产生。在细菌感染、严重休克、全身炎症反应综合征及多脏器功能障碍时，血浆 PCT 的浓度显著增加，且与病情的严重程度呈现正相关。同时，PCT 的水平还受到感染器官的类型、病原体的种类和炎症活跃程度的影响，成为重要的疾病诊断和预后判断指标。

4. 结合珠蛋白 结合珠蛋白（haptoglobin，HP）又称触珠蛋白，是血浆 α_2 球蛋白组分中的一种酸性糖蛋白，主要在肝脏中合成和降解。HP 具有多种重要功能，包括结合游离的血红蛋白以避免肾损伤、调节前列腺素合成、抑制蛋白水解酶活性、抑制自由基产生和脂质过氧化等。同时，HP 参与抗感染、组织修复和维持内环境稳定等过程。在感染、创伤、炎症、肿瘤和严重心脏疾病时，血浆中 HP 的浓度显著升高。因此，HP 可以作为上述疾病诊断的重要指标。

二、热激蛋白是在应激状态下保护细胞的蛋白质成分

热激蛋白（heat shock protein，HSP）是应激状态下在多种细胞内产生、对细胞具有保护作用的分子伴侣蛋白质家族。1962 年，英国科学家 Ritossa FM 发现，如果提高果蝇幼虫的培养温度，其唾液腺的多线染色体会出现蓬松现象，后来证明是这些染色体区域基因的转录加强所致，遂将这些基因命名为 *HSP*。HSP 在进化上高度保守，从细菌到哺乳动物细胞均广泛表达。除高温外，许多应激因素，如缺氧、缺血、砷化物、乙醇、病毒感染、氨基酸类似物、化疗药物、环境毒物等，均可以诱导 HSP 的大量产生。

（一）多种热激蛋白组成不同家族

根据分子量大小，热激蛋白可以分为数个家族，每个家族又有多个成员（表 18-2）。不同分子量的 HSP 在细胞内的分布有所不同，例如，在酵母中分子量为 89kD 的 HSP 是一种可溶性的细胞质蛋白质，而 68kDa、70kDa 和 110kDa 的 HSP 却主要分布于细胞核或核仁区域。

（二）热激蛋白的基本功能是帮助蛋白质正确折叠

热激蛋白的主要生物学功能是促进蛋白质的折叠、运输、复性和降解。HSP 作用的蛋白质称为"客户蛋白"（client protein）。在协助蛋白质折叠时，不同家族的 HSP 分子存在相互作用，有时

还需要一类协同伴侣分子（co-chaperone）的参与。相关内容详见第五章。

（三）热激蛋白在应激时大量表达并发挥作用

热激蛋白的产生有以下特点：正常状态下在细胞中表达水平较低，应激时迅速升高；大部分 HSP 主要存在于细胞质中，应激时可迅速进入细胞核和核仁，应激恢复期，又回到细胞质；能够被多种应激原所诱导，其表达在转录和翻译两个水平受到调控。

1. 热激蛋白促进应激时蛋白质的解聚和复性 在应激状态下，各种应激原导致蛋白质变性，使之成为伸展的或错误折叠的多肽链，其疏水区域可重新暴露在外，因而形成蛋白质聚集物，对细胞造成严重损伤。此时大量产生 HSP，可防止蛋白质的变性、聚集，并促进已经聚集的蛋白质发生解聚和复性。部分 HSP 既存在于细胞质中，又见于细胞器（如线粒体）中。因此，在应激状态下，这些 HSP 可以结合客户蛋白，并运输到特定的细胞部位，如 HSP60 可以结合细胞质中的 Bcl-2 家族分子，并使之转位到线粒体中，从而对细胞凋亡发挥调控作用。

2. 热激蛋白的表达受热激因子调控 热激蛋白基因的转录受到一类名为热激因子（heat shock factor，HSF）的转录因子调控，少数 HSP 也可以在 NF-κB 的诱导下表达。HSF 通过与 *HSP* 基因启动子区的热激元件（heat shock element，HSE）结合启动基因转录。HSF 有 4 种，其中 HSF1 是主要的转录因子，在生理和各种应激刺激的条件下，促进相关 HSP 的表达。

HSF1 的活性受到 HSP 的负反馈调节。HSF1 通常以单体的形式定位于细胞质中，这种 HSF1 单体可以结合 HSP90 并抑制后者的活性。在应激刺激下，大量变性或错误折叠蛋白质竞争性结合 HSP90，使 HSF1 游离出来并转位入细胞核，形成具有活性的三聚体形式，结合到 HSE 上，诱导 HSP（包括 HSP70）的表达，帮助蛋白质修复、折叠，或促进无法修复的蛋白质降解。随后，大量表达的 HSP70 结合 HSF1 并抑制其活性，使细胞恢复到应激反应之后的稳态。另外，HSF1 也可以诱导泛素表达，从而促进无法正确折叠的蛋白质发生降解。HSF2、HSF3 和 HSF4 的功能尚不清楚，它们可能通过与 HSF1 相互作用促进 HSP

表 18-2 热激蛋白的分类、特点和功能

主要 HSP 家族成员	分子量（kDa）	细胞内定位	可能的生物学功能
HSP 110 家族	~110		
HSP 110		核仁、细胞质	热耐受，交叉耐受
HSP105		细胞质	蛋白质折叠
HSP 90 家族	~90		
HSP90α（HSP86）		细胞质	与类固醇激素受体结合，热耐受
HSP90β（HSP84）		细胞质	与类固醇激素受体结合，热耐受
Grp94		内质网	分泌蛋白质的折叠
HSP 70 家族	~70		
HSC 70（组成型）		细胞质	蛋白质折叠及移位
HSP70（诱导型）		细胞质、细胞核	蛋白质折叠，细胞保护作用
HSP 75		线粒体	蛋白质折叠及移位
GRP78（Bip）		内质网	新生蛋白质折叠
HSP 60 家族	~60		
HSP 60		线粒体	蛋白质的折叠
TriC		细胞质	蛋白质的折叠
HSP 40 家族	~40		
HSP 47		内质网	胶原合成的质量控制
HSP 40（hdj-1）		细胞质	蛋白质折叠
小分子 HSP 家族	20~30		
HSP 32（HO-1）		细胞质	抗氧化
HSP 27		细胞质、核	肌动蛋白的动力学变化
αB- 晶状体蛋白		细胞质	细胞骨架的稳定
HSP 10	~10	线粒体	为HSP60的辅因子

表达和蛋白质折叠，并在非经典 HSP 的表达调控中发挥作用。

第三节 不同应激原诱导的特异性分子事件

机体和细胞的应激反应具有复杂的分子调控网络。尽管各类应激反应都离不开一些非特异性分子的参与，但是不同应激原诱导的应激反应并不相同，其信号传递、调控机制和细胞效应具有明显的特异性。细胞水平的应激反应以氧化应激、低氧应激、DNA 损伤应激和内质网应激最为常见。

一、活性氧类诱导复杂的氧化应激反应

生物体的氧化应激（oxidative stress）是由活性氧类（ROS）或自由基相对超负荷引起的细胞应激反应。体内的氧化应激反应是经常存在的，低温、低氧、感染、毒素、代谢紊乱、局部缺血等因素可造成急性氧化应激，而能量需求变化（如剧烈运动）、衰老、疾病等可造成慢性、长期的氧化应激。细胞水平的氧化应激是机体衰老和多种疾病发生的重要机制。

（一）ROS 介导多种刺激因素诱导的细胞应激反应

生物体产生的 ROS 主要指化学性能比氧活泼的含氧化合物，包括超氧阴离子（$O_2^- \cdot$）、过氧化氢（H_2O_2）、羟自由基（$OH\cdot$）、脂质过氧化物自由基（$ROO\cdot$）和过氧亚硝酸基（$ONOO\cdot$）等。细胞内源性 ROS 主要来源于线粒体呼吸链，当电子传递发生异常或氧仅被部分还原（线粒体呼吸链"渗漏"）时，可以生成超氧阴离子，它是产生其他 ROS 的基础；超氧阴离子歧化作用以及线粒体中细胞色素 C 的氧化作用都可以产生过氧化氢；过

氧化氢可以进一步转变成活性更强的羟自由基,后者是导致 DNA 损伤的主要 ROS 类型(图 18-2)。此外,细胞的其他组分或酶系,如过氧化物酶体、微粒体、一氧化氮合酶及炎症相关酶等,也可以催化 ROS 的产生。正常情况下,机体产生的 ROS 或自由基可以被体内的抗氧化酶和抗氧化剂清除,前者包括 SOD、过氧化氢酶和谷胱甘肽过氧化物酶等;后者包括维生素 E、维生素 C、胡萝卜素、谷胱甘肽及微量元素(如硒、锌)等。若 ROS 或自由基生成增多和 / 或清除减少,则可诱导细胞氧化应激反应。

外源性应激因素可以通过两种途径促进 ROS 的产生:热辐射、电离、氧分压改变等物理因素以及化学药物可以通过细胞内化学反应形成 ROS;营养物质缺乏或过剩等生物因素通过改变细胞内糖、脂类等物质代谢,促进细胞以内源性途径产生 ROS,其详细的分子机制尚有待阐明。

ROS 具有双重作用,低浓度(或适宜浓度)ROS 在细胞内许多信号转导系统中具有重要的生理作用。在应激状态下,ROS 过度产生或抗氧化物不足,细胞内促氧化反应和抗氧化反应的平衡被破坏,过量的 ROS 可以损伤细胞内的脂质、蛋白质和 DNA,抑制细胞的正常功能,并启动氧化应激反应,促进生物大分子的损伤修复或细胞凋亡。

(二)ROS 通过多种信号途径启动氧化应激反应

ROS 可直接影响代谢途径中关键酶的活性,发挥代谢调节作用。但在 ROS 过多时,细胞主要通过信号转导途径诱导抗氧化反应,严重时诱导细胞凋亡(图 18-3)。

1. ROS 调节关键转录因子的活性和含量 ROS 增多可引起一些主要信号途径的短暂激活,如 MAPK 和 NF-κB 途径。

(1)ROS 激活 MAPK 途径:ROS 可激活 ERK 信号转导途径。ERK5 是一种对氧化还原敏感的专一性的 MAPK,它的最强激动剂是 H_2O_2。凋亡信号调节激酶(apoptosis signal regulating kinase, ASK1)是 JNK 和 p38 MAPK 分子的上游活化因子,ASK1 与氧还原蛋白(Trx)结合而处于无活性状态。ROS 可导致 ASK1-Trx 复合物的解聚,游离的 ASK1 激活下游的 JNK 和 p38 MAPK 信号转导途径。

(2)ROS 通过调节磷酸酶活性而调控抗氧化信号转导:许多丝氨酸 / 苏氨酸磷酸酶和所有蛋白质酪氨酸磷酸酶的催化结构域中都有一个高度保守序列,其中含有一个对氧化还原状态敏感的关键 Cys。这个 Cys 的氧化可使磷酸酶失活。H_2O_2 诱导磷酸酶失活可使 NF-κB 诱导激酶(NF-κB-inducing kinase, NIK)等保持磷酸化而处于激活状态。

(3)ROS 调节转录因子的合成与降解:ROS 可调节一些转录因子的合成与降解,或改变转录因子的活性。例如,ROS 通过 MAPK 途径促进转录因子 AP-1 的细胞内水平上调和活化。AP-1 的 c-Jun 亚基是组成性表达的,需要被 JNK 磷酸化而激活;c-Fos 亚基则被 MEK1-ERK 等信号途径诱导表达。ROS 对转录因子活性的影响是复杂的,它可激活 AP-1 和 NF-κB,但同时也能够使这些分子中 DNA 结合结构域的半胱氨酸残基发生氧化而降低它们的活性。

2. ROS 通过损伤生物大分子启动应激信号传递 ROS 对蛋白质的氧化损伤包括主链断裂、侧链的氧化,如脂肪族氨基酸、芳香族氨基酸和含硫氨基酸残基的侧链都可以被氧化,这些氧化

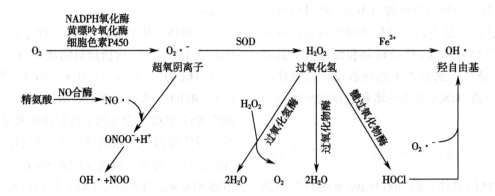

图 18-2 细胞内主要 ROS 的产生和代谢

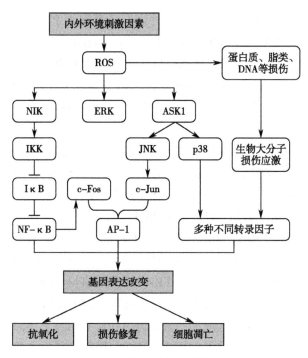

图 18-3 ROS 介导的氧化应激信号途径

作用影响蛋白质的结构和功能,导致损伤蛋白质和错误折叠蛋白质的积累,并可能诱发未折叠蛋白反应(见本节第四部分);ROS 能够引起脂质过氧化,即油脂的不饱和脂肪酸经非酶性氧化生成氢过氧化物,改变生物膜的流动性和通透性,最终导致细胞结构和功能的破坏甚至细胞死亡;ROS 能引起 DNA 的多种类型损伤,其引发的细胞应激反应见本节第三部分。

(三)ROS 通过氧化应激促进细胞抗氧化、损伤修复或凋亡

1. ROS 信号激活抗氧化基因表达 许多抗氧化基因的启动子区都含有 NF-κB 和 AP-1 结合位点,ROS 激活的这些转录因子可以诱导氧化应激基因的表达,产生相应的基因表达产物如 SOD、过氧化氢酶和谷胱甘肽过氧化物酶,对细胞发挥特异性的保护作用。

2. ROS 信号促进损伤修复或细胞凋亡 ROS 通过下游信号传递,引起关键转录因子的活化,以及通过生物大分子的损伤与 DNA 损伤和内质网应激相联系,启动细胞内生物大分子的损伤修复机制,恢复细胞的正常生长和代谢过程。当氧化作用过于严重,细胞无法修复时,将启动凋亡机制使受损细胞被清除。

二、低氧引发低氧诱导因子介导的细胞应激反应

缺氧可破坏细胞的有氧呼吸,损害线粒体的氧化磷酸化过程,使 ATP 的产生减少甚至停止,从而引起一系列代谢改变。细胞在低氧条件下可感受到氧浓度的降低,产生相应的应激反应。

(一)低氧诱导因子可感应低氧信号而活化

低氧诱导因子 -1(hypoxia-inducible factor,HIF-1)是一种转录因子,它是由 α 与 β 亚基组成的。β 亚基位于细胞核,在细胞中呈组成性表达。HIF-1α 存在于细胞质,受低氧信号调控而表达和活化。HIF-1 可调控多种低氧诱导基因的表达,是低氧应激反应中的关键调控分子。

细胞依靠氧感受器感受细胞周围环境的氧浓度变化。NADPH 氧化酶是重要的氧感受器之一。NADPH 氧化酶是一种膜结合蛋白质,存在于多种细胞中。NADPH 氧化酶可把细胞周围环境中的 O_2 转变为 H_2O_2。氧浓度高时,H_2O_2 浓度升高,低氧时 H_2O_2 则降低。H_2O_2 的降低有利于还原型谷胱甘肽(GSH)的积累,使许多蛋白质处于还原状态,促进 HIF-1α 的活化。

脯氨酰羟化酶和天冬酰胺酰羟化酶也可发挥氧感受器的作用,两者的活性与 O_2 分子浓度呈反比。在正常氧浓度时,脯氨酰羟化酶催化 HIF-1α 两个脯氨酸残基发生羟基化,并经由泛素化而被蛋白酶体降解;天冬酰胺酰羟化酶催化 HIF-1α 羟基化后,能阻止 HIF-1α 与转录辅激活因子的相互作用。在缺氧状态下,上述两种羟化酶的活性降低,HIF-1α 不会被羟基化,降解减少,积累增加,活性增高。

(二)HIF 激活多种基因表达而产生应激反应

当受到缺氧刺激时,HIF-1α 水平或活性上升,并通过其自身的核定位信号转位入细胞核,与 β 亚单位形成二聚体,成为有活性的转录因子。HIF-1 可以与其靶基因调控区特定序列——低氧反应元件(hypoxia response element,HRE)结合,募集转录辅激活因子 CBP/p300 和转录中介因子 TIF-2,促进靶基因表达。

受到低氧和 HIF-1 调控的基因称为低氧反应基因。低氧反应基因的表达可产生一系列生理适应性反应,如红细胞生成增多,携氧能力增强;血

管增生和舒张，增加血液供应；糖酵解能力增强，使无氧条件下 ATP 生成增多，以满足组织细胞的能量代谢，利于细胞和机体在低氧条件下生存。HIF-1 还调控与细胞生长、发育、分化和转移密切相关的基因的表达。当缺氧程度相对较轻时，与糖酵解和血管生成相关的效应分子发挥代偿作用，使细胞维持正常的生命活动。当缺氧程度严重时，相关的凋亡效应分子会发挥作用，诱导细胞凋亡。

（三）多种分子参与细胞低氧应激的调控

在低氧信号转导过程中，一些小分子可能在不同程度上发挥调节作用。低氧时细胞内 Ca^{2+} 升高，激活与钙相关的信号途径，增强低氧敏感基因酪氨酸羟化酶的转录。NO、CO 能抑制 HIF-1 的活化，而低氧可抑制一氧化氮合酶及血红素加氧酶的活性，使 NO 和 CO 产生减少，对 HIF-1 的抑制作用降低，促进低氧敏感基因的表达。总之，低氧的信号转导不是单一途径，而是多条途径交叉调控的复杂反应系统。

三、DNA 损伤诱导多层次细胞应激反应

细胞在多种内外因素作用下可发生 DNA 损伤，引发特异性的应激反应，使损伤 DNA 得以修复，或者在 DNA 损伤严重时诱导细胞凋亡（图 18-4）。

（一）细胞可针对 DNA 损伤产生应激反应

当细胞内的 DNA 发生损伤时，细胞可以感应到损伤的存在，并启动相应的应激反应。细胞对 DNA 损伤的应激反应涉及到多条平行或交叉的信号转导途径。DNA 损伤是起始信号，特定的感应分子可感应到这种信号并将其传递给下游的信号转导分子。最终，效应蛋白分子接收到信号后被激活，并发挥各自功能。DNA 损伤应激的信号转导网络将启动几种反应：①激活细胞周期检查点激酶，使细胞周期停滞，从而使带有损伤 DNA 的细胞不能继续增殖；②启动 DNA 损伤修复系统，修复损伤，并增强细胞的存活能力；③调控凋亡相关基因的表达，使 DNA 损伤严重且不能修复的细胞走向凋亡，以维持细胞所携带的遗传信息的稳定性。

（二）PI3K 相关激酶感应 DNA 损伤并启动信号转导

细胞内存在着可以识别 DNA 损伤的蛋白质分子，其中最主要的几种蛋白质都属于 PI3K 相关激酶（phosphoinositide 3-kinase related kinase，PIKK）家族，包括 ATM、ATR 和 DNA 依赖的蛋白激酶（DNA-dependent protein kinase，DNA-PK）等蛋白丝氨酸/苏氨酸激酶，它们感应 DNA 损伤并被激活的过程见第二章。

（三）DNA 损伤应激导致细胞周期停滞

DNA 损伤可导致细胞周期停滞在 G_1 期、S 期或 G_2 期，使受损的 DNA 或染色体有时间得以修复。ATM、ATR 和 DNA-PK 被激活后，磷酸化多种下游效应蛋白，如 ChK1 和 ChK2。这些效应蛋白介导的细胞应答或使增殖停滞在不同的细胞周期，或导致凋亡。ATR-ChK1 和 ATM-ChK2 途径之间存在交叉调控，它们通过 ChK1、ChK2 和 P53 介导细胞周期阻滞，DNA-PK 则可激活 p53 介导的凋亡途径。而在以 DNA 损伤修复为主的反应期，ATM 途径和 ATR 途径通过激活 MDM2（mouse double minute 2）促进 P53 降解，形成一个负反馈调节环路，此时 DNA-PK-P53 介导的诱导凋亡的效应处于次要的地位。

（四）DNA 损伤应激促进细胞存活并启动 DNA 损伤修复过程

若 DNA 损伤程度不严重，细胞周期发生阻滞后会启动 DNA 修复系统，修复损伤的 DNA。

1. DNA-PK 和 ATM 促进细胞存活 DNA-PK 可将转录因子 Oct-1 磷酸化而使其活化，启动促进细胞存活的信号途径。ATM 将 NEMO（NF-κB essential modulator）蛋白质磷酸化，形成 ATM/NEMO 复合物，这种复合物能够激活 NF-κB。在应激反应中，NF-κB 在大多数类型细胞中作为促生存因子发挥作用。

2. MAPK 途径促进细胞存活和 DNA 损伤修复 三类主要的 MAPK（ERK、JNK/SAPK 和 p38 MAPK）都可以被各种 DNA 损伤诱导的应激反应信号所激活。如 ATM 可激活 Raf/MEK/ERK 信号途径，亦可通过激活 TAO 激酶而激活 p38 MAPK 途径。激活的 MAPK 进入细胞核，使转录因子通过磷酸化而活化，调控多种基因的表达，促进细胞存活和损伤 DNA 的修复。

3. 多种其他蛋白质被激活并参与 DNA 损伤修复 ATM、ATR 和 DNA-PK 可以活化多种蛋白质因子，在 DNA 双链断裂点启动对损伤 DNA 的

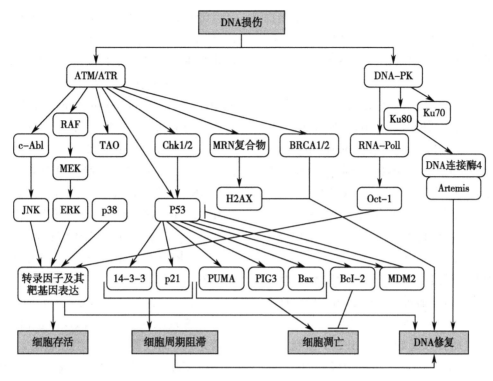

图 18-4 DNA 损伤应激信号途径

两类修复：同源重组修复和非同源末端结合（non-homologous end joining，NHEJ）修复，详见第二章。

（五）DNA 损伤应激在损伤严重时促进细胞凋亡

当 DNA 损伤严重而无法修复时，细胞启动凋亡信号途径，最终导致细胞的凋亡。例如，ChK1 和 ChK2 可以激活转录因子 E2F1 并上调 p73，从而启动 *BAX*、*PUMA* 和 *NOXA* 等促凋亡基因的转录；P53 能够感应 DNA 损伤，并促进许多凋亡相关基因的表达，启动细胞凋亡程序，详见第十七章。

四、未折叠蛋白诱导内质网等细胞器发生应激反应

当细胞中蛋白质折叠发生障碍或蛋白质合成过快时，可导致未折叠蛋白质累积并引起一系列后续反应，称为未折叠蛋白反应（unfolded protein response，UPR）。由于细胞内蛋白质的折叠主要在内质网中进行，因此 UPR 主要诱发内质网应激（endoplasmic reticulum stress，ERS），但是当未折叠蛋白质在线粒体基质中发生累积时，也会诱发线粒体应激。由于二者的机制较为相似，此处仅以 ERS 为例进行说明。除未折叠或错误折叠蛋白质以外，Ca^{2+} 稳态改变、氧化还原反应、低糖、

缺氧、酸中毒等都可能诱导 ERS。ERS 是一种细胞水平上的保护性反应，可消除未折叠蛋白质，抑制新蛋白质的合成，恢复内质网的稳态，而严重的 ERS 可以诱发细胞周期阻滞、细胞凋亡、炎症等更为广泛的细胞效应（图 18-5）。

（一）内质网应激介导细胞保护作用

细胞监测到未折叠蛋白质和内质网稳态失衡的信号，使蛋白质的合成发生暂停，通过内质网相关降解途径（ER-associated degradation，ERAD）降解错误蛋白质或未折叠蛋白质，对细胞发挥保护作用。在这一过程中，内质网中的分子伴侣蛋白和内质网应激感应蛋白发挥重要作用。

1. 分子伴侣蛋白被未折叠蛋白激活 这些分子伴侣蛋白包括葡萄糖调节蛋白（glucose-regulated protein，GRP）GRP78/GRP94，钙连蛋白/钙网蛋白（calnexin/calreticulin）和巯基蛋白质氧化还原酶（thiol oxidoreductases）等。GRP78 又称为免疫球蛋白结合蛋白（binding immunoglobulin protein，BiP），是热激蛋白 70 家族的成员之一，在蛋白质的折叠和转运过程中发挥重要作用。钙连蛋白/钙网蛋白主要负责监控糖蛋白的正确折叠，促进未完全折叠糖蛋白再折叠，使错误折叠的蛋白质通过糖蛋白内质网相关性降解途径走向

降解。巯基蛋白质氧化还原酶主要参与调节蛋白质二硫键的正确形成。这些分子伴侣蛋白在未折叠蛋白质的诱导下被活化,启动 ERS 反应。

2. 内质网应激感应蛋白促进下游信号传递
内质网应激感应蛋白是一组内质网跨膜蛋白质,包括蛋白激酶 R 样内质网激酶(protein kinase R-like ER-resident kinase,PERK)、ATF6(activating transcription factor 6)和 IRE1(inositol-requiring enzyme 1)等。正常情况下,这些感应蛋白与 GRP78 结合在一起。当出现未折叠蛋白累积时,GRP78 优先与未折叠蛋白质结合,使内质网应激感应蛋白被释放出来,引发下游信号传递。

(1)PERK 通路:PERK 由 GRP78 结合状态转变为游离状态后,通过分子间的相互聚合而发生自身磷酸化并活化,活化的 PERK 可以磷酸化真核生物蛋白质合成起始因子 eIF2α,抑制其翻译起始功能,导致大部分蛋白质合成受阻;特定蛋白质(如细胞周期素 D1)的合成减少,诱导细胞周期发生 G_1 期阻滞;同时,转录因子 ATF4 的翻译增加,启动分子伴侣蛋白和氨基酸转运蛋白的表达。上述机制使错误折叠或未折叠的蛋白质能够有时间发生正确折叠,从而恢复内质网的稳态。

(2)ATF6 通路:ATF6 与 GRP78 解离后,从内质网转位到达高尔基体,在这里被剪切激活。活化后的转录因子 ATF6 进入细胞核,通过同源聚集以及与其他转录调节蛋白相互作用,诱导 XBP-1(X-box binding protein-1)表达,后者进一步启动内质网分子伴侣蛋白等基因的表达。

(3)IRE1 通路:IRE1 与 GRP78 解离后形成同源二聚体,并通过自身磷酸化而活化。活化后的 IRE1 发挥其 RNA 酶的活性,选择性剪切 XBP1 的 mRNA,翻译生成具有转录因子活性的 XBP-1(spliced XBP-1,XBP-1s),后者诱导分子伴侣等 ERS 相关基因的表达,促进蛋白质折叠和内质网稳态的恢复。

(二)严重内质网应激诱导细胞凋亡

ERS 反应的初期,应激反应蛋白基因发生诱导表达,从而改善细胞的生理状态。但是,当应激原强度超过细胞自身处理能力时,ERS 得以持续,从而启动细胞凋亡信号传递,消除受损又不能及时修复的细胞。ERS 可通过以下 3 条信号通路促进细胞凋亡:

1. caspase-12 通路 caspase 是在细胞凋亡中发挥关键作用的蛋白酶家族。其中,caspase-12 定位于内质网上,特异地参与 ERS 诱导的细胞凋

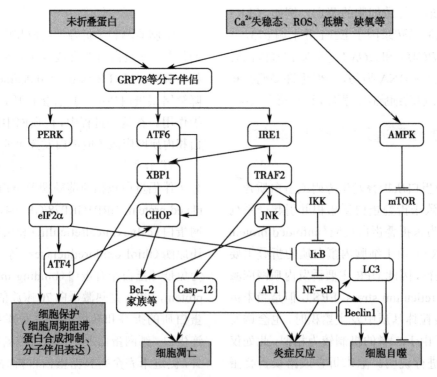

图 18-5 内质网应激相关信号途径

亡。在啮齿类动物中，活化的 IRE1 可促进游离 caspase-12 的释放，而细胞内 Ca^{2+} 的升高可通过半胱氨酸蛋白酶家族 calpain 活化 caspase-12，进而活化下游效应 caspase，导致细胞凋亡。但是，人类缺乏具有促凋亡活性的 caspase-12。

2. CHOP/GADD153 通路　CHOP（C/EBP homologous protein）或称为 GADD153（growth arrest and DNA damage inducible gene 153），属于 C/EBP 转录因子家族。当 ERS 反应持续发生时，转录因子 ATF4 过量表达，促进 CHOP 等细胞凋亡诱导因子基因的表达。活化的 ATF6 和 IRE1 通路的 XBP1 也在 CHOP 的表达中发挥重要作用。另外，CHOP 的活性还可能受到 p38 MAPK 等激酶的磷酸化调控。活化的 CHOP 在转录水平上抑制 Bcl-2 的表达，并促进 Bcl-2 家族中促凋亡分子的表达，从而诱导细胞凋亡；同时，CHOP 也可能通过耗竭谷胱甘肽，产生氧自由基，促进细胞损伤和凋亡；最后，CHOP 还可能通过跟其他凋亡相关蛋白质直接相互作用，诱导细胞凋亡。

3. JNK 通路　在内质网中，位于膜上的 IRE1 通过 TRAF2 与 JNK 形成复合物。当应激反应持续时，IRE1 促进复合物中 JNK 的活化，进而通过两种途径诱发细胞凋亡：磷酸化并激活转录因子 c-Jun，启动促凋亡基因的表达；与 Bcl-2 家族蛋白相互作用并通过磷酸化等机制调控其活性，诱导线粒体依赖的细胞凋亡。

（三）内质网应激调控细胞自噬

自噬是细胞吞噬自身蛋白质或细胞器并使其包被进入囊泡，通过与溶酶体融合将其降解的过程（详见第十七章）。ERS 通过多种机制调控细胞自噬过程。首先，ERS 激活 PERK/eIF2α 通路，通过活化 NF-κB 进而转录激活 Beclin1，以及通过促进 LC3 转换成为参与自噬的活性形式，促进细胞的自噬。其次，ERS 通过 IRE1 调控细胞自噬。在正常状态下，细胞凋亡抑制蛋白 Bcl-2 与 Beclin1 结合并抑制后者的活性。IRE1/XBP-1 可以直接促进 Bcl-2 的表达，从而抑制 Beclin1 的活性，抑制细胞自噬；IRE1 还通过与 Bcl-2 家族促凋亡分子相互作用，间接调控 Bcl-2 和 Beclin1 的相互作用和细胞自噬；IRE1 通过活化 JNK 促进 Bcl-2 的磷酸化，使 Beclin1 游离出来，促进细胞自噬。最后，细胞内 Ca^{2+} 浓度介导 ERS 和自噬的相互作用。已知 mTOR 通过抑制自噬前体的形成，对自噬发挥关键负调控作用，而 mTOR 受到 PI3K 的活化和 AMPK 的抑制。细胞内 Ca^{2+} 浓度增加时，可以通过活化 AMPK 蛋白激酶 Cθ（PKCθ），促进细胞自噬的发生。因此，ERS 对自噬调控的最终效应取决于细胞内相关信号分子和信号通路的存在与活化状态。

五、不同应激原诱导的细胞应激存在交叉联系

各种应激原诱导的细胞应激反应并不是孤立发生的，而是存在密切的联系。如前所述，全身或局部组织应激可以在细胞水平上诱发多种应激反应。细胞产生的 ROS 不仅诱导氧化应激反应，还通过引起 DNA 损伤诱导细胞应激反应。此外，ROS 还通过内质网氧化还原酶（endoplasmic reticulum oxidoreductase，ERO）和蛋白质二硫键异构酶（protein disulfide isomerase，PDI）影响蛋白质折叠，诱发内质网应激。Ca^{2+} 也是联系各类细胞应激反应的重要机制，除低氧引起细胞内钙浓度升高外，内质网应激可以活化内质网上的钙通道，即肌醇三磷酸（inositol triphosphate，IP_3）受体，使大量 Ca^{2+} 外流到细胞质中，这些 Ca^{2+} 可以被线粒体吸收，通过阻断线粒体电子传递而产生 ROS，诱导氧化应激反应。最后，各种细胞应激反应在下游信号传递中存在广泛的交叉联系，当应激持续发生时，它们都可能导致细胞代谢改变、功能异常，甚至细胞凋亡等共同的后果。

第四节　生理和病理状态下的应激反应

应激既是机体和细胞适应内外环境变化的正常生理反应，又参与多种疾病的病理过程。适当的应激反应有利于维持细胞的正常生理功能，促进机体新陈代谢并保持内环境的稳定；过度应激则造成细胞损伤和行为改变，并引起特定组织器官功能障碍，甚至引发全身性疾病。

一、应激参与生理过程的调节

全身性和细胞水平的应激反应与众多生理过程密切相关，它们不仅对机体内分泌、免疫等系

统发挥直接的调控作用，而且通过影响细胞的代谢和增殖、衰老等行为，整合形成机体的功能改变和对内外环境的适应机制。

（一）应激调节机体和细胞代谢

在应激状态下，机体的代谢速率通常大大加快，能量产生和需求增加，物质代谢的途径和代谢物种类也发生很大变化。在细胞水平上，由于应激原不同，各大类营养物质发生不同程度的代谢改变，以适应内环境的变化和重新回归到代谢稳态。

1. 应激与糖代谢存在复杂的交互调控 全身性应激可通过作用于神经内分泌系统和免疫系统，引起糖代谢改变：通过调节葡萄糖转运蛋白的表达和分布，促进糖的外周摄取；通过增强糖酵解和有氧氧化，促进糖的分解利用；通过激素和酶的活性调节，抑制体内糖原的合成，促进糖原分解和糖异生作用。当应激原过强或者持续时间过长时，则可能出现高血糖和胰岛素抵抗（图 18-6）。此外，低氧能够增加糖代谢关键酶（如糖磷酸化

酶与糖原合成酶）的含量和活性，并增强葡萄糖的转运能力。

细胞水平的应激对糖代谢也有深刻影响。在肝脏细胞中，内质网应激（ERS）通过 PERK 调控 eIF2α 的活性，并通过影响 C/EBP 等关键转录因子的合成，对糖代谢发挥调节作用。其次，ERS 相关分子还能够与肝脏糖代谢的调节因子发生直接相互作用，如活化的 ATF6 与调控糖异生的转录因子 CRTC2（CREB-regulated transcription coactivator 2），XBP-1s 与 PI3K、FoxO1 等，这些相互作用都能够影响糖的代谢过程。最后，在肝脏、骨骼肌和脂肪组织等的细胞中，ERS 通过调控胰岛素信号传递对糖代谢发挥调节作用。

应激能够影响体内糖的代谢，相反，糖代谢改变也可能诱发应激反应。体内糖代谢可以通过多种途径产生 ROS：糖的有氧氧化通过线粒体呼吸链可以产生大量 ROS；葡萄糖的多元醇代谢途径消耗还原型谷胱甘肽，导致 ROS 的清除受到阻碍；在高糖状态下，甘油二酯（DAG）产生增多，

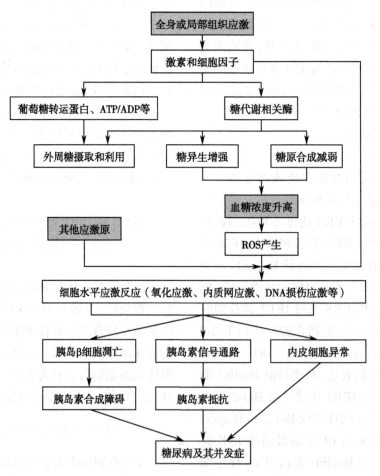

图 18-6 应激在糖代谢和糖尿病发生中的调控作用

通过 PKC 活化 NADPH 氧化酶，促进 ROS 的产生。因此，高糖能够诱发氧化应激反应。

2. **应激调节脂代谢过程** 饥饿、创伤等全身应激可以导致脂代谢改变，通常表现为脂类肠道吸收障碍、组织摄取增多，机体通过抑制肝脂肪酶（hepatic lipase，HL）活性，抑制肝脏对脂蛋白的吸收，同时肝外组织摄取脂肪增强。体内脂肪动员加快，脂肪酸 β 氧化增强，从而为生命活动提供能量。

细胞的氧化应激可以促进脂质过氧化，而线粒体中长链脂肪酸的氧化能够产生 ROS。高糖、高脂肪膳食以及营养过剩均可以诱发内质网应激反应，通过调节脂质代谢中的关键转录因子，如固醇调节元件结合蛋白 -1、过氧化物酶体增殖物激活受体（peroxisome proliferator-activated receptor，PPAR）和 C/EBPα 等，诱导脂肪合成相关基因的表达，促进脂肪合成。此外，应激还通过脂代谢物调控细胞行为。例如，在营养过剩等慢性应激状态下，高浓度的生长因子和炎症因子可以通过 PPAR 和 NF-κB 促进应激蛋白——环加氧酶（cyclo-oxygenase，COX）的表达，催化花生四烯酸合成前列腺素，后者通过诱导细胞增殖相关基因的表达，促进细胞的分裂增殖。

在肌肉等组织细胞中，未折叠蛋白质诱导的线粒体应激可以诱导生长分化因子 15（GDF15）和成纤维细胞生长因子 21（FGF21）等因子，前者通过作用于脑干的神经元影响摄食等行为，后者则对脂肪组织中的脂代谢发挥重要调控作用。

3. **应激调节能量和其他物质代谢过程** 在饥饿、创伤等应激状态下，蛋白质分解明显加强，以满足机体代谢需求。应激发生时，细胞通过各种分子感受器感受内环境中营养物质和能量的水平，通过改变代谢过程而建立适应机制。AMPK 是细胞内重要的能量感受器，它还能够感受细胞内游离氨基酸的水平变化。在 AMP/ATP 比值升高和营养物质缺乏时，AMPK 被上游信号活化，通过作用于细胞内多种靶蛋白，对物质和能量代谢发挥调控作用：AMPK 通过磷酸化乙酰辅酶 A 羧化酶和 β- 羟 -β- 甲戊二酸单酰辅酶 A 还原酶（HMG-CoA reductase），抑制它们的活性，从而抑制脂肪酸和胆固醇的合成；AMPK 通过促进葡萄糖转运蛋白向细胞膜的转位增加细胞对葡萄糖的摄取，通过调节糖代谢相关酶的活性，促进大多数细胞中葡萄糖的酵解，抑制肝脏细胞中糖原合成；AMPK 通过抑制 mTOR 及其下游信号传递，以及通过抑制真核细胞延长因子 -2（eEF-2），抑制蛋白质的合成。

（二）应激调节机体免疫功能

全身性应激对免疫系统的功能具有重要影响。一般来说，急性应激能够增强机体的免疫功能，而慢性应激则产生机体免疫功能损害或者持续的炎症反应。在细胞水平上，DNA 损伤等诱发的细胞内应激反应除导致细胞凋亡外，还可能引起细胞焦亡、程序性坏死等死亡过程，导致组织乃至全身炎症反应。免疫细胞的应激反应则通过调控细胞的生长增殖、凋亡和分泌等行为，影响免疫系统的功能。

严重的 DNA 损伤应激可以诱发组织乃至全身性反应。在发生 DNA 损伤的细胞中，NF-κB 等信号通路可能被活化，后者通过表达能够被免疫细胞（如 NK 细胞或 T 淋巴细胞）识别的配体或组织相容性抗原，促进免疫细胞对这些细胞的杀伤或清除。细胞 DNA 发生损伤时，还可能使原本位于细胞核内的双链 DNA 进入细胞质中，被一种称为环状 GMP-AMP 合酶（cGAS）的分子识别，诱导 I 型干扰素合成和分泌，引发组织炎症反应。

氧化应激与体内的炎症反应密切相关。ROS 可能通过调控 NF-κB 和 AP-1 等的活性和信号传递，上调促炎性细胞因子、趋化因子和黏附分子等的表达，影响免疫细胞的功能，并调控内皮细胞的形态和功能，诱导持续的炎症反应。

ERS 对免疫系统的功能具有重要影响。ERS 通过 PERK-elF2 和 IRE1-TRAF-JNK 信号途径激活 NF-κB 通路，诱导炎症反应；相反，免疫系统也可以通过释放细胞因子，促进内质网 Ca²⁺ 释放及 ROS 蓄积，干扰蛋白质折叠和线粒体代谢，诱发 ERS。ERS 还通过 XBP-1 和 IRE1 等调控 B 淋巴细胞的分化和发育。另外，ERS 在树突状细胞的发育、抗原提呈和分泌细胞因子等过程中都具有重要调节作用。另外，发生 ERS 的肝细胞通过分泌一种叫做铁调素抗菌肽（HAMP）的物质，后者导致铁离子蓄积在脾脏中，从而抑制需铁的细菌在体内的繁殖。

（三）应激调节机体和细胞衰老进程

个体的衰老（aging）和细胞衰老与应激有着密切的联系。一般认为，衰老是体内自由基累积的结果。这些自由基可以对生物大分子（如膜脂、蛋白质和DNA）造成损伤，使生物膜结构以及遗传物质的稳定性和表达谱发生改变，使细胞走向衰老和死亡。机体的组织细胞在正常发挥作用的过程中，会产生一些氧化物质和促炎性分子，这些物质在体内累积可以诱发慢性应激和炎症反应。慢性应激和炎症反应诱导细胞衰老的机制包括：①逐步缩短端粒的长度，抑制细胞的增殖能力；②DNA损伤通过促进抑癌基因 $p53$ 和 RB 等的表达和蛋白质活性，引起细胞周期阻滞和细胞衰老；③通过上调细胞周期负调控因子 $p16^{INK4a}$ 和 $p19^{ARF}$ 等的表达和活性，导致细胞周期阻滞和细胞衰老；④通过JNK和p38-MAPK信号通路诱导细胞衰老；⑤通过表观遗传学机制调控相关基因的表达，抑制细胞增殖，促进细胞衰老。细胞的衰老带来组织器官功能的退化，并使个体走向衰老。

二、应激与疾病密切相关

临床上许多疾病的发生都与应激相关。应激过度或慢性应激导致代谢紊乱、器官功能失调，并诱发心血管疾病、糖尿病、肿瘤等多种疾病。因此，应激干预有望成为这些疾病治疗的重要途径。

（一）应激参与心血管疾病的发生

心血管疾病的发生与机体应激反应密切相关，如心理应激等在冠心病、高血压等的发病中扮演重要角色。体内应激反应分子在心血管疾病的发生中具有重要保护作用，如HSP70可以通过以下机制发挥保护作用：通过结合因缺血而受损的蛋白质，保护心肌功能；维持心肌细胞 Ca^{2+} 稳定；保护心肌线粒体功能，抑制细胞凋亡；抑制炎性因子释放，防止缺血再灌注损伤；调节 K^+ 通道活性，防止心律失常；抗氧化作用；保护冠状动脉内皮细胞，调节平滑肌血管舒张功能等。

在氧化应激中，ROS可能通过多种机制引发冠心病和动脉粥样硬化。作为一种氧化剂，ROS可以通过诱导内皮细胞中黏附分子表达和脂质过氧化，损伤内皮依赖的血管功能，促进血管平滑肌细胞的增殖、迁移和内皮细胞凋亡。ROS还可通过介导 Ca^{2+} 信号，以及MAPK和PI3K/AKT信号通路，导致动脉粥样硬化。另外，氧化应激还在原发性高血压、心室重构和心肌病的发生中发挥重要作用。

ERS与心血管病的关系已成为定论。在心肌细胞中，ERS通过JNK、CHOP和caspase-12等介导的信号通路促进细胞凋亡，这是心肌病和心力衰竭的重要发病机制。同时，ERS还与动脉粥样硬化发生、发展的各个阶段密切相关：血脂升高时，巨噬细胞内质网膜上过量的胆固醇能够通过抑制肌质网膜钙ATP酶的活性，降低内质网 Ca^{2+} 水平，引发ERS和细胞凋亡；游离胆固醇通过ERS引起平滑肌细胞凋亡；高同型半胱氨酸通过干扰新生蛋白质二硫键的形成，触发血管内皮细胞ERS，促进其凋亡。上述细胞的凋亡是高血脂、高同型半胱氨酸、高血糖等诱导的动脉粥样硬化发生、发展的重要机制。

（二）应激反应诱发糖尿病及其并发症

由于应激与糖代谢关系密切，因此体内过度的应激反应可能导致糖代谢的紊乱，引起血糖升高（图18-6）。在这一过程中，胰岛素的缺失和功能障碍发挥重要的作用。

胰岛β细胞的应激反应可能直接破坏其分泌胰岛素的功能，甚至诱导细胞凋亡。例如，在糖尿病发生过程中，β细胞和免疫细胞分泌IL-1、γ干扰素、TNF-α等炎性细胞因子，它们通过NF-κB和STAT1途径上调一氧化氮合酶的表达，使NO合成增加，在内质网中累积后耗竭 Ca^{2+}，触发ERS，诱导细胞凋亡。

机体胰岛素抵抗与氧化应激和ERS联系密切。在氧化应激中，体内产生的ROS可以通过NF-κB信号通路促进炎症因子的表达，干扰胰岛素信号通路；ROS还通过JNK或蛋白激酶C抑制胰岛素受体或胰岛素受体底物-1（insulin receptor substrate-1，IRS-1）的活性，阻断胰岛素信号传递。ERS通过IRE1-JNK通路促进胰岛素受体发生丝氨酸磷酸化，抑制IRS-1的酪氨酸磷酸化，从而抑制胰岛素信号的传递，这些都是引起外周组织胰岛素抵抗的重要机制。

应激反应除了诱发糖尿病外，还与糖尿病引起的肾脏、神经系统病变和致畸作用等有着密切的关系。氧化应激和ERS所介导的相应组织细胞（尤其是内皮细胞）的损伤和凋亡在其中扮演重要的角色。

（三）应激促进肿瘤的发生与发展

肿瘤源于特定基因的异常表达或表达产物异常，因此，各种应激因素所致的 DNA 损伤、DNA 修复缺陷、癌基因或抑癌基因变异等，都可能促进肿瘤的发生和发展。

1. 全身性应激参与肿瘤发生与发展　全身性应激反应，如心理应激等，可以通过改变体内激素水平，调控肿瘤的发生、发展和转移。其中，肾上腺素和糖皮质激素通过 cAMP/PKA 信号通路促进细胞增殖；去甲肾上腺素通过上调血管内皮细胞生长因子（VEGF）的表达，促进肿瘤血管生成；体内多种应激激素能够上调细胞黏附分子和基质蛋白（如金属基质蛋白酶）的表达，促进肿瘤细胞的转移；糖皮质激素和儿茶酚胺类激素通过调控免疫系统的功能，参与肿瘤与其所处微环境的相互作用。

2. 非特异性应激分子调节肿瘤病理进程　HSP 在肿瘤的发生发展中具有重要作用。多种 HSP（如 HSP90）在肿瘤细胞中呈现高表达，它们通过促进癌蛋白的折叠，增强肿瘤细胞的存活和增殖能力。因此，HSP 作为肿瘤治疗靶点的价值日益受到重视，目前已经有多种 HSP 抑制剂进入抗肿瘤临床试验。

3. 细胞应激与肿瘤具有密切联系　细胞水平上的各类应激反应对肿瘤的发生和发展过程均具有重要影响，其中内质网应激与肿瘤的关系较为复杂，其分子机制了解较少。本节主要介绍三种细胞应激反应与肿瘤的关系。

（1）氧化应激与肿瘤存在交互调控：在氧化应激中，ROS 通过 MAPK 信号通路，活化下游 AP-1 等转录因子，促进增殖相关基因的表达；ROS 和炎性细胞因子通过 TGF-β 等信号途径，诱导细胞发生上皮 - 间质转化（epithelial-mesenchymal transition，EMT），以及通过 NF-κB 等信号通路启动细胞黏附分子、MMP、趋化因子及其受体等的表达，从而促进肿瘤细胞迁移和侵袭；ROS 还通过活化 Ras 蛋白和稳定 HIF1α，诱导血管生成基因的表达，促进血管生成。由于放疗和许多化疗药物都能够诱导产生 ROS 并活化 NF-κB 信号通路，因此上述机制还可能在肿瘤细胞放疗抵抗和

化疗耐药中发挥重要作用。

肿瘤细胞还可能通过代谢调节细胞氧化应激的水平，增殖旺盛的肿瘤细胞可能产生更多 ROS 以促进氧化应激；也有研究认为，由于肿瘤细胞的瓦伯格效应（Warburg effect），即肿瘤细胞的糖代谢以有氧酵解（而不是有氧氧化）为主，减少了 ROS 的产生和对自身的伤害。同时，糖酵解的中间产物促进了磷酸戊糖途径的进行，从而产生大量 NADPH，保护肿瘤细胞免受氧化损伤。

（2）DNA 损伤及其应激反应与肿瘤的发生和治疗密切相关：内外环境诱发的 DNA 突变和遗传变异是肿瘤形成的根本原因，突变导致癌基因的激活或抑癌基因的失活，促进肿瘤的发生和发展。化疗和放疗通过诱导严重的 DNA 损伤或氧化应激，使肿瘤发生细胞周期阻滞或凋亡；相反，DNA 损伤应激也可能通过启动细胞内 DNA 损伤修复机制，抵抗上述治疗作用。最近的研究表明，通过诱导肿瘤发生免疫原性细胞死亡（immunogenic cell death，ICD），能够激发机体抗肿瘤免疫反应，发挥更加高效的抑瘤作用。

（3）低氧应激在肿瘤的演进中具有重要作用：实体肿瘤所处的低氧环境诱导 HIF1α 的表达，其调控的肿瘤相关基因及其功能包括：①糖的转运和糖代谢相关基因，它们促进葡萄糖向细胞内的转运，以及糖代谢由有氧氧化向糖酵解转变；②肿瘤血管生成相关基因（VEGF 等），促进肿瘤血管生成，改善实体瘤血供；③炎症因子基因，如 TNF-α、TGF-β、IL-6 等。这些基因的表达与低氧诱导的 ROS 一起，建立并维持肿瘤炎性微环境，促进肿瘤细胞存活、免疫逃逸和肿瘤的侵袭（图 18-7）。

（四）应激参与其他多种疾病的发生

除了心血管疾病、糖尿病和肿瘤外，应激还广泛参与了其他多种疾病的病理过程。强烈或反复的心理刺激可能诱发应激综合征或创伤后应激障碍，表现为神经精神过度紧张和其他多种生理功能的异常。感染、创伤和手术等应激因素引起胃黏膜血流减少或破坏正常黏膜防御机制，导致胃溃疡的发生。氧化应激可以诱发以多种营养物质代谢异常为特征的代谢综合征；氧化应激还通过诱导神经元损伤或凋亡，引发神经退行性疾病。在一些缺血性疾病中，各种应激导致的细胞死亡往往不可避免，在治疗中应将重点放在阻断

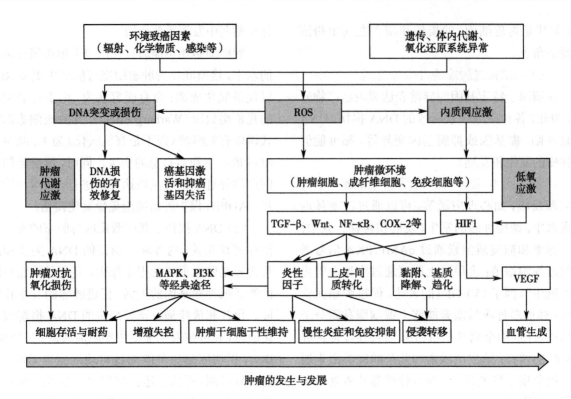

图 18-7　细胞应激在肿瘤演进中的作用

死亡细胞诱导的组织炎症反应上，以期达到更好的治疗效果。因此，全面认识应激在疾病发生中的作用及其分子机制，并在此基础上进行预防和

药物靶向干预，将为疾病的临床防治提供重要理论依据。

（贾林涛）

参 考 文 献

[1] Cláudio N, Dalet A, Gatti E, et al. Mapping the cross-roads of immune activation and cellular stress response pathways. EMBO J, 2013, 32（9）: 1214-1224.

[2] Cooper CL, Quick JC. The handbook of stress and health: a guide to research and practice. New Jersey: Wiley-Blackwell, 2017.

[3] Ellis BJ, Del Giudice M. Developmental adaptation to stress: an evolutionary perspective. Annu Rev Psychol, 2019, 70: 111-139.

[4] Galluzzi L, Yamazaki T, Kroemer G. Linking cellular stress responses to systemic homeostasis. Nat Rev Mol Cell Biol, 2018, 19（11）: 731-745.

[5] Hetz C, Papa FR. The unfolded protein response and cell fate control. Mol Cell, 2018, 69（2）: 169-181.

[6] Koumenis C, Hammond E, Giaccia A. Tumor microenvironment and cellular stress: signaling, metabolism, imaging, and therapeutic targets. Berlin: Springer Group, 2013.

[7] Sies H, Berndt C, Jones DP. Oxidative stress. Annu Rev Biochem, 2017, 86（）: 715-748.

[8] Suomalainen A, Battersby BJ. Mitochondrial diseases: the contribution of organelle stress responses to pathology. Nat Rev Mol Cell Biol, 2018, 19（2）: 77-92.

第十九章　代谢的分子调控

代谢是生物体内所发生的一系列有序的用于维持生命的化学反应的总称。这些反应使得生物体能够生长、繁殖并对外界环境做出反应。动物体所处的内外环境不断地发生变化，包括生理活动的改变、营养条件和环境条件的变化、异物的侵入、疾病以及各种信号对感觉器官的刺激等。动物为了维持生命活动，必须对这些变化做出及时的应答。这些应答也必须有准确、灵敏的调节机制，以适应内外环境的多变。

从早期对动物整体代谢的研究到现代生物化学中对于单个代谢反应机制的探索，关于代谢的科学研究已经跨越了数个世纪。现代生物化学研究受益于大量新技术的应用，诸如色谱分析、X 射线晶体学、核磁共振、电子显微学、放射性核素标记、质谱分析和分子动力学模拟等。这些技术使得研究者可以发现并具体分析细胞中与代谢途径相关的分子。代谢物组学是对生物体内所有代谢物进行定量分析，亦可鉴定一个细胞或组织中代谢物与生理病理变化的对应关系。代谢物组学的出现，为复杂的代谢研究提供了新的技术支持。转基因技术和基因敲除技术的出现为更清楚地研究和发现基因在代谢中的功能提供了很好的技术手段。

本章将重点介绍机体在生理情况下和疾病状态时糖代谢、脂代谢的分子调控机制及物质代谢之间的联系。

第一节　代谢调节的基本规律

生物体内各种物质按照一定的规律不断地进行新陈代谢，以实现生物体与外界环境的物质交换、自我更新以及内环境的相对稳定。糖、脂和蛋白质三大营养物质都是能源分子，可在体内氧化供能。机体对这三大营养物质的利用可以互相替代，同时又相互制约。代谢综合征这个概念的出现，将人体糖、脂肪和蛋白质等物质发生的代谢紊乱紧密联系起来。在长期的进化过程中，动物体逐渐形成了一整套高效、灵敏、经济、合理的调控系统。因此，在正常生物体内，错综复杂的代谢过程均能按其生长发育及适应外界环境的需要而有条不紊、相互协调地进行，生成的产物既足以满足生物的需要，又不会过多而造成浪费，表现出生物机体代谢具有调节控制的功能。

代谢调节可分成整体水平的综合调节、激素水平的调节及细胞水平的调节三个不同的层次，层层相扣，密切关联。细胞水平的代谢调节是激素水平和整体水平代谢调节的基础，主要是通过调节细胞中关键酶的含量和活性来实现的。对酶的调节是最原始、最基本的调节环节，神经和激素水平的调节最终也通过酶起作用。因此，代谢的调节可以通过对代谢的分子调控来实现。

一、体内各物质代谢相互联系形成一个整体

人类摄取的食物，无论动物性或植物性食物均含有糖类、脂质、蛋白质、水、无机盐及维生素等。从消化吸收开始、经过中间代谢、到代谢废物排出体外，这些物质的代谢之间相互联系构成统一的整体。

（一）体内各种代谢物都具有共同的代谢池

物质在体内进行代谢时，机体不分内外，自身合成的内源性营养物质和食物中摄取的外源性营养物质，组成为共同的代谢池。根据机体的营养状态和需要，代谢池中各物质同样地进入各种代谢途径进行代谢。如血液中的葡萄糖，无论是从食物中消化吸收的、肝糖原分解产生的、经糖异生生成的，都参与组成血糖，在机体需要能量时，均可在各组织进行有氧氧化或无氧氧化，释

放出能量供机体利用,机会均等。

(二)体内代谢处于动态平衡

机体在生理状态下,体内糖、脂质、蛋白质等均参与多条代谢途径,或合成或分解。通过外源性消化吸收获得和内源性生成的这些物质随之被消耗,体内消耗后的这些物质又会适时得到补充,该消耗与补充的过程是动态的,使其中间代谢物不会出现堆积或匮乏。如机体血糖浓度虽然维持在一定浓度,但其成分每分钟都在不断更新。体内其他物质也均如此处于动态平衡之中。

(三)氧化分解产生的 NADPH 为合成代谢提供所需的还原当量

NADPH 是体内合成代谢所需的还原当量的主要提供者,它主要来源于葡萄糖分解代谢中的磷酸戊糖途径。NADPH 能将氧化反应和还原反应联系起来,将物质的氧化分解与还原性合成联系起来,将不同的还原性合成联系起来。如葡萄糖经磷酸戊糖途径第一阶段氧化分解生成的 NADPH,既可为乙酰辅酶 A 合成脂肪酸过程中的还原反应提供还原当量,也可以为乙酰辅酶 A 合成胆固醇提供还原当量,维系氧化与还原的联系和整体性。

二、能量供需平衡调节代谢

在物质代谢过程中伴随能量的释放、转移、储存和利用,称为能量代谢。机体能量消耗和能量生成处于动态平衡中。

(一)能量代谢的调节遵循经济的原则

产能的分解代谢速度不是简单地由细胞内营养物的浓度来决定,也受到细胞对能量需求的影响。在任一时期,细胞都恰好消耗适合能量需要的营养物,即在任何情况下,力求以最小的消耗取得最大的效益。例如,家蝇全速飞行时其飞行肌需要消耗大量的 ATP,导致其氧和燃料的消耗在 1 秒钟内可增加百倍。

(二)能量代谢的调节遵循平衡的原则

能量代谢的核心是 ATP-ADP 循环。ATP 是连接合成代谢和分解代谢的桥梁,分解代谢生成 ATP,而合成代谢消耗 ATP。能量是通过 ATP、ADP 和 AMP 分子对某些酶分子进行变构调节来实现的。当细胞内的 ATP 含量高时,可抑制产能过程,即降低 ATP 的生成速度;反之,当 ATP 需

要量大时,则促进 ATP 生成。通过这种灵活的方式保障机体能量代谢的平衡状态。AMP 是糖异生途径中果糖 -1, 6- 二磷酸酶 -1 的别构抑制剂,是糖酵解途径中磷酸果糖激酶 -1 的别构激活剂。ATP、柠檬酸是磷酸果糖激酶 -1 的别构抑制剂。这两个酶相互协调共同调节糖异生和糖酵解。当 ATP/ADP、NADH/NAD$^+$ 很高时,提示能量足够,作为三羧酸循环的 3 个调节点,柠檬酸合酶、异柠檬酸脱氢酶、α- 酮戊二酸脱氢酶复合体这 3 个限速酶的活性被抑制;反之,这 3 个关键酶的活性被激活。

(三)大脑是调节能量稳态的中枢

保持能量的摄入和消耗的相对平衡,对维持机体健康及正常功能非常重要。大脑和外周组织之间通过信号分子进行与能量稳态相关的信息交换,通过控制进食和消化吸收、能量储存、能量消耗来维持机体能量稳态。大脑接收的调节能量稳态的信号形式包括:①通过供能分子、胃肠分泌激素或神经递质来感知机体的能量状态;②各种感觉如饥饿感、味觉、嗅觉以及对食物的记忆等。

三、底物和代谢产物调节代谢

代谢调节是对各个代谢途径速度的调节,或者开放某些途径、关闭其他途径。代谢途径中各底物、产物组成了各个代谢反应中的基本物质。由于所有代谢途径都是由酶催化的,因此,代谢调节都是通过改变细胞内酶活性或酶含量影响各个代谢途径的速度。表 19-1 总结了糖代谢、脂代谢的关键酶。

(一)底物调节代谢

酶的底物对代谢起着重要的调节作用,主要通过以下两种方式来调节代谢。

1. 底物可激活酶的活性 底物能使酶分子结构发生变化,成为有活性或高活性的酶,称为变构激活。例如,柠檬酸合酶是三羧酸循环的关键酶,催化第一步反应。此酶的底物乙酰辅酶 A 和草酰乙酸是它的激活剂,乙酰辅酶 A、草酰乙酸不足会降低柠檬酸合酶的活性。

2. 底物可诱导酶的合成 有些酶的基因在正常情况下处于关闭状态,即不表达,而底物或底物的类似物可以诱导酶的合成。这种类型的调控广泛存在于细菌中,例如,大肠杆菌 *E.Coli* 利

表 19-1　糖代谢、脂代谢的关键酶

代谢途径	关键酶
糖酵解途径	己糖激酶（葡糖激酶）
	磷酸果糖激酶 -1
	丙酮酸激酶
糖有氧氧化	丙酮酸脱氢酶复合体
	柠檬酸合酶
	异柠檬酸脱氢酶
	α- 酮戊二酸脱氢酶复合体
糖原合成	糖原合酶
糖原分解	糖原磷酸化酶
糖异生	丙酮酸羧化酶
	磷酸烯醇丙酮酸羧激酶
	果糖 -1, 6- 二磷酸酶 -1
	葡糖 -6- 磷酸酶
脂肪动员	甘油三酯脂肪酶
	脂肪酸 β 氧化酶
	脂肪酸合成酶
胆固醇合成	肉毒碱脂酰转移酶 I
	乙酰辅酶 A 羧化酶
	HMG-CoA 还原酶

用乳糖作为碳源时，可诱导 β- 半乳糖苷酶，而 β-半乳糖苷酶可将乳糖水解为半乳糖和葡萄糖。

（二）代谢产物调节代谢

代谢产物可以通过反馈抑制、激活酶活性以及抑制酶合成来调节代谢。

1. 产物反馈抑制酶活性　代谢途径可以对底物或产物水平的变化做出反应进行自调节。例如，产物量降低可以引起途径通量的增加，从而使产物量得到补偿。代谢终产物可对反应途径中的关键酶产生反馈抑制（feedback inhibition）作用，使代谢产物不致生成过多。如乙酰辅酶 A 羧化酶是脂肪酸合成过程中的关键酶，长链脂酰CoA 是终产物，也是该酶的变构抑制剂。变构抑制剂常是代谢途径的终产物，变构酶常处于代谢途径的开端，通过反馈抑制，可以及早地调节整个代谢途径，减少不必要的底物消耗。

2. 产物反馈激活酶活性　通常情况下，产物对酶的活性具有反馈抑制作用，但是也有个别例外，例如果糖 -1, 6- 二磷酸是磷酸果糖激酶 -1的反应产物，该产物可以正反馈激活磷酸果糖激酶 -1，促进糖的分解。

3. 产物抑制酶合成　当终产物的浓度在细胞内达到一定水平时，终产物除了反馈调节酶的活性外，还可以反馈抑制酶的合成，使酶合成停止。例如，胆固醇可反馈抑制 HMG-CoA 还原酶的活性，并减少该酶的合成，从而达到降低胆固醇合成的作用。

四、生物节律调节代谢

几乎所有生物的生理活动和行为都存在与环境保持同步的周期性节律，称为生物节律。其中以 24h 为运行周期的生物节律称为近日节律（circadian rhythm）。生物节律产生的物质基础是生物钟（biological clock），它通过接收环境的时间信号（包括明 - 暗光照周期信号、环境温度、饮食等）来指导机体的生理活动并使之与环境保持同步。许多代谢稳态的过程具有生物节律现象，可被中枢（视交叉上核）和外周的生物钟所调节。生物钟参与控制能量平衡、摄食行为，并最终调节体重。因此，生物钟基因和生物节律的改变与多因子疾病有关，如肥胖和糖尿病等。

（一）中枢生物钟和外周生物钟之间存在反馈调节作用

哺乳动物的生物钟系统主要包含以下两类：位于下丘脑视交叉上核（suprachiasmatic nucleus，SCN）的中枢生物钟（central clock）和存在于许多组织和器官中的外周生物钟（peripheral clock）。中枢生物钟和外周生物钟形成不同层次的昼夜节律系统。环境中的明 - 暗周期信号传至 SCN，校准 SCN 神经元和外周组织的生物钟基因振荡，产生行为和生理上的同步化，通过调节周期性的摄食和自主活动以控制能量稳态；而外周组织产生的肽类激素（如胰岛素、瘦蛋白、食欲刺激素）和营养信号（如葡萄糖、游离脂肪酸、氨基酸）又可传入中枢神经系统进行信号整合，影响进食、体力活动和代谢。因此，中枢神经系统和外周组织之间存在反馈调节作用，从而精确调控睡眠 - 觉醒周期的能量稳态。

（二）生物钟基因具有自我反馈调节机制

在分子水平，昼夜节律由具有自身调节环路的生物钟驱动，形成多个负反馈环。在昼夜振荡反馈回路中，正性成分（positive element）启动生物钟基因的表达，包括 CLOCK（circadian locomotor output cycles kaput）/BMAL1（brain and muscle

ARNT-like protein 1）等蛋白因子基因；负性成分（negative element）阻断正性成分的作用，使表达减弱或停止，包括 *CRY*（cryptochrome）、*PER*（period）等蛋白因子基因。其中有两个环路是最主要的：①转录因子 CLOCK 和 BMAL1 形成异源二聚体，结合到节律基因 *PER1-3* 和 *CRY1-2* 上游启动子的 E-box（CACGTG），从而促进这两个钟控基因（clock controlled genes，*CCGs*）的表达。其表达产物 PER 和 CRY 蛋白形成异源二聚体从胞质进入核内，抑制 *CLOCK-BMAL1* 的转录活性，从而抑制 *PER1-3* 和 *CRY1-2* 的转录。②CLOCK 和 BMAL1 异源二聚体也可激活孤儿核受体 *Rev-Erbα*（reverse erythroblastosis virus α）基因和 *Rorα*（retinoid-related orphan receptor-α）基因转录，其表达的蛋白质 REV-ERBα 和 RORα 通过竞争结合 *BMAL1* 启动子，分别抑制或促进 *BMAL1* 的转录（文末彩图 19-1）。

（三）生物钟和代谢之间存在负反馈调节

1. **生物钟调节代谢** 众所周知，许多参与代谢的激素（如胰岛素、胰高血糖素、脂连蛋白、皮质酮、瘦蛋白等）都表现为昼夜节律改变，因此生物节律参与糖、脂代谢的调节。核心分子生物钟由转录/翻译反馈环路组成，其中 *CLOCK* 和 *BMAL1* 这两个生物钟基因处于核心地位，节律性地驱动下游靶基因的表达，调控不同的代谢过程。

2. **代谢调节生物钟** 代谢对生物钟也具有反馈作用。多种生物钟靶基因可通过细胞营养感受器，对营养状态及能量的变化做出反应，形成生物钟和代谢之间相互作用的反馈环路，以适应睡眠/觉醒和空腹/进食的昼夜周期变化。例如细胞的氧化还原状态，如 NAD^+（H）和 $NADP^+$（H）能调节 *CLOCK*/*BMAL1* 和 *NPAS2*/*BMAL1* 的转录活性。

第二节　调节代谢的重要信号途径

正常情况下，机体各种代谢途径相互联系、相互协调，以适应内外环境的不断变化，从细胞水

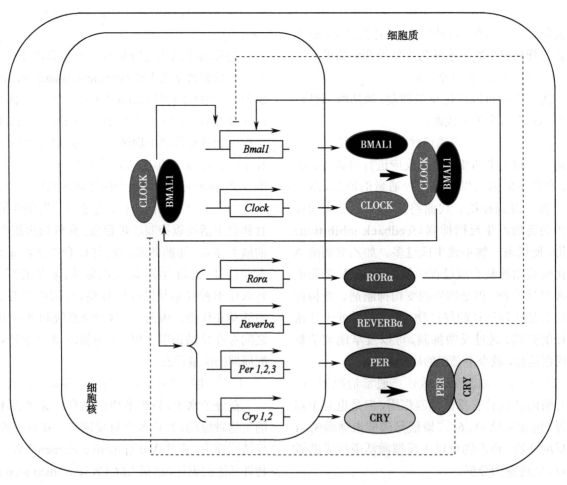

图 19-1　生物钟的自身调节环路

平、激素水平、整体水平进行代谢调节，保持机体内环境的稳态。其中细胞水平的代谢调节是基础，激素及整体水平的调节都是通过细胞水平的调节实现的，这是高等生物体内代谢调节的重要方式。激素作用有较高的组织特异性和效应特异性。激素与靶细胞上特异受体结合，引起细胞信号转导，通过变构调节、化学修饰来调节相关酶的活性，或通过影响基因转录，进而促进或抑制蛋白质或酶的合成，从而对细胞代谢进行调节。本章仅对研究较为清楚的五个重要信号途径进行介绍，分别是：AMPK 信号途径、PI3K-AKT-FoxO1 信号途径、瘦蛋白信号途径、雌激素受体信号途径和 HIF-1α 信号途径。

一、AMPK 信号途径调节代谢

腺苷一磷酸（AMP）激活的蛋白激酶（AMP-activated protein kinase，AMPK）是一种在细胞内进行能量代谢调节的蛋白激酶。该蛋白激酶能够通过感受细胞能量状态来维持真核细胞 ATP 生成和消耗的平衡，即能量稳态。AMPK 是一种"能量感应器"，对保持细胞的能量平衡具有重要作用，有望成为代谢性疾病治疗的重要新靶点。

（一）AMPK 是一种蛋白激酶

AMPK 是一种非常保守的蛋白激酶，在各种真核生物中 AMPK 序列有很高的同源性。AMPK 是三聚体（αβγ），催化亚基 α 含有激酶的活性功能域及调节功能域，β 亚基为连接 α 与 γ 亚基的桥梁，γ 亚基的 C- 末端有四个胱硫醚 β 合成酶（cystathionine beta synthase，CBS）功能域，主要用于结合 AMP 及 ATP，以调节 AMPK 的活性。AMPK 的上游激酶（LKB1、CaMKKβ 及 TAK1）能使 AMPK 催化亚基活性中心的 Thr172 发生磷酸化，进而激活 AMPK。

（二）AMPK 是调节糖、脂代谢的重要分子

AMPK 对激素和营养物非常敏感，参与调节重要器官（如骨骼肌、肝脏、脂肪组织、胰腺及下丘脑等）的葡萄糖及脂肪酸代谢，以保证机体在各种生理条件下的能量平衡。

1. AMPK 调节糖代谢

（1）AMPK 促进细胞对葡萄糖的摄取：在糖代谢中，AMPK 可通过激活葡糖转运蛋白 1（glucose transporter 1，GLUT1）和 GLUT4 促进葡萄糖的摄取。AMPK 也可以调节去乙酰化酶活性，促进 GLUT4 等相关基因的表达。如 HADC5 是成人骨骼肌中主要的 II 型去乙酰化酶，只与某些转录因子（如 MEF2）结合，特异性抑制基因表达。GLUT4 的表达是由 AMPK、HDAC5 和 MEF2 来控制的。AMPK 被激活后进入细胞核，使 HDAC5 磷酸化，并与 MEF2 分离开来，与 14-3-3 蛋白结合出核。HDAC5 被释放后，组蛋白乙酰化增加，可以募集 MEF2 共激活因子，如过氧化物酶体增殖活化受体 γ 辅助活化因子 1α（peroxisome proliferator activated receptor gamma coactivator-1α，PGC-1α）和转录复合物到 GLUT4 启动子上，促进其转录。

（2）AMPK 促进糖酵解：AMPK 通过多种方式对糖酵解途径的关键酶进行调节，包括：①调节磷酸果糖激酶。磷酸果糖激酶（phosphofruc-tokinase，PFK）是糖酵解的关键酶。缺血或其他代谢解偶联剂（如寡霉素）使 AMPK 活性增加，AMPK 促进 PFK 的 Ser466 磷酸化而将其活化，使糖酵解增强。②调节碳水化合物反应元件结合蛋白。碳水化合物反应元件结合蛋白（carbohydrate response element binding protein，ChREBP）是肝脏特异的转录因子，可感知和调节肝脏葡萄糖代谢。ChREBP 通过结合到丙酮酸激酶基因启动子上诱导其表达。AMPK 可使 ChREBP 的 Ser568 发生磷酸化，调节其 DNA 结合与转录活性。③调节肝细胞核因子 4α。肝细胞核因子 4α（hepatic nuclear factor 4α，HNF4α）是肝脏另一个调节葡萄糖代谢的重要转录因子，可促进 GLUT2、丙酮酸激酶、醛缩酶等基因的表达。AMPK 可使 HNF4α 的 Ser303（人 Ser313）发生磷酸化活化。

（3）AMPK 抑制糖异生：AMPK 可通过两个途径对糖异生产生抑制作用：①调节 CREB 转录共激活因子。CREB 转录共激活因子 2（CREB-regulated transcription coactivator 2，CRTC2）是糖异生的关键调节因子。禁食时，在胰高血糖素作用下，CRE 结合蛋白（cAMP-response element binding protein，CREB）磷酸化，并募集共激活因子 CBP 和 CRTC2 入核，使共激活因子 PGC-1α 表达，PGC-1α 进一步促进磷酸烯醇丙酮酸羧激酶和葡糖 -6- 磷酸酶表达，促进糖异生。AMPK 或 AMPK 相关激酶 SIK1（salt-inducible-kinase1）

和 SIK2 使 CRTC2 磷酸化,并与胞质蛋白 14-3-3 结合,阻止 CRTC2 入核。因此,减少 CREB 依赖的磷酸烯醇丙酮酸羧激酶和葡糖 -6- 磷酸酶的表达,抑制糖异生(文末彩图 19-2)。②调节 FoxO。在肝脏,FoxO 转录因子是糖异生的正调节因子,可被磷酸化修饰降解。SIRT1 可以抑制 FoxO1 被磷酸化降解,稳定 FoxO 的核定位和对糖异生基因的转录激活。而 AMPK 激活可以促进 FoxO 磷酸化降解,也可使 FoxO 发生翻译后修饰,如磷酸化、去乙酰化等,阻止其与某些转录因子相互作用。

2. AMPK 调节脂代谢 ①调节乙酰辅酶 A 羧化酶的活性。乙酰辅酶 A 羧化酶是脂肪酸代谢的关键酶,该酶的活性主要通过变构修饰与共价修饰进行调控。当细胞接受外界刺激或能量消耗增加,细胞内 AMPK 含量增加,使乙酰辅酶 A 羧化酶磷酸化增加而活性降低,体内丙二酰辅酶 A 合成减少,一方面减少脂肪酸的合成,另一方面可减弱丙二酰 CoA 对肉毒碱脂酰转移酶 I(CPT I)的抑制作用,促进长链脂酰 CoA 从胞质进入线粒体氧化,以适应能量需求的增加。②调节 HMG-CoA 还原酶。活化的 AMPK 同时使 HMG-CoA 还原酶磷酸化失活,从而抑制胆固醇的合成。

(三)AMPK 信号途径受到多种因素的调节

1. AMP/ATP 比值是调节 AMPK 活性的重要因素 AMPK 活性受 ADP/ATP 和 AMP/ATP 比值调控。任何导致 ADP/ATP 和 AMP/ATP 比值升高的因素均可激活 AMPK。当细胞处于缺血、缺氧、葡萄糖水平下降、能量消耗等应激状态时,AMP/ATP 比值升高,促使 AMPK α 亚基的 172 位苏氨酸磷酸化或直接通过变构作用激活 AMPK。AMP 可通过以下几种机制激活 AMPK:① AMP 通过变构作用激活 AMPK;② AMP 与 AMPK 结合使之成为 AMPK 激酶(AMPKK)的最佳底物;③ AMP 变构激活 AMPKK,后者进一步激活 AMPK。

2. AMPK 活性也受到其他因素的调节 除 AMP/ATP 调节 AMPK 活性外,瘦蛋白、脂连蛋白及巨噬细胞移动抑制因子等也可激活 AMPK。同时,AMPK 信号途径与其他信号途径之间存在着相互作用。例如,当胰岛素信号途径受阻时(如胰岛素抵抗),AMPK 信号途径可作为备用途径参与葡萄糖代谢。因此,AMPK 具有作为糖尿病药物分子靶位的研发前景。

(四)AMPK 信号途径具有潜在的临床意义

AMPK 可介导一些抗糖尿病药物的治疗效应,某些药物可使其活性上调,如 5- 氨基 -4- 咪唑甲酰胺核苷(5-amino-4-imidazole carboxamide riboside,AICAR)、二甲双胍和噻唑烷二酮类药物。这些药物已应用于实验动物模型或人的 2 型糖尿病及胰岛素抵抗(isulin resistance,IR)的治疗。因此,AMPK 被认为是抗糖尿病药物的热门靶点。

二、PI3K-AKT 信号途径调节代谢

PI3K-AKT 信号途径是胰岛素的主要下游分子途径。磷脂酰肌醇 3- 激酶(PI3K)作为酪氨酸蛋白激酶和 G 蛋白偶联受体的主要下游分子,通

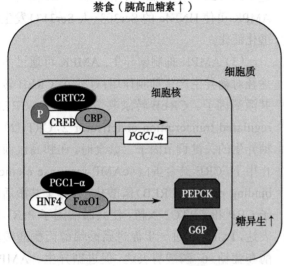
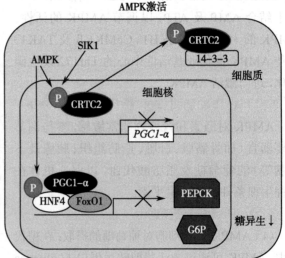

图 19-2 AMPK 抑制肝脏糖异生的机制

过催化产生磷脂酰肌醇 -3,4,5- 三磷酸（PIP₃）并激活 AKT、糖原合酶激酶 -3（glycogen synthase kinase 3，GSK-3）、Forkhead 转录因子 FoxO1、mTOR（mammalian target of rapamycin）等下游分子，将多种生长因子及细胞因子的信号传递到细胞内，从而对细胞增殖、分化、凋亡和葡萄糖转运等多种生物过程起重要的调节作用。而 PTEN（phosphatase and tensin homologue）则是 PI3K 信号途径的重要负调节因子（文末彩图 19-3）。

（一）PI3K-AKT 信号途径的组成

PI3K 在调节胰岛素敏感性、缓解胰岛素抵抗及抑制糖异生过程中都起到重要作用。根据结构和底物特异性，PI3K 分为三个亚型：Ⅰ型 PI3K、Ⅱ型 PI3K 和Ⅲ型 PI3K，其中研究最为广泛的是Ⅰ型 PI3K。Ⅰ型 PI3K 又分为ⅠA 和ⅠB 两种亚型。ⅠA 型 PI3K 是由调节亚基 p85 和催化亚基 p110 组成的异源二聚体。位于细胞表面的受体与配体结合后，自身的酪氨酸位点发生磷酸化，从而使受体活化，ⅠA 型 PI3K 的调节亚基 p85 直接与活化的细胞膜受体结合，激活催化亚基 p110，并催化 PIP₂ 生成 PIP₃。PIP₃ 作为第二信使对下游多种

信号途径起着调节作用。

1. **PI3K 是胰岛素信号下游的重要分子** 胰岛素作用于肝细胞膜表面的胰岛素受体，使位于胞质内的胰岛素受体 β 亚基的酪氨酸位点发生磷酸化而激活。激活的胰岛素受体使胰岛素受体底物 IRS-1/2 酪氨酸位点磷酸化后激活，进而激活 PI3K。

2. **AKT 是 PI3K 信号途径主要的下游分子** PI3K 信号途径主要的下游分子是 AKT。活化的 PI3K 催化磷脂酰肌醇 -4,5- 二磷酸（PIP₂）生成 PIP₃，后者作为第二信使激活 AKT。AKT 是一种蛋白质丝氨酸 / 苏氨酸激酶，包括三种亚型：AKT1、AKT2 和 AKT3。三种 AKT 亚型均由三个不同的功能域组成：① N- 端的 PH 结构域，介导蛋白质 - 蛋白质和蛋白质 - 脂质的相互作用；②位于中部的激酶催化区域，与蛋白激酶 A 和蛋白激酶 C 的酶活性区域有高度的同源性，位于该区域的 Thr308 位点是 AKT 活化所必需；③ C- 端的调节域，含有 AKT 完全活化所必需的 Ser473 位点。PIP₃ 在细胞膜上募集含有 PH 结构域的磷酸肌醇依赖的激酶 1（phosphoinositide-dependent

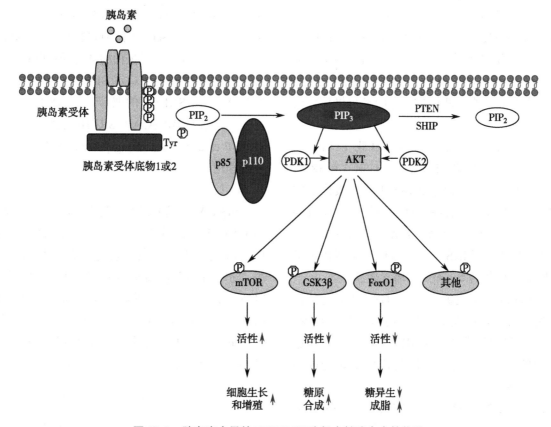

图 19-3 胰岛素介导的 PI3K/AKT 途径在糖稳态中的作用

kinase-1，PDK1）及 AKT。PDK1 依次将 AKT 的 Thr308 和 Ser473 位点磷酸化，磷酸化激活的 AKT 进一步使 FoxO1、GSK-3、NF-κB、mTOR 及 p21 等蛋白磷酸化，介导胰岛素及多种生长因子诱发的细胞生长、增殖、细胞周期及糖代谢的调节。

（二）PI3K-AKT 信号途径调节代谢

PI3K-AKT 通过使下游靶蛋白磷酸化，发挥其对糖、脂代谢等细胞活动的调节作用。

1. AKT 抑制 FoxO1 活性影响糖代谢 Forkhead 转录因子家族目前被分为 17 个亚家族，分别是 FoxA～FoxQ，其中研究最深入的是 FoxO 亚家族。*FoxO* 基因在人类有四个同源基因，包括 *FoxO1*、*FoxO2*、*FoxO3a* 和 *FoxO4*。FoxO 蛋白质的活性是通过其丝氨酸或苏氨酸磷酸化以及赖氨酸残基乙酰化而进行调控。AKT 活化后使 FoxO1 磷酸化，并将其运输出核而丧失转录激活作用，从而抑制糖异生关键酶葡糖 -6- 磷酸酶及磷酸烯醇丙酮酸羧激酶（phosphoenolpyruvate carboxykinase，PEPCK）的表达，抑制肝脏的糖异生，最终降低血糖。

2. AKT 促进 GSK-3 磷酸化降解影响糖代谢 GSK-3 是一种蛋白质丝氨酸 / 苏氨酸激酶，是 AKT 调控的重要下游分子。GSK-3 有两种亚型：GSK-3α 和 GSK-3β，这两种亚型的催化活性区的氨基酸序列有 97% 的同源性，具有相似的生物学特性。GSK-3 可以从糖原合成、葡萄糖转运、肝脏糖异生及 β 细胞功能调控等方面参与机体糖代谢调节过程。

（1）GSK-3 抑制胰岛素受体底物 1（insulin receptor substrates 1，IRS-1）的活性：GSK-3 是 IRS-1 激酶，维持细胞静息状态下 IRS-1 丝氨酸位点的磷酸化，对 IRS-1 的活性具有抑制作用。而特异性 GSK-3 抑制剂可以逆转 GSK-3 对 IRS-1 的抑制作用，通过上调 IRS-1 酪氨酸位点磷酸化水平增强胰岛素信号转导，提高胰岛素敏感性。

（2）GSK-3 抑制糖原合成：GSK-3 通过使糖原合酶磷酸化而抑制其活性，使糖原合成减少。AKT 能通过磷酸化抑制 GSK-3 的活性，增加糖原合酶的活性，促进细胞摄取葡萄糖并合成糖原，降低血糖。

（3）GSK-3 影响糖异生：PEPCK 和 G6P 是糖异生途径的关键酶，抑制 GSK-3 可以在转录水平抑制 PEPCK 和 G6P 的基因表达，抑制糖异生。

（4）GSK-3 参与葡萄糖转运调节：GSK-3 抑制剂可以促进骨骼肌细胞内的 GLUT4 向细胞膜转位，提高骨骼肌中胰岛素刺激的葡萄糖转运。

3. PTEN 通过抑制 AKT 活性影响糖代谢 PI3K-AKT 信号途径受多种因子的调节，其中肿瘤抑制因子 PTEN 催化 PIP₃ 生成的逆反应，即将 PIP₃ 转化为 PIP₂，抑制 PI3K-AKT 信号途径，进而抑制细胞的增殖、存活、生长及干扰糖代谢等。抑制 PTEN 的活性可以激活 AKT 及其下游的信号转导途径。PTEN 通过调控 AKT 的活性在葡萄糖稳态调节过程中具有重要作用。

4. PI3K-AKT 通过固醇调节元件结合蛋白调节脂代谢 固醇调节元件结合蛋白（sterol regulatory element-binding protein，SREBP）属于碱性螺旋 - 环 - 螺旋 - 亮氨酸拉链（bHLH-Zip）转录因子家族，包含三个成员：SREBP-1a、SREBP-1c 和 SREBP-2。SREBP 主要在肝脏和脂肪细胞中表达并调节脂肪代谢相关酶的基因表达。AKT 通过几个效应因子和 SREBP/SCAP 途径影响 SREBP：① GSK-3 能促进成熟形式的 SREBP-1a/c 降解。SREBP-1 结合到 DNA 上，募集 GSK3，使 SREBP-1 磷酸化（SREBP-1a 的 Ser434），随后发生两次磷酸化（SREBP-1a 的 Ser430 和 Thr426 位点），SREBP-1 进一步被泛素化，通过蛋白酶体途径被降解。AKT 可以通过抑制 GSK-3 稳定 SREBP。② mTORC1 参与 AKT 对 SREBP 的调节。③ AKT 也可通过直接调节 SREBP/SCAP（SREBP 裂解激活蛋白，SREBP cleavage-activating protein，SCAP）途径来发挥作用。

（三）PI3K-AKT 信号途径具有重要临床意义

PI3K-AKT 信号途径通过对下游分子如 FoxO1 和 GSK-3 的活性调节，对糖异生、糖原合成及脂肪酸代谢相关基因的表达具有重要的调控作用，同时对葡萄糖转运也具有重要的调控作用。PI3K-AKT 信号途径的阻滞是外周组织胰岛素抵抗及 2 型糖尿病发生的最基本机制之一。特异性激活 PI3K-AKT 信号途径是包括糖尿病在内的多种疾病的潜在干预靶点。

三、瘦蛋白信号途径调节代谢

瘦蛋白（leptin）是脂肪细胞分泌的细胞因子，

在能量平衡、体重维持、生殖发育、免疫反应和糖、脂代谢等方面均扮演重要角色。血液中的瘦蛋白水平和脂肪含量成正比。瘦蛋白能透过血脑屏障，与位于中枢神经系统，特别是下丘脑内特定神经元上的受体结合，进而激活 Jak2-STAT3、PI3K 和 ERK 等信号途径，发挥抑制食欲、促进能量消耗、减少脂肪含量的功能。

（一）瘦蛋白通过受体发挥作用

瘦蛋白由 *OB* 基因（obese gene，*OB*）编码，主要由白色脂肪组织分泌。瘦蛋白通过其受体发挥作用。瘦蛋白受体（leptin receptor，Lep-R）至少有六种亚型，分别为 OB-Ra、OB-Rb、OB-Rc、OB-Rd、OB-Re 和 OB-Rf。其中，OB-Rb 为 *DB* 基因（diabetes gene，*DB*）的全长产物，具有完全的信号转导功能；OB-Re 亚型最短，完全没有跨膜序列，为可溶性受体；另外四种亚型仅具有较短的胞质区。OB-Rb 主要表达于下丘脑。Lep-R 由细胞外的配体结合区、跨膜区及胞内区三部分组成。Lep-R 的胞内区含有两个结构域，其中一个可以激活 Jak 激酶（janus kinase，Jak），另一个可以和信号转导及转录激活蛋白（signal transducer and activator of transcription，STAT）相互作用，以调节转录。

（二）瘦蛋白信号途径参与对代谢的调节

经脂肪组织分泌后，瘦蛋白能够通过血脑屏障进入中枢神经系统，与下丘脑 Lep-R 结合后调节摄食、能量平衡及糖代谢。此外，瘦蛋白还能作用于外周组织如肝脏、骨骼肌、脂肪、胰腺，调节血糖水平的稳定。

1. 瘦蛋白调节食欲 瘦蛋白主要通过中枢途径调节摄食和能量平衡。在下丘脑，Lep-R 主要分布在弓状核（arcuate nucleus，ARC）、下丘脑腹内侧核（ventromedial hypothalamic nucleus，VMH）和下丘脑背内侧核（dorsomedial hypothalamic nucleus，DMH），在室旁核（paraventricular nucleus，PVN）和外侧下丘脑区（lateral hypothalamic area，LHA）也有一定分布。瘦蛋白与下丘脑两类神经元的 Lep-R 结合。一类神经元合成和释放促进食欲和抑制能量消耗的神经肽，如神经肽 Y（neuropeptide Y，NPY）和 Agouti 相关蛋白（agouti-related peptide，AgRP）。瘦蛋白能减少这两种神经肽的表达。另一类神经元表达抑制食

欲的神经肽，如由阿黑皮素原（proopiomelanocortin，POMC）水解产生的促黑激素（α-melanocyte-stimulating hormone，α-MSH）和可卡因苯丙胺调节转录物（cocaine and amphetamine-regulated transcript，CART）。α-MSH 和 CART 能抑制食欲、增加能量消耗、促进体重降低，瘦蛋白可诱导这两种神经肽的表达。瘦蛋白通过抑制摄食神经肽和诱导抑制食欲神经肽的表达来抑制摄食（文末彩图 19-4）。

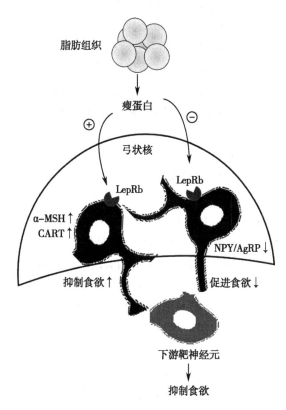

图 19-4 瘦蛋白抑制食欲的机制

2. 瘦蛋白调节糖代谢 中枢瘦蛋白信号能调节外周胰岛素敏感性：①在肝脏，瘦蛋白的作用是 PI3K 依赖的，与减少肝脏糖异生关键基因 *G6P* 和 *PEPCK* 的表达有关。另外，瘦蛋白亦可通过调节硬脂酰 CoA 去饱和酶 -1（stearoyl-coenzyme A desaturase 1，SCD-1）和 IGF 结合蛋白 -2（IGF-binding protein-2，IGFBP2）调控葡萄糖代谢。②在肌组织，中枢瘦蛋白对全身葡萄糖的清除与外周组织 AMPK 的激活有关。当能量供应不足时，AMPK 被激活，以胰岛素非依赖的方式促进肌细胞脂肪氧化，增加葡萄糖摄取。③在胰腺，瘦蛋白通过激活 Jak/STAT 信号途径抑制 β 细胞胰岛素的分泌。瘦蛋白也能抑制胰岛素基因的表达和

通过改变细胞的增殖、凋亡和细胞大小来影响β细胞的量。

3. 瘦蛋白调节机体脂肪沉积 瘦蛋白可以通过多种机制对脂肪代谢进行调节。

（1）瘦蛋白抑制食欲、减少能量摄入。

（2）瘦蛋白通过神经中枢增加交感神经的活性，使外周去甲肾上腺素释放增加，激活脂肪细胞膜 β_3 受体，使解偶联蛋白合成增加，导致储存的能量以热能释放，增加能量消耗。活化的 STAT3 也可上调 *PGC-1α*，促进适应性产热。

（3）瘦蛋白上调脂类分解相关基因的表达，进而促进脂肪酸的分解。活化的 STAT3 与 PPARα-RXR 异源二聚体结合，并与酰基 CoA 氧化酶（acyl-CoA oxidase，ACO）和肉毒碱棕榈酰转移酶1（CPT1）基因调控区域的 PPARα 反应元件结合，调节基因转录，进而增强脂肪酸的分解。

（4）瘦蛋白减少脂肪酸合成酶的产生，抑制脂肪合成。活化的 STAT3 下调乙酰辅酶 A 羧化酶（acetyl CoA carboxylase，ACC）及脂肪酸合酶（fatty acid synthase，FAS），从而抑制脂肪酸合成。

（5）瘦蛋白也能活化 AMPK，使 ACC 磷酸化，从而降低 ACC 活性，导致丙二酰 CoA 减少，对CPT-1 抑制减弱，从而促进脂肪酸氧化分解。

（三）瘦蛋白信号途径的调节

1. 多因素影响瘦蛋白表达及分泌 许多因素影响瘦蛋白在脂肪细胞的表达和分泌。胰岛素和皮质醇（cortisol，CORT）能协同上调瘦蛋白的表达。餐后胰岛素增加，能激活 mTOR 信号途径，增加瘦蛋白的生物合成；胰岛素也能直接刺激瘦蛋白的分泌。儿茶酚胺类，如去甲肾上腺素（norepinephrine，NE）和肾上腺素（epinephrine，EPI）能下调瘦蛋白的表达。此外，由脂肪细胞分泌的 TNF-α 能通过旁分泌作用增加瘦蛋白的分泌。

2. Jak-STAT 途径介导瘦蛋白信号 瘦蛋白的生物学效应主要是由 Jak-STAT 途径介导。同时，Jak-STAT 信号的激活又对瘦蛋白产生反馈调节。

（1）Jak-STAT 途径介导瘦蛋白的作用：Jak 分子是一种胞质酪氨酸激酶。当瘦蛋白与 Lep-Rb（OB-Rb）结合后，Jak2 被激活，使 Lep-Rb 的 3 个酪氨酸位点（Tyr985、Tyr1077、Tyr1138）磷酸化，从而募集和激活一系列下游的信号蛋白。Tyr985磷酸化可募集 SHP-2（SH2-domain-containing phosphatase-2，SHP-2）到 Lep-Rb，从而激活 ERK（the extracellular signal regulated，ERK）信号途径；Tyr1077 和 Tyr1138 的磷酸化可以募集 STAT3，Jak2 使 STAT3 酪氨酸残基磷酸化，形成二聚体入核，发挥转录因子的功能（图 19-5）。

（2）SOCS-3 负反馈抑制瘦蛋白信号途径：Lep-Rb 的 Tyr1077 和 Tyr1138 磷酸化募集激活的 STAT-3，也可以诱导细胞因子信号转导抑制因子 -3（suppressor of cytokine signaling3，SOCS-3）转录，SOCS-3 通过结合到 Lep-Rb 的 Tyr985 负反馈抑制瘦蛋白信号途径（图 19-5）。蛋白质酪氨酸磷酸酶 1B（protein tyrosine phosphatase 1B，PTP1B）的去磷酸化作用能够调节 Jak-STAT 信号途径。PTP1B 能通过 Jak2 的去磷酸化作用，抑制瘦蛋白受体信号途径。PTP1B 也可以使活化的 STAT 失活，起负向调控的作用。内质网应激也依赖于 PTP1B 抑制瘦蛋白介导的 STAT3 信号的转导。

3. 瘦蛋白激活 PI3K-AKT 途径 瘦蛋白可像胰岛素一样在下丘脑激活 PI3K-AKT 信号途径。SH2B 接头蛋白 1（SH2B adaptor protein 1，SH2B1）将瘦蛋白受体与 IRS-PI3K 信号连接起来，SH2B1 促进瘦蛋白受体激活 Jak2 介导的 IRS 磷酸化（图 19-5）。瘦蛋白通过 PI3K-AKT 信号转导途径激活 mTOR，进而调节细胞增殖、生长、分化以及调节动物摄食、脂肪代谢等。通过药物抑制 PI3K 活性可阻断瘦蛋白降低食欲的作用。而胰岛素不仅能增加脂肪细胞分泌瘦蛋白，也可在靶细胞中负性调节瘦蛋白的作用。

（四）瘦蛋白信号途径调节具有重要的临床意义

生理情况下，瘦蛋白分泌增加可以反馈抑制胰岛素的分泌，使胰岛素介导的脂肪合成作用与瘦蛋白释放下降，瘦蛋白的分泌减少。而病理情况下，机体对瘦蛋白产生抵抗，瘦蛋白与胰岛素间的抑制作用减弱，则胰岛素水平升高。高胰岛素水平一方面通过促进脂肪合成和瘦蛋白的分泌产生高瘦蛋白血症，另一方面在下丘脑抑制瘦蛋白对中枢神经系统的作用，引起摄食增加、能耗降低，引发肥胖。然而肥胖与高瘦蛋白血症又都能造成瘦蛋白受体的敏感性降低，加剧机体对瘦蛋白的抵抗。随着瘦蛋白抵抗的加剧，上述各个

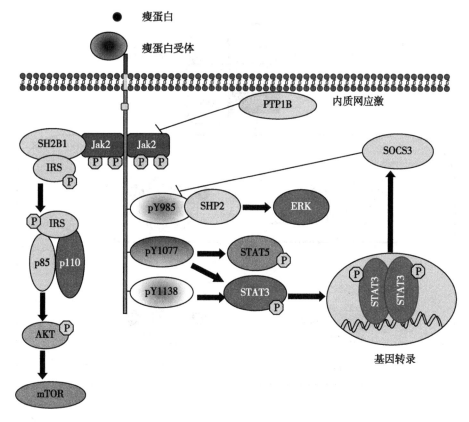

图 19-5　瘦蛋白信号途径及调节

过程都不断加剧，最终可引发糖尿病、高血压、心血管病等代谢相关疾病。

四、雌激素受体信号途径调节代谢

核受体能将激素、代谢、营养信号转换成基因表达的改变。核受体是激素和营养信号的整合器，在体内介导代谢途径的变化，如雌激素受体、甲状腺激素受体、过氧化物酶体增殖物活化受体、肝 X 受体（liver X receptor，LXR）和法尼酯 X 受体（farnesoid X receptor，FXR）等均与代谢密切相关。本节以雌激素受体信号途径为例介绍核受体对代谢的调节。

（一）雌激素受体介导基因转录

雌激素受体（estrogen receptor，ER）包括两大类：一是经典的核受体，包括 ERα 和 ERβ，它们位于细胞核内，通过调节特异性靶基因的转录而发挥调节效应；二是膜性受体，包括经典核受体的膜性成分以及属于 G 蛋白偶联受体家族的 GPER1（GPR30）、Gaq-ER 和 ER-X，它们通过第二信使系统发挥间接的转录调控功能。雌激素通过扩散进入细胞或通过细胞内原位合成，与核内 ER 结合，使 ER 形成同源或异源二聚体，激活的 ER 与 DNA 上的雌激素反应元件（estrogen response element，ERE）结合，ER-ERE 复合物促使形成转录起始复合物并诱导转录。除 ERE 机制外，ER 还能通过其他转录因子结合到靶基因启动子区域，调节基因转录。此外，生长因子激活蛋白激酶级联信号可使位于核外的 ER 发生磷酸化并被激活，调节基因转录（图 19-6）。

（二）雌激素信号途径调节代谢

雌激素信号途径的代谢调节作用包括中枢和外周调节作用。在脑组织，雌激素的作用与瘦蛋白的类似；而在外周，雌激素对糖、脂代谢都有正调节作用。

1. 中枢雌激素信号调节代谢　下丘脑涉及食物摄取和饱腹感的区域主要有弓状核、外侧下丘脑区、室旁核、下丘脑腹内侧核和下丘脑背内侧核。ERα 和 ERβ 在 ARC 以及 NPY 神经元中都有表达；ERα 主要在表达 POMC 的神经元中表达。雌二醇（estradiol，E2）在下丘脑有直接的作用。在 ARC 和 VMH，E2 不仅能增加瘦蛋白受体的表达，也能提高下丘脑对瘦蛋白的敏感性，改

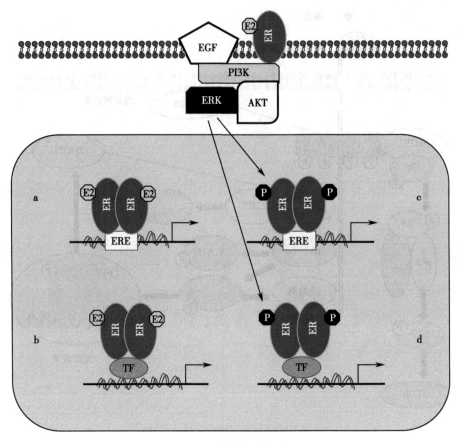

图 19-6 E2-ER 调节基因表达的主要机制

雌激素对转录调节的四种模式：a. 核内 ER 结合雌激素形成 ER 二聚体，与 DNA 上 ERE 结合，形成转录起始复合物并诱导转录；b. ER 通过与其他转录因子结合到靶基因启动子区域，调节基因转录；c、d. 核外 ER 被生长因子激活蛋白激酶级联信号磷酸化并被激活，分别结合于 ERE 或通过其他转录因子结合于 ERE，调节基因转录。

变外周脂肪的分布。E2 在中枢的代谢调节作用主要是改变饮食行为，而不是调节碳水化合物和脂类的合成与分解代谢。

2. 外周雌激素信号途径调节代谢 雌激素的外周调节作用体现在对多个代谢环节的调节。

（1）雌激素调节葡萄糖转运：雌激素能刺激葡萄糖转运体 *GLUT1*、*GLUT2*、*GLUT3*、*GLUT4* 的表达。雌激素通过改变这些葡萄糖转运体的表达，促进葡萄糖的摄取和加快葡萄糖的代谢。

（2）雌激素调节糖酵解：雌激素能增加糖酵解途径中某些酶的表达或活性，如提高己糖激酶、磷酸果糖激酶、丙酮酸激酶、磷酸甘油酸激酶和烯醇化酶等的活性，促进糖酵解进行。

（3）雌激素调节三羧酸循环：雌激素能调节参与三羧酸循环的酶的活性和表达。三羧酸循环的第一步是乙酰辅酶 A 与草酰乙酸缩合形成柠檬酸。该反应由柠檬酸合酶催化。雌激素能提高柠檬酸合酶的活性。此外，雌激素能增加顺乌头

酸酶、异柠檬酸脱氢酶和苹果酸脱氢酶的活性，从而促进糖的有氧氧化。

（4）雌激素调节脂肪酸 β 氧化：雌激素能促进脂肪酸 β 氧化。服用雌激素的女性心肌脂肪酸氧化利用增加。脂肪酸 β 氧化是由脂酰 CoA 脱氢酶、烯酰 CoA 水合酶、β- 羟脂酰 CoA 脱氢酶和 β- 酮脂酰 CoA 硫解酶依次催化完成的。雌激素能增加脂酰 CoA 脱氢酶和 β- 酮脂酰 CoA 硫解酶表达，从而促进脂肪酸的 β 氧化。

（5）E2 影响 β 细胞胰岛素的合成和释放：E2 不仅影响胰岛的大小，亦影响 β 细胞释放胰岛素。E2 诱导的胰岛素合成不依赖于 ERE，细胞外 ERα 激活酪氨酸激酶参与调节胰岛素合成。ATP 敏感性钾通道关闭是葡萄糖诱导的胰岛素释放的主要事件。当该通道被关闭后，胰岛 β 细胞膜发生去极化，胰岛素分泌。雌激素通过 ERβ 诱导该通道快速关闭，促进胰岛素分泌。因此，E2 诱导的快速促胰岛素作用依赖 ERβ。E2 能阻止 β 细胞凋

亡，维持胰岛素生成，而 ERα 则是保护 β 细胞避免发生凋亡的雌激素受体。

（三）雌激素信号途径具有重要的临床意义

女性绝经后，体内性激素的改变特别是雌激素的减少，与心血管疾病和 2 型糖尿病发病率的增加密切相关，其核心是雌激素的减少所导致的胰岛素抵抗。因而，用雌激素替代防止妇女绝经后胰岛素抵抗的发生逐渐被人们重视。

五、HIF-1α 信号途径调节代谢

缺氧诱导因子 -1（hypoxia inducible factor-1，HIF-1）普遍存在于人和哺乳动物细胞内。常氧时，HIF-1 蛋白很快被细胞内氧依赖的泛素蛋白酶降解途径降解；缺氧时，HIF-1 才能稳定表达。HIF-1 是调节氧稳态平衡的主要调节因子。当 HIF-1 与靶基因结合后，通过转录和转录后调控使机体产生一系列反应。目前已知 HIF-1 调控的靶基因有上百个，这些基因产物在葡萄糖和能量代谢、血管重塑、细胞增殖等方面发挥重要作用。

（一）HIF-1 是由 α 亚基和 β 亚基组成的异源二聚体

HIF-1 是由 α 亚基和 β 亚基组成的异源二聚体，可与特定基因上 HIF-1 结合位点相互作用，进行转录调控。HIF-1α 由氧浓度调节表达；HIF-1β 又称为芳香烃受体核转运蛋白（the aryl hydrocarbon receptor nuclear translocator，ARNT），是持续表达的结构性亚基。α 亚基和 β 亚基都含有碱性螺旋 - 环 - 螺旋（basic helix-loop-helix，bHLH）和 PAS（PER-ARNT-SIM）蛋白结构域，是形成 HIF-1 异源二聚体和介导 HIF-1 与 DNA 结合的功能域。HIF-1α 蛋白是主要的调节及活性亚基，其结构中包含一段氧依赖降解（oxygen dependent degradation，ODD）区域，参与 HIF-1α 稳定性调节。HIF-1α 的 C- 端有两个反式激活结构域（transactivation domain，TAD），即 N-TAD 和 C-TAD。C-TAD 可以与 CBP/p300 相互作用，激活基因的转录。

（二）HIF-1 调节代谢

HIF-1 对代谢的调节主要体现在 HIF-1α 对基因转录调节的活性上。常氧下，HIF-1α 由其结构中的 ODD 控制，通过泛素 - 蛋白酶体途径被快速降解。低氧时，HIF-1α 的降解被抑制，在胞内积聚，由胞质进入胞核，在胞核内与 HIF-1β 形成二

聚体，HIF-1 复合物与靶基因上的低氧反应元件（hypoxic response element，HRE）结合，促进低氧反应基因的转录，引起细胞对低氧的一系列适应性反应。HIF 转录因子诱导低氧基因表达变化是细胞对低氧环境的适应性反应。氧供应不足会增加葡萄糖向乳酸的转变，即巴斯德效应。而哺乳动物细胞的巴斯德效应是由 HIF-1 推进的。

1. **HIF-1 促进糖酵解** 低氧时，细胞不能有效进行氧化磷酸化，HIF-1 会诱导糖酵解途径相关基因的表达，促进糖酵解，增加 ATP 的生成。许多参与葡萄糖摄取和糖酵解的基因都是 HIF-1 的靶基因。HIF-1 也调节 *GLUT1* 和 *GLUT3* 的表达，促进葡萄糖的转运（图 19-7）。

2. **HIF-1 抑制有氧氧化** HIF-1 促进糖酵解的同时，也通过影响丙酮酸脱氢酶激酶 1（pyruvate dehydrogenase kinase 1，PDK1）来抑制葡萄糖的有氧氧化。PDK1 抑制丙酮酸脱氢酶（pyruvate dehydrogenase，PDH）的活性，从而减少乙酰辅酶 A 的产生，抑制三羧酸循环，导致线粒体氧耗下降，细胞内氧压相对增加，减少氧供应不足引起的细胞死亡。低氧时，HIF-1 抑制 PDK1，使细胞聚集丙酮酸，丙酮酸在乳酸脱氢酶（lactate dehydrogenase，LDH）的作用下转变成乳酸。此反应消耗 NADH，释放出的 NAD^+ 继续用于缺氧细胞的糖酵解（图 19-7）。

3. **HIF-1 调节瘦蛋白的表达** 瘦蛋白作为调节能量稳态的重要激素，对糖、脂代谢的各个层次都具有调控作用。HIF-1 也参与调节低氧诱导的瘦蛋白启动子的激活。因此，HIF-1 可通过调节瘦蛋白，直接参与能量稳态的维持（图 19-7）。

（三）HIF-1α 的稳定性以及转录活性受到精细调控

HIF-1α 的稳定性及其复合物转录激活的精细调控主要由一系列翻译后修饰来完成。

1. **化学修饰调节 HIF-1α 的稳定性** 各种化学修饰，包括羟基化、泛素化、乙酰化以及磷酸化等均可参与调节 HIF-1α 的稳定性。其中 HIF-1α 的 ODD 结构域在羟基化和乙酰化修饰中发挥了重要作用。

（1）HIF-1α 可被脯氨酰羟化酶快速羟化而降解：常氧时，胞质内合成的 HIF-1α 位于 ODD 区域内的第 402 位脯氨酸（Pro402）和第 564 位脯

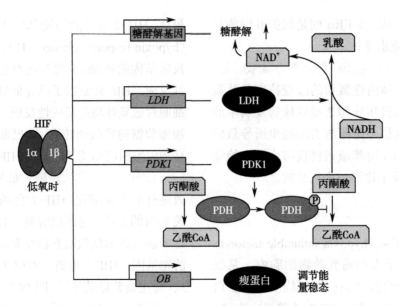

图 19-7 HIF-1 介导的低氧引起的代谢改变

氨酸（Pro564）在脯氨酰羟化酶作用下被快速羟基化。羟基化的 HIF-1α 为 pVHL（product of von Hippel-lindau disease，pVHL）结合和泛素化提供了识别信号，HIF-1α 被泛素化，最终通过蛋白酶体途径降解。相反，在低氧情况下，HIF-1α 稳定并累积。

（2）HIF-1α 可被停滞缺陷蛋白 1 乙酰化修饰：停滞缺陷蛋白 1（arrest defective protein 1，ARD1）是一种乙酰基转移酶。ARD1 能使 ODD 区域的第 532 位赖氨酸（Lys532）发生乙酰化，该位点的乙酰化对于 HIF-1α 的蛋白酶体途径降解非常重要。

2. 多种因素激活 HIF-1α 复合物活性 常氧时，HIF-1α 本身不足以激活 HIF-1。HIF-1 的完全激活包括翻译后的蛋白质磷酸化修饰、核转位、ARNT 异源二聚体的形成，以及募集通用的和组织特异性的转录因子及对靶基因的反式激活。

（1）受体酪氨酸激酶通过 Ras/Raf-MEK 途径激活 HIF-1：MAPK 依赖的 HIF-1 磷酸化能增加 HIF-1 的转录活性。许多生长因子，如 TNF-α、IL-1β、PDGF 等通过受体酪氨酸激酶 -Ras/Raf-MEK 途径募集 p42/p44 MAPK，并使 HIF-1 磷酸化，激活 HIF-1。

（2）受体酪氨酸激酶通过 PI3K-PTEN-AKT 途径激活 HIF-1：有一些调节因子如 insulin、IGF-1/2、EGF、FGF-2、NO 等通过受体酪氨酸激酶 -PI3K-PTEN-AKT 途径调节 HIF-1 的活性，AKT 能抑制下游 GSK-3 的功能，磷酸化 HIF-1，增加 HIF-1 的

稳定性和蛋白质合成。特异抑制 PI3K 能抑制许多 HIF-1 依赖的细胞反应。

（3）HIF-1α 募集 CBP/p300 促进转录：如前所述，HIF-1α 的 C- 端转录激活域（C-TAD）可与辅激活因子 CBP/p300 相互作用促进转录。常氧时，低氧诱导因子抑制因子（factor inhibiting HIF-1，FIH-1）能使 HIF-1α 分子 C-TAD 结构域内第 803 位天冬酰胺残基（Asn803）羟基化，阻断 HIF-1α 与 CBP/p300 的相互作用。低氧条件下，FIH-1 的酶活性受到抑制，失去了对 Asn803 的羟化作用，HIF-1α 便募集并结合 CBP/p300。

第三节 代谢物组学

随着"人类基因组计划"等重大科学项目的实施，人类研究复杂生物系统的能力取得了突破性的进展，人类医学研究进入了系统生物学时代。代谢物组学是继基因组学和蛋白质组学之后新近发展起来的一门学科，是系统生物学的重要组成部分。作为一门新兴科学，代谢物组学已在生命科学的多个领域获得了广泛的应用。下面就代谢物组学的概念和代谢物组学研究策略进行简单介绍。

一、代谢物组学的概念

代谢物是生命过程中发生的生物化学反应的产物，能够从某种程度上反映生命过程的本质。

代谢物组定义为在一个生物体内所有代谢物的集合,其整体构成一张巨大的代谢反应网络。代谢物组学(metabolomics)是研究生物整体、系统或器官的内源性代谢物质的种类、数量及其受内在或外在因素影响的科学。代谢物组学研究的对象是生物体系的代谢网络,所关注的是代谢循环中分子量小于 1kDa 的小分子代谢物的变化,反映的是外界刺激或遗传修饰的细胞或组织的代谢应答变化。代谢组学(metabonomics)和代谢物组学两者之间既有区别又相互联系,前者是对生物系统进行整体及其动态变化规律的研究,后者强调对代谢物的静态分析。

二、代谢物组学研究的优势

基因组学和蛋白质组学分别从基因和蛋白质层面探寻生命的活动。然而,细胞内许多生命活动是发生在代谢物层面的,并受代谢物调控。与基因组和蛋白质组等其他组学相比,代谢物组学具有其独特的优势,具体表现在以下几个方面:①基因和蛋白质表达的微小变化在代谢水平会得到放大,因此更容易被检测出来;②代谢物组学研究不需要进行全基因组测序或建立大量表达序列标签的数据库;③代谢物的种类远少于基因和

蛋白质的数目;④生物体液的代谢物分析可反映机体生理和病理状态及个体和种属的差异。

三、代谢物组学研究的策略

常规的代谢物组分析流程可分为生物分析和数据分析两部分。生物分析主要包括生物样品收集、生物反应灭活、预处理以及对代谢物进行整体性化学分析等步骤,生物分析是产生数据的过程。数据分析主要包括数据采集、原始数据前处理,以及借助于生物信息学和生物统计学对多维复杂数据进行降维和信息学挖掘。数据分析的目的是揭示差异的关键生物标记物,研究相关代谢产物变化涉及的代谢途径和变化规律。一般的代谢物组学分析流程如图 19-8 所示,其中包括常用的实验步骤和技术方法。

(一)样本的选择和处理是代谢物组学生物分析的重要环节

样品处理方案是代谢物组学实验设计中的重要内容。由于代谢物组分变化对分析结果影响很大,所以样品的选择和处理非常重要。首先采集的样本数量要足够,以减少生物样品个体差异对分析结果的影响。样品的收集要充分考虑收集的时间、部位、种类和群体等,人群研究还需考虑饮

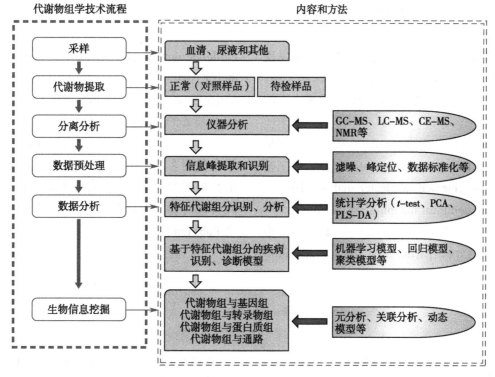

图 19-8　代谢物组学的内容、方法及技术流程图

食、性别、年龄和地域等因素的影响。其次，对所收集的样品进行快速淬灭，以避免残留酶活性或氧化还原过程引起代谢产物的变化。由于生物体系中代谢产物种类繁多，目前没有一种适合所有代谢产物的提取方法，因此，应根据不同的化合物、研究目的、分析技术而采用不同的提取方法。

（二）联合应用多种技术是代谢物组学研究策略发展的重要方向

整合策略是代谢物组学研究策略发展的一个重要方向。代谢物组学研究的对象种类繁多，性质差异大，浓度范围广，单一分离分析手段难以胜任。代谢物组学整合了指纹谱分析、多变量分析、超高效液相色谱-串联质谱（UPLC-MS/MS）、傅里叶离子回旋共振-质谱（FTICR-MS）、气相色谱-质谱（GC-MS）、数据库检索、放射性核素标记物比对等方法来进行研究。例如，先用UPLC-MS采集数据，经数据处理后寻找潜在生物标志物，经过微制备后，利用FTICR-MS和GC-MS进行分析，得到精确的分子量和气相保留指数，再结合碎片分析，通过查询数据库确定标志物的组成及结构，再通过放射性核素标记物的比对，最终明确此化合物及其生理意义。

（三）数据分析是代谢物组学的关键方法

代谢物组学中运用多元数学统计分析和化学计量学理论进行数据的统计分析，建立代谢物水平相对变化与功能调控之间关系的定量模型。通过数据分析以揭示差异的关键生物标志物，发现代谢产物变化规律及其与生理病理过程的关系。通常从获得的代谢产物信息中进行两类或多类的判别分类。

1. 非监督分类方法（unsupervised） 包括主成分分析（principal component analysis，PCA）、层次聚类分析（hierachical cluster analysis，HCA）、非线性映射（nonlinear mapping，NLM）等。

2. 监督分类方法（supervised） 包括偏最小二乘法-判别分析（partial least squares-discrimil-lant analysis，PLS-DA）、神经网络（neuronal network，NN）等。

3. 支持向量机（support vector machine，SVM）方法 近年来，SVM逐渐应用于代谢物组学后期数据的判别分析中，其预测的精密度明显优于传统的PLS-DA方法。

（四）代谢物组学研究需要与其他组学研究整合

代谢物组学的研究将最终与基因组学、转录物组学及蛋白质组学相互整合，建立基因变异、基因表达和代谢物变化之间的内在联系，全面地阐述生物网络复杂性及探索生命现象的本质规律。代谢物组是测量化学反应中底物和产物分子的代谢水平，而转录物组和蛋白质组在一定程度上是分析催化反应的酶的表达信息，因此有必要对代谢物组与转录物组和蛋白质组数据进行整合分析，以提高人们对生命活动不同层面的整体认识。有以下几种平台可供选择。

1. 系统生物学标记语言（systems biology markup language，SBML） SBML可以描述代谢网络、细胞信号途径、调节网络以及系统生物学研究范畴中其他系统的平台。SBML提供了多种数据和模型整合的基础。

2. 系统生物学对象模型（systems biology object model，SysBio-OM） SysBio-OM数据记录平台能将物理治疗证据数据库（physiotherapy evidence database，PEDro）形式的蛋白质组数据和代谢物组数据整合至微阵列基因表达对象模型（microarray gene expression-object model，MAGE-OM）模式的转录物组数据中。

3. Gaggle通用整合平台 Gaggle通用整合平台使用名称、矩阵、网络和相关阵列四种简单的数据类型把不同的数据库和软件整合到一起，允许同时访问实验数据、功能注释、代谢途径以及PubMed摘要。

（汤立军）

参 考 文 献

[1] Zhang CS, Hawley SA, Zong Y, et al. Fructose-1, 6-bisphosphate and aldolase mediate glucose sensing by AMPK. Nature, 2017, 548（7665）：112-116.

[2] Barros RP, Gustafsson J. Estrogen receptors and the

metabolic network. Cell Metab, 2011, 14 (3): 289-299.

[3] Agostini M, Romeo F, Inoue S, et al. Metabolic reprogramming during neuronal differentiation. Cell Death Differ, 2016, 23 (9): 1502-1514.

[4] Barrios-Correa CA, Estrada JA, Contreras I. Leptin Signaling in the Control of Metabolism and Appetite: Lessons from Animal Models. J Mol Neurosci, 2018, 66 (3): 390-402.

[5] Perry RJ. Leptin revisited: The role of leptin in starvation. Mol Cell Oncol. 2018, 5 (5): e1435185.

[6] Morton GJ, Schwartz MW. Leptin and the central nervous system control of glucose metabolism. Physiol Rev, 2011, 91 (2): 389-411.

[7] Marroquí L, Gonzalez A, Ñeco P, et al. Role of leptin in the pancreatic β-cell: effects and signaling pathways. J Mol Endocrinol, 2012, 49 (1): R9-17.

[8] Kim JW, Tchernyshyov I, Semenza GL, et al. HIF-1-mediated expression of pyruvate dehydrogenase kinase: A metabolic switch required for cellular adaptation to hypoxia. Cell Metab, 2006, 3 (3): 177-185.

[9] Lee JW, Bae SH, Jeong JW, et al. Hypoxia-inducible factor (HIF-1) alpha: its protein stability and biological functions. Exp Mol Med, 2004, 36 (1): 1-12.

[10] Simon MC. Coming up for air: HIF-1 and mitochondrial oxygen consumption. Cell Metab, 2006, 3 (3): 150-151.

[11] Wenger RH. Cellular adaptation to hypoxia: O2-sensing protein hydroxylases, hypoxia-inducible transcription factors, and O2-regulated gene expression. FASEB J, 2002, 16 (10): 1151-1162.

第二十章 代谢异常与疾病

生命体与环境之间的物质和能量交换通过代谢完成，是在体内发生的动态变化过程，此过程至少由上万种代谢物、通过上千个化学反应，才能顺利完成，保障机体的正常生理功能。无论是内源性因素还是外界环境因素引起的机体调节功能紊乱，都可影响代谢途径，导致代谢物的缺乏或蓄积，引发细胞功能异常，严重时产生疾病。代谢与代谢调节的应答是机体适应内外环境变化的重要机制，灵活多变的特点可满足机体需求，同时也是"易感"机制，若调节异常，则与疾病的发生发展密切相关。

第一节 代谢异常的分子基础

机体的物质代谢和能量代谢都是由一系列生物化学反应完成，这些反应需要相应的底物、催化酶、载体、受体、以及激素、金属离子、维生素等共同参与方能保证物质和能量代谢有条不紊地进行。若代谢或代谢调节异常，会导致代谢平衡失调，引起细胞功能的改变，易发生病理性变化。

一、基因变异导致代谢异常

基因结构的改变，可影响其产物蛋白质的结构和功能。因此许多疾病的发生都与基因的遗传改变有关。同样，基因变异对机体代谢也起着决定性的作用。目前发现的遗传性代谢异常疾病大约有 500 多种，大多由代谢相关的酶功能异常引起，严重的代谢障碍还可直接威胁生命、造成胚胎或新生儿死亡。

（一）糖代谢相关基因的变异导致的代谢异常

作为能量代谢的枢纽，糖代谢及其调节网络中的任何一个酶特别是一些关键酶的功能障碍，都可能造成糖代谢异常，引起疾病。例如，葡萄糖经糖酵解生成丙酮酸，然后在线粒体丙酮酸脱氢酶复合物（pyruvate dehydrogenase complex，PDHC）催化下转变成为乙酰辅酶 A，进入三羧酸循环彻底氧化。PDHC 是这一代谢途径的关键酶，它的功能缺陷会导致体内丙酮酸蓄积、机体能量供应障碍。

PDHC 缺陷主要因其基因突变所致。PDHC 主要由丙酮酸脱氢酶 E1、二氢硫辛酰胺转乙酰基酶 E2 和二氢硫辛酰胺脱氢酶 E3 组成。其中 E1 为由两个 α 亚基和两个 β 亚基组成的异源四聚体。丙酮酸脱氢酶 E1α 亚基（PDHA1）上的丝氨酸残基磷酸化状态对于整个 PDHC 酶活性的调节具有重要意义，因此这个亚基上的突变最容易影响 PDHC 活性，也是 PDHC 缺乏症最常见的原因。已发现 80 多种 PDHA1 基因突变，其中大部分为无义突变或错义突变，也存在缺失或插入突变。PDHA1 基因突变位点的分布广，除外显子 2 外，均发现过突变，以外显子 3、7、8、11 最多见。无义或错义突变多见于外显子 3、7 和 8，缺失和插入突变主要见于外显子 10 和 11。绝大多数男性患者携带无义或错义突变，女性则多携带缺失或插入突变。

（二）脂质代谢相关基因的变异导致的代谢异常

脂质为疏水性物质，其特点是种类多、结构多变，其代谢除了需要相关的代谢酶，还需要特殊的载体进行运输、跨膜转运等，因此脂质代谢及其调节环节更为复杂，也易产生异常调节。

人线粒体脂肪酸 β 氧化由近 30 种酶或转运蛋白参与完成，其中任何一种酶或转运蛋白功能异常，均可导致脂肪酸分解和能量生成障碍，引起神经系统、骨骼肌、心、肝、肾、消化道等的功能异常。自 1973 年首次报道了两例脂肪酸代谢异常患者以来，目前已发现 20 多种 β 氧化相关基因的先天性异常，包括脂肪酸的转运蛋白、氧化酶等。

肉毒碱脂酰转移酶Ⅱ（carnitine acyl transferase Ⅱ）基因突变是导致脂肪酸和肉碱转运障碍最常见的原因，已发现近 20 种肉毒碱脂酰转移酶Ⅱ的基因突变位点，导致酶活性有不同程度的受损。脂酰 CoA 脱氢酶（acyl-CoA dehydrogenase）包括极长链、中链、短链脂酰 CoA 脱氢酶，80% 中链脂酰 CoA 脱氢酶因其结构基因第 985 位的腺苷酸突变为鸟苷酸，导致该酶先天性缺陷，从而引起脂肪酸 β 氧化障碍。短链脂酰 CoA 脱氢酶缺陷主要有两种基因变异：625 位的鸟嘌呤核苷酸被腺嘌呤核苷酸取代和 511 位的胞嘧啶核苷酸被胸腺嘧啶核苷酸取代。

（三）氨基酸代谢相关基因的变异导致的代谢异常

通常所说的氨基酸代谢障碍一般指氨基酸分解代谢障碍，往往由氨基酸代谢的某种酶缺乏引起。和其他代谢障碍一样，氨基酸代谢缺陷的患者大部分会表现出缺陷酶的底物在体液中蓄积或由尿液排出增加等。

氨基酸代谢相关基因的变异是导致代谢酶表达和功能异常的主要因素。例如，精氨酸代琥珀酸合成酶是尿素合成的关键酶，此酶缺乏会造成体内氨、瓜氨酸蓄积，形成高氨血症、瓜氨酸血症，导致神经功能损害，出现嗜睡、惊厥和昏迷等症状。目前已发现精氨酸代琥珀酸合成酶的基因突变约 80 种，属常染色体隐性遗传。

苯丙酮尿症是一种常见的遗传性氨基酸代谢缺陷疾病。由于苯丙氨酸代谢受阻，使之不能转变成为酪氨酸用于合成肾上腺素和黑色素等。临床表现为尿液中苯丙氨酸及其酮酸水平异常增高，以及智力低下、精神神经症状、皮肤和头发色素缺失等。苯丙氨酸 -4- 羟化酶（phenylalanine hydroxylase，PAH）是苯丙氨酸转变成为酪氨酸的关键酶。目前已发现该基因存在 490 多种突变，其中半数为错义突变，使酶的表达或活性降低，是引发典型苯丙酮尿症的主因。

先天性氨基酸代谢缺陷多见于小儿，其临床表现一般具有如下特点：①出生时没有明显异常；②开始进食后几天或几周出现抽搐、惊厥、呕吐等神经症状；③随着年龄的增长，头围逐渐小于正常同龄儿童，智力发育进行性障碍等；④早期诊断并给予恰当的饮食治疗，多数患儿可不出现脑实质性损害，智力发育也可以正常。

二、表观遗传学变化导致代谢异常

表观遗传学改变是影响基因功能的重要机制，不涉及 DNA 序列的变化，可通过 DNA 的化学修饰、组蛋白的化学修饰等，影响染色质结构，关闭或开放某特定基因的表达。表观遗传的异常改变可影响参与代谢的酶、转运蛋白、受体等基因的表达，造成代谢异常。

（一）甲基化水平改变导致代谢异常

DNA 甲基化修饰主要通过对基因的转录活性进行调节，通常是对真核生物编码基因 5′ 端调控区 CpG 岛中胞嘧啶进行甲基化修饰而形成 5′-甲基胞嘧啶，与基因沉默有关。肥胖是一种典型的代谢性疾病，DNA 甲基化修饰也是肥胖的重要调节机制，无论是先天性肥胖小鼠还是饮食诱导的肥胖小鼠，其脂肪组织细胞 DNA 的甲基化水平均发生了显著改变。

1. **阿片促黑素皮质素原与代谢的表观遗传调节** 阿片促黑素皮质素原（pro-opiomelanocortin，POMC）是多种肽类激素的前体蛋白，具有多种功能，也是肥胖的重要调节因子。若小鼠因过度饮食而产生肥胖，这种肥胖小鼠下丘脑 *POMC* 基因启动子区域的 NF-κB 结合位点呈现高甲基化状态，导致转录因子 NF-κB 不能与之结合，使 *POMC* 表达降低而丧失调节作用。肥胖小鼠常伴随高血糖与高胰岛素血症，而高血糖也可以促进 *POMC* 基因的甲基化，进而降低其表达。所以，*POMC* 基因甲基化状态异常改变可能是肥胖发生的重要分子机制之一。

2. **FTO 与代谢的表观遗传调节** 脂肪量和肥胖症相关的基因 *FTO*（fat mass and obesity associated），与肥胖及 2 型糖尿病密切相关。首先，该基因的多态性与肥胖相关，其次，该基因编码 N^6 甲基腺苷（N^6-methyladenosine，m6A）RNA 去甲基化酶，通过表观遗传机制调节糖脂代谢。肝细胞高表达的 FTO 利用其脱甲基酶的活性降低 m6A 水平，进而下调肉毒碱棕榈酰转移酶 1（carnitine palmitoyltransferase 1，CPT1）、激素敏感性脂肪酶（hormone sensitive lipase，HSL）以及脂肪甘油三酯脂肪酶（adipose triglyceride lipase，ATGL）的表达，抑制脂肪酸的分解；同时增加乙酰辅酶 A 羧化酶 1（acetyl-CoA carboxylase 1，ACC1）、脂肪酸合酶的表达，促进脂肪合成（文末彩图 20-1）。

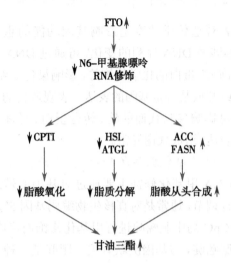

图 20-1 FTO 对脂代谢的调节作用

（二）组蛋白异常修饰导致代谢异常

肝细胞核因子 4α（hepatocyte nuclear factor 4α，HNF4α）是调节胰岛 β 细胞基因表达的重要转录因子，它的缺乏会导致小鼠糖耐量减低。孕期及哺乳期母鼠营养不良会导致子鼠胰岛 *Hnf4α* 基因增强子区域的组蛋白修饰改变了染色质结构，使增强子的调节作用减弱，因而 *Hnf4α* 表达降低，幼鼠成年后易产生胰岛素抵抗。

（三）非编码 RNA 导致代谢异常

非编码 RNA 主要是调节蛋白质编码基因的表达水平（见第十四章）。非编码 RNA 的异常表达，其调节的代谢相关基因的表达紊乱，就会导致代谢异常，引起代谢性疾病。例如，miR-143 是脂肪组织中丰度较高的一种 microRNA，高脂饮食诱导的肥胖小鼠脂肪组织 miR-143 显著升高，且升高的幅度与小鼠体重和肠系膜脂肪重量等呈正相关，表明 miR-143 对脂肪代谢具有重要的调节作用，可能是体内脂肪蓄积、导致肥胖发生的重要因素。

三、蛋白质功能障碍导致代谢异常

蛋白质分子是功能的执行者，代谢调节网络中某个或某几个蛋白质分子表达或功能异常，均可导致该蛋白介导的代谢途径、细胞器功能异常。

（一）蛋白质功能障碍导致代谢物紊乱

apoB100 在血浆极低密度脂蛋白（very low density lipoprotein，VLDL）和低密度脂蛋白（LDL）的代谢及调节中具有重要作用。*apoB100* 基因第 5 内含子的第一个碱基发生 G→T 突变后会影响其 mRNA 的正常剪接，不能产生正常成熟的 mRNA，使 apoB100 肽链的合成被阻断。这种突变的纯合子患者血浆中测不出 apoB100，形成 apoB100 缺乏症，使 LDL 和 VLDL 等脂蛋白代谢障碍，导致脂蛋白异常血症发生。

（二）蛋白质缺失引发细胞器功能障碍

内质网蛋白 XBP1（X-box binding protein 1，XBP1）在未折叠蛋白反应（UPR）中发挥重要的功能，同时也在糖脂代谢中发挥调节作用。高碳水化合物饮食诱导 XBP1 的表达，促进脂质合成。而肝脏中 XBP1 基因的杂合缺失或敲除，可产生内质网应激，使血液中甘油三酯、胆固醇以及游离脂肪酸下降（图 20-2）。

线粒体是机体的最重要的能量来源，氧的含

图 20-2 肝脏中 XBP1 对脂代谢的调节作用
XBP1E：XBP1 应答元件；SREBP-1c：胆固醇调节元件结合蛋白 1c（sterol regulatory element binding protein-1c）；SRE：SREBP 反应元件（SREBP responsive element）；ChREBP：碳水化合物反应元件结合蛋白（carbohydrate-response element-binding protein）；ChoRE：ChREBP 反应元件。

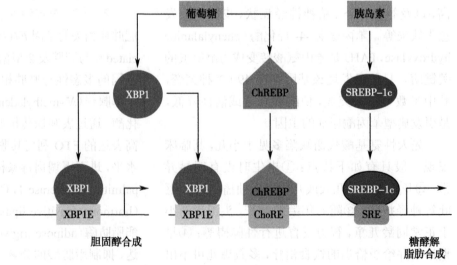

量高，而且线粒体基因组的特点又使其极易受到损伤，因此线粒体蛋白异常导致的线粒体功能障碍也是常见病因。如脱氧鸟嘌呤核苷（deoxyguanosine，dG）可被氧化成 8-oxo-dG，在 mtDNA 复制过程中 8-oxo-dG 易与 A 配对，第二次复制后，原来的 GC 配对转为 AT 配对，且错配后稳定存在，成为一些遗传性疾病的基础。线粒体基因的突变也较为常见，如线粒体 tRNA 基因 A3243G、T4274C 点突变与慢性进行性外侧眼肌麻痹的发病相关。

四、蛋白质降解异常导致代谢紊乱

蛋白质的结构变化、含量变化都可影响其功能。泛素 - 蛋白酶体途径（ubiquitin-proteasome pathway，UPP）是机体蛋白质降解的重要途径，也是细胞功能的调节因素。蛋白质降解途径障碍，可影响正常代谢所需的酶、调控蛋白的降解，从而影响代谢的正常运转。例如，载脂蛋白 apoA 主要存在于血浆 HDL 中，发挥着维持 HDL 结构、酯化游离胆固醇及参与胆固醇逆转运等重要生理功能。在缺乏脂质的情况下，新合成的 apoA I 会被泛素 - 蛋白酶体系统降解而防止其在细胞内过度蓄积产生毒副作用。如果抑制蛋白酶体活性，则降低 apoA I 降解并促进它与脂质的结合及分泌，会增加血浆 apoA I 水平并引起血浆脂蛋白代谢异常。同样，大约 40% 新合成的 apoB 被泛素化降解，如果泛素 - 蛋白酶体活性增加，由载脂蛋白主导的脂质核心再循环则受到限制，原因之一是 apoB 被泛素 - 蛋白酶体系统迅速降解所致。因此，泛素 - 蛋白酶体系统直接影响代谢相关蛋白的水平，进而参与代谢的调节过程。

各种内外因素引起的基因变异可引起成熟蛋白质一级结构改变，蛋白质修饰异常、蛋白质降解异常等，可使蛋白质的含量或结构发生改变。这些改变均可造成蛋白质功能紊乱，引起代谢异常，导致疾病。因此，蛋白质功能紊乱是代谢异常的基本分子基础，也是关键所在。

第二节　代谢异常的诱导因素

机体代谢反应可通过多种形式进行调节，以保证机体对物质和能量的需求，维持机体的正常生理功能。多种内源、外源性因素都可影响代谢中关键的调控因子，如营养物质缺乏、营养不均衡、代谢过程中副产物的蓄积、化学物质的不适当摄入、病原微生物感染、激素水平等都可最终影响代谢，而代谢异常几乎与所有疾病的发生或进展有关。

一、营养失衡导致代谢异常

机体的主要营养物质包括糖、脂肪、蛋白质、维生素、矿物质及微量元素等，都是目前常见代谢性疾病最主要的病因（表 20-1）。肥胖比例以及肥胖相关慢性疾病患病率在世界范围都迅速增加。毫无疑问，饮食摄入与肥胖的发生密切相关。即使是短期的高脂饮食，都对肥胖者的总胆固醇、低密度脂蛋白胆固醇、空腹血糖、胰岛素产生显著影响，并导致胰岛素抵抗以及 2 型糖尿病

表 20-1　人体主要营养物质的代谢异常

营养物质	可能发生异常的代谢途径	主要疾病实例
碳水化合物	消化吸收 葡萄糖的分解氧化 糖异生 糖原利用 磷酸戊糖途径 其他单糖代谢	糖尿病，低血糖症，遗传性胰岛素不敏感综合征，肥胖，代谢综合征，糖原贮积症，半乳糖血症，果糖不耐受
脂质	分解代谢 储存与利用 血浆脂蛋白代谢	肥胖，代谢综合征，高脂蛋白血症，溶酶体脂质累积病，过氧化物酶体病
蛋白质与氨基酸	消化吸收 氨基酸分解 肾小管氨基酸重吸收	蛋白质营养不良，苯丙酮尿症，同型半胱氨酸尿症，酪氨酸血症，戊二酸血症，遗传性高氨血症
核酸	分解代谢	高尿酸血症与痛风，腺苷脱氨酶缺陷症，乳清酸尿症
钙、磷等无机物	吸收 骨盐交换 重吸收及排泄	高钙血症，低钙血症，佝偻病，成人骨软化症，骨质疏松，尿路结石
维生素与微量元素	吸收 运输与储存 排泄与丢失	各种维生素与微量元素缺乏症，脂溶性维生素缺乏症，微量元素中毒

的发生。而地中海饮食是以蔬菜水果、鱼类、五谷杂粮、豆类和橄榄油为主，营养均衡，能够减少心血管疾病的发生风险。因此，营养物质的均衡直接影响代谢平衡，影响组织器官的功能和人体健康。

二、代谢产物异常累积导致代谢紊乱

细胞间信号、细胞内各种代谢途径之间都存在相互交流和相互影响，机体会根据细胞、相关组织和整体的需要保证每种物质的代谢能有条不紊地进行，且与相关物质的代谢彼此协调，对代谢中间物的水平和种类都有精细的调控，如果代谢中间物出现异常增多或累积，会反馈性的调节代谢途径（见第十九章），但某些产物也会产生异常的代谢调节作用，如代谢重编程，影响正常的物质和能量代谢，甚至产生疾病。

（一）支链氨基酸产物的异常积累产生胰岛素抵抗

蛋白质中的亮氨酸、缬氨酸和异亮氨酸的统称支链氨基酸（branched chain amino acid，BCAA），都属于必需氨基酸，在体内通过相似的分解过程产生琥珀酰 CoA、乙酰辅酶 A 而参与三羧酸循环（图 20-3）。在此过程中，支链转氨酶（branched-chain aminotransferase，BCAT），支链酮酸脱氢酶（branched-chain keto acid dehydrogenase，BCKDH）等具有重要的催化作用，亮氨酸、缬氨酸与异亮氨酸分别由此形成了乙酰辅酶 A、丙酰 CoA 以及 2- 甲基丁酰 CoA，最后进入三羧酸循环进行代谢。支链氨基酸主要在肌肉中进行代谢，通过促进胰岛素和生长激素释放来增加肌肉，减少脂肪，为人体提供营养。然而高水平的 BCAA 与代谢综合征、肥胖、心血管风险、血脂异常、高血压等都具有相关性，其中经过线粒体分解代谢后的产物异常积累，发挥了异常的调节作用。3- 羟基 - 异丁酸（3-hydroxy-isobutyrate，3-HIB）是缬氨酸代谢的中间产物（图 20-3），过多的 3-HIB 从肌肉中分泌，通过旁分泌的作用，促进内皮细胞的脂肪酸摄入，导致脂质积累以及胰岛素抵抗。

（二）代谢副产物累积导致代谢性疾病

三羧酸循环中的异柠檬酸脱氢酶的第 132 位精氨酸突变为组氨酸时，酶催化异柠檬酸的氧化脱羧生成 α- 酮戊二酸的能力显著降低，而是催化

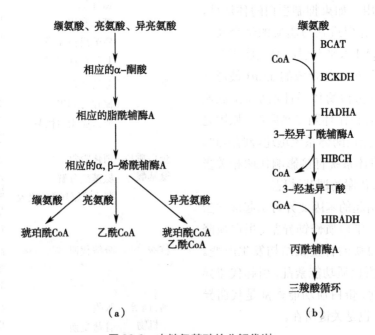

图 20-3 支链氨基酸的分解代谢
（a）支链氨基酸的分解代谢；（b）缬氨酸的分解代谢。
BCAT：支链转氨酶（branched-chain aminotransferase）；BCKDH：支链酮酸脱氢酶（branched-chain keto acid dehydrogenase）；HADHA：羟脂酰辅酶 A 脱氢酶（3-hydroxy-acyl-CoA dehydrogenase），HIBCH：3- 羟基异丁酸酶（3-hydroxyisobutyryl-CoA hydro-lase）；HIBADH：3- 羟基异丁酸脱氢酶（3-hydroxyisobutyrate dehydrogenase）。

产生 2- 羟戊二酸（2-HG）。2-HG 在血、尿及脑脊液中的过度蓄积将导致先天性 2-HG 代谢异常的患者产生 2- 羟基戊二酸尿症（2-hydroxyglutaric aciduria, 2-HGA）。2-HGA 是一种罕见的常染色体隐性遗传神经代谢障碍性疾病，患者出现恶性神经胶质瘤的风险也升高。

（三）活性氧类产物与多种代谢性疾病相关

活性氧类（ROS）主要来源于线粒体的氧化呼吸链，由 ROS 引发的氧化应激也导致代谢异常，产生代谢性疾病。高糖、高脂刺激可增加 ROS 的水平，ROS 分子的强氧化性可直接氧化 DNA、蛋白质、脂质等。而胰岛 β 细胞内抗氧化酶水平较低，对 ROS 更为敏感，易受损伤，导致细胞内应激信号激活、甚至细胞凋亡，胰岛素分泌减少、延迟，导致血糖波动加剧，持续的高血糖更是加剧对细胞的损害。另外，ROS 氧化 LDL 生成氧化型 LDL（ox-LDL），一方面刺激内皮细胞分泌炎性因子，促进单核细胞迁移进入动脉内膜，转化成巨噬细胞；另一方面，ox-LDL 诱导巨噬细胞表达清道夫受体，促进其摄取脂蛋白形成泡沫细胞，成为动脉粥样硬化症的重要诱因。因此，ROS 诱导的氧化应激成为糖尿病、心血管发病的核心因素之一。

三、细胞信号转导异常导致代谢异常

正常的细胞信号可保证每种物质的代谢能根据细胞自身、相关组织和机体整体的需要有条不紊地进行，使相关物质的代谢彼此协调。若这种交流异常，将产生错误的信息，可使细胞功能障碍、相应的代谢或代谢调节紊乱。

（一）细胞间信号交流异常导致代谢异常

细胞与细胞之间的交流是协调整体代谢的保障，能使代谢物质平衡、细胞功能正常发挥，保证机体的代谢平衡并应对外界环境的变化。细胞间的信号传递主要由激素、配体等介导，若出现信号转导紊乱，势必造成代谢异常。肥胖是能量代谢紊乱引起的脂肪代谢异常性疾病，表现为过剩的能量以脂肪的形式大量蓄积。激素及其受体介导的细胞间、组织间物质代谢调节异常是肥胖的诱因之一。例如，雄性激素可对全身的代谢起到一定的调节作用，可促进糖酵解中的己糖激酶、磷酸果糖激酶的表达，增强线粒体的氧化呼吸链

的复合蛋白的表达，从而增加细胞的能量代谢；雄性激素还能调节人体脂肪组织的分布和组成百分比，抑制体内脂肪的增加。若雄性激素水平降低会造成肥胖、腹部脂肪堆积等。现代内分泌学已将激素的定义扩大到具有调节作用的所有化学信使物质，因此激素的这种细胞间信号的异常更是代谢性疾病最主要的因素之一。

（二）细胞内信号转导异常导致代谢异常

细胞间信号通过位于其靶细胞膜或细胞内的受体，触发细胞内信号转导途径，通过化学修饰调节参与代谢的酶、运载体等蛋白质的结构和功能，也可通过调控基因表达改变这些蛋白质的合成而调节其含量，还可通过影响蛋白质的降解调节这些蛋白质的含量。细胞内信号转导过程复杂，任何一个调节环节异常都可能引起代谢失调，导致代谢性疾病。

糖尿病心肌病是糖尿病的慢性并发症，是糖、脂肪等长期代谢紊乱所致的心肌病变，由心肌细胞内信号介导产生。持续高血糖使心肌细胞、血管平滑肌细胞、内皮细胞二酰甘油从头合成增加，进而激活 PKC。活化的 PKC 可增加血管紧张素转换酶的表达，进一步使血清和组织中血管紧张素 II（angiotensin II，Ang II）增多，Ang II 具有很强的促进蛋白质合成的作用，可致心肌重塑和心肌肥大。同时持续高血糖还诱导 PKC 基因表达，心肌细胞 PKCα、β1、β2 的 mRNA 均增加，特别是过度表达的 PKCβ2 使心肌 c-Fos、转化生长因子 -β1（transforming growth factor β1，TGF-β1）、IV 型胶原及 VI 型胶原、胎儿型肌球蛋白重链等基因表达上调，相应的蛋白质合成增加，造成心肌肥大，纤维化，心肌收缩和舒张功能障碍。可见，持续高血糖使心肌细胞产生异常细胞内信号，促进某些基因表达异常增强，还使基因表达的时间特异性紊乱，如发育相关蛋白（胎儿型蛋白质）在成人期升高，导致糖尿病心肌病的发生。

四、病原生物感染导致代谢异常

代谢是根据机体内外环境的变化进行调节，使之适应环境变化、维持代谢平衡。除了内源性因素对代谢进行调节外，外源的病原生物的感染也会影响代谢。由于不同的外源病原生物其携带

的基因、生存方式各有特点，所引起人类疾病的机制也有所不同：①外源性基因通过病原生物的感染进入体内，在人体的特定组织器官表达，病原生物得以生成、繁殖，引起机械或生物学损伤，造成相应组织器官代谢异常，引起代谢性疾病；②病原生物基因在人体内大量表达，病原生物可繁殖扩增，与人体争夺营养物质，造成人体营养物质缺乏，导致相应物质代谢异常，引起代谢性疾病；③病原生物基因在人体表达后产生的生物毒素作用于人体细胞，使一些参与代谢的酶、运载体、受体等功能异常，引起代谢性疾病；④某些病原生物的基因还可以整合至人体基因组中，改变参与代谢相关基因的结构或表达，或引起新的异常蛋白的表达，直接导致人体的代谢异常，引发代谢相关疾病的发生。

第三节　代谢异常与疾病

根据疾病与基因关系的紧密程度，可以将疾病分为四种：

1. **经典的单基因病**　其主要特征是一个基因位点上的突变，在世代之间表现为典型的孟德尔遗传方式，表型或临床症状与基因缺陷之间存在确定的对应关系。导致单基因遗传病的基因称为致病基因。

2. **复杂性状的多基因病**　这类疾病的发生涉及两个以上的基因位点，它们的作用可以大致相同，也可以有主次之分，但各基因之间的相互作用使这类疾病更加复杂多样。肥胖、高血压、糖尿病、冠心病等大多数疾病都属多基因病。多基因病的特点是基因与临床症状之间没有确定的一一对应关系。这些和疾病有关联的基因称为疾病相关基因，如肥胖相关基因。

3. **染色体病**　由染色体数目或结构异常引起。由于染色体上涉及多个基因，所以染色体病常表现为复杂的综合征，如唐氏综合征。

4. **获得性基因病**　如病原生物感染引起的传染病，此类疾病虽不符合"世代传递"的遗传方式，但大多有一定的遗传基础或易感性。需要指出的是，所有疾病的发生，都是遗传与环境多种因素共同作用的结果，其中代谢的变化至关重要，它是维系生命的物质和能量基础。

一、代谢异常与糖尿病

（一）代谢紊乱可导致胰岛素抵抗

胰岛素降低血糖的主要机制包括抑制肝脏葡萄糖异生、促进肝组织对葡萄糖的摄取与利用以及促进外周骨骼肌、脂肪组织对葡萄糖的利用。胰岛素抵抗（insulin resistance，IR）则是指胰岛素作用的靶组织，包括肝、肌肉组织以及脂肪组织上的胰岛素受体的表达降低、或对胰岛素的敏感性下降，致使胰岛素的降血糖作用下降。在 IR 个体中，正常量的胰岛素不能使各组织从血液中摄取和利用葡萄糖，血糖持续升高，反馈性促使胰岛 β 细胞分泌更多的胰岛素以保证血糖的平衡。

胰岛素抵抗可由多种原因引起，如肥胖所致的脂肪细胞增大，导致血液中游离脂肪酸及其代谢产物水平升高，并在肝细胞、胰岛 β 细胞内蓄积，从而抑制胰岛素介导的代谢调节作用。另外，脂肪组织分泌的促炎因子如 TNF-α、IL-6 等，通过炎性相关信号途径如 JNK/Jun 等，抑制肌肉组织中胰岛素传递的信号等。

（二）胰岛素抵抗是糖尿病的发病原因

糖尿病（diabetes mellitus，DM）是目前临床最常见的疾病，主要因体内胰岛素分泌不足和 / 或作用缺陷引起的慢性糖、脂肪、蛋白质代谢紊乱综合征，其主要特点是血葡萄糖水平的升高。其中 2 型糖尿病（type 2 diabetes mellitus，T2DM）的发病机制更为复杂，主要是肝脏组织和肌肉组织的胰岛素抵抗，以及胰岛 β 细胞功能缺陷所致的胰岛素不足。当胰岛 β 细胞不能代偿高血糖，最终可导致 T2DM 和代谢综合征。

二、代谢异常与代谢综合征

复杂的代谢相关疾病如糖尿病、肥胖、脂蛋白异常血症、动脉粥样硬化、冠心病、肿瘤等，及其导致的继发症、并发症，已经成为威胁人类健康甚至生命的主要疾病。而且高血糖、肥胖、高血脂还与其他疾病如高血压、高尿酸血症、高凝状态、炎症等在个体患者中出现聚集现象，形成代谢综合征（metabolic syndrome）。虽然对代谢综合征尚无统一的诊断标准，但普遍认为：①高血压、高血脂、高血糖、高尿酸血症、高凝状态和炎症状态均以代谢异常为源头，在个体中这些症状出现聚集，不能用随机现象解释；②这些危险因素的聚集有叠加效应，可以增加心脑血管疾病和糖尿病的危险性。

代谢综合征的病理生理机制是多方面的：①基于胰岛素抵抗的基础提出的，胰岛素抵抗时糖、脂代谢相继发生改变，代偿性高胰岛素血症使机体抗氧化能力减弱，导致血管内皮细胞的损伤以及相应的病理生理改变。②脂肪的异位堆积所致，肥胖患者不仅是脂肪组织内脂肪的大量堆积，在非脂肪组织也形成脂肪异位堆积。脂肪在胰岛细胞的堆积可导致β细胞分泌功能受损，在骨骼肌、肝等细胞堆积会导致这些细胞的代谢障碍，引起高血糖和高血脂。③脂肪的分泌作用，脂肪的堆积会引起炎性细胞的浸润和激活，产生炎症因子。因此，代谢综合征造成的多种心脑血管病聚集的现象应该是多种代谢信号异常的结果。

三、代谢异常与心血管疾病

家族性高胆固醇血症是一种以胆固醇代谢紊乱为基本特征的遗传病，患者血浆胆固醇水平异常升高，早年就发生严重的动脉粥样硬化。血浆胆固醇水平异常升高的原因，是由于血浆低密度脂蛋白（low density lipoprotein，LDL）受体功能障碍，不能有效地从血浆中摄取和清除 LDL，进而不能有效地调节胆固醇代谢，使胆固醇在机体异常蓄积，导致动脉粥样硬化发生。LDL 受体功能障碍是由于其基因变异，导致编码蛋白结构异常，功能下降或完全丧失。LDL 受体的发现被誉为脂代谢研究的里程碑，Goldstein JL 和 Brown MS 也因此荣获 1985 年诺贝尔生理学或医学奖。

配体结合结构域是 LDL 受体发挥正常功能的重要结构之一，该结构域含有 7 个由 40 个氨基酸残基组成的重复序列，每个重复序列含有 6 个半胱氨酸残基，所有的半胱氨酸残基均以链内二硫键相连，对稳定结合结构域的结构具有重要作用。7 个重复序列的羧基末端均含有"天冬 - 半胱 -X- 天冬 - 甘 - 丝 - 天冬 - 谷"序列，其中 4 个氨基酸残基带负电荷，形成的负电荷簇是 LDL 受体的结合位点，能识别和结合其配体载脂蛋白（apolipoprotein，apo）E 和 apoB100 分子中带正电荷的精氨酸或赖氨酸残基。重复序列 2、3、6、7 为受体识别和结合 LDL 所必需，其中任何一个重复序列发生突变均可使 LDL 受体丧失识别和结合 LDL 的能力，使 LDL 受体功能紊乱甚至完全丧失，导致血浆脂蛋白代谢紊乱，引起高胆固醇血症。此外，血浆中异常蓄积的 LDL 及胆固醇还能沉积于血管壁，诱发动脉粥样硬化症。

四、代谢异常与肿瘤的发生发展

正常细胞在缺氧的情况下糖酵解活跃，在氧供应充足的情况下，糖酵解被抑制而促进糖的有氧氧化，即巴斯德效应（Pasteur effect）。肿瘤细胞的代谢与正常细胞的差异早在 1920 年就被发现，由诺贝尔奖获得者——德国生物化学家瓦伯格（Warburg O）首先报道，即在氧供应充足的情况下，癌组织都比正常组织消耗更多的葡萄糖、释放更多的乳酸。表明癌细胞在氧供应充足的情况下，糖酵解仍然活跃，这种现象被称为瓦伯格效应。因此恶性肿瘤细胞糖代谢的特点是产生瓦伯格效应，失去巴斯德效应。

（一）瓦伯格效应是恶性肿瘤细胞糖代谢的显著特征

瓦伯格效应是最具特征性的恶性肿瘤细胞糖代谢改变，具有以下特征：①需要大量葡萄糖供应；②能量代谢具有葡萄糖依赖性，常以葡萄糖为唯一的能源物质；③通过糖酵解获取能量，这种获取能量能力的大小与肿瘤的恶性程度、浸润和转移能力相关。不仅如此，血糖异常的恶性肿瘤患者的病死率显著高于血糖正常的恶性肿瘤病人。恶性肿瘤患者病情严重时既可发生应激性高血糖，也可发生低血糖反应，甚至出现高血糖与低血糖反复发作的糖代谢调节紊乱。因此恶性肿瘤患者发生了显著的糖代谢紊乱，主要表现在以乳酸、丙氨酸和甘油为原料的糖异生加强，葡萄糖转化增加，外周组织利用葡萄糖障碍，胰岛素抵抗和胰岛素分泌不足，对葡萄糖的耐受力较差。

（二）恶性肿瘤的脂肪酸代谢旺盛

肿瘤患者的脂代谢改变主要表现为内源性脂肪动员和脂肪酸氧化增强、血浆游离脂肪酸浓度升高，甘油三酯转化率增加。内源性脂肪动员和脂肪酸氧化增加导致体脂储存下降，体重减轻，是肿瘤恶病质的主要原因之一。肿瘤的脂肪代谢变化在肿瘤发生的早期就已经存在，在恶性肿瘤患者体重下降之前，就已经出现脂肪动员和脂肪酸氧化增加现象。即使进行外源性营养支持，也不能抑制体内脂肪的持续分解和氧化。脂肪分解增加时，产生的部分脂肪酸又被再酯化为甘油三酯，此循环使机体能量消耗增加。

脂肪酸合成是正常细胞合成并贮存能量的过程，而在肿瘤细胞是转化细胞生长和生存的关键过程。脂肪酸合酶 FASN 是脂肪酸生物合成的关键酶，正常情况下，除肝组织、胎儿的肺组织以及分泌期的乳腺组织外，其他组织的 *FASN* 基因呈低表达状态。而相当多的恶性肿瘤如乳腺癌、前列腺癌、结肠癌等都有 *FASN* 基因的高表达，表明恶性肿瘤的生长以及存活对能量和细胞膜脂质的需求旺盛，因此 *FASN* 基因的过度表达与肿瘤的发生、侵袭转移以及预后均相关。

（三）恶性肿瘤患者的蛋白质和氨基酸代谢呈负氮平衡

恶性肿瘤患者蛋白质和氨基酸代谢总体表现为蛋白质合成减少、分解增加，蛋白转化率升高，低蛋白血症，血浆氨基酸谱异常和负氮平衡等。但恶性肿瘤对蛋白质合成和分解的影响在不同时期、不同组织并不相同。体重下降30%时，75%的蛋白丢失源于骨骼肌，而非肌肉蛋白保持不变，结构和内脏蛋白相对完好。血浆是氨基酸转运的主要场所，某一氨基酸在血浆的水平取决于不同器官、组织向血浆释放的量以及不同器官、组织自血浆摄取的量。肿瘤患者的蛋白质代谢改变可导致血浆氨基酸谱的变化。

肿瘤组织对糖的需求量增加，需通过蛋白质分解来提供大量氨基酸，经糖异生产生葡萄糖，来满足恶性肿瘤组织对糖的需求。脯氨酸、丝氨酸和苏氨酸等生糖氨基酸在肿瘤组织中含量增加。丝氨酸、甘氨酸和组氨酸是合成嘌呤和嘧啶的前体，在肿瘤组织中被大量摄取，以满足肿瘤细胞活跃的核酸代谢。甲硫氨酸在体内通过甲基转移酶作用，使 DNA、RNA 和蛋白质等甲基化，所以代谢旺盛的肿瘤组织在分化过程中需要大量甲硫氨酸。支链氨基酸也是肿瘤细胞需求旺盛的氨基酸，在肿瘤组织中的含量增加。

谷氨酰胺（glutamine，Gln）是肿瘤生长所需的氮源和能源物质，优先被肿瘤细胞摄取，部分分解产生谷氨酸、乳酸、脯氨酸、氨等，为肿瘤合成大分子物质提供氮、碳和能量。通常，随着肿瘤的生长，肿瘤细胞对 Gln 的摄取和利用逐渐增加，可导致血 Gln 浓度下降，刺激机体增加对 Gln 的摄取。细胞外 Gln 缺乏可上调 Gln 合成酶基因表达，促进 Gln 合成，增加 Gln 释放。到中晚期，肿瘤成为机体摄取 Gln 的主要场所，从循环 Gln 池中摄取约50%的 Gln，导致 Gln 耗竭。由于 Gln 是肿瘤生长的必需物质，围绕 Gln 代谢可能成为寻找恶性肿瘤治疗的新途径。

（四）代谢重编程是肿瘤细胞发生发展的重要途径

1. 代谢重编程是肿瘤生长存活的能量和物质基础 恶性肿瘤细胞比正常细胞摄取更多的葡萄糖，但它们利用葡萄糖分解所产生的 ATP 量并没有随葡萄糖摄取量的增加而增加。相反，恶性肿瘤细胞主要通过糖酵解而不是有氧氧化分解葡萄糖产能，所以 ATP 的产生也比正常细胞少。这种看似矛盾的现象表明，恶性肿瘤的代谢变化不仅是肿瘤生长、浸润和转移的需要，也是正常细胞转变为恶性肿瘤细胞的需要，是代谢及其调节系统重新定位、重新编程（reprogramming）的结果。如葡萄糖酵解和有氧氧化在正常细胞主要用于供能，而在肿瘤发生及肿瘤细胞生长存活过程中，葡萄糖的分解代谢不仅仅是供能，而是更多地为肿瘤的生长、浸润和转移提供物质基础，为 DNA、磷脂等合成提供原料，所以恶性肿瘤细胞需对葡萄糖分解代谢进行重编程，以满足其对葡萄糖分解代谢的需要。

2. 代谢重编程是多种因素变化所致 恶性肿瘤细胞对葡萄糖分解代谢进行重编程，使葡萄糖分解代谢产生方向性改变，形成瓦伯格效应，失去巴斯德效应。在这个代谢重编程过程中，原癌基因、抑癌基因、代谢途径的关键酶等都发挥了重要的作用。

（1）原癌基因激活促进肿瘤的代谢重编程：原癌基因 Ras 和 Myc 的突变或过表达在恶性肿瘤中很常见，它们的激活会对细胞进行代谢重编程，使恶性肿瘤细胞糖的分解代谢更多地采用糖酵解。如 Ras 可通过 PI3K-AKT-mTOR 信号系统激活 mTOR，介导低氧诱导因子 HIF1α 表达。而 HIF1α 是细胞为了适应缺氧的微环境而生成的转录因子，可全面上调糖酵解相关基因的表达，促进糖酵解；同时抑制线粒体对丙酮酸的利用。

Myc 能调节多达 15% 的人类基因的表达，包括糖酵解相关的酶基因，使葡萄糖分解代谢倾向于糖酵解，形成瓦伯格效应。

（2）抑癌基因失活促进肿瘤代谢重编程：抑癌基因可因突变、缺失等失活，引起细胞转化，导致恶性肿瘤发生。虽然抑癌基因通常被认为是一类抑制细胞增殖的基因，但抑癌基因失活也能使细胞代谢改变而发生代谢重编程，导致恶性肿瘤的发生以及满足恶性肿瘤生长的需要。如抑癌基因 p53 突变所致的功能缺失可促进肿瘤的发生。而 P53 对细胞能量代谢也具有关键性的调节作用，野生型的 P53 能保证氧化磷酸化正常进行，它的功能缺失会导致线粒体呼吸链障碍，细胞耗氧量下降，通过葡萄糖有氧氧化产能受阻，细胞转而消耗更多的葡萄糖，通过糖酵解产生 ATP。P53 还能通过调节其他糖酵解途径的基因表达，实现对葡萄糖代谢的调节。如 P53 可抑制磷酸甘油变位酶（phosphoglycerate mutase，PGM）基因的表达，而突变的 p53 其功能缺失，对 PGM 基因表达的抑制作用降低，PGM 基因表达增加、活性增强，促进糖酵解。研究还发现，PGM 过表达可直接导致正常细胞向癌细胞的转化。

（3）代谢关键酶活性的变化诱导肿瘤代谢重编程：代谢途径关键酶的活性改变不仅调节代谢途径的效率，还可改变物质代谢的方向。当这种改变超出了正常的调控，可产生代谢的异常变化，发生代谢重编程，使正常细胞转变成肿瘤细胞。恶性肿瘤细胞为满足自身的代谢需要，也可通过改变代谢关键酶的活性，促使相应代谢重编程，为恶性肿瘤细胞的生长、转移等提供能量和物质保障。如葡糖 -6- 磷酸酶缺乏导致的 Ia 型糖原贮积症是肝细胞癌的危险因素，但 Ia 型糖原贮积症患者并没有明显的肝硬化。葡糖 -6- 磷酸酶催化糖原分解和糖异生用于补充血糖，该酶缺乏导致机体不能通过糖原分解和糖异生补充血糖，易发生低血糖，刺激机体进行更多的糖原分解和糖异生。随着糖原和脂肪在肝脏的大量蓄积，葡糖 -6- 磷酸酶缺乏患者的血乳酸、血脂、血尿酸急剧升高，其代谢变化与瓦伯格效应很相似，也与一些癌基因激活引起的代谢改变很相似，它们的最大共同点是将葡糖 -6- 磷酸大量分流到乳酸形成、脂质合成和核酸合成等途径。此机制可能促进肝细胞癌的发生。

代谢是生命的物质和能量基础。由于代谢信号交互影响，形成的调节网络更为复杂。随着对各种慢性复杂疾病，包括肥胖、2 型糖尿病、高脂血症、动脉粥样硬化、心血管疾病、肿瘤等代谢的变化及其分子机制的理解，已在研究开发相关的治疗药物及治疗策略。如通过抑制肾小管的钠依赖的葡萄糖转运体（sodium-dependent glucose transporters 2，SGLT2），降低葡萄糖的重吸收，达到降血糖作用，用于治疗糖尿病；通过调整饮食结构、改变生活方式来调节代谢，进行减重、治疗肥胖等。现在的各种组学技术，特别是代谢物组学技术的发展，也将有助于探讨代谢性疾病的代谢改变及其分子机制，寻找代谢改变的分子靶点，为代谢性疾病的防治提供更有效的思路。

（苑辉卿）

参 考 文 献

[1] Robinson BH，MacKay N，Chun K，et al. Disorders of pyruvate carboxylase and the pyruvate dehydrogenase complex. J Inherit Metab Dis，1996，19（4）：452-462.

[2] Houten SM，Wanders RJ. A general introduction to the biochemistry of mitochondrial fatty acid β-oxidation. J Inherit Metab Dis，2010，33（5）：469-477.

[3] DeBerardinis RJ，Thompson CB. Cellular Metabolism and Disease：What Do Metabolic Outliers Teach Us？ Cell，2012，148（6）：1132-1144.

[4] Sandovici I，Smith NH，Nitert MD，et al. Maternal diet and aging alter the epigenetic control of a promoter-enhancer interaction at the Hnf4a gene in rat pancreatic islets. Proc Natl Acad Sci USA，2011，108（13）：5449-5454.

[5] Toperoff G，Aran D，Kark JD，et al. Genome-wide survey reveals predisposing diabetes type 2-related DNA methylation variations in human peripheral blood. Hum Mol Genet，2012，21（2）：371-383.

[6] Tremaroli V，Bäckhed F. Functional interactions between the gut microbiota and host metabolism. Nature，2012，

489(7415): 242-249.

[7] Icard P, Lincet H. A global view of the biochemical pathways involved in the regulation of the metabolism of cancer cells. Biochim Biophys Acta, 2012, 1826(2): 423-433.

[8] Jang C, Oh SF, Wada S, et al. A branched chain amino acid metabolite drives vascular transport of fat and causes insulin resistance. Nat Med, 2016, 22(4): 421-426.

[9] Mizuno TM. Fat mass and obesity associated (fto) gene and hepatic glucose and lipid metabolism. Nutrients 2018; 10(11): 1600.

第五篇　常用分子生物学技术在医学中的应用

第二十一章　基因工程药物的制备

基因工程药物（genetic engineering biologics）是指利用基因工程技术所研制和生产的、对疾病有预防或治疗作用的蛋白质或核酸制剂。基因工程（genetic engineering）是指在分子水平上对外源基因进行适当操作（如切割、连接、转递等）并导入非天然受体细胞中复制扩增或转录表达的一种技术，也称作基因克隆技术或DNA重组技术（DNA recombinant technology）。应用这种技术可以将一种外源基因引入新生物体中，使其具备了跨越天然物种屏障的能力，也因此成为改造生物、创造新生物及基因工程制药的技术平台。

1973年，Cohen SN和Boyer HW创建了DNA重组技术，即基因工程技术。1976年，世界上第一个用基因工程技术研制新药的公司成立，开创了基因工程制药新纪元。1982年，重组人胰岛素问世，成为世界上第一个基因工程药物，也因此极大地推动了基因工程药物的研制和开发。2011年的资料表明，在过去40年间，美国FDA共批准了153个新药，包括93个小分子药、36个生物制剂（biologic agents）、15个疫苗、8个体内诊断制剂和1个非处方药，其中36个生物制剂中大多数是采用基因工程技术研制的。

第一节　基因工程药物制备的简要概述

基因工程药物的制备主要可概括为操作基因和基因表达及产物纯化两个基本过程，其中操作基因其实就是一个完整的基因克隆过程，也称基因工程药物制备的上游技术，基因表达及产物纯化则相应地称作基因工程药物制备的下游技术。

一、基因工程药物制备的上游技术

基因工程药物制备的上游技术其实是一个基因克隆的完整过程，包括五个基本步骤：①获取用于克隆表达的外源目的基因；②选择并准备用于外源基因克隆及表达的载体；③将外源基因插入载体获得重组体；④将重组体导入受体细胞并对其进行鉴定；⑤外源基因在受体细胞中复制扩增或/和转录表达及鉴定。

对于基因工程药物的制备，选择具有药用价值的蛋白质编码基因或核酸片段是最重要的环节，涉及各种知识背景，往往需要对相关研究领域有深入的探究。此外，选择合适的表达体系是基因工程药物制备的重要步骤。在具备了外源基因和载体之后，就可按照基因克隆的操作流程完成基因工程药物制备的上游准备工作，获得能表达或制备药用蛋白质或核酸的细胞株，为下游发酵和纯化奠定基础。

二、基因工程药物制备的下游技术

基因工程药物制备的下游技术主要包括发酵和纯化技术。发酵（fermentation）是大量制备能表达或扩增目的蛋白质或核酸的基因工程细胞的过程；纯化（purification）是获得符合药物标准的目的蛋白质或核酸的过程。

根据基因工程药物制备过程中所选择表达系统的不同，基因工程细胞可以是细菌、酵母、昆虫或哺乳动物细胞等，因此发酵工艺也不尽相同。根据基因工程药物的品种差异，纯化的目标可以是蛋白质或核酸，因此纯化方法也不同。基因工程药物制备的下游技术就是在最后阶段形成具体的发酵工艺和纯化工艺，用于规模化的药物制备。

为了更好地了解基因工程药物制备的重要环

节，在接下来的第二节和第三节分别介绍基因工程药物制备的表达体系和下游发酵及纯化策略。

第二节　基因工程药物制备的表达体系

基因工程药物制备的表达体系是指用于使能编码潜在成药目的蛋白质的基因在受体细胞中成功表达的工作体系，主要由表达载体和受体细胞组成。根据受体细胞的不同，一般可分为原核表达体系和真核表达体系。

一、基因工程药物制备的原核表达体系

基因工程药物制备的原核表达体系（prokaryotic expression system）是指利用原核基因表达调控原理使外源基因在原核细胞中表达的工作系统，主要由原核表达载体和原核细胞构成。

一直以来，应用最多的原核表达体系是大肠埃希菌（*Escherichia coli, E.coli*）表达体系，也称大肠杆菌表达体系。早在 1973 年，Cohen SN 等人就利用大肠杆菌表达目的基因产物，如人重组胰岛素。经过多年发展，大肠埃希菌的遗传背景已经研究得非常清楚，并经改造制备了具有特殊遗传背景的多种菌株，也称大肠杆菌基因工程菌株。

（一）大肠杆菌作为基因工程菌的优缺点

大肠杆菌作为基因工程菌的优点是：①繁殖能力极强，平均 20～30min 繁殖一代；②外源基因表达水平较高，表达产物一般可达菌体总蛋白的 5%～30%；③下游发酵及纯化技术比较成熟。

大肠杆菌作为基因工程菌的缺点是：①缺乏翻译后加工系统，致使有些外源基因在大肠杆菌的表达产物不具有生物学活性；②外源基因的表达产物多以包含体形式存在，使纯化工艺变得极为复杂，变性后的蛋白质很难复性；③大肠杆菌有内毒素，给纯化蛋白增加了一定的难度。

（二）外源基因在大肠杆菌中的表达调控

外源基因在大肠杆菌中的表达是利用原核基因表达调控元件实现的。有两种方式帮助外源基因在大肠杆菌中表达：一是借助表达载体提供必要的表达调控元件；二是在大肠杆菌基因组上插入用于外源基因表达所需的表达调控元件。

由表达载体提供外源基因表达所需的必要

表达调控元件（如启动子、操纵元件、终止子、SD序列等）是原核表达体系最常用的一种方式。例如，将乳糖操纵子表达框架构建到原核表达载体上，使载体的多克隆酶切位点位于启动子 - 操纵元件 -SD 序列和终止子之间，从而使外源基因在插入载体多克隆酶切位点后可以充当乳糖操纵子的结构基因；将阻遏蛋白编码基因的完整转录单位构建到载体的任意部位，保证其能编码阻遏蛋白即可（图 21-1）。

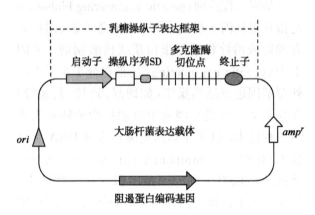

图 21-1　大肠杆菌表达载体框架图

（三）大肠杆菌 pET 表达系统

大肠杆菌 pET 表达系统是利用表达载体和受体细胞基因组共同调控外源基因表达的原核表达体系，所用的表达载体是经过特殊构建的系列pET 质粒。

1. **大肠杆菌 pET 表达系统的基本特点**　从表达系统构建角度对大肠杆菌 pET 表达系统可提炼两个基本特点：①在 pET 质粒上仍然利用了乳糖操纵子的基本表达框架，唯一不同的是将乳糖操纵子的启动子（Lac 启动子，P_L）换成了 T7 噬菌体的启动子（T7 启动子，P_{T7}）；②将大肠杆菌基因组的乳糖操纵子结构基因换成了编码 T7 RNA聚合酶的编码基因。

2. **pET 表达系统中外源基因表达的基本原理**　利用 pET 表达系统表达外源基因是依据乳糖操纵子的基本原理，通过载体和受体细胞大肠杆菌基因组互相配合调控的结果，具体调控方式是：①当诱导剂乳糖存在时，大肠杆菌基因组上的乳糖操纵子开放，T7 RNA 聚合酶表达；②T7 RNA 聚合酶与表达载体上 T7 启动子结合，启动外源基因的表达。由于 T7 RNA 聚合酶的诱导和

催化机制十分高效,用诱导剂乳糖诱导时,细胞内的资源几乎都用于外源基因编码产物的表达。因此,外源基因产物的表达量可占菌体蛋白的50%左右。图21-2展示了pET28a重组质粒在大肠杆菌BL21(DE3)中由T7 RNA聚合酶直接启动外源基因的表达过程。

二、基因工程药物制备的真核表达体系

基因工程药物制备的真核表达体系(eukaryotic expression system)是利用真核基因表达调控原理使外源基因在真核细胞中表达的工作系统,主要由真核表达载体和真核细胞组成。一般来说,真核细胞作为受体细胞,质粒或病毒作为载体。外源基因在受体细胞中的表达方式有两种,一是以染色体外独立复制表达的方式,另一是整合到染色体上复制表达的方式。根据受体细胞的不同,真核表达体系可以分为酵母表达体系、昆虫细胞表达体系、哺乳动物细胞表达体系等。

(一)酵母表达体系

酵母(yeast)是最低等的单细胞真核生物,也称作酵母菌。酵母表达体系由酵母表达载体和酵母菌组成。

1. 酵母表达体系的优点　由于酵母菌是真核单细胞生物,酵母表达体系就具备了如下几个优点:①培养、转化、高密度发酵等操作非常接近大肠杆菌,适合大规模工业化生产;②外源基因一般是可溶性表达,也可分泌表达;③酵母具有一定的蛋白质翻译后加工修饰功能,有利于保留真核蛋白质的生物学功能。

2. 甲醇酵母表达体系　目前最常用的酵母表达体系是以念珠菌属(*Candida bodini*)、毕赤酵母属(*Pichia pastoris*)等为受体细胞的甲醇酵母表达体系。甲醇酵母可以用葡萄糖或甘油为碳源,也可用甲醇作为唯一碳源,但在不同碳源中醇氧化酶1基因(*aox1*)的活性不同。当酵母菌在含葡萄糖或甘油的培养基中生长时,*aox1*表达受抑;当以甲醇为唯一碳源时,则可诱导酵母菌中*aox1*的表达。*aox1*启动子是一个极强的启动子,用其构建的表达载体可使外源基因在甲醇诱导下高效表达。例如,pPIC9K载体以*aox1*启动子和终止子作为基本表达框架,利用*aox1*基因5'-端和3'-端序列作为同源重组臂,可以将插入到*aox1*启动子和终止子中间的外源基因整合到受体细胞基因组中,使外源基因在*aox1*强启动子的启动下高效表达(图21-3)。

(二)昆虫表达体系

昆虫表达体系是以昆虫细胞(insect cell)为受体细胞及昆虫杆状病毒(baculovirus)为载体的真核表达体系。常用的昆虫细胞株有sf9、sf21和High5,它们都具有加工修饰蛋白质的功能。

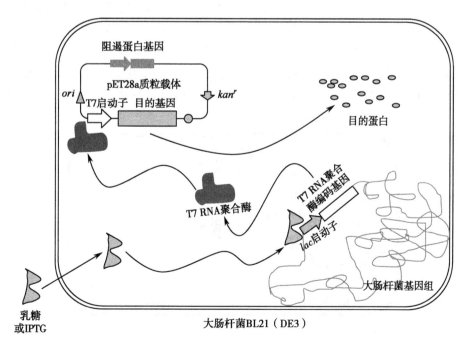

图 21-2　pET28a 重组质粒转化的大肠杆菌 BL21(DE3)

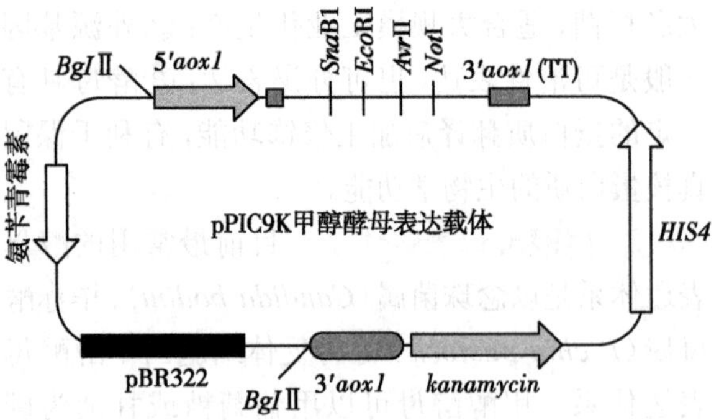

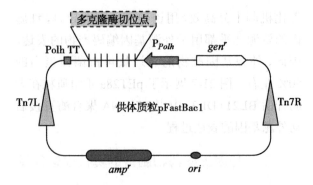

图 21-3 甲醇酵母表达载体 pPIC9K

图 21-4 Bac-To-Bac 表达系统中的供体质粒 pFastBac1

1. **昆虫杆状病毒及其重组方式** 昆虫杆状病毒是双链环状 DNA 病毒,其中编码多角体蛋白(polyhedrin)的基因区域是外源基因的主要插入位点。通常采用两种方式将外源基因整合到昆虫杆状病毒的基因组中,一是以同源重组方式,另一是以转座重组方式。

2. **Bac-To-Bac 表达体系** 昆虫表达体系有多种构建方式,Bac-To-Bac 表达体系是以转座方式整合外源基因的一种昆虫表达体系,包括供体质粒、杆状病毒穿梭载体(bacmid)和昆虫细胞。供体质粒上有转座子结构,如 pFastBac1 质粒,其多克隆酶切位点位于两个转座臂 Tn7L 和 Tn7R 之间,从而可通过转座方式将外源基因整合到病毒基因组 bacmid 上(图 21-4)。

3. **外源基因与 bacmid 的整合及包装** bacmid 上的多角体蛋白编码基因区域构建有转座子的附着位点(attachment site),用于外源基因整合到多角体蛋白质编码基因的启动子(P_{Polh})下游。其基本过程是:①将外源基因克隆到供体质粒 pFastBac1 上;②将重组供体质粒转化到含有 bacmid 和编码

转座酶辅助质粒的大肠杆菌 DH10 中;③在 DH10 中,供体质粒和 bacmid 之间发生转座重组,将外源基因转递给 bacmid,从而形成重组 bacmid(图 21-5);④重组 bacmid 通过转染导入受体昆虫细胞,使之在昆虫细胞中包装成携带外源基因的重组病毒颗粒,外源基因也在这个过程中得以在受体细胞中表达。

(三)哺乳动物细胞表达体系

哺乳动物细胞表达体系由真核表达载体和哺乳动物细胞组成。许多哺乳动物细胞都可以与表达载体一起组成哺乳动物细胞表达体系,其中中国仓鼠卵巢细胞(CHO)和猴肾细胞(COS)是最常用的基因工程药物制备的哺乳动物细胞株。

1. **哺乳动物细胞表达载体的特点** 哺乳动物细胞表达载体一般应具备的特点包括:①具有能在原核细胞中复制和筛选的复制子和抗性筛选标记基因;②具有能在哺乳动物细胞中表达的筛选标记基因和真核病毒的复制子;③有哺乳动物细胞的启动子和增强子元件,一般这类元件都来源于真核病毒;④有终止子和 polyA 加尾信号;

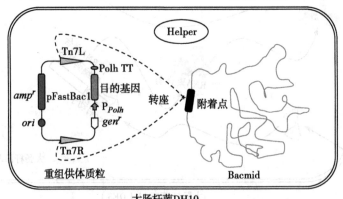

图 21-5 重组供体质粒在大肠杆菌中转座形成重组 bacmid

⑤有一个或一个以上供外源基因插入的单一限制性酶切位点或转座/重组序列位点。

2. 哺乳动物细胞表达载体的类型　哺乳动物细胞的表达载体主要有两类，一类是质粒表达载体，另一类是病毒表达载体。①质粒表达载体上用于在哺乳动物细胞中表达外源基因的基本元件一般来源于真核病毒。例如，pcDNA3.1（+）质粒上用于外源基因表达的启动子是来源于巨细胞病毒的强启动子（P_{CMV}），用于筛选标记基因表达的启动子和polyA加尾信号来源于SV40病毒（图21-6）。②哺乳动物细胞的病毒表达载体有很多种，如逆转录病毒载体、腺病毒载体（AV）、腺相关病毒载体（AAV）、痘苗病毒载体（VV）。由于这类载体用于基因工程药物制备的还很少，在此不做详细介绍。

第三节　基因工程药物制备的下游策略

基因工程药物制备的下游策略主要涉及基因工程细胞（菌）的发酵培养和药用蛋白质或核酸的分离纯化及鉴定，从而确定最佳的发酵和纯化工艺。以重组蛋白质作为基因工程药物为例，基因工程药物制备的下游策略主要包括两个环节，一是基因工程菌/细胞的发酵培养，二是重组蛋白质的纯化及鉴定。

一、基因工程菌/细胞的发酵培养

基因工程菌/细胞的发酵培养主要涉及基因工程菌/细胞株的鉴定保存和发酵培养两个环节。

（一）基因工程菌/细胞的鉴定及保存

基因工程菌株或细胞株是指来源于单个克隆的菌或细胞，一般需要先获得多个单克隆的基因工程菌或细胞，然后对不同克隆的基因工程菌或细胞进行鉴定，最后确定用于重组蛋白质表达的基因工程菌株或细胞株。

1. 基因工程菌株或细胞株的鉴定　获得基因工程菌株或细胞株后，需要对其进行必要的鉴定，包括：①绘制基因工程菌或细胞的生长曲线，确定生长旺盛的克隆菌或细胞；②提取重组质粒或扩增外源基因，测序，确定候选克隆菌或细胞中含有正确的重组基因；③检测重组蛋白质的表达，确定重组蛋白质表达量最高的克隆菌或细胞。

2. 基因工程菌株或细胞株的保存　基因工程菌株的保存：①扩大培养经过鉴定后的单克隆菌。一般用涂平板的方式使其在平板培养基上长出菌苔，刮取菌苔后分装冻干，作为原始菌种，-70℃可长期保存。②随机抽取一支原始菌种在液体培养基中培养，部分用于鉴定，部分留取甘油菌种，-20℃保存，一周内用完。基因工程细胞株的保存：单克隆细胞经扩大培养及鉴定后，按照保存细胞的方法将一定密度的细胞换上90%血清+10% DMSO，移至冻存管中，逐渐降温，最后保存在液氮中。

（二）基因工程菌发酵培养的影响因素

许多基因工程药物的原材料都是在大肠杆菌中表达的重组蛋白质，如重组人胰岛素、干扰素、白介素、生长素等。因此，基因工程菌的发酵培养条件对菌体生长及重组蛋白质表达都有影响。下面简介基因工程菌发酵培养基对菌体生长和重

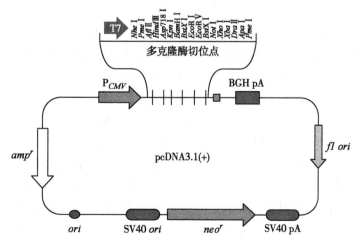

图21-6　哺乳动物细胞表达质粒载体 pcDNA3.1（+）

组蛋白质表达的影响，以及发酵各项参数对重组蛋白质表达的影响。

1. 发酵培养基对菌体生长的影响 大肠杆菌生长所需的基本物质主要包括碳源、氮源、无机盐、微量元素、维生素和生物素等，而大肠杆菌含 80% 左右的水分，只有 20% 左右的干物质，其中的 90%～97% 为碳、氢、氧、氮等元素。

（1）碳源对菌体生长的影响：培养大肠杆菌时常用的碳源有葡萄糖、甘油、乳糖、甘露糖等。以葡萄糖和甘油为碳源时，菌体生长速率虽然相似，但甘油作为碳源的菌体得率较高，而葡萄糖产生的副产物如乙酸较多，对菌体生长及重组蛋白质表达有抑制作用。以甘露糖作为碳源时，不产生乙酸，但菌体的生长速率较慢。

（2）氮源对菌体生长的影响：培养大肠杆菌时常用的氮源有酵母提取物、蛋白胨、酪蛋白水解物、氨水、硫酸铵等，但不同氮源对细菌生长有不同的影响。增加培养基中蛋白胨、氨基酸、酵母提取物等氮源，菌体密度明显增加，而高浓度的缬氨酸能通过抑制异亮氨酸的合成影响菌体的生长。

2. 发酵培养基对重组蛋白质表达的影响 发酵培养基中的葡萄糖、乳糖等成分都可能对重组蛋白质表达有影响。主要影响包括：①葡萄糖能降低胞内 cAMP 水平，抑制乳糖（Lac）操纵子的启动子活性，从而抑制乳糖启动下游外源基因的表达；当葡萄糖浓度低至 0.05%～0.1% 时，乳糖类似物 IPTG 方可诱导重组蛋白质的大量表达；②降低培养基中磷的浓度虽然对菌体生长有一定抑制作用，但可增加重组蛋白质的表达量；③发酵培养基中氨基酸组成可影响重组蛋白质的表达，尤其在高密发酵时，如果重组蛋白质氨基酸组成与大肠杆菌菌体蛋白质的氨基酸组成差异大，可能会导致重组蛋白质的降解，应注意调节培养基的氨基酸比例。

3. 发酵条件对重组蛋白质表达的影响 发酵条件主要包括培养温度、培养基 pH 值、培养基溶氧浓度及菌体比生长速率等，建立发酵工艺主要是针对这些指标的摸索及控制。

（1）温度的影响：温度对重组蛋白质表达有影响，主要包括：①如果重组蛋白质编码基因处于温控型启动子的控制下，可以通过改变温度诱导

重组蛋白质的表达；②有些重组蛋白质在 37℃诱导时容易引起菌体裂解，虽然这个温度是重组蛋白质表达的最佳温度，为了避免菌体裂解必须选择较低培养温度；③有些蛋白质在 42℃诱导表达时先形成少量包含体，其后以可溶性表达为主，而一般认为低温可以避免重组蛋白质形成包含体。

（2）pH 值的影响：菌体在发酵培养过程中一般 pH 值控制在 6.8～7.6，有时为了克服葡萄糖代谢所产生的乙酸对重组蛋白质表达的影响，在诱导阶段可通过提高培养基的 pH 值来抵抗乙酸的作用，提高重组蛋白质的表达产量。

（3）溶氧的影响：一般发酵培养基的溶氧浓度控制在 10%～30%，可通过增加搅拌速度、提高通气量等提高溶氧浓度。如果外源基因在缺氧启动子的控制下，可采用降低溶氧浓度诱导重组蛋白质的表达。

（4）比生长速率的影响：比生长速率是指菌体生长速率与培养基中菌体浓度的比值，其对重组蛋白质表达的影响包括：①在一定范围内，比生长速率降低，质粒拷贝数增加，重组蛋白质表达量增加，一旦出现核糖体竞争现象，则重组蛋白质不再随质粒拷贝数增加而增加；②若在发酵过程中以恒定速率补加葡萄糖，会出现营养不足现象，菌体比生长速率就会下降，从而影响重组蛋白质的表达；③若过量补加葡萄糖并在缺氧的条件下，则会发生"葡萄糖效应"，大量有机酸堆积影响菌体生长和重组蛋白质表达；④若发酵培养基中营养成分不合理，尤其是无机盐含量过高，可能会在短时间内增加菌体浓度，但重组蛋白质不表达。

（三）基因工程大肠杆菌发酵培养的简要流程

基因工程大肠杆菌的发酵培养主要包括三个环节：基因工程菌株的复苏培养；基因工程菌液的罐培养；重组蛋白质的诱导表达。

1. 基因工程菌株的复苏培养 将保存的基因工程甘油菌接种到卢里亚 - 贝尔塔尼培养基（Luria-Bertani medium，LB medium）中，过夜培养，使菌种复苏并扩增。一般将甘油菌种按三个不同浓度接种于 A、B、C 三瓶培养基中，次日在 A600 处测定菌液的 OD 值，取 OD 值在 0.6～1.0 之间的菌液作为一级种子；然后，将一级种子再扩大培养，测定菌液 OD 值，作为二级种子。

2. 基因工程菌的罐培养 将基因工程大肠杆菌的二级种子接种到发酵罐中培养，在培养过程中，根据菌的密度补加必要的碳源、氮源和微量元素，调节 pH 值和溶氧含量，保证菌的健康生长。

3. 重组蛋白质的诱导表达 当基因工程大肠杆菌生长到合适的密度，可以加入诱导剂对重组蛋白质的表达进行诱导。一般来说，以乳糖操纵子工作原理表达重组蛋白质，可用 IPTG 或乳糖作为诱导剂。加入诱导剂后，一般不用葡萄糖作为碳源，而改用甘油作为碳源，从而增加重组蛋白质的表达量。

二、重组蛋白质的分离纯化及鉴定

重组蛋白质的分离纯化可根据表达体系的不同采用不同的方法和策略，同时也要考虑重组蛋白质的结构特性和表达量。蛋白质纯化和鉴定在本系列规划教材《医学分子生物学实验技术》中已有详细介绍，此处仅介绍基本过程和原则。

1. 重组蛋白质分离纯化的基本过程 一般来说，从大肠杆菌中分离纯化重组蛋白质的基本过程是：①菌体裂解液的制备；②重组蛋白质的粗分离；③重组蛋白质的纯化。每个步骤都涉及具体方法的选择及方案的制定，同时也要将重组蛋白质的表达方式考虑在内。

2. 重组蛋白质的鉴定 对重组蛋白质的浓度、纯度、活性或结构等的分析鉴定可选择不同的方法。①确定重组蛋白质浓度的方法有多种，如紫外吸收光谱法、Lowry 法、BCA 法及考马斯亮蓝法。也可采用 SDS-PAGE 扫描分析法粗略估计重组蛋白质的含量、菌体裂解液中目标蛋白质占菌体总蛋白质的比例，甚至可以用于重组蛋白质纯度的初步评估。②确定重组蛋白质的纯度可以采用电泳法、色谱法、质谱法及末端氨基酸测序法等，同时可确定重组蛋白质的等电点和分子量。③确定重组蛋白质的活性，如抗原性、酶活性、配体或受体活性等，可采用不同的方法，如 ELISA、流式细胞术、动物实验、细胞实验等。

第四节 基因工程药物及其制备举例

基因工程药物是指利用基因工程技术生产的重组蛋白质或核酸，经一系列临床前药效学、药学（包括剂型配方）、毒理学、药代动力学等的研究，在确定基本配方后又经过Ⅰ期、Ⅱ期、Ⅲ期临床试验，最后经审批用于临床的重组蛋白质或核酸制剂。下面关于激素类、细胞因子类、生长因子类、蛋白酶类、疫苗及抗体类基因工程药物的部分实例做简单介绍。

一、基因工程激素类药物

基因工程激素类药物有很多，如重组人胰岛素、重组人生长激素、重组人促卵泡激素、重组人促黄体激素、重组人促甲状腺素、重组促胰岛素分泌素等。

（一）重组人胰岛素

重组人胰岛素是世界上第一个基因工程药物，1982 年上市以来，在世界范围内几乎完全替代了动物源性胰岛素，用于人糖尿病的治疗。

1. 胰岛素的结构特性 胰岛素是人和动物胰岛 β 细胞合成和分泌的蛋白质。人胰岛素是由 A 链（21 个氨基酸残基）和 B 链（30 个氨基酸残基）借助两个二硫键组成的 51 个氨基酸残基的蛋白质激素，其 A 链内有 1 个二硫键，A 和 B 链间有 2 个二硫键。最早发现狗胰腺提取物具有降血糖作用，后来陆续发现很多动物和人的胰腺都能产生胰岛素。胰岛素的单体是发挥生物学活性的分子结构。

2. 重组人胰岛素药物 重组人胰岛素是 1982 年作为基因工程药物上市的，是采用基因工程技术在大肠杆菌中生产的。生产重组人胰岛素主要有三种方案：①分别在大肠杆菌中表达人胰岛素 A 链和 B 链，纯化后在体外使 A 链和 B 链通过二硫键连接起来，这种方法的最大缺点是体外化学偶联反应的条件难以标准化，目前已较少应用；②在大肠杆菌中表达人胰岛素原，然后经过后续加工处理获得有活性的重组人胰岛素，此法的优点是只需表达一条多肽链；③用基因工程酵母菌生产重组人胰岛素原，经加工后形成有活性的重组人胰岛素，此法的最大特点是利用了真核表达体系。

（二）重组人生长激素

重组人生长激素是利用大肠杆菌、哺乳动物细胞等表达体系生产的重组蛋白质，是在人尸体脑垂体源性生长激素被禁用的大背景下诞生的一种基因工程药物。

1. 生长激素的结构及功能特性 生长激素（somatotropin）也称生长素，是一种能刺激人和动物生长、细胞复制及再生的单链多肽，由脑垂体前叶合成和分泌。人脑垂体和体液中的生长激素最主要的是由 191 个氨基酸残基组成的球形蛋白质，通过第 52 和第 165 位以及第 182 位和第 189 位半胱氨酸形成两个分子内二硫键维持其空间构象。人生长激素与其受体结合发挥生物学活性，主要功能包括：通过刺激软骨生长及软组织如肌肉生长促进机体的生长，通过胰岛素样作用及抗胰岛素作用促进糖和脂肪代谢，促进蛋白质的合成代谢等。

2. 重组人生长激素药物 重组人生长激素可用不同表达体系制备，目前主要采用大肠杆菌表达体系和哺乳动物细胞表达体系。

（1）用大肠杆菌表达体系制备重组人生长激素：在大肠杆菌中表达重组人生长激素经历了三个阶段：①早年采用普通大肠杆菌表达系统，所表达的重组人生长激素在结构上与天然人生长激素存在一定的差异，主要差异是在重组人生长激素的 N-端多了一个甲硫氨酸，由 192 个氨基酸残基组成，可导致 30% 的人用药后产生抗生长激素抗体；②在大肠杆菌中表达了由 191 个氨基酸残基组成的重组人生长激素，一级结构虽然与天然人生长激素相同，但空间结构有差异，用药后仍可引起人体产生抗生长激素抗体，且下游纯化工艺复杂；③目前大多数临床上应用的重组人生长激素是采用分泌型大肠杆菌表达体系生产的，这种表达体系可以将重组人生长激素分泌到细菌周质腔中，不但使纯化工艺简化很多，还使重组人生长激素的氨基酸序列及蛋白质结构与人脑垂体生长激素完全一致，生物学活性很高，从而最大限度地降低了生产和治疗成本。

（2）哺乳动物细胞表达体系制备重组人生长激素：利用哺乳动物细胞生产的重组人生长激素能最大限度地模拟天然人生长激素的结构和活性，但由于细胞培养的条件要求高，细胞繁殖速度慢，重组蛋白质表达水平低，加之一些潜在的安全问题，如腺病毒的污染或促细胞增殖的致瘤作用，目前只有极少数生产厂家采用这种技术平台。

二、基因工程细胞因子类药物

细胞因子是指由免疫细胞或非免疫细胞分泌的小分子多肽，参与细胞生理功能的调节、炎症反应、免疫应答及组织修复等多种生物学效应。基因工程细胞因子类药物有多种，如重组白细胞介素、重组干扰素、重组肿瘤坏死因子、重组集落细胞刺激因子、重组生长因子等。

（一）重组人白细胞介素

白细胞介素（IL）简称白介素，是一组最初发现由白细胞表达的细胞因子，后来证明大多数白介素是由辅助性 CD4+ T 细胞、单核细胞、巨噬细胞和内皮细胞等合成的，是免疫系统发挥功能的重要信号分子。白介素家族成员中已经成为药物的有 IL-2、IL-11 等。

1. IL-2 和 IL-11 的结构特性 IL-2 是一种糖蛋白，而 IL-11 是一种非糖蛋白，二者有各自的结构特性。

（1）IL-2 的结构特性：IL-2 又称 T 细胞生长因子，主要是由激活的 T 细胞和 NK 细胞产生，其基本结构特性是：①单链多肽，由 133 个氨基酸残基组成；②在 Cys58 和 Cys105 之间形成分子内二硫键，对 IL-2 发挥生物学活性很重要；③ Cys125 易错配，因其形成的二硫键可使 IL-2 形成二聚体及多聚体，从而降低 IL-2 的生物学活性；④ N-端与其活性密切相关，去掉 N-端 1~20 个氨基酸残基可使 IL-2 的生物学活性完全丧失；⑤糖基化程度差异很大，但不影响其生物学活性。

（2）IL-11 的结构特性：IL-11 又称脂肪细胞生长抑制因子，主要是由骨髓基质细胞和成纤维细胞产生，生理情况下主要作用于 B 细胞和巨噬细胞，其基本结构特性是：① IL-11 有前体和成熟型两种形式，前体由 199 个氨基酸残基组成，成熟型由 178 个氨基酸残基组成，后者具有生物学活性；②富含脯氨酸（12%）和碱性氨基酸，不含半胱氨酸；③由 4 个 α-螺旋构成两个受体结合位点，其中结合位点 1 由 C-端 α-螺旋和 Met59 附近序列组成，Met58、Lys41、Lys98 位于蛋白质的表面，影响这种结构可明显降低 IL-11 的生物学活性；结合位点 2 由 N-端 α-螺旋和 Arg15-Leu35 构成。

2. 重组人 IL-2 和 IL-11 药物 两种重组产物

是利用基因工程技术在不同表达体系中生产的多肽分子，并都已经在临床上作为药物应用多年。

（1）重组 IL-2 药物：重组 IL-2 是在酵母中生产的、由 133 个氨基酸组成的非糖基化单链多肽，具有与天然 IL-2 相似的生物学活性，单独应用或联合其他细胞因子已经用于包括肾癌、黑色素瘤、乙型肝炎等在内的多种疾病的治疗，如重组 IL-2 与 α- 干扰素（IFN-α）联合应用治疗慢性乙型肝炎。

（2）重组 IL-11 药物：重组 IL-11 是在大肠杆菌中表达的非糖基化多肽链，由 177 个氨基酸组成，比天然 IL-11 少 1 个氨基酸，这种改变并没有影响其生物学活性。由于大肠杆菌表达的重组 IL-11 能促进血小板生成，又被称作血小板生长因子，进入临床后主要用于治疗化疗引起的血小板减少症。

（二）重组人干扰素

干扰素（IFN）是一组多功能细胞因子，具有广泛的抗病毒、抑制细胞生长、抗肿瘤、免疫调节等生物学功能。天然干扰素可分为 I 型、II 型、III 型：① I 型 IFN，如 IFN-α、IFN-β 和 IFN-ω，与 IFN-α 受体（IFNAR）结合，发挥抗病毒及免疫调节作用。人 IFN-α 有 13 个亚型，包括 IFN-α1、IFN-α2、IFN-α4、IFN-α5、IFN-α6、IFN-α7、IFN-α8、IFN-α10、IFN-α13、IFN-α14、IFN-α16、IFN-α17 和 IFN-α21；IFN-β 只有一个亚型；IFN-ω 属于 IFN-α 家族。② IFN-γ 属于 II 型干扰素，只有一种亚型，与 IFN-γ 受体（IFNGR）结合，发挥抗病毒及免疫调节作用。③ III 型干扰素，如 IFN-λ1（IL-29）、IFN-λ2（IL-28a）和 IFN-λ（IL-28b）。目前多种干扰素已经作为药物在临床上应用。

1. 人 IFN-α、IFN-β 和 IFN-γ 的结构特性

（1）人 IFN-α：人 IFN-α 各亚型都来源于同一祖先，结构很相似：①由 165～166 个氨基酸残基组成活性形式；②在 Cys1-Cys89/99 和 Cys29-Cys138/139 之间形成两个分子内二硫键，其中 Cys29-Cys138/139 二硫键对 IFN-α 的活性很重要；③编码 IFN-α 各亚型的第 28～40 位和第 120～150 位氨基酸的核苷酸序列高度保守。

（2）人 IFN-β：人 IFN-β 由 166 个氨基酸残基组成活性形式，在 Cys31-Cys141 之间形成分子内二硫键，第三个 Cys17 不参与二硫键的形成，突变后不影响活性。

（3）人 IFN-γ：人 IFN-γ 单体由 143 个氨基酸残基组成：①在 Asn25 和 Asn97 处有两个糖基化位点，但没有糖基化的 IFN-γ 仍然有活性；②不含能形成二硫键的半胱氨酸；③牢固的二聚体或四聚体是其活性形式。

2. 重组人干扰素药物　有几种不同类型的重组人干扰素已经被批准作为药物用于治疗多种疾病，如一种人白细胞 IFN-α（HuIFN-alpha-Le）获得欧洲 14 个国家批准用于高危（IIb-III 期）皮肤黑色素瘤的治疗。此外，聚乙二醇（PEG）修饰的长效干扰素也已经进入临床。表 21-1 列出目前作为药物的重组人干扰素。

表 21-1　重组人干扰素药物举例

重组干扰素药物学名	重组干扰素药物商品名
干扰素 -α2a	Roferon A
干扰素 -α2b	Intron A/Reliferon/Uniferon
人白细胞干扰素 -α	Multiferon
干扰素 -β1a	液体剂型，Rebif
干扰素 -β1a	冻干剂型，Avonex
干扰素 -β1b	Betaseron，或 Betaferon
干扰素 -γ1b	Actimmune
PEG 化干扰素 -α2a	Pegasys
PEG 化干扰素 -α2b	Peglntron

（三）重组人集落刺激因子

集落刺激因子（CSF）是指一类可刺激造血细胞集落形成的蛋白质，包括：①粒细胞集落刺激因子（granulocyte-CSF，G-CSF），能刺激造血细胞形成粒细胞集落；②粒细胞 - 单核细胞集落刺激因子（granulocyte-macrophage CSF，GM-CSF），能刺激造血细胞形成粒细胞和巨噬细胞的混合集落；③巨噬细胞集落刺激因子（macrophage CSF，M-CSF），能刺激造血细胞形成巨噬细胞集落；④其他，如多能集落刺激因子（multi-CSF）、血小板生成素（thrombopoietin，TPO）、干细胞因子（stem cell factor，SCF）等。

1. 人 G-CSF 和 GM-CSF 的结构特性　G-CSF 也称集落刺激因子 3（CSF3），主要由活化的单核细胞、巨噬细胞及内皮细胞产生；GM-CSF 是巨噬细胞、T 细胞、肥大细胞、NK 细胞、内皮细胞和成纤维细胞分泌的一种细胞因子。

（1）人 G-CSF：G-CSF 是一种糖蛋白，由一个基因转录产生两个 mRNA 剪接体，分别编码 a 型和 b 型两种 G-CSF：①a 型 G-CSF 由 174 个氨基酸残基组成，b 型 G-CSF 由 177 个氨基酸残基组成；②a 型 G-CSF 含量丰富且活性高，分子内有 5 个半胱氨酸，分别是 Cys17、Cys36、Cys42、CYs64 和 Cys74，其中 Cys36-Cys42 和 Cys74-Cys64 形成两对二硫键，Cys17 不参与二硫键的形成。

（2）人 GM-CSF：人 GM-CSF 由 127 个氨基酸残基组成，其结构特点是：①有两个分子内二硫键，由 Cys54-Cys96 和 Cys88-Cys121 形成；②在 Cys54 和 Cys96 之间有一个富含脯氨酸的片段，对于维持结构稳定和活性具有重要意义；③糖基化率约为 34%，与其抗原性有关。

2. 重组人 G-CSF 和 GM-CSF 药物 重组人 G-CSF 和重组人 GM-CSF 都已经成为临床使用的药物。

（1）重组人 G-CSF 药物：临床上应用的重组人 G-CSF 是利用不同表达体系表达的基因工程多肽：①Figrastim 是在大肠杆菌中表达的，由 174 个氨基酸组成，与天然人 G-CSF 结构有一定差异的人 G-CSF 类似物，上市以后主要用于治疗自身骨髓移植及化疗所引起的粒细胞减少症和艾滋病等；②Lenograstim 是在哺乳动物细胞 CHO 中表达的重组人天然 G-CSF；③Pegfilgrastim 是长效型重组人 G-CSF，是将 20kDa 的聚乙二醇（PEG）加到 Figrastim 的 N- 端，从而使其半衰期由原来 3～4h 延长到 15～80h。值得注意的是，重组人 G-CSF 有很多商品名，也有不同剂型。

（2）重组人 GM-CSF 药物：重组人 GM-CSF 也是利用不同表达体系生产的基因工程多肽：①Molgramostim 是在大肠杆菌中表达的、由 127 个氨基酸组成的非糖基化重组人 GM-CSF；②Sargramostim 是利用酵母表达系统生产的重组人 GM-CSF，主要用于自体或同种异体骨髓移植后的骨髓重建、急性髓细胞性白血病化疗期间的粒细胞减少症、真菌感染的治疗及化疗后白细胞的补充、克罗恩病和其他胃肠炎性疾病等的治疗。

三、基因工程疫苗

基因工程疫苗（genetic engineering vaccine）是指利用不同表达体系表达的重组蛋白质或核酸所制备的疫苗，如重组蛋白质疫苗、基因工程载体疫苗或基因缺失活疫苗等。到目前为止，被批准的人用基因工程蛋白质疫苗有三种：重组乙肝疫苗、重组人乳头瘤病毒疫苗和基因工程流感病毒疫苗。

（一）重组乙肝疫苗

重组乙肝疫苗（recombinant hepatitis B vaccine）是用基因工程酵母表达的乙型肝炎表面抗原所制备的蛋白质疫苗，主要用于预防乙型肝炎病毒感染。

1. 乙型肝炎病毒及其表面抗原 乙型肝炎病毒是 DNA 病毒，乙型肝炎表面抗原（hepatitis B surface antigen，HBsAg）是 HBV 的外壳蛋白质，也是乙肝疫苗的抗原成分。

（1）HBV：HBV 是双股环状 DNA 病毒，其结构特征包括：①外壳相当于一般病毒的包膜，由 HBsAg 组成，核壳有内衣壳和核心结构；②内衣壳是由乙型肝炎核心抗原（HBcAg）和乙型肝炎 e 抗原（HBeAg）组成的二十面体；③核心结构内含双链 DNA 和聚合酶。HBV 各组件复制完成后，可组装成三种病毒颗粒：Dane 颗粒（42nm）、小球形颗粒（22nm）和管形颗粒，其中管形颗粒断裂后可形成小球形颗粒。

（2）HBsAg：HBV 在复制过程中，外壳的数量总是多于核心的数量，过剩的病毒外壳释放入血，以小球形颗粒或管形颗粒的形式存在于血液中，即 HBsAg。HBsAg 是诱导 HBV 中和抗体产生的主要抗原。

2. 重组乙肝疫苗 乙肝疫苗最初是从乙型肝炎病人血浆中提取的 HBsAg 颗粒制备而成的，可预防 HBV 感染，保护率可达 90%，但因从血中提取 HBsAg 存在污染 HBV 的潜在危险，1986 年被停止使用。重组乙肝疫苗 1977 年开始研制，1986 年进入临床。

（1）重组乙肝疫苗的制备 重组乙肝疫苗是以酵母或 CHO 细胞表达体系制备的 HBsAg 为原料研制而成的。酵母表达体系制备的 HBsAg 可组装成类病毒颗粒（virus-like particle，VLP）。目前，根据不同人种对 HBV 不同亚型易感性的差异，采用不同亚型 HBV 的 HBsAg 研制的、已经进入临床的重组乙肝疫苗有多种，下面仅以重组乙型肝炎疫苗（Recombivax HB）为例简介重组疫苗疫苗的制备过程。

（2）重组乙肝疫苗的制备过程 重组乙肝疫苗 Recombivax HB 是利用酵母酿酒酵母（Saccharomyces cerevisiae）表达体系制备的 adw HBV 亚型 HBsAg 为抗原、以非结晶硫酸羟基磷酸铝钾为佐剂制备的 VLP 疫苗，基本过程是：①发酵培养基因工程酵母菌；②破碎酵母菌释放 HBsAg 颗粒；③纯化 HBsAg 颗粒；④用含甲醛的磷酸缓冲液处理 HBsAg 后与硫酸铝钾共沉淀。

（二）重组人乳头瘤病毒疫苗

重组人乳头瘤病毒（human papillomavirus，HPV）疫苗是利用基因工程技术在酵母或昆虫细胞中表达的一种以人乳头瘤病毒衣壳蛋白 L1 为疫苗抗原制备的 VLP 疫苗，目前进入临床的有二价、四价和九价三种疫苗。

1. **HPV 及其致病性** HPV 是小双链 DNA 病毒，其基因组 DNA 只有约 8 000bp，包括早期基因 $E1 \sim E7$ 和晚期基因 $L1 \sim L2$，其中 $L1$ 基因编码的衣壳蛋白质 L1 单独即可形成 VLP，并刺激机体产生病毒中和抗体。

HPV 的型别很多，大约 120 多型，其中大部分不具有致病性，但 HPV16、HPV18、HPV31、HPV33、HPV35、HPV39、HPV45、HPV51、HPV52、HPV56、HPV58、HPV59、HPV68、HPV73 和 HPV82 可引起疣（wart）或生殖器、肛门及口咽部肿瘤，甚至心血管疾病，属于性传播高危型 HPV。高危致癌性 HPV16 和 HPV18 与 99.7% 的子宫颈癌有关。

2. **重组 HPV 疫苗** 由重组 HPV 衣壳蛋白质 L1 组装的 VLP 是 HPV 疫苗的抗原成分。下面简介已经上市的重组 HPV 疫苗 Gardasil 和 Cervarix。

（1）Gardasil：Gardasil 是利用酵母表达体系制备的 HPV6、HPV11、HPV16 和 HPV18 型 L1 蛋白质作为疫苗抗原、经体内外组装及纯化后所研制的基因工程四价 HPV VLP 疫苗，其作用及适应证包括：①理论上可预防 70% 子宫颈癌和 90% 生殖器疣，对女性外阴癌和阴道癌也有预防作用，被批准用于性活跃期女性 HPV 感染的预防；②可预防男性阴茎疣、肛门癌和一些潜在的癌前病变，被批准用于 9～26 岁男性人群 HPV6、HPV11、HPV16 和 HPV18 感染及相关肛门癌和癌前损伤的预防。另外，不同国家对 Gardasil 的

应用人群有不同的规定，例如，英国批准 Gardasil 用于 9～15 岁男孩及 9～26 岁女性。

（2）Cervarix：Cervarix 是利用昆虫表达体系制备的 HPV16 和 HPV18 型 L1 蛋白质作为疫苗抗原、经体内外组装及纯化后的 VLP 与佐剂 AS04 配伍所研制的基因工程二价 HPV VLP 疫苗。Cervarix 除了能预防 HPV16 和 HPV18 感染外，还可通过交叉反应在一定程度上预防 HPV45 和 HPV31 感染，被批准用于子宫颈癌的预防。Cervarix 的主要应用人群控制在 10～45 岁女性，但不同国家在人群年龄上的规定可能有差异，例如，英国批准 Cervarix 用于 17～18 岁青春期女性和 12～13 岁青春期前女孩。

（三）重组流感疫苗

重组流感疫苗是利用昆虫细胞表达体系制备的流感病毒血凝素（hemagglutinin，HA）为疫苗抗原所研制的基因工程蛋白质疫苗。已经上市的重组流感疫苗 Flublok 是一种季节性流感疫苗，主要预防 H1N1、H3N2 和 B 型流感病毒感染。

1. **流感病毒及其亚型** 流感病毒是负单链 RNA 病毒，其所引起的流行性感冒（流感）属于人畜共患传染性疾病。根据流感病毒衣壳蛋白质血凝素（HA）和神经氨酸酶（neuraminidase，NA）的抗原性差异，流感病毒可分为 A、B、C 三型。A 型流感病毒有 16 个 HA 亚型（H1—H16）和 9 个 NA 亚型（N1—N9）。根据 HA 和 NA 亚型的不同组合可形成不同的病毒株，如 H1N1、H3N2、H5N1、H7N9 等 A 型流感病毒株。B 型流感病毒有 Yamagata 系和 Victoria 系两个亚型。

2. **重组季节性流感疫苗** 季节性流感是每年固定季节发生的、主要由 H1N1、H3N2 和 B 型流感病毒感染引起的流行性感冒。由于病毒变异很快，每年都需要对季节性流感病毒的流行株进行鉴定。重组季节性流感疫苗（seasonal recombinant influenza vaccine）是利用昆虫细胞表达体系制备的 H1N1、H3N2 和 B 型流感病毒 HA 抗原所制备的三价流感疫苗。Flublok 是世界上第一个三价重组季节性流感疫苗，其特点是：①所采用的是昆虫杆状病毒表达体系，昆虫杆状病毒作为表达载体；②含 H1N1、H3N2 和一株 B 型流感病毒的 HA 抗原；③在每年公共流感季节前要对 Flublok 进行评估，并指导生产厂商根据流感病毒

的变异情况对各株病毒 HA 抗原的氨基酸序列做出相应调整,然后利用昆虫杆状病毒表达体系表达出调整后的 HA 抗原。可见,目前已经被批准上市的重组流感疫苗是一个生产重组季节性流感疫苗的技术平台。

四、基因工程抗体类药物

基因工程抗体是指利用基因工程技术操作抗体编码基因所制备的抗体蛋白,包括单克隆抗体、嵌合抗体、人源化抗体、单链抗体等。

(一)抗体及抗体药物

抗体又称免疫球蛋白,是免疫球蛋白家族中的一种糖蛋白,由于具有识别及中和病原体等外来物质的作用,抗体又被开发成为药物。

1. **抗体的结构特性** 人的抗体主要有五种类型,即 IgM、IgG、IgA、IgD 和 IgE。抗体的结构特点包括:①抗体是由四条多肽链组成的对称结构,两条重链(H 链)和两条轻链(L 链),H 链和 L 链间通过二硫键和非共价键相连;② H 链和 L 链经折叠形成可变区(variable region)和恒定区(constant region),每个抗体的两条链可变区所形成的唯一形状就是抗体的特异性区域,能与抗原表位的形状相匹配并赋予抗体特异性结合能力;③抗体可变区内有一小部分氨基酸残基高度可变,高变区位于分子表面,决定抗体结合抗原的特异性;④一个抗体分子上的两个抗原结合部位是相同的。抗体与抗原的结合可中和抗原的生物学活性,从而发挥一定的药物治疗作用。

2. **抗体药物的发展历程** 抗体药物的发展历经免疫血清、杂交瘤单克隆抗体、人源化抗体几个阶段,从而产生天然抗体药物和人源化抗体药物。

(1)天然抗体药物:天然抗体包括免疫血清和杂交瘤单克隆抗体。①免疫血清:早期用免疫血清治疗癌症,但由于抗体亲和性低、特异性差及制备工艺不可重复性,治疗效果不理想。②杂交瘤单克隆抗体:杂交瘤技术虽然解决了单克隆抗体(monoclonal antibody,mAb)生产工艺问题,但不能解决抗体异源性问题,使其与人免疫系统不相容,不能有效招募病人的免疫效应因子或免疫细胞发挥杀伤肿瘤的作用。尽管如此,用杂交瘤技术生产的 OKT3 单克隆抗体被批准用于治疗

移植排斥反应。

(2)人源化抗体药物:人源化抗体包括嵌合抗体、95% 人源化抗体和完全人源化抗体三种。①嵌合抗体:第一个成功用于治疗淋巴瘤的单克隆抗体是一种由小鼠抗体可变区和人抗体恒定区融合构成的嵌合抗体 Rituximab,其中小鼠源性占 1/3,人源性占 2/3,在保留小鼠原始抗体特异性的基础上减少了抗体本身的免疫原性是其最大的优点。② 95% 人源化抗体:这种抗体是以人免疫球蛋白作为抗体支架的免疫效应分子,是将小鼠抗体的抗原决定簇结合部位及其旁侧少量氨基酸残基插入到人 IgG 中制备而成。目前已经有几个这样的人源化抗体在临床上获得成功,其中我国研制的 Nimoruzuma 是一种抗人表皮生长因子受体(EGFR)的 95% 人源化单克隆抗体,被批准与化疗或放疗联合应用治疗多种癌症。③完全人源化抗体:是指抗体的所有成分都是人源化的,未来抗体药物将以此为主。

(二)人源化抗体工程技术

人源化抗体的制备可采用基因工程小鼠、杂交瘤及文库筛选等方法,各种方法制备的抗体都有成为抗体药物的成功例子,而且目前还有成百上千的抗体处于被开发成药物的不同阶段。下面简介几种抗体工程相关技术。

1. **用转基因技术制备人源化抗体** 用人免疫球蛋白(Ig)基因替代小鼠 Ig 基因,制备转基因小鼠,从而使这种小鼠在抗原刺激下能直接产生人源化抗体。下面简介用转基因技术制备人源化抗体的基本流程和优点。

(1)用转基因技术制备人源化抗体的基本流程:①制备转基因小鼠。将人 Ig 重链尚未发生重排的 V、D、J 和恒定区(C)基因及轻链的 V、J、C 基因作为转基因替换小鼠相同的基因;②用抗原免疫转基因小鼠。由于转基因小鼠具有正常的体液免疫应答能力,包括 V(D)J 重组、类别转换、体细胞高频突变及亲和力成熟等,当接受抗原刺激后可以产生高亲和性的全人源化抗体。XenoMouse、VeloImmune、H2L2 及 Omini 小鼠都是人源化抗体转基因小鼠,这些小鼠免疫球蛋白重链 V、D 区人源化程度为 20%～100%,κ 轻链人源化程度则在 14%～50% 之间。新一代全人源抗体转基因小鼠则利用了人工染色体转移技术,将人

100% 重链与轻链抗体基因导入小鼠体内，使这种小鼠可产生全人源化抗体，IgG 亚型比例高，在抗体多样性方面更具优势。

（2）用转基因技术制备人源化抗体的优点：抗体有较好的抗原结合特性、较低的免疫原性及稳固的免疫效应功能。近年来用转基因技术获得的令人瞩目的候选抗体已经进入临床前和临床试验阶段。

2. 用噬菌体展示技术制备人源化抗体　自从 20 年前噬菌体展示技术出现以来，在噬菌体上直接展示与噬菌体包膜蛋白相融合的肽段，已经鉴定并确定了很多蛋白质的结合活性，后来被用于制备人源化单克隆抗体。

利用噬菌体展示技术制备人源化抗体的基本流程：①将免疫球蛋白 V 区（Ig V）编码基因与噬菌体包膜蛋白的编码基因相融合；②在噬菌体表面展示 Ig V 肽段；③用固相抗原筛选噬菌体；④经单克隆筛选获得抗原特异性抗体片段；⑤在体外对抗体片段编码基因进行反复突变及筛选，可采用 PCR 引入随机点突变、用其他序列取代整个 V 基因或 CRD 环，从而模拟抗体在体内的亲和力成熟过程；⑥将经过突变的抗体片段均展示在噬菌体表面，构建高度多样性的抗体可变区序列文库。2002 年，美国 FDA 批准的全人源化 TNF-α 单克隆抗体就是采用噬菌体展示技术研制的。

3. 用其他展示技术制备人源化抗体　其他制备人源化抗体的技术有酵母展示技术、大肠杆菌展示技术、真核病毒展示技术等。

（1）酵母展示技术：这种技术是将抗体 V 区片段或突变的抗体片段与酿酒酵母细胞壁蛋白质如交配黏附受体 α- 凝集素（mating adhesion receptor α-agglutinin）相融合，使抗体片段展示在酵母细胞壁的表面，通过建立酵母展示文库并与抗原结合就可对抗体片段进行筛选，从而获得高亲和性单链抗体片段（single-chain variable fragment，scFv）。由于酵母是真核细胞，与噬菌体展示技术相比更有利于一些结构复杂的抗体片段的展示。

（2）其他展示技术：单链抗体文库可将抗体片段展示在细菌、真核病毒或哺乳动物细胞表面，例如：①与 OmpA 蛋白质相融合展示在大肠杆菌上；②与小鼠白血病病毒被膜蛋白表面单位（envelope protein surface unit），或昆虫杆状病毒被膜蛋白 gp64 的膜结构域（gp64 envelope protein membrane domain），或腺病毒相关病毒（adeno-associated virus，AAV）被膜蛋白相融合展示在真核病毒颗粒表面；③与血小板源性生长因子受体（platelet-derived growth factor receptor）跨膜区相融合展示在哺乳动物细胞 HEK-293T 的表面。

（三）抗体药物的特性及类型

抗体药物一般要具备长效、低或无免疫原性、特异的靶向性等特性，减小抗体分子量是降低抗体免疫原性的策略之一，由此也产生了不同类型的抗体作为抗体药物。

1. 抗体药物的一般特性　最佳治疗癌症的抗体药物应该具备如下特性：①广泛分布在血循环中而不会被肾脏快速清除；②在血清中稳定，能抵抗蛋白酶的水解；③缺乏免疫原性；④有效穿透大的肿瘤块及小转移灶；⑤与健康细胞或组织不相互作用；⑥结合到肿瘤细胞上或其他靶点上保留时间要长；⑦能够通过胞吞方式进入细胞（偶联药物或放射性核素的分子），或有效招募免疫效应细胞，或破坏信号转导功能（非偶联蛋白）。

2. 抗体药物类型　抗体药物可以根据标准的 IgG 进行制备，也可以是保留抗原结合活性的较小抗体片段。截至目前，抗体药物类型除了整个抗体分子外，还有 Fab 片段、F（ab'）2、Fab'、scFv、bi-scFv、sdAb、3funct、chemical-linked F（ab'）2 和 BiTE（文末彩图 21-7）。

（1）抗原结合片段（fragment of antigen binding，Fab fragment）：Fab 片段是抗体分子上结合抗原的区域，由重链（V_H）和轻链（V_L）的可变结构域和一个恒定区组成。若在抗体分子的铰链区下方切割抗体分子，就可产生两个 Fab 片段和铰链区，即 F（ab'）2；也可采用化学偶联法制备 F（ab'）2。一个 F（ab'）2 断裂可以产生两个 Fab' 片段。

（2）scFv：scFv 是由抗体分子的 V_H 和 V_L 融合构成的，只有 Fab 片段的一半大小，但保留了原本抗体的特异性。将两个 scFv 连接起来就可形成 bi-scFv，如果两个不一样的 scFv 片段相连就可形成具有两个抗原特异性的 bi-scFv。

（3）单域抗体（single domain antibody，sdAb）：sdAb 是含有一个单体可变抗体结构域的抗体片段，能选择性地结合特异性抗原，其分子量只有

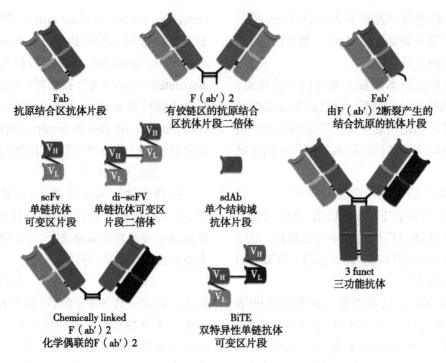

Fab
抗原结合区抗体片段

F（ab'）2
有铰链区的抗原结合
区抗体片段二倍体

Fab'
由F（ab'）2断裂产生的
结合抗原的抗体片段

scFv
单链抗体
可变区片段

di-scFV
单链抗体可变区
片段二倍体

sdAb
单个结构域
抗体片段

3 funct
三功能抗体

Chemically linked
F（ab'）2
化学偶联的F（ab'）2

BiTE
双特异性单链抗体
可变区片段

图21-7　已经批准或正在研发中的抗体药物结构类型

12～15kD，远比抗体小，也比 Fab 片段小。第一个 sdAb 是根据骆驼的重链抗体（heavy-chain antibody）改构的。目前，sdAb 一般都是基于重链可变区结构域构建的，但轻链来源的纳米体也能特异性结合到靶分子表位上。

（4）BiTE（Bi-specific T-cell engager）：BiTE 是一种由两个 scFv 组成一个肽链的融合蛋白质，其中一个 scFv 通过 CD3 结合到 T 细胞上，另一个 scFv 通过肿瘤特异性分子结合到肿瘤细胞上，从而在肿瘤细胞和 T 细胞之间形成一个连接，T 细胞产生穿孔蛋白质或颗粒酶发挥杀伤肿瘤细胞的作用，这种杀伤作用不依赖 MHC 或共刺激分子，T 细胞产生的蛋白质进入肿瘤细胞，启动肿瘤细胞凋亡。

（5）3funct（trifunctional antibody）：3funct 是一种含有两个不同抗原结合位点的单克隆抗体，通常一个是 CD3，另一个是肿瘤抗原。此外，这种抗体的 Fc 段还可与一些细胞表面的 Fc 受体结合。由此可见，3funct 可以将肿瘤细胞、T 细胞和 Fc 受体⁺细胞（如巨噬细胞、NK 细胞、树突状细胞等）互相靠拢，最终杀伤肿瘤细胞。例如，单克隆抗体 catumaxomab 就是一种 3funct，能靶向肿瘤抗原 EpCAM 和 T 细胞表面 CD3，也能结合 Fc 受体（文末彩图 21-8）。

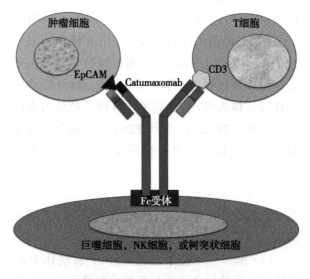

图21-8　3funct 及其工作原理

（四）已批准的抗体药物

截至 2018 年，已经批准上市的抗体药物大约有近 90 种。这些已经上市的抗体药物主要是人源化单克隆抗体，也有小鼠源抗体或嵌合抗体；以全抗体分子为主，也有 sdAb、BiTE、Fab、scFv 和 3funct。

表 21-2 列举了已经批准进入临床的抗体药物，其中 PD-1 抗体是近年来备受推崇的治疗肿瘤的抗体药物，原因与其通过靶向免疫抑制分子 PD-1 达到增强抗肿瘤免疫作用有关。从表中可

表 21-2　几种抗体药物类型、靶点及适应症

抗体名称/INN	类型	靶点	适应症	批准时间	备注
muronomab-CD3	鼠源	CD3	异体移植	1986	全球最早获批上市
rituximab（利妥昔单抗）	嵌合	CD20	非霍奇金淋巴瘤、类风湿性关节炎	1997	
trastuzumab（曲妥珠单抗）	人源化	HER2	乳腺癌	1998	
adalimumab（阿达木单抗）	全人源	TNF-α	类风湿关节炎等	1999	
cetuximab（西妥昔单抗）	嵌合	EGFR	结直肠癌等	2004	
obinutuzumab（奥滨尤妥珠单抗）	人源化	CD20	白血病	2013	
nivolumab（纳武利尤单抗）	全人源	PD-1	黑色素瘤	2014	常被成为"O药"
pembrolizumab（帕博利珠单抗）	人源化	PD-1	黑色素瘤等	2014	常被成为"K药"
抗人白介素-8鼠单抗	鼠源	IL-8	银屑病	2003（CFDA）	国产首个获批抗体药物（外用）
特瑞普利单抗	全人源	PD-1	黑色素瘤	2018（NMPA）	国产首个PD-1抗体
信迪利单抗	全人源	PD-1	霍奇金淋巴瘤等	2018（NMPA）	国产
卡瑞利珠单抗	人源化	PD-1	肺癌、肝癌等	2019（NMPA）	国产
利妥昔单抗生物类似药	嵌合	CD20	非霍奇金淋巴瘤	2019（NMPA）	国产首个获批生物类似药
贝伐珠单抗生物类似药	人源化	VEGF	非小细胞肺癌等	2019（NMPA）	国产
替雷利珠单抗	人源化	PD-1	霍奇金淋巴瘤	2019（NMPA）	国产

注：INN—国际非专有药名。
　　CFDA—国家食品药品监督管理总局。
　　NMPA—国家药品监督管理局。

以看出：①治疗同一种疾病的抗体药物靶点可能是不一样的，如治疗癌症的抗体药物有很多种，其靶分子可能是不同的，如 PD-1、PD-L1、EGFR、VEGFR2、IL-6 等，从而为不同肿瘤病人提供了根据靶分子换药的依据。②同理，抗同一种靶分子的抗体也可能用于治疗不同种类的疾病，比如：抗 CD20 抗体可用于治疗多种疾病，如非霍奇金淋巴瘤、慢性淋巴细胞性白血病、类风湿性关节炎、系统性红斑狼疮等。

　　自 2003 年起，我国自研的抗体药物逐渐获批上市，截至 2019 年底累计获批十余种。其中 2018—2019 年获批数量就达国产自研获批药物的近半数（表 21-2）。

（王丽颖）

参 考 文 献

[1] Cohen SN, Chang AC, Boyer HW, et al. Construction of biologically functional bacterial plasmids in vitro. Proc Natl Acad Sci U S A, 1973 Nov, 70（11）: 3240-3244.

[2] Cohen SN. DNA cloning: a personal view after 40 years. Proc Natl Acad Sci U S A, 2013, 110（39）: 15521-15529.

[3] Stevens AJ, Jensen JJ, Wyller K, et al. The role of public-sector research in the discovery of drugs and vaccines. N Engl J Med, 2011, 364（6）: 535-541.

[4] Takebe T, Imai R, Ono S. The Current Status of Drug Discovery and Development as Originated in United States Academia: The Influence of Industrial and Academic Collaboration on Drug Discovery and Development. Clin Transl Sci, 2018, 11（6）: 597-606.

[5] McKeage K. Ravulizumab: First Global Approval. Drugs, 2019, 79（3）: 347-352.

[6] Brandsma AM, Bondza S, Evers M, et al. Potent Fc Receptor Signaling by IgA Leads to Superior Killing of Cancer Cells by Neutrophils Compared to IgG. Front Immunol, 2019, 10: 704.

[7] Heemskerk N, van Egmond M. Monoclonal antibody-mediated killing of tumour cells by neutrophils. Eur J

Clin Invest，2018，48 Suppl 2（Suppl Suppl 2）：e12962.

[8] Hubbell JA. Drug development: longer-lived proteins. Nature，2010，467（7319）：1051-1052.

[9] Lowy DR，Schiller JT. Prophylactic human papillomavi-rus vaccines. J Clin Invest，2006，116（5）：1167-1173.

[10] Nelson AL，Dhimolea E，Reichert JM. Development trends for human monoclonal antibody therapeutics. Nat Rev Drug Discov，2010，9（10）：767-774.

第二十二章 基 因 诊 断

人类对于疾病的诊断经历了漫长的历史发展过程。早期多是根据患者的临床症状和体征进行判断；随着检验手段的丰富，逐渐发展为症状、体征辅以影像学与生化、免疫学等实验室检测相结合的诊断方式。但这种方式仍是通过对疾病现象的外在表型进行检测。

随着人们对疾病分子生物学机制的深入理解，对 DNA 或 RNA 的检测，能够使人们更接近疾病的内在本质，并在疾病预防领域提供了极大帮助。从广义上看，凡是利用分子生物学技术对生物体的 DNA 序列及其产物（RNA 或蛋白质）进行的定性与定量分析，称为分子诊断（molecular diagnosis）。通常地，可以将针对 DNA 和 RNA 的分子诊断称为基因诊断（gene diagnosis）。人类的器质性疾病、功能性疾病等健康状况通常都与特定的基因型相关，都可尝试从基因与基因表达的层面上探究病因、做出解释。

与其他诊断方法相比，基因诊断具有许多优势和特点：①针对性强，以特定基因为目标，直接检测导致疾病发生的基因变化，而且可以检测出致病基因的携带者、易感者，属病因诊断；②有很高的特异性，特别是利用分子杂交技术选择特定基因片段作为探针，出现杂交信号即为阳性；③灵敏度高，有信号放大作用，采用聚合酶链反应（polymerase chain reaction，PCR）和分子杂交等技术，用微量样品即可进行诊断；④实用性强，应用范围广，可用于产前诊断及对各年龄段的疑似患者进行普查和筛检，也可用于个人身份鉴定等。

第一节 基因诊断常用的分子生物学技术

基因诊断的对象主要是样本中的 DNA 和 RNA分子。前者主要是针对疾病相关基因的序列与拷贝数，后者主要针对表达（含量）水平与定位情况进行检测。近年，随着测序技术不断突破，对认识疾病现象中的基因与基因表达提供了有力工具。

一、核酸分子杂交技术

核酸分子杂交（molecular hybridization of nucleic acid）是指不同来源的核酸单链在退火时能以碱基配对的方式重新形成双链。杂交可以在两条 DNA 单链间形成，也可以在 RNA 与 DNA 单链之间形成，其实质仍然是核酸的变性与复性。不完全互补的两条核酸单链也能杂交结合，但核酸单链之间碱基互补程度越高或互补区段越长，结合也就越牢固。通常用已知的核酸探针与未知的 DNA 片段杂交。核酸分子杂交技术是最经典、最传统的分子生物学技术，从 20 世纪最早期的基因诊断即开始采用，至今仍在广泛应用。Southern 印迹法、Northern 印迹法等是检测 DNA和 RNA 的经典技术，此外还有以下几种分子杂交技术：

（一）斑点/反向斑点杂交技术

斑点印迹法（dot blotting）无须电泳，而是将RNA 或 DNA 样本变性后直接点样于固相支持物上，然后与标记的探针进行杂交；或将探针点样于固相支持物上，用标记的样本进行杂交，称反向斑点杂交（reverse dot blotting，RDB）。该方法用于特定基因及其表达产物的定性及定量研究，还可用于基因分型和病原体检测等。

（二）荧光原位杂交技术

组织原位杂交（tissue in situ hybridization）是将组织或细胞样品进行适当处理，使探针能进入细胞内与待测核酸杂交。之后荧光原位杂交（FISH）技术创建，该技术是将用荧光素标记的DNA 片段与染色体或细胞间期染色质杂交，用于基因定位或基因拷贝数研究。FISH 技术可检测特定基因片段的缺失、扩增或重排,现在 FISH 技术已用于遗传病及肿瘤的诊断和分型。如,针对乳腺癌患者肿瘤组织 *HER2*(human epidermal growth factor receptor 2)基因的 FISH,可用于对乳腺癌的分型。

(三)夹心杂交技术

夹心杂交法(sandwich hybridization)针对位于待测靶基因序列上两个相邻但不重叠的 DNA 片段(如 A 和 B),分别设计捕捉探针(不标记的 A 片段)和检测探针(标记的 B 片段),同时与靶基因杂交。先将捕捉探针固定于固相支持物上,它与靶基因序列 A 片段部分杂交,经漂洗去除杂质,再加入标记的检测探针,检测探针与靶基因序列 B 部分杂交,随后检测杂交信号。夹心杂交法的优势在于特异性好,对核酸样品纯度要求不高,定量上较为准确。

(四)DNA 芯片技术

前述方法多用于特定基因的分析,针对大规模的 DNA 检测可采用基因芯片,又称"DNA 芯片"技术。基因芯片技术可以对样品进行微量化、大规模、自动化处理,特别适用于同时检测多个基因、多个位点,能精确地研究各种状态下分子结构的变异,了解组织或细胞中基因表达情况,用以检测基因的突变、多态性、表达水平及基因文库作图等(图 22-1)。目前利用基因芯片技术可

以早期、快速地诊断地中海贫血、异常血红蛋白病、苯丙酮尿症、血友病等常见遗传疾病。在肿瘤的诊断方面,基因芯片技术也广泛用于肿瘤表达谱研究、突变、SNP 检测、甲基化分析、比较基因组杂交分析等方面。

二、PCR 及其衍生技术

PCR 是由美国科学家 Mullis KB 在 20 世纪 80 年代建立的、在体外合成特异 DNA 片段的方法。该技术可以在短时间内使特异 DNA 片段拷贝数扩增达百万倍,从而容易对微量 DNA 进行分析和鉴定并在基因诊断中发挥放大效应。目前,PCR 不仅是基因诊断的主要技术手段,更是生命科学研究中应用最为广泛的方法与核心技术,在此基础上又衍生了多种相关技术。

以 DNA 分子为模板,加入与待扩增片段两侧序列互补的一对特异寡核苷酸链作引物(primer),在耐热 DNA 聚合酶的催化下,分别合成两股新的 DNA 互补链。每一反应周期包括变性、退火、延伸。这一周期性反应过程的多次重复,使两个引物之间的 DNA 片段拷贝数以几何级数增加。通常经 25～30 个反应周期后,可使目的 DNA 片段的拷贝数扩增 100 万倍以上。

(一)RT-PCR 技术

逆转录 PCR(reverse transcription PCR,RT-

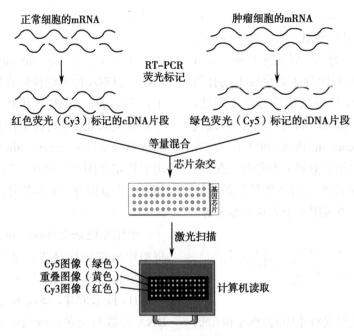

图 22-1 DNA 芯片技术流程示意图

PCR)以 mRNA 为模板先逆转录生成 cDNA,再对 cDNA 进行 PCR 扩增。这一技术是目前从组织或细胞中获取目的基因、检测基因结构以及研究 mRNA 表达水平的最常用的方法。在对基因表达的检测中,逆转录 PCR 通过反应终点产物的量进行初始模板的定量推算,是半定量分析。

(二)实时定量 PCR 技术

实时定量 PCR(real-time quantitative PCR,RT-qPCR)技术于 1996 年推出,不仅实现了 PCR 从定性到定量的飞跃,而且与常规 PCR 相比,无须做电泳,通过荧光信号积累实时直观地监测整个 PCR 反应进程。RT-qPCR 技术可用于基因表达分析,该法通过每一循环产物增量推算初始模板量,较逆转录 PCR 结果更加准确。

(三)多重 PCR 技术

多重 PCR(multiplex PCR)是在反应体系中加入多对(或多种)引物进行 PCR,同时扩增一份 DNA 样品中的不同序列区域。该技术已有报道用于诊断遗传性迪谢内肌营养不良、苯丙酮尿症(PKU)和 β 地中海贫血,也可用于对感染性疾病的诊断。

(四)原位 PCR 技术

原位 PCR(in situ PCR)直接用细胞涂片或组织切片在单个细胞中进行 PCR 扩增,然后用特异探针进行原位杂交。通常使用 1%～4% 的多聚甲醛固定细胞,并用蛋白酶 K 消化完全。为了使原位分子杂交时能计算细胞数目,PCR 的变性步骤不能破坏细胞结构。进行原位杂交时,需防止短片段 PCR 扩增产物扩散到细胞外,还要防止扩增过程中组织变干。

此外,PCR 还有多种衍生技术,如:PCR 等位基因特异寡核苷酸探针杂交(PCR allele specific oligonucleotide,PCR-ASO)是根据已知基因突变位点的上下游碱基序列,人工合成两种寡核苷酸片段并进行标记,分别为突变探针和正常探针,使突变的碱基位于探针正中,与样品进行杂交。如果受检的 DNA 样本只能与突变 ASO 探针杂交而不与正常 ASO 探针杂交,说明受检样本的一对等位基因都发生了突变,为突变纯合子;如果既能与突变的又能与正常的 ASO 探针杂交,说明只有一个等位基因发生突变,为杂合子;如果只能与正常 ASO 探针杂交,不与突变 ASO 探针杂交,说明受检者不存在该种突变基因,为正常野生型。PCR-ASO 常用于分析 DNA 片段中的点突变,如诊断地中海贫血、PKU,也用于分析癌基因和抑癌基因的突变。

PCR-扩增抗拒突变系统(PCR-amplification refractory mutation system,PCR-ARMS)是在 PCR 基础上发展起来的用于检测 DNA 中各种点突变的新方法。当 PCR 引物 3'-末端与模板 5'-末端存在错配时,可引起扩增产物的急剧减少或反应难以进行,而 Taq DNA 聚合酶又缺乏 3'→5' 外切核酸酶活性,如果顺利扩增则要求引物 3'-端必须与模板 5'-端完全互补。通过设计适当的引物,使正常模板引物扩增正常等位基因,而突变模板的引物只能扩增突变基因。这样可针对不同的已知突变,设计不同的引物,通过 PCR 扩增直接达到区别野生型和突变型基因的目的,通过电泳的观察即可判定结果。如图 22-2 所示,检测某一基因中单碱基的突变,ARMS 引物如与突变等位基因互补,PCR 引物延伸进行,合成的是含有突变点的 DNA 片段,而设计的野生型 ARMS 引物与模板不匹配,可阻止引物延伸。

C282Y 是血色素沉着病(hemochromatosis,

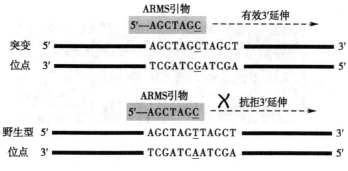

图 22-2 PCR-ARMS 原理示意图

HFE）基因最常见的突变，能引起遗传性血红素沉着病。在该病的诊断中使用两种不同的 ARMS 引物进行 PCR-ARMS 突变分析，扩增的两种 PCR 产物有不同的长度，分别代表突变和正常的等位基因，很易鉴别（图 22-3）。此方法也应用于 α- 抗胰蛋白酶缺乏症、淀粉样蛋白沉积、PKU 和镰状细胞贫血等疾病的诊断。

竞争性寡核苷酸引物延伸 PCR（PCR competitive oligonucleotides priming，PCR-COP）是 PCR-ARMS 技术的延伸，但又有别于 PCR-ARMS。在 PCR-ARMS 中，引物与模板的错配阻碍 DNA 引物的延伸，而在 PCR-COP 中，错配主要影响引物和模板的退火（即引物与模板的退火存在竞争关系），导致 DNA 合成速率的变化。在应用 PCR-COP 时，设计一对竞争寡核苷酸引物，即正常和突变引物，已知 DNA 聚合酶只有在引物与模板特异性并完全互补时才能顺利完成延伸反应。为检测基因变异或点突变，将一组竞争性引物加入同一待测样本的反应体系，突变引物只能扩增突变 DNA，而正常引物扩增的是野生型 DNA。再经电泳检测，与正常对照相比，即可分辨该基因是何种变异。PCR-COP 技术的应用同 PCR-ARMS。

三、单链构象多态性分析和异源双链分析技术

单链构象多态性分析（single-strand conformation polymorphism analysis，SSCP）和异源双链分析（heteroduplex analysis，HDA）是两种常用的基于电泳检测基因突变的方法。两种方法与 PCR 技术相结合（PCR/SSCP，PCR/HAD）用以检测基因突变，有较高的特异性。

（一）SSCP 依据单链构象的变化进行检测

PCR 产物经变性及快速复性后可以产生两条互补单链，不同单链因碱基组成和排列顺序不同而折叠不同，构象不同。在聚丙烯酰胺凝胶电泳中，单链 DNA 根据本身的核苷酸序列而形成特定的三维构象，如果存在基因突变，哪怕只有一个碱基的改变，单链构象也会发生变化，经电泳后可见突变单链与正常单链相比有不同的电泳迁移率，从而把野生型和突变型单链分开。但 PCR-SSCP 不能确定突变的部位和性质。该方法主要用于筛查已知基因突变，若与其他技术配合，也可检测未知基因突变和预测基因突变倾向性。在人类基因组计划中，筛查大样本时便使用了 SSCP 技术。

（二）HDA

HDA 技术几乎与 SSCP 同时问世且紧密相关。该项技术的原理是在变性温度达 90℃ 而又慢慢退火到室温时，不同等位基因 DNA 之间能形成异源杂合双链。如果靶基因 DNA 是杂合子，含有不同的等位基因，那么在 PCR 扩增阶段能自动形成异源双链，其结果是形成同源和异源两种双链分子，异源双链分子通常在聚丙烯酰胺凝胶电泳（PAGE）电泳时泳动速度减慢。HDA 法可直接在变性凝胶上分离杂交突变型和野生型 DNA 双链。

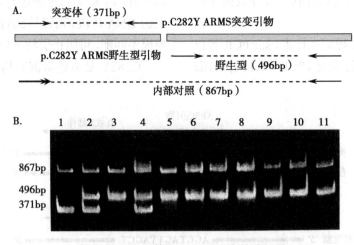

图 22-3　HFE 基因 C282Y 突变的分析图

A. 引物设计；B. PCR-ARMS 分析，泳道 1 为 HFE.C282Y 纯合子，泳道 2 为 HFE.C282Y 杂合子，泳道 3 为正常对照，泳道 4 至 11 为不同样本。

HDA 技术可用于已知和未知突变的检测，如配合毛细管电泳（capillary electrophoresis，CE），即 HAD/CE，则应用范围更广。很多人类基因突变的检测都应用了 HDA 技术，如检测 PKU 及乳腺癌相关基因 *BRCA1* 突变等。HDA 通常与 SSCP 联合使用。

四、序列多态性分析

20 世纪 80 年代前，该技术主要用于检测基因突变和发现基因结构异常。但该方法操作复杂、费力、耗时，所以自 PCR 问世后，主要采用 PCR/限制性酶切片段长度多态性（restriction fragment length polymorphism，RFLP）技术。

（一）RFLP 分析

在不同群体或个体之间，DNA 序列存在的差异称为 DNA 的多态性。这种多态性常出现于某些限制性内切核酸酶识别位点上并造成该识别位点的缺失。酶切水解该 DNA 片段可产生长度不同的片段，称 RFLP。RFLP 按孟德尔方式遗传，在某一家族中，如果某一致病基因与特异多态片段紧密连锁，就可以用这一多态性片段作为一种遗传标志来判断家庭成员或胎儿是否为致病基因的携带者。

（二）VNTR 分析

可变数目串联重复（VNTR）发现于 20 世纪，它们以重复序列的方式存在于人类基因组中的某些位点，特别是在基因的非编码区。不同个体这一序列的重复次数不同，长度不同，有高度的特异性。由 15～100bp 组成，重复约 20～50 次的重复单元称为小卫星 DNA 序列；而只有 2～7bp，重复片段长度约为 100～500bp 的重复单元称为微卫星 DNA 序列。这些重复序列单位具有高度保守性，也称核心序列。即使不同的个体或同一个体的同源染色体之间，核心序列的重复次数也可能不同。同 RFLP 一样，VNTR 也呈高度多态性。而限制性内切核酸酶识别位点通常位于重复的序列之间。英国遗传学家 Jeffreys A 就根据 VNTR 的特点建立了 DNA 指纹法。

（三）SNP 分析

单核苷酸多态性（SNP）是指在基因组水平上由单个脱氧核苷酸的变异所引起 DNA 序列的多态性。组成 DNA 序列的碱基虽然只有 4 种，但 SNP 一般只由两种碱基构成：多在 C/G 序列上出现，且多由 C 转换为 T。其原因在于 C/G 中的 C 常有甲基化修饰，在自发脱氨后即形成胸腺嘧啶。SNP 这种"非此即彼"的特点有助于对其进行基因分型。

五、DNA 测序技术

DNA 测序（DNA sequencing）是测定 DNA 片段的全序列，至今仍是确定基因突变和检测基因变异最准确可靠的方法。以经典的 Sanger 双脱氧末端终止法为原理设计的全自动激光荧光法自发明以来沿用至今，利用该方法可对较长片段（大约 800bp 左右）的 DNA 进行测序。人类基因组计划的第一个人类基因组草图的绘制就采用了 Sanger 测序法。

随后的新一代测序（next generation sequencing，NGS）的产生，实现了测序技术的微量化、高通量并行化及低成本等特点。相关技术和设备主要包括：① 454 基因组测序仪利用焦磷酸测序法，检测 DNA 合成产生的焦磷酸。应用了乳液 PCR、微流控技术及焦磷酸检测技术。② Solexa-Illumina 测序仪检测 DNA 合成反应掺入的荧光标记单核苷酸连接反应。③ SOLiD 测序仪基于寡核苷酸连接反应，检测 DNA 连接酶催化的荧光标记寡核苷酸探针连接到 DNA 链过程中所释放的光学信号。

更新一代的测序技术可直接针对单分子 DNA 进行测序，无须 PCR 扩增反应，如 HeliScope 测序技术和单分子实时技术（single molecular real time technology）等。高通量 DNA 测序技术的快速发展使得全基因组测序、转录物组（见第二十四章）测序、全外显子测序及 DNA-蛋白质相互作用的快捷检测等成为可能，为临床上基因检测和基因诊断提供了工具。

除上述技术方法外，随着分子生物学技术的快速发展，基于 CRISPR（clustered regularly interspaced short palindromic repeats）系统的核酸检测正不断展现其快速、便捷、高效的强大能力。CRISPR 系统源自古老细菌的免疫机制，可利用引导 RNA 将 Cas9 核酸内切酶定位于特定核酸序列，2013 年该系统开始应用于真核细胞。随后，该技术发展极快，通过引导 RNA 将 dCas9（dead Cas9）及 Cas13 等定位于不同核酸序列上发挥基因表达调控及核酸编辑功能。基于 CRISPR 系统的基因检测也正在不断涌现，如 SHERLOCK（specific high sensitivity enzymatic reporter unLOCKing），这些技术为床边检测（point-of-care）或野外检测提供了可能。

第二节　基因诊断的基本策略和在医学中的应用

基因层面的检测与诊断揭示了疾病现象的本质，也为精准医学（precision medicine）的发展提供了新契机。2015 年，美国提出"精准医学"计划，作为一种医疗模式，旨在为患者定制个性化的医疗决策、治疗方案、医学实践或产品等。该计划呼吁推动个体化基因组学研究，依据个体基因信息为癌症及其他疾病患者制定精准个体医疗方案。基因诊断正在成为精准医疗实践重要的基础之一。

一、基因诊断的基本策略

在进行基因诊断时，需要根据患者的临床症状体征提示的致病基因或相关基因是否属于已知基因及突变位点等线索，再进行诊断方案的设计。基因诊断技术路线可包括直接诊断和间接诊断。

（一）直接诊断

直接诊断是指对基因序列或基因表达水平进行直接检测的方法，主要适用于：①被检测基因的突变类型与疾病发病之间有明确直接的因果关系；②被检测基因的结构明确；③被检测基因突变点固定且已知。基因突变是由于体内外各种因素所致的 DNA 碱基组成或序列改变，包括点突变、缺失、插入、易位重排和扩增等。

1. 对点突变的检测　基因诊断大多是对已知基因突变或已阐明一级结构改变的某些遗传病的检测及筛查，并结合是否有家族史来做产前诊断等。可以采用 PCR/ASO、PCR/SSCP、PCR/ARMS、PCR/COP、PCR/HAD、DGGE/TGGE 和 CE 伴以分子杂交及 DNA 测序等方法。而对于未知点突变的检测则相对困难，需要通过家系分析和生化分析等手段确定候选基因，依次对候选基因采用上述方法进行检测，确定是否有突变存在

并确定在哪一染色体、哪一基因上。必要时采取分子克隆手段，如 mRNA 差异显示技术（mRNA DDRT-PCR）、PCR 抑制性消减杂交（PCR-SSH）和基因表达系列分析（SAGE）等，从全基因组中获取突变基因的部位。

2. 对大片段核苷酸丢失或插入的检测　利用 DNA 缺失区域的 5'- 和 3'- 端引物，或者其中一个引物直接针对缺失或插入区的序列进行 PCR 扩增，通过凝胶电泳观察扩增 DNA 片段出现与否以及片段的大小，即可判断出片段的缺失情况。还可使用多重 PCR 技术，用多对引物同时进行 PCR，对某一待测基因的不同 DNA 区域进行基因丢失诊断，之后经电泳、杂交检测。最后还须测序，与正常基因比对并验证。迪谢内肌营养不良的诊断是一个典型的例证。

3. 基因重排的检测　某一基因从一条染色体的正常位置转移到其他染色体的某个位置称基因易位或重排（gene translocation and rearrangement），即在 DNA 序列上有一段较长序列的重新排布，包括数十个到数千个碱基的丢失、插入、替换等，这在肿瘤细胞中较为常见。诊断之前应已知重排的基因及重排位点的序列，如 8 号染色体的 c-Myc 基因转移至 14 号染色体的免疫球蛋白重链基因调控区，结果是强启动子导致 c-Myc 高表达，引起人类伯基特淋巴瘤。

利用 PCR、分子杂交等技术可以检测基因重排。首先使用 PCR-SSCP，发现待测基因与正常相比存在异常单链构象，然后测序，证明扩增出的 DNA 片段为重排序列。还可用荧光原位杂交技术（FISH）、PCR/HAD、TGGE、DGGE 等方法检测。

4. 基因扩增的检测　在某些类型的肿瘤中，癌基因拷贝数的增加可以从几十到上千倍不等，称为基因扩增（amplification）。如乳腺癌细胞中成纤维细胞生长因子基因家族的扩增可达 100 余拷贝，基因数量增加，表达产物增加；髓细胞性白血病细胞中，c-Myc 扩增可达 8～32 倍，甚至可出现不成对或微小染色体。诊断基因扩增的前提也是已知扩增的部位和序列。

首选利用 RT-qPCR，测定初始模板拷贝数与正常相比是否增加，最后需提取 PCR 产物进行测序以进一步证实存在基因扩增。还可将待测基因

的 DNA 片段或 cDNA 片段作为探针,采用适当的限制酶将基因组 DNA 或 PCR 产物进行酶切,进行 RFLP 分析和 Southern 印迹分析。若基因组中该基因(或 DNA 片段)的拷贝数发生改变,杂交后显示的条带位置会发生改变,杂交信号也会增强。对电泳条带进行吸光度扫描,与正常条带对照相比,可进行基因定量。

5. 基因表达异常的检测 基因表达异常的诊断主要检测在 mRNA 水平的表达,经常应用的方法有 RT-PCR、RT-qPCR、Northern 印迹法、原位杂交以及芯片等。

(二)间接诊断

间接基因诊断主要是针对致病基因尚不明确或尚未克隆成功,或基因序列尚未确定等情况。

1. 以 RFLP 为标志进行连锁分析 人基因组中平均 200～300 个碱基对就可能存在一个多态性位点。这些多态性位点可导致限制性酶切位点的改变,基于这种改变可用 RFLP 进行分析。

2. 采用多个多态性位点进行连锁分析 采用多种限制性内切酶对目的 DNA 进行酶解分析,从而获得一组多态性位点,提高了疾病诊断的检出率和可信度。

3. 采用串联重复序列长度多态性分析 根据前述提及的可变数目串联重复可进行疾病连锁分析。目前,至少已证实 5 种遗传病,如脆性 X 染色体综合征、肌强直性营养不良、脊髓延髓肌萎缩症和亨廷顿病与某段特殊的串联重复序列长度的改变存在一定联系。

二、基因诊断在临床医学中的应用

近年来,基因诊断已逐步由实验室研究进入临床应用阶段,应用范围也从遗传病扩展到感染性疾病、肿瘤等其他疾病的诊断。此外,基因诊断还用于器官移植组织配型等领域。以下仅介绍一些基因诊断应用的实例。

(一)遗传病的基因诊断

随着多种遗传病的分子缺陷和突变本质被揭示,基因诊断的实用性也不断提高,它不仅用于遗传病患者本人的诊断,还更多地应用于有遗传病风险的孕妇妊娠早期的产前诊断。

1. 对镰状细胞贫血的基因诊断 血红蛋白病是人类遗传病中研究得最深入、最透彻的分子病,也是最常见的遗传病之一,包括异常血红蛋白病和珠蛋白生成障碍性贫血两大类。血红蛋白病如镰状细胞贫血的基因诊断是分子生物学和分子遗传学的理论、技术和方法应用于医学领域的最好典范。对镰状细胞贫血的基因诊断采用 PCR 限制性酶切图谱分析(图 22-4),可对该病作出明确诊断,也可对该病进行早期和产前诊断。

2. 对囊性纤维化的基因诊断 囊性纤维化穿膜传导调节蛋白(CFTR)是一个含有 1 480 个氨基酸残基的蛋白质,对于调节水、盐的跨膜转运起重要作用。CFTR 基因突变,可引起呼吸系统、胃肠道、肝胆系统及生殖道等上皮细胞的离子和水转运异常,最终可导致囊性纤维化。该病是常染色体隐性遗传病,在西方白种人中发病率较高。CFTR 基因有 1 000 余种突变形式,不同突变形式的检出率差异较大,因此通常联合应用 PCR-SSCP、DGGE 和 TTGE 进行检测。

(二)恶性肿瘤的基因诊断

肿瘤的发生是一个复杂的过程,它与体内原癌基因的活化、抑癌基因的失活有一定的相关

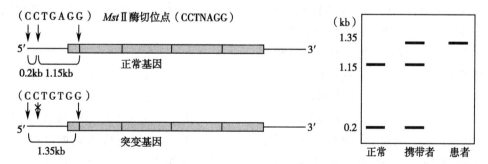

图 22-4 镰状细胞贫血限制性内切酶酶切图谱分析

Mst Ⅱ识别脱氧核苷酸序列 CCTNAGG。基因组 DNA 被此内切酶消化,并与 β- 珠蛋白基因探针杂交后,正常与该基因产生 1.15kb 与 0.2kb 的两个片段,在酶切图谱上出现两条带。而镰状细胞贫血患者的 β- 珠蛋白基因的酶识别位点发生突变,*Mst*Ⅱ不能识别,故产生 1.35kb 的较大片段。

性。正常情况下原癌基因处于静止或低表达状态，为维持细胞正常生长、增殖、分化及调控所必需。如生长因子及其受体、信号转导蛋白、转录因子等的编码基因均可作为原癌基因，当其被活化时，细胞可能发生癌变。原癌基因的活化通常是由于基因突变引起表达产物结构改变或是表达产物急剧增加，如基因扩增或插入了强启动子调控元件，使基因拷贝数增加及表达量增加等。

1. **检测原癌基因** 如 Ras 蛋白是原癌基因 *Ras* 的表达产物，它是 Ras-MAPK 信号转导途径的重要成员，该途径被激活导致细胞增殖。若 *Ras* 基因发生点突变，使 Ras 蛋白丢失了 GTP 水解酶的活性，GTP 不能及时水解，于是便会持续激活这一信号通路，导致细胞增殖。该突变可引起急/慢性淋巴细胞白血病和泌尿系统肿瘤等。现在已能检测 *Ras* 点突变，可用 PCR/SSCP、PCR/HAD、PCR/COP、PCR/ASO 等方法，还可利用基因芯片技术。

原癌基因扩增也是引起肿瘤的因素。如人类的伯基特淋巴瘤是由于基因易位使 *c-Myc* 原癌基因表达产物增加导致细胞增殖、癌变，现已能进行基因诊断。

2. **检测 p53 抑癌基因** *p53* 基因位于第 17 号染色体，P53 蛋白是 DNA 结合蛋白，也是转录活化因子，在应答 DNA 损伤时常引起细胞周期紊乱。人类恶性肿瘤的 50%～60% 与该基因突变有关。P53 蛋白中部是保守的核心区，含 DNA 结合结构域，而突变位点也大多含在与该结构域对应的基因序列中，突变可使 *p53* 丧失转录激活的功能，使细胞周期紊乱。在结直肠癌、乳腺癌、小细胞肺癌，都可见异常的 P53 蛋白。目前，*p53* 基因核心区（DNA 结合结构域）、酸性区（转录激活结构域）和碱性区（转化区）中的已知突变序列均已被制作成探针，集成在基因芯片上用以检测所有 *p53* 编码区的错义突变、单碱基缺失和插入等，用来预测癌症的发生，力求早期诊断。

3. **乳腺癌的基因诊断** 5%～10% 的乳腺癌患者具有家族遗传性。乳腺癌常见基因变异是由于抑癌基因 *BRAC*（breast cancer gene）的突变，其中 *BRAC1* 基因突变易致乳腺癌。突变分布于整个编码序列，没有明显的突变簇或突变点。70% 的缺失或插入导致编码序列的框移和翻译提前终

止。*BRAC1* 在 N-端的截短与乳腺癌和卵巢癌的高风险相关；而在 C-端截短则主要与乳腺癌高危有关。*BRAC2* 基因在 30%～40% 的散发性乳腺癌有杂合性缺失，该突变提高了乳腺癌易感性。PCR、分子杂交、FISH 等技术均可用于乳腺癌的基因诊断。

4. **结肠癌的基因诊断** 结肠癌在其发生的不同阶段可出现不同的基因突变。其中 *APC* 基因（一种抑癌基因）是结肠癌发生过程中第一个突变基因，通常呈杂合性缺失突变。*APC* 基因在结肠癌患者中有 80% 以上失活。APC 的主要功能是阻碍一些与致癌相关的因子在细胞中积累，如联蛋白（catenin）积累。家族性腺瘤样结肠息肉（FAP）是一种常染色体显性遗传病，它是由于在胚胎期 *APC* 基因突变所致，因而有数百、数千个息肉断断续续存在于很长一段结肠内，如不加治疗则可导致结肠癌的发生。如图 22-5 所示，PCR 分别扩增来自正常和肿瘤组织的 APC 基因，PCR 产物经毛细管电泳分析，上方为正常基因的两个检测峰，下方有一检测峰几近消失，该个体是 *APC* 基因等位缺失的杂合子。对结肠癌的基因诊断可采用 PCR-SSCP、TGGE/DGGE、异源双链 PCR 法、联合使用毛细管电泳分析和 DNA 测序等。

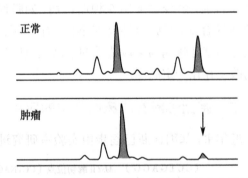

图 22-5 应用毛细管电泳技术分析基因的杂合性缺失

此外，对于感染性疾病，基因诊断不仅可以检出正在生长的病原体，也能检出潜伏的病原体，尤其是检测难于培养的病原体。基因诊断常在治疗中用以检测病毒载量以评价疗效，检测耐药基因突变、进行血液筛查以及对病原体种群的基因分型等，在治疗和预防医学中具有重要意义。例如，对乙型肝炎病毒、艾滋病病毒及痢疾杆菌等皆可做基因诊断。一些由国家批准的检测

病原体基因的试剂盒也早已得到广泛应用。

基因诊断还可应用于临床药物疗效的评价，并提供指导用药的信息。如，急性淋巴细胞白血病经化疗等综合治疗后，大部分患者可得到缓解，但容易复发，其复发机制在于患者体内少数残留的白血病细胞。PCR 等基因诊断技术可对微小残留细胞进行检测，可作为白血病复发、化疗效果判断和治疗方案制定的指标。

三、基因诊断在法医学上的应用

基因诊断在法医学上的应用主要依赖基因组中具有高度特异性的 VNTR 的差别，包括男性 Y 染色体和女性 X 染色体基因的特征在个体中有显著差异，从而在基因水平上进行法医学鉴定，即 DNA 指纹法。

（一）Y 染色体标识和线粒体 DNA 的遗传特异性

1. **Y 染色体短串联重复（Y-STR）** 在遗传过程中，Y 染色体不与 X 染色体发生重组，且序列结构稳定地从父亲传给儿子并为男性所特有，呈父系遗传。这样一来，除非有突变，否则和 Y 染色体连锁的基因型在所有父系亲属中都是一致的。另外，Y 染色体上的标识序列以单倍体的形式遗传给男性后代，它的每个基因座上大多数只有一个基因，这使检测工作变得更加简单。现在 Y-STR 基因座多态性分析已为法医学的个体识别和亲权鉴定提供了新的手段。在基因型鉴定中除利用来自常染色体的 STR 外，还需常规利用 Y-STR。现在，市面上已推出常规标准的 Y-STR 检测试剂盒，可检测 11 个 STR 基因座。

2. **线粒体 DNA** 线粒体 DNA（mtDNA）有许多核 DNA 无法比拟的优点，如拷贝数量多，是核基因的 10 倍左右，而且对样品的质量和数量要求不高，如变性坏死的组织、毛发、骨、血斑，甚至从古残迹所取得的样本均可利用。这些特点非常适合法医物证检材的需要。此外，由于 mtDNA 为单倍体，不存在解读复杂的杂合子测序结果的问题，大大减低了译读 DNA 序列的复杂度。由于 mtDNA 呈母系遗传，兄弟姐妹间的 mtDNA 序列均相同，故可用于身源鉴定和同一认定，尤其在父母无法提供物证的情况下，使用 mtDNA 做个人识别非常成功。mtDNA 序列不仅存在个体

差异，而且尚有种族差异，故可用于鉴定个体的种族来源问题。

（二）法医学上的基因诊断

主要是利用 DNA 指纹法进行鉴定。

1. **亲权鉴定** 在亲子鉴定时，需要同时分析生物学意义上的父母或自荐父母的 DNA 指纹，如能从父母亲指纹中找到孩子的所有条带，则亲子关系成立。假设一对夫妻共有 4 个孩子，其中一女儿为领养，另一女儿为与前夫所生，这一家人 DNA 指纹图如图 22-6 所示，由此可推断出 A 和 C 是亲生，B 为妻子与前夫所生，D 为养女。

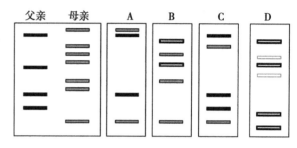

图 22-6 利用 DNA 指纹图分析进行亲权鉴定

2. **案检工作** DNA 指纹与法医案检工作（判定刑事罪犯身份）紧密关联（图 22-7）。在法医物证检测中，把作案现场检材的 DNA（物证）指纹图谱与嫌疑对象本人的 DNA 指纹图谱进行对比，确定二者的相关性，如果带谱完全一致（包括位置和强度），则判断为同一个体。该方法也可用于在灾难中的罹难者身份鉴定。

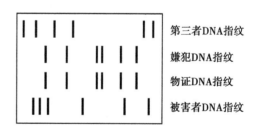

图 22-7 DNA 指纹技术用于犯罪嫌疑人的鉴定

值得注意的是，随着近年测序技术的快速发展，对个体基因片段及基因组的测序成本不断降低，效率不断提高。目前被广泛提及的基因检测，是利用测序技术对基因序列进行测定，并与特定表型相关联。而基因诊断建立在明确的基因与疾病关系基础上，这与目前市场上一般意义的基因检测仍有一定区别。

（高 旭）

参 考 文 献

[1] Staudt LM. Molecular diagnosis of the hematologic cancers. N Engl J Med, 2003, 348(18): 1777-1785.

[2] Wang J, Dean DC, Hornicek FJ, et al. RNA sequencing (RNA-Seq) and its application in ovarian cancer. Gynecol Oncol, 2019, 152(1): 194-201.

[3] Morganti S, Tarantino P, Ferraro E, et al. Complexity of genome sequencing and reporting: Next generation sequencing (NGS) technologies and implementation of precision medicine in real life. Crit Rev Oncol Hematol, 2019, 133: 171-182.

[4] Gootenberg JS, Abudayyeh OO, Lee JW, et al. Nucleic acid detection with CRISPR-Cas13a/C2c2. Science, 2017, 356(6336): 438-442.

[5] Caliendo AM, Hodinka RL. A crispr way to diagnose infectious diseases. N Engl J Med, 2017, 377(17): 1685-1687.

第二十三章　基　因　治　疗

基因异常与很多疾病的发生关系密切。随着人类在分子水平上对疾病发病机制认识不断深入，以及分子生物学技术在医学中不断应用，基因治疗得以兴起并应用于临床，成为医学分子生物学的一个重要研究领域。作为一种新的治疗手段，基因治疗虽然经历了曲折的发展历程，在目前仍存在诸多问题和挑战，但其在临床疾病治疗中有着极大发展潜力和广阔应用前景。

第一节　基因治疗概述

一、基因治疗的概念

基因治疗（gene therapy）是指将核酸作为药物导入患者特定靶细胞，使其在体内发挥作用，以最终达到治疗疾病目的的治疗方法。

基因治疗的分子靶点与传统药物治疗不同（图 23-1）。基因治疗针对的分子靶点主要是基因组 DNA 和 mRNA，是以核酸作为药物，称为治疗性核酸（therapeutic nucleic acid）或核酸药物（nucleic acid drug），包括编码蛋白质的重组载体、寡核苷酸等。传统药物治疗针对的分子靶点主要是蛋白质（如酶或受体等），采用的药物主要是传统的小分子化学药物（如酶的抑制剂、受体的激动剂或拮抗剂等）和大分子生物制药药物（如治疗性重组蛋白、治疗性单克隆抗体等）。

基因治疗与常规治疗方法有所不同，一般意义上疾病的治疗大多针对的是因基因异常而导致的蛋白质产物异常及各种症状，而基因治疗则大多针对的是疾病的根源，即异常的基因本身。对于典型的单基因遗传病来讲，与传统的药物治疗相比，基因治疗是真正地从病因（即致病基因）上进行治疗，可以说是最理想的治疗方法。

二、基因治疗的分类

基因治疗按照靶细胞类型和实施方案等可以进行不同的分类。

1. 按靶细胞类型分类　可分为生殖细胞基因治疗（germ cell gene therapy）和体细胞基因治疗（somatic cell gene therapy）。广义的生殖细胞基因治疗以精子、卵子和早期胚胎细胞作为治疗对象。由于涉及一系列伦理学问题，且当前技术不成熟，生殖细胞基因治疗仍属禁区，仅限于以动物为模型的基因治疗研究。在现有的条件下，基因治疗仅限于体细胞。体细胞基因治疗是将核酸导入患者体细胞，以达到治疗疾病的目的，其基因信息不会传至下一代。

2. 根据实施方案或给药途径分类　可分为直接体内（*in vivo*）基因治疗（又称体内法）和间接体内（*ex vivo*）基因治疗（又称回体法）（图 23-2）。直接体内基因治疗是将外源基因直接或通过各种载体导入体内有关组织器官（如肝、眼视网膜色素上皮、肌肉、中枢神经系统），使其进入相应的细胞并进行表达。体内基因转移可以是局部（原位）或是全身性的。体内基因转移时，可以使用特异的靶向传递系统或基因特异性调控系统而实现靶向性。直接体内基因治疗方法的优点是操作简便，容易推广，不需要像回体法基因治疗那样对靶细胞进行特殊培养，较为安全。其缺点是，

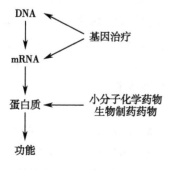

图 23-1　基因治疗与传统药物治疗的分子靶点

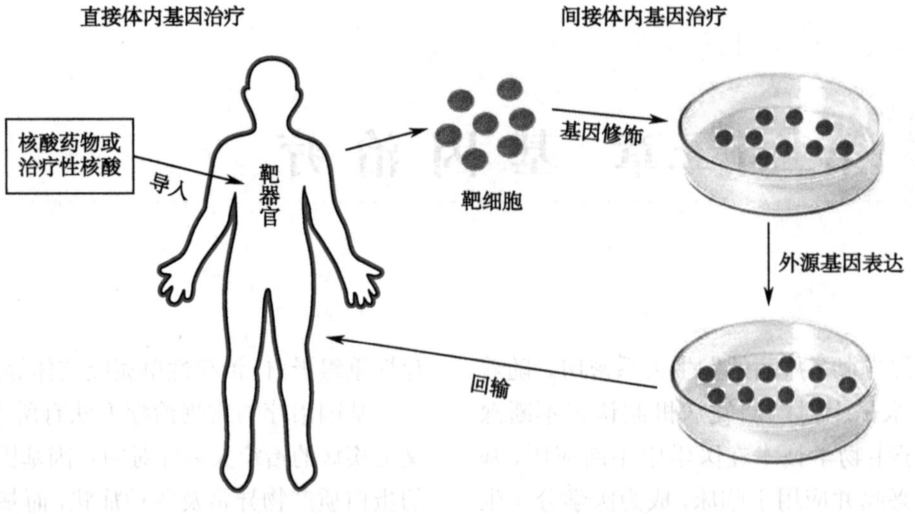

图 23-2　直接体内基因治疗和间接体内基因治疗

靶组织转移效率较低，外源基因稳定整合的水平较低，疗效持续时间短，可能产生免疫排斥等。间接体内基因治疗通常是先将合适的靶细胞（常用造血干细胞和 T 细胞）从体内取出，在体外增殖，并将外源基因导入细胞内使其高效表达，然后再将这种基因修饰过的靶细胞回输患者体内，使外源基因在体内表达，从而达到治疗疾病的目的。该方案技术体系成熟、比较安全，其效果较易控制且比体内基因疗法更为有效，故在临床试验中常常使用。其缺点是技术相对比较复杂、难度大，不容易推广。

三、基因治疗的主要策略

（一）基因修复

基因修复（gene repair）包括基因替换和基因矫正。基因替换（gene replacement）是指将正常的目的基因导入特定的细胞，通过体内基因同源重组，以导入的正常目的基因原位替换病变细胞内的致病缺陷基因，使细胞内的 DNA 完全恢复正常状态。基因矫正（gene correction）是指将致病基因中的异常碱基进行纠正，而正常部分予以保留。这两种方法，均是对缺陷基因进行精确地原位修复，不涉及基因组的其他任何改变。理论上来讲，基因修复是最为理想的治疗方法，但由于技术原因，在基因组编辑技术出现以前，主要停留在实验研究阶段。

（二）基因添加

基因添加（gene addition），也称基因增强（gene augmentation），是指将正常基因导入病变细胞或其他细胞，不去除异常基因，而是通过基因的非定点整合，使其表达产物补偿缺陷基因的功能或使原有的功能得以加强。目前基因治疗多采用此种方式。例如在血友病患者体内导入凝血因子Ⅸ基因，恢复其凝血功能；将编码干扰素和白介素 -2 等分子的基因导入恶性肿瘤患者体内，可以激活体内免疫细胞的活力，作为抗肿瘤治疗中的辅助治疗。再如临床上常用的嵌合抗原受体 T 细胞免疫疗法（chimeric antigen receptor T-cell immunotherapy，CAR-T），其基本原理和步骤是，先从癌症患者身上分离 T 细胞，然后用基因工程技术给 T 细胞加入一个能识别肿瘤细胞并且同时激活 T 细胞的嵌合抗体，也即制备 CAR-T 细胞，再体外培养大量扩增 CAR-T 细胞，把扩增好的 CAR-T 细胞回输到患者体内。

（三）基因失活

有些疾病是由于某一或某些基因的过度表达引起的。基因失活（gene inactivation），也称基因沉默（gene silencing）或基因干扰（gene interference），是指将特定的核酸序列导入细胞内，在转录或翻译水平抑制或阻断某些基因的表达，以达到治疗疾病的目的。包括早期使用的反义核酸、核酶以及 RNA 干扰等技术。

（四）自杀基因疗法

自杀基因疗法是将一些病毒或细菌中存在的所谓自杀基因（suicide gene）导入人体靶细胞，这些基因可产生某些特殊的酶，能将对人体原本无毒或低毒的药物前体在人体细胞内转化为细胞毒性物质，从而导致靶细胞的死亡。因正常细胞不含这种外源基因，故不受影响。常用的自杀基因有单纯疱疹病毒胸苷激酶（herpes simplex virus thymidine kinase，HSV-TK）、大肠埃希菌胞嘧啶脱氨酶（Escherichia coli cytosine deaminase，EC-CD）等基因。目前此种策略已被批准进入临床。广义上来讲，这种基因治疗策略实际上属于基因添加的范畴，自杀基因疗法导入的是靶细胞中不存在的外源基因，和致病基因的关系并不十分密切，治疗性基因的导入并不是用于替代或增强缺陷基因的功能，而是赋予了被转染靶细胞一种新的功能或特性。

（五）基因组编辑

基因组编辑（genome editing），也称基因编辑（gene editing），是近年来新兴起的一种分子生物学技术，该技术不仅简单易用，技术门槛低，而且功能强大，可以实现前述的基因修复（包括基因替换和基因矫正）、基因添加、基因失活等多种基因治疗策略和效果。因此，该技术在未来的基因治疗中必将发挥重要作用。但鉴于该技术门槛低且发展迅速、功能强大，如何恰当地应用这一强大的分子生物学技术业已成为科学界乃至人类社会面临的巨大问题。2015年和2018年中国研究人员分别采用基因组编辑技术对人类生殖细胞进行了基因编辑操作，给科学研究和社会伦理等层面带来了前所未有的冲击。

第二节 基因治疗的基本程序

基因治疗的具体流程和方法可因疾病种类、治疗策略等有所不同。一般来讲，基因治疗的基本程序主要包括：①选择治疗靶点基因；②选择基因治疗的靶细胞；③核酸药物的制备；④核酸药物的传递；⑤基因表达及治疗效果检测；⑥临床试验的申请与审批。

一、治疗靶点基因的选择

在开展基因治疗时，首要问题就是根据疾病的发生机制和治疗策略来选择合适的治疗靶点基因。对于单基因缺陷的遗传病而言，其野生型基因即可被用于基因治疗，可以采用基因添加治疗

策略，将原有的正常基因克隆于质粒和病毒载体中，制备相应的治疗性核酸或核酸药物，导入患者体内即可。对于恶性肿瘤，也可以将细胞因子编码基因作为治疗靶点基因。如果疾病是由于基因异常过表达引起，如肿瘤的癌基因，可以选取该过表达基因作为治疗靶点基因，设计制备具有抑制基因表达效应的寡核苷酸药物导入患者体内即可。

二、靶细胞的选择

基因治疗的靶细胞通常是体细胞。基因治疗的原则是仅限于患病的个体，而不能涉及下一代，因此国际上严格限制用人生殖细胞进行基因治疗实验。靶细胞应具有如下特点：①靶细胞要易于从人体内获取，生命周期较长，以延长基因治疗的效应；②应易于在体外培养及易受外源性遗传物质转化；③离体细胞经转染和培养后回植体内易成活；④选择的靶细胞最好具有组织特异性，或治疗基因在某种组织细胞中表达后能够以分泌小泡等形式进入靶细胞。

人类的体细胞有200多种，目前还不能对大多数体细胞进行体外培养，因此能用于基因治疗的体细胞十分有限。目前能成功用于基因治疗的靶细胞主要有造血干细胞、淋巴细胞、成纤维细胞、肌细胞和肿瘤细胞等。在实际应用中也需根据疾病发生的器官和位置、发生机制等多种因素综合考虑、灵活选用。

1. **造血干细胞** 造血干细胞（hematopoietic stem cell，HSC）是骨髓中具有高度自我更新能力的细胞，能进一步分化为其他血细胞，并能保持基因组DNA的稳定。HSC已成为基因治疗最有前途的靶细胞之一。由于造血干细胞在骨髓中含量很低，难以获得足够的数量用于基因治疗。人脐带血细胞是造血干细胞的丰富来源，其在体外增殖能力强，移植后抗宿主反应发生率低，是替代骨髓造血干细胞的理想靶细胞。目前已有脐带血基因治疗的成功病例。

2. **淋巴细胞** 淋巴细胞参与机体的免疫反应，有较长的寿命及容易从血液中分离和回输，且对目前常用的基因转移方法都有一定的敏感性，适合作为基因治疗的靶细胞。目前，已将一些细胞因子、功能蛋白的编码基因导入外周血淋

巴细胞并获得稳定高效的表达，应用于黑色素瘤、免疫缺陷性疾病、血液系统单基因遗传病的基因治疗。

3. 皮肤成纤维细胞　皮肤成纤维细胞具有易采集、可在体外扩增培养、易于移植等优点，是基因治疗有发展前途的靶细胞。逆转录病毒载体能高效感染原代培养的成纤维细胞，将它再移植回受体动物时，治疗基因可以稳定表达一段时间，并通过血液循环将表达的蛋白质送到其他组织。

4. 肌细胞　肌细胞有特殊的 T 管系统与细胞外直接相通，利于注射的质粒 DNA 经内吞作用进入。而且肌细胞内的溶酶体和 DNA 酶含量很低，环状质粒在胞质中存在而不整合入基因组DNA，能在肌细胞内较长时间保留，因此骨骼肌细胞是基因治疗的很好靶细胞。将裸露的质粒DNA 注射入肌组织，重组在质粒上的基因可表达几个月甚至 1 年之久。

5. 肿瘤细胞　肿瘤细胞是肿瘤基因治疗中极为重要的靶细胞。由于肿瘤细胞分裂旺盛，对大多数的基因转移方法都比较敏感，可进行高效的外源性基因转移。因此，无论采用哪一种基因治疗方案，肿瘤细胞都是首选的靶细胞。

此外，也可采用骨髓基质细胞、角质细胞、胶质细胞、心肌细胞及脾细胞作为靶细胞，但由于受到取材及导入外源基因困难等因素影响，还仅限于实验研究。

三、核酸药物的制备

目前，基因治疗中使用的核酸药物种类较多，可大致区分为长片段的核酸分子和短的核苷酸片段即寡核苷酸。前者主要是重组质粒 DNA分子和病毒载体，后者则种类相对繁杂，包括反义寡核苷酸、核酶、脱氧核酶、siRNA 等。

1. 重组质粒 DNA 的制备　重组质粒 DNA通常是包含一个编码特定蛋白质的治疗性基因的高分子量双链 DNA 分子。在分子水平上，质粒DNA 分子可以被视为药物前体，一旦被细胞摄取后即可利用胞内的转录和翻译机制而合成具有治疗作用的蛋白质。基因治疗即利用了质粒 DNA的这种特性，把治疗性基因导入细胞内进而产生蛋白质而发挥治疗作用。质粒 DNA 需要在进入胞浆后再进入细胞核才能最终发挥作用。在研究

级别重组质粒 DNA 通常可从各种细菌细胞中提取和纯化。但制备工业级别的能够符合药物产品苛刻纯度标准的质粒 DNA 仍然比较困难，相关资料也鲜有发表。用于基因治疗的重组质粒DNA 的大规模生产方法与重组治疗蛋白的大规模生产非常类似，包括生产微生物（如大肠埃希菌）发酵、细胞收集及裂解、细胞碎片去除、质粒沉淀、色谱纯化、浓缩、制剂和包装。

2. 重组病毒载体的制备　目前用于基因治疗的病毒载体大规模生产的文献报道仍然寥寥可数。因为主要是一些从事基因治疗产品研发的公司在进行这些大规模生产方法的研制，方法的具体细节仍然是商业秘密。但其总体方法和治疗性蛋白的生产也大体一致，包括在合适的动物细胞生物反应器中培养包装细胞、病毒载体接种及病毒繁殖包装、病毒收集浓缩、纯化和制剂。

3. 寡核苷酸药物的制备　根据其分子作用机制不同，寡核苷酸药物可以分为反义寡核苷酸、核酶和脱氧核酶以及小干扰 RNA 等。与治疗性重组蛋白和治疗性重组质粒 DNA 及病毒的生产不同，寡核苷酸通常是以直接化学合成的方式生产。寡核苷酸是一种广泛使用的分子生物学试剂，因此其有机合成方法得以不断的发展、优化和商业化。其基本合成策略和多肽合成的梅里菲尔德合成法（Merrifield synthesis）法非常类似，最常用的合成方法是磷酰胺酸法，目前已经实现商业化自动合成，能快速和廉价地合成超过 100 个核苷酸长度的寡核苷酸。寡核苷酸可通过高效液相色谱法（high performance liquid chromatography，HPLC）纯化。

四、核酸药物的传递

对于传统药物来讲，其给药方式包括口服、静脉注射等。但核酸药物的给药或传递（delivery）方式则比较特殊，主要涉及两个方面：第一，核酸药物如何导入或转入靶细胞内；第二，核酸药物如何导入人体内。这也是实现有效基因治疗的关键因素。

目前基因治疗的临床实施方案中，通过两种方式将核酸药物导入人体内。一种是间接体内基因治疗，即先将靶细胞从体内取出，在体外培养，将核酸药物导入细胞内，经筛选繁殖扩增后再回

输体内。经治疗性基因修饰的细胞可以通过不同的合适方式回输体内以发挥治疗效果。如淋巴细胞可经静脉回输入血、皮肤成纤维细胞可经胶原包裹后埋入皮下组织等。另一种是直接体内基因治疗，即将核酸药物直接导入体内有关的组织器官，使其进入相应的细胞发挥治疗效应。

无论采用间接体内或直接体内方案，核酸药物都必须要导入细胞内才能发挥作用。

基因导入细胞的方法有病毒载体介导的基因转移和非病毒载体介导的基因转移两种。前者是以重组病毒作为载体，通过感染将基因导入靶细胞，其特点是基因转移效率高，但安全问题需要重视。后者是用物理或化学法，将治疗基因表达载体导入细胞内或直接导入人体内，操作简单、安全，但是转移效率低。

药物传递系统在实现核酸疗法的治疗潜力上起着至关重要的作用。核酸药物的传递系统已经从实验室逐渐发展成熟并进行临床试验和应用。作为一种理想的核酸药物传递系统，其特性包括：高转染效率和高度的靶细胞特异性、低的毒性和免疫原性、生物可降解性以及药物制剂稳定性。此外，这种理想的核酸药物传递系统还应该是简便易于程式化，并能被修改以用于专门的核酸释放、传递和表达。

（一）病毒载体介导的传递系统

目前，在世界范围内，超过70%的人类基因治疗临床试验采用病毒作为核酸药物传递系统。

病毒载体介导的传递系统在各种疾病，如肌肉萎缩和恶性肿瘤等的治疗中均取得了重大进展。当前基因治疗中常用的病毒载体有五种（表23-1），分别来源于γ逆转录病毒（gammaretrovirus）、慢病毒（lentivirus）、腺病毒（adenovirus）、腺相关病毒（AAV）和单纯疱疹病毒（herpes simplex virus, HSV）。

野生型病毒必须经过改造才能成为容纳和携带外源基因的载体。不同病毒载体的改造原则基本一致。第一，删除病毒基因组中的病毒蛋白编码基因，尤其是潜在的致病基因；第二，保留病毒基因组中对于病毒复制所必需的顺式作用元件，尤其是决定病毒基因组包裹至病毒颗粒中的序列即包装信号（ψ）；第三，病毒复制所需的病毒基因则由病毒生产细胞即包装细胞（packaging cell）表达提供，可通过瞬时转染包含这些基因的质粒实现，或者将辅助病毒同时感染包装细胞来表达这些基因，或者通过遗传改造将这些基因直接整合入包装细胞的基因组中。在实际应用中，病毒载体需要先导入体外培养的包装细胞，在其中复制包装成假病毒颗粒，再经浓缩纯化等处理即可用于基因治疗。

1. **逆转录病毒载体** 逆转录病毒载体是目前基因治疗的常用载体。逆转录病毒载体中仅保留长末端重复序列（long terminal repeat, LTR）和包装信号等五个完成复制必需的顺式作用元件，其余非必需的基因组序列以及编码病毒蛋白的序

表 23-1 常用病毒载体比较

类别	γ逆转录病毒载体	慢病毒载体	腺病毒载体	AAV载体	HSV载体
是否整合	整合	整合	非整合	非整合	非整合
基因组大小	8kb	9kb	36kb	5kb	150~250kb
克隆容量	7~8kb	7~8kb	8~30kb	3.5~4kb	40~150kb
宿主细胞范围	仅分裂细胞	广泛，分裂和非分裂细胞	广泛，分裂和非分裂细胞	广泛，分裂和非分裂细胞	广泛，偏好神经元
表达持续时间	数天至数月	长（>12月）	数天至数月	长（2.5~6.0月）	数天至数月
优点	整合入宿主基因组，外源基因长期稳定表达	整合入宿主基因组，外源基因长期稳定表达	感染宿主细胞范围广泛；感染效率高；病毒滴度高	非致病性；免疫原性低；病毒滴度高	克隆容量大；感染效率高；病毒滴度高；扩增子载体易操作
缺点	插入突变致癌；仅感染分裂细胞	插入突变致癌	严重的炎症和免疫反应；基因组大，操作不便	克隆容量低	偶尔出现细胞毒性；可能出现强免疫反应

列被删除,被外源基因所取代。病毒结构蛋白基因 *gag*、*pol* 和 *env* 则由包装载体提供。逆转录病毒基因组中有编码逆转录酶和整合酶的基因,故可介导外源基因整合至宿主细胞基因组中并持续长期表达。但这也会导致插入突变,即插入宿主细胞基因组的原癌基因附近使其激活而发生癌变。

逆转录病毒载体主要包括两种。一是 γ 逆转录病毒载体,开发于 20 世纪 80 年代,主要源于逆转录病毒科正逆转录病毒亚科的 γ 逆转录病毒属的莫洛尼鼠白血病病毒(Moloney murine leukemia virus,MoMLV)。二是慢病毒载体,主要源于正逆转录病毒亚科的慢病毒属的人类免疫缺陷病毒 1 型(human immunodeficiency virus type 1,HIV-1)。与 γ 逆转录病毒载体不同,慢病毒载体能介导基因转移至非分裂细胞,但仍无法介导转移至 G₀ 期静止细胞。与 γ 逆转录病毒载体相比,它能携带更大和更复杂的基因表达盒,故而更适合用于镰状细胞贫血的基因治疗。此外,其另一优势是优先整合至基因的编码区。而 γ 逆转录病毒载体则能整合至基因的 5′ 端非翻译区,该特性能增加造血干细胞发生致癌插入突变的风险。故慢病毒载体现主要用于造血干细胞,γ 逆转录病毒载体目前也仍用于某些 T 细胞改造及造血干细胞基因治疗。

2. 腺病毒载体 改造自腺病毒科的腺病毒,是一种有包膜的双链 DNA 病毒,可引起人上呼吸道和眼部上皮细胞的感染。野生型腺病毒在自然界分布广泛,至少存在 100 种以上血清型。重组腺病毒载体大多以非致病的 5 型(Ad5)和 2 型(Ad2)腺病毒为基础。腺病毒载体不会整合到染色体基因组,因此不会引起患者染色体结构的破坏,安全性高;而且对 DNA 包被量大、基因转染效率高;对静止或慢分裂细胞都具有感染作用,适用细胞范围广。腺病毒载体的缺点是基因组较大,载体构建过程较复杂。由于治疗基因不整合到染色体基因组,故易随着细胞分裂或死亡而丢失,不能长期表达。此外,该病毒的免疫原性较强,注射到机体后很快会被机体的免疫系统排斥。第一代和第二代腺病毒载体是分别将病毒早期基因 E1 等删除而构建的复制缺陷型载体,克隆容量约 8kb,免疫原性较强,外源基因表达时间短。第三代腺病毒载体则缺失了大部分或全部病毒基因,仅保留末端反向重复序列(inverted terminal repeat,ITR)和包装信号序列,称为无病毒载体(gutless vector),克隆容量可达 30kb,免疫原性进一步降低,外源基因持续表达时间更长。

3. AAV 载体 改造自一种天然复制缺陷型、非致病性、无包膜的细小病毒(parvovirus)。野生型 AAV 需要另一病毒如腺病毒或疱疹病毒辅助才能复制。AAV 的所有病毒编码序列被外源基因表达盒代替。AAV 载体的一个限制是不能包装超过 5kb 的 DNA。而 γ 逆转录病毒载体或慢病毒载体则能容纳至 8kb。AAV 载体主要是非整合性的,被转移的 DNA 在细胞内以附加体(episome)的形式稳定存在。该特点降低了其整合相关的风险,但也限制了外源基因的长期表达。野生型 AAV 至少有十几种血清型,主要区别在于衣壳蛋白 Cap 不同,故而对不同的组织细胞感染效率不同。在动物模型中,AAV 载体凭借其特异的组织向性(tropism)能有效转导肌肉、肝、视网膜、心肌、中枢神经系统等各种靶组织。早期的 AAV 载体临床试验采用肌肉注射,后来转而利用 AAV2 肝向性的优势采用静脉注射。AAV 载体的限制主要是抗 AAV 免疫反应,因为很多人携带直接针对 AAV 衣壳的中和抗体和记忆性 T 细胞。

4. HSV 载体 主要改造自疱疹病毒科的 I 型单纯疱疹病毒(HSV-1)。HSV-1 是一种人类嗜神经病毒,可感染分裂后的神经元细胞。HSV 载体具有克隆容量大、宿主范围广和病毒滴度高等优点,有三种:一是扩增子载体(amplicon vector),即删除所有病毒基因但仅保留复制和包装信号序列,需要辅助病毒包装,克隆容量高达 150kb,表达持续时间约数天;二是复制缺陷型载体(replication-defective vector),即删除与复制相关的所有必需和非必需基因,多用于在宿主神经元细胞内长期表达外源性治疗基因,克隆容量高达 40kb,表达持续时间可达数月;三是条件复制型载体(conditionally replicating vector),即删除非必需基因但保留细胞内复制必需基因,因其具有裂解细胞的特性,主要作为溶瘤病毒(oncolytic virus)来选择性杀伤肿瘤细胞。

(二)非病毒载体介导的传递系统

虽然病毒性载体介导的药物传递系统是当前

的主流,但目前也约有 20%～25% 的临床试验使用的是非病毒性载体介导的药物传递系统。非病毒性载体介导的核酸药物传递系统能避开病毒性载体的一些问题,因此在某些情况下也是一个很好的选择。非病毒性传递系统的最显著的优点就是无免疫应答、易于操作。常用的非病毒性药物传递系统有两类:即物理方法和化学方法。

1. **物理方法** 物理方法主要是机械或电学方法,包括显微注射法、电穿孔法、颗粒轰击法、超声波法等。其中,对于显微注射法来说,因为每次仅操作一个细胞,故而其效率很高,但其精确性是以浪费时间为代价取得的。DNA- 金微粒的冲击转移可通过颗粒轰击设备如基因枪的方法实现,但因其需要靶组织的直接暴露,因此该法主要局限于真皮、肌肉或黏膜组织。电穿孔法使用高压电流实现核酸药物的传递,该法可导致细胞的大量死亡,故不适用于临床应用。虽然使用物理性方法也取得了很好的转染效率,但此类方法的缺点是很难在临床中实现标准化、费力、不实用且具有损伤性。

2. **化学方法** 化学方法包括 DNA- 磷酸钙共沉淀法、脂质体法、受体介导的基因转移等,其中以脂质体核酸药物传递系统的应用最为广泛。脂质体目前已经成为一种最为通用的核酸药物传递工具。它是一些由磷脂双层包裹而成水性小室组成的小囊泡。如果围绕着一个核室以同心圆状形成多重双层脂质,则被称为多层脂质体(multilamellar vesicles,MLV)。可通过聚碳酸酯膜拉伸多层脂质体而产生特定尺寸(100～500nm)的小单层脂质体(small unilamellar vesicles,SUV)。也可以通过对多层脂质体或大的小单层脂质体进行超声而产生更小尺寸的小单层脂质体(50～90nm)。亲水和疏水性的药物均可包裹在脂质体中,例如脂质体和药物 / 脂质复合物已经被用于抗癌药物阿霉素和柔红霉素的传递。

脂质体在用于核酸药物传递时,可将核酸药物包裹在水性中心内,也可将核酸药物和脂质体复合成磷脂层。与病毒载体介导的核酸药物传递系统相比,脂质体具有更为明显的优点。例如:脂质体没有蛋白质成分,故而一般无免疫原性。因为脂质体双层中的磷脂成分种类很多,因此,脂质体传递系统也很容易进行改造以产生符合各

种需要的尺寸、表面电荷、组成和形状。一些脂质体的阳离子带电表面还有助于核酸药物的复合物形成和传递。脂质体还保护核酸药物不受核酸酶的降解和提高核酸药物的稳定性。脂质体也可用于一些专门的基因药物传递(如长半衰期、持久和靶向传递)。迄今为止,各种各样的阳离子、阴离子、人工合成的修饰性脂质以及其不同组合物均已经被各种各样的核酸药物的传递。

五、基因表达及治疗效果检测

基因治疗的效果检测,包括通过体外试验、体内试验(如动物实验)在分子和细胞水平上采用各种分子生物学技术检测治疗性目的基因在靶细胞及相关器官组织中是否表达、表达产物是否有功能 / 活性、目的基因是否整合到基因组以及整合的位点、靶细胞的形态和生物学行为的改变等,通过毒性试验、免疫学、致癌试验等对其进行安全性评估,以及通过临床试验从临床角度对患者疾病症状的改善、毒副作用等进行疗效检测和药效机制分析。

六、基因治疗临床试验的申请和审批

美国是最早开展基因治疗的国家,用于临床基因治疗的方案需经过几个机构的审查。先通过一个地方伦理小组和一个地方生物安全小组审核,再呈送美国国立卫生研究院(National Institutes of Health,NIH)的重组 DNA 顾问委员会(Recombinant DNA Advisory Committee,RAC)下属的人类基因治疗分委员会(Human Gene Therapy Subcommittee,HGTS),HGTS 审查后呈送 RAC,RAC 审查后再送交 FDA。RAC 的审查要点是治疗方案对受治病人与大众的安全性,对预期疗效与潜在危险进行评估。FDA 主要考虑治疗程序的特点,用于基因转移的生物制品的产品质量控制与鉴定。

欧盟将基因治疗产品纳入先进技术治疗医学产品(Advanced Therapy Medicinal Product,ATMP)管理,该类药物的定义是能够为疾病带来革命性的治疗方案,对于患者与产业具有巨大前景。由欧洲药品管理局(European Medicines Agency,EMA)负责审批和管理。

在中国,基因治疗产品的注册审批和监管由

国家市场监督管理总局国家药品监督管理局负责。1993年，我国卫生部颁布了《人的体细胞治疗及基因治疗临床研究质控要点》。1999年，国家药品监督管理局对上述质控要点进一步修订后颁布了《人基因治疗申报临床试验指导原则》，并又于2003年颁布了《人基因治疗研究和制剂质量控制技术指导原则》。这些法律法规详细地规定了基因治疗制品的制备和生产工艺及质量控制，基因治疗的体外和体内有效性实验，安全性实验，临床试验方案，伦理学考虑等。

第三节　基因治疗的临床应用

基因治疗作为一门新兴学科，在很短的时间内就从实验室过渡到临床，已被批准的基因治疗方案有两百种以上，包括单基因遗传病、恶性肿瘤、感染性疾病、心血管系统疾病等（表23-2）。

一、单基因遗传病的基因治疗

单基因缺陷引起的遗传病，是当前基因治疗的主要对象，如腺苷脱氨酶缺乏引起的重症联合免疫缺陷（severe combined immunodeficiency due to adenosine deaminase deficiency，ADA-SCID）、镰状细胞贫血、β地中海贫血、囊性纤维化、家族

性高胆固醇血症、血友病B（凝血因子Ⅸ缺乏）、血友病A（凝血因子Ⅷ缺乏）等。通常是采用间接体内或直接体内方案把正常的基因导入到患者体内，表达正常的功能蛋白。

二、恶性肿瘤等疾病的基因治疗

基因治疗最早主要是针对单基因遗传病，近年来也开始应用于恶性肿瘤、感染性疾病、心血管疾病等，尤以恶性肿瘤应用最多。目前已被克隆的恶性肿瘤相关基因很多，动物模型比较成熟，患者及亲属易接受，所以，恶性肿瘤的基因治疗研究日趋活跃，并取得了显著的成果。到目前为止，世界各国已经批准开展进行的基因治疗方案中，70%以上是针对恶性肿瘤。

与其他疾病相比，肿瘤的基因治疗有更多类型的目的基因和靶细胞可供选择，基因导入的方法也不尽相同，因此治疗策略具有多样性。例如：①抑制和杀伤肿瘤细胞，包括抑制癌基因的表达（如 *K-Ras*）、抗肿瘤血管形成、恢复抑癌基因的功能（如 *p53* 和 *RB*）、自杀疗法等；②肿瘤细胞的基因修饰，包括导入细胞因子基因、共刺激分子基因等策略；③调节和增强机体的免疫功能，包括 CAR-T、将细胞因子基因导入免疫细胞、肿瘤 DNA 疫苗等策略。

表23-2　基因治疗典型应用案例

疾病	细胞类型	治疗方案	载体/转基因	批准/认定
急性淋巴细胞白血病	T细胞	间接体内	LV CD19（4-1BB）CAR-T	FDA 2017；EMA 2016
弥漫性大B细胞淋巴瘤	T细胞	间接体内	γRV CD19（CD28）CAR-T	FDA 2014
滑膜肉瘤	T细胞	间接体内	LV-NY-ESO-*TCR*	FDA 2016；EMA 2016
艾滋病	T细胞	间接体内	ZFN *CCR5* 电转	
β地中海贫血	造血干细胞	间接体内	LV 血红蛋白β	FDA 2015；EMA 2016
镰状细胞贫血	造血干细胞	间接体内	LV 血红蛋白β	
腺苷脱氨酶缺乏症	造血干细胞	间接体内	LV *ADA*	FDA 2015
脊髓性肌萎缩	中枢神经系统	直接体内	AAV9-*SMN*	FDA 2016；EMA 2017
血友病B	肝	直接体内	AAV8-凝血因子Ⅸ	FDA 2014；EMA 2017
血友病A	肝	直接体内	AAV5-凝血因子Ⅷ	EMA 2017
脂蛋白脂肪酶缺陷	肌肉	直接体内	AAV1-*LPL*	EMA 2012-2017
遗传性视网膜营养不良	视网膜	直接体内	AAV2-*RPE65*	FDA 2017

γRV：γ retrovirus，γ逆转录病毒；LV：lentivirus，慢病毒；TCR：T cell receptor，T 细胞受体；HIV：human immunodeficiency virus，人类免疫缺陷病毒；ZFN：zinc finger nuclease，锌指核酸酶；CCR5：C-C motif chemokine receptor 5，C-C 模体趋化因子受体 5；ADA：adenosine deaminase，腺苷脱氨酶；LPL：lipoprotein lipase，脂蛋白脂肪酶。

第四节 基因治疗的历史与前景展望

基因治疗的发展历史虽然很短，但堪称曲折。前事不忘，后事之师。了解其发展历史，对于其长远的健康发展具有重要意义。尽管基因治疗目前仍面临技术、安全、伦理及社会问题等诸多挑战，但其应用前景非常广阔。

一、基因治疗的发展历史

（一）基因治疗的早期探索

早在 1963 年，美国分子生物学家、诺贝尔生理学或医学奖获得者 Lederberg J 就提出了在人体内引入基因的概念。进入二十世纪七八十年代，DNA 重组技术得到发展，基因治疗技术体系初步具备。1972 年，美国著名生物学家 Friedmann T 等人在 *Science* 杂志上发表了一篇被广泛认为具有划时代意义的前瞻性评论"Gene therapy for human genetic disease?"。

1970 年，美国医生 Rogers S 试图通过注射含有精氨酸酶的乳头瘤病毒来治疗三名精氨酸血症患者。1980 年，美国加州大学的 Cline M 尝试对两名 β 地中海贫血患者进行基因治疗。这两项早期试验均告失败，但也客观地促进了该领域的发展以及一些规则和条例的建立。

（二）基因治疗的早期快速发展与失败案例

截至 1990 年，随着分子生物学技术进一步发展，来自多个研究组的一系列工作令人信服地验证了病毒介导的基因纠正和替代的可行性与有效性。

1990 年，世界上首例基因治疗临床试验在美国被正式批准并实施。该临床试验由美国 NIH 的 Anderson WF 医生领衔，患者是一名患有腺苷脱氨酶缺乏引起的重症联合免疫缺陷（ADA-SCID）的 4 岁女孩 Ashanti DeSilva。ADA-SCID 是一种常染色体隐性遗传代谢病。该病治疗以往主要依靠骨髓移植和注射重组腺苷脱氨酶（ADA），但由于骨髓移植只有 1/3 的患者能找到合适的供体，重组 ADA 注射也只能得到部分缓解，所以患者一直得不到有效的治疗。未治疗的患者很少存活至孩童期。1983 年，人 *ADA* 基因克隆成功。1984 年起，ADA 缺乏症的治疗转向基因治疗研究。1990 年 7 月，Anderson WF 等提出了关于 ADA 缺乏症的体细胞基因治疗的实施方案，得到美国 NIH 和 RAC 批准。该方案先分离患者外周血 T 淋巴细胞，在体外培养条件下用抗 CD3 的单克隆抗体 OKT3 和 T 淋巴细胞生长因子白细胞介素 -2（IL-2）刺激其生长分裂，导入含正常 ADA 基因的逆转录病毒载体，然后回输患者。第一次治疗将 10 亿个带有正常 *ADA* 基因的 T 淋巴细胞输给了 DeSilva，以后每隔 1~2 个月再输一次，共输 7 次。之后的检测证明，DeSilva 体内的白细胞确实可以正确地合成 ADA。不过，DeSilva 至今仍需要经常性地接受类似的手术，以确保基因疗法的持续性，而且还必须定期注射长效重组 ADA。因此，这一基因治疗案例在学界仍有争议，DeSilva 的康复是否代表着基因疗法的成功还难以界定。尽管如此，这一案例在基因治疗发展史上无疑是一个极其重要的里程碑。

1991 年，第二位 ADA-SCID 患者——11 岁女孩 Cindy Kisik 在同一家医院接受了 Anderson WF 医生的基因治疗。1992 年底，美国密歇根大学的 Wilson J 医生宣布，其团队成功治疗了一名 29 岁的家族性高胆固醇血症女性患者，手术后的数月之内，患者体内的胆固醇水平得到了显著控制。

随后，众多患者、医生和科学家的热情被迅速点燃，同时伴随着人类基因组研究的迅猛发展，基因治疗快速发展。截至 2000 年，全世界大约有 4 000 名患者参与了 500 多个基因治疗的临床试验项目。但这些基因治疗临床试验全部以失败而告终，没有一项顺利推进到大规模临床应用阶段。

1999 年 9 月 13 日，患有罕见遗传病鸟氨酸氨甲酰转移酶缺乏症的 18 岁美国男孩 Jesse Gelsinger 参与了美国宾夕法尼亚大学基因治疗项目，接受了携带鸟氨酸氨基甲酰转移酶（ornithine transcarbamoylase，OTC）cDNA 的二代腺病毒载体的肝动脉注射。4 天后，Gelsinger 因多器官衰竭死亡。后续调查表明，患者的死亡归因于腺病毒载体注射引发的大规模急性炎症反应，这是基因治疗的第一例死亡病例。

2003 年，来自伦敦和巴黎的报告声称，接受基因治疗的 20 名儿童中的 5 名患上了白血病。

这些儿童罹患的是 *IL2RG* 基因突变缺陷所引起的 X 连锁重症联合免疫缺陷病（X-linked severe combined immunodeficiency，X-SCID），在该基因治疗方案中，医生从患者的骨髓里提取造血干细胞实施基因治疗，故其理论上治疗效果持续更久；使用的逆转录病毒载体与早期 ADA-SCID 基因治疗相同，为莫罗尼小鼠白血病病毒。事后调查认为，可能该逆转录病毒插入激活了原癌基因 *LMO2*，从而导致白血病。需要指出的是，5 名患上白血病的儿童，除 1 名后来不幸去世外，其余 4 名接受化疗后痊愈，且所有幸存的患者均通过基因治疗得到了有效治疗。

（三）基因治疗的再次兴起

两场接踵而至的悲剧对基因治疗领域造成了非常沉重的打击，各国监管机构立即行动，叫停了所有基因治疗临床试验，加强了监管。同时也促进了科学家和医生进一步深入研究，如对病毒载体进行不断优化和改良等。

2010 年后，基因治疗终于再次复苏，多个基因治疗产品通过了安全性和疗效的严苛检验进入临床应用。

2012 年，采用 AAV 载体的基因治疗药物 Glybera 获得欧洲药品管理局（EMA）批准，用以治疗单基因遗传病——脂蛋白脂肪酶缺乏症。

2014 年，美国 FDA 依据临床 I 期结果授予针对心衰的基因治疗药物 Mydicar 突破性疗法认定（breakthrough therapy designation），这也是 FDA 首次认定的基因疗法。突破性疗法旨在加速开发及审查治疗严重的或威胁生命的疾病的新药。

2015 年，溶瘤病毒药物 T-Vec 分别在美国和欧洲获得批准上市，这是基于 HSV-1 载体的黑色素瘤的基因疗法，成为第一个被批准的非单基因遗传疾病的基因治疗。

2016 年，反义寡核苷酸药物 Spinraza 获得美国 FDA 批准，用于治疗由于 *SMN1*（survival motor neuron 1）基因缺失引起的脊髓性肌萎缩（spinal muscular atrophy，SMA）。该药经鞘内注射给药，可调节脊髓运动神经元内 *SMN2* 基因的选择性剪接，导致 SMN 功能性蛋白表达升高，从而补偿 *SMN1* 基因缺失。另外一种能有效穿过血脑屏障的携带 *SMN1* 基因的 AAV 载体基因治疗也获得 FDA 和 EMA 的认定批准。

2017 年，美国 FDA 批准基因疗法 Luxturna 上市。该疗法采用 AAV 载体，将正常的 *RPE65* 基因导入患者体内，用来治疗 *RPE65* 基因突变引起的 Leber 先天性黑矇等眼病。同年，《新英格兰医学杂志》上发表第一例接受基因疗法成功的镰状细胞贫血案例报告。临床上对镰状细胞贫血的治疗方法包括羟基脲或者定期输血来缓解症状，但这些疗法的疗效不长久。造血干细胞移植可能有长久疗效，但存在免疫排斥。该例基因治疗方案使用慢病毒载体，将正常 β 珠蛋白基因导入患者的造血干细胞，然后将这些改造的造血干细胞移植回到患者体内。患者血液中正常 β 珠蛋白的比例在移植手术后逐渐增加，在手术后 15 个月时占 β 珠蛋白总量的 48%。手术后 88 天患者停止接受输血来控制症状。在临床症状方面，自从接受造血干细胞移植后，该患者在手术后 15 个月里没有出现任何镰状细胞贫血症状的爆发。

2017 年，美国 FDA 还批准了 2 个使用慢病毒载体的 CAR-T 疗法，用于治疗难治性急性淋巴细胞白血病（ALL）和弥漫性大 B 细胞淋巴瘤。

据不完全统计，截至 2016 年底，全球范围内共有 2 000 多项基因治疗临床试验。其中，绝大部分处于 I 期或 I II 期，占所有基因治疗试验约 77%；II 期试验约 17%；II/III 期和 III 期约 4%。绝大多数（76%）的基因治疗临床试验着力于解决癌症（65%）和单基因遗传性疾病（11%）。

二、基因治疗的挑战

（一）基因治疗的技术及安全问题

1. 技术挑战　①基因导入细胞的效率、基因组编辑的效率仍需进一步提高。②基因组编辑、反义寡核苷酸、RNA 干扰等技术均存在脱靶效应问题，需进一步改进。③导入患者体内的治疗性基因必须在适当的组织细胞内以适当的水平表达，才能达到治疗的目的，但目前基因表达的可控性仍不尽如人意。④基因治疗通常都需要治疗性基因在患者体内长期稳定表达，但由于细胞在体内的寿命有限、目的基因的丢失以及机体的免疫排斥等原因，基因的长期稳定表达效果仍不理想。⑤遗传性疾病往往是由单基因或少数几个基因异常所引起的，其发病机制相对容易研究清楚，故其基因治疗相对容易；而高血压、糖尿病、肿瘤和某些神经系统疾病通常是多基因和多因素所造成，发病机制复杂，难以研究清楚，故其基因治疗的复杂性也相应增加。

2. 安全问题 ①基因治疗导入的外源核酸药物可能会引起内源、外源基因的重组，基因组编辑等技术可能引起脱靶效应，这些都会导致细胞基因突变。②外源基因产物（包括治疗基因和载体系统）在患者体内大量出现，可能导致严重的免疫反应。③目前基因治疗多采用间接体内法，靶细胞经体外长期培养处理后，其生物学特性可能发生改变。

（二）基因治疗的伦理及社会问题

基因治疗技术尚没成熟，遵从一定的伦理原则非常重要。传统的伦理原则在现阶段对基因治疗仍具有规范作用，但需重新诠释，以适应基因治疗临床应用的特殊性。这些原则包括在实施基因治疗方案前，须向患者说明该治疗方案属试验阶段，它可能的有效性及可能发生的风险；同时保证病人有权选择该方案治疗或中止该方案治疗，以及保证一旦中止治疗能得到其他治疗的权利。严格保护患者的隐私。优后原则，即只有确认其他治疗方法都无效，在迫不得已的情况下经患者同意方可进行基因治疗。

目前，基因治疗的应用应限于：①遗传病治疗，尤其是严重的、现阶段难以治愈的遗传病，以及恶性肿瘤和艾滋病等难治性疾病；②治疗技术比较成熟，导入基因表达调控手段比较有效，且经动物实验证明治疗有效的疾病；③导入基因不会激活有害基因如原癌基因和抑制正常功能基因。

基因治疗至少不应该用于：①生殖细胞基因治疗，因其基因能够传递扩散至下一代，对人类社会造成广泛影响，因此仍属于禁区；②促进性优生的目的，如优化、改良、遗传素质提高等；③政治或军事目的，即通过改造遗传结构而达到控制某一个体、群体、民族的目的，或用于发展基因战争等。

此外，由于目前基因治疗研发与给药方式成本较高，导致其治疗价格非常昂贵，谁来支付、如何支付也是一个亟待解决的社会问题。

三、基因治疗的前景展望

从理论角度讲，对于人类疾病治疗尤其是单基因遗传病等的治疗是一种理想的治疗方法，故其应用前景无疑是非常广阔的。从基因治疗的发展历史可以看出，通过学术界、生物技术和制药公司等产业界、行业监管机构等的共同不断努力，基因治疗目前已经显示出了良好治疗效果，并开始从基于学术界的家庭小作坊转向工业化药物发展的道路。

近年来基因组编辑技术在基因治疗领域的迅速应用，必将进一步加速基因治疗的发展与革新。此外，近年来基于免疫治疗视角的靶向 T 细胞的基因治疗方案在恶性肿瘤和感染性疾病治疗中显示出了良好治疗效果，也将在未来的基因治疗中发挥重要作用。

（卜友泉）

参 考 文 献

[1] 陈竺. 医学遗传学. 3 版. 北京：人民卫生出版社，2015.

[2] Giacca M. Gene therapy. Milan: Springer-Verlag, 2010.

[3] Scherman D. Gene transfer, gene therapy and genetic pharmacology. London: Imperial College Press, 2014.

[4] Friedmann T, Roblin R. Gene therapy for human genetic disease?. Science, 1972, 175(4025): 949-955.

[5] Dunbar CE, High KA, Joung JK, et al. Gene therapy comes of age. Science, 2018, 359(6372): eaan4672.

第二十四章　生物信息学应用

生物信息学（bioinformatics）是一个新兴的前沿交叉学科，采用数理和信息科学的理论、技术和方法研究生命现象，理解和组织与生物分子相关的信息。目前的研究重点和主要应用集中在基因组学和蛋白质组学两个方面；同时与高通量检测技术相结合，生物信息学在其他组学研究也得到迅速的拓展。生物信息学及其相关技术的应用使人们能够从核酸和蛋白质的序列数据开始，经一系列分析手段归纳和预测其中所蕴藏的关于结构与功能的丰富信息。本章主要列举了一些生物信息学分析中常用的网络资源；分别以核酸和蛋白质为对象，介绍一些常见序列分析的类别和方法；同时结合生物信息学在当前的应用热点和发展趋势进行近期的前瞻。

第一节　生物信息学数据库与网络资源

生物信息学的操作高度依赖于以数据库支撑的互联网资源。多数较大规模的基因组学和蛋白质组学的研究项目是由政府科研基金所资助的，相应的大型数据库通常可通过免费注册的方式向公众提供服务。

一、数据库的类型

数据库（database）是将各种数据集中起来，按特定的方式进行组织并允许通过计算机对其内容进行查询、管理和修订维护的一种数据储存系统。生物学数据库所存储的原始数据常常需要经过不同程度整辑（curation），包括注释、层级分析，以及与其他相关数据库的交叉引证（cross-referencing）等。

根据对数据的组织方法不同，经典的数据库管理系统（database management system）主要有三类：①平面文件（flat file）数据库：生物学数据库，如基因数据库 GenBank，蛋白质数据库 PSD（protein sequence database）、Swiss-Prot 和 RCSB/PDB（research collaboratory for structural bioinformatics /protein data bank）等，大多采用平面文件的数据库管理模式。②关系型（relational）数据库：数据一般被编列组织为多个表格，每个表格的行列之间以及不同表格之间通过其数学特征而相互关联，便于在检索结果中迅速输出用户所需的综合信息。③面向对象（object-oriented）数据库：以独立的对象形式储存数据，其中所谓的"对象"可以是多层次的层级结构并且相互联系构成树状逻辑网络，数据的数学特征可以扩展为相关的操作或算法，不同层级对象之间允许继承其分属上级对象的特性。面向对象的数据结构由于具备数据和算法相结合的优点，为程序编写工作带来了极大的方便，同时，在运算效率和结果显示等诸多方面有显著优势。

二、数据库信息检索

随着不同种类数据库数量及其所存储数据量的快速增长，涉及多个数据库的跨库综合性检索系统对数据的综合分析和实验设计的参考价值往往更大。目前许多检索系统（表 24-1）可完成诸如从文献查询到基因序列、蛋白质序列、结构与功能以及分类信息等多种综合数据的提取。

Entrez 是 NCBI 的一个综合性检索系统，作为 NCBI 数据库及其检索操作的通用门户入口，将各独立数据库在统一的界面下联为一体，使得包括核酸和蛋白质序列、蛋白质结构、基因组全序列与基因物理图谱、基因表达以及生物医学文献和种属分类等在内的一系列数据库，拥有统一规范的检索模式。Entrez 的架构设计注重数据间的内在逻辑关系，例如，在 PubMed 中检索到的

表24-1　一些常用生物信息学资源与分析平台

网站	网址
NCBI	https://www.ncbi.nlm.nih.gov/
Ensembl	http://www.ensembl.org/index.html
UCSC	http://genome.ucsc.edu/
UniProt	https://www.uniprot.org/
GEO	https://www.ncbi.nlm.nih.gov/geo/
DAVID	https://david.ncifcrf.gov/
OMIM	https://www.ncbi.nlm.nih.gov/omim/
KEGG	https://www.genome.jp/kegg/pathway.html
IPA	http://norris.usc.libguides.com/IPA
BioCarta	https://cgap.nci.nih.gov/Pathways/BioCarta_Pathways
Reactome	https://www.reactome.org/
miRBase	http://www.mirbase.org/
Cytoscape	https://cytoscape.org/

文献涉及一个已知基因序列时，一般会同时给出序列数据库（如 GenBank）的提取编号（accession number），根据此标识代码可以方便地链接到其编码蛋白的存储记录；如果该蛋白的三维结构已被解析，用户可以方便地链接到蛋白质结构数据库的相应结构数据；如果该基因已被定位到相应物种染色体的特异位点，则通过检索代码之间的映射关系，可以直接切换到基因图谱数据库的相应记录和显示界面。

在 Entrez 的检索语法中，允许通过关键词之间的布尔运算组合对数据库进行词语搜索（text search），适用于从序列、文献源到基因结构和基因表达等数据库，以获取大量相关的信息链接。这些链接的类型可以是直接的交叉引证资讯，如在序列检索中所引用的原始报道摘要；或者是可直接链接的相应 DNA 或相应蛋白结构等。Entrez 检索输出的另一种链接是根据"邻近"序列或文摘间的相似性所导出的搜索结果，通常为一组相关文件的链接，以便用户对潜在有价值的相关资料进行快速浏览和评估，如检索结果网页中的"链出"（linkout）提供将一个文件扩展到多个外部相关的资源。在 Entrez 检索中，合理有效地应用标签（tag）能够大大提高检索的效率和准确性。

此外，Ensembl 作为另一个著名的大型基因组数据资源和分析平台，由欧洲生物信息研究院和英国的 Sanger 研究所共同协作运营，提供与 NCBI 类似且部分功能互补的信息检索及下载服务。

第二节　序列分析基础

序列特征分析是分子生物学的重要常规操作之一，在生物大分子结构与功能的研究中发挥十分重要的作用。常规的核酸及蛋白质的序列特征分析被认为是基于计算机（in silico）在线生物信息学实验的基本内容，目前可以通过许多不同的分析平台或网站资源完成（表24-2）。

一、核酸序列特征分析

（一）基因可读框的识别

可读框（ORF）的预测工具众多。根据预测方法的不同，ORF 的预测可分为两类：第一类方法以统计学分析和模式识别为基础，从基因序列本身进行预测，不需要与大规模的数据库进行比较，预测速度快，当缺少待分析物种的相关数据库信息时，此类方法比较适用，如使用比较广泛且预测成功率较高的 GENSCAN；第二类方法是以同源比对为基础，依赖于已知的数据库来源、数量和质量，预测的正确性优于第一类方法。在实际操作中，由于使用的预测方法和针对的物种有所差异，有时 ORF 预测的结果会有所不同，此时需要实验验证数据的支持对结果进行判定。

（二）密码子使用模式分析

不同物种或不同基因在密码子使用上存在很大的差异。某种生物可能更偏爱使用某些密码子，相应地被称为最优密码子，这种现象被称为密码子使用的偏好性。密码子使用偏好性的产生与某些基因的表达水平、翻译起始效应、基因的碱基组成、GC 含量、基因长度、tRNA 的丰度等很多因素有关。基因工程操作和遗传进化分析中，密码子偏好性是一个必需考虑到的因素。

（三）限制性内切核酸酶位点分析

限制性内切核酸酶的识别序列大多具有回文结构，具有一定的保守性，利用这一特性可以识别基因序列中的限制性内切核酸酶位点。这在分子克隆和亚克隆等经典的分子生物学制备及其鉴定实验中极为有用。目前绝大多数生物信息学综合性网站、限制性内切酶供应商网站和单机独立运行的生物信息学软件均提供此类分析功能。

表24-2 核酸序列分析常用工具

工具名称	网址
可读框识别	
ORFfinder	https://www.ncbi.nlm.nih.gov/orffinder/
GENSCAN	http://hollywood.mit.edu/GENSCAN.html
Gene Finder	http://rulai.cshl.org/tools/genefinder/
GlimmerM	http://www.cbcb.umd.edu/software/glimmerm/
GeneMark	http://topaz.gatech.edu/GeneMark/
BESTORF	http://www.softberry.com/berry.phtml?topic = bestorf&group = programs&subgroup = gfind
密码子使用偏好分析	
CODONPREFERENCE	https://odin.mdacc.tmc.edu/gcg/unix/codonpreference.html
CodonW	https://sourceforge.net/projects/codonw/
SYCO	http://emboss.sourceforge.net/apps/cvs/emboss/apps/syco.html
chips	http://emboss.sourceforge.net/apps/release/6.6/emboss/apps/chips.html
cusp	http://emboss.sourceforge.net/apps/release/6.6/emboss/apps/cusp.html
限制性内切核酸酶位点分析	
BioEdit	https://omictools.com/bioedit-tool
WebCutter	http://www.firstmarket.com/cutter/cut2.html
NEBcutter	http://nc2.neb.com/NEBcutter2/index.php
WatCut	http://watcut.uwaterloo.ca/template.php
DNAMAN	https://www.lynnon.com/
Restriction Mapper	http://restrictionmapper.org/
重复序列查找	
REPFIND	http://cagt.bu.edu/page/REPFIND_about
RepeatMasker	http://repeatmasker.org/

（四）重复序列查找

重复序列（repetitive sequence）指在真核生物染色体基因组中重复出现的核苷酸序列，大多不编码多肽，可分为串联重复序列和离散重复序列，前者成簇位于染色体的特定区域，而后者则分散在基因组的多个区域。重复序列的GC含量较低，5′-端和3′-端的重复序列利于形成环状结构。对这些重复序列的定位能为基因提供重要的反向信息，同时重复序列还常会干扰序列其他特性的分析。随着对重复序列及其功能的研究进展，相应的分析结果日渐丰富。但是由于重复序列在个体基因组中存在固有差异，使得基于参考基因组数据的分析结果在解读时仍然存在诸多挑战。

二、蛋白质序列特征分析

由于蛋白质和多肽组成单位氨基酸的复杂性，其理化性质参数与核酸片段相比要丰富得多。这些参数与蛋白质的功能联系密切，而利用生物信息学分析手段获得相应的参数，不仅方便快捷，而且能够免去传统方法中所必需的复杂测定实验。

（一）蛋白质理化特性分析

蛋白质理化特性包括相对分子量、氨基酸组成、等电点、消光系数、半衰期、不稳定性系数和亲水性等。

ExPASy（expert protein analysis system，https://www.expasy.org/）由瑞士生物信息学中心维护，与欧洲生物信息学中心（EBI）及蛋白质信息资源（protein information resource，PIR）等机构联合组成Uniprot（universal protein knowledgebase）联盟，提供一系列蛋白质分析、预测工具，包括ProtParam、ProtScale和Compute pI/MW等。以ProtParam为例，将要分析的蛋白质序列输入到

ProtParam 的序列输入框内，按"Compute parameters"按钮便可计算出氨基酸数目、分子质量、等电点、氨基酸组成、带正电荷残基数目、带负电荷残基数目、原子组成、分子式、电子总数、消光系数、估计的半衰期、不稳定性系数、脂肪族氨基酸指数和总平均亲水性等。

（二）蛋白质跨膜区分析

蛋白质的跨膜区分析对提示膜蛋白的性质和分类具有重要的意义。常用的网络在线分析工具有 DAS 和 TMHMM 等（表 24-3），其操作简单，结果直观易懂。

（三）蛋白质信号肽预测

信号肽在蛋白质的胞内定位和分泌过程中起重要作用。对信号肽的识别和预测有助于分析和了解蛋白质的分选（sorting）以及细胞定位。较为常用的蛋白质信号肽预测工具为 SignalP。

（四）蛋白质结构域分析

对于一种蛋白质，特别是功能未知的蛋白质，可以通过结构域预测来推断其功能，从而指导后续的验证性实验研究。常用的分析预测工具见表 24-3。

（五）磷酸化与糖基化位点预测

磷酸化位点的理论识别已成为生物信息学的重要研究内容。磷酸化位点附近存在保守残基片段，而这种保守性又与激酶类型有关。常用的磷酸化位点预测与识别工具见表 24-3。

糖基化可分为 N- 糖基化、O- 糖基化、C- 甘露糖糖基化和糖基磷脂酰肌醇锚区四种类型。NetOGlyc 是丹麦技术大学的生物序列分析中心维护的预测糖基化位点的在线工具，通过类似于神经网络系统分析的算法对序列进行分析，预测哺乳动物蛋白质中的糖基化位点，最后得到一个阈值分布和相应位点的得分，可以批量提交，也可以提交 FASTA 格式的序列或序列文件。该网站还提供 NetCGlyc、NetNGlyc、DictyOGlyc 和 NetGlycate 等分析预测工具。

三、蛋白质结构分析与预测

蛋白质结构的预测通常包括三个方面，即蛋白质结构的基本特征（如疏水性区域与跨膜区）、二级结构（如 α- 螺旋与 β- 片层）以及三维空间结构（如折叠或袢环结构等）。

（一）二级结构分析

二级结构预测的程序有多种，预测准确率较高的程序有 PredictProtein（PP）服务器提供的 PHD 及 JPred、PSIPRED、PREDATOR 等模块。PHD 是 PredictProtein 服务器提供的一个软件包，主要包括预测跨膜螺旋的 PHDhtm 和预测二级结构的 PHDsec 程序。结构预测程序首先利用 PSI-BLAST 的方法，从 Swiss-Prot 序列库中搜索与目

表 24-3　蛋白质序列分析常用工具

	工具名称	网址
结构域分析	SMART	http://smart.embl-heidelberg.de
	Motif Scan	https://myhits.isb-sib.ch/cgi-bin/motif_scan
	ScanProsite	https://prosite.expasy.org/scanprosite/
	InterPro	http://www.ebi.ac.uk/interpro/search/sequence-search
	PRED-TMR	http://athina.biol.uoa.gr/PRED-TMR/
跨膜区分析	DAS	http://mendel.imp.ac.at/sat/DAS/DAS.html
	TMHMM	http://www.cbs.dtu.dk/services/TMHMM-2.0/
	TMpred	https://embnet.vital-it.ch/software/TMPRED_form.html
	PSORT	https://www.psort.org/
	SPLIT	http://split.pmfst.hr/split/
磷酸化位点预测	KinasePhos	http://kinasephos.mbc.nctu.edu.tw/
	GPS	http://gps.biocuckoo.org/
	pkaPS	http://mendel.imp.ac.at/sat/pkaPS/
	NetPhos	http://www.cbs.dtu.dk/services/NetPhos/
糖基化位点预测	NetOGlyc	http://www.cbs.dtu.dk/services/NetOGlyc/

的序列相似的记录,并建立多序列比对的模式图谱(profile),再根据所得 profile 搜索更多的相似序列,用于新的多序列比对。此过程可以重复进行多次,最终不仅提供每个残基相对应的二级结构区间,同时还标示出每个位置预测的统计学数据以及预测的可靠程度。虽然二级结构预测仍未得到完全解决,但对于 α 螺旋预测已经比较令人满意。通过基于 PHD 预测算法的 nnpredict 等工具的使用,据报道准确度可以超过 65%。

(二)三级结构分析

生物信息学分析的重要应用领域之一是帮助解析氨基酸序列与蛋白质空间结构之间的关系,特别是由氨基酸序列推测蛋白质的高级结构。但由于蛋白质结构的测定技术相对比较费时且成本高昂,相当数量的蛋白质以现有的方法仍无法解析其结构,需要数据的进一步积累和在算法上的突破。目前常用的方法主要包括如下几种。

1. 同源建模　利用结构已知的蛋白质作为结构模板,对同源性序列蛋白建立所有原子空间占位模型的过程称为同源建模(homology modeling)。其大体步骤为:①利用目的序列搜索结构已知的同源性蛋白,如使用 BLAST 引擎搜索 PDB (protein data bank)结构数据库中蛋白的序列。②将与目标序列最为相似的蛋白用作模板与靶序列进行比对分析。用已知的 PDB 数据库收录结构作为模板预建立目标序列的骨架结构,在此基础上再根据序列比对结果引入 loop 和侧链,并反复进行优化。③根据最小自由能等原理或一些其他相关知识得出最佳的预测结构模型。如果模板与靶序列具有 50% 以上相似性,利用这一策略进行的自动结构建模过程可以得到相当好的结果;当序列相似性低于 25% 时,同源建模方法基本不适用。

2. 折叠识别　针对目的蛋白的序列与数据库中已知的蛋白折叠结构逐一比较,常用于尚无已知结构同源体蛋白质的结构预测。此方法通过分析目的蛋白局部序列是否具有维持某种结构所需的局部氨基酸特征,如疏水性、氨基酸间的空隙、局部的二级结构等,由此判断目标序列能否形成与已知结构相类似的折叠,即折叠识别(fold recognition 或 threading)。由于目的蛋白折叠结构的预测可能是来自不同的蛋白,因而所得到的

根据来自不同蛋白折叠模式而建立的结构模型并不一定能完全代表目标序列真实的空间结构。

3. 从头预测　在没有任何结构信息的情况下,完全依靠蛋白质序列通过算法进行结构预测称为从头预测(*ab initio* prediction)。这种方法仍处于发展初期,预测结果常常不尽如人意,主要由于人们对氨基酸序列与空间结构形成的关系仍知之甚少。如为何氨基酸序列差别较大的蛋白有时可以形成极为相似的空间结构,对此在理论上仍无解释。

四、序列比对和进化分析

序列比对(sequence alignment)包括双序列比对(pairwise sequence comparison)和多序列比对(multiple sequence alignment)。人们常用相似性(similarity)或同源性(homology)的量化指标来表示序列间的类同关系或程度。序列间的相似性与同源性是彼此联系却又不尽相同的两个概念。相似性是一种可观测的定量指标,如序列之间存在百分之多少氨基酸残基的一致性(identity);而同源性则是指从序列的分析或利用其他手段所得出的基因或蛋白质在进化上的保守关系。

(一)双序列比对

两个序列间的比对分析是指将其中一个序列中的每个残基(通常为单字母碱基或氨基酸符号)依次对应于另外一个序列中的残基,其对应关系可以是配对(match)、错配(mismatch)或空位(gap),直到找出两序列间最佳的排列方式,其序列中的残基顺序并不发生任何改变。按照相应的分析方法,两序列间有多种可能的排列方式,但一般只有一种最佳比对排列用以代表两者之间的相似性,即最大相似性(maximum similarity)。

两序列在进行比对时,通常会用到评分矩阵(scoring matrix),根据积分来评估排列结果是随机性的还是有意义的,以及是否能真正代表两序列间的相似性。评分矩阵是描述序列排列中出现某两个残基相配概率的一个表格。如果把两序列间各个配对排列残基的相似度列成一个矩阵,则两序列的相似性可以用残基相似性的总和表示。可配对的氨基酸残基越多,在矩阵中的积分也越高。目前常用的评分矩阵分别为 PAM250 和 BLOSUM62(图 24-1)。

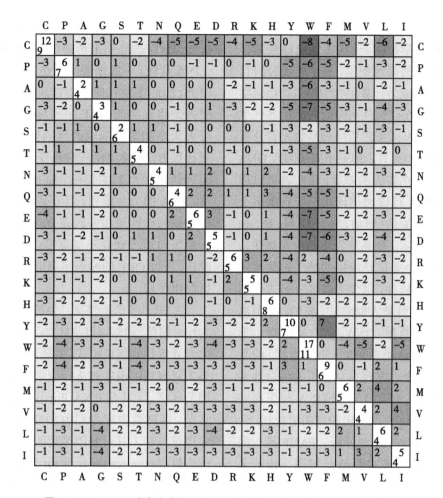

图 24-1 PAM250(右上)和 BLOSUM62(左下)氨基酸置换矩阵汇总表

（二）数据库中的序列提取

在序列数据库中搜索特定的序列时，也可以利用两序列间的对比分析进行。可采用 FASTA（fast alignment）和 BLAST（basic local alignment search tool）两种算法，对序列数据库中蛋白质和核酸序列进行快速搜索。FASTA 和 BLAST 方法都是用类似的短词去寻找序列的局部相似性，目的是从数据库中找到最多数量的相似序列配对，而取代对最佳排列的优选。最初的 BLAST 分析不引入缺隙配对，这有利于排列分析的速度和统计模型的建立，但在理论上也降低了搜索结果的灵敏度。FASTA 的灵敏度相对较高，因为其使用的短词比 BLAST 更短，但在速度上低于 BLAST，一般认为更适合于 DNA 的比对分析。目前 BLAST 已成为最常用的序列数据库搜索工具。对于一个新获得的序列，用户首先做的分析便是将其提交至 BLAST 的搜索界面，以查验其在序列数据库中的同源或相似序列。

（三）多序列比对

多序列比对是将两个以上的序列以最佳的匹配方式排列起来，使尽量多的相似残基能排在同一纵列上。多序列比对在功能研究中的意义更多地体现在蛋白质的序列分析中。

ClustalW 算法（https://www.ebi.ac.uk/Tools/msa/clustalw2/）是一个最广泛使用的多序列比对程序。该程序采用渐进的多序列比对方法，先将两个序列两两比对，得到一个距离矩阵，反映了每对序列的关系；然后从最紧密的两条序列开始，逐步引入邻近的序列并不断重新构建比对，直到所有序列都被加入为止。在 ClustalW 基础上发展而来的 Clustal Omega 算法（https://www.ebi.ac.uk/Tools/msa/clustalo/）被越来越多的使用者所采用，后者具有更好的延展性（scalability），比对数十万条序列只需要几个小时，如果所运行的计算机有多个处理器，此程序允许使用多个处理器，比对的质量也显著优于之前的版本。

（四）进化树分析

随着分子遗传学数据资料，特别是核酸测序和基因组序列数据的高速积累，分子进化分析自1960年代以来开始成为计算生物学和生物信息学的重要组成部分。在研究从病毒到人类的各种生物进化历史中，DNA或蛋白质序列系统发育分析已经成为一个重要的工具。由于不同基因或DNA片段的进化速率存在较大的差异，研究者可以通过这些基因或DNA片段来估计几乎所有水平上的有机体间的进化关系（例如，界、门、科、属、种以及种内群体），阐述生物系统发生的内在规律。

Phylip和PAUP是广泛应用的基于进化树构建的系统发育分析软件，包含了众多分子进化模型和方法。软件利用最大似然法、简约法、距离法等算法分析分子数据（DNA、蛋白质序列）、形态学测量数据及其他类型（如行为学数据）的数据。Phylip作为一个非常经典且常用的综合性系统发生分析软件包，可用于分析DNA与蛋白序列、基因频率等数据，并绘制出相应的进化树，含有许多选项可以精确控制与分析。PAUP操作简单，带有菜单界面，拥有包括进化树图在内的多种功能。

第三节 高通量数据与基因富集分析

随着人类基因组测序工作的完成，基因组的研究迅速进入到以基因功能注释为主要任务的后基因组时代。高通量检测带来的海量数据高度依赖于后续的统计学分析以得到具有生物学意义的结论，其中目的基因富集过程也成为后基因组阶段生物信息学分析的一个重要特征。

一、基因组学分析

基因组学分析是早期生物信息学分析的重要内容。随着大量基因组测序数据的累积，直接针对整个基因组的分析则对生物信息学的算法和硬件提出了更高的要求，也推动了其自身的一些分支学科的发展。

基因组测序完成后的基因预测通常包括两方面：一是对蛋白编码基因的预测以及非编码RNA基因的预测；二是对基因调节区域（如启动子区）的预测。

1. 蛋白编码基因的预测 是利用表达序列标签（EST）的序列来帮助对基因的推测。EST是cDNA片段，一般来源于表达基因的cDNA文库序列，因而主要对应于蛋白质编码基因的外显子序列。将预测的ORF序列与EST序列作比较，可大大增加鉴定基因的准确性。ORF的鉴定受到计算方法的制约，同时也受到细胞内复杂的基因表达调控机制的影响，如mRNA的选择性剪接、RNA的自我编辑，以及某些生物使用的氨基酸密码与标准遗传密码表有时略有不同等，因而一些蛋白质产物并不能直接由ORF推测而最终确认，所以ORF的编码序列也不总能直接等同于蛋白质序列。

2. 启动子区的预测 原核基因启动子调节机制相对简单，通常可以从针对已知启动子区序列的比对分析找到规律模式，并使用FINDPATTERNS等工具对基因组序列进行搜索。真核基因启动子调节区域，尤其是RNA Pol Ⅱ启动子的构成甚为复杂，多种数据库专门收集启动子区域的序列，并提供各种工具对基因序列的启动子及转录因子结合位点（transcription factor binding site）进行预测，如EPD真核细胞启动子数据库以及用于转录因子结合点分析的TransFac和CisRED等。

3. 基因组注释 基因组注释（genome annotation）是指对基因组所含的可能基因及其功能进行预测并加以解释的过程。注释的内容包括基因的染色体定位、基因结构（内含子/外显子的组成和交界）、翻译后的多肽氨基酸序列以及相应蛋白质全长或部分序列可能具有的生物学功能等。注释的方法可以通过与序列数据库中关于某生物已有的信息作比较，或与发表的文献内容相互引证，以及利用各种计算方法对ORF等的性质或参数进行预测等，还可以根据序列比对和生物进化的关系将注释内容从其他基因组中继承过来。基因组注释最终可以建立一个信息全面的基因组数据库，并提供关于某个生物基因组中每个基因丰富的生物学信息。

二、蛋白质组学分析

蛋白质组分析包括生物样品中蛋白质的表达分析、蛋白质与蛋白质的相互作用、信号传递及调节通路的分析、蛋白质与小分子配基的相互作用、蛋白质抑制物的筛选以及蛋白质翻译后的修饰分析等。用于蛋白质组分析的主要技术有二维凝胶电泳（2-DE）、质谱分析和蛋白质阵列分析等。利用对蛋白质的蛋白酶切割，对多肽片段的分子量进行理论计算，然后依据质谱测定的多肽分子量图谱去搜索数据库中相匹配的虚拟指纹数据，得到少数几种可能吻合的蛋白质候选者，直到最终鉴别出一种相匹配的蛋白质。类似于前述的核酸与蛋白质序列搜索与分析过程，多肽指纹数据库的搜索与目标蛋白的鉴别过程也依赖于专门的计算机算法。

许多公共资源提供用于蛋白质组分析的计算工具，包括双向电泳图像分析程序和对蛋白质各种生化特性进行理论计算的工具。ExPASy是最著名的综合性蛋白质组分析资源网站之一，提供大量用于计算分析的数据和工具，例如AACompIdent、PeptIdent、PeptideMass 等。综合性的蛋白质组学分析还包括生化代谢通路、蛋白质相互作用及信号传递等功能性分析。

EBI 的蛋白质组学分析数据库提供大量真核细胞以及藻类和原核预测蛋白质组的统计数据和比较分析结果，并随着新测定基因组数量的增加不断增添更为丰富的预测数据。由于未能涵盖转录后及翻译后调节等许多影响因素，预测的蛋白质组信息并不能完全代表真实的情况。尽管如此，这类数据库提供的大量关于预测蛋白质组的统计分析数据仍然是十分有价值的。人们可以很方便地列出某蛋白质组最高频的前 30 个蛋白质互作关系、蛋白家族 /domain/ 活性位点的条目，还能对任意两种或多种蛋白组之间的数据进行比较分析。此外，还可以给出特定的蛋白质功能分类在蛋白质组中所占的比例，如代谢（26.5%）或基因转录调节（4.2%）蛋白在人蛋白质组中所占的比例等。另外，还可以按不同的染色体来浏览蛋白质的分布以及检索与疾病相关的蛋白质。因此，蛋白质组数据库已成为蛋白质组学研究中重要的计算分析工具体系。

三、差异基因表达分析

（一）表达谱差异分析

经典的微阵列技术也常被称为基因芯片，其大量用于基因表达谱的比较和分析。主要包括基因表达谱分析（gene expression profiling）和蛋白质表达谱分析（protein expression profiling）。大规模表达谱差异分析（differential expression profiling）已经成为认识疾病分子机制的有效方法。成功的表达谱分析取决于对实验数据及分析过程的良好结合。实验过程从关注的疾病开始，通过收集大量的疾病相关组织样本，利用生物芯片（寡核苷酸芯片、cDNA 芯片或全基因组芯片）对每一组织类型及个体差异进行充分的比较，展开生物信息学分析。

（二）RNA-seq

近年来，随着测序成本的不断降低和测序通量的飞速提升，转录物组测序技术（RNA-seq）所展示出的高准确性、高通量、高灵敏度和低运行成本等突出优势已经逐渐替代基因芯片技术成为主要的差异基因表达分析研究手段。通过不同的文库构建策略和应用，针对转录物组分析的高通量 RNA 测序技术可以检测特定细胞在某一功能状态下所能转录出来的所有 RNA，包括 mRNA 以及各种非编码 RNA 等。在分析转录本的序列结构和表达水平的同时，还能精确地识别选择性剪接位点，发现未知转录本和低频的稀有转录本，提供最全面的转录物组信息。

转录物组研究能够从整体水平研究基因功能以及基因结构，揭示特定生物学过程以及疾病发生过程中的分子机制，已广泛应用于基础研究、临床诊断和药物研发等领域。相对于传统的芯片杂交平台，转录物组测序无须预先针对已知序列设计探针，提供更精确的数字化信号，更高的检测通量以及更广泛的检测范围，该技术已经发展成为深入研究转录物组复杂性的强大工具。并且 RNA-seq 还可以适用于单细胞研究，使得 RNA-seq 具有基因芯片无法取代的优势和广阔的应用及发展前景。

RNA-seq 应用了二代核酸测序和分析技术的标准流程，大致可分为若干主要步骤（图 24-2）：首先是将高通量的下机数据（FASTQ 格式的 reads 数据）与参考基因组进行比对，确认其在基因组上的位置。比对软件（以 Bowtie 和 Bowtie2 为代表）使下机数据转换为标注有基因组定位信息的 SAM 或 BAM 文件。改进后的 HISAT 程序通过构建全基因组数万个较小的本地索引，可用于对

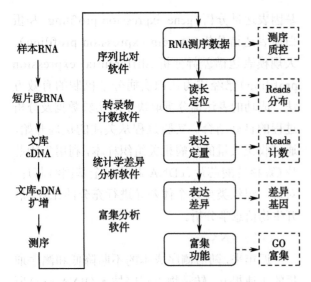

图 24-2 RNA-Seq 分析流程示意图

转录本进行拼接比对的分层索引,使得计算速度大为提高并且内存需求更小。经过比对和排序后的 BAM/SAM 文件,根据测序目的不同需要进行相应的组装分析。RNA-seq 的分析流程在依赖参考基因组标准注释信息 GTF(gene transfer format)文件的情况下,计算出各个基因的归一化频次数值 FPKM,并输出为样本对应的转录本 GTF 结果文件。新推出的 StringTie 软件和比较常用的 Cufflinks 软件包相比,在转录本重建算法原理的基础上可实现对转录本的丰度和外显子 / 内含子结构的同时计算,结果被认为更为准确和可靠。该算法的特点是运行效率高,速度快且占用的内存少。所得到的转录本信息结果文件,可进一步提交 Ballgown、DEseq 或 Sleuth 等 R 语言软件包进行差异基因的比较分析,实现结果的可视化展示。此外,Kallisto 拟比对程序(pseudo-aligner)的开发,使得在普通台式机上几分钟之内即可完成人或其他物种的转录物组二代测序比对任务,其过程不依赖对参考基因组的整体比对,直接根据注释的序列信息构建比对索引,这一策略将使得 RNA-seq 进入新的发展阶段。

（三）归一化

经过背景处理和数据清洗处理后的修正数据反映了基因表达的水平。然而在微阵列实验中,各个微阵列的读取数值是不一样的,在比较各个实验结果之前必须将其归一化(normalization,也称作标准化)。在同一块芯片上交杂的、由不同荧光分子标记的两个样品间的数据也需归一化。常用的归一化方法有管家基因法、基于总光密度的方法、回归方法和比率统计法等。

（四）聚类分析

基因表达谱数据分析的主要目的和内容是从数据中找出显著性结构,包括全局模型(model)和局部模式(pattern)等结构类型。所采用的分析方法主要包括可视化探索性数据分析(exploratory data analysis)、描述建模(descriptive modeling)、分类、聚类、回归和机器学习等。基因表达谱分析所采用的最常用方法是聚类,核心目的是对数据进行合理的分组。

聚类分析在基因表达数据分析中的应用极为广泛,所采用的主要算法类型包括层级聚类、K 均值聚类和自组织特征映射网络等。聚类分析得到的基因分组信息能够揭示组内各成员在数学特征上彼此的相似程度,同时能够反映出组间成员的不同。从生物学角度来看,其所提示的隐含生物学意义在于:组内基因表达谱的相似度可能提示相似功能或变化规律的存在。尽管现实中一些相同编码基因的产物在功能上往往存在相当的复杂性,大量的研究结果依然显示,功能相关的基因在特定条件下的确表现出高度相似的表达谱特征,尤其是在受到共同的转录因子协同调控的基因及其产物构成蛋白复合体或参与相同的调控通路的情况下。因此,聚类分析成为根据表达谱的相似性进行未知基因功能推断的主要手段。

（五）主成分分析

基因表达数据分析的一个重要前提是每个实验数据的独立性,否则会影响基因表达数据分析结果的准确性。主成分分析(PCA)是一种将多个变量通过线性变换并从中选出少量重要变量的一种多元统计分析方法。在涉及高通量分析的实验研究中,与研究对象有关的变量(或因素)众多,且在不同程度上各自部分反映研究对象的某些统计学特征信息。但冗余的变量数目增加了相关分析的复杂性,其中包括两个变量之间存在某种关联性重叠的可能性。主成分分析则可以通过引进新的变量以尽可能减少变量数目,并使其构成两两互不相关的过程。利用 PCA 分析基因表达的微阵列数据,通常将各个基因作为单独的变量,有时也可将实验条件作为变量。前者可通过分析特定一组实验的"主要基因元素",以较好地描述基因的特征并解释实验现象；而后者则能够在分析"主要实验因素"的基础上，提取实验条件的特征用于解释基因的行为。

四、基因功能预测与基因富集

根据基因的结构和特征获取其功能信息是生物信息学操作目的和作用的重要方面。生物信息学的发展使基因功能的分析逐渐由经验模式转为理性模式，继而形成一些成熟的策略，相关预测分析的深入程度和可验证的准确度也在不断提高。

（一）基于 GO 的基因功能分析

基因本体（gene ontology, GO）即基因分类标准词汇体系，是由基因本体联盟（Gene Ontology Consortium）所建立的数据库，旨在建立一个适用于各种物种、对基因和蛋白质功能进行限定和描述、并可随研究的深入不断进行更新的语言词汇标准。GO 是多种生物本体语言中的一种，提供了三层结构的系统定义方式用以描述基因产物的功能，即分子功能（molecular function）、生物过程（biological process）和细胞组成（cellular component）三个部分。蛋白质或者基因可以通过 ID 匹配或者序列注释检索的方法找到与之对应的 GO 代码，进而映射到特定的关键词语（term），如功能类别或者细胞定位等，用于功能富集分析。功能富集一般需要一个参考数据集，通过分析可找出有统计学意义的显著富集的 term。GO 功能分类是在某一功能层次上，统计特定集合中蛋白或者基因频次数目或组成比例，可以被认为是 GO 分析的另一层级。GO 分析的结果一般以柱状图或者饼图表示。

根据差异基因表达的筛选结果，计算差异基因集合在 GO 分类中某（几）个特定分支的超几何分布关系，对每个有差异基因所属的 GO 词条返回一个 P 值，较小的 P 值表示差异基因在该 GO 分类中出现更多的富集。GO 分析对解释实验结果有提示作用，通过差异基因的 GO 分析，可以找到富集差异基因的 GO 分类条目，寻找不同样品的差异基因可能和哪些基因功能的改变有关。

在上述基础上进一步进行的通路（pathway）分析可以对每个有差异基因所属通路返回一个 P 值，P 值较小表示差异基因在该 pathway 中出现富集。pathway 分析对实验结果有提示作用，通过差异基因的 pathway 分析，可以推测不同样品的差异基因可能源于哪些细胞通路的改变。pathway 分析的结果与 GO 分析相比更为间接，因为其代表的蛋白质相互作用的变化可以由参与该途径的蛋白表达量或活性的改变引起。通过微阵列分析可以得到编码蛋白质的 mRNA 表达量变化，然而从 mRNA 到蛋白表达通常经过 miRNA 的调控、翻译水平的调节、翻译后修饰（如糖基化、磷酸化）以及蛋白质运输等一系列的复杂过程，mRNA 表达量和蛋白表达量之间会出现非线性关系，因此 mRNA 的改变未必准确反映蛋白表达量的改变，更不用说其活性的变化。在某些 pathway 分析中，如 EGF/EGFR 通路，细胞可以在维持蛋白量不变的情况下，通过蛋白磷酸化程度的改变（调节蛋白的活性）来调节这条通路。因此，微阵列数据的 pathway 分析结果需要后期蛋白质功能实验的验证和支持，如 Western 印迹法 /ELISA、免疫组化、过表达、RNA 干扰、基因敲除等。基因网络分析过程中还会根据文献、数据库和已知的 pathway 寻找基因编码的蛋白之间的相互关系。

（二）基于 KEGG 的基因功能分析

京都基因和基因组百科全书（Kyoto encyclopedia of genes and genomes, KEGG）是一个功能强大的分析多种生物信息的在线数据库。从几个不同水平将基因、化学物质和各种网络信息进行综合，具有描述代谢途径、预测基因功能、获取基因组信息、同源性识别以及解析蛋白质和其他大分子相互作用等诸多功能。

KEGG 数据库包含多个子数据库，其中 PATHWAY、GENES、LIGAND、BRITE 是主要的四个数据库，其他子数据库多在其基础上衍生而来。PATHWAY 提供人工绘制的细胞内各种反应的途径图，以网络形式呈现；GENES 储存注册在 KEGG 中已完成测序的基因组信息；LIGAND 可用于查询化合物、多糖及酶促反应等的参数和信息；BRITE 是将注释信息按等级层次分类归纳的数据库，其中所包含的 KEGG ORTHOLOGY（KO）是可用于基因同源性识别的系统。

KEGG 除了提供各个数据库供信息查询，还备有一些相关的研究工具，包括查找 BRITE 中的功能等级分类、用户自制等级分类文本文件的 JAVA 软件等；KegDraw 是绘制化合物与多糖结构的软件，可以以非系统平台依赖性的方式运行;KegArray 是分析转录物组数据(基因表达图谱)与代谢物组数据(化合物图谱)并能将分析结果绘制到 KEGG 数据库的软件;SIMCOMP (SIMilar COMPound)与 SUBCOMP(SUBstructure matching of COMPounds)是两种比较化学物质结构相似性并查询类似结构的工具,前者基于图形方式,后者基于字符串方式;KcaM(KEGG Carbohydrate Matcher)是用于分析碳水化合物糖链及多糖结构并查找类似结构的工具。

(三) GSEA 基因富集分析

基因集富集分析(geneset enrichment analysis, GSEA)是麻省理工学院和哈佛大学联合组建的博德研究所(Broad Institute)所开发的一个针对基因组表达数据进行分析的工具,迅速得到广泛应用和普遍好评,可以进一步揭示细微且协同的表达变化对生物通路的影响。GSEA 以基因集为基础进行富集演算,不仅仅局限于差异基因的合集。在与前文介绍的 GO 注释和富集分析中,表达变化较大的差异基因需要首先被筛选和定义,再判断差异基因在哪些注释的通路存在富集,其中涉及到阈值的设定,存在一定主观性;而 GSEA 软件根据基因表达和表型的关联度进行排序,然后比较基因子集内每个基因与表型相关度高或低的不同表现情况,进而判断某基因子集中基因组合的协同变化对表型变化的影响。

(四) 数据挖掘与深度分析

数据挖掘(data mining)是指从数据库中抽取隐含的、前所未知的、具有潜在应用价值信息的过程。数据挖掘是信息学技术和分析手段的重要组成部分。数据挖掘与传统分析工具所不同的是:基于发现的方法,运用模式匹配和相应的算法决定数据之间的重要联系。平均值、均方差等描述数据的统计变量以图表形式进行直观地表示,可提示出一些变量之间的相关性。根据历史数据建立的预测模型,可以用平行或增加的数据进行测试和验证。数据挖掘需要把数据从数据仓库(data warehouse)中提取和转移到数据挖掘库或数据集市(datamart)中。数据挖掘库可能是用户数据仓库的一个逻辑上的子集,而不一定局限于是物理上独立的完整数据库。通过联机分析处理(OLAP)对所需的数据进行有效集成,按多维模型进行组织,然后进行多角度、多层次的分析

并发现趋势。传统的查询和报表工具主要用于描述数据库包含些什么(what happened),而通过 OLAP 分析则有可能为研究者提示更进一步的信息,如下一步应该如何去做(what next),或者如果采取某种举措又会发生什么(what if)。

reactome 人类生物学反应及信号通路数据库 (https://www.reactome.org/)是一个汇集了由同行专家撰写和审校的关于人体内各项反应及生物学路径的数据库,也可作为一个良好的数据搜索及数据挖掘工具,适合生物学途径相关的研究。该数据库可对用户提供的高通量数据组进行分析,操作简单。通过直系同源预测方法的改进,反应组学数据库也开始收录其他模式生物的数据,经过与其他数据库合作和注释信息的手工完善,所收录多种模式生物的反应组学数据陆续供免费共享和使用,网站还同时开放通路基因可视化、解释和分析提供直观的生物信息学分析工具。BioMart 工具(http://www.biomart.org/)大大简化了研究人员进行数据挖掘、交叉数据库分析以及大规模基因功能分析等工作。

对于基因组医学的发现性研究,近期的发展趋势之一是在大数据背景下的高维度统计量分析。生物系统具有极度纷繁的复杂性,作为大数据医学的重要技术手段,高效采集各类组学数据以及构成了对于单一个体或对象的多维度数据集合。数据维度的大幅提高不仅增加了统计学分析计算量,也使得综合性的关联分析变得极为复杂。云计算的出现和兴起可以较好地帮助解决这个问题。目前已有一些以云计算技术构建分析生物大数据的平台。例如,基于 MapReduce 框架开发的 CloudBurst 解决二代测序数据分析中高计算量问题;在 MSPolygraph 算法的基础上开发的 MR-MSPolygraph 用于并行处理质谱数据的多肽鉴别等。云计算技术给生物信息学大数据处理体系带来计算灵活性。目前,云计算和生物信息学都处在快速发展中,两者的结合将极大的促进现代生物医学的发展。生物信息学的持续发展将为现代生物学发展奠定充分而坚实的基础,而系统生物医学的观念和研究策略也将在此基础上,给医学研究带来划时代的变革,并且在应用中最终服务于人类的健康。

(丁 卫)

参 考 文 献

[1] 李霞, 李亦学, 廖飞. 生物信息学. 2版. 北京: 人民卫生出版社, 2015.

[2] Sayers EW, Barrett T, Benson DA, et al. Database resources of national center for biotechnology information. Nucleic Acid Res, 2011, 39 (Database issue): D38-D51.

[3] Ashburner M, Ball CA, Blake JA, et al. Gene ontology: toll for the unification of biology. The gene ontology consortium. Nat Genet, 2011 (1), 25: 25-29.

[4] Nei M. Molecular evolution and phylogenetics. New York: Oxford University Press, 2000.

[5] Marsh JA, Teichmann SA. Structure, dynamics, assembly, and evolution of protein complexes. Annu Rev Biochem, 2015, 84: 551-575.

[6] Mardis ER. The impact of next-generation sequencing technology on genetics. Trends in Genet, 2008, 24 (3): 133-141.

[7] McCarthy MI, Abecasis GR, Cardon LR, et al. Genome-wide association studies for complex traits: consensus, uncertainty and challenges. Nat Rev Genet, 2008, 9 (5): 356-369.

[8] Barabási AL, Gulbahce N, Loscalzo J. Network medicine: a network-based approach to human disease. Nat Rev Genet, 2011, 12 (1): 56-68.

[9] Pevsner J. Bioinformatics and functional genomics. 2nd ed. New Jersey: Wiley-Blackwell, 2009.

[10] 巴恩斯. 遗传学工作者的生物信息学: 第2版. 丁卫, 李慎涛, 廖晓萍, 译. 北京: 科学出版社, 2009.

[11] Wainberg M, Sinnott-Armstrong N, Mancuso N, et al. Opportunities and challenges for transcriptome-wide association studies. Nat Genet, 51 (4): 592-599, 2019.

中英文名词对照索引

A

B

C

D

E

F

W

X

Y

Z

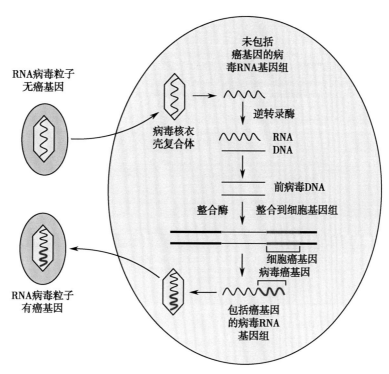

图 4-2　细胞癌基因与病毒基因组重组形成病毒癌基因示意图

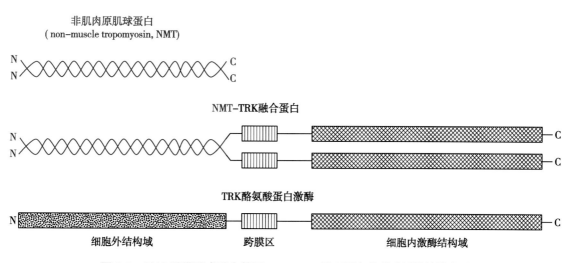

图 4-3　DNA 重排形成融合基因 *NMT-TRK* 编码蛋白的激酶活性持续激活

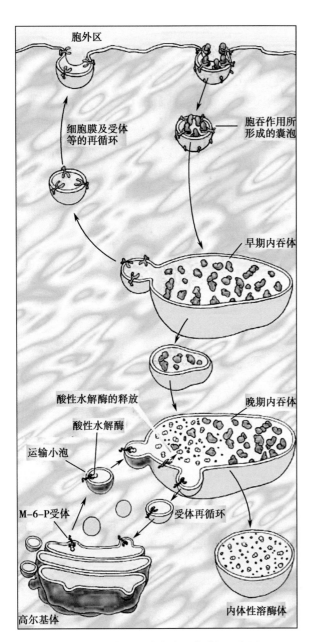

图 6-4　内体性溶酶体的形成过程示意图

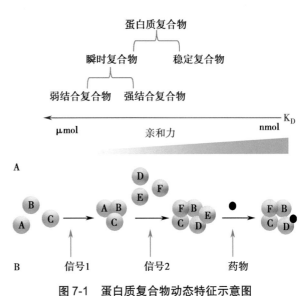

图 7-1　蛋白质复合物动态特征示意图

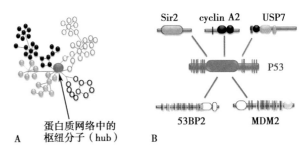

图 7-2　PPI 网络和枢纽分子的连接方式示意图

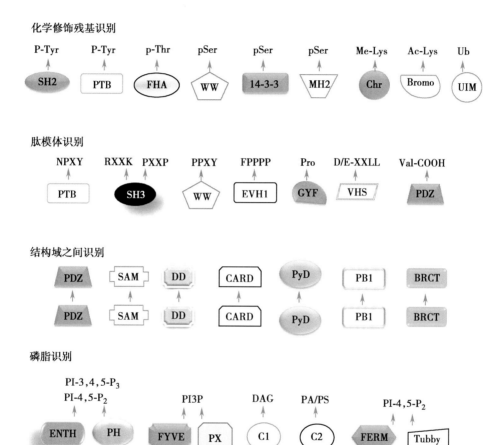

图 7-4　蛋白质相互作用结构域识别的结构

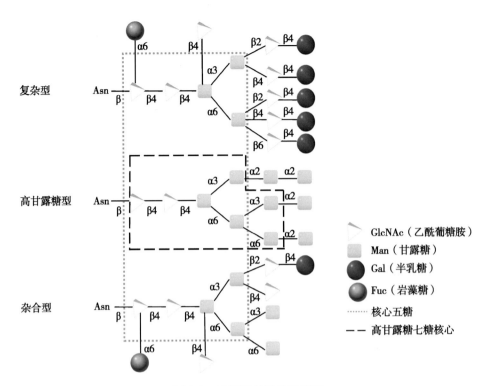

图 8-2 N-糖链的结构示意图

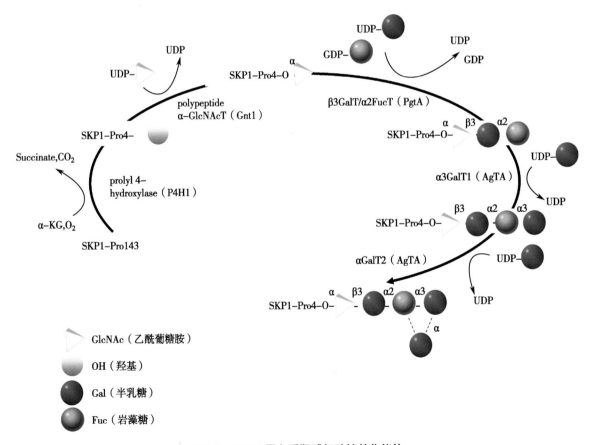

图 8-5 SKP1 蛋白质羟脯氨酸糖基化修饰

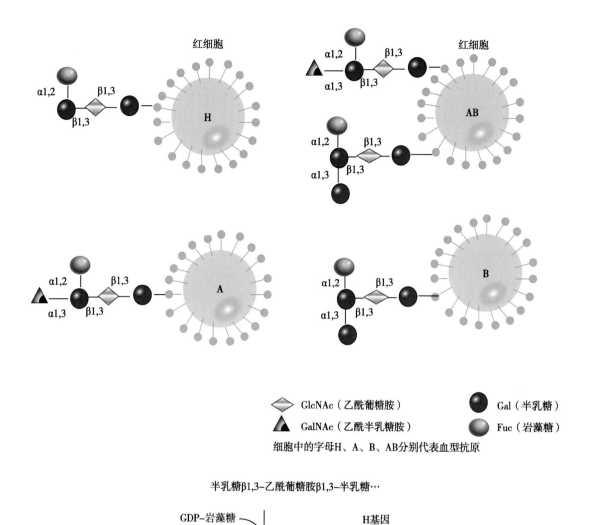

GlcNAc（乙酰葡糖胺）　　　　Gal（半乳糖）

GalNAc（乙酰半乳糖胺）　　　Fuc（岩藻糖）

细胞中的字母H、A、B、AB分别代表血型抗原

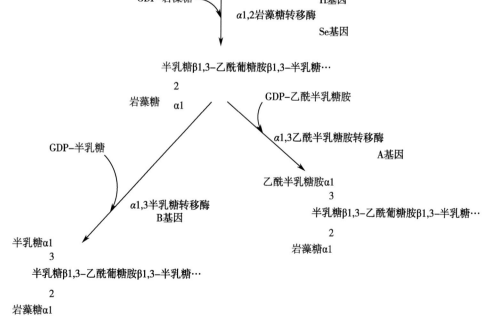

图 8-6　ABO 血型抗原结构及合成示意图

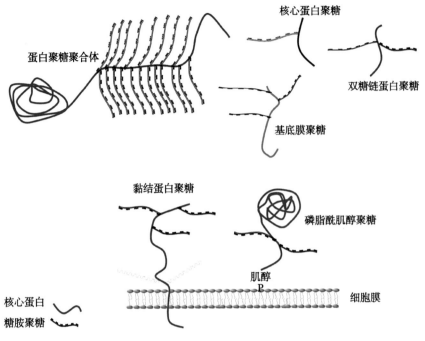

图 8-8　蛋白聚糖结构示意图

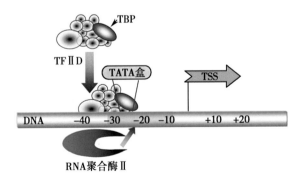

图 12-1　TFⅡD 与 TATA 盒的相互作用促进 RNA 聚合酶
Ⅱ的结合

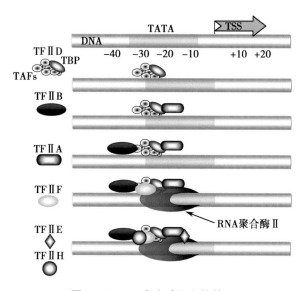

图 12-2　PIC 在启动子上的装配

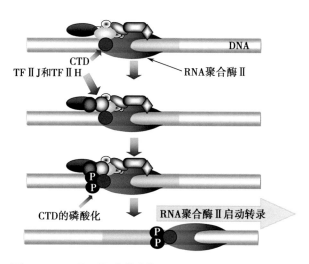

图 12-3　TFⅡH 通过磷酸化 CTD 而促进 RNA 聚合酶Ⅱ
起始转录

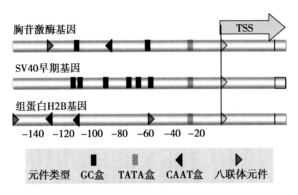

图 12-4 不同基因启动子元件的组成是可变的

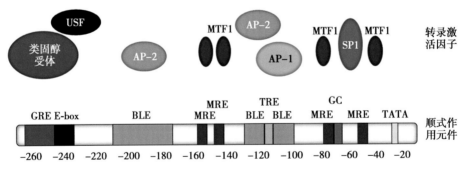

图 12-5 人 *MT* 基因可受多种转录激活因子调控

上部是与各元件结合的转录激活因子, 下部是人 *MT* 基因调控区中的多个顺式作用元件。
BLE: 基础水平元件; MRE: 金属应答元件; TRE: TPA 应答元件; USF: 上游刺激因子;
AP1/2: 激活蛋白 1/2; MTF1: metal transcription factor 1; SP1: specificity protein 1。

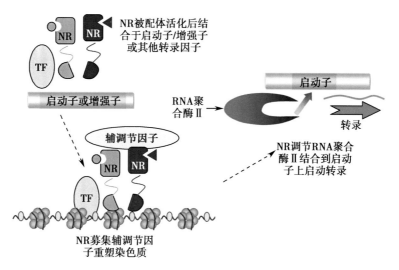

图 12-6　NR 介导的转录调控过程

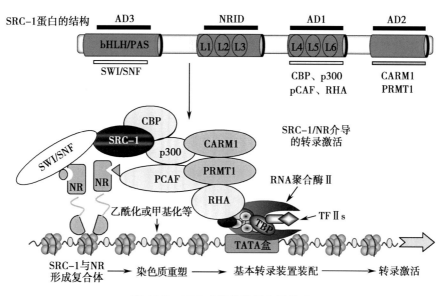

图 12-7　SRC-1 的结构及作用模式

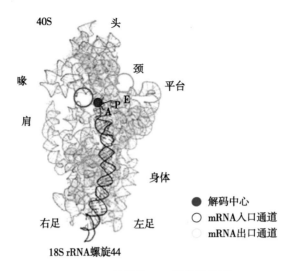

图 13-2 核糖体 40S 亚基结构图

解码中心位于核糖体 40S 亚基的 18S rRNA 螺旋 44 的基部，mRNA 在解码中心被氨酰 -tRNA "读取"

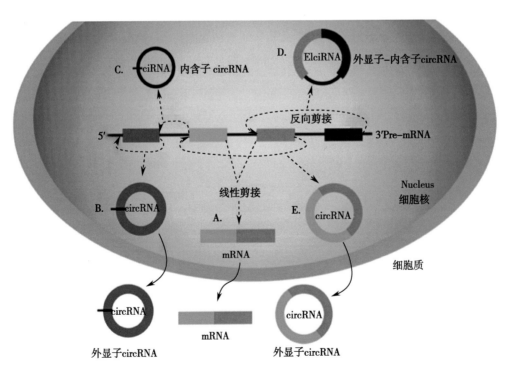

图 14-5 circRNA 生成及分布示意图

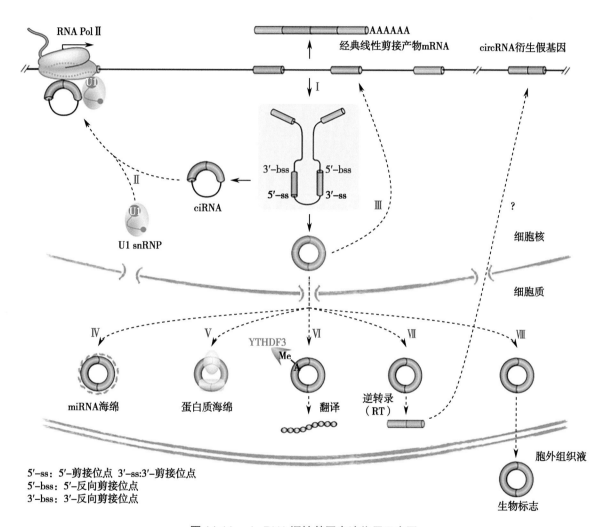

5′-ss：5′-剪接位点 3′-ss:3′-剪接位点
5′-bss：5′-反向剪接位点
3′-bss：3′-反向剪接位点

图 14-11 circRNA调控基因表达作用示意图

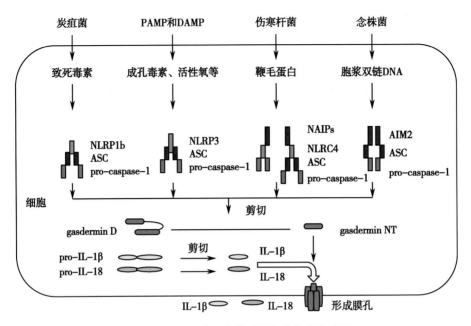

图 17-20   各种炎症小体诱导细胞焦亡模式图

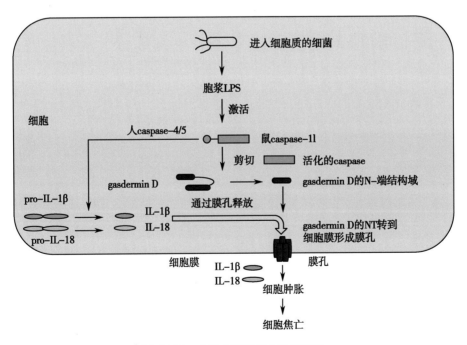

图 17-21   非经典细胞焦亡激活途径

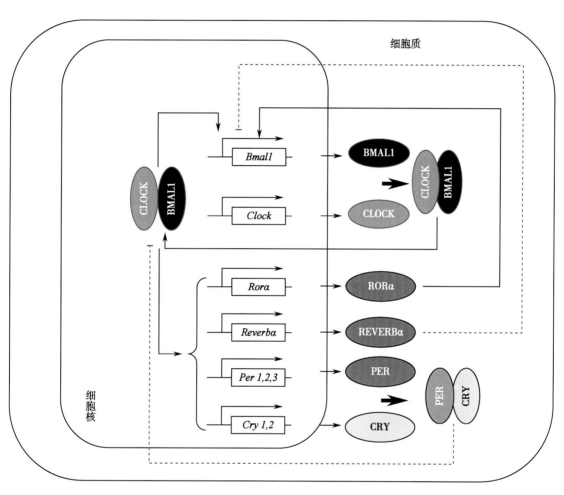

图 19-1 生物钟的自身调节环路

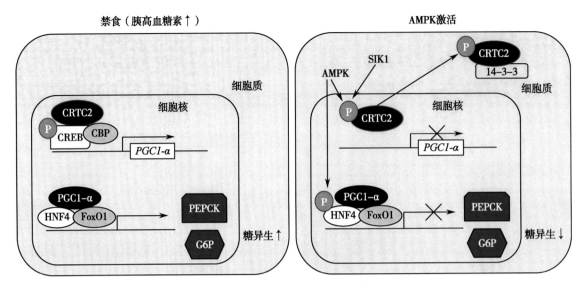

图 19-2 AMPK 抑制肝脏糖异生的机制

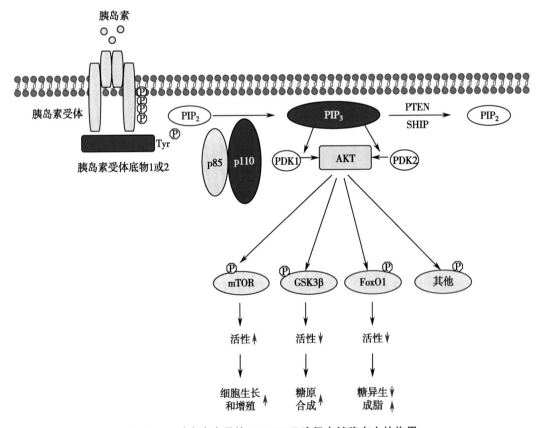

图 19-3 胰岛素介导的 PI3K/AKT 途径在糖稳态中的作用

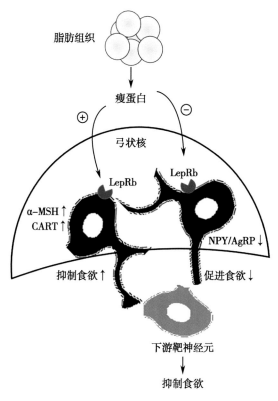

图 19-4　瘦蛋白抑制食欲的机制

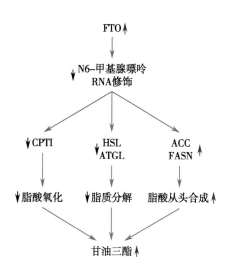

图 20-1　FTO 对脂代谢的调节作用

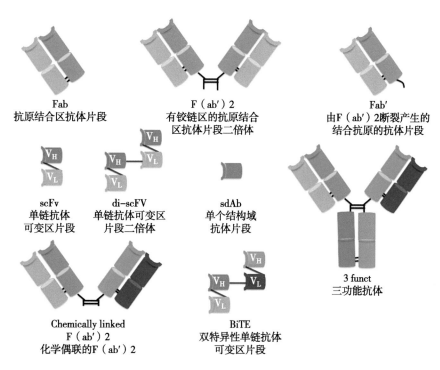

图 21-7　已经批准或正在研发中的抗体药物结构类型

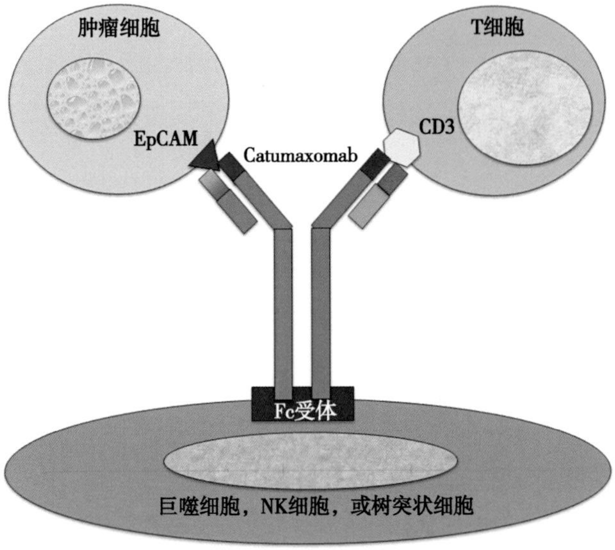

图 21-8　3funct 及其工作原理